Einsteins Gegner

Milena Wazeck, Dr. phil., ist wissenschaftliche Mitarbeiterin am Max-Planck-Institut für Wissenschaftsgeschichte, Berlin.

Milena Wazeck

Einsteins Gegner

Die öffentliche Kontroverse um die Relativitätstheorie in den 1920er Jahren

Campus Verlag
Frankfurt/New York

Gedruckt mit Hilfe der Geschwister Boehringer Ingelheim Stiftung für Geisteswissenschaften in Ingelheim am Rhein sowie mit freundlicher Unterstützung der Johanna und Fritz Buch Gedächtnis-Stiftung und der FAZIT-Stiftung.

Bibliografische Information der Deutschen Nationalbibliothek:
Die Deutsche Nationalbibliothek verzeichnet diese Publikation in der Deutschen Nationalbibliografie.
Detaillierte bibliografische Daten sind im Internet unter http://dnb.d-nb.de abrufbar.
ISBN 978-3-593-38914-1

Umschlag-Illustration: Laurent Taudin, Paris
Umschlaggestaltung: Campus Verlag GmbH, Frankfurt/Main
Druck und Bindung: PRISMA Verlagsdruckerei GmbH
Gedruckt auf säurefreiem und chlorfrei gebleichtem Papier.
Printed in Germany

Besuchen Sie uns im Internet: www.campus.de

Inhalt

Vorwort

Den Sommer 2002 verbrachte ich in einem fensterlosen Archivraum. Der vom Max-Planck-Institut für Wissenschaftsgeschichte frisch erworbene Nachlass des Physikers und Einsteingegners Ernst Gehrcke lagerte dort, in Umzugskartons und Bananenkisten verpackt. Der ersten Sichtung des Materials folgten unzählige Wochenenden der Lektüre: Flammende Pamphlete gegen die Relativitätstheorie, begleitet von aufrührender Korrespondenz und pathetisch formulierten alternativen Universal-Theorien, die gegen die moderne Physik gestellt wurden, warfen in diesem kleinen Raum Licht auf eine Schattenwelt zu Beginn des 20. Jahrhunderts. Wer waren all diese Personen, die in solch vehementer Weise gegen Einsteins Theorie protestierten? Was forderte sie heraus, eine der wichtigsten physikalischen Theorien des 20. Jahrhunderts für eine der größten Bedrohungen ihrer Zeit zu halten? Zur Beantwortung dieser Fragen führt diese Arbeit zwei Forschungszweige zusammen, die bislang wenige Verbindungen aufweisen: Die Geschichte der Wissenschaftspopularisierung und die Geschichte der modernen Physik. Es wird gezeigt, dass die Kritiker der Relativitätstheorie aus einem außerakademischen Milieu stammten, dessen Wurzeln weiter zurückreichen als in die 1920er Jahre und welches sich im Zuge des Aufschwungs der Naturwissenschaften und ihrer Popularisierung im 19. Jahrhundert herausbildete.

Um das historische Phänomen der außerakademischen Kritik der Relativitätstheorie zu analysieren, wurde ein diskuranalytischer Ansatz an ein von der historischen Diskursanalyse kaum gestreiftes Gebiet herangetragen – das der Geschichte der modernen Physik. Die heftige öffentliche Kontroverse um Einsteins Relativitätstheorie wird hier als Diskurs marginalisierten Wissens begriffen und damit einer neuen und, wie ich hoffe, sowohl in wissenschaftshistorischer als auch in wissenssoziologischer Hinsicht aufschlussreichen analytischen Perspektive unterworfen.

Diese Arbeit ist aus einem Interesse für die Bedeutung von Wissenschaft für das Wirklichkeitsverständnis in modernen Gesellschaften entstanden, das ich während meines Studiums der Politikwissenschaft entwickelt habe. Den intellektuellen und institutionellen Freiraum, der für diese Arbeit notwendig war, verdanke ich Jürgen Renn. Die Zusammenarbeit im Rahmen verschiedener Forschungsprojekte in seiner Abteilung am Max-Planck-Institut für Wissenschaftsgeschichte hat mich darin bestärkt, Wissensgeschichte als umfassendes Forschungsfeld zu begreifen, welches sich mit Wissensbeständen auch jenseits etablierter akademischer Wissenschaften zu befassen hat. Die Verbindung quellenorientierter Forschung mit theoretischer Reflektion, wie sie in den Forschungsprojekten praktiziert wird, hat mich in meiner Herangehensweise an Forschungsfragen entscheidend geprägt.

Die vorliegende Arbeit wurde von der Philosophischen Fakultät I der Humboldt-Universität zu Berlin als Dissertation angenommen und für den Druck leicht überarbeitet. Jürgen Renn und Rüdiger vom Bruch möchte ich dafür danken, dass sie als Erst- und Zweitgutachter diese Arbeit betreut haben, ein Dank geht außerdem an Gabriele Metzler für ihr anregendes Drittgutachten. Meinen Kollegen am Max-Planck-Institut für Wissenschaftsgeschichte – Katja Bödeker, Jochen Büttner, Peter Damerow, Lindy Divarci, Carmen Hammer, Dieter Hoffmann, Christoph Lehner, Simone Rieger, Matthias Schemmel, Matteo Valleriani und vielen anderen – habe ich für unzählige hilfreiche, ermunternde und anregende Gespräche zu danken. Safia Azzouni, Katja Bödeker, Dieter Hoffmann, Ingo Kern und Matthias Schemmel waren aufmerksame Leser früherer Fassungen dieser Arbeit oder Teilen davon. Von ihren kritischen Anmerkungen und freundlichen Hinweisen habe ich stets profitiert. Matthias Schemmel möchte ich einen ganz besonderen Dank dafür aussprechen, dass er immer bereit war, mir physikalische Zusammenhänge zu verdeutlichen.

Diese Arbeit rekurriert auf zum Teil neu erschlossenes Quellenmaterial. Die Unterstützung durch die Bibliothek des MPIWG unter ihrem Leiter Urs Schoepflin hat hierbei vieles erleichtert und manches erst ermöglicht; ein ganz herzlicher Dank gebührt Bianca Henn für die archivalische Erschließung des Gehrcke-Nachlasses. Des Weiteren möchte ich Ann Kenne vom Department of Special Collections der University of St. Thomas für ihre Hilfsbereitschaft bei der Bereitstellung von Archivmaterial danken.

Meiner Schwester Jana und meinem Vater Jürgen ist dieses Buch gewidmet – danke, dass ihr immer für mich da seid.

Einleitung

Prag, im Oktober 1913. Oskar Kraus, der Extraordinarius für Philosophie an der deutschen Universität, schickt alarmierende Briefe an Ernst Gehrcke, Physiker an der Physikalisch-Technischen Reichsanstalt in Berlin:

»Es macht sich eine starke Uebermüdung geltend, und eine Ueberreiztheit, die nicht zuletzt, durch die absurden Theorieen der Relativisten verschuldet ist. Ich hege den brennenden Wunsch den *Fehlerquell* all der Absurditäten aufgedeckt zusehen, die Sie, hochverehrter Herr, selbst treffend gekennzeichnet haben. Ich sehe auch, dass Sie bereits mehrfach innere Widersprüche und widersinnige Consequenzen aufgedeckt haben. Aber wo liegt der *Fehlerquell?* Denn dass die Relativitätstheorie falsch ist, das einzusehen bin ich – trotz meiner Rechenfehler – noch imstande.«[1]

Kraus entschuldigt sich dafür, dass er innerhalb weniger Tage Gehrcke mit Briefen förmlich bombardiert, von denen der eine oft die Aussagen des vorangegangenen widerruft, aber er gesteht in seiner Verzweiflung: »[Ich] wüßte [...] niemanden als Sie, der als Fachmann die Einmengung eines Philosophen nicht a limine von sich weisen würde.«[2] Oskar Kraus war kein Einzelfall. Eine hohe Anzahl ebenso beunruhigter Personen – darunter einige Philosophen und Physiker, aber noch viel mehr wissenschaftliche Laien – wandten sich an Gehrcke, der früh als Gegner der Relativitätstheorie in Erscheinung getreten war. In Gehrckes Nachlass befindet sich eine Vielzahl von Briefen, deren Verfasser sich kritisch mit der modernen Physik beschäftigten, was außer in der Korrespondenz selbst auch in den oft beigelegten Kampfschriften gegen die Relativitätstheorie zum Ausdruck

1 Kraus an Gehrcke, 11. Oktober 1913, GN 72-A-2. Orthografie, Zeichensetzung und Hervorhebungen in den Quellentexten sind wie im Original belassen, Hervorhebungen werden einheitlich kursiv wiedergegeben. Anmerkungen und Ergänzungen sind in eckige Klammern gesetzt.

2 Kraus an Gehrcke, 12. Oktober 1913, GN 72-A-3.

kommt.[3] An diesen Pamphleten und der sie begleitenden Korrespondenz fallen zwei Dinge auf: zum einen die Heftigkeit und Grundsätzlichkeit, mit der die Auseinandersetzung mit der Relativitätstheorie geführt wurde, und zum anderen der Nachdruck, mit dem die Autoren – Ärzte, Juristen, aber vor allem Ingenieure, also im Berufsleben stehende Bürger, von denen man in der Wissenschaft noch nie zuvor gehört hatte –, auf die Wissenschaftlichkeit ihrer Widerlegung der Relativitätstheorie verwiesen haben. Daraus lassen sich die folgenden drei zentralen Fragen ableiten:

- Wieso forderte eine höchst abstrakte, für das Alltagsleben unmittelbar nicht relevante Theorie wie die Relativitätstheorie bei vielen wissenschaftlichen Laien eine so heftige Reaktion heraus?
- Welche Argumente führten sie gegen die moderne Physik ins Feld? Auf welche Wissenschaftsbegriffe und Wissensinhalte wurde hier rekurriert?
- Warum ließ sich ein akademisch angesehener Physiker wie Ernst Gehrcke mit dieser außerakademischen Opposition gegen die Relativitätstheorie ein?

Ich möchte in dieser Arbeit versuchen, auf diese Fragen eine Antwort zu geben und damit Aspekte der Kontroverse um die Relativitätstheorie in den Mittelpunkt rücken, die bislang wenig Aufmerksamkeit erfahren haben.

Zum Forschungsstand

Die kontroverse Rezeption der Relativitätstheorie in der Öffentlichkeit der 1920er Jahre ist ein Thema, das viele Bereiche berührt und entsprechend oft in der Sekundärliteratur Erwähnung findet. Das Spektrum der bisher gesetzten Schwerpunkte ist breit und reicht von der Frage nach Möglichkeiten und Grenzen der populären Vermittlung der Relativitätstheorie[4]

---

3 Für einen quantitativen Überblick über die Publikationen zur Relativitätstheorie im deutschsprachigen Raum vgl. Goenner, Hubert, »The Reception of the Theory of Relativity in Germany as Reflected by Books Published Between 1908 and 1945«, in: Eisenstaed, Jean/Kox, Anne J. (Hg.), *Studies in the History of General Relativity*, Boston [u. a.] 1992 (Einstein Studies Bd. 3), S. 15–38.

4 Vgl. insb. die Unterscheidung von »Primärliteratur« bis »Quartärliteratur« in Hentschel, Klaus, *Interpretationen und Fehlinterpretationen der speziellen und der allgemeinen Relativitätstheorie durch Zeitgenossen Albert Einsteins*, Basel [u. a.] 1990, S. 55ff.

über die Adaption der Relativitätstheorie in Kunst und Literatur bzw. den Bezügen von moderner Physik und moderner Kunst[5] bis hin zu den politisch, insbesondere nationalistisch und antisemitisch motivierten Angriffen auf die Relativitätstheorie als »jüdische Physik« und auf Einstein als Person.[6] Auch die öffentlichkeitswirksame Kritik von Physikern[7] und Philosophen[8] wurde als Teil der öffentlichen Kontroverse[9] um die Relativitätstheorie untersucht.

Die Einsteingegner der 1920er Jahre, also diejenigen, die entweder die spezielle oder die allgemeine Relativitätstheorie oder beide insgesamt ablehnten, treten in der biographisch orientierten sowie in der an kulturellen und politischen Kontexten interessierten Einsteinforschung meist im Zu-

5 Vgl. insb. Donley, Carol C./Friedman, Alan J., *Einstein as Myth and Muse*, Cambridge [u. a.] 1985; Könneker, Carsten, *Auflösung der Natur, Auflösung der Geschichte. Moderner Roman und NS-›Weltanschauung‹ im Zeichen der theoretischen Physik*, Stuttgart/Weimar 2001; Miller, Arthur I., *Einstein, Picasso. Space, Time, and the Beauty that Causes Havoc*, New York, NY 2001.

6 Vgl. Goenner, Hubert, »The Reaction to Relativity Theory I: The Anti-Einstein Campaign in Germany in 1920«, in: *Science in Context*, Nr. 6 (1993), S. 107–113; Hermann, Armin, *Einstein: der Weltweise und sein Jahrhundert. Eine Biographie.* München [u. a.], S. 238ff.; Rowe, David, »Editorial Note: Einstein's Encounters with German Anti-Relativists«, in: CP Bd. 7, S. 101–113. Zur »jüdischen Physik« vgl. insb. Beyerchen, Alan D., *Wissenschaftler unter Hitler. Physiker im Dritten Reich*, Köln 1980 und Litten, Freddy, *Mechanik und Antisemitismus. Wilhelm Müller (1880–1968)*, München 2000.

7 Vgl. Anm. 6 sowie Hentschel 1990; Kleinert, Andreas, »Philipp Lenard und Johannes Stark: Zwei Nobelpreisträger gegen Einstein«, in: Renn, Jürgen (Hg.), *Albert Einstein. Ingenieur des Universums*, 3 Bände, Weinheim 2005, Bd. 1: *Hundert Autoren für Einstein*, S. 226–229; Schönbeck, Charlotte, »Albert Einstein und Philipp Lenard: Antipoden im Spannungsfeld von Physik und Zeitgeschichte«, Berlin [u. a.] 2000 (Schriften der Mathematisch-Naturwissenschaftlichen Klasse der Heidelberger Akademie der Wissenschaften Nr. 8); Rowe, David, »Einstein's Allies And Enemies: Debating Relativity In Germany, 1916–1920«, in: Hendricks, Vincent F. (u. a.) (Hg.), *Interactions: Mathematics, Physics and Philosophy*, 1860–1930, Dordrecht 2006 (Boston Studies in the Philosophy of Science Bd. 251), S. 231–280.

8 Vgl. dazu umfassend Hentschel 1990.

9 Die vorwiegend innerhalb einer wissenschaftlichen Community stattfindene Rezeption der Relativitätstheorie ist nicht Thema der Arbeit. Vgl. dazu insb. die Aufsätze in Glick, Thomas F., *The Comparative Reception of Relativity*, Dordrecht [u. a.] 1987 (Boston Studies in the Philosophy of Science Bd. 103). Zur Rezeption der allgemeinen Relativitätstheorie vgl. insb. die Beiträge in: Howard, Don/Stachel, John (Hg.), *Einstein and the History of General Relativity*, Boston [u. a.] 1989 (Einstein Studies Bd. 1) und in Eisenstaed, Jean/Kox, Anne (Hg.), *Studies in the History of General Relativity*, Boston [u. a.] 1988 (Einstein Studies Bd. 3). Zur Rezeption unter Astronomen vgl. Crelinsten, Jeffrey, *Einstein's Jury: The Race to Test Relativity*, Princeton [u. a.] 2006.

sammenhang mit einigen spektakulären Ereignissen in Erscheinung. Vor allem die von dem antisemitischen Agitator Paul Weyland organisierte öffentliche Veranstaltungsreihe gegen Einstein, an deren Auftaktveranstaltung am 24. August 1920 in der Berliner Philharmonie neben Weyland selbst auch Ernst Gehrcke als Redner beteiligt war, stand im Zentrum des Interesses.[10] Ebenso viel Aufmerksamkeit hat die Diskussion zwischen dem wohl bekanntesten Einsteingegner, dem Nobelpreisträger Philipp Lenard, und Einstein auf der Naturforscherversammlung in Bad Nauheim im Herbst gleichen Jahres auf sich gezogen.[11] Auch der öffentliche Protest der Einsteingegner bei der Naturforscherversammlung in Leipzig im Jahr 1922[12] sowie das Erscheinen des Sammelbands *100 Autoren gegen Einstein* im Jahr 1931[13] sind untersucht worden.

Die bisherige Forschung zu den Gegnern der Relativitätstheorie ist durch eine starke Fokussierung auf einzelne Protagonisten – insbesondere Lenard, Gehrcke und Weyland – und spezifische Ereignisse – insbesondere die Vorträge in der Philharmonie und die Auseinandersetzung in Bad Nauheim – gekennzeichnet. Zudem wird das Phänomen vorrangig unter

10 Vgl. van Dongen, Jeroen, »Reactionaries and Einstein's Fame: ›German Scientists for the Preservation of Pure Science,‹ Relativity and the Bad Nauheim Conference«, in: *Physics in Perspective*, Bd. 9 (2007), S. 212–230; Fölsing, Albrecht, *Albert Einstein. Eine Biographie*, Frankfurt (Main) 1993, S. 520–526; Goenner 1993a; ders., *Einstein in Berlin, 1914–1933*, München 2005, S. 179–185; Grundmann, Siegfried, »Das moralische Antlitz der Anti-Einstein-Liga«, in: *Wissenschaftliche Zeitschrift der TU Dresden*, Bd. 16, Nr. 5 (1967), S. 1623–1626; ders., *Einsteins Akte: Einsteins Jahre in Deutschland aus der Sicht der deutschen Politik*, Berlin [u. a.] 1998, S. 152–164; Hermann, Armin, »Der Kampf um die Relativitätstheorie«, in: *Bild der Wissenschaft* (1977), S. 109–116; Hermann 1994, S. 240–247; Kleinert, Andreas, »Paul Weyland, der Berliner Einstein-Töter«, in: Albrecht, Helmuth (Hg.), *Naturwissenschaft und Technik in der Geschichte. 25 Jahre Lehrstuhl für Geschichte der Naturwissenschaft und Technik am Historischen Institut der Universität Stuttgart*, Stuttgart 1993, S. 198–232; Rowe 1993, S. 105–108; Rowe 2006, S. 251–257.

11 Vgl. van Dongen 2007; Fölsing 1993, S. 526–528; Goenner 2005, S. 185–188; Hermann 1994, S. 247–249; Kleinert, Andreas/Schönbeck, Charlotte, »Lenard und Einstein. Ihr Briefwechsel und ihr Verhältnis vor der Nauheimer Diskussion von 1920«, in: *Gesnerus*, Bd. 35, Nr. 3–4 (1978), S. 318–333; Rowe 1993, S. 108–111; Rowe 2006, S. 257–263; Schönbeck 2000.

12 Vgl. Fölsing 1993, S. 594–596; Goenner 2005, S. 188–193; Grundmann 1998, S. 215–216; Hermann 1994, S. 279–283; Wazeck, Milena, »›Einstein auf der Mordliste!‹ Die Angriffe auf Einstein und die Relativitätstheorie 1922«, in: Renn 2005a, S. 222–225.

13 Vgl. insb. Goenner, Hubert, »The Reaction to Relativity Theory in Germany III: ›A Hundred Authors against Einstein‹«, in: Earman, John/Janssen, Michel/Norton, John, *The Attraction of Gravitation: New Studies in the History of General Relativity*, Boston [u. a.] 1993 (Einstein Studies Bd. 5), S. 248–273.

der Fragestellung behandelt, was es für Einstein bedeutete, mit Angriffen auf seine Wissenschaft und seine Person konfrontiert zu sein. In dieser Arbeit hingegen rückt die Frage in den Mittelpunkt, was es für die sich als Einsteingegner verstehenden Personen bedeutete, mit der Relativitätstheorie konfrontiert zu werden. Eine neue Perspektive entsteht, wenn die Gegenbewegung zur Relativitätstheorie nicht als eine originär durch die Existenz der Relativitätstheorie oder durch die Person Einsteins ins Leben gerufene Bewegung untersucht wird. Vielmehr wird ein historisch breiterer Rahmen aufgespannt, um die sozialen Kontexte der Opponenten der modernen Physik in den Blick zu nehmen und sich mit der Dynamik, die die Auseinandersetzung um die Relativitätstheorie entwickelte, zu befassen.

Anstatt mit feststehenden Kategorien an die Einsteingegner heranzutreten und deren Motive und Argumente in wissenschaftsinterne (inhaltliche) auf der einen und wissenschaftsexterne (antisemitische, nationalistische) auf der anderen Seite einzuteilen, wie es insbesondere in den Arbeiten von Hubert Goenner und Klaus Hentschel der Fall ist,[14] will die hier vorgelegte Analyse nachvollziehbar machen, in welcher Weise die Auseinandersetzung um Wissensinhalte genuin politische Dimensionen beinhaltet und sich eigendynamisch entwickelnden Prozessen der Politisierung unterliegt. Die Bedeutung der Vorträge in der Philharmonie und der Diskussion in Bad Nauheim, die in der bisherigen Einsteinforschung geradezu synonym für die Gegnerschaft zur Relativitätstheorie stehen, relativiert sich angesichts der Rekonstruktion einer breiteren und dauerhafteren Gegenbewegung, die sogar institutionalisierte Formen annahm. Dass die Existenz dieses institutionalisierten Netzwerkes von Einsteingegnern der Einsteinforschung bislang entgangen ist, liegt dabei nicht nur an der erst seit einigen Jahren verbesserten Quellenlage (vgl. S. 21f.), sondern auch und insbesondere an der gerade skizzierten einseitigen Ausrichtung der Forschung über die Gegner der Relativitätstheorie.

Mit Untersuchungen zu der kontroversen Rezeption der Relativitätstheorie wird immer auch die Frage aufgeworfen, warum die Relativitätstheorie in der Weimarer Republik eine für eine wissenschaftliche Theorie bislang unbekannte öffentliche Wirkung und Polarisierung erzielen konnte. Viele Positionen hierzu bewegen sich – mit unterschiedlicher Schwerpunktsetzung – zwischen der Auffassung, Einstein sei eine schillernde Persönlichkeit, politisch polarisierend und ein Medienprodukt gewesen,

14 Vgl. Hentschel 1990, S. 74ff.; Goenner 1993a; Goenner 1993b. Kritisch zu dieser Herangehensweise äußert sich auch Rowe 2006, S. 263ff.

und der Feststellung, mit der Bestätigung der Relativitätstheorie bei der Sonnenfinsternis 1919 sei der Startschuss für eine sich eigendynamisch entwickelnde Rezeption der Relativitätstheorie in der Öffentlichkeit gefallen.[15] Allerdings ist »die Öffentlichkeit« in diesen Fällen meistens ein diffuses Publikum, über das man man wenig weiß – oder bereits alles Wissenswerte zu wissen glaubt.

Neuere Arbeiten dagegen betonen, dass Erklärungen für die einzigartige Popularität Einsteins und der Relativitätstheorie mehrere Faktoren einbeziehen müssen: von Einsteins Persönlichkeit und politischem Engagement bis hin zur Faszination für eine neue »große Theorie« und deren Inkompatibilität mit den Alltagsbegriffen von Raum und Zeit, von den weltanschaulichen Milieus und den spezifischen kulturellen und politischen Kontexten der Weimarer Republik bis hin zur Rolle der gerade entstandenen Massenpresse.[16]

David Cassidy betont in *Einstein and Our World*[17] die Heterogenität der öffentlichen Resonanz auf die Relativitätstheorie und weist darauf hin, dass die Rezeption der Relativitätstheorie in der Öffentlichkeit sowohl bedingt war durch die Inkompatibilität der modernen Physik mit dem in der Bevölkerung verbreiteten Verständnis von Wissenschaft, als auch mit der Rolle der Physik als Weltanschauungsersatz in der Nachkriegszeit zusammenhing. Cassidy deckt in *Einstein and Our World* ein breites Feld von Rezeptionsformen ab und behandelt daher die in dieser Arbeit im Mittelpunkt stehende öffentliche ablehnende Rezeption nur am Rande.

Carsten Könneker hat in seiner Arbeit *Auflösung der Natur, Auflösung der Geschichte* die Einstein-Kontroverse im kulturellen Kontext der Weimarer Republik situiert und insbesondere den Zusammenhang mit einer breiteren, mit Spengler und Nietzsche verbundenen Relativismus-Debatte aufgezeigt.[18] Könnekers Ziel ist es, die »Entwicklung der modernen Physik und

15 Vgl. z. B. Elton, Lewis, »Einstein, General Relativity, and the German Press, 1919–1920«, in: *Isis*, Bd. 77 (1986), S. 95–103; Fischer, Ernst Peter, *Einstein. Ein Genie und sein überfordertes Publikum*, Berlin [u. a.] 1996; Fölsing 1993; Pais, Abraham, *Ich vertraue auf Intuition. Der andere Albert Einstein*, Heidelberg [u. a.] 1995.

16 Dies fordert auch Pais 1995, S. 194f., der selbst aber vorwiegend auf Einsteins (politische) Biographie und Anekdoten über Einstein rekurriert.

17 Cassidy, David, *Einstein and Our World*, 2. Auflage, New York 2004, insb. S. 93–110.

18 Einen Bezug zwischen kulturellem Milieu und moderner Physik hatte bereits Paul Forman in Bezug auf die Entwicklung der Quantenmechanik vertreten. Vgl. Forman, Paul, »Weimarer Kultur, Kausalität und Quantentheorie 1918–1927«, in: Meyenn, Karl von (Hg.), *Quantenmechanik und Weimarer Republik*, Braunschweig/Wiesbaden 1994, S. 61–179.

ihre flächendeckende tendenziöse Vulgarisierung in die Debatte um die Hintergründe von Ursprung und Aufstieg des Nationalsozialismus einzubeziehen«.[19] Dieser Ansatz führt Könneker zu kritisch zu bewertenden Schlussfolgerungen und Schuldzuweisungen, etwa in der Schlussbetrachtung zur »Schuld der Physik«: »Durch seine Beiträge zur Entwicklung der modernen Physik und als politisch höchst umstrittene Person hatte Einstein entscheidend dazu beigetragen, daß sich die weltanschaulich-ideologischen Fronten in der Weimarer Republik zunehmend verhärtet hatten bzw. überhaupt erst in der zu beobachtenden Form ausbildeten.«[20]

In dieser Arbeit wird dagegen davon ausgegangen, dass die Ursache der weltanschaulichen Debatte um die Relativitätstheorie weder in der Entwicklung der modernen Physik, noch in Einsteins Person und seinen politischen Stellungnahmen lag,[21] sondern dass die weltanschauliche Inanspruchnahme und Politisierung der Relativitätstheorie vielmehr als ein Phänomen spezifischer soziopolitischer und epistemologischer Kontexte der langen Jahrhundertwende aufzufassen ist.

Die populären Einwände gegen die Relativitätstheorie haben insbesondere Goenner[22] und am ausführlichsten Hentschel betrachtet. In seinem umfassenden Werk zur kontroversen Rezeption der Relativitätstheorie, *Interpretationen und Fehlinterpretationen der speziellen und der allgemeinen Relativitätstheorie durch Zeitgenossen Albert Einsteins*,[23] untersucht Hentschel die Populärliteratur unter dem Aspekt von (gelungener) Popularisierung einerseits und (in Missverständnisse führender) Vulgarisierung andererseits. Die populären inhaltlichen Einwände in den Gegnerschriften werden diesem Blickwinkel folgend von ihm auf fehlerhafte Deutungen, Überheblichkeit oder mangelndes Sich-Einlassen auf die seriöse Populärliteratur zurückgeführt. Hentschels Hauptinteresse gilt allerdings nicht den Hintergründen der populären Kritik, sondern der philosophischen Rezeption der Relati-

19 Könneker 2001, S. 6.

20 Ebd., S. 359.

21 Vgl. dagegen die Einschätzung von Könneker: »Daß sich der Umgangston zwischen Befürwortern und Gegnern [...] zunehmend verschärfte, lag einerseits am öffentlichen Auftreten Einsteins, der aus seinen Sympathien für Pazifisten, Linke und Zionisten keinen Hehl machte, andererseits aber auch am vulgarisierten Inhalt der Theorie als solchem«. Ebd., S. 3. Die entscheidende Frage, unter welchen politischen und sozialen Rahmenbedingungen die politische Überzeugung eines Wissenschaftlers wie Einstein überhaupt diese öffentliche Resonanz erzielen konnte, stellt Könneker hier jedoch nicht.

22 Goenner 1993a.

23 Hentschel 1990.

vitätstheorie und der Entwicklung eines Maßstabs für die Adäquatheit philosophischer Interpretationen der Relativitätstheorie. Er registriert daher nur beiläufig ein Phänomen, das in meiner Arbeit in den Mittelpunkt gestellt wird: »Das eigentlich erstaunliche an den unzähligen ›elementaren Widerlegungen‹ der R[elativitäts-]T[heorie] in der Populärliteratur zur R[elativitäts-]T[heorie] in den zwanziger Jahren ist die Unverfrorenheit, mit der kleine und kleinste Lichter den besten Mathematikern ihrer Zeit ins Handwerk pfuschten«.[24]

Es drängt sich geradezu die Frage auf, woher dieses Selbstbewusstsein kam, das dem Wissenschaftshistoriker von heute als »Unverfrorenheit« erscheint. »[G]renzenlose Selbstüberschätzung«[25] als Motivation dieses Personenkreises ist als Erklärung eines historischen Phänomens unbefriedigend. Oder sollte hier tatsächlich eine pathologische Entwicklung vorliegen und eher die Psychologie als die Wissenschaftsgeschichte gefragt sein? Gute Gründe sprechen dagegen: Dass die Auseinandersetzung mit der Relativitätstheorie in den Pamphleten auf der Grundlage eines Kenntnisstandes erfolgte, der meist unter dem Niveau des studierten Physikers und erst recht unter dem Niveau des mathematisch geschulten theoretischen Physikers lag, was oft recht eigenwillige Deutungen der Relativitätstheorie zu Folge hatte, weist vielmehr darauf hin, dass man sich mit den Wissensinhalten und Wissenschaftsauffassungen dieser wissenschaftlichen Laien befassen und sich auf die Ebene des »Wissens der Leute«[26] begeben muss. Der Begriff des »Wissens der Leute« bezeichnet dabei nicht den sogenannten gesunden Menschenverstand,[27] sondern »eine ganze Reihe von Wissensarten, die als nicht sachgerecht oder als unzureichend ausgearbeitet disqualifiziert wurden: naive, am unteren Ende der Hierarchie, unterhalb des erforderlichen Wissens- und Wissenschaftlichkeitsniveaus rangierende Wissensarten«.[28]

---

24 Ebd., S. 556.

25 Ebd.

26 Foucault, Michel, »Historisches Wissen der Kämpfe und Macht« (Vorlesung am Collège de France, 7. Januar 1976), in: ders., *Dispositive der Macht*, Berlin 1978, S. 55–74, hier: S. 60.

27 Der Begriff des gesunden Menschenverstands wird in dieser Arbeit schon deshalb nicht verwendet, da er inhaltlich unbestimmt und daher analytisch nicht brauchbar ist, sofern man nicht das, was als das »gesunde« Denken bezeichnet wird, als spezifische Auffassung innerhalb einer bestimmten, historisch und kulturell zu kontextualisierenden Denkweise bestimmt, die sich als die selbstverständliche etabliert hat und von der aus ein Gegensatz zu einem »kranken« Denken empfunden wird.

28 Foucault 1976, S. 60.

Diese Arbeit wird darlegen, dass die Relativitätstheorie deshalb so heftig bekämpft wurde, weil sie andere Wissensbestände bedrohte bzw. als eine solche Bedrohung wahrgenommen wurde. Man kann die Konfrontation parallel existierender, unvereinbarer Wissensbestände als Paradigmenkonflikt oder als einen aus widerstreitenden Denkstilen resultierenden Konflikt bezeichnen.[29] Der springende Punkt ist, dass Konflikte dieser Art grundsätzlicher Natur sind und deshalb nicht im Rahmen einer etablierten Wissenschaft gelöst werden können – was überhaupt die »richtige« Wissenschaft und das »wahre« Wissen sind, steht ja gerade zur Debatte. Es wird in dieser Arbeit gezeigt, dass sich diese Konflikte um die Relativitätstheorie nicht nur im Rahmen der akademischen Wissenschaft abspielten, sondern ebenfalls außerakademische Wissensbestände betrafen. Es handelte sich nicht nur um eine Auseinandersetzung zwischen Physikern wie Gehrcke, die der klassischen Physik anhingen, oder Philosophen wie Kraus, die spezifischen philosophischen Systemen verpflichtet waren, auf der einen Seite und den modernen Physikern auf der anderen Seite, sondern es ging insbesondere um einen Konflikt von Vertretern außerakademischer Wissensbestände mit der modernen Physik. Diese außerakademischen Forscher lagen – wie sich im ersten Kapitel zeigen wird – bereits vor der Konfrontation mit der Relativitätstheorie häufiger im Streit mit der akademischen Wissenschaft und sahen sich durch die innerwissenschaftliche Akzeptanz und die überwältigende Präsenz der Relativitätstheorie in der Öffentlichkeit gezwungen, ihre Wissensbestände gegen die moderne Physik zu verteidigen.

Aus dieser Perspektive wird zu zeigen sein, dass der Bruch im Wissen durch den Übergang zur modernen Physik tiefer und anders verlief, als es bisherige Studien nahe legen: Die Kritik im außerakademischen Raum stellte keineswegs eine genuin andere Opposition als die von Experimentalphysikern wie Lenard oder Gehrcke oder von Philosophen wie Oskar Kraus dar; vielmehr lässt sich die Opposition der Experimentalphysiker und der Philosophen mit demselben analytischen Werkzeug wie die Auflehnung der außerakademischen Kritiker beschreiben, nämlich als Gegendiskurs marginalisierter, disqualifizierter und unterworfener Wissensbestände gegen die moderne Physik. Dieser Gegendiskurs stellte die Axiome

29 Vgl. Kuhn, Thomas S., *Die Struktur wissenschaftlicher Revolutionen*, 2., revidierte und um das Postskriptum von 1969 ergänzte Auflage, Frankfurt (Main) 1993 [1962]; vgl. Fleck, Ludwik, *Entstehung und Entwicklung einer wissenschaftlichen Tatsache: Einführung in die Lehre vom Denkstil und Denkkollektiv*, Schäfer, Lothar/Schnelle, Thomas (Hg.), Frankfurt (Main) 1980 [1935].

der modernen Physik in Frage und erhob gleichzeitig spezifische Forderungen an Wissenschaftlichkeit. Er sprach der Relativitätstheorie den Status einer physikalischen Theorie ab und stellte Nischen für abgewertetes Wissen und alternative Anerkennungssysteme bereit. Dieser Gegendiskurs zeigte sich nicht nur in einer im engeren Sinne inhaltlichen Dimension in Form der Existenz anderer Wissensbestände, sondern auch in einer strategischen Dimension, nämlich in Zusammenschlüssen, Vernetzungen und Gegenmaßnahmen gegen die Marginalisierung dieser Wissensbestände.

Der Ansatz der Arbeit, die Gegnerschaft zur Relativitätstheorie als »Aufstand des Wissens gegen die Institution und die Wissens- und Machteffekte des wissenschaftlichen Diskurses«[30] zu analysieren, ist von einer diskursanalytischen Perspektive her bestimmt. Es wird im Folgenden nicht um die Frage von Richtigkeit oder Angemessenheit von Einwänden gegen die moderne Physik gehen, sondern um Ansprüche auf Wissenschaftlichkeit, die erhoben und erkämpft wurden, um Taktiken und Strategien dieses Kampfes sowie um die Allianzen zwischen akademischen Physikern und Philosophen und der außerakademischen Opposition, die vorwiegend durch ein geteiltes Gefühl der Bedrohung, aber auch durch unerwartete Überschneidungen im Verständnis dessen, was eine physikalische Theorie ausmacht, zustande kamen.

Aufbau der Arbeit

Die Arbeit gliedert sich in vier Kapitel. Das erste Kapitel legt dar, dass im Kontext der Wissenschaftspopularisierung des 19. Jahrhunderts ein Raum für außerakademische »freie Naturforschung« entstand, die mit ihren Wissensinhalten, aber auch habituell in einem Spannungsverhältnis zur akademischen Wissenschaft stand. Im zweiten Kapitel wird gezeigt, dass bei diesen außerakademischen Naturforschern ebenso wie bei einigen Physikern und Philosophen eine Rezeptionssperre gegenüber der Relativitätstheorie existierte und die Relativitätstheorie als Bedrohung anderer Wissensbestände wahrgenommen wurde. Auf diese so wahrgenommene Bedrohung wurde zum einen inhaltlich und zum anderen strategisch reagiert:

30 Foucault, Michel, *Die Verteidigung der Gesellschaft*, S. 22 (Vorlesung am Collège de France vom 7. Januar 1976), Frankfurt (Main) 1999.

Das dritte Kapitel thematisiert zunächst die inhaltliche Auseinandersetzung mit der Relativitätstheorie und legt dabei den Schwerpunkt auf die alternativen Wissensbestände, die die Ausgangsbasis der Kritik bildeten. Es wird darüber hinaus gezeigt, dass der Status der Relativitätstheorie als physikalische Theorie auf der Grundlage eines Wissenschaftsverständnisses angegriffen wurde, das sich vom Wissenschaftsverständnis der modernen Physik unterschied. Im vierten Kapitel gelangen mit der strategischen Reaktion auf die Relativitätstheorie die sozialen Netzwerke und die Protestaktionen ins Blickfeld: Die Gefahr für verschiedene andere Wissensbestände wurde als so groß wahrgenommen, dass es nicht nur Argumentationsstrategien gegen die Relativitätstheorie zu entwickeln, sondern auch ungewöhnliche Allianzen zu schmieden und gemeinsame Aktionen zu planen galt. Das wird an dem sowohl akademische wie außerakademische Einsteingegner umfassenden Netzwerk gegen die Relativitätstheorie dargestellt. Es wird dargelegt, dass die inhaltliche Kritik an der Relativitätstheorie und die öffentlichen Protestaktionen gegen sie aus einem Marginalisierungsprozess resultierten, der im außerakademischen wie auch im akademischen Raum epistemologische und soziale Dimensionen aufwies.

Materialgrundlage

Die Arbeit rekurriert größtenteils auf Quellen aus dem ab 2004 erschlossenen Nachlass von Ernst Gehrcke am Max-Planck-Institut für Wissenschaftsgeschichte. Da Gehrcke als eine Anlaufstelle für viele Einsteingegner fungierte, enthält sein Nachlass einen umfassenden Fundus von Pamphleten, Manuskripten und Korrespondenz sowohl von akademischen als auch von außerakademischen Einsteingegnern.

Ernst Gehrcke (1878–1960)

Ernst Gehrcke wurde am 1. Juli 1878 in Berlin geboren. 1897 begann er an der Berliner Universität Physik, Mathematik und Chemie zu studieren. Vorlesungen hörte er unter anderem bei van t'Hoff und Planck, am meisten prägte ihn jedoch Emil Warburg, in dessen Institut er von 1899 bis 1901 arbeitete und bei dem er 1901 promovierte. 1904 erfolgte die Habilitation an der Universität Berlin, 1921 wurde er dort Honorarprofessor. Gehrcke verbrachte fast sein gesamtes Berufsleben bei der Physikalisch-Technischen Reichsanstalt in Berlin, der er von 1901 bis 1946 angehörte, seit 1926 als Direktor der Abteilung für Optik. Nach 1946 arbeitete er an der Universität Jena, dann im Deutschen Amt für Maß und Gewicht. Er starb 1960 in Birkenwerder.

Anfang der 1920er Jahre legte Gehrcke eine umfangreiche Sammlung von Zeitungsartikeln über Einstein und die Relativitätstheorie an. Die Sammlung ist, da sie vorwiegend von Ausschnittsdiensten bestückt wurde, repräsentativ. Ursprünglich umfasste die Sammlung ca. 5.000 Artikel, einige Mappen sind jedoch im Zweiten Weltkrieg verloren gegangen. Die ca. 2.700 erhaltenen gebliebenen Artikel sind im Nachlass enthalten und stellen eine wichtige Quelle zur öffentlichen Diskussion um die Relativitätstheorie dar.[31] Ergänzend wird Material, insbesondere Korrespondenz, aus dem Nachlass von Arvid Reuterdahl herangezogen, der die treibende Kraft hinter der Entstehung eines internationalen Netzwerks der Einsteingegner in den frühen 1920er Jahren war. Der Nachlass ist vor wenigen Jahren von den Nachkommen an die University of St. Thomas, St. Paul, Minnesota übergeben worden und im Hinblick auf die Materialien zu Reuterdahls Gegnerschaft zur Relativitätstheorie wie der Nachlass Gehrckes für die vorliegende Arbeit erstmalig ausgewertet worden.

31 Die Zeitungsartikelsammlung ist vom MPIWG vollständig digitalisiert worden; alle in dieser Arbeit zitierten Zeitungsartikel mit dem Quellennachweis GN sind im Rahmen des ECHO-Projekts online zu finden unter: http://echo.mpiwg-berlin.mpg.de/content/modernphysics/gehrcke/newspaper_articles.

Arvid Reuterdahl (1876–1933)

Arvid Reuterdahl wurde am 15. Februar 1876 in Karlstadt in Schweden geboren, die Familie emigrierte 1882 in die USA. 1899 schloss er sein Studium (M.A.) an der Brown University ab und begann seine berufliche Laufbahn als Lehrer für Mathematik und Physik an der Technical Highschool in Providence. Von 1904 bis 1905 war er Professor für Physik am Colby College in Maine, später gründete er eine Firma und war in Spokane, Washington als Assistant City Engineer, Water Commissioner und als Präsident des Board of Public Works tätig. Es folgten Berufsstationen als beratender Ingenieur in Boise, Idaho (1913 bis 1915) und in Kansas City, Missouri. Am dortigen Polytechnischen Institut war er von 1915 bis 1917 Professor für theoretische und angewandte Mechanik. Von 1918 bis 1922 war Reuterdahl Dekan der Abteilung für Ingenieurwesen und Architektur der University of St. Thomas in St. Paul. 1922 verließ er diesen Posten, um sich mit dem Ramsey Institute of Technology selbstständig zu machen.

Die Korrespondenz der Einsteingegner untereinander stellte für die Untersuchung eine besonders aufschlussreiche Quelle dar. Außerhalb der Nachlässe von Gehrcke und Reuterdahl ist die Quellenlage zu den außerakademischen Einsteingegnern dürftig, es gibt kaum Nachlässe und die Standardnachschlagewerke enthalten meist keine biographischen Angaben. Teilweise haben sich die Wege der außerakademischen Einsteingegner mit denen der kleinen und großen wissenschaftlichen Koryphäen gekreuzt, und sie haben in deren Nachlässen Spuren hinterlassen. Hier konnte selbstverständlich keine systematische Durchsicht erfolgen, sondern ich habe mich darauf beschränkt, in Einzelfällen konkreten Hinweisen nachzugehen.

Die Tabelle auf Seite 25 gibt eine Übersicht über die in dieser Arbeit im Mittelpunkt stehenden Einsteingegner. Die Personen, die im Netzwerk der Einsteingegner eine besonders bedeutende Rolle spielten, werden zusätzlich in Biographie-Boxen vorgestellt. Die Arbeit enthält des Weiteren drei Fallstudien zu Einsteingegnern, die verschiedenen außerakademischen

Kontexten zugeordnet werden können. Hier wurden exemplarische Fallstudien als Darstellungsweise gewählt, um die Verbundenheit außerakademischer Argumentationen nicht nur mit der jeweiligen Biographie sondern auch mit den sozialen und epistemologischen Rahmenbedingungen spezifischer weltanschaulicher Kontexte in der angemessenen Tiefe nachvollziehbar zu machen.

Die Einsteingegner waren eine äußerst heterogene Gruppe, die sowohl inhaltliche als auch soziale Konflikte mit der modernen Physik austrug. Je nach Art der Konflikte werden die Einsteingegner in dieser Arbeit deshalb in verschiedene Kategorien eingeteilt. So ist in Bezug auf die inhaltliche Kritik eine Differenzierung zwischen vorwiegend klassisch-physikalisch, philosophisch oder auf Grundlage einer »eigenen Theorie« argumentierenden Einsteingegnern bzw. Welträtsellösern (zu diesem Begriff vgl. S. 33) angebracht.

Im Hinblick auf die sozialen Marginalisierungsprozesse ist hingegen eine Unterscheidung nach dem gesellschaftlichen Status hilfreich. Auf dieser Ebene war das Verhältnis von institutionalisierter akademischer Wissenschaft und Einsteingegner weniger von der Art der inhaltlichen Argumentation als vielmehr von der Ausbildung und dem ausgeübten Beruf, also von der vorhandenen bzw. fehlenden Zugehörigkeit des Einsteingegners zur akademischen Physik oder Philosophie bestimmt. In der vorliegenden Arbeit wird deshalb zwischen akademischen Physikern, akademischen Philosophen bzw. akademischen Einsteingegnern und außerakademischen Einsteingegnern unterschieden. Dabei korrespondieren akademische Ausbildung und Art der inhaltlichen Kritik in hohem Maße miteinander (der Physiker argumentiert im Allgemeinen physikalisch, der Philosoph philosophisch, der Ingenieur beispielsweise vor dem Hintergrund seiner Druckkrafttheorie), gehen aber nicht ineinander auf (der Physiker argumentiert auf der Grundlage seiner eigenen Theorie, der Ingenieur argumentiert physikalisch).[32]

32 So war Hermann Fricke zwar ein promovierter, allerdings nicht akademisch angebundener Physiker, der jedoch aufgrund seiner Argumentation unter die Kategorie »Welträtsellöser« fällt. Der Generalmajor von Gleich dagegen besaß zwar keine akademische Physik-Ausbildung, argumentierte aber rein auf Basis der klassischen Physik, korrespondierte mit Physikern und mochte mit der »welträtsellösenden« Kritik nichts zu tun haben. Die hier vorgenommene Kategorisierung soll die hauptsächliche Basis der inhaltlichen Kritik bezeichnen und versteht sich nicht als dogmatisch, tatsächlich gab es viele Grenzfälle, auf die an den jeweiligen Stellen dieser Arbeit hingewiesen wird.

Übersicht über die Einsteingegner

Name	*Lebensdaten*	*Ausbildung/Beruf*	*Basis der inhaltlichen Kritik*
Browne, Robert T.	geb. 1882	Beamter	Eigene Theorie
Fricke, Hermann	1876–1949	Physiker, Patentamts-angestellter	Eigene Theorie
Gehrcke, Ernst	1878–1960	Physiker	Klassische Physik
Geissler, Kurt	geb. 1859	Oberlehrer	Philosophie
Gilbert, Leo	geb. 1862	Ingenieur, Journalist	Eigene Theorie
Glaser, Ludwig	geb. 1889	Physiker	Klassische Physik
Gleich, Gerold von	geb. 1869	Generalmajor a. D.	Klassische Physik
Guillaume, Edouard	1881-1959	Physiker, Patentamts-angestellter	Klassische Physik
Heidenreich, Eyvind L.	geb. 1860	Ingenieur	Eigene Theorie
Kleinschrod, Franz	1860–1934	Arzt	Eigene Theorie
Kühn, Lenore	1878–1955	Philosophin, Journalistin	Philosophie
Kraus, Oskar	1872–1942	Philosoph	Philosophie
Lenard, Philipp	1862–1947	Physiker	Klassische Physik
Mewes, Rudolf	geb. 1858	Ingenieur	Eigene Theorie
Mohorovičić, Stjepan	1890–1980	Lehrer, Geophysiker	Klassische Physik
Orthner, Rudolf	1884–1961	Chemiker	Eigene Theorie
Palagyi, Melchior	1859–1924	Lehrer, Philosoph	Philosophie
Patschke, Arthur	1865–1934	Ingenieur	Eigene Theorie
Riem, Johannes	geb. 1868	Astronom	Klassische Physik
Reuterdahl, Arvid	1876–1933	Ingenieur, Physiker	Eigene Theorie
Ruckhaber, Erich	1876–1956	Kaufmann, Philosoph	Eigene Theorie
See, Thomas J. J.	1866–1962	Astronom	Eigene Theorie
Vogtherr, Karl	geb. 1882	Arzt	Philosophie
Weinmann, Rudolf	geb. 1870	Philosoph, Schrift-steller, Schauspieler	Philosophie
Zacharias, Johannes	geb. 1850	Ingenieur	Eigene Theorie
Ziegler, Johann H.	1857–1936	Chemiker	Eigene Theorie

1. Die Welträtsellöser

Um die Jahrhundertwende existierte außerhalb der akademischen Wissenschaft eine »freie Naturforschung«, die sich nicht als Liebhaberei oder Amateurwissenschaft verstand. Diese freie Naturforschung entstand im Zuge der Wissenschaftspopularisierung des 19. Jahrhunderts und war ein Phänomen weltanschaulicher Kontexte der Jahrhundertwende. Die freien Forscher teilten eine holistische, weltanschauliche Auffassung von Wissenschaft, die mit der akademischen Wissenschaftsauffassung inkompatibel war. Ihre Haltung war bekennend antiakademisch und sie zielten nicht auf Koexistenz mit der akademischen Wissenschaft, sondern auf Konfrontation. Es waren diese freien Forscher, diese »Welträtsellöser«, die in den 1920er Jahren als außerakademische Kritiker der Relativitätstheorie in Erscheinung traten.

1.1 Die Schattenseite der Wissenschaftspopularisierung

Das 19. Jahrhundert gilt als das »bürgerliche Jahrhundert«.[1] Eine zunehmend selbstbewusst gewordene bürgerliche Öffentlichkeit dehnte ihre Forderung nach Partizipation auch auf den Bereich der Wissenschaften aus. Das »naturwissenschaftliche Zeitalter«[2] brachte nicht nur die Bildung und

---

1 Einen umfassenden Überblick zur Bürgertumsforschung bieten die vier Bände *Bildungsbürgertum im 19. Jahrhundert*, Stuttgart 1985–1992.

2 So der Titel eines von Werner Siemens bei der Naturforscherversammlung 1886 in Berlin gehaltenen Vortrags. Vgl. Siemens, Werner, »Das naturwissenschaftliche Zeitalter«, abgedruckt in: Engelhardt, Dietrich von (Hg.), *Forschung und Fortschritt. Festschrift zum 175jährigen Jubiläum der Gesellschaft Deutscher Naturforscher und Ärzte*, Stuttgart 1997, S. 167–174.

Ausdifferenzierung der Disziplinen[3] und Erfolge bei der technischen Anwendung mit sich, sondern auch das Bedürfnis nach Teilhabe am wissenschaftlichen Wissen seitens der Öffentlichkeit. Die Gründung von Lesezirkeln, Museen und Sammlungen, die Organisation von naturkundlichen Wanderungen und Vorträgen waren Ausdruck dieses Interesses. Nicht zuletzt bot ein breites Spektrum wissenschaftlicher Vereine vielfältige Möglichkeiten zur amateurwissenschaftlichen Betätigung an, für den Käferkundler ebenso wie für den Hobby-Astronomen.[4]

Andreas Daum hat in seiner umfassenden Studie zur Wissenschaftspopularisierung im 19. Jahrhundert nicht nur die Geschichte des populärwissenschaftlichen Vereinswesens und der populärwissenschaftlichen Publikationsmedien untersucht, sondern insbesondere auch die sozialen Räume aufgezeigt, die sich teilweise erst mit der Wissenschaftspopularisierung eröffnet hatten: Räume, in denen verschiedene Formen der Rezeption und Verwendung von Wissenschaft möglich wurden und in denen verschiedene Protagonisten im reichbevölkerten Grenzbereich zwischen »Experte« und »Laie« ihre Rollen finden und erfinden, sich Wissenschaft aneignen konnten.

Doch noch immer stellt die Aneignung der zum öffentlichen Gut gemachten Wissenschaft, die Transformation von Wissen in verschiedene soziale und epistemologische Kontexte, ein Forschungsgebiet dar, das bislang wenig untersucht ist. Das gilt besonders für eine differenzierende Betrachtung der Öffentlichkeit als nicht-homogenes Gebilde in ihrer Rolle als Adressat, Konsument und Produzent von Wissen.[5] Tatsächlich wird die Öffentlichkeit nach wie vor überwiegend als eher passiver Part der Wissenschaftspopularisierung angesehen. Damit korrespondiert das dominierende Verständnis des Verhältnisses von Wissenschaft und Öffentlichkeit.[6]

---

3 Vgl. Stichweh, Rudolf, *Zur Entstehung des modernen Systems wissenschaftlicher Disziplinen. Physik in Deutschland 1740–1890*, Frankfurt (Main) 1984.

4 Vgl. die Tabelle der naturkundlichen Vereine in Deutschland in: Daum, Andreas, *Wissenschaftspopularisierung im 19. Jahrhundert. Bürgerliche Kultur, naturwissenschaftliche Bildung und die deutsche Öffentlichkeit 1848–1914*, 2. Aufl., München 2002, S. 91–95.

5 Gregory und Miller weisen auf die Unschärfe der Laie-Experte-Distinktion hin. Jeder ist Experte in wenigen Bereichen und Laie in vielen. Der Laie wird bei Gregory/Miller aber vorwiegend als Individuum mit seinem jeweils spezifischen persönlichen Wissen betrachtet, d. h. sozioepistemologische Kontexte und außerakademische Wissensbestände spielen hier keine Rolle. Vgl. Gregory, Jane/Miller, Steve, *Science in Public: Communication, Culture, and Credibility*, New York 1998, S. 95–99.

6 Vgl. Hilgartner, Stephen, »The Dominant View of Popularization: Conceptual Problems, Political Uses«, in: *Social Studies of Science*, Bd. 20, Nr. 3 (1990), S. 519–539.

Dieses setzt eine Hierarchie, ein Rationalitätsgefälle, zwischen wissenschaftlichem Wissen und nichtwissenschaftlichem Wissen voraus, wie Roger Cooter und Stephen Pumfrey es in ihrem programmatischen Artikel »Separate Spheres and Public Places: Reflections on the History of Science Popularization and Science in Popular Culture« formulieren: »On this reading, ›popular‹ knowledge and practice of science had to be a diminished simulacrum – simpler, weaker or distorted in proportion to the distance between the learned and the lay communities.«[7]

Diesem Popularisierungsverständnis liegt die Annahme einer prinzipiellen Trennbarkeit von wissenschaftlichem Wissen und nichtwissenschaftlichem Wissen anhand bestimmter Kriterien zugrunde. Der Laie soll nach dieser Vorstellung das von der Wissenschaft aufbereitete, vereinfachte Wissen konsumieren. Er erwirbt gewisse Kenntnisse, bildet sich und wird im Gegenzug der Wissenschaft Akzeptanz und Vertrauen schenken. Kritik oder Gegenpositionen sind nach diesem Modell hauptsächlich auf Irrationalität, Unkenntnis und Mangel an Einsicht zurückzuführen.[8]

Verschiedene Studien haben gezeigt, dass dieses »Einbahnstraßen-Modell« die Popularisierungspraxis nicht zutreffend beschreibt, und nachdrücklich darauf hingewiesen, dass die Rezeption von Wissenschaft ein offener Prozess ist, da jede Form der Aneignung gleichzeitig eine Form der Produktion ist.[9] Ob das Wissen »richtig«, d. h. im Sinne der Popularisierer verstanden wird, ist weder voraussehbar noch gänzlich steuerbar. Cooter und Pumfrey betonen: »›Popular science‹ may diverge from ›learned science‹ not because the latter is poorly understood, but because it is developed by its recipients for different purposes«. Zudem plädieren sie dafür, auch die Widerstände und Resistenzen gegen Wissenschaftspopularisierung in den Blick zu nehmen und sich damit auf eine Seite der Populari-

---

7 Cooter, Roger/Pumfrey, Stephen, »Separate Spheres and Public Places: Reflections on the History of Science Popularization and Science in Popular Culture«, in: *History of Science*, Bd. 32, Nr. 3 (1994), S. 237–267, hier: S. 240.

8 Zur Kritik dieses Verständnisses von Popularisierung vgl. u. a. Cooter/Pumfrey 1994 und Hilgartner 1990.

9 Ohne Anspruch auf Vollständigkeit sind als wegweisende Studien zu nennen: Allen, David Elliston, *The Naturalist* in *Britain*, Princeton 1994; Cooter, Roger, *The cultural meaning of popular science: phrenology and the organization of consent in nineteenth-century Britain*, Cambridge [u. a.] 1984; Daum 2002; Kohlstedt, Sally Gregory, »The Nineteenth-Century Amateur Tradition: The Case of the Boston Society of Natural History«, in: Holton, Gerald/Blanpied, William A. (Hg.), *Science and Its Public: The Changing Relationship*, Dordrecht/Boston 1976, S. 173–190; Shapin, Steven/Schaffer, Simon, *Leviathan and the air-pump: Hobbes, Boyle, and the experimental life*, Princeton 1985.

sierung zu begeben, die eine im Wesentlichen konflikthafte ist und zu der bislang Untersuchungen weitgehend fehlen. Diese Arbeit wird am Beispiel der außerakademischen Kritik an der Relativitätstheorie einen Beitrag dazu leisten, diese konflikthafte Seite des Prozesses der Wissenschaftspopularisierung zu untersuchen. Es wird im Folgenden gezeigt, dass die außerakademischen Einsteingegner zum großen Teil auf der Schattenseite der Wissenschaftspopularisierung zu verorten sind. Ich möchte zunächst verdeutlichen, was ich als die »Schattenseite« der Wissenschaftspopularisierung bezeichne und welchen Aspekt der Popularisierung ich mit der außerakademischen Kritik der Relativitätstheorie untersuche.

Im engeren Sinne ist mit Wissenschaftspopularisierung die planvolle Vermittlung von Wissenschaft gemeint. Im weiteren Sinne beschreibt Wissenschaftspopularisierung einen komplexen Prozess nicht nur der Vermittlung, sondern auch der Aneignung von Wissen. Die *Popularisierung* der Relativitätstheorie wurde von Wissenschaftlern, professionalisierten Popularisierern und selbstberufenen Popularisierern (vom Lehrer bis zum Pfarrer) getragen, die – mehr oder weniger erfolgreich – versuchten, die Erkenntnisse der akademischen Wissenschaft der breiten Öffentlichkeit zu vermitteln. Diese Popularisierung der Relativitätstheorie im engeren Sinne, die in unzähligen allgemeinverständlichen Einführungen ihren Niederschlag fand, ist nicht Gegenstand dieser Arbeit. Auf den ersten Blick weniger eindeutig ist, dass es in dieser Arbeit auch nicht um *Amateurwissenschaft* gehen wird. Auch wenn die in der vorliegenden Arbeit untersuchte Personengruppe der außerakademischen Forscher durchaus als eine spezielle Gruppe von Amateurwissenschaftlern anzusehen ist, bietet sich ein eigener Begriff an, um das Spezifikum dieser Gruppe hervorzuheben und Missverständnisse zu vermeiden. Insbesondere in der angloamerikanischen Forschung ist der Begriff des »amateur scientist« eher an der partizipatorischen »Republic of Science«[10] orientiert als am konfrontativen Außenseitertum. Auch eine Definition von »Amateur«, wie sie in einer der ersten Beschäftigungen mit Amateurwissenschaft im deutschsprachigen Raum im Rahmen der Tagung »Liebhaber und Wissenschaft« der Gesellschaft für Wissenschaftsgeschichte gegeben wurde, ist für die Fragestellung dieser Arbeit ungeeignet:

---

10 Sheets-Pyenson, Susan, »Popular Science Periodicals in Paris and London: The Emergence of a Low Scientific Culture, 1820–1825«, in: *Annals of Science*, Bd. 42 (1985), S. 549–572, hier: S. 562.

»In erster Annäherung soll [...] unter Amateur (Laie, Liebhaber, Dilettant, Autodidakt, Privatgelehrter, Fachfremder, Außenseiter) derjenige verstanden werden, der außerhalb institutionalisierter und etablierter Wissenschaft eine wissenschaftliche Leistung vollbringt, die in die etablierte Wissenschaft eingeht. Als Person kann er entweder außerhalb der wissenschaftlichen Profession bleiben, durch seine Leistung in sie aufgenommen oder zum Begründer einer neuen Wissenschaft oder Disziplin werden.«[11]

Diese Definition bezieht sich auf Amateure, deren Leistung von der Wissenschaft bereits als wissenschaftliche Leistung anerkannt wurde. Der meist vorher geführte Kampf um die Anerkennung der Leistung des Amateurs wird dabei ausgeklammert. Gar keine Berücksichtigung finden diejenigen, die sich durchaus als Wissenschaftler verstanden, deren Kampf um Anerkennung aber erfolglos blieb. Aus einer Perspektive, die Wissenschaftlichkeitsansprüche untersucht, kann eine Betrachtung des Amateurs, die erst nach der offiziellen Anerkennung durch die akademische Wissenschaft einsetzt, ebenso wenig weiterhelfen wie die Etikettierung von nicht anerkannten Wissenschaftlichkeitsansprüchen als Pseudowissenschaft.[12] Geeigneter sind Begriffe wie »Deviant Sciences«[13] oder »außerakademische Forschung«, wobei »außerakademisch« sich hier nicht auf formale Kriterien wie etwa das Beschäftigungsverhältnis des Forschers bezieht, sondern Wissenschaft außerhalb akzeptierter akademischer Standards bezeichnet. Solche außerakademischen Ansprüche auf Wissenschaftlichkeit können von höchst unterschiedlichen Theorien und Weltanschauungen erhoben werden. Historische Beispiele sind umkämpfte Wissenschaftsansprüche von Theorien wie dem Mesmerismus, der Phrenologie oder der Odlehre Karl von Reichenbachs. Auch Theorien wie die Hohlwelttheorie, die

11 Toellner, Richard, »Liebhaber und Wissenschaft. Zur Rolle des Amateurs in der Geschichte der Wissenschaften. Ansprache zur Einführung in das Symposium«, in: *Berichte zur Wissenschaftsgeschichte*, Bd. 9 (1986), S. 137–145, hier: S. 143.

12 Der Begriff der Pseudowissenschaft wird in dieser Arbeit schon deshalb vermieden, weil er überwiegend pejorativ gebraucht wird. Vgl. insb. die Beiträge in: Wallis, Roy, *On the Margins of Science: The Social Construction of Rejected Knowledge*, Keele 1979 (Sociological Review Monograph Bd. 27); Nowotny, Helga, »Science and its Critics: Reflections on Anti-science«, in: dies./Rose, Hilary, *Counter-movements in the Sciences*, Dordrecht 1979 (Sociology of Science Yearbook Bd. 3), S. 1–26, insb. S. 5.

13 Vgl. Dolby, R. G. A. »Reflections on Deviant Science«, in: Wallis 1979, S. 9–49; vgl. auch Ben-Yehuda zur Definition von deviant science: »A deviant science is a science that by virtue of its hypotheses or methology, is regarded by the relevant scientific establishment as deviant.« Ben-Yehuda, Nachman, *Deviance and Moral Boundaries: Witchcraft, the Occult, Science Fiction, Deviant Sciences and Scientists*, Chicago 1985, S. 106.

Glazialkosmogonie und der Geozentrismus, nicht zuletzt auch weltanschaulich geprägte Wissenschaften wie die Homöopathie und die Anthroposophie konnten (und können noch) eine zum Teil nicht unbeträchtliche Anhängerschaft aufweisen, die fest von der Wissenschaftlichkeit ihrer Ansichten überzeugt war (und ist) und sich zum Teil heftige Auseinandersetzungen mit den wissenschaftlichen Koryphäen lieferte (und liefert). Als aktuelles Beispiel lässt sich noch die Kontroverse um »Intelligent Design« hinzufügen. Zwar hat ein Gericht im Dezember 2005 die »Nicht-Wissenschaftlichkeit« des »Intelligent Design« festgestellt; da das Urteil jedoch auf Grundlage bestimmter, von der Gegenseite bestrittener Wissenschaftsstandards gefällt wurde, konnte es die Kontroverse nicht beenden.[14]

In neueren Arbeiten wird vermieden, den Amateur anhand formaler Kriterien zu identifizieren. Wegweisend ist hier die Arbeit von Daum, der auf die Unbestimmtheit des Begriffs des wissenschaftlichen Amateurs hinweist und letztlich für einen habitusorientierten Begriff der Amateurwissenschaft plädiert:

»Eine streng soziologische Bestimmung der Amateurwissenschaft ist [...] kaum möglich. Der Typus ist nur zu verstehen als Ausdruck der Ausdifferenzierung des privaten Raums der bürgerlichen Gesellschaft und als unleugbares Komplement zur Professionalisierung der Wissenschaft.

Die Amateure als Nichtakademiker zu bezeichnen, wäre irreführend. In den Naturvereinen fanden sich zahlreiche Absolventen akademischer Studiengänge. Eine strenge Gegenübersetzung zu den Kategorien der Professionalisierung würde z. B. Alexander von Humboldt als Amateur erscheinen lassen.

Die Amateurwissenschaft ist eher mit Kategorien kulturellen Verhaltens zu definieren. Sie orientiert sich primär an dem Ideal selbstbestimmter Bildungstätigkeit außerhalb beruflicher Pflicht. Sie zielt auf die Befriedigung des persönlichen Interesses ohne notwendigerweise die eigenen Erkenntnisse in einem wissenschaftlichen Diskurs weiterzugeben. Sie läßt der Freude an Geselligkeit und sozialer Vernetzung mehr Raum als dem Leistungsethos des professionellen Forschers«.[15]

Dieser Begriff des Amateurwissenschaftlers bietet sich an, um Amateurwissenschaft als komplexes kulturelles Phänomen zu beschreiben. Auf die außerakademischen Forscher, die als Einsteingegner in Erscheinung traten, ist er allerdings nicht anwendbar. Die außerakademischen Gegner der

---

14 Das Urteil zu dem Fall Kitzmiller, et al. v. Dover Area School District, et al., Case No. 04cv2688 ist online verfügbar unter: http://www.pamd.uscourts.gov/05opinions.htm. Dass solche Urteile die Debatte nicht beenden können, heißt nicht, dass sie nicht sinnvoll sind, um einen bestimmten Wissenschaftsstandard in der Lehre zu halten.

15 Daum 2002, S. 108.

Relativitätstheorie wollten unbedingt, dass ihre Erkenntnisse in der akademischen Diskussion zur Kenntnis genommen werden, mehr noch: Sie wollten diese Diskussion grundlegend verändern. Sie waren keine Reformer, sondern Putschisten. Die Geselligkeit und Vernetzung unter den außerakademischen Forschern resultierte eher aus der Marginalisierung durch die »offizielle Wissenschaft«[16] als aus Freude am sozialen Vereinsleben. Und was vielleicht am meisten gegen die Anwendung des Begriffs Amateurwissenschaftler spricht: Sie haben sich selbst nie als Amateure verstanden. Sie waren Außenseiter der akademischen Wissenschaft, die sich ihres Außenseitertums wohl bewusst waren und sich trotzdem als Wissenschaftler begriffen. Im Gegensatz zu den akademischen Wissenschaftlern – den »Experten«, »Spezialisten«, »Wissenschaftsbeamten« – betrachteten sie sich als die wahren Wissenschaftler: Sie waren »richtige Naturforscher« und überzeugt davon, die Welträtsel gelöst zu haben. In dieser Arbeit wird deshalb der Begriff der *Welträtsellöser* für diejenigen verwendet, die außerhalb der etablierten Wissenschaft forschten, ihrem Selbstverständnis zufolge jedoch keine Amateure waren. Vielmehr sahen sie sich als die nicht anerkannten Kollegen der wissenschaftlichen Koryphäen, denen sie oft eben jene Wissenschaftlichkeit absprachen, die sie ihrerseits für ihre umfassenden Theorien in Anspruch nahmen.

1.2 Das Phänomen des Welträtsellösertums

Die Ansicht, dass die Wissenschaft »Welträtsel« zu lösen habe, hat Ende des 19. Jahrhunderts insbesondere durch Ernst Haeckels 1899 erschienenes Werk *Die Weltraetsel* Verbreitung gefunden.[17] Der Begriff »Welträtsel« für die großen Fragen der Wissenschaft – darunter das Wesen von Kraft und Materie oder die Entstehung des Lebens – wurde jedoch bereits früher im 19. Jahrhundert verwendet. Er wurde insbesondere durch Emil du Bois-Reymonds Vortrag »Die sieben Welträtsel« bekannt.[18] Weniger bekannt ist, dass die Lösung der Welträtsel zu Beginn des 20. Jahrhunderts von vielen Bürgern bereits in Angriff genommen worden war und zwar oft

16 Ziegler, Johann Heinrich, *Konstitution und Komplementät der Elemente*, Bern 1908, S. 4.

17 Haeckel, Ernst, *Die Weltraetsel*, Stuttgart 1984 [1899].

18 Vgl. Du Bois-Reymond, Emil, *Über die Grenzen des Naturerkennens. Die sieben Welträthsel. Zwei Vorträge*, Leipzig 1882.

ohne direkten Bezug auf die Haeckelschen Welträtsel, obgleich die monistische Weltanschauung durchaus eine wichtige Rolle in der außerakademischen Forschung spielte (vgl. S. 50ff.). Carl Beckenhaupt, Mitglied einer Vereinigung außerakademischer Forscher, der Gesellschaft Weltwissen, beschrieb 1912 die Welträtsellöser als Phänomen:

»Es ist bekannt, dass in unserer Zeit immer mehr Männer aus praktischen wissenschaftlichen Berufen ein außerordentliches Interesse an universal-theoretischen Fragen nicht allein bekunden, sondern auch in selbständige Arbeit umsetzen. – Uns selbst sind im Laufe der letzten zehn Jahre etwa 50, von Ärzten, Chemikern, Ingenieuren, Offizieren, Landwirten und sogar Kaufleuten verfaßte Schriften in die Hand gekommen und die wirkliche Zahl beläuft sich sicher in die Hunderte. Entweder befassen sich dieselben mit der Unhaltbarkeit bisher aufgestellter Theorien oder sie suchen neue Prinzipe zu begründen; der etwaige Wert dieser Schriften kommt hier nicht in Betracht, sondern nur die Tatsache, daß die Männer, welche in den Schwierigkeiten des Erwerbslebens stehen, durch ein so hingegebenes Streben nach klaren Naturgesetzen erfaßt werden, und sodann die Frage, ob diesem Streben nach theoretischen Systemen eine wissenschaftliche Bedeutung zu geben ist!«[19]

Tatsächlich waren es vor allem Angehörige des Erwerbsbürgertums mit naturwissenschaftlicher Vorbildung, die anfingen, eigene »Universal-Theorien« über die Welt zu entwickeln. Diese Arbeiten sind nicht auf einzelne wissenschaftliche Fragen bezogen, sondern stellen umfassende neue Theorien dar, die oft in Konflikt zu den von der akademischen Wissenschaft akzeptierten Theorien standen. Ingenieure stellten unter diesen Welträtsellösern die mit Abstand größte Gruppe dar.[20] Im Nachlass von Ernst Gehrcke befindet sich eine Vielzahl von solchen »universal-theoretischen« Entwürfen unterschiedlichster Autoren. Von der Broschüre *Kann die Erde erkalten? Die Gestirne als Kraftquelle und die Ursachen der Schwerkraft* des Apothekenbesitzers zur Broschüre *Gegen die Wahnvorstellung vom heißen Erdinnern* des Druckereibesitzers; vom *Rätsel des Lebens*, gelöst durch den Kneipparzt, zum *Rätsel der Schwerkraft*, gelöst durch den Oberstabsarzt; von der *Universellen Weltformel und ihrer Bedeutung für die wahre Erkenntnis aller Dinge* des Chemikers zur *Lösung der Welträtsel durch das einheitliche Weltgesetz der Kraft*

---

19 Beckenhaupt, Carl, »Über die Notwendigkeit geordneter Ausgleiche der Wissenschaft und Lebenspraxis. Ein Versuch zur Organisation der freien Forschung«, Teil 1 in: *Weltwissen*, Bd. 2, Nr. 42 (1914), S. 205–207, hier: S. 205.

20 Dies erklärt sich u. a. aus einem Naturverständnis der Ingenieure, welches stark von ihrer beruflichen Praxis des Interagierens mit der Natur geprägt war. Vgl. Dienel, Hans-Liudger, *Herrschaft über die Natur? Naturvorstellungen deutscher Ingenieure 1871–1914*, Stuttgart 1992.

des Ingenieurs – neue Theorien überschwemmten den außerakademischen Wissenschaftsmarkt: *Eine neue Sonnentheorie*, *Die neue Physik*, *Neue Energien im Sonnensystem*, *Neues vom Weltall*, *Neue Wege zur Lösung der Welträtsel*, *Eine neue mechanische Universal-Theorie*, *Neue Energetik* oder *Neueste Resultate über Weltkraft und Radialströmung* – um nur einige Titel zu nennen.[21]

Eigene Theorien der Welträtsellöser

Eine einzelne Schrift über eine »ethische Gravitationstheorie« ließe sich vielleicht noch als Kuriosität abtun. Kisten voller neuer Licht-, Äther- und Gravitationstheorien weisen durch ihre bloße Anzahl darauf hin, dass es sich um ein historisches Phänomen handelt. Doch was haben diese Welträtsellöser-Schriften mit der Relativitätstheorie zu tun? Die Antwort ist: sehr viel, wie ein genauerer Blick auf die Publikationslisten der Welträtsellöser zeigt. Es waren – und das ist eine zentrale Erkenntnis dieser Arbeit – hauptsächlich die Verfasser dieser und vieler ähnlicher Schriften, die in den 1920er Jahren als außerakademische Gegner der Relativitätstheorie in Erscheinung traten: *Das Ende der sog. Relativitätstheorie* verkündete der Chemiker mit der universellen Weltformel 1923, den *Umsturz der Einsteinschen Relativitätstheorie* der Ingenieur mit dem Weltgesetz der Kraft

21 Wutke 1909; Goldzier 1906; Kleinschrod 1912; Haedicke 1902; Ziegler 1902; Patschke 1905a; Fricke 1933; Lamberty 1926; Kniepf 1904; Müller 1913; Feigl 1931; Hack 1930; Gilbert 1912; Holz 1904.

1920, *Das Relativitätsprinzip, die jüngste Modenarrheit der Wissenschaft* erklärte der Redakteur mit der *Neuen Energetik* bereits 1914, den *Fehler in Einsteins Relativitätstheorie* entdeckte der Patentamtsangestellte mit der neuen Theorie der Schwerkraft 1920, über *Das Lebensproblem und das Positivitätsprinzip in Zeit und Raum und das Einsteinsche Relativitätsprinzip in Raum und Zeit* äußerte sich der Kneipparzt 1920, über *Die physikalische Unhaltbarkeit der Relativitätstheorie Einsteins* der Oberstabsarzt 1932.[22]

Anti-Einstein-Schriften der Welträtsellöser

Es ist zentral, sich die vor, neben und nach dieser Relativitätstheorie-Kritik aufgestellten Theorien anzusehen und sie auf ihre Bedeutung für die Motivation und die Art der Angriffe auf Einsteins Theorie hin zu untersuchen. Die Analyse wird zeigen, ob die Kritik der Relativitätstheorie nur eine Episode für diese außerakademischen Forscher war oder ob die Relativitätstheorie den Katalysator darstellte, der die Konfrontation von außerakademischer und akademischer Wissenschaft auf die Spitze trieb.

22 Ziegler 1923; Patschke 1920; Gilbert 1914; Fricke 1920a; Kleinschrod 1920; Haedicke 1932.

1.3 Kontexte des Welträtsellösertums

Das Welträtsellösertum war ein Phänomen weltanschaulicher Kontexte der »langen Jahrhundertwende« von 1880 bis 1930. Im folgenden Abschnitt werden die drei zentralen Kontexte des Welträtsellösertums skizziert und an je einer Fallstudie illustriert. Dies kann hier nur knapp und überblicksartig geschehen. Es wird zwischen den Kontexten Okkultismus, Lebensreform und Monismus differenziert. Obgleich Überschneidungen zwischen den okkultistischen und monistischen Bewegungen und der Lebensreformbewegung bestehen, bietet sich eine solche Differenzierung an, da sich zum einen die sozialen Organisationsformen dieser Kontexte und zum anderen ihre jeweiligen Konfliktzonen mit der akademischen Wissenschaft, um die es hier in erster Linie geht, signifikant unterscheiden.

1.3.1 Okkultismus

Mit dem Aufschwung der Naturwissenschaften und dem Bedeutungsverlust der christlichen Kirchen im 19. Jahrhundert einhergehend entstanden neue Formen von Religiosität. Es bildeten sich freireligiöse Bewegungen, orientalische Religionen wie der Buddhismus zogen in Europa insbesondere viele Intellektuelle an, andere suchten die religiöse Erfüllung in der Hinwendung zu vorchristlichen »Urreligionen« oder in okkultistischen Bewegungen.[23] Okkultismus wird hier als ein Oberbegriff für alle Arten von »Geheimwissenschaften« verstanden, die sich mit übersinnlichen, naturwissenschaftlich nicht erklärbaren bzw. noch nicht naturwissenschaftlich erklärten Phänomenen befassen.[24] Unter den verschiedenen Ausprägungen des modernen Okkultismus waren es insbesondere Theosophie, Spiritismus und in Deutschland zudem die aus der Theosophie hervorgegangene Anthroposophie, welche die von der Wissenschaft exkludierten Sinnfragen aufnahmen.

---

23 Für einen knappen Überblick vgl. Ulbricht, Justus H., »Religiosität und Spiritualität«, in: Kerbs, Diethard/Reulecke, Jürgen, *Handbuch der deutschen Reformbewegungen 1880–1933*, Wuppertal 1998, S. 495–498.

24 Zu den verschiedenen Ansätzen der Begriffsbestimmung des Okkulten vgl. Truzzi, Marcello, »Definition and Dimensions of the Occult: Towards a Sociological Perspective«, in: Tiryakian, Edward A., *On the margin of the visible: sociology, the esoteric, and the occult*, New York, NY [u. a.] 1974, S. 243–255.

Die 1875 von Helena Blavatsky in den USA gegründete Theosophische Gesellschaft und die 1912/1913 von Rudolf Steiner aus der deutschen Sektion der Theosophischen Gesellschaft heraus gegründete Anthroposophische Gesellschaft stellten diese Strömungen auf eine institutionelle Grundlage und erhielten insbesondere aus Intellektuellenkreisen, darunter viele Künstler, aber auch Naturwissenschaftler, regen Zulauf. Tatsächlich bestärkten Entdeckungen wie die der Röntgenstrahlen und der radioaktiven Strahlen Ansichten, dass es noch weitere Arten von Strahlen geben könnte, die nur für sensitive Personen wahrnehmbar seien. Insbesondere unter französischen Wissenschaftlern war das Interesse für Okkultismus verbreitet; in Deutschland veranstaltete der Astronom Karl Friedrich Zöllner in den 1890er Jahren Sitzungen mit einem Medium, um die vierte Dimension zu erforschen.[25] Auch in den 1920er Jahren besaß das Okkulte ungebrochene Popularität. Einerseits zeugen Zeitschriftentitel wie *Zeitschrift für wissenschaftliche Xenologie* vom Wissenschaftlichkeitsanspruch okkultistischer Bewegungen, andererseits herrschte auch unter etablierten Wissenschaftlern Interesse und Offenheit, angeblich übersinnlichen Phänomenen auf den Grund zu gehen.[26] Zwar beanspruchten viele okkultistische Strömungen, Wissenschaften zu sein;[27] ihre Protagonisten waren aber über-

25 Zur Rolle des Okkultismus unter französischen Wissenschaftlern vgl. Bensaude-Vincent, Bernadette/Blondel, Christine, *Des savants face à l'occulte, 1870–1940,* Paris 2002. Zöllner beschreibt seine Forschungen insb. in Zöllner, Karl Friedrich, *Wissenschaftliche Abhandlungen,* Bd. 3: *Die transcendentale Physik und die sogenannte Philosophie: eine deutsche Antwort auf eine ›sogenannte wissenschaftliche Frage‹*, Leipzig 1879. Vgl. auch Meinel, Christoph, *Karl Friedrich Zöllner und die Wissenschaftskultur der Gründerzeit: Eine Fallstudie zur Genese konservativer Zivilisationskritik*, Berlin 1991 (Berliner Beiträge zur Geschichte der Naturwissenschaften und der Technik Bd. 13). Zur öffentlichen Rezeption der Röntgenstrahlen vgl. u. a. Hessenbruch, Arne, »Science as Public Sphere. X-Rays Between Spiritualism and Physics«, in: Goschler, Constantin (Hg.), *Wissenschaft und Öffentlichkeit in Berlin, 1870–1930*, Stuttgart 2000, S. 89–126.

26 Diesem Zweck widmete sich u. a. die »Deutsche Okkultistische Gesellschaft« (D.O.G.). Vgl. Auszug aus dem Programm der D.O.G., [Flugblatt], GN 83-F-18. Selbst der skeptische Einstein kam nicht umher, sich als Untersuchungsobjekt einer graphologischen Sitzung zur Verfügung zu stellen. Vgl. »Ein graphologisches Portrait Einsteins«, in: *Vossische Zeitung*, 18. Februar 1922, GN 4, XVI, 4r. Zur Präsenz von Spiritismus in Berlin um 1900 vgl. Teitel, Corinna, »The Culture of Knowledge in the Metropolis of Science. Spiritualism and Liberalism in Fin-de-Siècle Berlin«, in: Goschler 2000, S. 127–154.

27 Vgl. z. B. die Aussage in der okkultistischen Zeitschrift *Die Übersinnliche Welt. Monatsschrift für wissenschaftliche Begründung des Okkultismus*: »Da nun der Okkultismus ein Zweig der Naturwissenschaft ist [...]«, Schögel, W., »Philosophie und Okkultismus«, in: *Die Übersinnliche Welt*, Nr. 2, 1922, S. 17–25, hier: S. 21. Vgl. auch die Äußerung des Physikers Oliver Lodge: »The obscure communications and strange movements which are

wiegend nicht an einer Detailkritik der Naturwissenschaft interessiert. Ihnen ging es vielmehr allgemein darum, den ihrem Verständnis zufolge einseitig reduktionistisch-materialistisch vorgehenden Naturwissenschaften eine Geist und Religion mit Wissenschaft versöhnende neue Wissenschaft gegenüberzustellen. Die Konflikte mit der akademischen Wissenschaft ergaben sich deshalb im Hinblick auf die Frage, ob das »Übersinnliche« als Gegenstand der Wissenschaft eine Berechtigung habe und ob die, im okkultistischen Verständnis wissenschaftlich durchgeführten, Beobachtungen und Sitzungen mit sogenannten Medien allgemein akzeptierten Wissenschaftsstandards entsprächen.[28] Der Wissenschaftlichkeitsanspruch der okkultistischen Bewegungen gründete sich auf eine Neudefinition von Wissenschaftlichkeitskriterien. Grundlegende Prinzipien des modernen Verständnisses von Wissenschaft wie Reproduzierbarkeit oder Publizität der Erkenntnisse, für die Wissenschaftlichkeitsanspruch erhoben wird, wurden durch die Proklamation, etwas sei »höheres Wissen«, das nicht jedem zugänglich sei, ausgehebelt.

Einzelne inhaltliche Konfliktthemen mit der akademischen Wissenschaft bestanden vor allem in der Frage, was die vierte Dimension sei,[29] und in Bezug auf die Natur der Strahlung. Die okkulten Auffassungen über die Strahlung rekurrierten auf den »thierischen Magnetismus« (Mesmerismus) und die Reichenbach'sche »Odstrahlung«, beides außerakademische

---

now studied or experienced in spiritualistic circles, and which by some are thought to be miraculous or impossible – so impossible that the reports of them usually excite ridicule – will gradually take their place in the orderly scheme of recognised science. Such things as travelling clairvoyance and reciprocal dream experiences may become intelligible.« Lodge, Oliver, *My philosophy. Representing my views on the many functions of the ether of space*, London 1933, S. 238.

28 Vgl. z. B. die Fragen, welche von einem Ausschuss der Psychologischen Gesellschaft zu Berlin gestellt wurden: »1) Gibt es [...] Hellsehen? 2) Gibt es eine Telepathie [...] 3) Gibt es eine Telekinese [...] 4) Gibt es Materialisationen von Verstorbenen oder andere Materialisationen [...]?« Es wurde in einer okkultistischen Zeitschrift aufgefordert, dem Ausschuss experimentelle Beweise vorzulegen. »Kleine Mitteilungen«, in: *Die Übersinnliche Welt*, Nr. 3–4, 1922, S. 61.

29 Die Relativitätstheorie wurde teilweise als Bestätigung für die Existenz der okkultistischen vierten Dimension angesehen und mit ihr wurde die Wiederaufnahme der Zöllner'schen Untersuchungen gerechtfertigt. Vgl. z. B. Pick, Leopold, *Die vierte Dimension als Grundlage des transzendentalen Idealismus*, Leipzig 1922, S. 3: »Eine Krümmung des Raumes, die Voraussetzung der Relativitätstheorie Einsteins, ist aber ohne Annahme einer vierten Dimension undenkbar, so daß Zöllners lange verhöhnte Hypothese endlich einer wissenschaftlichen Diskussion gewürdigt wurde.«

Theorie-Entwicklungen Ende des 18. bzw. des frühen 19. Jahrhunderts.[30] Die Entwicklungen in der akademischen Physik fanden in diesem Kontext insoweit Niederschlag, als etwa der elektromagnetische Äther im Sinne der Theosophie okkultistisch interpretiert wurde und die Entdeckungen der Röntgenstrahlung und der Radioaktivität in umfassende okkultistische Strahlentheorien integriert wurden. Die physikalischen Strahlungen standen im okkultistischen Denken dabei in vollkommen anderen Zusammenhängen als in der akademischen Wissenschaft. Die Theosophie ging etwa davon aus, dass die den Körper durchleuchtende Röntgenstrahlung »astrales Licht« sei, und die radioaktive Strahlung stellte für ihre Anhänger den wissenschaftlichen Beweis für die Existenz weiterer »immaterieller« Wirkungen dar, die etwa Hellsehen und Telepathie »wissenschaftlich« erklären sollten.[31]

Welträtsellöser aus dem Kontext des Okkultismus zeichnen sich dadurch aus, dass sie die Naturerscheinungen als übersinnliche Phänomene betrachten. Die Existenz eines Gottes oder des Göttlichen und die Existenz eines für die bisherige Naturwissenschaft nicht fassbaren Geistigen wurde in den Theorien als unhinterfragte Tatsache angesehen und in die Beweisführung eingebaut. Von den in dieser Arbeit betrachteten Einsteingegnern sind insbesondere Arvid Reuterdahl, der in der theistischen Bewegung in Amerika engagiert war, und der Chemiker Johann Heinrich Ziegler, der im Folgenden in einer exemplarischen Fallstudie vorgestellt wird, diesem Kontext zuzuordnen.

Fallstudie: Johann Heinrich Ziegler. Der Chemiker und das Urlicht

Am Silvestertag des Jahres 1900 überreichte Johann Heinrich Ziegler seinem Notar einen versiegelten Umschlag. Im Innern befand sich das Manuskript »Die universelle Weltformel«. Wer war dieser von der Bedeutung

---

30 Zum Mesmerismus vgl. Darnton, Robert, *Mesmerism and the End of the Enlightenment in France*, Cambridge, Mass. [u. a.] 1968; Winter, Alison, *Mesmerized. Powers of Mind in Victorian Britain*, Chicago 1998; sowie die Beiträge in Wolters, Gereon (Hg.), *Franz Anton Mesmer und der Mesmerismus. Wissenschaft, Scharlatanerie, Poesie*, Konstanz 1988. Zur Odlehre liegt derzeit noch keine umfassende Untersuchung vor.

31 Vgl. Hoormann, Anne, *Lichtspiele. Zur Medienreflexion der Avantgarde in der Weimarer Republik*, München 2003, S. 41f. und die dortigen Hinweise. Die hier wiedergegebenen Positionen stammen aus dem von der Begründerin der modernen Theosophie, Helena Blavatsky, verfassten Werk *Isis entschleiert. Ein Meisterschlüssel zu den Geheimnissen alter und neuer Wissenschaft und Theologie*, Übersetzung nach der 6. engl. Auflage, Bd. 1: *Wissenschaft*, Den Haag [1877].

seiner Theorie dermaßen überzeugte Welträtsellöser? Und wie sah die universelle Weltformel aus? Die Industriellenfamilie Ziegler war in Winterthur nachweisbar seit 1500, wahrscheinlich sogar bereits seit 1300 ansässig. Als Fabrikbesitzer gehörten die Zieglers zum Wirtschaftsbürgertum der Schweiz, das einen recht überschaubaren Kreis bildete.[32] Johann Heinrich Ziegler begann zunächst eine kaufmännische Ausbildung, brach ein darauffolgendes Studium der Volkswirtschaft ab, war drei Semester am neu gegründeten Technikum Winterthur eingeschrieben, absolvierte dann ohne große Motivation ein einjähriges Volontariat in der Fabrik des Vaters, leistete den Militärdienst ab und schrieb sich zwei Semester in Berlin ein, wo er Chemie studierte, daneben aber vor allem das gesellschaftliche Leben genoss.

Johann Heinrich Ziegler

Zieglers bis zu diesem Zeitpunkt recht zielloses Leben änderte sich, als der Vater endlich zum Verkauf des Geschäfts zu bewegen war. Von der Last der maroden Fabrik befreit, nahm Ziegler nun ernsthaft ein Studium der Chemie bei Emil Fischer, Carl Graebe und Adolf von Baeyer in München

32 Vgl. Tanner, Albert, *Arbeitsame Patrioten – wohlanständige Damen. Bürgertum und Bürgerlichkeit in der Schweiz 1830–1914*, Zürich 1995. Tanner gibt die Zahl der zum Wirtschaftsbürgertum in der Schweiz gehörenden Personen mit knapp 30.000 an. Vgl. ebd., S. 47. Die biographischen Angaben zu Ziegler stammen aus verschiedenen autobiographischen Anmerkungen in seinen Werken sowie aus Saager, Adolf, *Der Winterthurer Naturphilosoph Johann Heinrich Ziegler*, Winterthur 1930.

und Erlangen auf, das er 1883 im Alter von 26 Jahren mit der Promotion beendete. Anschließend arbeitete er für einige Jahre in der industriellen Forschung, unter anderem bei den Firmen Geigy in Basel und Poirier in Paris, sowie an den Universitäten von Genf und Zürich.

Seit Mitte des 19. Jahrhunderts herrschte in der organischen Chemie eine wahre Goldgräberstimmung. Durch Synthesen, an deren kommerzieller Verwertung die in der Industrie tätigen Chemiker finanziell beteiligt wurden, ließ sich des Öfteren gar ein Vermögen verdienen: »Ein Chemiker, eine Synthese, eine Villa« – solch eine Karriere war nicht selten.[33] Ziegler allerdings gehörte bereits zu der Folge-Generation, die Claims waren weitgehend abgesteckt. Dennoch gelangte er zu einer gewissen Bekanntheit in der Farbenchemie.[34] In den 1890er Jahren stand Ziegler auf dem Höhepunkt seiner Laufbahn. Eine große deutsche Farbfabrik bot ihm die Leitung ihres wissenschaftlichen Labors an, Ziegler aber ließ den Vertrag platzen, warum, ist unklar. Es mag eine Rolle gespielt haben, dass er bereits in den 1890er Jahren ein starkes Interesse für philosophische Fragen entwickelte und daher die Festlegung, die die Arbeit in einem Industrielabor bedeutet hätte, vermeiden wollte. Um ohne Festanstellung dennoch seinen Lebensunterhalt zu sichern, gründete er eine Antipyrinfabrik, tat sich als Geschäftsmann aber ähnlich schwer wie schon sein Vater: Nach nur drei Jahren, im Herbst 1899, hatte Zieglers Fabrik Pleite gemacht. Die Liquidation der Firma lief noch, während der Pleitier sich im Jahr 1900 nun ganz in theoretische Fragen vertiefte. Innerhalb von drei Monaten schrieb er sein System über die universelle Weltformel in großen Umrissen nieder.

Warum Ziegler sich überhaupt als Theoretiker versuchte, erklärte er rückblickend mit dem direkten Bezug zwischen seiner praktischen und seiner theoretischen Arbeit:

---

33 Vgl. Simon, Christian, »Chemie in der Schweiz«, in: Busset, Thomas/Rosenbusch, Andrea/Simon, Christian (Hg.), *Chemie in der Schweiz: Geschichte der Forschung und der Industrie*, Basel 1997, S. 25–57, insb. S. 42f; Studer, Tobias, »Wirtschaftliche Rahmenbedingungen als Determinanten des Berufsbildes des Chemikers«, in: ebd., S. 233–252, insb. S. 240.

34 Insbesondere entdeckte er das Tartrazin, einen künstlichen gelben Azofarbstoff, der heute als E102 bekannt ist und in einigen Ländern noch zur Färbung von Lebensmitteln eingesetzt wird. Fierz-David stellt in seinem Lehrbuch über künstliche organische Farbstoffe die Verdienste Zieglers besonders heraus, was jedoch möglicherweise weniger auf die tatsächliche Bedeutung Zieglers als vielmehr auf die persönliche Bekanntschaft zwischen ihm und Fierz-David zurückzuführen ist. Vgl. Fierz-David, Hans Eduard, *Technologie der Textilfasern,* 3 Bände, Bd. 3: *Künstliche organische Farbstoffe*, Berlin 1926.

»Als Farbenchemiker hatte ich schon vor Jahren in der Technik das lebhafte Bedürfnis einer richtigeren Erkenntnis jener Beziehungen [von Licht und Materie] empfunden und mich wie viele andere bemüht, Regelmässigkeiten abzuleiten und die Gesetze zu entdecken, welche die Natur der Farbe regieren [...]

Bei dieser Beschäftigung wurde ich je länger je mehr der völligen Unzulänglichkeit der herrschenden Ansichten über die Natur der Materie sowohl wie über diejenige des Lichtes bewusst [...] Ich sagte mir, dass, da die Farbe, diese besondere Art von Licht, als ein Kind der Materie und des Lichtes erscheint und da stets nur seiner Natur nach Gleichartiges in produktive Wechselwirkung treten kann, dass jene scheinbar so verschieden gearteten Eltern von einerlei Natur sein müssten, und dass man, insofern man das Problem der Körperfarbe mit einiger Aussicht auf Erfolg in Angriff nehmen wolle, man vor allen Dingen die wahre Einheit, oder den wahren Charakter des Lichtes und der Materie erkennen müsse.

Das Farbenproblem verwandelte sich damit mit einemmal in das letzte wissenschaftliche oder philosophische Problem, in das Problem des wahren Wesens der Natur. Es war fortan gleichbedeutend mit dem Weltproblem und betraf als solches nichts Geringeres als die Erkenntnis der absoluten Wahrheit.«[35]

In seiner *Universellen Weltformel* entwickelte Ziegler eine Ontologie, die von der Prämisse ausging, zunächst müsse man über das Allereinfachste, das »Urding selbst«[36] Bescheid wissen, und dieses sei das Licht. Dass das Licht diese exponierte Stellung des Urdings einnahm, wurde von Ziegler nicht weiter hinterfragt. Das Licht sei die »offenkundigste« und »einfachste« wahrnehmbare Erscheinung der Natur und damit als »Urding« genügend qualifiziert.[37]

Das Farbproblem spielte in Zieglers Schriften nach den zwei Weltformel-Aufsätzen keine zentrale Rolle mehr, vom weltlichen Licht schloss Ziegler aber auf die Existenz eines Urlichts, das seiner Theorie, der Urlichtlehre, den Namen gab. Das Urlicht kam ins Spiel, weil Ziegler in der Konstruktion seiner Theorie auf die erkenntnistheoretische Prämisse rekurriert, dass der Gegensatz das Strukturprinzip der Welt sei: Da die Dinge in der Welt, wie der Mensch sie kenne und erfahre, wandelbar, wägbar, wahrnehmbar seien – wie das weltliche Licht –, müsse es ein komplementäres Gegenteil des weltlichen Dinges geben, etwas, das ewig, verborgen, übersinnlich, nicht weltlich, letztlich religiös sei – das übersinnliche Urlicht. Vom Urlicht leitet Ziegler alle physikalischen Phänomene ab: Die

---

35 Ziegler 1902, S. 6f.

36 Die Einführung des Präfixes »Ur-« ist typisch für die Versuche der Welträtsellöser, Wissenschaft auf eine metaphysisch sichere Basis zu stellen, vgl. auch S. 192f.

37 Alle Zitate dieses Absatzes stammen aus: Ziegler 1902, S. 8. Ein zweiter Weltformel-Aufsatz erschien 1903, vgl. Ziegler 1903.

der Wissenschaft zugänglichen Körperatome, also die »normalen« Atome, mit denen ein Physiker oder Chemiker sich befasst, werden seiner Ansicht nach aus den dem Menschen prinzipiell unzugänglichen Urlichtatomen gebildet. Ebenso seien Kräfte wie die Gravitation nur eine sekundäre Erscheinung des Kampfes der Gegensätze.[38]

Eine Weltformel mit Universalanspruch erstreckt sich nicht nur auf die leblose Natur, sondern auch auf die lebendige Welt, nicht zuletzt auf den Menschen als biologisches und soziales Wesen (vgl. S. 71f.). Ziegler war davon überzeugt, in seinen metaphysischen Urlichtatomen die Substanz der Welt entdeckt zu haben und verbrachte die nächsten Jahrzehnte damit, Unterstützung und Anerkennung für seine Weltformel bei der akademischen Wissenschaft einzufordern. Er publizierte in den Jahren nach 1901 über 20 Broschüren und Artikel; das letzte Werk *Das Geheimnis des Selbstverständlichen: der Schlüssel zum Welträtsel* erschien 1935, ein Jahr später starb er im Alter von 79 Jahren.

1.3.2 Lebensreform

Das materialistisch geprägte Naturverständnis, das sich Mitte des 19. Jahrhunderts durchzusetzen begann, erhielt Ende des 19. Jahrhunderts Konkurrenz. Innerwissenschaftlich führten neue Entwicklungen in der Physik wie Thermodynamik und Elektrodynamik zu einer Revision des mechanischen Weltbildes, gesellschaftlich wurde die materialistische Naturwissenschaft mit einer Reformbewegung konfrontiert, die ihr skeptisch gegenüberstand.[39] Obgleich sich die Lebensreformbewegung als unpolitisch begriff, trat sie schon allein durch den kultur- und zivilisationskritischen Ansatz in der Kaiserzeit und in der Weimarer Republik als politischer Faktor in Erscheinung. Das Schlagwort »Zurück zur Natur« brachte das

38 Vgl. Ziegler, Johann Heinrich. »Über das wahre Wesen der sogenannten Schwerkraft«, in: ders., *Die wahre Einheit von Religion und Wissenschaft. Vier Abhandlungen*, Zürich 1904, S. 60–85, insb. S. 64f.

39 Paul Forman führte spätere Entwicklungen der Physik, insb. die Quantenmechanik, zum großen Teil auf die Reaktion von Wissenschaftlern auf die Herausforderungen dieses wissenschaftsskeptischen Kontextes zurück. Allerdings schenkt er dabei der Tatsache zu wenig Beachtung, dass die Wissenschaft in der Gesellschaft nach wie vor mit hoher Zustimmung rechnen konnte. Auch vernachlässigt seine Studie die innerwissenschaftlichen Entwicklungsprozesse, die zur Entwicklung der Quantenmechanik führten. Vgl. Forman 1994.

Verlangen nach einer ganzheitlichen Erneuerung und die Suche nach Aufgehobenheit im »Natürlichen« zum Ausdruck. Dieses Thema begleitete zwar den Entfremdungsdiskurs der Moderne bereits seit der Aufklärung,[40] wurde aber zu Beginn des 20. Jahrhunderts in spezifischer Weise ideologisiert, religiösiert und politisiert: Nackt- und Körperkultur, Freizeitgestaltung (Wandern, Radfahren, Baden etc.), Wohn- und Arbeitskultur, Stadtfeindlichkeit und Landkommunen waren neue Formen der Aneignung von Natur. Der Naturkult sagt dabei nichts über »das Natürliche« aus, sondern etwas über die Beziehung von Mensch und Natur und die Auffassungen über die Grenzlinien zwischen Kultur und Natur. Gegen das mechanistische Denken der Wissenschaft wurden hier Spontaneität, Ursprünglichkeit und Erleben statt Sezieren gesetzt.

Reibungspunkte der Lebensreform mit der akademischen Wissenschaft kamen in erster Linie im Verhältnis zwischen Naturheilkunde und Schulmedizin zum Vorschein. Die Naturheilkunde, verbunden mit Namen wie Prießnitz (1799–1851), Hahn (1824–1883), Schroth (1798–1856) und Kneipp (1821–1897), hatte ihre Wurzeln in der Volksheilkunde, erlangte aber erst mit der Organisation und den Vereinsgründungen Mitte des 19. Jahrhunderts den Status einer spezifischen sozialen Bewegung. Als solche stellte sie einen wichtigen Teilbereich, ja den Ursprung der Lebensreformbewegung dar[41] und teilte deren theoretische Bezugspunkte, insbesondere die Nähe zur Naturphilosophie der Romantik und zur neueren Kultur- und Lebensphilosophie. Diese heterogene Bewegung einte die Affinität zum natürlichen Leben, die Ablehnung der Schulmedizin und die Hinwendung zu natürlicher Theraphie, etwa Licht-, Luft- oder Wassertherapie, Physiotherapie und Diät. Schätzungen gehen von zehn Millionen organisierten Mitgliedern und Sympathisanten der Lebensreform um 1930 aus.[42]

Als Teil der Lebensreformbewegung ist die Naturheilkunde als Weltanschauungsbewegung zu begreifen, die neben einer starken sozialen Organisation auch eine epistemologische Ebene umfasste und deren Themenbe-

---

40 Insbesondere zu nennen ist hier die Rousseau'sche Zivilisationskritik und seine Konzeption des »Naturzustandes«. Vgl. insb. Rousseau, Jean Jacques, *Diskurs über die Ungleichheit. Kritische Ausgabe des integralen Textes, mit sämtlichen Fragmenten und ergänzenden Materialien nach den Originalausgaben und den Handschriften*, 3., durchges. Aufl., Paderborn [u. a.] 1993 [1755]; ders., *Emile oder über die Erziehung*, Vollst. Ausg., 12., unveränd. Aufl, Paderborn [u. a.] 1995 [1762].

41 Vgl. z. B. Rothschuh, Karl, *Naturheilbewegung, Reformbewegung, Alternativbewegung*, Stuttgart 1983.

42 Vgl. Bothe, Detlef, *Neue Deutsche Heilkunde 1933–1945*, Husum 1991, S. 26.

reiche weit über therapeutische Ansätze und medizinische Fragen hinausgingen. Gerade der ganzheitliche Ansatz der Naturheilkunde erforderte, sich bei Ansätzen zur Heilung einer Krankheit nicht nur auf den kranken Teil des Körpers, sondern auf den ganzen Menschen und die gesellschaftlichen Verhältnisse zu beziehen, inklusive der Bereiche des Wohnens, der Ernährung, der Kleidung, der »körperlichen Disziplin«, der geistigen Seelsorge und der Spiritualität.[43] Die Bedeutung dieses weltanschaulichen Faktors zeigt sich zum Beispiel darin, dass es in der Naturheilkundebewegung Widerstand gegen die bloße Übernahme der therapeutischen Möglichkeiten der alternativen Medizin durch die Schulmedizin gab, solange der dazugehörige theoretische Rahmen nicht auch geteilt wurde.[44]

Was Welträtsellöser aus dem Kontext der Lebensreform besonders interessant macht, ist der Balanceakt, den ihr Verhältnis zur Wissenschaft darstellte: Sie stand einerseits oft als Synonym für leblosen Materialismus und wurde deshalb abgelehnt. Andererseits sollten wissenschaftliche Belege, an deren Legitimationskraft nicht gezweifelt wurde, zur Aufwertung der lebensreformerischen Ziele dienen. Im Gegensatz zu anderen Theorien aus diesem Kontext, die im biologischen oder medizinischen Bereich blieben, behandelten die Welträtsellöser aus der Lebensreformbewegung, von der Ausbildung her vorwiegend Ärzte oder Biologen, in ihren Theorien ausdrücklich auch die Physik. Dadurch wurde für sie auch eine Reaktion auf die Relativitätstheorie erforderlich, wie am Beispiel des in der folgenden Fallstudie vorgestellten Kneipparztes Franz Xaver Kleinschrod deutlich wird.

---

43 Vgl. allgemein zur Lebensreform Barlösius, Eva, *Naturgemäße Lebensführung. Zur Geschichte der Lebensreform um die Jahrhundertwende*, Frankfurt (Main)/New York 1997; Bothe 1991; Krabbe, Wolfgang, »Lebensreform/Selbstreform«, in: Kerbs/Reulecke 1998, S. 73–75 und speziell zur Naturheilkunde Brauchle, Alfred, *Die Geschichte der Naturheilkunde in Lebensbildern*, Stuttgart 1951; Krabbe, Wolfgang, »Naturheilbewegung«, in: Kerbs/Reulecke 1998, S. 77–85.

44 »Naturarzt ist nicht, wer einmal gelegentlich das natürliche Heilverfahren anwendet, wenn er mit seinen mechanischen Mitteln zu Ende ist, ebensowenig wie der Naturarzt deshalb Arzt der Schule wird, weil er gelegentlich einmal ein Medikament verwendet, sondern Naturarzt ist, wer die Krankheit physiatrisch betrachtet und behandelt, also nicht rein pathologisch-mechanistisch.« Kleinschrod, Franz, *Wissenschaftliche Begründung der Naturheilkunde. Eine prinzipielle Untersuchung*, Wörishofen 1911, S. 163f.

Fallstudie: Franz Kleinschrod. Der Kneipparzt und die Übermechanik[45]

Franz Xaver Kleinschrod stammte aus kleinbürgerlichen Verhältnissen. Er wurde am 31. Mai 1860 in Ochsenfurt geboren, der Vater war Bäckermeister. Kleinschrod besuchte als einziges der Geschwister weiterführende Schulen und studierte zunächst in Würzburg Rechtswissenschaften. Er brach dieses Studium jedoch bald ab, um stattdessen von 1882 bis 1887 in Würzburg und München bei Max von Pettenkofer (1818–1901), Hugo von Ziemssen (1829–1902) und Carl von Voit (1831–1908) Medizin zu studieren.

Franz Xaver Kleinschrod

1887, nach Doktorexamen und Familiengründung, ließ er sich als praktischer Arzt in der Oberpfalz nieder. Da die Praxis nicht gut lief, zog die Familie kurze Zeit später nach Schlingen, ein Nachbardorf von Wörisho-

45 Diese Darstellung bezieht sich auf Mariafai, Judith M., *Das Leben des Sanitätsrats Dr. med. Franz Kleinschrod*, Bad Wörishofen 1982. Diese Biographie ist aus der Perspektive der Kneippbewegung geschrieben und als Personenbiographie angelegt, um die Bedeutung des »Arztes von Gottesgnaden« als Praktiker und Theoretiker der Kneippbewegung herauszustellen. Die Verfasserin, die Bibliothekarin und Beauftragte für die Kneipp-Geschichtsforschung im Kneipp-Bund e.V. ist, gibt an, der Nachlass Kleinschrods sei im Zweiten Weltkrieg vollständig verloren gegangen.

fen, wo der Pfarrer Sebastian Kneipp durch seine alternativen Heilmethoden bereits eine große Bekanntheit erreicht hatte. Eine persönliche Begegnung mit Kneipp hatte Kleinschrod tief beeindruckt – im Herbst 1889 war er bereits der erste Badearzt Kneipps und zog in das »Doktorhaus« gegenüber dem Kloster in Wörishofen, blieb dort allerdings nur bis August 1891 und war danach als Leiter verschiedener Kurpraxen tätig. Ab 1909 ließ er sich endgültig in Wörishofen mit einer Saisonpraxis nieder, behielt allerdings einen Münchener Wohnsitz bei. Da ihn die Leitung eines Sanatoriums intellektuell nicht ausfüllte, fasste er den Entschluss, ein »Doppelleben« zu führen: zum einen während des Sommers als Arzt in Wörishofen, zum anderen im Winter als »freier Wissenschaftler« in München.[46]

Kleinschrods Auseinandersetzung mit der akademischen Wissenschaft und seine Motivation, eine eigene Universal-Theorie aufzubauen, standen im Kontext der »Krise der Medizin« und der allgegenwärtigen, heftigen Auseinandersetzung zwischen alternativer Medizin und Schulmedizin. Nach der Gewerbeordnung des Deutschen Reiches war die Heilkunde wie jedes andere Gewerbe zur Ausübung freigestellt worden und da die Naturheilkundebewegung wuchs und große Teile der Bevölkerung das Vertrauen in die Schulmedizin verloren hatten, war die Konfrontation mit der Schulmedizin vorprogrammiert.[47] »Kurpfuscherei« wurde ein Kampfbegriff, der sich allgemein auf von der Schulmedizin abweichende Heilverfahren bezog und damit auch approbierte Ärzte betraf, die alternative Verfahren anwendeten. Der ehemalige Lehrer Kleinschrods, der Pathologie-Professor Hugo von Ziemssen erklärte: »Aufs tiefste müssen wir es bedauern, dass sich Ärzte so weit herabwürdigen konnten, zu Helfershelfern des Kneippschen Hokuspokus zu werden. Wir weisen solche Afterärzte von der Schwelle der geheiligten Wissenschaft.«[48]

Obgleich es kaum originär aus der Naturheilkundebewegung kommende Theoretiker gab, war die Naturheilkunde tief von bestimmten Annahmen über die Beschaffenheit der Welt geprägt. Da diese allerdings selten ausformuliert worden waren, sah sich Kleinschrod gefordert, das theoretische Defizit der Naturheilkunde zu füllen. Denn schließlich bezogen sich deren Heilverfahren oft nur auf die gesammelten Erfahrungen der

46 Mariafai 1982, S. 24. Bereits in den 1890er Jahren hörte Kleinschrod in den Wintermonaten philosophische Vorlesungen in München.

47 Vgl. Bothe 1991, insb. S. 16–38.

48 Zitiert nach Kleinschrod, Franz, *Sebastian Kneipps Lehre. Wissenschaftliche Begründung*, Kempten 1921, S. 47.

Laienbehandler, der Nicht-Wissenschaftler, und bekamen dies von der akademischen Medizin auch prompt zum Vorwurf gemacht. Als schulmedizinisch ausgebildeter Arzt sah sich Kleinschrod in der Lage, der Naturheilkunde eine wissenschaftliche Fundierung zu geben, die diese dringend brauchte, um sich dem Kurpfuscherei-Vorwurf der Schulmedizin zu entziehen.

Dabei begriff er es vor allem als eine ethische Verpflichtung, als Arzt den wissenschaftlichen Materialismus zu bekämpfen, den er nicht nur in der Schulmedizin, sondern in jeder Wissenschaft, die den Vitalismus und die Existenz einer »Lebenskraft« ablehnte, verkörpert sah. Aus dieser Motivation heraus verfasste er sein 1928 erschienenes Hauptwerk, die *Übermechanik des Lebens*. Darin argumentiert er, dass die Krankheit erst verstanden werden könne, wenn das Wesen des Lebens entdeckt worden sei, und dazu müsse zunächst das Leib-Seele-Problem, das Problem der Verbindung des Lebendigen, Geistigen mit dem Unbelebten, Körperlichen, gelöst werden. Dies müsse, so Kleinschrods Anspruch, nicht auf philosophischem, sondern auf wissenschaftlichem Wege geschehen. Er entwickelte dazu eine allumfassende Theorie, die Physik, Mathematik, Biologie ebenso wie Religion in sich vereinigen sollte. Zentrales Konzept der Übermechanik war die »Lebenskraft«, die ihrerseits wiederum den Mittelpunkt einer biologischen Zahlentheorie darstellte, wie sie zeitgenössisch insbesondere von Wilhelm Fliess (1858–1928) vertreten und später als Biorhythmus-Theorie populär wurde.[49]

In diesen Zahlentheorien werden zahlenmäßige Gesetzmäßigkeiten in den biologischen Abläufen ontologisch verabsolutiert. In Kleinschrods Theorie ist es zum Beispiel die *Anzahl* von Flügelschlägen, die die Lebenskraft des Vogels zur Überwindung der physikalischen Schwerkraft befähigt und diesen in die Höhe steigen lässt. Nach dieser Logik, in der die physikalische Erklärung, dass die Flügelschläge Auftrieb verursachen, keinen Platz hat, ist es immer die übermechanische Lebenskraft, die physikalische Effekte bedingt. In Kleinschrods Terminologie ausgedrückt:

»Jede Lebenskraft hat die Fähigkeit, nach ihrem arithmetischen, übermechanischen Zeitgesetz ein ganz bestimmtes, arithmetisch-physikalisches Zeit-Energiefeld auf rein dynamischem Wege zur materiellen Verwirklichung eines übermechanischen Gesetzes entstehen zu lassen [...] *Die Lebenskraft arbeitet also unmittelbar mit einem*

49 Vgl. Hines, Terence M., »Comprehensive Review of Biorhythm Theory«, in: *Psychological Reports*, Bd. 83 (1998), S. 19–64.

physikalischen Energiefeld, das sie sich selbst nach ihrer übermechanischen Gesetzlichkeit bilden kann«.[50]

Als empirische Beweise für die Erzeugung physikalischer Felder durch die Lebenskraft führte Kleinschrod neben dem Vogelflug unter anderem auch die Reichenbach'schen Odstrahlen und den »thierischen Magnetismus« an. Gedankenlesen, Hellsehen und Hypnose wurden – wie im okkultistischen Denken – als existierende Tatsachen angeführt, die die Übermechanik belegen sollten.[51] Kleinschrod verfasste auch eine Vielzahl fachspezifischer Artikel, die vor allem in den Publikationsmedien der Kneippbewegung erschienen. Er starb 1934.

1.3.3 Monismus

Materialistische Auffassungen über die Natur gehören aufgrund ihrer Anschaulichkeit zu den ältesten und populärsten.[52] Im Unterschied zum dualistischen Denken etwa im Kontext der Lebensreform, das zwischen Geist und Materie differenziert, und dem okkultistischem Denken, das die Materie im Geistigen auflöst, geht das materialistische Denken davon aus, alle Erscheinungen der Natur ausschließlich aus den Eigenschaften der Materie erklären zu können. Die sonst dem Bereich des Geistigen (Seele, Bewusstsein, Psyche) zugerechneten Erscheinungen werden dabei ausdrücklich einbezogen.

Spätestens seit Mitte des 19. Jahrhunderts prägten Positivismus, Materialismus und die Abgrenzung zu Naturphilosophie und Idealismus das Weltbild der Naturwissenschaft. Die Wissenschaftspopularisierung war ein Phänomen dieses aufklärerischen Milieus, das die naturwissenschaftlichen

---

50 Kleinschrod, Franz, *Die Übermechanik des Lebens*, Bd. 1: *Die Herrschaft des Lebens über die tote Welt. Das tierisch-pflanzliche Leben als Leibseeleproblem*, Berlin 1928, S. 387.

51 Vgl. z. B. ebd.

52 Zur historischen Darstellung und Diskussion vgl. Bayertz, Kurt/Gerhard, Myriam/Jaeschke, Walter (Hg.), *Weltanschauung, Philosophie und Naturwissenschaft im 19. Jahrhundert*, Bd. 1: *Der Materialismus-Streit*, Hamburg 2007; Klimke, Friedrich, *Der Monismus und seine philosophischen Grundlagen*, Freiburg im Br. 1911, S. 25ff.; Lange, Friedrich Albert, *Geschichte des Materialismus und Kritik seiner Bedeutung in der Gegenwart*, 2 Bände, Schmidt, Alfred (Hg.), Frankfurt (Main) 1974 [1866]; Wittkau-Horgby, Annette, *Materialismus*, Göttingen 1998.

Erkenntnisse in die breite Öffentlichkeit tragen wollte.[53] Ein großer Bereich der außerakademischen Wissenschaft in Deutschland war daher von einem im weiten Sinne positivistischen und materialistischen Wirklichkeitsverständnis geprägt. Um 1900 übte insbesondere der Monismus starken Einfluss auf die Populärwissenschaft und die außerakademische Forschung aus. 1906 wurde der Deutsche Monistenbund (DMB) gegründet, dessen Ziel die »Verbreitung einer einheitlichen Weltanschauung auf naturwissenschaftlicher Grundlage«[54] darstellte. Damit verbunden war ein von Technikkritik und wissenschaftsskeptischer Lebensreformbewegung[55] wenig berührter ethisch motivierter Fortschrittsoptimismus: Das Ziel der Wissenschaft sei die Weltverbesserung durch Beherrschung der Natur.[56]

Der Monismus des frühen 20. Jahrhunderts war keine einheitliche Bewegung. Dies betrifft sowohl die vertretenen Inhalte als auch die soziale Organisation. Gemeinsamkeiten gab es vor allem in der Ablehnung des dualistischen Denkens und bei der Kritik der christlichen Kirchen. Zwar

---

53 Vgl. dazu umfassend Daum 2002. Vgl. auch die Einschätzung von Heinrich Lübbe: »Der Materialismus der zweiten Jahrhunderthälfte hat in Deutschland die naturwissenschaftliche Kenntnis des Kosmos, der Erde, der Geschichte des Lebens auf ihr, der anatomischen und physiologischen ›Natur‹ des Menschen, soweit popularisierbar, zu einer bildungsmäßigen Selbstverständlichkeit gemacht [...] Zusammenfassend läßt sich sagen: Die materialistisch-naturwissenschaftliche Popularphilosophie in der zweiten Hälfte des 19. Jahrhunderts realisiert breitenwirksam die Bedeutung der Naturwissenschaft für das moderne Bildungsbewußtsein.« Lübbe, Heinrich, *Politische Philosophie in Deutschland*, München 1974, S. 128f.

54 »Was will der Deutsche Monistenbund«, in: *Blätter des Deutschen Monistenbundes*, Nr. 1 (Juli 1906), S. 7–9, hier: S. 7. Zum Monismus um 1900 vgl. Hillermann, Horst, *Der vereinsmäßige Zusammenschluß bürgerlich-weltanschaulicher Reformvernunft in der Monismusbewegung des 19. Jahrhunderts*, Kastellaun [u. a.] 1976 (Schriften zur Geschichte und Politischen Bildung Bd. 16); Ziche, Paul (Hg.), *Monismus um 1900: Wissenschaftskultur und Weltanschauung*, Berlin 2000.

55 Die monistische Weltanschauung besaß allerdings politische und gesellschaftliche Ziele, die sich weitgehend mit denen der Lebensreform deckten: Schulreform, Frauenbewegung, Mutterschutz und Sexualreform, Rechts- und Bodenreform, Friedensbewegung, Alkoholfrage firmierten u. a. unter der Rubrik »Monistische Kulturarbeit«. Vgl. »Monistische Kulturarbeit«, in: *Das Monistische Jahrhundert*, Bd. 2,2 (1913–14), Vf., zit. nach Drehsen, Volker/Zander, Helmut, »Rationale Weltveränderung durch naturwissenschaftliche Weltinterpretation? Der Monistenbund – eine Religion der Fortschrittsgläubigkeit«, in: ders./Sparn, Walter (Hg.), *Vom Weltbildwandel zur Weltanschauungsanalyse. Krisenwahrnehmung und Krisenbewältigung um 1900*, Berlin 1996, S. 217–238, hier: S. 230. Insofern kann man den Monismus um 1900 in seinen politischen und sozialen Zielen der Reformbewegung zurechnen.

56 Vgl. Drehsen/Zander 1996.

wurde durch die Gründung des DMB und die Etablierung seiner Publikationsforen eine spezifische Form von Monismus propagiert; das monistische Denken war jedoch zum einen viel verbreiteter, als es die Mitgliederzahl des Monistenbunds nahe legt,[57] und zum anderen gab es etliche sich vom DMB abgrenzende Gruppen, die verschiedene Spielarten monistischen Denkens vertraten, wie etwa der Humboldtbund (mit der Zeitschrift *Neue Weltanschauung*) um den Haeckel-Schüler Wilhelm Breitenbach (geb. 1856) sowie die Gesellschaft Weltwissen (mit der Zeitschrift *Weltwissen*) um den Ingenieur Johannes Zacharias. Im Gegensatz zu großen Teilen der Vertreter des okkultistischen und des vitalistischen Denkens verstand sich die monistische Bewegung von vornherein als rein naturwissenschaftliche Weltanschauung. Daher wurden Wissenschaftlichkeitsansprüche für alle monistischen Inhalte erhoben, so dass sich vielfältige potentielle Konfliktlinien mit der akademischen Wissenschaft ergaben. Allerdings war der Monismus wie die anderen weltanschaulichen Kontexte vorwiegend mit seinem eigenen Programm beschäftigt und hatte sich weitgehend abgekoppelt von Entwicklungen in der akademischen Wissenschaft,[58] was Konflikte zum einen verschärfte, zum anderen aber auch gar nicht erst entstehen ließ, weil eine Auseinandersetzung unterblieb.

Die monistische Weltanschauung um 1900 war längst nicht mehr rein materialistisch ausgerichtet, sondern es existierten insbesondere im Monismus Haeckelscher Prägung pantheistische Konzeptionen, die Parallelen zum okkultistischen Denken aufweisen.[59] Zwar beanspruchten Welträtsellöser aus diesem Kontext, alles Geschehen auf Grundlage der Mechanik erklären zu können. Davon unberührt wurde die Substanz der mechanischen Bewegung oft monistisch-pantheistisch oder im romantisch-idealistischen Sinne religiösiert und vergeistigt. Dennoch wurde damit keine dualistische Position bezogen. Welträtsellöser aus dem monistischen

57 Daten liegen nur für die Jahre 1916 und 1917 vor; danach hatte der DMB ca. 4000–4500 Mitglieder. Vgl. Weber, Heiko, *Monistische und antimonistische Weltanschauung: Eine Auswahlbibliographie,* Berlin 2000 (Ernst-Haeckel-Haus-Studien: Monographien zur Geschichte der Biowissenschaften und der Medizin Bd. 1), S. 28f.

58 So auch die Einschätzung von Drehsen und Zander, wonach der Monistenbund zunehmend den Anschluss an die rasante Entwicklung in den Naturwissenschaften verlor. Vgl. Drehsen/Zander 1996, S. 226.

59 Zur Haeckelschen Auffassung vom Monismus als Religion vgl. Kleeberg, Bernhard, *Theophysis: Ernst Haeckels Philosophie des Naturganzen,* Köln [u. a.] 2005, insb. S. 31ff. sowie Di Gregorio, Mario A., *From Here to Eternity: Ernst Haeckel and Scientific Faith,* Göttingen 2005.

Kontext waren überwiegend Ingenieure, inhaltlich wurden fast ausschließlich, wie von dem in der folgenden Fallstudie vorgestellten Ingenieur Arthur Patschke, mechanische Drucktheorien vertreten.

Fallstudie: Arthur Patschke. Der Ingenieur und das Weltgesetz der Kraft

Arthur Patschke wurde am 13. April 1865 in Böhmenhöfen bei Braunsberg (heute Braniewo, Polen) im Ermland in Ostpreußen als Sohn eines Mühlenbesitzers geboren. Er wollte bereits früh Ingenieur werden und verließ 1881 vorzeitig das Gymnasium, um ein Studium am Technikum Mittweida aufzunehmen, welches er 1887 als Maschinen-Ingenieur abschloss.[60] In den Jahren 1912–1914 folgten Ergänzungsstudien in Elektrotechnik an der Technischen Hochschule Charlottenburg.

Seine berufliche Karriere begann zunächst mit der Konstruktion von Zeichenapparaten, ab 1894 war er dann in verschiedenen Firmen als Konstrukteur im Dampfmaschinenbau tätig. Um das Jahr 1907 zog er nach Berlin, wo er bei dem Unternehmen Siemens-Schuckert beschäftigt war und bis zu seinem Lebensende wohnte.[61] Patschke war ein erfolgreicher Dampfmaschinenkonstrukteur. Um 1900 wurde mit den Vorarbeiten zu Konstruktion und Bau einer von ihm entwickelten Rotationsdampfmaschine begonnen, die er 1902 auf der Düsseldorfer Gewerbe- und Industrieausstellung präsentierte,[62] später entwickelte er eine »Transversal-Dampfturbine«.[63] Durch seine Innovationen im Turbinenbau stand Pat-

60 Technikum Mittweida, *Jahresbericht 1886–1888*, S. 11. Die biographischen Angaben dieses Abschnitts stammen aus Patschkes Werken, insb. aus Patschke 1925; ergänzt durch Dokumente aus Patschkes Studentenakte, Hochschularchiv Mittweida, Studentenakte Nr. 4393.

61 Das geht aus einem Brief von Patschke an Gehrcke hervor. Patschke an Gehrcke, 19. März 1922, GN 82-H-19. Im Siemens-Archiv gibt es keine Dokumente zu Patschke, was aber nach Auskunft des Archivs bei Personen unterhalb der Leitungsebene nicht ungewöhnlich ist.

62 Rotationsdampfmaschinen, die sich nie gegenüber den Kolbendampfmaschinen durchgesetzt haben, da sie nicht effektiv genug arbeiten, verwenden den Druck des Dampfes direkt zum Bewegen des Kraftrades und sind daher wesentlich kompakter als Kolbendampfmaschinen. Vgl. Mauersberger, Klaus, »Kolbendampfmaschine kontra Rotationsdampfmaschine«, in: Banse, Gerhard/Müller, Hans-Peter (Hg.), *Johann Beckmann und die Folgen: Erfindungen – Versuch der historischen, theoretischen und empirischen Annäherung an einen vielschichtigen Begriff*, Münster [u. a.] 2001, S. 65–88.

63 Das Charakteristische an einer Transversal-Dampfturbine nach dem System Patschke besteht darin, dass der Dampf in schraubenförmige Windungen geführt und dort in feinste Strahlen, die Patschke »Lamellen-Strahlen« nennt, zerlegt wird. Diese feinsten

schke in Verbindung mit führenden Konstrukteuren der Zeit, darunter auch mit dem Physik-Nobelpreisträger des Jahres 1912, Nils van Dalen, als dieser Oberingenieur bei dem Pionier des Dampfturbinenbaus, De Laval, war.

Neben der Tätigkeit als Ingenieur hatte Patschke ein weiteres Interesse, das weit über das bloße Konstruieren der Dampfmaschinen hinausging: Er wollte der sich im Dampf äußernden Energie, dem Wesen der Naturkräfte, auf die Spur kommen. Für Patschke bestand kein Unterschied zwischen den Bereichen »Ingenieur sein« und »Naturforscher sein«, vielmehr erforderte seiner Ansicht nach der Umgang mit und die Ausnutzung der Natur durch den Ingenieur, dass dieser die Natur in ihrem Wesen erkennt. Und wer könnte dies auch besser als der Ingenieur, der sie praktisch erforscht, testet und prüft? Patschke erklärte rückblickend, dass er ein ausgesprochenes Interesse für grundsätzliche Fragen besaß, die sich ihm stellten, wenn er eine Dampfmaschine bei der Arbeit erlebte: Welche Kraft ist es, die die Maschine bewegt? Genauer gefragt: Was ist das Wesen der Kraft? Was ist Bewegung »an sich«? Was ist Energie? Woraus besteht die Welt letzten Endes? Und was ist der Mensch? Zwar sind diese Fragen als solche keineswegs neu und beschäftigten nicht nur Dampfmaschinenkonstrukteure, jedoch war es für einen Maschinen-Ingenieur um die Jahrhundertwende nahe liegend, sie mit einer universalen, mechanischen Erklärung des Weltgeschehens zu beantworten. Patschke stellt den Antrieb zu seiner fast 30 Jahre währenden Welträtsellöser-Karriere in einer autobiographischen Reflexion wie folgt dar:

»In meiner Eigenschaft als praktischer Ingenieur, Fachgelehrter, Mathematiker und Naturforscher konnte ich mich von jeher nur mit einem naturwissenschaftlichen Werke befreunden, wenn es einen genügend logischen Aufbau hatte, wenn es also auf klarer Mathematik, auf sinnfälliger Mechanik aufgebaut war. Infolge einer Reihe von Experimenten mit Dampfturbinenstrahlen und Diskussionen mit Praktikern und Gelehrten bin ich dann zwangsläufig auf die Ergründung der Naturkräfte, also auf die Lösung der Welträtsel, auf die Elektromechanik, die einheitliche Erklärung und Mechanik der Naturkräfte geführt worden.«[64]

Dampfstrahlen sollen die kraftaufnehmende Oberfläche des Kraftrades in besonders effektiver und gleichmäßiger Weise ausnutzen. Vgl. Patschke, Arthur, *Transversal-Dampfturbinen für elastische Kraftmittel*, Mühlheim-Ruhr 1904.

64 Patschke, Arthur, *Weltlichttheorie. Welttheorie der Naturkräfte. Lösung der Naturkraftprobleme. Erfindungen, Entdeckungen und Ausnutzung der Naturkräfte*, Diessen vor München 1925, S. 13.

Werbezettel zu Patschkes 1905 erschienenem Werk Lösung der Welträtsel durch das einheitliche Weltgesetz der Kraft

Patschke war in seiner Theoriekonstruktion stark von seinen beruflichen Erfahrungen geprägt. Tatsächlich wollte er zeigen, »dass die *Erde eine Weltturbine*, eine Weltätherturbine im Grossen ist«.[65] Nicht nur mit Kollegen, auch mit Mitgliedern des Naturwissenschaftlichen Vereins Düsseldorf und nicht zuletzt mit seiner Ehefrau Margarete[66] diskutierte er über die Naturkräfte. 1905 präsentierte der Ingenieur dann die Lösung der Welträt-

65 Patschke, Arthur, *Lösung der Welträtsel durch das einheitliche Weltgesetz der Kraft*, München 1905, S. 33.

66 Patschkes dritte Ehefrau Margarete von Oppell-Patschke hatte in Kapstadt (Südafrika) einen Bachelor in Naturwissenschaften erworben. Sie unterstützte ihren Mann bei allen seinen Arbeiten auch inhaltlich. Im Jahr seines Todes, 1934, veröffentlichte sie ihr Werk *Urkraft*, in dem sie die Theorie ihres Mannes an die neuesten wissenschaftlichen Erkenntnisse anpassen wollte. Insofern ist sie die einzige Welträtsellöser*in*, auf die ich gestoßen bin. Vgl. von Oppell-Patschke, Margarete, *Urkraft. Anpassung der vor 30 Jahren von Ing. A. Patschke aufgestellten Lichtäthermechanik an d. Ergebnisse d. heut. Experimentalphysik*, Berlin 1934.

sel durch das »Weltgesetz der Kraft«, das da lautet: »In Gasen schwebende Körper (Himmelskörper, Erdkörper, Atome) können sich nur vorwärts bewegen, wenn sie von rückwärts Druck erhalten haben.«[67] Auf diesem 1905 in dem *Weltgesetz der Kraft* aufgestellten und insbesondere in der 1921 erschienenen *Elektromechanik* – man darf sich vom Titel nicht täuschen lassen, es handelt sich um eine Mechanik Patschke'scher Lichtätheratome – ausformulierten Grundgesetz baute Patschke seine universale Drucktheorie auf. Dem Atombegriff kommt darin eine zentrale Bedeutung zu, da die Druckkraft der bewegten Atome als die Urkraft angesehen wird, aus der alle Naturkräfte resultieren. Die Bewegung der Atome wiederum kann nach dem Weltgesetz nur aus Krafteinwirkung anderer bewegter Massen entstehen:

»Massen können nur durch Massen bewegt werden, wobei die sich antreibenden Massen miteinander in Berührung kommen müssen. [...] [Hieraus ergibt sich] der Fundamentalsatz der Kraft: Alle Kräfte lassen sich auf Massenbewegungen zurückführen.«[68]

Gravitation, Kohäsion, Elektrizität, Magnetismus, Wärme, Licht, elektrolytische und chemische Prozesse werden in Patschkes *Elektromechanik* durch das direkte aufeinander Einwirken, durch Stoßkontakte von Massen erklärt. Um physikalische Wirkungen auch im anscheinend leeren Raum als Stoß-Wirkungen im erfüllten Raum zu beschreiben, führt Patschke die »Urkraftmasse«, letztlich ein Äther, ein, die alle eben genannten Kräfte verursacht, aber der Wissenschaft bislang nur durch logisches Denken, aber nicht durch direkten Nachweis zugänglich ist.[69] Das Weltgesetz beschränkt sich als solches nicht auf die physikalische Welt, sondern es reicht

»von den Sternen bis zu den Atomen, von den Atomen bis zu den Maschinen, bis zu allen Körpern, Pflanzen, Tieren und Menschen, von den einfachsten mechanischen Kräften bis zum Gefühl, aus welchem sich dann durch geeignete, mit entsprechenden Aetherwiderständen versehene, vollkommenere Körper der Lebewesen die Alles überragende Vernunft des Menschen durch die Triebkraft des Lichtäthers, des Weltäthers entwickeln konnte bezw. musste.«[70]

---

67 Patschke 1905a, S. 12.

68 Patschke, Arthur, *Elektromechanik: Einheitliche Erklärung und Mechanik der Naturkräfte*, Berlin 1921, S. 14.

69 Ebd., S. 14f.

70 Patschke, Arthur, *Der Sturz des Anziehungsgesetzes und die Entdeckung des einheitlichen Weltgesetzes der Kraft*, München 1905, S. 31.

Ob Pflanzenwachstum oder menschliches Gefühlsleben – alles ist ein Effekt des Weltäthers, der dadurch in der Theorie eine religiöse Dimension bekommt.[71]

Der viel beschäftigte Ingenieur verfasste im Vergleich zu anderen Welträtsellösern wenige Schriften. Neben einigen Schriften aus den Jahren 1905 und 1906, die das Weltgesetz näher ausführen und dem Hauptwerk, der *Elektromechanik* von 1921, erschien vor seinem Tod im Jahre 1934 nur 1925 noch ein Werk, die *Weltlichttheorie*.[72]

1.4 Das Wissenschaftsverständnis der Welträtsellöser

Die Welträtsellöser kamen aus verschiedenen weltanschaulichen Kontexten, aus denen heraus sich unterschiedliche inhaltliche Reibungsflächen mit der akademischen Wissenschaft ergaben. Sie hatten jedoch zwei Gemeinsamkeiten: Sie teilten eine bestimmte Auffassung darüber, was Ziel und Zweck der Wissenschaft ist und sie positionierten sich als »freie Forscher« gegen die akademische Wissenschaft. Bevor ich im folgenden Abschnitt auf das antiakademische Selbstverständnis der Welträtsellöser eingehe, soll zunächst das Wissenschaftsverständnis der Welträtsellöser dargestellt werden, das sich durch die Forderung nach absoluter Wahrheit und Erkenntnis der Substanz des Wirklichen sowie durch weit reichende weltanschauliche Ansprüche auszeichnete.

1.4.1 Die Forderung nach absoluter Wahrheit

Ein Konflikt zwischen Welträtsellöser und akademischer Wissenschaft bestand auf der Ebene verschiedener Wahrheitsbegriffe und deren ontologischem Status. Unberührt von zeitgenössischen philosophischen Diskussionen über den Wahrheitsbegriff[73] und Stellungnahmen von manchen

71 Zur Religiösierung der Wissenschaft vgl. S. 73ff.

72 Patschke 1905a; Patschke 1905b; ders., *Vom Stern zum Atom. Beitrag zum Weltgesetz*, München 1906; Patschke 1921; Patschke 1925.

73 Zu den Wahrheitsbegriffen in der philosophischen Diskussion des 20. Jahrhunderts vgl. Skirbekk, Gunnar, »Einleitung«, in: ders., *Wahrheitstheorien. Eine Auswahl aus den Diskussionen über Wahrheit im 20. Jahrhundert*, 7. Aufl., Frankfurt (Main) 1996, S. 8–34 sowie die dort publizierten Quellentexte.

Naturwissenschaftlern, die dem Wahrheitsbegriff in der Wissenschaft keine Bedeutung mehr beimaßen, forderten Welträtsellöser eine absolute, objektive, der Natur entnommene Wahrheit, *die* Wahrheit, *die* wahre Natur aller Dinge:

»Auf den *Grund* des Dinges will der Mensch untertauchen, das *Wesen* des Dinges erkennen [...] Nichts ist ihm mehr zu hoch! [...] Die Stimmen nach einer *Wahrheit*, welche durch die Wissenschaft begründet allein im Stande wäre, alle unsere Zweifel und unser Misstrauen zu beseitigen, sowie unsere suchende Vernunft vollauf zu befriedigen, werden immer lauter. Die Erkenntnis nach solcher Wahrheit müsste doch *einheitlich* sein und [...] Alles *durchgängig* erfassen.«[74]

Mit diesem flammenden Plädoyer leitete Welträtsellöser Grubić seine 1917 erschienene monistische Naturphilosophie ein, die diese Wahrheit begründen sollte. Der Begriff der Wahrheit wurde bei den Welträtsellösern dabei nicht reflektiert, sondern stand für eine absolute Gewißheit über das Wesen der Naturerscheinungen: Die Wahrheit war das, was der Welträtsellöser in seiner Theorie als Urgrund des Geschehens identifiziert hatte.

Während die akademische Wissenschaft Ende des 19. Jahrhunderts in Bezug auf die Forderung einer absoluten und ewigen Wahrheit als Ziel oder als Ausgangsbasis ihrer Forschung zurückhaltend geworden war und davon weitgehend Abstand genommen hatte,[75] war die Sachlage für den Welträtsellöser ganz klar: Er wußte, was die Wahrheit ist, er kannte schließlich die Weltformel. Die akademische Wissenschaft hingegen *suchte* nicht einmal nach der absoluten Wahrheit – für einen Welträtsellöser wie Zacharias eine unakzeptable Situation: »Die Wissenschaft soll aus Gewißheiten bestehen. Sie ist aber bis jetzt eine ›Lehre von der völligen Unwißbarkeit‹«.[76] Dabei habe er doch schon vor langer Zeit die Gewißheiten der Wissenschaft ein für alle mal festgestellt: »Die allmächtige Natur ist die Seele der Welt. So haben wir strengste Ordnung, unabänderliche Gewißheit. Die Grundrätsel der Natur sind somit gelöst. Die einheitliche Naturanschauung festgelegt.«[77]

74 Grubić, Dušan, *Universal-Kausalprozess als unser oberstes Naturgesetz*, Zagreb 1917, S. 2f.

75 Zur Ablösung von Wahrheit als Ziel der Wissenschaft von dem bescheideneren Ziel der Objektivität vgl. Daston, Lorraine/Galison, Peter, *Objectivity*, New York 2007.

76 Beide Zitate aus: Zacharias, Johannes, *Rätsel der Natur und Totengräber der Wahrheit*, München 1920, S. 117.

77 Ebd.

Johannes Zacharias (geb. 1850)

Johannes Zacharias wurde 1850 in Karalene bei Insterburg geboren, 1870 trat er als Ingenieur-Offizier in die Armee ein. Seine Ausbildung erhielt er an der Artillerie- und Ingenieurschule in Berlin. Danach war er drei Jahre im Festungsbau tätig. 1880 wurde er als Invalide aus der Armee verabschiedet. Zacharias war erst Oberingenieur, später Direktor einer Aktiengesellschaft, es folgten Tätigkeiten in der Glühlampenfabrikation, in einer Akkumulatoren- und Elementefabrik sowie im Bau von Straßenbahnen. 1893 übernahm er den Aufbau und die Leitung eines elektrischen Unternehmens in Chicago, ab Ende 1893 war er als Gutachter, beratender Ingenieur und Patentanwalt wieder in Deutschland tätig. Finanziell unabhängig geworden, gründete er 1912 *Weltwissen. Zeitschrift für Erforschung und Erkenntnis in Natur und Technik auf einheitlicher Grundlage.* Er vertrat die Auffassung, alles Weltgeschehen sei auf das Wirken einer bewegten Urmaterie zurückzuführen.

Dem konnte sich Urlichttheoretiker Ziegler nur anschließen. Er war sich der großen Differenz zwischen seinem eigenen und dem Wissenschaftsverständnis der akademischen Wissenschaft vollkommen bewusst und bezog ausdrücklich eine antiakademische erkenntnistheoretische Position. Wissenschaft war nach Zieglers Definition keine solche, wenn sie auf Hypothesen aufbaute; vielmehr wies er ihr eine Funktion zu, die im zeitgenössischen Verständnis eher der Metaphysik oder der Religion zukam: Wissenschaft müsse nach dem »letzten Grund aller Erkenntnis« suchen:

»Der Zweck der [Zieglerschen] Urlichtlehre [...] [ist]: eine klare, einheitliche Wissenschaft zu ermöglichen und mit allem Hypothetischen und Unverständlichen darin aufzuräumen. Ihr Zweck ist, der heutigen, von Irrtümern wimmelnden Physik einen soliden Unterbau von sicheren Gesetzen zu geben, d. h. eine wirkliche Metaphysik in sie einzuführen«.[78]

78 Ziegler, Johann Heinrich, *Das Urlicht und das Hauptgerüst richtiger Weltanschauung: Ueber das Absolute und das Relative*, Zürich 1932, S. 40.

Der Ausklammerung der »Wesensschau« in der akademischen Wissenschaft stand er vollkommen konsterniert gegenüber: »Das ist gewiß verwunderlich, ja es scheint, als habe sich zu keiner Zeit ein größeres Wunder ereignet als das, dass die Vertreter der Wissenschaft ohne Kenntnis des Ewigen die Dinge erklären wollen.«[79]

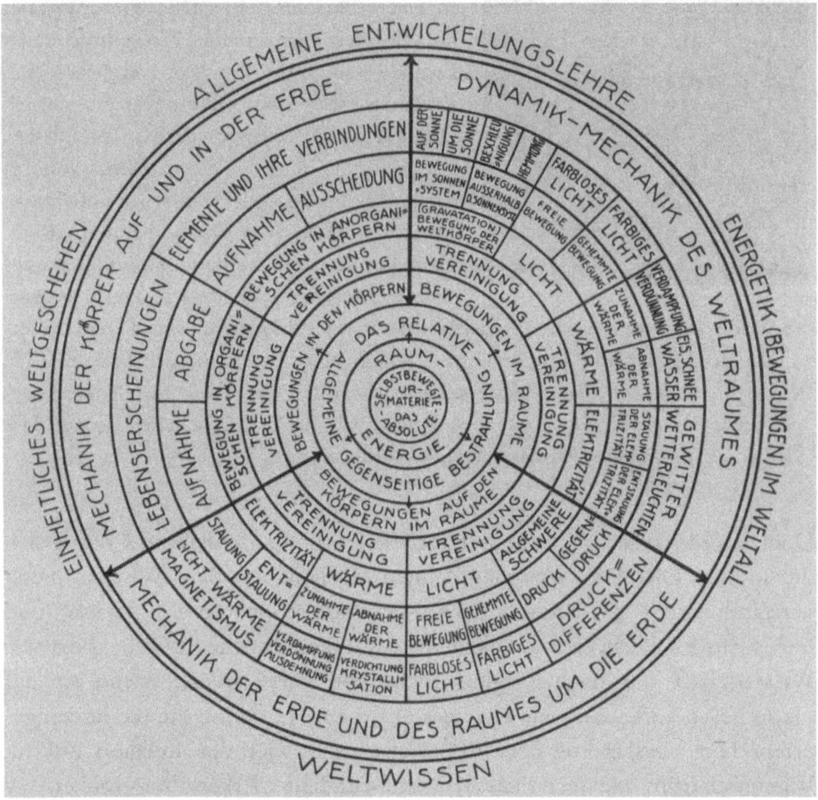

Die Weltformel des Ingenieurs Johannes Zacharias führt alles Weltgeschehen auf das Wirken einer der menschlichen Erkenntnis unzugänglichen Urmaterie zurück

Dabei konnte der Welträtsellöser gar nicht anders, als die Wahrheit verkünden. Diese war ihm so eindeutig und einleuchtend, dass sie jeden unmittelbar überzeugen musste. Ingenieur Patschke sah sich mit seiner Lösung der Welträtsel durch sein Weltgesetz der Kraft keineswegs als Outlaw der Wis-

79 Ziegler 1908b, S. 29.

senschaft, sondern an der Spitze einer langen, historischen Entwicklung des Wissens der Menschheit. Aufgrund seiner Annahme, das Wissen entwickele sich durch in Generationen akkumulierter Erfahrung nicht nur immer weiter, sondern nähere sich vor allem immer mehr einer absoluten Wahrheit an, begriff er sich als Verkünder einer jedem durchschnittlich intelligenten Zeitgenossen einsichtigen Wahrheit, die sich ihm regelrecht aufgezwungen habe: »Die Kraft der Welt ist eine allgewaltige und zwang uns demnach auch, das durch seine Klarheit und Wahrheit sich von selbst weiter empfehlende, bahnbrechende Weltgesetz vorläufig in der vorliegenden Form bekannt zu machen.«[80] Zugespitzt gesagt verkündete nicht Arthur Patschke das Weltgesetz; vielmehr verkündet sich die Wahrheit des Weltgesetzes durch ihr Medium Patschke. Diese eigentümliche Mischung aus der an Anmaßung grenzenden Selbstsicherheit, das Weltgesetz gefunden zu haben, und der Bescheidenheit und Zurücknahme der eigenen Person im Angesicht der »ewigen Wahrheit«, ist für viele Welträtsellöser charakteristisch. Mit dieser Vorstellung des quasi selbstevidenten Weltgesetzes stellte sich für Patschke zwar nicht das Problem, wie die Wahrheit erkannt werden kann, dafür aber geriet er – wie eine Anzahl anderer Welträtsellöser – in Erklärungsnot, warum diese sehr einfache Wahrheit sich trotzdem noch nicht durchgesetzt hatte. Nicht nur für Patschke lag der Grund hierfür in der Institutionalisierung der Wahrheitssuche in dem traditionsverhafteten, alle Innovationen abwehrenden System der akademischen Wissenschaft, welche verhinderte, dass die Wahrheit überhaupt gehört werden konnte (vgl. S. 75ff.).

1.4.2 Substanzdenken

Die Suche nach einer Essenz des Wirklichen ist eine Form des Denkens, die man angelehnt an Ernst Cassirers Unterscheidung zwischen Substanzbegriff und Funktionsbegriff[81] als »Substanzdenken« bezeichnen kann.[82]

---

80 Patschke 1905a, S. 8.

81 Vgl. insb. Cassirer, Ernst, *Substanzbegriff und Funktionsbegriff. Untersuchungen über die Grundfragen der Erkenntniskritik*, 7. unveränd. Aufl., Darmstadt 1994 [1910]; ders., *Philosophie der symbolischen Formen,* Bd. 3: *Phänomenologie der Erkenntnis,* 10. unveränd. Aufl., Darmstadt 1994 [1929].

82 Diese an Gewissheit und absoluter Wahrheit orientierte Epistemologie, wie sie in der zeitgenössischen akademischen Philosophie etwa von Dingler vertreten wurde, wird in der Wissenschaftstheorie auch als »Certismus« im Gegensatz zur falsifizierungsorientier-

Der Welträtsellöser war nie bekennender Phänomenologe, Funktionalist oder Konstruktivist, als »Wahrheitssucher« war er vor allem Metaphysiker und Ontologe. Das hatte Konsequenzen für Inhalt und Argumentation der wissenschaftlichen Theorien. Die Fragen nach der Objektivität und Gewissheit wissenschaftlicher Erkenntnis, die sich der Welträtsellöser stellte, stellen sich gleichermaßen auch die meisten akademischen Wissenschaftler. Auch diese gehen – in verschiedenen erkenntnistheoretischen Varianten – dabei im Allgemeinen davon aus, dass die Wirklichkeit intersubjektiv begreifbar ist. Während jedoch die Welträtsellöser ihre Theorien aus einer von ihnen postulierten objektiven Gewissheit deduzierten, kann die moderne Wissenschaft betrieben werden, ohne die letzten Antworten zu wissen oder deren Wissbarkeit überhaupt vorauszusetzen. Dieser Unterschied in den Ansichten über die Aufgaben und Grenzen der wissenschaftlichen Erkenntnis, der in den 1870er Jahren in der akademischen Wissenschaft im Ignorabimus-Streit gipfelte,[83] fand im populären Wissenschaftsverständnis des frühen 20. Jahrhunderts insbesondere in einer verbreiteten Kantkritik ihren Ausdruck.

Von den Welträtsellösern wurde Kant eindeutig abgelehnt. Ihr erkenntnisoptimistisches Substanzdenken sah sich mit einem erkenntniskritischen Phänomenalismus und Konstruktivismus konfrontiert, der die Erkenntnis einer letzten Substanz der Wirklichkeit negierte. Kant war im populären Verständnis derjenige, der das »Ding an sich« – und damit die absolute Wahrheit und letzte Substanz – der Erkenntnis entzogen hatte. Seine Philosophie bildete daher für viele Welträtsellöser einen Gegensatz zum »gesunden Menschenverstand« und verkörperte eine unsichere, spekulative, letztlich »unwissenschaftliche« Wissenschaft. Die Kantkritik der Welträtsellöser bewegte sich auf dieser elementaren Ebene und setzte sich deshalb nicht mit kantischer Philosophie, sondern damit auseinander, wofür sie im populären Verständnis stand. Das »Ding an sich« wurde bei den Welträtsellösern im metaphysischen, nicht im transzendentalen Sinn ver-

---

ten Wissenschaft bezeichnet. Vgl. Schroeder-Heister, Peter, »Certismus«, in: Mittelstraß, Jürgen (Hg.), *Enzyklopädie Philosophie und Wissenschaftstheorie*, Band 2 (C–F), 2. Aufl., Stuttgart/Weimar 2005, S. 35–36, online unter: http://www-ls.informatik.uni-tuebingen.de/psh/forschung/offprints/request/Enzy1/Certismus.php (11. November 2008).

83 Zum zeitgenössischen Kontext und zur Wirkung der »Ignorabimus-Rede« du Bois-Reymonds vgl. Vidoni, Ferdinando, *Ignorabimus! Emil du Bois-Reymond und die Debatte über die Grenzen wissenschaftlicher Erkenntnis im 19. Jahrhundert*, Frankfurt (Main) [u. a.] 1991; vgl. Bayertz, Kurt/Gerhard, Myriam/Jaeschke, Walter (Hg.), *Weltanschauung, Philosophie und Naturwissenschaft im 19. Jahrhundert*, Bd. 3: *Der Ignorabimus-Streit*, Hamburg 2007.

standen. Die Welträtsellöser urteilten dabei bewusst aus ihren persönlichen Erfahrungen heraus über das, was sie für kantische Philosophie hielten, und begründeten ihren erkenntnistheoretischen Kompetenzanspruch mit ihren praktischen Interaktionen mit der Natur. Für Kleinschrod zum Beispiel war es seine Erfahrung als Arzt, die ihm eine bestimmte Autorität in erkenntnistheoretischen Fragen verlieh: »Wäre Kant Arzt gewesen, so hätte er ganz bestimmt eine andere Raumzeitlehre aufgestellt. Der Tod und die Lebenszeit hätten diesen tiefen Denker allein schon sicherlich anders belehrt«.[84] Er distanzierte sich insbesondere von der kantischen Absage an die Erkenntnis des »Dings an sich« – für ihn war das »Ding an sich« die Erkenntnis des Wesens des Lebens – und bekannte:

»Niemals konnte ich als Arzt mich mit einem solchen Pessimismus abfinden, meine ganze innere Natur sträubte sich dagegen. Auch noch in einer anderen Richtung. Jeder Mensch ringt nach einer Weltanschauung als Grundlage seiner Lebensführung. Aber niemals werden wir zu einer Weltanschauung auf wissenschaftlicher Grundlage kommen, ohne das Wesen des Lebens zu erfassen.«[85]

Auch der Kaufmann Erich Ruckhaber wollte das »Denkproblem« lösen, vermisste in dieser Hinsicht einen »frisch-fröhlichen Angriff, der den Stier bei den Hörnern packt«,[86] und fuhr fort:

»Sehr viel Schuld an diesem traurigen Bilde trägt Kant. Er hat mit seiner Transcendentalphilosophie die vermeintliche Unmöglichkeit für den Menschenverstand, sich jemals selbst zu begreifen, zu einem wissenschaftlichen Dogma erhoben, als welches es seit 150 Jahren mit der breiten intransigenten Macht und Selbstgefälligkeit auf fast sämtlichen deutschen Kathedern der Weltweisheit thront wie auf den katholischen Kanzeln dasjenige der Unfehlbarkeit des Papstes. Die Orthodoxie ist bei beiden eine auffallend ähnliche; wer nicht an Kant glaubt, ist ein Ketzer.«[87]

Es interessiert hier nicht, dass Ruckhaber Kant unbelastet von zu viel Kenntnis über Transzendentalphilosophie zum Feindbild menschlicher Erkenntnis aufbaut, sondern dass er die Kluft zwischen Erscheinung und »Ding an sich« mit seiner sensualistischen Philosophie des »Urprinzips« schließen möchte.[88]

---

84 Kleinschrod 1929, S. 7.

85 Kleinschrod 1928, S. 289.

86 Ruckhaber, Erich, »Das Denkproblem und seine Lösung«, in: *Neue Weltanschauung*, Bd. 9, Nr. 1 (1920), S. 1–9, hier: S. 1.

87 Ebd.

88 Ruckhaber, Erich, *Das Urprinzip der Welt*, Berlin 1959, S. 30f.

Erich Ruckhaber (1876–1956)

Erich Ruckhaber wurde 1876 in Breslau geboren, er war von 1893 bis 1909 als Kaufmann tätig, den Großteil dieser Zeit verbrachte er in Afrika. Von 1910 bis 1911 war er bei der Deutschen Bank beschäftigt, von 1918 bis 1929 arbeitete er als Dolmetscher. 1927 erfolgte die Promotion in Philosophie in Berlin. Seit ca. 1912 verfasste Ruckhaber regelmäßig Artikel in der populärwissenschaftlichen Zeitschrift *Neue Weltanschauung*. In den 1910er und 1920er Jahren befasste er sich mit sensualistischer Erkenntnistheorie, in den 1930er Jahren arbeitete er vorwiegend über Ätherwirbeltheorie und entwickelte die »Biomechanik«, eine mechanische Theorie über das Leben.

Die Überzeugung, im Besitz der absoluten Wahrheit zu sein und das Festhalten am Substanzdenken generierte ein potentielles Konfliktverhältnis zwischen der Wissenschaftsauffassung der Welträtsellöser und der Wissenschaftsauffassung der akademischen Wissenschaft. Dieses Konfliktverhältnis war zunächst weitgehend latent: Wer das »Ding an sich« identifiziert hatte und die absolute Wahrheit kannte, musste in erster Linie der Wahrheit Geltung verschaffen und sich nicht mit anderen Auffassungen, die sowieso nur falsch sein konnten, auseinandersetzen – es sei denn, sie waren dermaßen präsent wie die Relativitätstheorie. Es wird weiter unten in der Arbeit gezeigt, dass in der Auseinandersetzung um die Relativitätstheorie diese Wissenschaftsverständnisse erstmals großflächig aufeinander prallten (vgl. S. 182ff.).

1.4.3 Zwischen Abgrund und Erlösung – Weltanschauliche Wissenschaft

Die im Folgenden dargestellte religiöse und weltanschauliche Bedeutung der Wissenschaft für die Welträtsellöser war ein entscheidender Parameter des weiter unten in der Arbeit untersuchten Verlaufs der Auseinandersetzung mit der Relativitätstheorie. Neben den gerade skizzierten im engeren Sinne erkenntnistheoretischen Elementen der Wissenschaftsauffassung der

Welträtsellöser war diese zudem geprägt durch weltanschauliche Ansprüche, die eine anders geartete Konfliktlinie mit der akademischen Wissenschaft entstehen ließen: Die akademische Wissenschaft war in den Augen der Welträtsellöser unvollkommen, da sie nicht wie die Welträtsellösertheorien beanspruchte, weltanschauliches Programm zur Schaffung einer neuen Gesellschaft und eines neuen Menschen zu sein.

Die weltanschaulichen Ansprüche der Welträtsellöser können ihrerseits nur im Zusammenhang mit der Weltanschauungskrise der Jahrhundertwende und den sozialen und politischen Umbrüchen des frühen 20. Jahrhunderts verstanden werden. Es wird zunächst die Diagnose der Gegenwart durch die Welträtsellöser im zeitgenössischen Kontext skizziert, bevor auf ihre Überzeugung von der Therapierbarkeit der konstatierten Missstände mit Hilfe ihrer eigenen Theorien eingegangen wird. Die weltanschauliche Bedeutung der Wissenschaft kam insbesondere in der Religiösierung der Wissenschaft zum Ausdruck, mit der dieser Abschnitt enden wird.

Zivilisationskritik und Geschichtsphilosophie von unten

Die Brüchigkeit der sozialen, politischen, ökonomischen und weltanschaulichen Zusammenhänge war zwar nach dem Ersten Weltkrieg besonders deutlich geworden, die weltanschauliche Fragmentierung der Gesellschaft reichte jedoch weiter zurück. Sie muss im Kontext mit der zunehmenden Industrialisierung und der technischen Entwicklung und den damit einhergehenden einschneidenden Veränderungen aller Lebensbereiche im 19. Jahrhundert verortet werden.[89] Trotz dieser Kontinuität des Jahrzehnte umfassenden Weltanschauungswandels war der Erste Weltkrieg eine Zäsur, die als Aufbruch in eine neue Welt, als Erlösung von verkrusteten Strukturen und überholten Ansichten begriffen wurde.[90]

89 Vgl. u. a. die Beiträge in Blaschke, Olaf/Kuhlemann, Frank-Michael (Hg.), *Religion im Kaiserreich. Milieus – Mentalitäten – Krisen*, Gütersloh 1996 (Religiöse Kulturen der Moderne Bd. 2); Vom Bruch, Rüdiger/Graf, Friedrich W./Hübinger, Gangolf, *Kultur und Kulturwissenschaften um 1900*, Bd. 1: *Krise der Moderne und Glaube an die Wissenschaft*, Stuttgart 1989; dies., Bd. 2: *Idealismus und Positivismus*, Stuttgart 1997; Doerry, Martin, *Übergangsmenschen. Die Mentalität der Wilhelminer und die Krise des Kaiserreichs*, Bd. 1, Weinheim/München 1986; Drehsen/Sparn 1996.

90 Vgl. u. a. Flasch, Kurt, *Die geistige Mobilmachung. Die deutschen Intellektuellen und der Erste Weltkrieg*, Berlin 2000; Mommsen, Wolfgang J. (Hg.), *Kultur und Krieg. Die Rolle der Intellektuellen, Künstler und Schriftsteller im Ersten Weltkrieg*, München 1996; Mohler, Armin, *Die konservative Revolution in Deutschland 1918–1932. Ein Handbuch*, 5. Aufl., Graz [u. a.] 1999 [1950], S. 32ff.

Letztlich blieb ein desillusioniertes Deutschland zurück. Nach verbreiteter Ansicht wurde nicht nur ein Krieg verloren, sondern eine Welt. Das von vielen Zeitzeugen registrierte religiös-politische Vakuum war eines der Hauptprobleme der neu gegründeten Demokratie, die schon von Beginn an den Makel trug, nur ein pragmatischer Kompromiss zu sein.[91] In der Nachkriegszeit prosperierte die Suche nach Sinn im Übersinnlichen ebenso wie der Glaube an den technischen Fortschritt. Gefordert wurden Propheten und Führer, Ganzheitlichkeit und Übersichtlichkeit. Die sowohl individuell wie auch kollektiv erfahrene Krisensituation in allen Bereichen – Inflation, soziale Deklassierung, Kriegsniederlage, Auflösung des Kaiserreichs – bildete den Rahmen für die Sehnsucht nach Erneuerung in materieller wie auch in spiritueller Hinsicht. Die »verkappten Religionen«,[92] ob sie sich nun auf die Bibel, die Bhagavad Gita, Nietzsche, die Natur oder die Vernunft beriefen, einte ihr Versprechen von Wahrheit, von Wieder-Verzauberung des Entzauberten, von Erneuerung und Ganzheit der Welt.

Die Weltanschauung war für breite Bevölkerungsschichten brüchig und der Sinn der Geschichte fragwürdig geworden; die Deutungshoheit von Religion und Wissenschaft über das Wesen der Dinge wurde hinterfragt und nicht zuletzt deshalb traten beide in Konkurrenz zueinander. Die weltanschaulichen Versatzstücke, die als Sinn-Surrogate angeboten wurden, füllten nicht das weltanschauliche Vakuum sondern waren Ausdruck desselben. In der Auseinandersetzung mit den Welträtsellöser-Schriften nach dem Ersten Weltkrieg fällt eines sofort auf: Wie erwartet, waren sie durch den Aufschwung der modernen Physik damit konfrontiert, dass ihr bisheriges Verständnis vom Aufbau der Natur und der wissenschaftlichen Theorien an Selbstverständlichkeit verlor. Für sie war diese Verunsicherung aber darüber hinaus mit einer von ihnen diagnostizierten moralischen Degeneration der Gesellschaft im Zuge und als Folge des Krieges verbunden. Sie verorteten sich zum Teil selbst in sozialen Reformbewegungen und äußerten Zivilisationskritik in ihren Theorien. Diese können daher nicht nur als

91 Zur Charakterisierung der Weimarer Republik als »Vernunftrepublikanismus« vgl. Klueting, Harm, »›Vernunftrepublikanismus‹ und ›Vertrauensdiktatur‹: Friedrich Meinecke in der Weimarer Republik«, in: *Historische Zeitschrift*, Bd. 242 (1986), S. 69–98. Zur kulturellen Lage in der Weimarer Republik vgl. auch die Beiträge in Cancik, Hubert (Hg.), *Religions- und Geistesgeschichte der Weimarer Republik*, Düsseldorf 1981; Gay, Peter, *Die Republik der Außenseiter. Geist und Kultur in der Weimarer Zeit 1918–1933*, Frankfurt (Main) 1970; Peukert, Detlev, *Die Weimarer Republik: Krisenjahre der Klassischen Moderne*, Frankfurt (Main) 1987; Ziche 2000.

92 Vgl. Bry, Carl Christian, *Verkappte Religionen*, 3. Aufl. Lochham [u. a.] [1964/1924].

konkurrierende wissenschaftliche Theorien aus dem außerakademischen Raum betrachtet werden; sie sind oft ausdrücklich gleichzeitig Programm zur Schaffung eines neuen Menschen und einer neuen Gesellschaftsordnung durch »reines, wahres Wissen«. In Bezug auf die Welträtsellöser-Theorien kann damit für die Zeit des frühen 20. Jahrhunderts ein paralleles Phänomen zur Religiösierung der Politik konstatiert werden, nämlich die Religiösierung von Wissenschaft, genauer gesagt von wissenschaftlicher Theorie.[93]

Der kaisertreue Ingenieur Rudolf Mewes (geb. 1858) leitete den nach dem Ersten Weltkrieg erschienenen 3. Teil seiner Welträtsellöser-Theorie *Kriegs- und Geistesperioden im Völkerleben und Verkündigung des nächsten Weltkrieges. Eine astrologisch-physiologische Skizze* – es handelt sich bei diesem Werk um eine morphologische Geschichtsphilosophie von spenglerschem Ausmaß – mit der pessimistischen Diagnose ein:

»Inzwischen sind die eisernen Würfel des Geschicks gefallen; das deutsche Volk hat sich selbst entmannt und dem Feindbund auf Gnade und Ungnade überliefert. Es hat sich ins Verderben gestürzt und kann die Folgen des schmachvollen Verrats an Kaiser, Volk und Rasse nicht rückgängig machen. Das Schicksal schreitet über das deutsche Volk mit ehernem Schritt hinweg und droht es zu zermalmen. [...] Die Lage Deutschlands ist viel schmachvoller und trauriger, als sie vor und nach der achtundvierziger Revolution gewesen ist. Tiefer ist die Nacht und der Abgrund des deutschen Zusammenbruchs infolge des Umsturzes aller Ordnung und Treue am 9. November 1918, hoffnungsloser und schwärzer die Zukunft, welcher das deutsche Reich und damit Alldeutschland nach unverzeihlichem Volksverrat unter dem äußeren Druck des Raubverbandes entgegenwankt.«[94]

Für den Kneipparzt Kleinschrod stellte sich 1931 die Gegenwart wie folgt dar:

»Der Bolschewismus, Kommunismus, Marxismus und auch die ganze Sozialdemokratie haben ihre weltanschaulichen Wurzeln in diesem Bestreben des Menschen,

93 Die weltanschauliche Bedeutung der Naturwissenschaft ist dabei weder ein auf die außerakademische Wissenschaft beschränktes Phänomen, noch ein Spezifikum der 1920er Jahre. Sie wuchs insbesondere in der zweiten Hälfte des 19. Jahrhunderts. Zu einem Zeitpunkt, an dem immer weniger Menschen ihr Vertrauen in das traditionelle Offenbarungswissen der Kirchen setzten und ein empirisch fundiertes, einheitliches Weltbild der Wissenschaft immer mehr überzeugen konnte, kam den Naturwissenschaftlern, die diese vereinheitlichende Theorie populär darbieten konnten, eine wichtige Funktion zu. Vgl. Daum 2002, S. 200f.

94 Mewes, Rudolf, *Kriegs- und Geistesperioden im Völkerleben und Verkündigung des nächsten Weltkrieges*, 3. und 4. erw. Aufl., Leipzig 1922 [1896], S. 378.

nur seinen Intellekt dazu zu gebrauchen, um den sittlich-religiösen Teil des [von Kleinschrod entdeckten] Menschheitsgesetzes auszusetzen, einfach zu vernichten. Die Folge davon ist der falsche Staatsbegriff, mit dem alle diese politischen Strömungen arbeiten. Religion ist Privatsache, ist Verdummung der Menschheit, das Opium des Verstandes; Familie, Ehe sind nur Mittel, um die Persönlichkeit zu hemmen. Die Arbeit ist eine Sklavenarbeit, der Staat nur eine Futterkrippe usw. usw. Wenn wir von der Hochwarte des [Kleinschrod'schen] Menschheitsgesetzes auf die Menschheit herabblicken, wahrlich so packt einen Grausen und Entsetzen vor dieser Menschheit: Mir graut vor dir! So möchte man ausrufen.«[95]

So wenig elaboriert diese Diagnosen der Gegenwart sind, sie stammen von Personen, die sich selbst als Naturforscher, nicht als Historiker oder Sozialphilosophen begreifen. Sie sind Teil einer weltanschaulichen Naturwissenschaft, was sich in auf den ersten Blick kurios anmutenden Verbindungen von Weltanschauung und Naturwissenschaft niederschlägt. So entdeckt Mewes in der modernen Physik – wegen der Wahrscheinlichkeitsannahme und der ungeordneten Bewegung in der kinetische Gastheorie – einen »bolschewistischen Charakterzug«[96] und der Patentamtsangestellte Fricke merkt an: »Durch seine Vorstellung vom ›leeren‹ Raum wurde Newton gegen seinen Willen der Begründer des französischen Materialismus und des russischen Nihilismus.«[97]

Diese geschichtsphilosophischen Ausflüge wären in dieser Zeit allerdings nichts Besonderes, wenn sie nicht von Welträtsellösern unternommen worden wären, für die die wissenschaftliche Theorie, insbesondere ihre eigene, eindeutig ein Mittel zur Besserung der Menschheit darstellte. Die weltanschauliche Dimension der eigenen Theorien der Welträtsellöser schlug sich nämlich meistens in Therapieversuchen der Krise der Gegenwart nieder.

Naturwissenschaft als Therapie

Die Welträtsellöser gehörten zu denjenigen, die die Menschheit mit Hilfe der Wissenschaft aus der katastrophalen Jetztzeit in die glückliche Zukunft katapultieren wollten. Auch in der breiteren Bevölkerung bekam die welt-

95 Kleinschrod, Franz, *Konnersreuth: Natürliches oder übernatürliches Geschehen?*, Waldsassen 1931, S. 133f.

96 Mewes 1922a, S. 375.

97 Fricke, Hermann, »Neue Strahlungslehre als Weg zur Verständigung in der Physik. Schwerkraftstrahlung und Physik des ›Als ob‹ aphorisch dargestellt«, in: *Docentra*, Bd. 58, Nr. 12 (1937), S. 190–195, hier: S. 193.

anschauliche Bedeutung der Wissenschaft nach dem Ersten Weltkrieg noch einen Schub; die deutsche Wissenschaft war einer der wenigen Hoffnungsträger und etwas, worauf man noch stolz sein konnte. Wissenschaft wurde nicht nur als Mittel des ökonomischen Aufbaus, sondern vor allem als Mittel zur ideellen Aufrichtung des deutschen Volkes angesehen. Zum Teil wurde der Weltkrieg sogar als durch falsche wissenschaftliche Weltanschauung verursachte Krise interpretiert, die durch richtige wissenschaftliche Weltanschauung zu therapieren sei. Im christlichen Keplerbund etwa wurde die Ansicht geäußert, der Krieg sei als ein Ausdruck des großen Weltanschauungskampfs zwischen Idealismus und Materialismus anzusehen.[98] So unterschiedlich letztlich die Ausgestaltungen der eigenen Theorien waren, die den Aufbruch zum guten, zum wahren Leben bezwecken sollten, so sehr glichen sich sowohl die Diagnosen als auch die Rezepte, durch die richtige Weltanschauung die Erlösung der Menschheit herbeizuführen. Die weit reichende ethische Bedeutung von Ingenieur Patschkes Weltgesetz ergab sich zum Beispiel daraus, dass es

> »mit der technischen Sprache der Natur als Weltsprache dazu beitragen wird, dem Weltfrieden näher zu kommen, als es durch egoistische, das Allgemeinwohl nicht beachtende kriegerische Handlungen von Völkern möglich ist, die sich Kulturvölker nennen, die es aber durch den Weltkrieg soweit gebracht haben, dass sie die Naturkräfte, anstatt dieselben nutzbringend zu verwerten, in hohem Maße in teuflischer Weise mißbrauchten, indem sie dieselben zur gegenseitigen Vernichtung arbeiten ließen und so ganze Kulturvölker für eine längere Zeit ärmer als die ärmsten Bettelvölker in bezug auf Gesundheit und Wohlstand gemacht haben. Kultur-

98 Der Generalsekretär des Keplerbunds erklärte nach dem Krieg: »Sowohl in den Ursachen des Krieges, in seiner Führung, wie auch in den nach dem Kriege einsetzenden revolutionären Störungen finden wir ein Auseinanderplatzen ideell und materiell gerichteter Kräfte. Diese Kämpfe sind der Auftakt zu einem Kampfe der Weltanschauungen, wie ihn die Welt nie heftiger gesehen hat. Sollte es uns gelingen, durch alle Wirren hindurchzukommen, so wird es sich zunächst darum handeln, die Gemüter wieder zur Ruhe kommen zu lassen und bei den meisten Menschen das verloren gegangene Gleichgewicht der Seele wieder herzustellen. Kann es hierfür etwas Geeigneteres geben, als die geistige Rückkehr zur Natur und die Einkehr des Menschen bei ihr? Das Eindringen in die Wissenschaften von der wunderbaren Natur kann hier eine kulturelle Bedeutung gewinnen, allerdings nur dann, wenn dies nicht nur von seiten des Berufs-Naturwissenschaftlers, sondern von der breiten Masse des Volkes geschieht.« Schöning, Max, »Ziel und Zweck des Kepler-Bundes in der Gegenwart«, in: *Unsere Welt*, Bd. 12, Nr. 1 (1920), S. 17–28, hier: S. 17f.

völker, lernt die Naturkräfte als Kriegs- und Friedensstifter richtig verstehen, dann kommt ihr zur gegenseitigen Achtung und dadurch zum Weltfrieden.«[99]

Für Kneipparzt Kleinschrod lag der ethische Nutzen seiner neuen Medizin auf der Hand:

»Erst dann erhebt sich eine Wissenschaft zu einer Größe, wenn sie aus ihrem engen Rahmen der Forschung heraustritt und ihre Ergebnisse an Wahrheiten in einen breiten Strom ins Volk leitet. Denn jetzt arbeitet sie an der Hebung des Volkes mit, wird zum Gemeingut der Menschheit und zum Kulturfaktor. Und welche Wissenschaft wäre in ihrem innersten Wesen sozialerer Natur wie die Medizin?«[100]

Im Gegensatz zu den im Allgemeinen international ausgerichteten Therapieplänen dachte der alldeutsche Mewes zuallererst an Deutschland und den Kaiser, die von seiner geschichtsphilosophischen Periodenlehre profitieren sollten:

»Gerade in der heutigen Zeit des Niedergangs tut eine solche Auffrischung des Herzens und des Geistes nicht nur dem Einzelnen, sondern in gleicher Weise dem gesamten deutschen Volke dringend not. Vor allem aber kann ein lichtvoller Ausblick auf die Zukunft dem schwergebeugten Kaiser, der die Dornenkrone der Entsagung für sein Volk übernommen hat, ein gewisser Trost und Halt dafür werden, der ihm noch vorbehaltenen Sendung für sein Volk in Geduld und Stärke zu harren.«

Und er betonte »den veredelnden und erzieherischen Wert eines solchen Eindringens in die Geheimnisse der Geschichte, insofern die [Mewes eigene] Periodenlehre Anlaß gibt, das Unvermeidliche mit Würde zu tragen und die Hoffnung auf die Zukunft stärken hilft.«[101] Mewes war davon überzeugt, dass das Weltgeschehen periodenartig ablief; deshalb müsse nach dem Durchschreiten der Talsohle bald eine bessere Zeit anbrechen.[102]

---

99 Patschke 1925, S. 104.

100 Kleinschrod, Franz, *Denkschrift zur Errichtung eines Lehrstuhles für Erforschung der Gesetze und Vorgänge der Naturheilung, verbunden mit dem Lehrauftrag für sozial-ethische Volksmedizin*, in: Kleinschrod 1911a, S. 121–175, hier: S. 173.

101 Beide Zitate aus: Mewes 1922a, S. 377.

102 Solche als »Historionomie« oder Geschichtsstatistik bezeichneten Ansätze sind inbesondere mit den Arbeiten Friedrich von Stromer-Reichenbachs verbunden. Von Stromer-Reichenbachs Ziel war es, den Verlauf der Geschichte vollständig zu berechnen. Vgl. Stromer-Reichenbach, Friedrich von, *Historionomie, ihr Wesen und ihre Bedeutung. Ein wissenschaftlicher Versuch,* Konstanz 1924. Als Sekundärliteratur vgl. Wimmer, Franz Martin, »Zufall oder Notwendigkeit? Die Frage nach dem Grundgesetz des Weltlaufs«,

Ebenso national war Ingenieur Zacharias eingestellt, der nach dem Weltkrieg erklärte: »Bisher war die Wissenschaft international. Sie ist es heute aber zufolge des Krieges nicht mehr.« Darum solle sich Deutschland am deutschen Wissen wieder aufrichten und ausländische Wissenschaft ausschließen: »Geld und Gut kann man uns zwar nehmen, aber die Macht unseres Wissens nicht.«[103] Solche nationalistische Ansichten, die überwiegend im unmittelbaren Zusammenhang mit der Niederlage Deutschlands im Ersten Weltkrieg entstanden, waren bei den Welträtsellösern jedoch eher selten. Ihre Erkenntnisse sollten ganz überwiegend der gesamten Menschheit zugute kommen. Auch Ziegler dachte trotz seiner antisemitischen Einstellung (vgl. insb. S. 289f.) im Hinblick auf den Nutzen seiner Urlichtlehre weniger in den Kategorien von Nationalität und Rasse als an die Erlösung der Menschheit: »[N]ur an einer Wissenschaft, die völlig gewiß und einheitlich ist, kann sich der Mensch richtig orientieren. Alles andere ermöglicht, dass er wieder in Irrtum versinkt oder ins Unglück gerät. Reine Wissenschaft ist deshalb die einzige Erlösungsmöglichkeit für die Menschheit.«[104] Ziegler zog aus seiner Weltformel auch weit reichende gesellschaftspolitische Schlüsse. Seine Weltformel habe »einen nicht zu verkennenden soziologischen Wert [...] Repräsentiert sie ja nichts anderes als den allgemeinen Begriff der Ordnung selbst. Und als solche ist sie notwendig der schlimmste Feind jeder Art von Anarchie, nicht nur der in der Wissenschaft.«[105] Anhand seines Grundsatzes von der »absoluten Gegensätzlichkeit« stellte er unter anderem fest:

»Die Gesellschaft zerfällt nach der Formel zuerst in die Klasse der Gebildeten und der Ungebildeten, oder, vom Standpunkt der materiellen Macht aus, in Reiche und Arme. Hierbei springt die Analogie mit den Aggregatzuständen besonders in die

in: Wendt, Herbert/Loacker, Norbert (Hg.), *Soziales und geschichtliches Verhalten des Menschen*, Zürich (Kindlers Enzyklopädie *Der Mensch* Bd. 5), S. 416–434.

103 Beide Zitate aus: Zacharias 1920, S. 119 (Nachträgliche Bemerkung); vgl. auch die Äußerung von Kleinschrod: »Möge deutscher Geist und deutsche Forschung, deutscher Scharfsinn und deutscher Fleiß hier zuerst die neue Fackel der Menschheit vortragen, um unseren haßerfüllten Feinden ihren wissenschaftlichen Boykott als Bettel vor die Füße zu werfen.« Kleinschrod 1920, S. 58.

104 Ziegler, Johann Heinrich, *Der grosse Welt- und Selbstbetrug der Physiker: Ein Dokument aus der Gegenwart für die Zukunft*, Zürich 1931, S. 92.

105 Ders., *Die Umwälzung in den Grundanschauungen der Naturwissenschaft: Acht kritische Betrachtungen*, Bern 1914, S. 43.

Augen. Je reicher der Reiche ist, um so größer ist seine Bewegungsfreiheit und umso geringer die zu überwindenden Widerstände«.[106]

Für Ziegler war die Analogie – je einfacher desto einsichtiger – ein anerkanntes Beweismittel. So wie Farben teilte er auch die Menschen anhand der Weltformel ein: Nicht nur biologisch folge der Lebenslauf der Weltformel, auch Charakter und Fähigkeiten seien durch die Weltformel bestimmt. Auf dieser Grundlage entwarf Ziegler eine Art Kastensystem, wo jeder den der Weltformel entsprechenden Platz in der Gesellschaft einnehmen und Weise als eine Art Priester-Könige regieren sollten.[107]

Hermann Fricke (1876–1949)

Hermann Heinrich Karl Fricke wurde am 16.12.1876 in Goslar geboren. Von 1895–1901 studierte er Mathematik, Physik und Chemie in Freiburg (Breisgau), Berlin, München und Göttingen, wo er 1901 bei Eduard Riecke (1845–1915) promovierte. Von ca. 1901–1904 war er Assistent an der TH Charlottenburg, ab 1904 Assistent im Telegraphenversuchsamt Berlin und ab 1906 Hilfsarbeiter im

Reichspatentamt Berlin, wo er 1914 zum ständigen Mitarbeiter und 1919 zum Regierungsrat ernannt wurde. 1928 wurde er Mitglied, 1932 Oberregierungsrat am Reichspatentamt Berlin. Fricke hatte ab 1906 begonnen, seine eigenen Ideen über das Wesen der Naturerscheinungen auszuarbeiten. Er begann mit mechanischen Deutungen des Elektromagnetismus, die er unter anderem in Zacharias' Zeitschrift *Weltwissen* publizierte und entwickelte in den nächsten Jahren eine mechanische Ätherwirbeltheorie sowie die Theorie der »erdähnlichen Sonne«.

Teilweise schlugen sich die Therapiebemühungen der Welträtsellöser nicht nur auf der theoretischen, sondern auch auf der praktischen Ebene nieder. Der Patentamtsangestellte Fricke entwickelte nach dem Zweiten Weltkrieg

106 Ebd., S. 42.
107 Vgl. ebd., S. 44.

einen »Plan zur schnellen Überwindung der europäischen Not«.[108] Was wie ein Vorläufer zum Marshall-Plan klingt, ist ein typisches Beispiel fortschritsoptimistischer Projekte, die die Welt durch Technik verbessern wollen. Fricke wollte die materiellen Probleme, vor allem die aus dem Verlust der Ruhrkohle resultierende Energieknappheit, durch die Nutzung alternativer Energiequellen, insbesondere durch Wasserkraft, lösen und die Nahrungsmittelproduktion durch künstliche Bewässerung erhöhen. Da Spree und Havel zu wenig Wasser für dieses groß angelegte Bewässerungsprojekt führten, schlug er in einem Teilprojekt mit dem Titel »Berlin an der Elbe« vor, den Lauf der Havel umzukehren, indem Elbwasser in die Havel umgeleitet wird.[109]

Ingenieur Patschke wollte einen »Tempel der Naturkräfte«, einen »Friedenstempel als Sinnbild der Weltharmonie« errichten lassen »um die Naturkräfte demonstrativ zu verherrlichen«. In großen Hallen sollten »die für jedermann verständlichen Gesetze der Natur an Hand von Demonstrationsobjekten klar dargelegt werden zum Zweck der Förderung einer die ganze Welt umspannenden, alle Völker versöhnenden und dem Weltfrieden dienenden wahren Kultur.«[110] Er entwickelte – zumindest auf dem Zeichenbrett – einen »Lichtäther-Turbodynamo«, der wie ein inverses Radiometer, angetrieben durch den Ätherdruck, funktionieren sollte. Die Ätherturbodynamos sollten auf die Spitzen von weltweit zu errichtenden Naturtempeln montiert werden und als Energiespender für die Menschheit dienen.[111]

Die Religiösierung der Wissenschaft

Die weltanschauliche Bedeutung der Wissenschaft für die Welträtsellöser zeigt sich insbesondere in ihren Bestrebungen, Wissenschaft und Religion zusammenzuführen. Lange Zeit wurden säkularisierungstheoretisch religiöser Glaube und wissenschaftliche Aufklärung als eine Art Nullsummenspiel angesehen, wonach im Laufe der Säkularisierung die Religion zunehmend vom aufgeklärt-rationalen, agnostischen Denken zurückgedrängt worden

108 Fricke, Hermann, *Plan zur schnellen Überwindung der europäischen Not. Manuskript-Entwurf zur Veröffentlichung Nr. 103 zu Fricke's Urheberschriften*, 1. März 1947, GN 86-A.

109 Ausgearbeitet in den nicht erhalten gebliebenen Urheberschriften Nr. 6 und 26: *Planung Berlin an der Elbe I* und *Planung Berlin an der Elbe II* sowie in Fricke 1947.

110 Alle Zitate aus Patschke 1925, S. 134–136.

111 Vgl. den Abschnitt zum »Lichtäther-Turbodynamo« in Patschke 1921, S. 399–401.

ist.[112] Neuere historische und sozialwissenschaftliche Arbeiten argumentieren jedoch überzeugend, dass gerade in Zeiten fundamentaler Verunsicherung, die häufig im Verlauf von Modernisierungsprozessen auftreten, die Suche nach Sicherheit, nach absolutem Wissen und ahistorischer Wahrheit insbesondere auf der Ebene des Religiösen stattfindet, vor allem im Rahmen von außerkirchlichen spirituellen Weltdeutungsangeboten.[113] Viele Welträtsellöser hatten nicht nur eine explizit ethische Motivation. Sie fühlten sich berufen, die Wahrheit zum Wohle der Menschheit zu verkünden und stellten in dieser Hinsicht »wissenschaftliche Propheten« dar.[114] Für viele von ihnen besaß ihre Theorie eine religiöse Dimension. Bei einigen stand die Vereinigung von Religion und Wissenschaft sogar an vorderster Stelle.

Kneipparzt Kleinschrod war einer der wenigen, der in der christlichen Religion verwurzelt war. Er war der Auffassung, mit seiner Übermechanik Wissen und christlichen Glauben in einer höheren Einheit zusammengeführt zu haben.[115] Öfter jedoch waren die Welträtsellöser Anhänger verschiedener Formen von Naturreligionen. Dabei wurde davon ausgegangen, dass die eigene, die absolut sichere Welterkenntnis garantierende Wissenschaft die eigentliche Religion jenseits der christlichen Konfessionen sei. So erklärte Urlichttheoretiker Ziegler:

»Sie [die Urlichtlehre] ist das positiv Seiende, Zuverläßige, das, worauf alles ankommt und wovon alles abhängt, alle Gesetze und alles zufällige Weltgeschehen, überhaupt alles, was Gegenstand der Wissenschaft oder Erklärung sein kann. Des-

---

112 Vgl. als klassische Position Max Webers These vom Niedergang der Religion und religiöser Weltbilder in der Moderne in: Weber, Max, *Gesammelte Aufsätze zur Religionssoziologie*, Bd. 1, Tübingen 1920, S. 536–573, insb. S. 544ff.

113 Vgl. Bruce, Steve/Wallis, Roy, »Secularization: The Orthodox Model«, in Bruce, Steve (Hg.), *Religion and Modernization. Sociologists and Historians Debate the Secularization Thesis*, Oxford 1992, S. 8–30; McLeod, Hugh, »Secular Cities? Berlin, London, and New York in the Later Nineteenth and Early Twentieth Centuries«, in: Bruce 1992, S. 59–89; Simon-Ritz, Frank, »Kulturelle Modernisierung und Krise des religiösen Bewußtseins. Freireligiöse, Freidenker und Monisten im Kaiserreich, in: Blaschke/Kuhlemann 1996, S. 457–473; zur Diskussion des gegenwärtigen Stands von Modernisierungstheorie und Religion vgl. Elm, Veit, *Die Moderne und der Kirchenstaat. Aufklärung und römisch-katholische Staatlichkeit im Urteil der Geschichtsschreibung vom 18. Jahrhundert bis zur Postmoderne*, Berlin 2001 (Historische Forschungen Bd. 72), S. 11–31.

114 So könnte man in Anlehnung an Linses »barfüßige Propheten«, die Inflationsheiligen der 1920er Jahre, formulieren. Vgl. Linse, Ulrich, *Barfüßige Propheten. Erlöser der zwanziger Jahre*, Berlin 1983.

115 Vgl. Kleinschrod 1931, S. 125.

halb hat die heute noch außerhalb der agnostischen Physik und außerhalb der Religion und über beiden stehende wahre Wirklichkeitslehre oder wahre Physik [die Urlichtlehre] den Primat über die Religion, d. h. diese hat sich fortan nach ihr zu richten und nicht umgekehrt die Wissenschaft nach der Religion.«[116]

Die religiöse Dimension der Natur wurde bei den Welträtsellösern oft in ihren Abhandlungen und auch in Briefen an die akademischen Physiker thematisiert. Der holländische Ingenieur Lamberty etwa erklärte Max Planck in einem Brief von 1925: »Mir ist der Weltstoff Gott. [...] Man mag es nennen wie man will, Weltstoff, Atomgefüge, Gott, Natur usw. Es ist immer dasselbe Wesen und wer in diesem Wesen lebt und nach den wahren Gesetzen dieses Gottes, lebt nach der einzig wahren Religion.«[117] Diese Dimension der Welträtsellöser-Wissenschaft wird im dritten Kapitel in der Darstellung der Wissensbestände, die gegen die Relativitätstheorie ins Feld geführt wurden, noch mehrfach an Beispielen aufgezeigt (vgl. insb. S. 135ff. und S. 179ff.).

1.5 Die antiakademische Haltung und Abgrenzung zur akademischen Forschung

Eine weitere, die Auseinandersetzung mit der Relativitätstheorie später entscheidend mitbestimmende Konfliktlinie zwischen Welträtsellösern und akademischen Physikern entstand durch die antiakademische Haltung der Welträtsellöser. Die Welträtsellöser standen in einer Tradition der Kritik der Wissenschaft als sozialer Institution und speziell des verbeamteten Professorentums wie sie Ende des 19. Jahrhunderts insbesondere durch Houston Stewart Chamberlain (1855–1927) und Eugen Dühring (1833–1921) formuliert wurde. Spezialismus und intellektuelle Behäbigkeit lauteten die Vorwürfe – die Ansiedlung der eigentlichen wissenschaftlichen Kompetenz bei dem außerakademischen Forscher war die Konsequenz. Chamberlain sah sich mit einer spezialisierten Wissenschaftslandschaft konfrontiert, in der er als bekennender Universalgelehrter sein Ergreifen

116 Ziegler 1931, S. 96.
117 Lamberty an Planck, 8. Mai 1925, [Kopie], GN 38-D-5.

des Skeptrons[118] rechtfertigen musste, sodass er die Flucht nach vorne antrat:

»Sollte nun ein aufrichtiger, offen eingestandener Dilettantismus nicht gewisse Vorzüge vor dem versteckten haben? Wird nicht die Lage eine deutlichere sein, wenn der Verfasser gleich erklärt: ich bin auf keinem Felde ein Fachgelehrter? Ist es nicht möglich, dass eine umfassende Ungelehrtheit einem grossen Komplex von Erscheinungen eher gerecht werden, dass sie bei der künstlerischen Gestaltung sich freier bewegen wird als eine Gelehrsamkeit, welche durch intensiv und lebenslänglich betriebenes Fachstudium dem Denken bestimmte Furchen eingegraben hat?«[119]

Dühring griff darüber hinaus die moralische Integrität der akademischen Wissenschaftler an: »Im Egoismus und Verbrechen der Wissenschaftler, sowie in deren Dunkelmacherei und stupid schamloser Abgestumpftheit ist von jetzt an die Haupthemmung der intellectuellen und moralischen Fortschritte des Menschengeschlechts zu suchen.«[120] In ihrer Kritik am Professorentum beriefen sich die Welträtsellöser gerne auf Chamberlain und Dühring; das Zitieren dieser Autoritäten verlieh der Welträtsellöser-Schrift ebenfalls Autorität und legitimierte das Bekenntnis zur außerakademischen Forschung. Ebenso finden sich viele Sympathiebekundungen und Parteinahmen für Personen, die zu Kämpfern und Außenseitern der Wissenschaftsgeschichte stilisiert wurden und mit denen man sich identifizieren

118 Bourdieu verwendet das Beispiel des Skeptrons, welches den Sprecher autorisiert, in seiner Analyse der Beziehung von Sprache und Machtbeziehungen. Vgl. Bourdieu, Pierre, *Was heißt sprechen. Die Ökonomie des sprachlichen Tausches,* Wien 1990, z. B. S. 55.

119 Chamberlain, Houston Stewart, *Die Grundlagen des Neunzehnten Jahrhunderts, 1. Hälfte*, 5. Aufl., München 1904 [1898], Vorwort zur ersten Auflage von 1898, S. IX. Vgl. aber Chamberlains Meinung zur Möglichkeit fachwissenschaftlicher Beiträge von Dilettanten im Vorwort zur 4. Auflage von 1902: »Auf eine Konkurrenz zwischen Fachmann und Dilettant kommt es mir nicht an; ich bezweifle auch, ob es hinfürder möglich sein wird, auf irgend einem Gebiete ohne Fachkenntnisse wissenschaftlich Bedeutendes zu leisten; der Laie, dem es gelingt, ist einfach ein Gelehrter ohne öffentliches Amt.« Chamberlain 1904, S. XXIX.

120 Dühring, Eugen, *Logik und Wissenschaftstheorie: denkerisches Gesammtsystem verstandessouveräner Geisteshaltung*, 2., durchgearb. u. verm. Aufl., Leipzig 1905, S. 475f. Dühring verlor 1877 seine Dozentenstelle nach heftigen persönlichen Angriffen auf Prof. Dr. Wagner, Dozent an der Philosophischen Fakultät der Universität zu Berlin, und andere Wissenschaftler. Vgl. Dührings eigene Darstellung in ders., *Sache, Leben und Feinde. Als Hauptwerk und Schlüssel zu seinen sämmtlichen Schriften. Mit seinem Bildniss,* Karlsruhe/Leipzig 1882, insb. S. 151–235, sowie die von der Fakultät veröffentlichten Dokumente zu dem Vorgang: *Aktenstücke in der Angelegenheit des Privatdozenten Dr. Dühring,* veröffentlicht durch die Philosophische Fakultät der Kgl. Universität zu Berlin, Berlin 1877.

konnte, wie beispielsweise den Arzt Julius Robert Mayer (1814–1878), der einen Prioritätsanspruch auf die Formulierung des ersten Hauptsatzes der Thermodynamik geltend machte.[121] Auch nach der Jahrhundertwende erschienen Abhandlungen, die nur der Auseinandersetzung mit dem Professorentum gewidmet sind. So schrieb der Lehrer und Okkultist Max Seiling die satirische Polemik *Das Professorentum, ›der Stolz der Nation‹?*[122] und Ernst Westland verfasste ein Werk über *Universität, Politik und Dummheit*, in dem er in einem Rundumschlag gegen die akademische Wissenschaft auch das Spezialistentum angriff, das den Blick für das große Ganze verloren habe: »Die Spezialforschung ist Selbstzweck geworden. Seitdem ist sie lächerlich, und mit ihr die, welche sie betreiben, und an ihrer Lumpensammlertätigkeit solchen Gefallen finden.«[123]

Die differenzierte und spezialisierte Wissenschaftslandschaft zu Beginn des 20. Jahrhunderts wurde von den an großen Zusammenhängen interessierten Welträtsellösern als fundamentale Fehlentwicklung angesehen. Gegen solche »Lumpensammlertätigkeit« der spezialisierten Fachwissenschaftler ließ sich ein Bekenntnis zur welträtsellösenden außerakademischen Forschung leicht ablegen. Der monistische Philosoph Johann Gustav Vogt (geb. 1849) rechtfertigte das Programm der Zeitschrift *Weltwissen*, einem äußerst kämpferischen Blatt der Welträtsellöser bzw. »freien Forscher«,[124] wie sich die Angehörigen der Weltwissen-Gruppe selbst vorwiegend bezeichneten, im ersten erschienenen Heft so:

---

121 Vgl. z. B. Westland, Ernst, *Universität, Politik und Dummheit*, Berlin 1901, S. 19; Ziegler, Johann Heinrich, »Relativitätstheorie und Ostwalds Farbenlehre. Ziegler oder Einstein?«, Teil 1 in: *Luzerner Neueste Nachrichten*, 28. Oktober 1922 (unter dem Pseudonym J. E. G. Hirzel erschienen): »[...] man braucht nur an Kepler, Galilei und Robert Mayer zu erinnern«, die »beneidet, gehasst, boykottiert und zu vernichten gesucht« wurden. Vgl. auch Ziegler an Gehrcke: »[...] Robert Mayer, [der] Galilei des 19. Jahrhunderts«, 26. April 1923, GN 6-G-4 sowie Kleinschrod: »Aber meine Entdeckung teilt das Schicksal aller jener außerhalb Universitätskreisen gemachten. Sie ist eben die Entdeckung nur eines ›praktischen Arztes‹, dessen Stimme nicht leicht bis in die hermetisch verschlossenen Universitätsräume dringt. Robert Mayer war [auch] ein einfacher praktischer Arzt.« Kleinschrod 1920, S. 62; vgl. aber auch Lenard an Gehrcke, 7. Mai 1921, GN 3-F-10 zu Dühring.

122 Seiling, Max, *Das Professorenthum, ›der Stolz der Nation?‹*, Leipzig 3. umgearb. Aufl., 1915 [1904].

123 Westland 1901, S. 34f.

124 Der Begriff der »freien Denker und Forscher« als Gegenstück zum akademischen Professorentum findet sich auch bei Dühring 1905, S. 519.

»[W]ir wollen dieses unabsehbare Wissensmaterial [der Experimentalwissenschaft] zu einem *systematischen Weltganzen* verarbeitet sehen. Und zu diesem grandiosen Zweck brauchen wir nicht nur Leute, die beobachten, sondern *vor allen Dingen Leute, die denken. Nur solche Denker können die Träger eines wahren Weltwissens werden*, und *sie müssen endlich gehört werden*, gleichgültig, ob sie der Gelehrtenzunft oder den weiten Kreisen des gebildeten Publikums entstammen. Mag unsere offizielle Wissenschaft ein Monopol auf praktische Einrichtungen, Lehrstühle, Laboratorien usw. besitzen, *ein Monopol auf Denken, auf Weltwissen, besitzt sie sicherlich nicht.*«[125]

Urlichttheoretiker Ziegler polemisierte 1914 wegen der fehlenden Resonanz auf seine Weltformel gegen die »Ignoranz« der Professoren:

»Die Herren Professoren ignorierten [...] von Anfang an, wie auf Kommando, den simplen Chemiker, der sich unterstanden hatte, für sie Ordnung zu machen. Der Chok, womit er ihre ewig schwankenden Lehren umgestürzt hatte, hatte sie im höchsten Maße chokiert. [...]

Denn nach der allgemeinen [...] Meinung dürfen sich nur diejenigen an der Sanierung der Wissenschaft beteiligen, welche schon jahrzehntelang mit ihren falschen Theorien auf vertrautem Fuße gelebt und sie gewerbsmäßig ausgebeutet haben. Andere Leute sind davon ausgeschlossen.

Dabei vergaßen die Herren nur, dass das Denken im Grunde genommen frei ist, und nicht überall [...] nur denen erlaubt [ist], welche hierzu eine besondere hochobrigkeitliche Erlaubnis erwirkt haben. Der wahre, alles Denken dirigierende Rektor ist nicht etwa der Rektor der Berliner Universität, sondern der gesunde Menschenverstand, welcher überall haust, wo's ihm gefällt«.[126]

Ingenieur Zacharias, ein Anhänger von Zieglers Urlichtlehre und Gründer des Protestblattes *Weltwissen*, äußerte besonders extensiv Kritik an der akademischen Wissenschaft. In seinen zahlreichen Polemiken gegen das »Monopol auf Wissen«, welches die akademische Wissenschaft reklamiere,[127] beschreibt er die Auseinandersetzung von Welträtsellösern und akademischer Wissenschaft nicht als vorrangig inhaltliche Divergenz, sondern als Machtfrage, als Kampf um Wahrheitsbestimmung:

»Vergleichen wir alle bekannt gewordenen Mißgriffe und Übergriffe von Wissenschaftlern [auf »freie Forscher«], so kommt man zu der Gewißheit, dass es sich bei vielen mehr um Ansehen, Herrschaft und Selbstsucht, als um die Entscheidung von Streitfragen handelt. [...] Es fehlt nicht an Einsicht, sondern am Wollen. Es ist

---

125 Vogt, Johann Gustav, »Weltwissen«, in: *Weltwissen*, Bd. 1, Nr. 1 (1912), S. 1–4, hier: S. 4.

126 Ziegler 1914, S. 142.

127 Vgl. Zacharias, Johannes, »Gibt es ein Monopol auf Wissen und Denken«, in: *Weltwissen*, Bd. 1, Nr. 6 (1912), S. 91–93 sowie viele weitere polemische Beiträge in Bd. 1–3 von *Weltwissen*.

ein Kampf um die Macht, nicht um wissenschaftliche Lehren [...] [es ist] ein öffentlicher Kampf um die Wahrheit.«[128]

Dieser »öffentliche Kampf um die Wahrheit« wird laut Zacharias geführt durch »Totschweigen, Herabsetzen, Angreifen, Anzweifeln, gegenseitiges Beloben, Forschungsanstalten usw. [Dies] sind die altbekannten und beliebten Mittel vieler Wissenschaftsbeamter gegenüber jeglichen Leistungen der freien Forscher.«[129] Der Ingenieur Carl Wilhelm Meyer wendet sich in der Polemik »Professoren-Weisheit« gegen die »Hinaufschraubung in der eignen Meinung« und die »Hinaufschraubung in der Schätzung des ›großen Haufens‹« durch den Professoren-Titel, der keineswegs ein Anzeichen von herausragender Intelligenz sei, und konstatiert: »Jene Herren [Professoren] leben aber *von* der Wissenschaft und sind umso *mehr die natürlichen Gegner* derer, die *für* die Wissenschaft leben.«[130]

Diese scharfe Opposition passt nicht in das Bild des Amateurs als friedlicher Freizeitwissenschaftler, botanisierender Liebhaber und lernwilliger Laie. Diese selbstbewusst andere, diese bekennend unakademische, diese kämpferische Forschung stand grundsätzlich in einem Konfliktverhältnis zur akademischen Wissenschaft, wobei nicht nur um Wahrheit von Theorien gerungen wurde, sondern auch um Anerkennung und sozialen Status – und sie war sich dessen vollkommen bewusst. Die Welträtsellöser sahen sich ausnahmslos in einer Situation, um Anerkennung für ihre Arbeiten werben zu müssen. Sie wandten sich dabei an zwei Zielgruppen: Zum einen suchten sie Unterstützung durch die Öffentlichkeit: Aus ihren Lesern rekrutierten sich Anhängerschaften, andere Welträtsellöser mit ähnlichen Theorien wurden zu Verbündeten in alternativen Anerken-

---

128 Zacharias, Johannes, »Ein Vorschlag zur Güte (offenes Schreiben an die führenden Herren Gelehrten)«, in: *Weltwissen*, Bd. 3, Nr. 53–54 (1914), S. 32–33, hier: S. 33.

129 Ders., »Akademische Politik«, in: *Weltwissen*, Bd. 3, Nr. 51–52 (1914), S. 25–26, hier: S. 25.

130 Meyer, Carl Wilhelm, »Professoren-Weisheit«, in: *Weltwissen*, Bd. 3, Nr. 51–52 (1914), S. 17–21, hier: S. 17. Kleinschrod erhob Wissenschaftlichkeitsanspruch für Kneipp gegen Stimmen aus der akademischen Medizin, die Kneipp als ungelehrt hinstellten: »Sebastian Kneipp hat auch eine wissenschaftliche Seite und stellt ein ganz bestimmtes wissenschaftliches Programm dar. Als Hydrotherapeut hat er wertvolle Neuerungen eingeführt [...] Hätte ein Professor der Universität diese Neuerungen eingeführt, so würde sein Name heute ›wissenschaftlich‹ leuchten; so führte sie nur der ›ungelehrte‹ Kneipp ein.« Kleinschrod, Franz, »Sebastian Kneipp und die Wissenschaft«, Teil 1 in: *Kneipp-Blätter*, Nr. 3 (1922), S. 58–62, hier: S. 58f.

nungssystemen.[131] Zum anderen richteten sie sich zugleich aber auch an die Fachwelt.

Da es das Ziel der Welträtsellöser war, die »falsche«, akademische Naturwissenschaft zu korrigieren, suchten sie Kontakt zu den Fachkollegen, wiesen sie, anfangs meist freundlich, auf vermeintliche Fehler und falsche Voraussetzungen hin und brachten ihnen die Lösung der Welträtsel zur Kenntnis – ohne Erfolg. Damit war der Kampf für den Welträtsellöser aber erst eröffnet. Pathetische Formulierungen wie: »Der Kampf gilt dem höchsten und erhabensten Ziele, dem Erkennen des Ewigen im Zeitlichen, der Wurzel alles Geschehens«[132] waren eher die Regel als die Ausnahme.

1.6 Zwischenbilanz zum Welträtsellösertum

Charakteristika der Welträtsellöser-Theorien

Welträtsellöser-Theorien können inhaltlich höchst unterschiedlich ausgestaltet sein, sie gehen jedoch alle von starken Prämissen über die Beschaffenheit der Natur und des menschlichen Erkenntnisvermögens aus. Für wen Harmonie und Geschlossenheit des Weltbildes das höchste Ziel ist, wer eine Theorie will, die »dem Verstand das Fragen abschneidet«,[133] der hat gute Gründe, starke Prämissen zu machen und damit eine Autarkie der Theorie zu erreichen, die sie ähnlich einem religiösen Glaubenssystem unangreifbar machte. Diese Autarkie bestand oft auch im fehlenden Bezug auf andere Theorien und die Forschungsliteratur. Zwar verschaffte der Verweis auf anerkannte wissenschaftliche Autoritäten dem Welträtsellöser die dringend benötigte Seriosität und vielleicht Zugang zum akademischen Diskurs. Meist sah der Welträtsellöser jedoch gar keinen Grund, sich auf andere zu beziehen, oft kommen Welträtsellöser-Werke ohne Fußnoten oder ein Literaturverzeichnis aus, sie ähneln eher einem Manifest des Wissens als einer wissenschaftlichen Abhandlung. Im Wissen um die Tatsache, dass er eine vollkommen andere Wissenschaft betrieb, konnte Ingenieur Patschke zum Beispiel selbstbewusst zugeben:

---

131 Vgl. z. B. die Zitate aus Zuschriften in Patschke 1925, S. 15–27; vgl. auch S. 365f. zu Fricke.

132 Zacharias 1920, S. 114.

133 Fincke, Ewalt, »Empiriker und Philosoph«, in: *Weltwissen*, Bd. 1, Nr. 7 (1913), S. 101–104, hier: S. 103.

»Der Grund, weshalb ich mich im allgemeinen nicht auf andere Autoren bezogen habe, liegt eben darin, dass meine Werke Originalarbeiten darstellen, die sich von selbst durch ihre Richtigkeit ergeben und die ich infolgedessen gewissermaßen automatisch aus dem Ärmel geschüttelt habe mit Hilfe eines einzigen Lehrsatzes, des [...] Weltgesetzes der Naturkräfte.«[134]

Der Welträtsellöser, der »frisch-fröhlich«[135] an die Erklärung der Welt herantritt und damit eine Problematisierung von Erkenntnis souverän ausschaltet, kann mit genügend starken Prämissen über das Wesen der Welt mit einer relativ einfachen Theorie die Welträtsel lösen. Die akademische Wissenschaft dagegen, die die jeweilige Prämisse über das fundamentale Wesen aller Dinge nicht anerkennt, muss dieser Perspektive nach in die Irre gehen. Ziegler bemerkte ganz richtig, dass seine Theorie vollkommen gegen wissenschaftliche Kritik immunisiert war: »Doch wurden meine Erklärungen von der offiziellen Physik nie anerkannt, aber auch nie widerlegt, weil dies eben schlechterdings unmöglich ist.«[136] Sofern auf andere Werke Bezug genommen wurde, geschah dies meist nicht in Form einer Diskussion, sondern als Situierung der eigenen Arbeit in einer bestimmten Forschungstradition, deren Fragen die eigene Arbeit endgültig und für alle Zeiten gelöst habe.[137] Demnach hatte die eine oder andere Koryphäe wie etwa Maxwell, Reichenbach, Heraklit oder auch Goethe das Problem zwar gesehen und zu lösen versucht, aber erst der Welträtsellöser war – aufgrund seines ganz neuen Ansatzes – erfolgreich. Manche Welträtsellöser, zum Beispiel Kleinschrod, spickten allerdings ihre Werke mit allen nur möglichen Referenzen, von der Bibel bis hin zu den *Annalen der Physik*, um ihre Wissenschaftlichkeit herauszustellen.

---

134 Patschke 1925, S. 67.

135 Ruckhaber 1920a, S. 1.

136 Ziegler, Johann Heinrich, »Was verstehen wir unter physikalischen und chemischen Elementen und wodurch unterscheiden sie sich hauptsächlich?«, in: *Das freie Wort*, 22. November 1929.

137 Im Kontext des okkultistischen Denkens wurde insbesondere auf außerakademische Theoretiker wie Karl von Reichenbach mit seiner Odlehre Bezug genommen, Quellen für das vitalistische und organologische Denken waren Vitalisten wie Hans Driesch und Zahlentheoretiker wie Wilhelm Fliess, das mechanische Denken bezog sich auf eine Vielzahl von wissenschaftlichen und populärwissenschaftlichen Quellen des 19. Jahrhunderts, darunter Schriften von akademischen Wissenschaftlern wie Maxwell, aber auch von außerakademischen Theoretikern wie Anderssohn. Da die Bezugspunkte individuell sehr verschieden waren, werden sie im Zusammenhang mit der Diskussion der jeweiligen Theorien erläutert.

Weitere Referenzautoren waren Vertreter von antiakademischen Positionen wie Dühring und Chamberlain sowie Johann Wolfgang von Goethe, der quasi als Galionsfigur des romantischen Wissenschaftsverständnisses über die verschiedenen Kontexte des Welträtsellösertums hinweg als Vorbild eines »richtigen Wissenschaftlers« galt.[138] Dies waren Bezugspunkte, die zum einen eine strategische Motivation hatten und aus dem Antiakademismus resultierten und die zum anderen eine erkenntnistheoretische Positionierung bedeuteten. Direkte Einflüsse wissenschaftlicher und populärwissenschaftlicher Lektüre lassen sich indes für den Ausbau der eigenen Theorie kaum nachweisen. Zwar entstanden die Welträtsellöser-Theorien, gerade weil sie meist aus dem praktischen Interagieren mit der Natur im Berufsleben entwickelt wurden, nicht kontextlos. Die Welträtsellöser bauten auf Wissen auf, das sie in Schule, Studium oder Ausbildung sowie autodidaktisch erworben hatten. Insbesondere bei den Ingenieuren, die oft an Technischen Hochschulen ausgebildet worden waren, und den Ärzten, die im Rahmen des Studiums eine physikalische Grundausbildung erhielten, waren Kenntnisse in klassischer Mechanik vorhanden, die sich in den Theorien wiederfinden.

Ein gemeinsamer Parameter der Theoriebildung bestand darin, dass, wie im Fall Kleinschrod besonders deutlich, auf Anforderungen sozioepistemologischer Kontexte der Jahrhundertwende reagiert wurde: Der Kneipparzt bestimmte das Wesen des Lebens, der Ingenieur das Wesen der Kraft und der Chemiker das Wesen des Lichts. Die Gemeinsamkeit liegt hier nicht darin, *was* als das Wesen des jeweiligen Phänomens bestimmt wurde, sondern *dass* ein einzelnes Phänomen als so grundlegend angesehen wurde, dass dessen Wesensbestimmung alle Rätsel der Wissenschaft lösen würde.

Welträtsellöser-Theorien, so verschieden sie sich inhaltlich ausgestalten, ob sie materialistisch oder idealistisch sind, eint, dass sie eine geschlossene Theorie aus einer starken Prämisse über die Beschaffenheit der Wirklichkeit deduzieren, dass sie einen absoluten Wahrheitsanspruch für diese Erkenntnisse geltend machen und dass sie hochgradig weltanschaulich aufgeladen sind.

---

138 Vgl. z. B. Fricke 1919, S. 51f.; Mewes 1920b, S. 16ff.; Ziegler 1902, S. 8.Vgl. aber auch Mohorovičić, Stjepan, *Die Einsteinsche Relativitätstheorie und ihr mathematischer, physikalischer und philosophischer Charakter*, Berlin/Leipzig 1923, S. 75.

Der Welträtsellöser

Ein Blick auf die soziale Herkunft der Welträtsellöser zeigt, dass das Welträtsellösertum ein Phänomen des Bürgertums war und dort besonders bei akademisch oder technisch Gebildeten vorkam, die durch ihre Berufstätigkeit, etwa als Ingenieur oder Arzt, einen besonderen Bezug zur Natur geltend machten.[139] Inwiefern es eine Rolle spielt, dass es sich oft um Personen handelte, die durch ihre Zugehörigkeit zu einer bestimmten Berufsgruppe (Kneipparzt, Ingenieur) nicht zum Mainstream, sondern zu den Randgruppen des Bildungsbürgertums gehörten, ist nicht eindeutig zu beantworten.[140] Persönliche Krisen haben bei einigen Welträtsellösern den Ausschlag gegeben, sich auf die Suche nach einer absoluten Gewissheit zu begeben. Sie waren Angehörige der »Buddenbrook-Generation«[141] um die Jahrhundertwende, die vom wirtschaftlichen und sozialen Abstieg bedroht war und die sich deshalb real mit der Möglichkeit des Scheiterns konfrontiert sah, wie es insbesondere in der Biographie von Ziegler deutlich geworden ist. Wissenschaft hatte in diesem Zusammenhang zum Teil auch eine kompensatorische und therapeutische Funktion. Allerdings waren nur wenige Welträtsellöser gescheiterte Existenzen. Bei der Mehrheit handelte es sich um gesellschaftlich integrierte Bürger, die in einer Zeit weltanschaulicher Verunsicherung die Wissenschaft als das einzig sichere Fundament betrachteten. In der Tradition der Populärwissenschaft des 19. Jahrhunderts interessierten sie sich dafür, »was die Welt im Innersten zusammenhält«,[142] sie hatten in außerakademischen populärwissenschaftlichen Räu-

---

139 Es gab natürlich Ausnahmen wie z. B. Hans Christiansen, der sich explizit dazu äußerte, warum er sich als Schriftsteller und Künstler zur Lösung der Welträtsel berufen fühlte. Vgl. Christiansen, Hans, *Meine Lösung der Welträtsel*, 2 Bände, 3., verb. Auflage, Wiesbaden 1915, S. 8ff.

140 So lässt sich etwa die gesamte Berufsgruppe der Ingenieure als eine solche Randgruppe beschreiben, da Ingenieure keine klassische akademische Ausbildung besaßen. Aber nur die wenigsten Ingenieure wurden zu Welträtsellösern. Zu den Ingenieuren als bildungsbürgerliche Randgruppe vgl. Späth, Manfred, »Die Professionalisierung von Ingenieuren in Deutschland und Rußland 1800–1914«, in: Conze, Werner/Kocka, Jürgen (Hg.), *Bildungsbürgertum im 19. Jahrhundert*, Bd. 1: *Bildungssystem und Professionalisierung in internationalen Vergleichen*, Stuttgart 1992 (Industrielle Welt Bd. 38), S. 561–588.

141 Diese plötzliche Bedrohtheit des Bürgertums am Ende des 19. Jahrhunderts, die Durchlässigkeit der sozialen Schranken, ist von Thomas Mann in dem Roman *Buddenbrooks. Verfall einer Familie* geschildert worden. Erst jetzt war es möglich, dass ein Händler wie Buddenbrook zum Konsul aufstieg, aber erst jetzt war auch der mögliche Abstieg allgegenwärtig.

142 Goethe, Johann Wolfgang von, *Faust I*, V. 282.

men wie den naturforschenden Vereinen, alternativen Weltanschauungsbewegungen wie der Lebensreform oder in monistischen Gruppen einen Resonanzboden für ihre eigenen Theorien und konnten teilweise regelrechte Anhängerschaften aufweisen.[143] Sie verstanden sich als im Bereich der Wissenschaft kompetente Bürger, die selbstbewusst ihr Recht auf Mitsprache auf gleicher Augenhöhe mit den akademischen Wissenschaftlern geltend machen konnten. Sie waren dabei dermaßen von der Richtigkeit und Bedeutsamkeit der eigenen Theorie durchdrungen, dass diese oft den Stellenwert einer Religion erhielt und die akademische Welt entweder bekehrt werden sollte oder verketzert wurde.

Die Forschung der Welträtsellöser war keine Ergänzung der akademischen Wissenschaft aus dem Amateurbereich, sondern eine außerakademische Parallelwissenschaft auf Konfrontationskurs. Und was konnte für sie provozierender sein als das plötzliche Auftauchen der »Konkurrenzlehre«[144] Einsteins? Es fand eine Revolution der Grundlagen der »falschen« akademischen Wissenschaft statt, wie sie sie immer gefordert hatten – aber es war nicht die eigene Theorie, die sich endlich durchsetzte, sondern die Relativitätstheorie. Das nächste Kapitel wird darstellen, mit welchen Rezeptionsmustern die außerakademische Opposition auf den unvergleichlichen Siegeszug der Relativitätstheorie reagierte.

143 Vgl. dieses Kapitel, Anm. 131.
144 Ziegler 1931, S. 20.

2. Die Konfrontation mit der Relativitätstheorie

Nie zuvor hatte eine wissenschaftliche Theorie breite Kreise der Öffentlichkeit dermaßen fasziniert und beschäftigt wie die Relativitätstheorie. Zum einen stellte die neue Auffassung von physikalischen Begriffen wie Raum und Zeit auch die Alltagsauffassung dieser Begriffe in Frage, zum anderen bot die Relativitätstheorie viele Anknüpfungspunkte für weltanschauliche Debatten. Die Relativitätstheorie war omnipräsent. Und wenn schon der Durchschnittsbürger nicht umhin kam, sich mit der Relativitätstheorie auseinanderzusetzen, wie dann der in der Wissenschaft kompetente Welträtsellöser? Wie erst ein Physiker oder ein Philosoph?

Ab dieser Stelle der Arbeit werden die akademischen Physiker und Philosophen unter den Einsteingegnern miteinbezogen. Es wird in diesem Kapitel gezeigt, dass die omnipräsente Relativitätstheorie von den Einsteingegnern als Bedrohung ihrer Wissensbestände wahrgenommen wurde und daher nur in bestimmter Weise und aus einer Verteidigungshaltung heraus rezipiert werden konnte. Diese so wahrgenommene Bedrohung rief Gegenbewegungen sowohl auf inhaltlicher als auch auf sozialer Ebene hervor, die in den folgenden Kapiteln 3 und 4 untersucht werden.

2.1 Der Siegeszug der Relativitätstheorie in der Öffentlichkeit

Am 14. Dezember 1919 machte die *Berliner Illustrirte* mit einem seitenfüllenden Porträt Einsteins auf der Titelseite auf und erklärte in der Bildunterschrift: »Eine neue Größe der Weltgeschichte: Albert Einstein, dessen Erkenntnisse eine völlige Umwälzung unserer Naturbetrachtung bedeuten und den Erkenntnissen eines Kopernikus, Kepler und Newton gleichwertig sind.« Bereits am 10. November war in der *New York Times* ein Artikel mit den sensationsheischenden Titelschlagworten »Lights All

Askew in the Heavens. Men of Science More or Less Agog Over Results of Eclipse Observations. Einstein Theory Triumphs. Stars Not Where They Seemed or Were Calculated to be. but Nobody Need Worry«, erschienen.

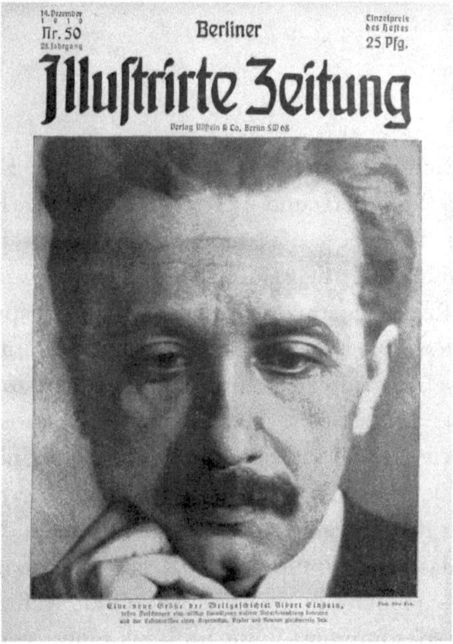

»Eine neue Größe der Weltgeschichte: Albert Einstein«

Was war geschehen? Einige Tage vorher war die Voraussage eines winzigen physikalischen Effekts einer höchst komplizierten Theorie eines in der Öffentlichkeit weitgehend unbekannten Mannes offiziell bestätigt worden. Nach der allgemeinen Relativitätstheorie muss bei einer Sonnenfinsternis zu beobachten sein, dass Lichtstrahlen, die direkt am Sonnenrand vorbeigehen, um einen Betrag von 1,7 Bogensekunden abgelenkt werden.[1] Dieser Effekt ergibt sich aus dem Äquivalenzprinzip und der Raumkrümmung. Einstein sagte damit eine stärkere Lichtablenkung voraus, als sich auf Grundlage der Newton'schen Korpuskulartheorie des Lichts, mit der eine Lichtablenkung ebenfalls erklärt werden könnte – die Sonnenmasse zieht

1 Vgl. Einstein, Albert, »Erklärung der Perihelbewegung des Merkur aus der allgemeinen Relativitätstheorie«, in: *Sitzungsberichte der Königlich Preußischen Akademie der Wissenschaften* (1915), S. 831-839, hier: S. 834.

die Masse der Lichtatome an – ergeben würde; dort wäre nur eine etwa halb so große Lichtablenkung zu erwarten gewesen. Es waren zwei englische Expeditionen,[2] eine unter der Leitung von Arthur Stanley Eddington in Principe im Golf von Guinea an der afrikanischen Westküste, die andere im brasilianischen Sobral,[3] die die Sonnenfinsternis am 29. Mai 1919 auf Fotoplatten bannten und in den folgenden Monaten auswerteten. Am 6. November 1919 wurde in einer gemeinsamen Sitzung der Royal Society mit der Royal Astronomical Society bekannt gegeben, dass die Messwerte der beiden Expeditionen im Mittelwert sehr nah an dem von Einstein geforderten Wert lagen: Hiermit war die allgemeine Relativitätstheorie offiziell bestätigt[4] und Einstein wurde weltweit der breiteren Öffentlichkeit als »neue Größe der Weltgeschichte« präsentiert.[5] Dass die überwältigende öffentliche Resonanz auf die Relativitätstheorie mit der medienwirksamen Bestätigung einer experimentell prüfbaren Voraussage der allgemeinen Relativitätstheorie begann und nicht 1905 mit der Veröffentlichung der speziellen oder 1915 mit Veröffentlichung der allgemeinen Relativitätstheorie, zeigt bereits die Bedeutung der Massenpresse und ihrer Gesetzmäßigkeiten (die anderen Massenmedien Radio, Film und Fernsehen spielten erst später eine relevante Rolle) für dieses Phänomen.

---

2 Kurz nach dem Ersten Weltkrieg bekam die Frage »Einstein oder Newton« außerdem die politische Dimension »Deutscher gegen Engländer«, die weit über die Entscheidung über eine wissenschaftliche Theorie hinausging. Vgl. u. a. Fölsing 1993, S. 488ff., insb. S. 499ff.

3 Diese Expedition stand unter der Leitung von Charles Rundle Davidson und A. C. D. Crommelin. Vgl. dazu ausführlich Crelinsten 2006, S. 123–145, insb. S. 129ff.

4 Zeitgleich wurden Einwände laut, die die Genauigkeit der Messergebnisse anzweifelten und die sich zum Teil als berechtigt erwiesen. Vgl. Crelinsten 2006, S. 125ff.; Brush, Stephen G., »Why was Relativity Accepted?«, in: *Physics in Perspective*, Bd. 1 (1999), S. 184–214; ders., »Prediction and Theory Evaluation: The Case of Light Bending«, in: *Science*, Bd. 246, Nr. 4934 (1989), S. 1124–1129. Da die Ergebnisse nicht abschließend waren, wurden die Messungen zur Lichtablenkung nach 1919 noch mehrfach wiederholt. Die Expeditionen, die anlässlich der Sonnenfinsternis des Jahres 1922 die Lichtablenkung erneut messen sollten, erfuhren ebenfalls eine überwältigende Medienresonanz, wie anhand zahlreicher Zeitungsartikel im Nachlass Ernst Gehrckes dokumentiert ist. Zu der Expedition von 1922 vgl. Crelinsten 2006, S. 183ff.

5 Zur Presseberichterstattung im deutschsprachigen Raum vgl. Braun, Traute, *Die Entwicklung der Physik im Spiegel der Presse: Berichterstattung des Berliner Tageblattes 1919–1923*, 2 Bände, [Magisterarbeit, Universität Stuttgart], 1980; Elton 1986; Könneker 2001, insb. S. 117ff.; als zeitgenössische Quelle vgl. Gehrcke, Ernst, *Die Massensuggestion der Relativitätstheorie*, Berlin 1924; für Amerika vgl. Pais 1995; für Frankreich vgl. Biezunski, Michel, *Einstein à Paris: temps n'est plus ...*, Paris 1991.

Die Zeitungslandschaft in der Weimarer Republik

Die Anzahl der Zeitungen erreichte in der Weimarer Republik mit mehr als 5.000 Tageszeitungen, die oft in mehreren Ausgaben täglich erschienen, einen Höhepunkt, der seitdem nicht übertroffen wurde.[6] Insbesondere die Berliner Tageszeitungen erreichten hohe Auflagen, die *Berliner Morgenpost* (Ullstein) verkaufte 1914 ca. 400.000 Exemplare, das *Berliner Tageblatt* (Mosse) knapp 230.000 Exemplare. Ebenfalls zum Mosse-Konzern gehörten die *Berliner Morgen-Zeitung* mit einer Auflagenhöhe von ca. 100.000 Exemplaren um 1900 und der 1883 von August Hugo Friedrich Scherl gegründete *Berliner Lokal-Anzeiger* mit einer Auflagenhöhe von ca. 150.000 Exemplaren.

Die Zeitungslandschaft der Weimarer Republik war politisch fragmentiert,[7] wodurch die Politisierung der Debatte um die Relativitätstheorie begünstigt wurde: Die Auffassungen für oder gegen die Relativitätstheorie sowie für oder gegen Einstein als Person korrespondierten auffällig mit der politischen Ausrichtung der Zeitungen. Hier kann grob zwischen der demokratisch-liberalen Presse und der die Weimarer Republik ablehnenden deutschnationalen und völkischen Presse unterschieden werden. Während die demokratisch-liberale Presse aus den Verlagen von Mosse und Ullstein der Relativitätstheorie eher gewogen war, sah dies bei Zeitungen aus dem Konzern des deutschnationalen Medienunternehmers Alfred Hugenberg anders aus. Am einflussreichsten war aus dem politisch rechten Spektrum die *Deutsche Zeitung*, außerdem traten noch *Staatsbürgerzeitung*, *Der Tag* und *Die Wahrheit*, letztere mit besonders scharfen antisemitischen Artikeln, in der kritischen Berichterstattung über die Relativitätstheorie hervor.

Von wesentlicher Bedeutung für die Berichterstattung war auch die Zusammensetzung des journalistischen Personals – ein Einflussfaktor, der mit der politischen Ausrichtung der Zeitung zusammenhing, aber nicht darauf zu reduzieren ist. Zwar war zu dieser Zeit das Berufsbild des Redakteurs, der für bestimmte Ressorts zuständig ist, gerade im Entstehen; kleinere Zeitungen bestanden aber häufig aus einem einzigen Redakteur, der alle

6 Diese Darstellung stützt sich auf Dussel, Konrad, *Deutsche Tagespresse im 19. und 20. Jahrhundert*, Münster [u. a.] 2004, S. 85–158. Zur Bedeutung der Presse in der Weimarer Öffentlichkeit vgl. Moores, Karen, *Presse und Meinungsklima in der Weimarer Republik*, [Dissertation, Universität Mainz], 1996.

7 Vgl. dazu Schottenloher, Karl/Binkowski, Johannes (Hg.), *Flugblatt und Zeitung. Ein Wegweiser durch das gedruckte Tagesschrifttum*, Bd. 2: *Von 1848 bis zur Gegenwart*, München 1985 (Bibliothek für Kunst- und Antiquitätenfreunde Bd. 21/2), S. 106ff.; Moores 1996.

Felder abdeckte. Wie dieser sich zur Relativitätstheorie stellte, war individuell verschieden. Oft übernahmen kleinere Zeitungen auch einfach die Agenturberichte von »Wolffs Telegraphischem Büro«, der wichtigsten deutschen Nachrichtenagentur, oder einer größeren Zeitung ihres Mutterkonzerns. Aber auch dort wurde der Wissenschaftsjournalismus oft nebenbei mit erledigt, Wissenschaftsmeldungen firmierten unter »Vermischtes« oder »Kunst und Wissenschaft«. Es ist meist nicht bekannt, wer die Berichte verfasste. Ausführlichere Artikel, die dann auch namentlich gekennzeichnet waren, wurden oft von externen Experten verfasst. Es fällt auf, dass bei einigen Zeitungen, zum Beispiel bei der nationalistischen *Deutschen Zeitung*, die Berichterstattung über die Relativitätstheorie fast ausschließlich in den Händen eines erklärten Gegners der Relativitätstheorie lag, der ebenfalls als »Experte« von außen herangezogen wurde.[8]

Die Relativitätstheorie in der Populärkultur

Durch die Massenpresse wurde die Relativitätstheorie der Populärkultur[9] einverleibt. Bereits die *Times* (London) hatte 1921 darauf hingewiesen, dass der Begriff der »Relativität« geradezu zu Witzen, Satiren und Cartoons einlud.[10] Aber ob der Begriff »Bezügigkeitsanschauungstheorie«, der als neuer Name für die Relativitätstheorie in der Presse diskutiert wurde,[11] die Einstein-Euphorie wirklich verhindert hätte? Es war ja nicht nur das geflügelte Wort »alles ist relativ«, sondern vor allem die erstaunlichen Aussagen der Theorie, infolge von Bewegung würden Uhren langsamer gehen und Gegenstände sich verkürzen (vgl. S. 121f.), welche dazu herausforderten, sich Gedanken über die Auswirkungen der Relativitätstheorie auf das Alltagsleben zu machen – denn was war bewegter als die »Roaring 20s«? Unter der Überschrift »Relativitätstheorie und Praxis« wurden in *Der (schwarze) Tag* folgende Überlegungen zum Gegenwartsbezug der Relativitätstheorie angestellt:

---

8 Zu diesen Nischen der Gegenexperten vgl. S. 252ff., 262ff. Der Einstein-Experte der *Deutschen Zeitung* war der Astronom Johannes Riem.

9 Zu der sich um die Jahrhundertwende entwickelnden »populären Kultur«, »Massenkultur« oder auch »Popkultur« vgl. u. a. Maase, Kaspar, *Grenzenloses Vergnügen. Der Aufstieg der Massenkultur 1850–1970*, Frankfurt (Main) 1997.

10 »Hints on Einstein«, in: *The Times*, 3. April 1922, GN 4, XVII, 102r.

11 »Einsteins – Bezügigkeitsanschauungstheorie«, in: *12 Uhr Mittagszeitung*, 8. Juli 1921, GN 4, XI, 26r.

»Seit Einstein wissen wir, daß es keine absoluten Zeit- und Raummaße gibt, daß sie vielmehr relativ voneinander abhängig sind. [...]

Von diesen Erwägungen ausgehend kann man unsere Zeit an verschiedenen Längen gemessen als schneller bezeichnen als die Vergangenheit (eine erfreuliche Aussicht, bald aus dem Schlamassel herauszukommen), da typische Gegenstände eine auffallende Neigung zur Verkürzung ihrer Maße gegenüber früher aufweisen. [...] Die Hüte werden immer kleiner, die Röcke immer kürzer und ein Pariser Modeschöpfer kündigt ganz niedrige Damenabsätze an. Eine Dame, die etwas auf sich hält, führt nie mehr einen Windhund, höchstens einen chinesischen Zwergmops auf die Promenade.

Der Magistrat Berlin hat ganze Serien von Kleinautos bestellt und die mir und meiner Frau vom Wohnungsamt zugewiesene Behausung kann man nur mit einem Vergrößerungsglas vor den Augen betreten. Unsere Politik beherrschen kurzlebige Kabinette mit auffallend engem Horizont. Zeichen genug für den, der Augen hat zu sehen.«[12]

Über zwanzig deutsche Zeitungen brachten im August 1921 die Meldung, man habe herausgefunden, dass laut Relativitätstheorie beim Walzertanzen die Leute dünner würden, wenn sie in Richtung der Erdumdrehung tanzten und dicker, wenn sie in die andere Richtung tanzten. Die Presse stellte Überlegungen an, zu welchen gesellschaftlichen Verwicklungen das führen würde, da Dicke und Dünne nun schwerlich zusammen tanzen könnten, da die einen ab- und die anderen zunehmen müssten: »Es wird nach dieser neuen Theorie nichts anderes möglich sein, als daß die tanzenden Paare sich nach dem Gewicht zusammenfinden, und es ist zu befürchten, daß mancher Herzensroman durch diese unerwarteten Auswirkungen der Relativitätstheorie gestört wird.«[13] Einstein selbst wurde zunehmend über die Normalsterblichen erhoben – weltweit. Die *Daily Mail* stellte anlässlich des Besuchs Einsteins 1921 in London, der so kurz nach dem Ersten Weltkrieg eine hohe politische Relevanz hatte,[14] erfurchtsvoll fest:

»Er kam, er sah und siegte. Er ist ein Deutscher und hält seine Vorlesungen in deutscher Sprache, eine Tatsache, die ihm einem englischen Publikum nicht gerade empfiehlt. Er ist Jude. Er bringt eine neue, man möchte sagen, phantastische Theorie mit, die alle bisherigen Anschauungen über den Haufen wirft, und die

12 Korff., »Relativitätstheorie und Praxis«, in: *Der (schwarze) Tag*, 15. Juni 1921, GN 4, X, 47r.

13 »Einsteins Theorie im Ballsaale. ›Walzer nach den Gesetzen der Relativitätstheorie‹«, in: *National-Zeitung*, 24. August 1921, GN 4, XI, 62r sowie gleichlautend in mindestens 20 weiteren Zeitungen.

14 Vgl. u. a. Grundmann 1998, S. 192f.; Fölsing 1993, S. 581ff. Zu Einsteins Rolle als semioffizieller deutscher Diplomat vgl. insb. Grundmann 1998.

wissenschaftliche, akademische Welt ist bekanntlich sehr konservativ. Er ist ein Revolutionär. Und doch hat man ihn nicht nur freundlich empfangen, sondern geradezu begeistert. Woher kommt das? Weil Professor Einstein ein Mann ist, dem das Genie auf das Gesicht geschrieben ist [...] Es ist gleichgültig, ob man seine Sprache versteht oder nicht. Man weiß, man ist im Banne einer bezwingenden Persönlichkeit, einer gewaltigen Geistesmacht.«[15]

Man interessierte sich für die Wirkung von Einstein auf Frauen (»Einstein in Japan. Ein Mißverständnis der Japanerinnen über die Relativitätstheorie«[16]) und für die Wirkung der Frauen auf Einstein (»Einstein sails. U.S. women ›lovely‹«[17]). Man informierte sich über seine Telefoniergewohnheiten (»Einstein, der Feind des Telephons«[18]), darüber, wie er sich kleidete (»Prof. Einsteins Gehrock«[19]) und wie er musizierte (»Einstein als Violinist«[20]). Und so, wie die Relativitätstheorie mit allem in Verbindung zu stehen schien, hatte auch Einstein zu allem eine Meinung zu haben. Man befragte ihn im Rahmen eines einzigen Interviews über »die Not der geistigen Arbeiter in Deutschland, die Lage des Mittelstandes, de[n] Zusammenhang der wirtschaftlichen Zustände mit der Neigung zu politischer Gewalttat, die Wirkungen der Verbandspolitik, die Stabilisierung der Mark, die Möglichkeiten der ›Sozialisierung‹«.[21] Die Relativitätstheorie war in den 1920er Jahren schließlich so weit verbreitet, dass sie in Kochrezepten auftauchte oder als Vergleichsmaßstab zum neuen Tarifrecht herhalten musste (das nach Ansicht des Verfassers des Artikels ungleich schwerer zu verstehen war).[22]

---

15 Zit. nach den *Halleschen Nachrichten*, »Einstein in englischem Urteil«, 21. Juni 1921, GN 4, X, 25r.

16 »Einstein in Japan. Ein Mißverständnis der Japanerinnen über die Relativitätstheorie«, in: *Berliner Tageblatt*, 1923 [ohne genaues Datum], GN 4, I, 54r.

17 »Einstein sails. U.S. women ›lovely‹«, in: *The Chicago Tribune*, Juni 1921 [ohne genaues Datum], GN 4, IX, 36r.

18 »Einstein, der Feind des Telephons«, in: *Hamborner General-Anzeiger*, 11. April 1922, GN 4, XVII, 153r.

19 »Prof. Einsteins Gehrock«, in: *Leipziger Neueste Nachrichten*, 1. Juli 1921, Morgenausgabe, GN 4, XI, 27r.

20 »Einstein als Violinist«, in: *Vossische Zeitung*, 20. Mai 1921, Morgenausgabe, GN 4, IX, 30r.

21 »Albert Einstein über die deutsche Not«, in: *Boersen-Courier Berlin*, 6. Oktober 1922, GN 4, I, 68r. Es handelt sich dabei um den Abdruck der ins Deutsche übersetzten Antworten Einsteins auf den Fragenkatalog von Brailsford, dem Chefredakteur der englischen Zeitschrift *New Leader*.

22 Heldt, A., »Wirtschaftliche und politische Gegenwartsfragen in Amerika«, in: *Esslinger Zeitung*, 3. September 1921.

»Das Volk will seine Götzen haben ...« – Einstein und Literatur-Nobelpreisträger Rabindranath Tagore

Die mediale Öffentlichkeit – auch Radio und Film kamen in den folgenden Jahren zum Einsatz[23] – stellte die Vorbedingung für die öffentliche Resonanz auf die Relativitätstheorie dar. Und doch kann der Siegeszug der Relativitätstheorie nicht auf das »agenda-setting« einer sensationsheischenden Presse reduziert werden. Die Relativitätstheorie bot alles, was sie als öffentliches Thema interessant machen konnte: In einer politisch und wirtschaftlich höchst instabilen Zeit bot eine neue »große Theorie« eine willkommene Abwechslung und zwar durchaus nicht nur als Amüsement und Zerstreuung. Astronomie und Kosmologie sind für breite Kreise der Öffentlichkeit auch heute noch die faszinierendsten Bereiche der Wissenschaft. Die Beschäftigung mit der Bedeutung der neuen Theorie für das wissenschaftliche Weltbild und die Weltanschauung bot Orientierung hin auf etwas Größeres und Erhabeneres als das mühselige Alltagsleben. Die

23 Ab 1920 wurde ein Film zur Relativitätstheorie gedreht, der 1922 vollendet wurde. Vgl. Wazeck, Milena, »Die verfilmte Relativität«, in: *Einstein und die Folgen, Spektrum der Wissenschaft Spezial*, Nr. 1 (2005), Heidelberg 2005, S. 24–27.

Relativitätstheorie gestaltete grundlegende Begriffe wie Raum und Zeit um; dieses neue Verständnis stand im Widerspruch zu den bisherigen tief verankerten und durch die alltägliche Erfahrung bestärkten Vorstellungen. Auf dieser grundsätzlichen Ebene – Was ist eigentlich die Zeit, die wir im täglichen Leben als permanent ablaufende Zeit von Stunden, Tagen, Wochen und Jahren und als Dauer bestimmter Augenblicke erleben? Was ist der Raum, in dem wir uns befinden und den wir durch die Sinne erfahren? – war die Relativitätstheorie keine nur Spezialisten interessierende innerwissenschaftliche Entwicklung, sondern von Bedeutung für das Alltagswissen.

Die neuen Raum- und Zeitbegriffe kollidierten mit den bisherigen Anschauungen und forderten Künstler, Literaten und Theologen ebenso wie den »Mann auf der Strasse« heraus, sich ernsthaft mit ihnen zu befassen. In den 1920er Jahren wurden auch grundlegende Fragen der Wissenschaft durchaus in der Tagespresse diskutiert. So entstand beispielsweise nach dem Erscheinen eines Artikels des englischen Physikers Sir Oliver Lodge[24] über die Relativitätstheorie in der *Times* (London) in der Leserbriefspalte eine Diskussion darüber, ob der leere Raum tatsächlich physikalische Eigenschaften haben könne, wie Lodge es in seinem Artikel als Aussage der allgemeinen Relativitätstheorie beschrieben hatte. Thomas Case, Professor für Moralphilosophie und Metaphysik und Dekan des Corpus Christi College an der Universität Oxford, zweifelte dies an:

»Sir, in a letter which you published on November 25, Sir Oliver Lodge quoted with approval a statement of Professor Einstein that ›according to the general theory of relativity space is endowed with physical qualities.‹ How far is this statement true? Space is an attribute of body, and to that extent Professor Einstein's statement is true. But it does not follow that space is a physical attribute of the body; on the contrary, it is without the most essential physical attributes of body. It is not impenetrable, since all finite bodies, resting or moving penetrate space during time. It offers no resistance. It is neither passive as matter nor active as force. Therefore, though an attribute of body, space is not ›endowed with physical qualities‹«.[25]

24 Zu Lodge vgl. u. a. Lunteren, Frans Herbert van, *Framing hypotheses: conceptions of gravity in the 18th and 19th centuries*, Utrecht 1991, S. 232ff.

25 Case, Thomas, »From Euclid To Einstein. Is Space Physical? The Test Of Relativity. To The Editor Of The Times«, in: *The Times* (London), 3. Dezember 1921, GN 4, XV, 24r sowie Lodge, Oliver, »From Euclid To Einstein. Sir O. Lodge And Relativity. The ›Interim Tool Of Exploration.‹ To The Editor Of The Times«, in: ebd., 10. Dezember 1921, GN 4, XII, 32r; Case, Thomas, »From Euclid To Einstein. Infinite Body Of The

Wäre die Relativitätstheorie in den Medien nicht so allgegenwärtig gewesen, hätte sich Case wohl kaum veranlasst gesehen, in einem Leserbrief in der Tagespresse seine Auffassung über das Wesen des physikalischen Raums darzulegen und damit Stellung zur Relativitätstheorie beziehen.

Ein anderer Schwerpunkt der öffentlichen Diskussion bestand in der Debatte der weltanschaulichen Bedeutung der Relativitätstheorie. In einer Zeit, in der Weltanschauungen brüchig geworden waren, ihre Selbstverständlichkeit eingebüßt hatten und zum Teil auch ihre Berechtigung generell in Frage gestellt wurde, wurde die Relativitätstheorie meist negativ weltanschaulich aufgeladen. Für den Schriftsteller Hans Natonek war die Relativitätstheorie symptomatisch für die »Zerrissenheit« und den »Nihilismus« der Zeit[26] und der Generalsekretär des katholischen Bonifatiusbundes erklärte 1921: »Die Gefahren der Gegenwart kann man in drei Schlagworte fassen: Einsteins Relativitätslehre, Spenglers Untergang des Abendlandes und das Reisetagebuch des Grafen Keyserling.«[27] Nur wenige werteten die Relativitätstheorie unter weltanschaulichen Gesichtspunkten positiv und sahen in ihr den Aufbruch zu »einer gesunden und brauchbaren relativistischen Weltanschauung«.[28]

Die Relativitätstheorie wurde jedenfalls überwiegend als weltanschaulich bedeutsam wahrgenommen[29] und genau deswegen aus verschiedenen weltanschaulichen Kontexten heraus als Herausforderung und Verunsicherung empfunden. Der Waldorflehrer ebenso wie der Kardinal, der Vitalist ebenso wie der Monist mussten die Bedeutung der modernen Physik für ihre Weltanschauung abschätzen und sie gegebenenfalls verteidigen. Okkultisten mussten eine Position zur vierdimensionalen Raumzeit bezie-

---

Universe. Time In Connexion With Space. To The Editor Of The Times«, in: ebd., 24. Dezember 1921, GN 4, XV, 22r; Fraser, Bodie A., »From Euclid To Einstein. To The Editor Of The Times«, in: ebd., 27. Dezember 1921, GN XV, 23r.

26 Natonek, Hans, »Relativismus«, in: *Weser-Zeitung*, 22. Juli 1921, GN 4, XI, 40r.

27 Zit. nach: »Die Berliner Bonifatiustagung. Minister Dr. Brauns über die nationalen Ideale des Katholizismus«, in: *Kölnische Volkszeitung*, 18. Juni 1921, Abendausgabe, GN 4, IX, 9r. Vgl. zu den zeitgenössisch diskutierten Verbindungen von Einstein mit Spenglers *Untergang des Abendlandes* Könneker 2001, S. 145ff.; vgl. allgemein zur Verbindung von moderner Physik und *Untergang des Abendlandes* auch Forman 1994.

28 So die Baseler *Nationalzeitung*, die über einen Vortrag von Rudolf Lämmel berichtete. »Relativität und Weltanschauung«, in: *Nationalzeitung*, 30. November 1921, GN 4, XII, 64r.

29 In der Tagespresse gab es allerdings auch viele Stellungnahmen, die betonten, die Relativitätstheorie habe *keine* weltanschauliche Bedeutung; nur ein Teil dieser Stellungnahmen lässt sich als reine Abwehrreaktion interpretieren.

hen, schließlich war ihr ureigenstes Thema, die vierte Dimension, auf einmal Lieblingsthema der akademischen Physik geworden.[30] Dabei wurde die Relativitätstheorie durchaus nicht immer als Bedrohung wahrgenommen. Manche sahen in ihr eine Bestätigung ihrer eigenen Anschauungen, so etwa der baltische Botaniker Karl Reinhold Kupffer (1872–1935), der die Lorentztransformation, die Transformation von Raum- und Zeitkoordinaten zwischen gradlinig-gleichförmig zueinander bewegten Bezugssystemen, für eine Bestätigung seiner vitalistischen Erkenntnistheorie hielt.[31] Entscheidend ist, dass man zu Beginn der 1920er Jahre um eine Auseinandersetzung mit der Relativitätstheorie schwerlich herumkam.

Es war zum einen die Allgegenwart der Relativitätstheorie und zum anderen die Universalität und Fundamentalität, mit der die Grundlagen der Physik umgestaltet worden waren, die auch eine Stellungnahme der Welträtsellöser geradezu erzwang, wie in den nächsten Abschnitten dargestellt wird. Bei wissenschaftsinteressierten Bürgern, die bislang nicht als Welträtsellöser in Erscheinung getreten waren, stellte die Relativitätstheorie zum Teil erst den Anlass dar, ihre eigenen Ansichten über die Zeit, den Raum oder die Gravitation zu formulieren – etwas so Falsches wie die Relativitätstheorie konnte man einfach nicht als neueste Errungenschaft der Wissenschaft stehen lassen. So erklärte ein Herr Hauck in einem Brief an Gehrcke: »Zur Niederschrift meiner Gedanken bin ich aber erst durch den Lärm der Rel.theorie veranlaßt worden.«[32]

Ob die Relativitätstheorie Bedeutung für Politik, Wirtschaft, Religion, Philosophie oder das Privatleben hatte – darüber konnte man streiten. Aber dass sie – in den Augen des Welträtsellösers – als konkurrierende physikalische Universal-Theorie auftrat, daran gab es keinen Zweifel.

30 Vgl. Henderson, Linda Dalrymple, »Theo van Doesburg. Die ›vierte Dimension‹ und die Relativitätstheorie in den Zwanziger Jahren«, in: Baudson, Michel (Hg.), *Zeit. Die vierte Dimension in der Kunst*, [Ausstellungskatalog], Weinheim 1985, S. 195–205; vgl. auch Kapitel 1, Anm. 29.

31 Kupffer argumentierte dabei folgendermaßen: Indem die Lorentztransformation mathematisch zuließe, einen negativen Wert für t einzusetzen, sei denkbar, dass, liefe Zeit tatsächlich rückwärts, dadurch Kausalitätsbeziehungen umgekehrt würden und Finalität (Vitalismus) statt Kausalität (Materialismus) unmittelbar einleuchten würde. Vgl. Kupffer, Karl Reinhold, »»Materialismus, Vitalismus und Relativitätstheorie‹. Vortrag gehalten auf dem Jahresaktus der Herder-Gesellschaft zu Riga am 7. September 1924«, in: *Abhandlungen des Herder-Institutes zu Riga*, Bd. 1, Nr. 1, Riga 1925, S. 23–49.

32 Hauck an Gehrcke, 17. Juni 1924, GN 29-E-1.

2.2 Die Rezeptionssperre

Den Gegnern der Relativitätstheorie ging es nicht um die Relativitätstheorie. Diese Feststellung mag auf den ersten Blick paradox erscheinen. Dass sie dennoch zutrifft, deutete sich bereits bei der Darstellung des Welträtsellösertums im ersten Kapitel an und wird in der folgenden Konkretisierung dessen, was die Gegner der Relativitätstheorie eigentlich von der Relativitätstheorie wussten und aus welcher Motivation heraus sie die Auseinandersetzung mit ihr führten, noch klarer sichtbar. Dieser Abschnitt wird zunächst das spezifische Rezeptionsmuster der Einsteingegner darstellen. Im darauf folgenden Abschnitt werden die von den Einsteingegnern empfundene Bedrohungslage und die daraus resultierende Verteidigungshaltung beschrieben.

Viele Einsteingegner hatten die Relativitätstheorie nicht einmal im Ansatz verstanden – und das gilt nicht nur für die außerakademischen Gegner der Relativitätstheorie, sondern auch für die akademischen Physiker und Philosophen unter ihnen. So legte etwa der Kneipparzt Kleinschrod in seiner Broschüre gegen die Relativitätstheorie einleitend die Relativitätstheorie am Zugbeispiel[33] dar. Aus Gründen der Anschaulichkeit tauschte er in seiner Darstellung allerdings die Lichtblitze aus dem Originalbeispiel durch zwei Donnerschläge aus, die vom Zug und vom Bahndamm aus gehört werden:

»Er [der Mann im Zug] wird den Donner, dem er entgegenfährt, viel früher hören, als den anderen Donner, dem er enteilt, obgleich doch beide Donner in der Natur gleichzeitig erfolgen. *Diesen Vorgang bezeichnet nun Einstein als den der ›Relativität der Zeit‹, oder die ›Relativität der Gleichzeitigkeit‹, und darin besteht seine eigentliche Entdeckung.*«[34]

Nicht nur, dass Kleinschrod mit der sorglosen Ersetzung der Ausbreitung des Lichts – Lichtblitze – durch die wesentlich langsamere und gegenüber dem Bewegungszustand des Beobachters nicht unabhängig mit konstanter Geschwindigkeit vor sich gehende Ausbreitung von Schallwellen – Donnerschläge – beweist, dass er von der speziellen Relativitätstheorie nicht einmal den Hauch einer Ahnung hat; nein, er schlussfolgert daraus auch, dass Einstein die klassische Addition der Geschwindigkeiten entdeckt

33 Vgl. S. 125 sowie Einstein, Albert, *Über die spezielle und die allgemeine Relativitätstheorie. Gemeinverständlich*, Braunschweig 1917 (Sammlung Vieweg Bd. 38), S. 16ff.

34 Kleinschrod 1920, S. 9.

habe. Tatsächlich, so spekuliert Kleinschrod weiter, habe die Relativitätstheorie ihren Ursprung wohl in der »persönlichen Gleichung« der Astronomen.[35] Es lassen sich viele weitere Belege dafür anführen, dass die Auffassung der Einsteingegner von der Relativitätstheorie von mehr oder weniger groben Missverständnissen geprägt war; dies wird insbesondere in der im dritten Kapitel dargestellten inhaltlichen Auseinandersetzung mit der Relativitätstheorie deutlich werden. Es ist jedoch aufschlussreicher danach zu fragen, woraus diese Missverständnisse resultierten. Das Unverständnis gegenüber der Relativitätstheorie ist selbst bereits ein Phänomen. Viele Einsteingegner hatten laut den Literaturangaben in ihren Schriften Literatur herangezogen, die durchaus dazu geeignet gewesen wäre, eine solide Grundkenntnis über die wesentlichen Inhalte der Relativitätstheorie zu vermitteln. Dies gilt insbesondere für die Physiker, die Einsteins Originalarbeiten gelesen hatten. Die akademischen Philosophen und die außerakademischen Kritiker bezogen sich dagegen überwiegend auf Einsteins populäre Schriften und andere vorwiegend seriöse Populärliteratur. Fast alle kannten Einsteins *Über die spezielle und die allgemeine Relativitätstheorie. Gemeinverständlich.* Wieso waren die Einsteingegner so unglaublich resistent gegenüber Erklärungen der Relativitätstheorie?

Hier kommt die Rezeptionssperre ins Spiel. In Bezug auf die klassisch-physikalisch und philosophisch argumentierenden Einsteingegner ist es evident, dass diese in irgendeiner Form mit der Herausforderung, die die Relativitätstheorie für ihre bisherigen Anschauungen und theoretischen Auffassungen, etwa über den Raum oder die Zeit, darstellte, umgehen mussten, sei es durch Revision oder Immunisierung ihrer eigenen Überzeugungen, sei es dadurch, dass sie – wie in dieser Arbeit dargestellt – gegen die Relativitätstheorie opponierten oder dass sie sie – in sehr wenigen Fällen – ignorierten.

Gleiches galt für die Welträtsellöser. Wenn Ingenieur Patschke eine Darstellung darüber las, wie gut die Relativitätstheorie den Ausgang des Michelson-Morley-Versuchs (vgl. S. 170) erklären kann, hatte er eine durch den festen Glauben an sein Weltgesetz eingeschränkte Perspektive, er war nicht offen für die Argumente und wollte sich nicht überzeugen lassen. Er

35 Die »persönliche Gleichung« bezieht die Reaktionszeiten der beobachtenden Forscher mit ein und spielte insbesondere in der Astronomie eine Rolle. Vgl. dazu u. a. Canales, Jimena, »Exit the Frog, Enter the Human: Physiology and Experimental Psychology in Nineteenth-Century Astronomy«, in: *The British Journal for the History of Science*, Bd. 34 (2001), S. 173–197.

hatte bereits eine Theorie im Kopf, er wusste schon, dass seine Lichtäthertheorie richtig ist und die Relativitätstheorie falsch sein muss. Daher suchte er in der Sekundärliteratur zur Relativitätstheorie einerseits nach Aussagen, die seiner Ansicht nach eher seine Lichtäthertheorie als die Relativitätstheorie bestätigen, und andererseits nach Aussagen, die aus der Perspektive der Lichtäthertheorie die Relativitätstheorie als falsch herausstellen. Nicht die Relativitätstheorie zu verstehen war seine Absicht, sondern zu zeigen, dass eine lichtätheratomistische Deutung das Ergebnis des Michelson-Morley-Versuchs ebenfalls erklärt – und damit die Relativitätstheorie überflüssig macht.[36] In der Kritik der Relativitätstheorie wollte der Welträtsellöser vor allem seine eigene Theorie als Siegerin über die Relativitätstheorie vorführen. Wenn er zur Vorbereitung dieses Vorhabens Texte über die Relativitätstheorie las, handelte es sich folglich nicht um eine gegenüber neuen Erkenntnissen und Belehrungen aufgeschlossene, sondern um eine selektive Rezeption aus einer latenten Verteidigungshaltung heraus. Dies ist ein gravierender Unterschied zum Rezeptionsverhalten von wissenschaftsinteressierter Öffentlichkeit und lernwilligen Amateurwissenschaftlern: Beim Welträtsellöser wurde alles, was er las, aus dem Blickwinkel seiner eigenen Theorie als entweder diese stützend – »Vorläufer« – oder als ihr zuwiderlaufend – »Gegner« – angesehen. Die eigene Theorie war der Maßstab, an dem alle bisherige und aktuelle Wissenschaft gemessen wurde. Die Welträtsellöser konnten die Relativitätstheorie also nur in einem ganz bestimmten Rahmen einordnen und entwickelten somit eine spezifische, von einem anderen Standpunkt aus »beschränkt« anmutende Lesart der Relativitätstheorie.

Es ergibt sich als eine weitere Rahmenbedingung für die Rezeption der Relativitätstheorie, dass durch diese selektive Rezeption und das Bewusstsein, selbst im Besitz der wahren Theorie zu sein, ein Verständnisproblem für den Relativitätstheorie-Kritiker meist gar nicht erst existierte. Während die wissbegierige Öffentlichkeit mit dem Verständnis der Relativitätstheorie haderte, lagen der oder die Fehler der Relativitätstheorie aus der Perspektive der Welträtsellöser offen zutage: Meist fand man einen »ganz elementare[n] Grundfehler«: »[D]er *Fehler in Einsteins Theorie* liegt in der vollständigen Vernachlässigung des Äthers.«[37] Gegen diese Auffassung Frickes kann man zwar auf Grundlage der akademischen Physik argumentieren, aber man wird ihn, der die akademische Physik für vollkommen

36 Vgl. Patschke 1920, S. 11ff.
37 Fricke 1920a, S. 18.

falsch hielt, kaum überzeugen können. Wer will einen Welträtsellöser wie Fricke, der über Jahre hinweg eine Ätherwirbeltheorie entwickelt hatte, davon abbringen, die Existenz des Äthers für das zentrale Argument gegen die Relativitätstheorie zu halten?

Das Unverständnis gegenüber der Relativitätstheorie bei den Welträtsellösern ging also in erster Linie auf Inkommensurabilitätseffekte zurück. Dabei handelte es sich jedoch um eine reziproke Beziehung: Das Nichtverstehen fand auf beiden Seiten statt. Da das Verhältnis zwischen außerakademischer Forschung und akademischer Wissenschaft hochgradig asymmetrisch war, stellte sich die Situation allerdings so dar, dass die einen vehement zu überzeugen versuchten, während es die anderen gar nicht erst nötig hatten, sich mit den Kritikern auseinanderzusetzten. Und weil die akademische Physik gute Gründe für die Akzeptanz der Relativitätstheorie hatte, definierte sie damit, was die Physik ausmachte und was »veraltet« und »unwissenschaftlich« war. Aus der Perspektive der Unterlegenen wurde das verständlicherweise anders wahrgenommen. Beispielsweise war Fricke der Ansicht, dass sich in der Physik zwei Lager – »Relativisten« und »Ätherphysiker« – gleichberechtigt gegenüberstehen. Fricke stellte ausführliche Überlegungen an, warum ihn »die Physiker« nicht verstünden, während er doch umgekehrt die moderne Physik verstehen könne: »Man hat mir [...] gesagt: ›Sie sprechen eine andere Sprache.‹ Ich möchte antworten: ›Ich spreche deutsch. Was sprechen Sie denn?‹«[38] Seinerseits jedenfalls bestünde kein Verständigungsproblem: »[I]ch verstehe ganz gut, was die Relativisten meinen«.[39]

Tatsächlich wandten sich die Welträtsellöser massiv gegen die Disqualifizierung als nicht-adäquate Diskussionspartner. Georg August Grote, der Gründer der populärwissenschaftlichen Zeitschrift *Der Forscher*[40] bemerkt in einer Polemik gegen Theodor Lessing, der sich kritisch zu den inhaltlich

38 Fricke 1939, S. 89. Dass er selbst die Relativitätstheorie richtig verstanden habe, »dafür bürgt mir seine [Einsteins] eigene Darstellung in der Schrift ›Über die spezielle und die allgemeine Relativitätstheorie‹«. In einem Brief an Gehrcke von 1936 erklärte er zu den Diskussionsschwierigkeiten mit den akademischen Physikern: »Meine Auffassung ist sozusagen ein Schlag ins Gesicht der allgemein herrschenden Meinung. Nun reden Sie einmal sachlich und ruhig mit einem Manne, der glaubt, Sie hätten ihm eine Ohrfeige gegeben.« Fricke an Gehrcke, 21. Dezember 1936, GN 33-H-3.

39 Fricke 1939, S. 132. Obgleich Fricke selbst promovierter Physiker war, zählte er sich offenbar nicht zu der Seite »der« Physiker, was erneut zeigt, dass an formalen Kriterien gezogene Grenzen bei den Welträtsellösern nicht greifen.

40 Die Zeitschrift gehörte zur 1909 gegründeten populärwissenschaftlichen Vereinigung Bund deutscher Forscher, vgl. Daum 2002, S. 187f.

völlig an der Relativitätstheorie vorbeigehenden Polemiken geäußert hatte (vgl. S. 110): »Der einzige Einwand, den uns [den Einsteingegnern] die Relativitätstheoretiker vorwerfen ist, daß wir die Relativitätstheorie nicht verstehen. Ich persönlich verstehe nur nicht, was an den Grundlagen der Relativitätstheorie so schwer zu verstehen wäre?«[41]

Die akademischen Physiker unter den Einsteingegnern, die an der klassischen Physik festhielten, sahen sich mit ähnlichen Disqualifizierungen als Diskussionspartner konfrontiert (zu den Besonderheiten der Marginalisierung der akademischen Physiker vgl. S. 238ff.) und zeigten das gleiche Reaktionsmuster wie die außerakademischen Forscher, etwa wenn der Physiker Johannes Stark (1874–1954) erklärte:

> »[A]uf der Seite ihrer [der Relativitätstheorie] Verteidiger hat man sich heute gegenüber der Kritik von Experimentalphysikern hinter die bequeme Ausrede zurückgezogen, sie besäßen nicht die höhere mathematische Bildung, welche zum Verständnis der allgemeinen Relativitätstheorie notwendig sei. Diejenigen Physiker, welche an ihr Kritik üben, verfügen danach ohnehin nicht über die nötige mathematische Begabung, um sie zu verstehen; sie werden gegenüber den Relativitätstheoretikern in eine tiefere Klasse verwiesen.«[42]

Auch Gehrcke wehrte sich gegen angebliche »Totschlagargumente« der »Relativisten«: Wer Einstein kritisiere, »wird entweder Antisemit genannt oder einer, der zu dumm ist, die Relativitätstheorie erfassen zu können, oder beides.«[43] Gerade die »experimentell gerichteten Physiker« sahen sich genötigt, »sich gegen den nach ihrer Meinung unphysikalischen Geist der Relativitätstheorie«[44] aufzulehnen, der sich in ihrer Disziplin verbreitet habe. Sie wandten ihre nicht stattfindende Rezeption in einen Vorwurf gegen die moderne Physik, die sie, die kompetenten klassischen Physiker, als »dumm« hinstelle. Diese Rezeptionssperre einiger Experimentalphysiker resultierte dabei aus ihrer tiefen Verwurzelung in der Denkwelt der klassischen, »anschaulichen« Physik, welche ihr Wirklichkeitsverständnis so entscheidend prägte, dass sie nicht aufgegeben werden konnte (vgl. insb. S. 182ff.).

---

41 Grote, August, [Replik auf Lessing 1922], in: *Der Forscher*, Nr. 8–10 (1922), S. 14.

42 Stark, Johannes, *Die gegenwärtige Krisis in der deutschen Physik*, Leipzig 1922, S. 10f.

43 Alle Zitate aus: Gehrcke, Ernst, »Einsteins Relativitätstheorie – ein Bluff!«, [unveröffentlichtes Typoskript], [ca. 1921], GN 4-B-4. Zu der Rolle des Antisemitismus bei den Einsteingegnern vgl. S. 285ff.

44 Stark 1922, S. 16.

Es ist wenig aussagekräftig, zu untersuchen, woher die Einsteingegner ihre – oft mangelhaften – Kenntnisse der Relativitätstheorie bezogen. Und zwar weil es den Welträtsellösern weniger darum ging, die Relativitätstheorie oder das, was sie dafür hielten, zu verstehen, sondern weil sie vor allem darum bemüht waren, die Relativitätstheorie im Rahmen ihrer eigenen Theorie zu deuten. Es kam vor, dass fehlerhafte Aussagen aus der Populärliteratur für »die Relativitätstheorie« genommen wurden, aber das hatte letztlich kaum Einfluss auf die Motivation und den Aufbau der Kritik. Ob die Einsteingegner Originalquellen oder populäre Aufbereitungen herangezogen hatten, steht in keinem Zusammenhang mit ihren Auffassungen über die Relativitätstheorie und sagt nichts darüber aus, *wer* diese Werke *wie* verstand. Dies wird deutlich an der Beliebtheit von Einsteins Buch *Über die spezielle und die allgemeine Relativitätstheorie. Gemeinverständlich.* Es war als Diskussionsgrundlage nicht deshalb so verbreitet, weil es die Relativitätstheorie besonders gut erklärte, sondern weil es die Kritik in besonderer Weise legitimierte. Einstein hatte erklärt, dass man durch diese Schrift auch ohne umfassende Mathematikkenntnisse ein grundlegendes Verständnis von der Relativitätstheorie erhalten könne.[45] Wenn dem so sei, argumentierte der Welträtsellöser und nahm Einstein ausdrücklich beim Wort, dann könne die Relativitätstheorie auch auf der Grundlage dieses allgemeinverständlichen Buches kritisiert werden. Genauso rechtfertigte zum Beispiel der Jurist Eddo Thedinga seine Auseinandersetzung mit der Relativitätstheorie:

> »Einstein hat in seiner vom ihm als gemeinverständlich bezeichneten Schrift ›Über die spezielle und die allgemeine Relativitätstheorie‹ Laienkreisen eine möglichst exakte Einsicht in die Relativitäts-Theorie zu vermitteln versucht. ›Maturitätsbildung, ziemlich viel Geduld und Willenskraft‹ werden beim Leser vorausgesetzt. Daß ich die erste Bedingung erfülle, kann ich urkundlich nachweisen, auch den anderen Bedingungen zu genügen habe ich mir redliche Mühe gegeben. Hieraus leite ich die Berechtigung her, mich als Laie auch über die Relativitäts-Theorie zu äußern.«[46]

Gerade bei den populärwissenschaftlichen Werken zur Relativitätstheorie zeigt sich die grundlegende Janusköpfigkeit des »dominant views«[47] der Wissenschaftspopularisierung: Zwar soll das vereinfachte und aufbereitete Wissen an die Öffentlichkeit weitergereicht werden, aber es wird als eine

45 Vgl. Einstein 1917a, Vorwort.

46 Thedinga, Eddo, *Einstein und wir Laien: Wege zu einer neuen Licht-Theorie,* Leipzig 1922, Vorwort.

47 Hilgartner 1990.

mindere Form des Wissens betrachtet, weil es eben nur populär zusammengefasst sei. Die Infragestellung dieses Wissens seitens der Öffentlichkeit wird dann mit dem Argument abgeblockt, dass diese nicht über *wirkliche* Kenntnisse in der Materie verfüge. Der Ort, an dem die allgemeine Verstehbarkeit aufhört und die Exklusivität des wissenschaftlichen Diskurses beginnt – von Holm Tetens in einem Artikel am Beispiel der allgemeinen Relativitätstheorie als »Die Grenze« beschrieben[48] –, wird nicht zuletzt mit jedem Versuch der Popularisierung immer wieder neu vermessen. Um an der Fachdiskussion über die allgemeine Relativitätstheorie teilnehmen zu können, wird man ohne Zweifel eine umfassendere Grundlage benötigen, als sie eine populäre Einführung bieten kann. Diese Fachdiskussion interessierte die Einsteingegner jedoch gar nicht, sondern sie stellten die Existenz einer solchen »Grenze« vor dem Hintergrund ihres anderen Wissenschaftsverständnisses (vgl. S. 57ff., S. 182ff.) radikal in Frage.

2.3 Die Verteidigungshaltung gegen den »Angriff« der modernen Physik

»Neu! Eine gemeinverständliche Verteidigung des gesunden Menschenverstandes *gegen* die Angriffe Einsteins!« wurde in schreiendem Pink ein Buch angepriesen, und es drückte die Haltung der Relativitätstheorie-Gegner – hier des Arztes Karl Vogtherr (geb. 1882) – unmissverständlich aus: Nicht man selbst griff die Relativitätstheorie an; vielmehr handelte es sich um einen Akt der Gegen- oder gar der Notwehr gegen diesen neuen, nie zuvor in dieser Immensität da gewesenen Affront der akademischen Wissenschaft gegen die »richtige Naturforschung«. Es ist aufschlussreich, dass die Einsteingegner ihre Motivation meist explizit darlegten; sie wollten ihre Kritik rechtfertigen, mit guten Gründen von ihr überzeugen und die Legitimität eines Angriffes auf einen so berühmten Wissenschaftler wie Einstein absichern. Im Folgenden werden die Motive der Einsteingegner anhand dieser Rechtfertigungen dargestellt.

48 Tetens, Holm, »Die Grenze«, in: *Die Zeit*, 9. September 1999.

Broschüre gegen die Relativitätstheorie von Karl Vogthgerr

Eine häufig vorgebrachte Rechtfertigung für die Gegnerschriften war die Allgegenwart der Relativitätstheorie in der breiten Öffentlichkeit und die große weltanschauliche Bedeutung, die ihr beigelegt wurde. Gegen diese einseitige Berichterstattung müsse man sich zur Wehr setzen und sich Gehör verschaffen. Hans Christiansen (1866–1945), bekannt als Jugendstilmaler und schriftstellerisch vor allem mit Abhandlungen gegen die Gleichberechtigung, aber auch als Löser der Welträtsel[49] hervorgetreten, erklärte zum Auftakt seiner Relativitätstheorie-Kritik: »Das ›Relativitäts-Prinzip‹ Einsteins ist also sozusagen ein auf den Turnierplatz der Welterkenntnis hingeworfener Fehdehandschuh, den der Verfasser nachstehender Ausführungen sich in aller Form gestattet aufzuheben.«[50] Da die Relativitätstheorie als Kampfansage wahrgenommen wurde, war es nicht nur gestattet, son-

49 Vgl. u. a. Christiansen, Hans, *Der Gleichberechtigungswahn*, Wiesbaden 1930; ders., *Offener Brief an Seine Heiligkeit Papst Pius XI.*, Wiesbaden 1931; Christiansen 1915.

50 Christiansen, Hans, *Absolut und relativ! Eine Ablehnung des ›Relativitäts-Prinzips‹ Einsteins auf Grunde einer reinen Begriffs-Mathematik*, Wiesbaden 1920, S. 1.

dern geradezu geboten, darauf zu reagieren. Ingenieur Patschke machte für einen Welträtsellöser relativ spät Bekanntschaft mit der Relativitätstheorie, nämlich erst im Jahr 1919. Er gefiel sich in der Rolle des Rätsellösers, der sich gerne Fragen stellte, sein Haus stand abendlich allen Interessierten offen, und er nahm gerne Gelegenheiten wahr, seine Lichtäthertheorie zu verteidigen und ihr Anerkennung zu verschaffen. Von dem befreundeten Astronom Wilhelm Foerster war er gebeten worden, »die Einsteinsche Relativitätstheorie auf ihre Richtigkeit zu prüfen«.[51] Dass diese Untersuchung für Einstein vernichtend ausfiel, überrascht nicht (vgl. insb. S. 164f.). An dieser Stelle ist wichtig, dass Patschke es nicht bei der für ihn offensichtlichen Falschheit der Relativitätstheorie belassen konnte. Er sah sich vielmehr regelrecht in die Pflicht genommen, seinem umfassenden Werk *Elektromechanik* (der Mechanik der von ihm postulierten Lichtätheratome) einen neuen, 21. Abschnitt hinzuzufügen, der sich ausschließlich der Relativitätstheorie widmete und auch als Sonderdruck erschien:

> »Da diese [die Relativitäts-]Theorie nun bereits begonnen hat, die Gelehrten der ganzen Erde zu beschäftigen, und da sie reichlich Verwirrung verursacht hat, indem an den durchaus erprobten Fundamenten der Mechanik bereits erheblich gerüttelt worden ist, wodurch sogar viele Gelehrte auf falsche Bahnen der Naturerkenntnis geführt worden sind, so halte ich mich verpflichtet, den 21. Abschnitt meiner Abhandlungen über die einheitliche Erklärung und Mechanik der Naturkräfte in der vorliegenden Form zu veröffentlichen, um alle Freunde der Naturwissenschaften durch den Nachweis der Richtigkeit der bewährten Regeln der Mechanik von dem Alpdruck obiger Theorie zu befreien und auf meine Entwicklungen sowie Entdeckungen zu verweisen, die das ewige Werden und Vergehen, das ununterbrochene Ineinanderübergehen der Naturkräfte mechanisch verständlich machen.«[52]

Über diese aufklärerische Verpflichtung hinaus, die sich den meisten Welträtsellösern stellte, wurde die moderne Physik jedoch auch oft zum regelrechten Feindbild. Man wollte der eigenen Theorie unbedingt zur Anerkennung in der akademischen Wissenschaft verhelfen und durch die Präsenz der Relativitätstheorie in Wissenschaft und Öffentlichkeit herrschten dafür noch schwierigere Bedingungen als vorher. In den Augen eines Welträtsellösers war die moderne Physik bestenfalls ein Ärgernis, häufiger aber ein feindlicher Angriff: »Die Thesen, die Planck 1910 [gemeint ist der

51 Patschke 1925, S. 45.

52 Patschke 1920, S. 8. 1922 wurde eine erweiterte Auflage herausgebracht, vgl. Patschke 1922.

Vortrag ›Über die Grenzen des mechanischen Naturerkennens‹] gegen die Äthermechanik angeführt hat, sind leicht als Irrtümer nachzuweisen. Er war es, der die Physik angegriffen, bekämpft und angeblich ›umgestürzt‹ hat. Er war der *Angreifer*«[53], erklärte Fricke, der mit dieser Stellungnahme auch zeigt, dass die »falsche Physik« nicht nur Einstein, sondern auch den anderen theoretischen Physikern angelastet wurde.

Diese vehemente Verteidigungshaltung gegenüber der modernen Physik ist nur vor dem Hintergrund verständlich, dass hier viel auf dem Spiel stand und die eigene Theorie geschützt werden musste. Leo Gilbert[54] (geb. 1862), technischer Redakteur der Wiener Zeitung *Die Zeit*, beklagte sich bei Gehrcke kurz nach Erscheinen seines Werks *Das Relativitätsprinzip, die neueste Modenarrheit der Wissenschaft*:

»Die Physiker missverstehen [...] vollkommen die Absicht meiner Satyre gegen die Relativität. Niemals wäre es mir eingefallen so viel Zeit an diese Eselei zu verschwenden. Auch das Fizeau-Problem[55] ist mir völlig schnuppe. Wenn ich das Büchlein geschrieben habe, so geschah es nur, weil ich den Herren zeigen wollte, wie ihr mangelhaftes Verständnis für die Grundbedingungen der Physik (u. der Naturphilosophie) sie notwendigerweise zur Absurdität und Lächerlichkeit führen musste.«[56]

Tatsächlich ist die *Modenarrheit* keineswegs nur eine Satire, sondern – trotz ihrer satirischen Elemente – eine Kritik der Relativitätstheorie auf Grundlage von Gilberts eigener *Neuen Energetik*, die er zwei Jahre zuvor in einem Umfang von 228 Seiten als Band 1 eines geplanten mehrbändigen Werkes, *Fundamente des exakten Wissens*, publizierte. Die *Neue Energetik* war ein Welträtsellöser-Projekt, eine monistische Naturphilosophie, in deren Rahmen Gilbert ein neues Axiom der Physik festlegte: Das »Prinzip des Gegensatzes als Identität« ist für ihn die grundlegende Methode des For-

---

53 Fricke, Hermann, *Ein Protest gegen die Planck-Physik*, Berlin-Schmargendorf [ca. 1942] (Deutsche Gesellschaft für Weltätherforschung, Veröffentlichung Nr. 57), GN 18-C-11.

54 Eigentlich Leo Silberstein; sehr knappe biographische Angaben zu Silberstein finden sich in der von Philipp Stauff herausgegebenen antisemitischen Biographiensammlung *Semi-Kürschner*, Berlin-Lichterfelde 1913.

55 Der Physiker Fizeau wollte 1851 messen, wie sich die Ausbreitungsgeschwindigkeit des Lichts in einem bewegten Medium mit oder gegen die Strömungsrichtung ändert. Im Rückblick wies das Resultat bereits auf eine Abweichung vom klassischen Prinzip der Addition der Geschwindigkeiten bei der Lichtgeschwindigkeit hin und wurde dadurch als wichtige Bestätigung der speziellen Relativitätstheorie angesehen. Vgl. z. B. Einstein 1917, S. 26f.

56 Gilbert an Gehrcke, 18. Mai 1914, GN 83-C-24.

schens und er nahm eigenwillige Neudefinitionen physikalischer Begriffe vor[57] – »Dichte« zum Beispiel definiert er als »Weltenergie.« Die *Neue Energetik* erhob umfassende weltanschauliche Ansprüche im Bereich der Gesellschaft und der Ästhetik. Sie stand außerhalb des akademischen Diskurses. Gilberts Bemerkung, dass »die Physiker« ihn nicht verstünden (interessanterweise gegenüber dem Physiker Ernst Gehrcke, der offensichtlich für Gilbert nicht zur Seite »der« Physiker gehörte), zeigt, dass er sich dessen bewusst war. Für Gilbert, dem das Fizeau-Problem erklärtermaßen »völlig schnuppe« war, stellte die *Neue Energetik* gleichzeitig die Motivation und den Beleg für seine Widerlegung der Relativitätstheorie dar.

Auch ein akademischer Philosoph wie Oskar Kraus nahm die moderne Physik als Bedrohung wahr: »Ich handle in Notwehr. Der Uebergriff geschah von Einstein« versicherte er Gehrcke anlässlich der Publikation des Vortrags, den er auf der »Als-Ob«-Konferenz in Halle gehalten hatte und mit dem er nicht ganz zufrieden war.[58] Kraus wurde durch die Relativitätstheorie heftig verunsichert. Ab 1913 äußerte er in der Korrespondenz mit Gehrcke Kritik an der speziellen Relativitätstheorie; die erste Publikation gegen die Relativitätstheorie erschien erst wesentlich später im Jahr 1919. Dass er nicht schon früher etwas hierzu veröffentlichte, lag wahrscheinlich daran, dass Kraus die Relativitätstheorie zwar ablehnte, gleichzeitig aber mit Verständnisschwierigkeiten haderte, die er – im Gegensatz zu den Welträtsellösern – nicht nur Gehrcke, sondern auch seinen Prager Kollegen, dem Mathematiker Kowalewski und dem Physiker Frank, gegenüber offen zugab.[59] Er war sich zudem über längere Zeit nicht darüber im

57 Es war eine gängige Praxis der Welträtsellöser, etablierten Begriffen oder Zeichen neue Bedeutungen zuzuweisen, oft ohne diese neuen Bedeutungen explizit zu bezeichnen. Vgl. auch Gehrckes Kritik an Rudolf Orthner: »Die Schwierigkeit des Verstehens [von Orthner 1928] wird m. E. dadurch erheblich vergrössert, dass Sie geläufige mathematische Zeichen benutzen [...] aber diese Zeichen doch nicht die geläufige mathematische Bedeutung besitzen sollen, wie Sie mehrfach hervorheben; Sie sprechen davon, dass die Bedeutung eine *ähnliche* wie in der Mathematik sein solle, doch ist nicht ganz klar, welche.« Gehrcke an Orthner, 21. August 1928, GN 83-A-4.

58 Kraus an Gehrcke, 16. Juni 1920, GN 76-A-18. Die Konferenz war von Hans Vaihinger, dem Begründer der »Philosophie des Als-Ob«, organisiert worden und sollte sich der Beziehung der »Philosophie des Als-Ob« zur Relativitätstheorie widmen. Auch Einstein selbst war als Vortragender angefragt worden, hatte aber letztlich seine Teilnahme abgesagt. Vgl. insb. Hentschel 1990, S. 168ff.

59 Seinen Artikel, der aus dem Vortrag auf der »Als-Ob«-Konferenz entstand, ließ er vor Druck von Kowalewski in Bezug auf die Richtigkeit des mathematischen Inhalts überprüfen. Vgl. Kraus an Gehrcke, 19. Juni 1920, GN 76-A-18. Der Vortrag »Fiktion und Hypothese in der Einsteinschen Relativitätstheorie. Erkenntnistheoretische Betrachtun-

Klaren, wie er sich zur allgemeinen Relativitätstheorie stellen sollte und fühlte sich daher zu unsicher für eine Publikation. So äußerte er 1913 gegenüber Gehrcke: »Selbst etwas publizieren ist gewagt. Unbekannt mit den mathematischen Methoden dürfte ich das rein philosophische und primitiv-mathematische Gebiet nicht verlassen. Auch hat das, was ich sage weder bei Physikern noch bei Mathematikern noch bei Naturphilosophen die geringste Autorität.«[60]

Oskar Kraus (1872–1942)

Oskar Kraus studierte ab 1890 Rechtswissenschaften und Philosophie, letzteres bei dem Brentanoschüler Anton Marty. 1895 promovierte er zum Dr. jur. und trat 1896 in die Finanzprokuratur ein. 1902 erfolgte die Habilitation in Philosophie mit der Arbeit *Zur Theorie des Wertes. Eine Bentham-Studie.* 1907 legte er die Advokatenprüfung ab. Kraus konvertierte vom Judentum zum Protestantismus. 1909 wurde er außerordentlicher Professor, 1911 wirklicher Extraordinarius an der Deutschen Universität Prag. 1916 wurde Kraus Nachfolger Martys und damit ordentlicher Professor der Philosophie. 1931 wurde die Prager Brentano-Gesellschaft gegründet, deren Leitung Kraus übernahm. Im März 1939 wurde Kraus beim Einmarsch der deutschen Truppen in Prag verhaftet. Nach sechs Wochen kam er frei und floh nach Großbritannien. Dort hielt er 1941 an der Universität Edinburgh die Gifford-Lectures «New Meditations on Mind, God, and His Creation«. Am 26. September 1942 starb er in Oxford an Krebs.

gen« wurde als Artikel publiziert in: Kraus, Oskar/Lipsius, Friedrich/Lincke, Paul F./Petzoldt, Joseph, *Zur Relativitätstheorie,* in: *Annalen der Philosophie*, Heft 3, Bd. 2 (1921), S. 335–396. Vgl. auch die Äußerungen Kraus' gegenüber Gehrcke: »Leider fehlt mir jeder physikalisch-mathematische Beistand. Denn wenn auch Kollege Frank nicht selten so freundlich ist, mit mir über diese Dinge zu sprechen, so ist er doch, ebenso wie der Privatdozent Fürth allzusehr in den Banden der philosophischen Absurditäten verstrickt, um nicht seine Denkgewohnheiten für Axiome, und meine Axiome für Denkgewohnheiten zu halten.« Kraus an Gehrcke, 1. April 1920, GN 82-I-10.

60 Kraus an Gehrcke, 17. Oktober 1913, GN 72-A-4.

Diese Zurückhaltung überwand Kraus in den folgenden Jahren, allerdings blieb er sich immer seiner Verständnisschwierigkeiten bewusst und war mit seinen Selbstzweifeln eine absolute Ausnahme unter den Einsteingegnern. Dennoch sah sich Kraus zur Verteidigung seiner philosophischen Ansichten ebenso wie die außerakademischen Kritiker gezwungen, zur Relativitätstheorie Stellung zunehmen:

»Das ungewöhnliche Aufsehen, das die Relativitätstheorie Einsteins auch in der philosophischen Welt erregt, gründet sich auf gewisse außerordentliche philosophische Behauptungen, die mit ihr verbunden werden. [...] Es ist daher geboten, dass der Philosoph zu der neuen Lehre Stellung nehme und wohl begreiflich, wenn er sich fragt, ob die Relativitätstheorie, falls sie richtig ist, zu jenen Sätzen zwinge?«[61]

Auch Kraus' Kritik betraf vorwiegend nicht die physikalische Relativitätstheorie; in der Korrespondenz mit Gehrcke nennt der der Prager Brentanoschule zugehörige Kraus als seine »Hauptfeinde« explizit konkurrierende philosophische Richtungen, vor allem Natorp »und andere Kantianer[, die] glauben in dieser ›Karrikatur‹ einer wissenschaftlichen Theorie neue Bestätigungen für den famosen transzendentalen Idealismus zu gewinnen.«[62] Diese Verteidigungshaltung war dabei durchaus nicht nur destruktiv. Einsteingegner legten oft Wert darauf, dass ihre Demontage der Relativitätstheorie erst die Voraussetzungen für den Neuaufbau der Physik (wahlweise der Philosophie oder der gesamten Wissenschaft) schaffen würde. Der Philosoph Melchior Palagyi betonte in einem Brief an Reuterdahl:

»[I]ch will die positive Aufgabe zu lösen versuchen, den Einsteinismus und Relativismus *überflüssig zu machen* und den Weg zum Neuaufbau der Physik und Naturphilosophie zu ebnen. Denn es genügt nicht, die Falschheit der destruktiven

61 Kraus 1921.

62 Kraus an Gehrcke, 12. Oktober 1913, GN 72-A-3. Vgl. auch Kraus an Gehrcke, 8. September 1920, GN 71-G-3: »[...] daß ich hauptsächlich die philosophischen Spekulationen Einsteins als überflüssig bekämpfe«. Allerdings kritisierte Kraus doch immer wieder auch die physikalische Relativitätstheorie, was er Gehrcke gegenüber rechtfertigte: »So sehr als möglich befolge ich Ihren Rat, spezifisch Physikalisches zu vermeiden; aber es lässt sich nicht ganz vermeiden. Es nützt nichts zu sagen, dies und das ist philosophisch und logisch absurd, wenn der andere das alles für Denkgewohnheiten erklärt! Man muss die Fehlerquelle aufdecken und die Formeln selbst diskutieren«. Kraus an Gehrcke, 6. Juni 1920, GN 76-A-17.

Richtung des Relativismus nachzuweisen, man muss überdies auch zeigen, wie man es besser machen und der Wissenschaft zu echtem Fortschritt verhelfen könne.«[63]

Melchior Palagyi (1859–1924)

Palagyi (ungarisch Menyhért Palágyi, eigentlich Silberstein) wurde 1859 in Paks (Ungarn) geboren. Er studierte an der TH Budapest Mathematik und Physik zur Vorbereitung auf das Lehramt und schloss mit dem Professorenexamen ab. Zunächst war er als Autor für mehrere Zeitschriften und Zeitungen tätig, dann durchlief er einige Stationen im Schuldienst und wurde nach einigen Jahren Gymnasialprofessor, 1899 erhielt er von der Universität Budapest den Doktortitel. Palagyi hatte bereits während seines Studiums ein Interesse für Philosophie entwickelt, ab 1900 hielt er sich mehrere Jahre in Deutschland auf und hörte Vorlesungen bei Wundt, Volkelt und Heinze in Leipzig sowie bei Husserl in Halle. 1905 wurde Palagyi an der mathematisch-naturwissenschaftlichen Fakultät der Universität Klausenburg Privatdozent für Naturphilosophie. Nach dem Ersten Weltkrieg wurde er Oberstudiendirektor im ungarischen Kultusministerium, aufgrund der politischen Unruhen verließ er jedoch Ungarn und ging zunächst nach Frankfurt. 1923 zog er in die Künstlerkolonie Darmstadt, wo er seine »Weltmechanik«, eine monistische Naturphilosophie, vollenden wollte. 1924 starb Palagyi an einem Schlaganfall.

Gegnerschriften zur Relativitätstheorie beinhalten immer auch Gegenauffassungen. Eine Kritik der Relativitätstheorie behandelte vorrangig die Frage, *warum* die Relativitätstheorie nicht stimmt und nicht lediglich, *dass* sie nicht stimmt. Was bedeutet das für die in den folgenden Kapiteln näher zu untersuchende Kritik an der Relativitätstheorie? Zum einen ist deutlich geworden, dass der Welträtsellöser die Relativitätstheorie geradezu angreifen und widerlegen musste, wollte er seinen Anspruch, eine allumfassende physikalische Erklärung der Welt zu bieten, nicht aufgeben. Durch die öffentliche Resonanz auf die Relativitätstheorie – und nicht auf die Welträtsellöser-Theorie, die das seiner Ansicht nach eigentlich verdient gehabt hätte – war das Problem so virulent geworden, dass es mit polemischen Rundumschlägen gegen die akademische Wissenschaft nicht mehr getan war. Experimentalphysiker wie Stark oder Gehrcke und Philosophen wie

63 Palagyi an Reuterdahl, 12. Oktober 1922, RP 4-40. Vgl. auch Fricke 1920a, S. 5: »Eine Kritik Einsteins wird nicht lediglich auf Verneinung aufgebaut werden können; man wird vielmehr da, wo man Einsteins Anschauung ablehnen muss, etwas besseres an die Stelle setzen müssen«.

Kraus gingen ebenfalls in Verteidigungsstellung. Dabei wurde die Relativitätstheorie (unbewusst) als das jeweils passende Feindbild konstruiert: Sie war die Theorie, die die Wahrheit der Welträtsellöser-Theorie negierte, sie war die Theorie, die die »anschauliche« klassische Physik über den Haufen warf bzw. sie war für Oskar Kraus die Theorie, deren philosophische Konsequenzen seine Stellungnahme als Philosoph erzwang (»Notwehr«).

Dieses von den Einsteingegnern of praktizierte Vorgehen, zunächst ein spezifisches Feindbild mit dem Namen Relativitätstheorie aufzubauen und es dann anschließend genüsslich auf der Grundlage der eigenen Theorie zu zertrümmern, kritisierte Theodor Lessing in einem Artikel in der populärwissenschaftlichen Zeitschrift *Der Forscher*, in welchem er sich gegen eine dort erschienene Relativitätstheorie-Polemik wendete:

»Forschern und Denkern das grade Gegenteil ihrer Lehren erst einmal zuschieben und dann hinterher fanatisch beweisen, daß die ganz banale, jedem Kinde selbst verständliche Voraussetzung, auf Grund deren ihre Lehre gefaßt und möglich ward, die eigentlich und rechte Wahrheit sei, das ist doch wohl ein nicht zu überbietendes Maß von Unklarheit oder Mißverständnis. Es ist aber auch nicht redlich.«[64]

Lessing beschrieb das Verfahren der Einsteingegner zwar zutreffend; es wurde aber nicht, wie er meinte, aus Unredlichkeit oder aus kalkulierender Absicht angewandt, sondern ging auf die äußerst selektive und tendenziöse Wahrnehmung der Relativitätstheorie zurück, die ihren Grund wiederum in der eben skizzierten Rezeptionssperre und der daraus resultierenden Verteidigungshaltung hatte. Das zeigt nicht zuletzt die Replik des Chefredakteurs des *Forschers*, Georg August Grote, auf Lessing. Der Welträtsellöser Grote bemerkte wohl, dass man aneinander vorbeiredete. Aber anstatt diese Tatsache zu reflektieren, wollte Grote Lessing bekehren und legte ihm noch einmal seine »Weltanschauung« (die er selbst als solche bezeichnete), dar, wonach die Materie das Ewige und Absolute sei. Die nicht stattfindende Auseinandersetzung war symptomatisch. Grote fand also letztlich gar nichts dabei, dass man aneinander vorbeiredete, er wollte nicht diskutieren, schließlich sprach er von der Warte des gelösten Welträtsels aus, im Besitz der absoluten Wahrheit, während Theodor Lessing eben nur ein

64 Lessing, Theodor, »Zu ›Der Irrtum Einsteins‹ in Nr. 6/7 des Forschers«, in: *Der Forscher*, Nr. 8–10 (1922), S. 13–14.

»Spezialist« mit »Scheuklappen« sei, der »vor lauter wissenschaftlichen Theorien meine ganz einfache Weltanschauung noch nicht [versteht]«.[65]

Ein Großteil der verschärften Debatte um die Relativitätstheorie in den 1920er Jahren und der öffentlichen Aktionen gegen sie erklärt sich aus dieser Rezeptions- und Diskussionssperre sowie aus der Verteidigungshaltung auf Seiten der Einsteingegner. Aus dieser Haltung folgte nicht nur eine inhaltliche Kritik, die im Wesentlichen an der »richtigen«, der physikalischen Relativitätstheorie vorbeiging und die im folgenden Kapitel dargestellt wird, sondern auch und insbesondere eine politisch-strategische Reaktion, die im übernächsten Kapitel in den Blickpunkt rücken wird.

65 Alle Zitate dieses Absatzes aus: Grote 1922, S. 14. Eine ähnliche Attitüde legten aber auch die Akademiker an den Tag. Vgl. Kraus an Gehrcke: »Es hat keinen Sinn mit Leuten zu debattieren, die das Denken grundsätzlich verlernt haben.« 24. Oktober 1929, GN 33-J-4.

3. Die inhaltliche Auseinandersetzung mit der Relativitätstheorie

Der in den folgenden beiden Kapiteln untersuchte Diskurs gegen die moderne Physik besaß eine inhaltliche und eine strategische Dimension, die sich in einer inhaltlichen Kritik und in einer strategischen Opposition äußerten. Die inhaltliche Dimension umfasst das Gebiet der Wissensbestände, die gegen die Relativitätstheorie angeführt wurden und die, wie im Folgenden gezeigt wird, zum Teil vom akademischen Diskurs als »veraltet« herausgedrängt worden waren (die klassisch-physikalischen Erklärungen von nun »modern« erklärten Phänomenen) und zum Teil ganz außerhalb des Bereichs wissenschaftsfähiger Aussagen lagen (zum Beispiel die metaphysischen Erklärungen). In diesem Kapitel wird die inhaltliche Kritik an der Relativitätstheorie untersucht und es werden zwei verschiedene Ebenen der Kritik identifiziert: Zum einen orientierte sich die Kritik an fundamentalen physikalischen Konzepten, die durch die Relativitätstheorie eine neue Bedeutung erhalten hatten. Die Einsteingegner waren davon überzeugt, anhand ihrer eigenen Konzepte von Zeit, Licht, Raum, Gravitation und Äther die Relativitätstheorie widerlegen oder ihre Irrelevanz aufzeigen zu können. Da diese Widerlegungsversuche bei den Welträtsellösern auf der Grundlage der eigenen Theorien, bei den Physikern und Philosophen zumeist aufgrund ihrer jeweiligen klassisch-physikalischen oder philosophischen Auffassungen geführt wurden, bildeten die Einsteingegner in der Art der inhaltlichen Widerlegung eine heterogene Gruppe. Zum anderen wurde der Status der Relativitätstheorie als physikalische Theorie angegriffen. Aus einem anderen Verständnis heraus, was »richtige« Wissenschaft zu sein habe, wurde der modernen Physik Wissenschaftlichkeitsstatus abgesprochen. In diesem Punkt waren sich akademische und außerakademische Gegner der Relativitätstheorie einig. Darüber hinaus zeigte sich in der inhaltlichen Kritik bei den Welträtsellösern eine Konsequenz der im zweiten Kapitel dargestellten Rezeptionssperre: Überzeugt davon,

»alles, was Gegenstand der Wissenschaft [...] sein kann«[1] mit ihren Theorien zu umschließen, wurden auf breiter Basis Vorwürfe erhoben, die Relativitätstheorie sei ein Plagiat an der eigenen Theorie. Aus der Überzeugung heraus, die Relativitätstheorie abschließend widerlegt und für überflüssig erklärt zu haben, resultierte eine selbstbewusste Forderung nach Anerkennung dieser Widerlegungen, die die in Kapitel 4 untersuchte strategische Opposition gegen die moderne Physik zur Folge hatte.

3.1 Die Kritik an der Umgestaltung fundamentaler physikalischer Konzepte durch die Relativitätstheorie

3.1.1 Die Gleichzeitigkeit des Ungleichzeitigen als Rahmenbedingung der Kritik

Im ersten Kapitel wurde das Phänomen des Welträtsellösertums untersucht und aufgezeigt, dass im außerakademischen Raum des frühen 20. Jahrhunderts eine »freie« Forschung mit Universalerklärungsanspruch existierte, deren Inhalte und Methoden mit denen der akademischen Wissenschaft inkompatibel war. Das zweite Kapitel stellte dar, dass die omnipräsente Relativitätstheorie von außerakademischen Welträtsellösern, aber auch von akademischen Physikern und Philosophen als Bedrohung ihrer eigenen Theorien bzw. ihrer zentralen wissenschaftlichen oder philosophischen Grundannahmen wahrgenommen wurde. Inhaltlich wurde die Relativitätstheorie von den Einsteingegnern daher von verschiedenen Grundlagen aus und aus verschiedenen Motiven heraus angegriffen: Die Welträtsellöser sahen in ihr die neueste Entwicklung der den Welträtsellöser-Theorien feindlich gegenüberstehenden akademischen Wissenschaft. Die akademischen Physiker sahen in ihr die unberechtigte Ablösung der klassischen Physik durch eine mathematische Theorie ohne Wirklichkeitsbezug. Die Philosophen waren überzeugt, dass sich hier eine physikalische Theorie unrechtmäßig philosophische Bedeutung anmaßte. Die sich daraus ergebende verschiedene Schwerpunktsetzung und Heterogenität der inhaltlichen Kritik wird in den einzelnen Abschnitten deutlich werden. Die inhaltliche Kritik an der Relativitätstheorie hatte jedoch eine gemeinsame Rahmenbedingung, die unabhängig von den jeweils gegen die Relativitäts-

1 Ziegler 1931, S. 96.

theorie angeführten Inhalten war: Sowohl die Welträtsellöser als auch die akademischen Einsteingegner waren von den Entwicklungen in der modernen Physik zurückgelassen worden bzw. konnten oder wollten sie nicht mitvollziehen. Die Areale des zurückgelassenen Wissens sollen hier für die akademische Physik und den außerakademischen Bereich kurz umrissen werden.[2]

Die beim Fortschritt Zurückgelassenen – akademische Wissenschaft

In Phasen grundlegender Neuorganisation des Wissenssystems gibt es immer beharrende Tendenzen. Diese kamen bei den akademischen Physikern unter den Einsteingegnern zum Tragen, die die Bewegung von der Anschaulichkeit der klassischen Physik mit ihren mechanischen Modellen hin zur mathematischen Durchdringung der Natur nicht akzeptieren wollten oder konnten.[3] Tatsächlich ging es bei diesem Wandel für die Physiker nicht lediglich um die Akzeptanz einer neuen Theorie, sondern darum, ihre Disziplin auf vollständig neue Grundlagen zu stellen: »Der Übergang von der klassischen Physik zur modernen Physik ist [...] dadurch gekennzeichnet, dass zum ersten Mal intuitive und praktische Modelle durch theoretische Modelle mit ähnlich universellem Anspruch ersetzt werden.« Ihre Weigerung, diesen Paradigmenwechsel mit zu vollziehen, war dabei nicht ein Zeichen mangelnder Intelligenz, sondern der Sozialisation durch Ausbildung und Ausrichtung der eigenen Forschungsarbeit innerhalb einer weitgehend an der Mechanik ausgerichteten Physik um 1900 geschuldet. Tatsächlich lag die mit der Relativitäts- und Quantentheorie verbundene Revolution der Grundlagen der Physik zu diesem Zeitpunkt nicht offensichtlich in der Luft. Noch wenige Jahre vor der Formulierung der speziellen Relativitätstheorie schien es in der Physik keine großen Rätsel mehr zu geben. Zwar müsse noch in den jeweiligen Spezialgebieten Arbeit an den Details geleistet werden, wesentliche Entdeckungen oder gar Umstrukturierungen seien jedoch nicht zu erwarten.[4] Wenn man zu diesem Zeitpunkt von »klassischer Physik« sprach, meinte man damit

2 Die Philosophen werden an dieser Stelle nicht einbezogen, da von ihnen von einer anderen Disziplin aus Ansprüche auf die Prüfung der philosophischen Konsequenzen erhoben wurden und sie keine (zumindest nicht explizit) Ansprüche auf die physikalische Widerlegung der Relativitätstheorie erhoben.

3 Renn, Jürgen, *Auf den Schultern von Riesen und Zwergen: Einsteins unvollendete Revolution*, Weinheim 2006, S. 99.

4 Vgl. Planck, Max, *Selbstdarstellung*, Berlin 1982 [1942], S. 6f.

nicht den Gegensatz zur »modernen Physik«, also zur Relativitäts- und Quantentheorie, sondern brachte damit zum Ausdruck, dass die Physik eine reife Wissenschaft mit wohldefinierten Begriffen und gesicherten Methoden war, die zudem die unhinterfragte Führungsrolle unter den wissenschaftlichen Disziplinen inne hatte.[5]

Allerdings hatten sich neben der klassischen Mechanik im Laufe des 19. Jahrhunderts die Thermodynamik und die Elektrodynamik als eigenständige Bereiche der Physik etabliert. Deren zentrale theoretische Annahmen waren nicht mehr ohne Weiteres mit den Grundbegriffen der Mechanik vereinbar; eine gewisse Kompatibilität konnte nur durch die Einführung von mechanischen Hilfsmodellen hergestellt werden. Tatsächlich bestand Ende des 19. Jahrhunderts eine der großen Herausforderungen der theoretischen Physik darin, die drei Teilgebiete Mechanik, Thermodynamik und Elektrodynamik auf eine einheitliche Grundlage zu stellen. Dies gelang jedoch nicht. Vielmehr existierten Probleme an den Grenzbereichen der Gebiete, wie etwa das einer Elektrodynamik bewegter Körper an der Schnittstelle zwischen Mechanik und Elektrodynamik, deren Lösung schließlich zur Entwicklung einer nicht auf die Teilgebiete zu reduzierenden modernen Physik führte.

Diese Ausgangslage der Physik um 1900 war der Grund dafür, dass akademische Physiker, die meist dem mechanischen, in einer beträchtlichen Anzahl aber auch dem elektromagnetischen[6] oder thermodynamischen Weltbild anhingen (die Energetik konnte sich in der akademischen Physik nicht etablieren und war eher im außerakademischen Raum vertreten), zumindest anfangs Schwierigkeiten hatten, sich davon zu lösen und das relativistische Weltbild zu akzeptieren. Insbesondere die Experimentalphysiker, die aufgrund ihres praktischen Interagierens mit der Natur eine spezifische Auffassung vom physikalischen Erforschen der Naturphänomene vertraten und eine herausgehobene Kompetenz in dieser Hinsicht

5 Vgl. Stichweh 1984, S. 456. Auch nach 1905 wurde unter »klassischer Physik« Verschiedenes und nicht immer (wie in dieser Arbeit) der Gegensatz zur »modernen Physik« verstanden. Vgl. Jungnickel, Christa/McCormmach, Russell, *Intellectual Mastery of Nature. Theoretical Physics from Ohm to Einstein*, 2 Bände, Bd. 2: *The Now Mighty Theoretical Physics 1870–1925*, Chicago, Ill. [u. a.] 1986, S. 313; Staley, Richard, »World Views and Physicists' Experience of Disciplinary Change: On the Uses of ›Classical‹ Physics«, in: *Studies in the History and Philosophy of Science*, Bd. 39 (2008), S. 298–311.

6 Zum Elektromagnetimus als neuem Weltbild innerhalb der akademischen Physik vgl. McCormmach, Russell, »H.A. Lorentz and the Electromagnetic View of Nature«, in: *Isis*, Bd. 61, Nr. 4 (1970), S. 459–497.

geltend machten, konnten mit der neuen, in ihren Augen weniger anschaulichen Beschreibung der Naturphänomene wenig anfangen (vgl. insb. S. 182ff.). Allerdings wurden nur die wenigsten Physiker zu erklärten Einsteingegnern, selbst wenn sie teilweise Vorbehalte gegen die begriffliche Umstrukturierung der Physik hatten. Warum einige Physiker, wie Gehrcke und Lenard, die Relativitätstheorie grundsätzlich ablehnten, wird weiter unten in diesem Kapitel dargelegt.

Die beim Fortschritt Zurückgelassenen – außerakademischer Bereich

Im außerakademischen Bereich stellt sich die Identifizierung dessen, was vom Paradigmenwechsel innerhalb der Physik zurückgelassen worden war, unübersichtlicher dar. Da sie sich außerhalb der akademischen Wissenschaft befanden, waren die Protagonisten weniger scharf mit Paradigmenwechseln der akademischen Physik konfrontiert und konnten daher eher und über längere Zeiträume hinweg deren Fortschritte ignorieren. Bereits der Elektromagnetismus war in außerakademischen Kreisen weitgehend als rein mechanisch respektive okkultistisch zu interpretierendes Phänomen rezipiert worden. Vorstellungen vom substanziellen Äther als den Weltraum füllendes Medium und Verursacher aller Kräfte und von Uratomen als kleinste Bausteine der Materie waren verbreitet. Aber auch Vorstellungen von Wärme als Stoff wurden weiterhin vertreten.[7]

Im Unterschied zur spezialisierten Forschung der akademischen Physik waren die wichtigen Fragen der außerakademischen Forschung genereller Art, aber nicht identisch mit denjenigen Grundsatzfragen, denen sich die akademische Physik angesichts der Grenzprobleme ihrer Teilbereiche gegenüber sah. Das notwendige Spezial- und Überblickswissen, um derlei Fragen zu stellen, war im außerakademischen Raum nicht vorhanden. Hier waren vielmehr die »großen Fragen« der Wissenschaft präsent, die 100 Jahre zuvor noch in den Lehrbücher zu finden gewesen waren – Was ist die Natur der Wärme? Was ist die Schwerkraft? – oder die mittlerweile eher den Kompetenzbereichen von Religion oder Philosophie zugerechnet wurden – Hat das Universum ein Ende? Hat die Welt einen Zweck? Bei den Antworten auf diese Fragen konnte eine weitaus größere Vielfalt von Inhalten, die sowohl vom Stand als auch vom Geltungsanspruch der aka-

7 »Es muß also auch wieder möglich werden, die *Wärme* als *Stoff* zu behandeln«. Fricke, Hermann, *Neue Weltdeutung*, (Urheberschrift Nr. 7), [ohne Datum], GN 86-B.

demischen Physik abwichen, vertreten werden als in den akademischen Foren.

Die im außerakademischen Raum gegen die Relativitätstheorie angeführten Inhalte waren deshalb nicht einfach das Ergebnis eines versäumten Anschlusses an die moderne Wissenschaft. Zwar berichtet Fricke seinen Lesern in seinem Werk *Weltätherforschung*: »Man hat mir gesagt: So, wie Sie Physik treiben, tat man das vor 100 Jahren!«,[8] und tatsächlich betrieben die Welträtsellöser eine in gewissem Sinn anachronistische Wissenschaft – sie forderten überwiegend mechanische Erklärungen in der Physik und hatten bis auf einige Ausnahmen die elektromagnetische und allesamt die relativistische Revolution verpasst. Ihre wissenschaftlichen Konzepte waren zwar »alt«, aber in den 1910er und 1920er Jahren immer noch äußerst verbreitet und sie waren in verschiedenen weltanschaulichen Kontexten adaptiert und weiterentwickelt worden. Diese außerakademischen Wissensbestände wurden in subakademischen Netzwerken und Publikationsforen sowie durch das persönliche, berufliche und private, Umfeld tradiert (vgl. als Beispiel S. 156ff.). Neue Entwicklungen in der akademischen Wissenschaft wie die Entdeckung der radioaktiven Strahlung, der Planck'schen Konstante oder auch die Entwicklung der Relativitätstheorie wurden von den Welträtsellösern aufmerksam verfolgt, die entweder den Versuch unternahmen, sie zu widerlegen oder sie in ihre außerakademischen Theorien einzubauen und damit zu absorbieren.

In den zahlreichen Broschüren der Ingenieure, Ärzte, Offiziere, Chemiker oder Schriftsteller wurde die Relativitätstheorie daher oft nicht auf dem Stand der klassischen Physik um 1900 kritisiert, wie es bei den Experimentalphysikern meistens der Fall war, sondern auf Grundlage außerakademischer Wissensbestände. Diese werden im Folgenden in der Darstellung der außerakademischen alternativen Auffassungen zu den von der modernen Physik neu konzipierten (oder im Falle des Äthers nicht mehr verwendeten) Begriffen von Zeit, Licht, Raum, Gravitation und Äther aufgezeigt. Dabei existierten nicht bei jedem Einsteingegner zu jedem Begriff detaillierte eigene Konzepte, sondern meist spielte ein Begriff wie Licht oder Äther die tragende Rolle in der Welträtsellösertheorie und an diesem Begriff orientierte sich dann auch das Vorhaben der Widerlegung. Andererseits hatten die Welträtsellöser mit ihren Universaltheorien zu jedem Thema der Wissenschaft eine eigene Auffassung anzubieten. Oft

---

8 Fricke, Hermann, *Weltätherforschung. Ein Aufbauprogramm nach dem Umsturz in der Physik*, Weimar 1939a, S. 89.

entwickelten sie vor dem Hintergrund ihrer eigenen Theorie Ad-hoc-Konzepte für andere, erst durch die Relativitätstheorie virulent gewordene Begriffe, etwa den Raum- und den Zeitbegriff.

3.1.2 Zeit

Zunächst wird die Vorstellung von Zeit erläutert, die im Alltagsverständnis, aber auch in der klassischen Physik dominierte, bevor sie durch die Relativitätstheorie in Frage gestellt wurde; deren Konzept von Zeit wird im Anschluss skizziert. Daraufhin wird die Kritik an diesem neuen Zeitkonzept dargestellt, die teilweise die Relativität der Gleichzeitigkeit pauschal ablehnte, sie teilweise jedoch auch auf der Grundlage anderer Wissensbestände in Zweifel zog.

Das Alltagsverständnis von Zeit und das Zeitverständnis der klassischen Physik

Die Relativierung des Zeitbegriffs traf sowohl bei den akademischen Physikern als auch bei den außerakademischen Einsteingegnern vorwiegend auf kaum reflektierte, aber tief verankerte Vorstellungen von Zeit. Insbesondere das Alltagsverständnis von Zeit, das bei einigen Einsteingegnern zudem vom klassisch-physikalischen Begriff der absoluten Zeit bestärkt wurde, bestimmte die in der pauschalen Ablehnung in die Wagschale geworfenen Zeitbegriffe.

Jeder Mensch macht die Erfahrung, dass die Zeit sich nicht zurückdrehen lässt, er altert und er kann geschehene Dinge nicht ungeschehen machen. Neben dieser individuell erfahrenen Zeitlichkeit des Lebens ist das Alltagsverständnis von Zeit in hohem Maße von den kulturell gebräuchlichen Methoden der Bestimmung von Zeitsequenzen abhängig. In frühen Kulturen orientierte sich die Zeitbestimmung an regelmäßig wiederkehrende Ereignissen, zum Beispiel an der Bewegung von Sonne und Mond oder an der Erntezeit. Zeitbestimmungen aufgrund immer wiederkehrender oder auch singulärer Ereignisse (»zur Zeit der großen Flut«) ergeben jedoch noch nicht den Zeitbegriff der Moderne. Dass wir heute von jedem Menschen erwarten, dass er weiß, wie alt er ist und welches Datum wir haben, erscheint uns nur als Selbstverständlichkeit. Unser modernes Alltagsverständnis von Zeit ist geprägt durch die Existenz von genormten Uhren, kontinuierlichen Kalendern und Jahrtausende umspannenden Zeitskalen (wir leben im »Jahr 2009 nach Christi Geburt«). Die Verankerung dieser Zeitbestimmungen im Alltag und die zeitliche Strukturierung des Alltagslebens formt das heutige Verständnis von der Zeit als fortwährend in eine Richtung ablaufendes Geschehen.[9] Die Relativierung der Gleichzeitigkeit war deshalb auch die in der breiten Öffentlichkeit am meisten diskutierte Konsequenz der Relativitätstheorie. Das Zeitverständnis insbesondere bei den Physikern, aber auch bei den naturwissenschaftlich gebildeten Ärzten und Ingenieuren war zusätzlich beeinflusst vom Newton'schen Begriff der »absoluten Zeit«, die dieser von der »relativen Zeit« unterschied.[10] Die absolute Zeit führte Newton als eine absolute Größe ein, auf die die messbaren Vorgänge in der Natur bezogen werden könnten: »Die absolute, wahre und mathematische Zeit, an sich und ihrer Natur nach ohne Beziehung zu irgend etwas Äußerem, fließt gleichmäßig dahin und wird auch als Dauer bezeichnet.«[11] Sowohl die topologische als auch die metrische Struktur der absoluten Zeit sind in der Newton'schen Mechanik feststehend. Dadurch war es in der klassischen Physik möglich, die absolute Gleichzeitigkeit von zwei Vorgängen unabhängig vom jeweiligen Bezugssystem durch Bezug auf die absolute Zeit festzustellen. Eine weitere einflussreiche Referenz in Bezug auf den absoluten Charakter der Zeit war, neben dem Alltagsverständnis und Newton, Kant. Dieser ging wie Newton davon aus, dass die Gleichzeitigkeit zweier räumlich entfernter Ereignisse eindeutig gegeben sei.[12] Gerade die Experimentalphysiker beriefen sich deshalb oft auf Kant, um ihr Festhalten an der absoluten Zeit zusätzlich zu legitimieren.[13]

9 Vgl. Elias, Norbert, *Gesammelte Schriften,* Bd. 9: *Über die Zeit,* Schröter, Michael (Hg.), Frankfurt (Main) 2004, insb. S. 54ff; vgl. auch Galison, Peter, *Einsteins Uhren, Poincarés Karten. Die Arbeit an der Ordnung der Zeit,* Frankfurt (Main) 2003.

10 Vgl. Newton, Isaac, *Philosophia naturalis principia mathematica,* dt. *Die mathematischen Prinzipien der Physik,* Schüller, Volkmar (Hg.), Berlin/New York 1999, S. 27f.

11 Ebd., S. 28.

12 Vgl. Kant, Immanuel, *Kritik der reinen Vernunft,* insb. A 183–184/B 226–227. Kants Zeitbegriff erschöpfte sich aber nicht im physikalischen Zeitbegriff Newtons. Raum und Zeit sind nach Kant voneinander wesensverschiedene Anschauungsformen, die die Erfahrung von räumlichen und zeitlichen Ereignissen erst möglich machen. Dadurch konnte auch die beliebte Argumentation, Einstein würde die (relative) Zeitmessung mit der (absoluten) apriorischen Anschauungsform der Zeit verwechseln, auf die Autorität Kants verweisen. Zur Darstellung und Diskussion der Immunisierungs- und Revisionsstrategien der Neukantianer vgl. Hentschel 1990, S. 199–239.

13 Beispielsweise Gehrcke berief sich auf Kant als Verstärkung, um die Begriffe der Newton'schen Mechanik zu retten. Vgl. Gehrcke, Ernst, »Über den Sinn der absoluten Bewegung von Körpern«, in: *Sitzungsberichte der Königlich Bayerischen Akademie der Wissen-*

Die Relativierung der Gleichzeitigkeit

Einstein behandelte in seiner Arbeit »Zur Elektrodynamik bewegter Körper« das Problem der Feststellung von »Gleichzeitigkeit« ausführlich. Er beginnt seine Problematisierung dieses scheinbar so eindeutigen Konzepts auf fundamentaler Ebene mit der Feststellung, »daß alle unsere Urteile, in welchen die Zeit eine Rolle spielt, immer Urteile über gleichzeitige Ereignisse sind. Wenn ich z. B. sage: ›Jener Zug kommt hier um 7 Uhr an‹, so heißt dies etwa: ›Das Zeigen des kleinen Zeigers meiner Uhr auf 7 und das Ankommen des Zuges sind gleichzeitige Ereignisse.‹«

Diese Feststellung der Gleichzeitigkeit mittels der Uhr ist jedoch nur für den Ort der Uhr möglich. Um zu wissen, ob ein von einer Uhr A entferntes Ereignis zur gleichen Zeit wie ein Ereignis am Orte der Uhr A stattgefunden hat, muss ein Signal von einer sich an dem entfernten Orte befindenden Uhr B zur Uhr A gesandt werden. Die Übersendung eines Signals braucht jedoch Zeit. Wenn man vom Prinzip der konstanten Lichtgeschwindigkeit ausgeht, kann man durch Lichtsignale (deren Geschwindigkeit im Vakuum immer ca. 300.000 km/s beträgt) die beiden entfernten Uhren synchronisieren. Damit ergibt sich folgende Definition von Zeit und Gleichzeitigkeit: »Die ›Zeit‹ eines Ereignisses ist die mit dem Ereignis gleichzeitige Angabe einer am Orte des Ereignisses befindlichen, ruhenden Uhr, welche mit einer bestimmten, ruhenden Uhr, und zwar für alle Zeitbestimmungen mit der nämlichen Uhr, synchron läuft.«[14]

Die Relativität der Gleichzeitigkeit ist eine Konsequenz dieser Definition: Ereignisse, die für den Beobachter im Bezugssystem A gleichzeitig vor sich gehen, werden für einen anderen Beobachter im relativ zu A bewegten Bezugssystem B nicht gleichzeitig vor sich gehen. Dies ergibt sich aus den zwei Postulaten der speziellen Relativitätstheorie: dem Relativitätsprinzip und dem Prinzip von der Konstanz der Lichtgeschwindigkeit. Wenn in Bezug auf zwei Lichtsignale im ruhenden System A Gleichzeitigkeit konstatiert werden kann, bewegt sich das System B auf das eine Licht-

---

schaften, Bd. 12 (1912), S. 209–222, abgedruckt in: Gehrcke 1924a, S. 12–20, hier: S. 16. Bereits seit der Herausbildung der Physik als akademische Disziplin Anfang des 19. Jahrhunderts war Kant für die Physiker ein wichtiger erkenntnistheoretischer Bezugspunkt wie Jungnickel und McCormmach anhand von Lehrbüchern aus dieser Zeit zeigen. Vgl. Jungnickel/McCormmach 1986, Bd. 1, S. 23ff.

14 Beide Zitate aus: Einstein, Albert, »Zur Elektrodynamik bewegter Körper«, in: *Annalen der Physik*, Bd. 322, Nr. 10 (1905), S. 891–921, hier: S. 894. Abgedruckt in: CP Bd. 2, Doc. 23.

signal zu und von dem anderen weg. Im System B wird deshalb in Bezug auf die zwei Lichtsignale nicht Gleichzeitigkeit festgestellt. Außerdem lässt sich auf ähnliche Weise zeigen, dass sich Längen und Zeitintervalle abhängig vom Bewegungszustand verändern. Sowohl die Längenkontraktion als auch die Zeitdilatation sind physikalische Effekte, die zwar sehr klein, aber bei hohen Geschwindigkeiten und sehr genauen Messungen beobachtbar sind. Zu den direkt im Alltag zu machenden Erfahrungen gehören diese Effekte jedoch nicht, was für viele außerakademische Einsteingegner[15] ihre vermeintliche Absurdität hinreichend bewies.

Die pauschale Ablehnung der Relativierung der Gleichzeitigkeit

Die Kritik der Relativierung der Gleichzeitigkeit war aufgrund der oben skizzierten tief verankerten, aber wenig reflektierten Zeitvorstellungen überwiegend pauschaler Art. Bis auf wenige Ausnahmen, insbesondere im Kontext des vitalistischen Denkens, in denen detaillierte alternative Zeitkonzepte bereits vorher eine zentrale Rolle spielten (vgl. S. 127ff.), wurde als selbstverständlich vorausgesetzt, dass die Zeit ein permanent in eine Richtung ablaufender Zeitstrom sei.

Die meisten Kritiker des relativistischen Zeitbegriffs argumentierten auf einer elementaren Ebene: Bereits der Begriff »Gleichzeitigkeit« beinhalte die absolute Gleichzeitigkeit, so wie der Begriff Schimmel ein weißes Pferd beinhalte. Und insofern war für sie eine Diskussion über relative Gleichzeitigkeit ebenso absurd wie eine Diskussion über schwarze Schimmel: »Der einzige neue Gedanke, den Einstein zutage gefördert hat, besteht darin, daß nach seiner Meinung zwei zu verschiedenen Zeiten erfolgende Ereignisse als gleichzeitig angesehen werden können. Dies ist aber Widerspruch im Begriff und als barer Unsinn zu bezeichnen.«[16] Und wo würde

15 Anders stellte sich die Situation im akademischen Raum dar. Die spezielle Relativitätstheorie hatte sich rasch in der Physik etabliert und nur sehr wenige akademische Physiker wie Ernst Gehrcke standen ihr von vornherein und grundsätzlich ablehnend gegenüber. Lenard und Stark hingegen kritisierten nur die allgemeine Relativitätstheorie. Lenard wandte sich in den 1920er Jahren dann allerdings auch gegen die spezielle Relativitätstheorie. Vgl. Lenard, Philipp, »Über Äther und Uräther«, in: *Jahrbuch der Radioaktivität und Elektronik*, Bd. 17 (1920), S. 307–356, hier: S. 309.

16 Mewes 1922a, S. 417. Ebenso äußerte sich der Ingenieur Hans Wittig: »Es gibt nur eine physikalisch wirkliche Zeit.« Wittig, Hans, *Die Geltung der Relativitätstheorie: Eine Untersuchung ihrer naturwissenschaftlichen Bedeutung*, Berlin 1921, hier: S. 38; vgl. ebenso Weinmann, Rudolf, *Versuch einer endgültigen Widerlegung der speziellen Relativitätstheorie*, Leipzig 1926, insb. S. 19.

es überhaupt hinführen, wenn der Zeitablauf nicht eindeutig gleichmäßig nach vorne verlaufen würde? Für Erich Ruckhaber stand fest, dass nicht die Messung, sondern die immer gleiche Richtung der Bewegung die Zeit als absolut charakterisiere: »Die Richtung allen Geschehens ist eine *eindeutige, absolute*, und diese drückt der Zeitbegriff aus. Ohne eine solche absolute Grundlage und Eindeutigkeit wäre ein logisches Denken und ein Gedankenaustausch unmöglich, wäre höchstens ein Chaos durcheinander wirbelnder Wahrnehmungen und Erinnerungen möglich.«[17]

Wie Ruckhaber vermuteten viele Kritiker, dass mit der Relativierung des Zeitbegriffs eine Relativierung der Kausalität des Weltgeschehens verbunden ist.[18] Vor allem das Gedankenexperiment des Zwillingsparadoxons[19] wurde in verschiedenen Varianten spontaner Gegen-Reaktionen als evidenter Beleg für die Absurdität der Relativitätstheorie herangezogen, vor dem sich die Klarheit der eigenen Theorie besonders deutlich abzeichne. In diesem Gedankenexperiment reist einer von zwei Zwillingsbrüdern mit nahezu Lichtgeschwindigkeit in das Universum und kehrt nach einiger Zeit zu seinem auf der Erde verbliebenen Bruder zurück. Da durch die hohe Geschwindigkeit für den Weltraumreisenden nach der Relativitätstheorie viel weniger Zeit als für den Zwilling auf der Erde vergangen ist, müsste er jünger sein als der Erd-Zwilling. Dieser jedoch könne wegen der Relativität der Bewegung seinerseits argumentieren, er habe sich relativ zu seinem reisenden Bruder bewegt und deshalb sei er der jüngere. Diese Konstruktion lässt allerdings außer Acht, dass der eine Zwilling Beschleunigung unterliegt und dadurch die physikalische Gleich-

---

17 Ruckhaber, Erich, *Die Relativitätstheorie widerlegt durch das Widerspruchsprinzip und die natürliche Erklärung des Michelsonversuchs: das dreidimensionale Raum-Zeit-System,* Leipzig 1928, S. 24.

18 Vgl. ebenso Gilbert 1914, S. 14f.; Vogtherr, Karl, *Wohin führt die Relativitätstheorie? Kritische Betrachtungen vom physikalischen und erkenntnistheoretischen Standpunkt aus,* Leipzig 1923, S. 22f.

19 Beim Zwillingsparadoxon handelt es sich um die populäre Variante des Uhrenparadoxons. In einem populärwissenschaftlichen Vortrag am 16. Januar 1911 vor der Naturforschenden Gesellschaft Zürich schickte Einstein gedanklich zunächst Uhren auf die Reise und veranschaulichte das Ergebnis dann anhand eines »lebenden Organismus«, der auf die Reise geschickt wird. Vgl. Einstein, Albert, »Die Relativitäts-Theorie«, in: *Vierteljahresschrift der Naturforschenden Gesellschaft Zürich*, Bd. 56 (1911), S. 1–14, abgedruckt in: CP Bd. 3, Doc. 17. Fölsing weist darauf hin, dass Langevin als Erster wenige Monate später das Beispiel der Zwillingsbrüder verwendete. Vgl. Langevin, Paul, »L'évolution de l'espace et du temps«, in: *Scientia*, Bd. 10 (1911), S. 31—54; vgl. Fölsing 1993, S. 217.

wertigkeit der Bewegung aufgehoben wird. Für die elementare Kritik[20] am Zwillingsparadoxons spielte das jedoch keine Rolle: *Dass* der bewegte Mensch langsamer altern soll, war bereits Beleg der Absurdität.

Für einige Einsteingegner wie den Kneipparzt Kleinschrod war das Zwillingsbeispiel nur als Witz zu verstehen. Nach der Relativitätstheorie

»müsste jeder Lokomotivführer eine viel längere Zeit leben, als sein Kollege, der Postbote, der nur zu Fuß geht. Welch kühne Aussichten würden sich damit der Menschheit eröffnen! Man könnte damit dem Tode leicht ein Schnippchen schlagen. Man denke sich ein elegantes Luftschiff. Mit 500 Kilometer Geschwindigkeit fährt es geräuschlos dahin. Man merkt gar nichts von der Bewegung, – aber man würde sich dadurch das Leben enorm in der Zeit verlängern können, wenn, ja wenn Einstein Recht hätte. Bismarck würde vielleicht heute noch leben, und unser Vaterland wäre gerettet worden. Es ist kein Märchen, das ich hier erzähle. Die Anhänger von Einstein glauben an etwas derartiges.«[21]

Für Ingenieur Patschke war ganz klar, dass dieses Gedankenexperiment die Bekanntgabe seines Weltgesetzes unbedingt erforderlich machte, da das Zwillingsparadoxon

»jedem unbefangenen, klar denkenden Leser deutlich vor Augen [führt], daß die Zeit hier falsch aufgefaßt wird, daß sie mathematisch falsch behandelt ist, und daß es notwendig war, gegenüber solchen gekünstelten Vorstellungen meine weitreichenden naturwissenschaftlichen Entdeckungen bekannt zu geben, um die Bahnen zu zeigen, auf denen man die Naturkräfte selbst mit einfachen mathematischen Hilfsmitteln geistig klar verfolgen und dadurch die Naturkräfte schneller und besser als bisher zum Wohle der gesamten Menschheit nutzbar machen kann.«[22]

Die pauschale Ablehnung der Relativität der Gleichzeitigkeit bzw. die Beschränkung in der Kritik des relativistischen Zeitbegriffs auf seine angeb-

20 Gehrcke griff dagegen in seiner Auseinandersetzung mit dem Uhrenparadoxon die Erklärung an, dass durch die Beschleunigung der einen Uhr die Gleichwertigkeit der Bewegung aufgehoben sein soll. Hierin sah er einen Widerspruch zur Gleichwertigkeit von Bezugssystemen in der speziellen Relativitätstheorie. Allerdings ist diese Gleichwertigkeit in der speziellen Relativitätstheorie nur für nicht beschleunigte Bezugssysteme vorausgesetzt. Vgl. Gehrcke, Ernst, »Zur Diskussion der Einsteinschen Relativitätstheorie«, in: Gehrcke 1924a, S. 34f. Zur Kritik vgl. u. a. Einstein, Albert, »Dialog über Einwände gegen die Relativitätstheorie«, in: *Die Naturwissenschaften*, Bd. 6, Nr. 48 (1918), S. 697–702; Thirring, Hans, »Über das Uhrenparadoxon in der Relativitätstheorie«, in: *Die Naturwissenschaften*, Bd. 9, Nr. 13 (1921), S. 209–212.

21 Kleinschrod 1920, S. 15. So auch Gartelmann, der das Zwillingsparadoxon als »Intermezzo aus der Magie« bezeichnet. Vgl. Gartelmann, Henri, »Zur Relativitätstheorie«, Teil 2 in: *Neue Weltanschauung*, Bd. 9, Nr. 7 (1920), S. 198–214, hier: S. 202.

22 Patschke 1920, S. 26.

lich offensichtliche Lächerlichkeit zeigt zum einen, dass die Welträtsellöser nicht einmal versuchten zu verstehen, welche Probleme Einstein mit der Relativierung der Gleichzeitigkeit lösen konnte. In der festen Überzeugung, selbst eine alle Probleme der Wissenschaft lösende Theorie formuliert zu haben, sahen sie dazu auch gar keine Veranlassung. Die vermeintliche Absurdität der Relativierung der Gleichzeitigkeit war für sie ein Baustein in der Disqualifizierung der Relativitätstheorie als ernst zu nehmende physikalische Theorie.

Neben dieser verbreiteten Anprangerung der Relativität der Gleichzeitigkeit als unsinnig wurde auch oft vermutet, dass es sich um eine Verwechslung handeln müsse. Die Relativierung der Zeit war für viele so undenkbar, dass ein Missverständnis angenommen wurde: Einsteins Relativierung der Gleichzeitigkeit meine nicht die Relativierung der Zeit »an sich«, sondern es handele sich vielmehr lediglich um ein Problem auf der Ebene der Zeitmessung. Nach dieser Interpretation entledigte man sich der Relativität der Gleichzeitigkeit dadurch, dass man annahm, die Relativitätstheorie tangiere die absolute Zeit in Wirklichkeit überhaupt nicht.

In seiner populären Einführung *Über die spezielle und die allgemeine Relativitätstheorie. Gemeinverständlich* machte Einstein die Relativität der Gleichzeitigkeit, die besagt, dass die Geschwindigkeit zweier Ereignisse vom Bewegungszustand des Beobachters abhängt, am sogenannten Zugbeispiel deutlich: Die Annahme, dass die Lichtgeschwindigkeit für einen Beobachter im Zug denselben konstanten Wert hat wie für einen Beobachter auf dem Bahndamm, führt dazu, dass zwei Lichtstrahlen, die für den einen als gleichzeitig erscheinen, dem anderen, dazu bewegten, als ungleichzeitig erscheinen, da durch die relative Bewegung die vom Licht zurückgelegten Strecken sich für beide Beobachter unterscheiden.[23] Eine verbreitete Auffassung unter den Gegnern der Relativitätstheorie war, dass die Relativitätstheorie durch eine in der Mitte des Bahndamms stehende, für beide Beobachter einsehbare Turmuhr überflüssig werden würde. Dass damit das Problem der Feststellung der Gleichzeitigkeit zweier Ereignisse in Bezug auf zwei relativ zueinander bewegte Bezugssysteme nicht gelöst wird, wurde nicht wahrgenommen. Dies galt auch für studierte Physiker wie Fricke und Gehrcke. Fricke gibt in seiner Schrift gegen die Relativitätstheorie freimütig zu:

23 Vgl. Einstein 1917a, S. 16ff.

»Gänzlich unverständlich ist mir jedoch, was die Veränderungen im Gange der Uhren infolge der Bewegung überhaupt mit der Geschwindigkeitsmessung des Lichtes zu tun haben sollen. Denn die beiden Beobachter sind doch nicht auf ihre Taschenuhren angewiesen, sondern können gemeinsam irgend eine rechtwinklig zur Bewegungsrichtung stehende Turmuhr, oder sonst irgend einen zur Zeitmessung geeigneten astronomischen Vorgang benutzen, etwa die Bewegung der Jupitermonde.«[24]

Gehrcke, der sich 1921 mit Hans Thirring in den *Naturwissenschaften* eine Kontroverse über das Uhrenparadoxon lieferte, die Thirring wegen Gehrckes Unvermögen, die Argumentation eines auf dem Boden der modernen Physik stehenden Physikers nachzuvollziehen, schließlich resigniert beendete,[25] äußert seine Auffassung über das Wesen der Zeit am deutlichsten in einem unveröffentlichten Typoskript:

»Der Begriff der Gleichzeitigkeit zweier Ereignisse, die an verschiedenen Orten vor sich gehen, sei ohne Sinn, sagt Einstein. Diese Aussage bildet den Angelpunkt der in der Relativitätstheorie üblichen ›Zeitdefinition‹, und es wird diesem Punkte von verschiedenen Seiten die größte Bedeutung beigelegt. Ich bin der Meinung, dass in Einsteins Worten gar nichts Tiefes oder Schwieriges vorliegt. Nicht im Begriff der Gleichzeitigkeit von Ereignissen an räumlich getrennten Orten, als vielmehr in *der technischen* Feststellung dieser Gleichzeitigkeit liegt ein gewisses Problem. Die Schwierigkeit ist also meines Dafürhaltens überhaupt keine philosophische oder erkenntnistheoretische oder theoretisch-physikalische, sondern eine experimentell-technische.«[26]

Dieses Zitat macht deutlich, warum die Debatte mit Thirring scheitern musste. Zum einen akzeptierte Gehrcke nicht, dass in der Relativitätstheorie tatsächlich ein anderer Begriff von Gleichzeitigkeit vertreten wird. Zum anderen verortete er das Problem auf der Ebene der Zeitmessung und beanspruchte damit als Experimentalphysiker einen Kompetenzvorsprung vor dem theoretischen Physiker. Zwar sei die exakte Feststellung der Gleichzeitigkeit »eine technisch schwierige Aufgabe«: »Aber eine solche

24 Fricke 1920a, S. 13.

25 Vgl. Thirring 1921a; Gehrcke, Ernst, »Über das Uhrenparadoxon in der Relativitätstheorie«, in: *Die Naturwissenschaften*, Nr. 24 (1921), S. 482; Thirring, Hans, »Erwiderung hierzu«, in: ebd., S. 482–483; Gehrcke, Ernst, »Die Erörterung des Uhrenparadoxons in der Relativitätstheorie«, in: ebd., Nr. 28 (1921), S. 550–551; Thirring, Hans, »Erwiderung hierzu«, in: ebd., S. 551.

26 Dieses und die nachfolgenden Zitate aus: Gehrcke [ca. 1921], GN 4-B-4. Zur großen Bedeutung der exakten technischen Bestimmung von Gleichzeitigkeit um 1900 vgl. Galison 2003.

Unvollkommenheit der Technik [...] betrifft doch nicht den Begriff der Gleichzeitigkeit«, insistierte Gehrcke und fuhr fort: »es ist durchaus sinnvoll, den *Begriff* der ideellen Gleichzeitigkeit zu bilden, wie ihn jeder vernünftige Mensch gebildet hat. Also die technische Feststellung der Gleichzeitigkeit ist immer nur näherungsweise möglich, der Gedanke der Gleichzeitigkeit ist aber so scharf, wie irgend ein Gedanke nur sein kann.« Ebenso könne man ja auch den geometrischen Begriff eines genauen Kreises bilden, ohne ihn je zeichnen zu können. Auch Oskar Kraus schloss sich dieser Ansicht an und schrieb Gehrcke: »Es ist nichts andres als der protagoräische Irrtum. Die Messung wird mit dem Gemessenen verwechselt«.[27]

Sowohl die Vermutung, die Relativität betreffe nur die Ebene der Zeitmessung als auch das Beharren auf der Undenkbarkeit einer relativen Gleichzeitigkeit waren verbreitet. Darüber hinaus wurde auf der Grundlage alternativer Zeitbegriffe von den Welträtsellösern beansprucht, die Relativitätstheorie vollständig widerlegt zu haben.

Kritik aufgrund alternativer Zeitbegriffe

Die Kritik des relativistischen Zeitbegriffs war insbesondere im vitalistischen und okkultistischen Denken zentral mit der Annahme der Existenz einer genuinen »biologischen Zeit« oder »Lebenszeit« verbunden, die von der physikalischen Zeit unterschieden wurde. Aus der akademischen Lebensphilosophie ist besonders die Kritik Henri Bergsons (1859–1941) am Zeitbegriff der Physik bekannt. Bergson hielt die spezielle Relativitätstheorie nicht für mathematisch falsch, sondern für eine Theorie, die nur eine bestimmte Form von Zeit betrifft. Die Zeit der Physik und der exakten Wissenschaften sei die »temps scientifique«, von der die »durée réelle« zu unterscheiden sei. Die durée réelle sei eine jedem Lebewesen innewohnende, weil erlebte Zeit, die das Lebewesen von der toten Materie unterscheide. Diese Zeit sei eine absolute Zeit.[28] Auch aus dem außerakademischen Bereich wurde vitalistisch motivierte Kritik am physikalischen Zeit-

---

27 Kraus an Gehrcke, 17. Oktober 1913, GN 72-A-4.

28 Vgl. Bergson, Henri, *Durée et simultanéité à propos de la théorie d'Einstein,* Paris 1922 (Bibliothèque de philosophie contemporaine), Einleitung, sowie insb. S. 54ff. Als Sekundärliteratur zu Bergsons Kritik der Relativitätstheorie vgl. insb. Čapek, Milič, *Bergson and Modern Physics. A Re-interpretation and Re-evaluation,* Dordrecht 1971 (Boston Studies in the Philosophy of Science Bd. 7); ders., *The New Aspects of Time. Its Continuities and Novelties,* Dordrecht 1991 (Boston Studies in the Philosophy of Science Bd. 125), insb. S. 296ff.; vgl. auch Hentschel 1990, S. 441–456.

begriff geäußert. Diese war keineswegs eine populäre Fassung der akademischen Lebensphilosophie, sondern eine eigenständige Entwicklung im außerakademischen, vitalistisch und okkultistisch[29] geprägten Raum. Ein akademischer Vertreter des Vitalismus wie Johannes Reinke distanzierte sich sogar ausdrücklich von einem so radikalen Vitalismus wie dem des Kneipparztes Kleinschrod.[30] Von den in dieser Arbeit betrachteten Einsteingegnern führte dieser eine vitalistisch motivierte Kritik am Zeitbegriff Einsteins. Seine vitalistische Auffassung über die Zeit hatte er bereits lange vor Kenntnis der Relativitätstheorie entwickelt. Die Notwendigkeit einer Kritik der Relativitätstheorie ergab sich für Kleinschrod aus dem vitalistischen Zeitbegriff: Als »Lebenszeit« hatte sie in Kleinschrods Theorie der »Übermechanik« denselben Stellenwert wie das Leben, war also allen mechanisch-physikalischen, nicht-vitalistischen Beschreibungen übergeordnet und stand daher nicht auf derselben Ebene wie der Raum.[31] Da die Lebenskräfte etwa aufgrund von Ermüdung und Schlaf nicht konstant stark tätig sein könnten, kam Kleinschrod zu einer Definition der Zeit, die in dem Sinne relativ ist, als sie immer subjektiv und rückgebunden ist an das individuelle Lebewesen:

»Die Zeit ist eine Dauer und eine Stärke [...] sie muß also eine ›übermaterielle‹ Kraft sein, die ›über‹ der Materie steht, oder eine ›übermechanische‹ Kraft, die ›über‹ den mechanischen Kräften der leblosen Materie steht und dieselben beherrscht. [...] Dann müssen aber alle Lebensvorgänge von der materiellen Seite aus betrachtet übermechanische Vorgänge der Beherrschung der Mechanik der Au-

29 Ein alternativer Zeitbegriff wurde z. B. von den Anthroposophen gegen die moderne Physik angeführt. Rudolf Steiner rekurriert in seinen kritischen Ausführungen zur Relativitätstheorie ebenfalls auf eine biologische Zeit, die als Lebensdauer dem Organismus immanent sei. Vgl. Fragenbeantwortung durch Rudolf Steiner nach einem Vortrag von Dr. Hermann von Baravalle über ›Die Relativitätstheorie‹ am 7. März 1920, gehalten während des ›Wärmekurses‹ in Stuttgart, März 1920, in: Steiner, Rudolf, *Texte zur Relativitätstheorie*, Viersen, Wim (Hg.), Dornach 1982, S. 30–39, hier: S. 37f.

30 Vgl. Reinke, Johannes, *Einleitung in die theoretische Biologie*, 2., umgearb. Aufl., Berlin 1911, Vorwort zur 2. Aufl., S. XV. Reinke nahm im Gegensatz zu Hans Driesch oder Henri Bergson selbst ausdrücklich nicht zur Relativitätstheorie Stellung, da er sich nicht für kompetent hielt, die Relativitätstheorie wirklich nachzuvollziehen. Vgl. Reinke, Johannes, *Das dynamische Weltbild: Physik und Biologie*, Leipzig 1926, Vorwort, S. III.

31 »Herr Professor Einstein ist [...] sogar als Mathematiker selbst einer schweren Täuschung zum Opfer gefallen, denn die Zeitkoordinate spielt in einem vierdimensionalen Raum nicht diesselbe Rolle wie die drei räumlichen Koordinaten, sondern eine höhere, nämlich die der übermechanischen Beherrschung.« Kleinschrod 1920, S. 43.

ßenwelt sein. […] Und damit ist das wahre Wesen der Lebenskraft für alle Zeiten erkannt.«[32]

Und damit wäre auch die Aufgabe des Welträtsellösers eigentlich beendet, wenn nicht Einstein eine in Kleinschrods Augen für seine Konzeption der Lebenszeit höchst bedrohliche Theorie aufgestellt hätte. In der Rettung der übermechanischen Zeit gegen den Angriff der materialistischen Wissenschaft, verkörpert in der Relativitätstheorie, lag die hauptsächliche Motivation für die Reaktion des viel beschäftigten Kneipparztes auf die Relativitätstheorie. Kleinschrod musste deshalb so scharf gegen die Relativitätstheorie vorgehen, weil Einstein als Physiker Raum und Zeit zusammen betrachtete und nach Ansicht Kleinschrods damit die Zeit (und folglich das Leben) unter ein »materialistisches« Naturgesetz subsumierte. Kleinschrod dagegen erklärte, dass Zeit respektive das Leben als vierte Dimension nur in einer »zukünftigen biologischen Mathematik«[33] ein wissenschaftlicher Begriff sein könne. Kleinschrods Kritik des Einstein'schen Zugbeispiels macht besonders deutlich, unter welchen spezifischen epistemologischen Rahmenbedingungen gegen den Zeitbegriff der Relativitätstheorie argumentiert wurde:

»Man kann wohl mit Einstein fragen: Mit welcher Geschwindigkeit (W) kommt der Mann relativ zum Fahrdamm vorwärts während des Gehens (w)?, und die Formel dazu aufstellen W = v + w [v = Zugeschwindigkeit]. *Aber das ist nur eine Verschleierung der Tatsache. Nicht darum handelt es sich, mit welcher Geschwindigkeit der Mann vorwärts kommt, sondern ob seine Selbstbewegung im fahrenden Eisenbahnwagen physikalisch gleichwertig ist der mechanischen Eisenbahnbewegung.* – Nur wenn beide gleichwertig sind, dann kann das R[elativitäts]P[rinzip] darauf Anwendung finden.

Dieses müsste aber erst wissenschaftlich festgestellt werden, was aber bisher nicht der Fall war. Im Gegenteil. Bisher konnte die Selbstbewegung eben nicht mechanisch erklärt werden, und daran scheiterte ja bisher die ganze mechanische Lebenslehre. Das ganze ist aber für die Einsteinsche Relativitätstheorie wieder von prinzipiellster Bedeutung. In der Untersuchung über die Lichtgeschwindigkeit relativ zum fahrenden Eisenbahnzug lässt Einstein den sich bewegenden Lichtstrahl die Rolle des sich selbst bewegenden Mannes spielen, setzt also die mechanische Lichtbewegung der Selbstbewegung des Mannes physikalisch gleichwertig, und kommt zu einer Formel, die im Widerspruch mit der obigen [klassischen Addition der Geschwindigkeiten] steht. Auf die Lösung dieses Widerspruches baut wieder Einstein seine Relativitätstheorie auf.

---

32 Ebd., S. 26f.

33 Vgl. Kleinschrod 1928, S. 405f.

Es ist klar, daß wir es hier mit einer echten Petitio principii zu tun haben. Einen vollkommen noch unbewiesenen Satz der physikalischen Gleichwertigkeit der mechanischen Bewegung und Selbstbewegung nimmt Einstein als bewiesen an und zieht daraus seine weiteren Schlüsse.«[34]

Für Kleinschrod war die Rettung der vitalistischen Selbstbewegung des Mannes im Zug von so zentraler Bedeutung, dass er selbst elementare Aussagen der Relativitätstheorie nur darauf beziehen konnte. In seiner Kritik ging es daher nicht einmal um die Verteidigung des klassischen Gesetzes der Addition der Geschwindigkeiten, sondern darum, dass für die Veranschaulichung der Addition der Geschwindigkeiten in Einsteins Zugbeispiel die Bewegung eines Lebewesens (Mann) mit der von toter Materie (Licht) gleichgesetzt wurde. Er beendete seine Auseinandersetzung mit der Relativitätstheorie mit einer Kampfansage: »Ich stelle daher zum Schlusse dem Einsteinschen R[elativitäts]P[rinzip] in Raum und Zeit das von mir entdeckte P[ositivitäts]P[rinzip] in Zeit und Raum gegenüber und verteidige seine Existenz bis zum äußersten.«[35]

Im Unterschied zu Kleinschrod entwickelten andere Welträtsellöser, zum Beispiel Gilbert und Fricke, erst nach der Konfrontation mit der Relativität der Gleichzeitigkeit einen Zeitbegriff im Rahmen ihrer eigenen Theorie. In seiner Satire über das Relativitätsprinzip bezeichnete Gilbert die »Verfälschung« von Uhrzeiten und Maßstäben als »Willkürlichkeiten«, die die »Mathematiker« dadurch verantworteten, dass sie

»einige völlig neue ›Naturgesetze‹ [dekretieren]! Sie stellen alles, was wir von den Dingen wissen, auf den Kopf. [...] Alle Gegenstände zögen sich in sich zusammen wie Igel [...] Die Geschwindigkeit verhext sie, macht sie innerlich kontraktil. So gelangte Professor Lorentz zu seinen berühmten Lorentz-Kontraktionen. [...] Um es handfest auszudrücken: Die Bewegung frißt die Zeit.«[36]

Soweit die übliche spontan-kritische Reaktion auf den relativistischen Zeitbegriff, diesmal in satirischer Zugespitztheit; aber Gilbert sah sich darüber hinaus veranlasst, den Zeitbegriff, der in seiner *Neuen Energetik* von 1912 noch keine Rolle gespielt hatte, nun in deren Rahmen durch eine Ad-hoc-Erklärung zu verankern. Statt es bei der Absurdität der Relativität der Zeit zu belassen, erklärt er in seiner Satire gegen die Relativitätstheorie mit einer Referenz an seine *Neue Energetik*:

34 Kleinschrod 1920, S. 14.

35 Ebd., S. 63.

36 Gilbert 1914, S. 22f.

»Wie soll die Zeit durch Bewegung ausgelöscht werden? Es sind ja zwei ganz verschiedene Dinge. Die Bewegung ist etwas Energetisches: Ein Körper wechselt den Raum während eines Zeitabflusses, das heißt während des Verschwindens der Augenblicke. Die Zeit hingegen ist etwas Un-Energetisches, sie kann weder verkürzt, noch verlängert, weder gestoßen, noch gezwickt, noch gefressen werden.«[37]

Gilbert schlägt in seiner Satire – ganz unsatirisch – vor, von zwei Arten von Zeit zu sprechen, zum einen von der Gleichzeitigkeit, in der unendlich viele Dinge nebeneinander geschehen, zum anderen vom Nacheinander der unendlich kleinen Augenblicke (der Zeit als solcher). Der Raum sei insofern Dimension der Zeit, als er als das Nebeneinander betrachtet werden könne. Raum und Zeit seien dann Funktionen, die zusammen ein räumlich-zeitliches Geschehen ermöglichen.

Eine eigenwillige Anschauung der Zeit entwickelte Fricke in seiner Ätherwirbeltheorie (vgl. S. 175f.), auch bei ihm wurde der Zeitbegriff erst durch die Konfrontation mit dem relativistischen Zeitbegriff in der eigenen Theorie gedeutet:

»Die Ätherwirbeltheorie führt [...] unmittelbar zu einer physikalisch anschaulichen Erklärung des Begriffs der Zeit. Die Zeit ist ein physikalischer Vorgang, ebenso wie das Licht. Der Raum oder Äther fließt, und sein geheimnisvolles wirbelartiges Fließen ist die Zeit. Die absolute Weltkonstante c, die Einsteins Formeln zu Grunde liegt, ist also nicht, wie er meinte, die Vakuumslichtgeschwindigkeit, sondern die absolut gleichmäßig verfließende Zeit selbst. Jetzt wird der verhängnisvolle naturphilosophische Irrtum Einsteins völlig klar; er hat zwei verwandte Begriffe mit einander verwechselt. Er meinte die Lichtgeschwindigkeit sei absolut konstant, und die Zeit ein relativer Begriff. Indem er nun in seinen Rechnungen die Lichtgeschwindigkeit festhielt, mußte er Raum und Zeit in der furchtbarsten Weise verzerren, ohne doch zu einem wirklich befriedigenden Weltbild zu kommen.«[38]

Damit hatte Fricke gleich zwei Fliegen mit einer Klappe geschlagen: Er hatte sowohl den absoluten Charakter der Zeit gerettet, als auch das Prinzip der Konstanz der Lichtgeschwindigkeit für nichtig erklärt.

37 Ebd., S. 51.

38 Fricke 1920a, S. 22. In einem Brief an Gehrcke erklärt Fricke außerdem, dass die Zeit als »Bewegung des Raumes [...] mindestens ebenfalls dreidimensional« sein müsse, allerdings ohne dies näher auszuführen. Fricke an Gehrcke, 13. August 1921, GN 3-G-9.

3.1.3 Licht

Die letzte Stellungnahme Frickes zeigt bereits, dass die Kritik des Prinzips der Konstanz der Lichtgeschwindigkeit so eng mit der Kritik des Zeitbegriffs zusammenhängt, dass man die kritischen Diskussionen über die Lichtgeschwindigkeit nicht ohne Zusammenhang mit dem Thema der Zeit untersuchen kann, was im folgenden Abschnitt geschehen wird. Die Kritik aufgrund anderer Auffassungen über das Wesen des Lichts dagegen ist vom Zeitbegriff unabhängig und wird im Anschluss daran dargestellt.

Zeit und das Prinzip der Konstanz der Lichtgeschwindigkeit

Die Relativierung des Begriffs der Gleichzeitigkeit zugunsten des Prinzips der Konstanz der Lichtgeschwindigkeit fordert die Gegenposition geradezu heraus, denn über diese Prioritätensetzung lässt sich trefflich uneins sein: Ist es nicht viel angebrachter, zugunsten der Absolutheit der Gleichzeitigkeit die Lichtgeschwindigkeit zu variieren und damit die klassische Addition der Geschwindigkeiten gleich mitzuretten? Fricke zum Beispiel drehte auf Grundlage seiner Ätherwirbeltheorie kurzerhand die Postulat-Setzung um: »Dem Prinzip Einsteins von der Konstanz der Lichtgeschwindigkeit stelle ich hier also das Prinzip von der Konstanz der Zeit entgegen.«[39]

Die Ablehnung des Prinzips der konstanten Lichtgeschwindigkeit einte akademische und außerakademische Einsteingegner. Tatsächlich entspricht die Tatsache, dass die Geschwindigkeit des Lichts im Vakuum unabhängig vom Bewegungszustand des Beobachters stets mit ca. 300.000 km/s gemessen wird, keiner im Alltag zu machenden Erfahrung. Wirft man zum Beispiel einen Gegenstand von einem fahrenden Zug aus, so addieren sich Fahr- und Wurfgeschwindigkeit. Oskar Kraus gestand gegenüber Gehrcke in einem Brief vom 26. November 1913 offen seine Verwunderung über

39 Fricke 1920a, 22f. Ebenso versuchte Einsteins ehemaliger Patentamtskollege Guillaume, die absolute Zeit durch Setzung anderer Axiome zu retten. Er schrieb Einstein am 3. Oktober 1917: »Ich suchte [...], ob es *mathematisch* möglich sei zu den *bekannten Endformeln* zu gelangen, wenn man einfach die ›universelle‹ Zeit *postuliert*. Andererseits hat Minkowski betont, dass das grosse Verdienst Ihrer 1905er-Arbeit darin liegt, dass durch diese die Lorentz-Kontraction auf die Relativität der Gleichzeitigkeit zurückgeführt ist. Es fehlt aber bis jetz[t] das Reziproke dazu: wenn man die absolute Gleichzeitigkeit einführt, muss die Kontraktion verschwinden.« Guillaume an Einstein, 3. Oktober 1917, in: CP Bd. 8A, Doc. 385.

Einsteins definitorischen Wagemut im Umgang mit der Lichtgeschwindigkeit ein:

»Ich staune über die Naivität, mit der hier [gemeint ist Einsteins Vortrag in Zürich im Jahr 1911] die ›Willkürlichkeit‹ der sogenannten Zeitdefinition ausdrücklich zugestanden wird. Ausdrücklich sagt er: ›wir setzen fest, dass die Fortpflanzungsgeschwindigkeit des Lichtes im Vacuum von einem Punkt A nach einem Punkt B gleich groß sei, wie die Fortpflanzungsgeschwindigkeit eines Lichtstrahls von B nach A.‹«[40]

Für Kraus war dieser Vorgang der definitorischen Festsetzung der Lichtgeschwindigkeit wegen der damit verbundenen Konsequenzen undenkbar. In einem anderen Brief an Gehrcke brachte er diese Kritik klar auf den Punkt: »Ergibt sich die Verschiedenheit der Zeiten, so folgt daraus lediglich, dass Lichtstrahlen gänzlich ungeeignet sind, um die Synchronie von Uhren festzustellen.«[41] Zu dieser eindeutigen Prioritätensetzung zuungunsten des Prinzips der Konstanz der Lichtgeschwindigkeit und zugunsten der absoluten Gleichzeitigkeit kam hinzu, dass für viele das Prinzip der Konstanz der Lichtgeschwindigkeit gegenüber beliebig bewegten Beobachtern, wie für Fricke, »logischer Unsinn«[42] war. Er selbst ging – wie auch Lenard und andere Ätheranhänger[43] – davon aus, dass ein Äther existiere, der von bewegten Körpern mitgeführt werde und die Lichtgeschwindigkeit von daher konstant *c* relativ zum Äther gemessen werde, aber das Gesetz der Addition der Geschwindigkeiten selbstverständlich auch für das Licht zu gelten habe.

»Ganz anders war nun Einsteins Gedankengang. […] Er meinte, die Lichtgeschwindigkeit habe *ganz allgemein* die merkwürdige Eigenschaft, bei jeder

40 Kraus an Gehrcke, 26. November 1913, GN 72-A-5. Vgl. Einstein 1911a.

41 Kraus an Gehrcke, 11. Oktober 1913, GN 72-A-2.

42 Fricke, Hermann, »Die moderne theoretische (relativistische) Physik – eine Wissenschaft, die nicht stimmt (Der Justizmord am Weltäther)«, in: *Docentra*, Nr. 38, 23. September 1934, abgedruckt in: Fricke 1939, S. 9–17, hier: S. 13. Vgl. auch die Bemerkung in einem Brief an Gehrcke: »Warum soll denn gerade die Lichtgeschwindigkeit konstant sein. Zu solcher Annahme liegt doch gar kein Grund vor.« Fricke an Gehrcke, 24. August 1948, GN 2-E-2. Auch für Gilbert war die Annahme einer konstanten Lichtgeschwindigkeit »unmöglich« und »wider die Logik«. Vgl. Gilbert 1914, S. 25.

43 Lenard geht in seiner Konzeption eines von den Himmelskörpern mitgeführten und eines ruhenden Äthers davon aus, dass das Licht sich stets mit der Geschwindigkeit *c* zu dem Äther der jeweiligen Lichtquelle ausbreitet (die Geschwindigkeit der Sonnenstrahlen beträgt *c* zum Sonnenäther etc.). Vgl. Lenard, Philipp, »Fragen der Lichtgeschwindigkeit«, in: *Astronomische Nachrichten*, Bd. 213 (Juli 1921), S. 303–308.

Messung relativ *zu jedem beliebig bewegten* oder ruhenden Beobachter immer den gleichen Wert zu ergeben. Einsteins wunderliches Prinzip stellt eigentlich eine Bevormundung der Experimentalphysiker dar; sie erhalten den Befehl, immer dieselbe Geschwindigkeit c zu messen, mögen sie nun mit dem Lichtstrahl oder gegen ihn an laufen.«[44]

In die gleiche Richtung zielt die Kritik von Karl Vogtherr, der entweder die Lichtquelle (wenn das Licht als Teilchen ausgesandt würde) oder das Ausbreitungsmedium (wenn das Licht eine Welle im Äther wäre) als Bezugskörper für die Messung der Lichtgeschwindigkeit gelten lassen würde. Aber ein Bezug auf den bewegten Beobachter, wie bei Einstein, sei »von vornherein unhaltbar, weil der Beobachter in keiner kausalen Beziehung zum Fortschreiten des Lichtvorganges steht«.[45] Hierin sah er das eigentliche Problem der Einstein'schen Lichtauffassung, die sich seiner Ansicht nach nicht um Kausalität schere und darum subjektivistisch sei. Auch der Philosoph Joseph Petzoldt (1862–1929) äußerte gegenüber Gehrcke, er »bezweifle, daß die Lichtausbreitung von der Bewegung der Lichtquelle unabhängig ist.«[46]

In mechanischen Alternativtheorien der Welträtsellöser wurde die Lichtgeschwindigkeit auch mit anderen Werten als den bereits Mitte des 19. Jahrhunderts[47] durch die Experimente von Armand Fizeau und Jean Foucault sehr genau bestimmten ca. 300.000 km/s angegeben. Patschkes Elektromechanik etwa geht davon aus, dass sich »freie Lichtätherströme« im Weltall mit etwa 300.000 km/s bewegen, aber durch Stoßkontakte sowohl abgebremst (Lichtätheratom trifft auf großen Körper) als auch beschleunigt werden können. So etwa, wenn zwei verschieden dichte Lichtätherströme aufeinander prallen und der Strom von geringerer Dichte einen Rückstoß erhält, der ihn auf 500.000 km/s oder mehr beschleunigt.[48]

Reuterdahl kritisierte die Konstanz der Lichtgeschwindigkeit auf einer noch elementareren Ebene. Seiner Ansicht nach widerlegt die Einführung der Lichtgeschwindigkeit als absolute Größe bereits die Relativitätstheorie: »Postulating one Absolute against the relativities destroys Relativity as a

---

44 Fricke 1920a, S. 12.

45 Vogtherr 1923, S. 19.

46 Von Gehrckes Kritik an der Relativitätstheorie hielt Petzoldt allerdings nichts. Vgl. Petzoldt an Gehrcke, 13. November 1912, GN 83-B-4.

47 Astronomisch hatte bereits Ole Römer Ende des 17. Jahrhunderts aus der Schattenphase des Jupitermondes Io und James Bradley Anfang des 18. Jahrhunderts aus der Aberration des Lichts die Lichtgeschwindigkeit recht genau bestimmt.

48 Vgl. Patschke 1921, S. 209.

true generalization.« Auch er beharrte darauf, dass die Lichtgeschwindigkeit keine Ausnahme vom klassischen Additionstheorem der Geschwindigkeiten sein könne: »Everything that moves, including light, has a relative, and not an absolute velocity in reference to an observer.«[49]

Die Kritik am Prinzip der konstanten Lichtgeschwindigkeit ist insofern eine Besonderheit, als sie überwiegend nicht auf eine eigenwillige Interpretation der Relativitätstheorie Bezug nimmt, sondern tatsächlich einen zentralen Pfeiler der speziellen Relativitätstheorie adressiert. Es wurde von den meisten Einsteingegnern durchaus verstanden, dass Einstein die konstante Lichtgeschwindigkeit zum Prinzip erhob, aber diese Vorgehensweise wurde grundsätzlich nicht akzeptiert. Die Einsteingegner hielten an klassisch-physikalischen Ansätzen oder ihren eigenen Theorien fest und sahen keinen Grund dafür, für die Lichtgeschwindigkeit eine Ausnahme von der Addition der Geschwindigkeiten zu machen. Die Kritik des Prinzips der Konstanz der Lichtgeschwindigkeit rekurrierte dabei häufig auf spezifische, bei den Welträtsellösern oft metaphysisch aufgeladene Auffassungen über das Wesen des Lichts. Sie führten damit eine Ebene der Argumentation in die inhaltliche Kritik ein, die prinzipiell außerhalb des Geltungsanspruchs der akademischen Physik lag, für die aber wissenschaftlicher Geltungsanspruch erhoben wurde und die sich auch bei nachfolgenden Themen wieder finden wird.

Welle, Teilchen oder ganz etwas anderes – Was ist Licht?

Eine andere kritische Hinterfragung des Prinzips der Konstanz der Lichtgeschwindigkeit verschob die Diskussion über die Lichtgeschwindigkeit auf die Ebene der Ontologie: Wie konnte Einstein die Konstanz der Lichtgeschwindigkeit zum Prinzip erheben, solange über das Wesen des Lichts noch keine gesicherte Kenntnis bestand? In Bezug auf die Frage nach der Natur des Lichts wurde zum einen auf die in der akademischen Physik diskutierte Frage »Welle oder Teilchen« Bezug genommen, zum anderen wiesen Welträtsellöser-Auffassungen über das Licht Nähe zu okkultistischen Lichtauffassungen auf. Beide Dimensionen der Ansichten über die Natur des Lichts spielen für die folgende Darstellung der alternativen Lichtauffassungen eine Rolle. Zunächst zur im engeren Sinne physikali-

49 Beide Zitate aus Reuterdahl 1931a. Vgl. für weitere Positionen analog zum ersten Vorwurf Reuterdahls Hentschel 1990, S. 94ff.

schen Frage nach der Natur des Lichts. Hier beschwerte sich der Arzt Vogtherr:

»Obwohl nun die Relativitätstheorie diese höchst absonderliche und durchaus nicht aus den Beobachtungen unzweifelhaft sich ergebene Vorstellung von dem Vorgang der Lichtausbreitung zur Grundlage ihres theoretischen Gebäudes macht, findet sie es nicht für nötig, sich über die Natur des Lichtes eine präcise Vorstellung zu bilden«.[50]

Für ihn bestand die »Kardinalfrage« der Relativitätstheorie darin, ob das Licht ein Ausbreitungsmedium benötige oder nicht, ob es eine Welle sei oder nicht; er erklärte: »Das Problem, das die Relativitätstheorie aufrollt, ist die Frage nach der Natur des Lichtes«, und er fand es unzulässig, dass Einstein hierüber keine »ganz bestimmte physikalischen Annahmen macht«,[51] sondern die Aufstellung einer neuen Lichttheorie als Desiderat der theoretischen Physik ansah und trotzdem die Lichtgeschwindigkeit konstant setzte.[52] Aus seiner eignen Überzeugung bezüglich der Natur des Lichts machte Vogtherr kein Geheimnis: »Wir wissen heute ganz bestimmt, daß das Licht auf wellenartigen Störungen in einem Medium beruht, wir haben ja in den Interferenzstreifen diese Wellen geradezu vor Augen.«[53] Mit seiner Mahnung, zunächst die Natur des Lichts festzustellen, bezog Vogtherr sich auf die »Welle-oder-Teilchen«-Frage. Lange Zeit war Newtons Vorstellung vom Licht als aus Lichtteilchen bestehend maßgebend. Wichtige Erklärungen wie die des Phänomens der Aberration durch James Bradley basierten auf dem Teilchenmodell des Lichts. Dies änderte sich erst im Zuge der Entwicklungen in der Optik im frühen 19. Jahrhundert. Die Experimente von Thomas Young und Augustin Fresnel zur Interferenz entschieden zugunsten der Wellentheorie: Die Interferenzmuster ließen – wie auch im oben stehenden Zitat von Vogtherr angesprochen – schwerlich einen anderen Schluss zu, als dass sich hier Lichtwellen verstärkten bzw. gegenseitig auslöschten. Mit der Formulie-

---

50 Vogtherr 1923, S. 14.

51 Ebd., S. 17.

52 Tatsächlich mahnte Einstein eine kohärente Lichttheorie an und befürwortete den zeitgenössischen Stand keineswegs, was er u. a. auch in einem für die breite Öffentlichkeit gedachten Vortrag deutlich machte. Vgl. den Bericht der *Vossischen Zeitung* über einen Vortrag Einsteins über »Die Krisis in der Lichttheorie« im Berliner Marmorsaal. *Vossische Zeitung*, 8. Februar 1922, GN 4, XVI, 31r.

53 Vogtherr 1923, S. 26. Vgl. auch die Äußerung von Fricke: »Vor Einstein hielt man allerdings das Licht nicht für eine abstrakte Rechenformel, sondern für einen Schwingungszustand des Äthers«. Fricke 1920a, S. 15.

rung der Elektrodynamik erfuhr die Vorstellung vom Licht als – nun elektromagnetische – Welle im Äther eine weitere Festigung.

Dies war auch die Ausgangslage, als Einstein in seinem »Wunderjahr« 1905 eine »sehr revolutionär[e]«[54] Auffassung über die Natur des Lichts entwickelte. Das geschah jedoch nicht im Rahmen der speziellen Relativitätstheorie, die keine Aussage über die Natur des Lichts macht, sondern in der Arbeit »Über einen die Erzeugung und Verwandlung des Lichtes betreffenden heuristischen Gesichtspunkt«.[55] Bereits Planck hatte im Jahr 1900 in seiner Strahlungsformel das Wirkungsquantum *h* eingeführt, eine Naturkonstante, die besagt, dass elektromagnetische Strahlung nicht kontinuierlich, sondern in diskreten Portionen ausgesendet wird. Aber erst Einstein ging davon aus, dass das Licht sich nicht kontinuierlich ausbreitet, sondern tatsächlich quantenhafter Natur ist. Diese Wiederaufnahme des Konzepts von Lichtteilchen erschien vielen zeitgenössischen Physikern zunächst als eine Rückkehr zu altertümlichen Vorstellungen und als eine Abkehr vom zu diesem Zeitpunkt als gesichert geltenden elektromagnetischen Weltbild, konnte sich aber nach einiger Zeit etablieren.[56] Bei den Einsteingegnern lässt sich vor diesem Hintergrund deutlich eine Differenz zwischen der Kritik der akademischen Physiker (die akademischen Philosophen interessierten sich kaum für die Natur des Lichts) und der Kritik der Welträtsellöser an Einsteins Auffassung über die Natur des Lichts feststellen: Während die akademischen Physiker unter den Einsteingegnern Einstein eher vorwarfen, mit der Auffassung von Lichtquanten zur Newton'schen Lichttheorie zurückzukehren,[57] wenn sie die Einführung des Teilchencharakters des Lichts in ihrer Kritik an der modernen Physik über-

54 Einstein an Habicht, 18. oder 25. Mai 1905, abgedruckt in: CP Bd. 5, Doc. 27.

55 Einstein, Albert, »Über einen die Erzeugung und Verwandlung des Lichtes betreffenden heuristischen Gesichtspunkt«, in: *Annalen der Physik*, Bd. 322, Nr. 6 (1905), S. 132–148, abgedruckt in: CP Bd. 2, Doc. 14.

56 Die Lichtquantenhypothese war noch 1909 bei der Naturforscherversammlung in Salzburg nach Einsteins Vortrag skeptisch diskutiert worden. Insbesondere Max Planck sprach sich dagegen aus, nur der spätere Gegner von allgemeiner Relativitätstheorie und Quantentheorie, Johannes Stark, sprach sich klar dafür aus. Vgl. Einstein Albert, »Über die neueren Umwandlungen, welche unsere Anschauungen über die Natur des Lichtes erfahren haben«, in: *Physikalische Zeitschrift*, Bd. 10 (1909), S. 817–825, abgedruckt in: CP Bd. 2, Doc. 60; »Diskussion«, in: ebd., S. 825–826, abgedruckt in: CP Bd. 2, Doc. 61.

57 Der Astronom T. J. J. See z. B. merkt polemisch an, dass Einstein mit seiner Lichtauffassung zur Emissionstheorie Newtons zurückkehre. Vgl. See, T. J. J., »Objections to Relativity Theory«, Teil 1 in: *The San Francisco Journal*, 13. Mai 1923, Teil 2 in: ebd., 20. Mai 1923, Teil 3 in: ebd., 27. Mai 1923.

haupt für diskussionswürdig befanden,[58] sympathisierten viele Welträtsellöser mit den Lichtquanten, die perfekt in ihre atomistischen Drucktheorien passten. Sie meinten deshalb, schon lange vor Einstein die Natur des Lichts bestimmt zu haben. Und tatsächlich war die »Welle-oder-Teilchen«-Frage von einigen von ihnen explizit aufgenommen und auf Grundlage der eigenen Theorien beantwortet worden.

Reuterdahls Lichttheorie, die er auch als »Light-Quantum-Theory« bezeichnete und die von ihm als erstmalige physikalische Begründung der Planck'schen Konstante *h* angepriesen wurde, ist solch eine atomistische Lichttheorie. Sie basiert auf der Annahme der Existenz des »Monons«, eines postulierten Uratoms mit einem eine Million Mal kleineren Radius als das Wasserstoffatom. Mononen, so Reuterdahl, würden von Strahlungsquellen in absolut regelmäßigen Zeitabständen ausgesendet. Einstein dagegen, merkt Reuterdahl in diesem Zusammenhang an, habe gar keine richtige Vorstellung vom Licht: »Einstein has failed utterly in providing a mechanical model for the physical changes involved in the production and transmission of light.«[59] Reuterdahl zufolge sollte die regelmäßige Aussendung des Monons erklären, dass die Lichtgeschwindigkeit konstant, aber nicht – wie bei Einstein – absolut sei. Einen experimentellen Nachweis für die Existenz des Monons hielt Reuterdahl nicht für relevant. Durch die notwendige Rolle, die das Monon in seinem System erfüllte, stand dessen Existenz in seinen Augen fest.[60] Bezeichnenderweise war Urlichttheoretiker Ziegler der größte Anhänger von Reuterdahls Lichttheorie und äußerst dankbar für die Einführung des Monons. Er war nämlich der Auffassung, das Reuterdahl'sche Monon sei identisch mit dem Ziegler'schen übersinnlichen Urlichtatom, welches wegen seiner Übersinnlichkeit per se nicht nachweisbar ist, nun aber durch Reuterdahl mathematisch bestimmt worden sei.[61]

58 Lenard z. B. akzeptierte die Lichtquantenhypothese, was für seine Kritik der allgemeinen Relativitätstheorie aber vollkommen irrelevant war.

59 Reuterdahl, Arvid, »What the Einstein Test Can And Cannot Prove. Fact That He ›Forgot‹ to Credit Others Before Him Can't Be Overlooked«, in: *The Dearborn Independent*, 28. Oktober 1922.

60 Reuterdahl argumentiert, dass auch das Atom, das Elektron und das – so nennt er es – »Positon« zunächst nicht experimentell nachgewiesen werden konnten, sondern ihre Existenz aufgrund physikalischer Erscheinungen, die ihre Annahme zwingend machten, als gesichert galt. Vgl. Reuterdahl, Arvid, *A Synthesis of Number, Space, Time and Energy, And A Physical Basis for Planck's and Rydberg's Constants*, Brooklyn, N.Y. 1923, S. 22ff.

61 Vgl. Ziegler an Reuterdahl, 29. Dezember 1923, RP 4-66.

Thomas J. J. See (1866–1962)

Thomas Jefferson Jackson See wurde am 19. Februar 1866 in Missouri geboren. 1889 schloss er das Studium der Naturwissenschaften mit dem Schwerpunkt Astronomie an der State University of Missouri ab. Er promovierte 1892 an der Universität Berlin in Astronomie. Er arbeitete zunächst an der University of Chicago, dann am Lowel Observatorium. 1899 wurde er Professor für Mathematik bei der U.S. Navy am U.S. Naval Observatory in Washington D.C., 1903 wechselte er an das Navy Observatorium in Mare Island. Er geriet früh mit seinen Kollegen wegen anmaßenden Verhaltens sowie der Veröffentlichung spekulativer Ergebnisse in Konflikt, war als Autor der Zeitschrift *Popular Astronomy* in der Bevölkerung aber sehr beliebt. Er entwickelte unter anderem eine eigenwillige Theorie über die Entstehung des Universums (»Capture Theory«) und ab den 1920er Jahren eine umfangreiche Äthertheorie. See starb 1962 in Oakland, Kalifornien.

Das Muster, dass alles in der Wissenschaft auf die eigene Theorie bezogen wurde, galt auch für Welträtsellöser untereinander. Die Ansicht, mit diesen Uratomen wie dem Monon oder dem Lichtätheratom die »wirkliche« physikalische, weil mechanische, Begründung für die Planck'sche Quantenhypothese geliefert zu haben, war unter Drucktheoretikern verbreitet, die ja beanspruchten, mit ihren allumfassenden Theorien auch schon die physikalische Begründung von der Gravitation bis zur Elektrizität geliefert zu haben. Neben Reuterdahl und dem Astronomen T. J. J. See[62] meinte auch Patschke, als Erster diese Begründung geleistet zu haben; er hielt die Quanten für die in seiner Theorie so wichtigen Lichtätherpartikel. Zwar sei es Planck nicht vergönnt gewesen, wie Patschke die allumfassende Lichtäthertheorie aufzustellen, aber es war typisch für den Ethos des Welträtsellösers, dass Planck von Ingenieur Patschke dafür gelobt wurde, dass er das

62 Laut Sherill in See, T. J. J., *Wave-theory!*, Fünftes Buch, Lynn, Mass., 1940. Das Buch war mir nicht zugänglich. Vgl. Sherill, Thomas J., »A Career of Controversy: The Anomaly of T. J. J. See«, in: *Journal for the History of Astronomy*, Bd. 30, Nr. 98, Part 1 (1999), S. 25–50.

Ziel »wohl ahnte, aber noch nicht scharf genug erkennen konnte« und er betonte die Bedeutung seiner eigenen Werke »für die noch entsprechend umzuformenden und zu ergänzenden Werke von Planck«.[63]

Bei den Welträtsellösern ließ sich die Frage nach dem Wesen des Lichts nicht reduzieren auf die Ablehnung oder Zustimmung zu dem, worin ihrer Ansicht nach Einsteins Quantisierung des Lichts bestand. Neben dem Äther war das Licht dasjenige Konzept, das am ehesten einer religiösen Deutung zugänglich war und als Bindeglied zwischen Wissenschaft und Religion, als »Urphänomen« der Naturforschung verstanden wurde. Diese Ebene der Lichtauffassung der Welträtsellöser ist in einem breiteren Kontext zu sehen: Seit die Naturwissenschaft das Licht als rein physikalische Erscheinung untersucht, existieren metaphysische und religiöse Deutungen des Lichts außerhalb der akademischen Physik fort. In vielen Religionen und religiösen Bewegungen spielt das Licht eine herausragende Rolle.[64] Um 1900 wurde insbesondere im okkultistischen Denken eine spezifische Lichtauffassung vertreten, die zum Teil den physikalischen Lichtauffassungen ganz bewusst entgegengestellt wurde.[65]

Insbesondere Theosophie und Anthroposophie prägten diese okkultistischen Auffassungen über das Licht. Die Theosophie, die das elektromagnetische Weltbild in ihrem Sinne weltanschaulich interpretierte, definierte das »Astrallicht« als »anima mundi«, als die Weltseele, die eine »magnetisch«

63 Patschke 1925, S. 10. Die »Welle-oder-Teilchen«-Frage löste Patschke in seiner *Elektromechanik*: Wenn die Elektronen – so bezeichnet er seine Lichtätheratome – ungehindert durch den Raum wanderten, würde sich die klassische Situation der Emissionstheorie ergeben – von anderen Atomen ungestört bewegten die Lichtätheratome sich fast gradlinig, nur leicht longitudinalschwingend, fort. Je näher sie allerdings Himmelskörpern kämen, die in der Patschke'schen Theorie Atome aussenden, umso wahrscheinlicher träfen sie jedoch auf andere Atome, und gerieten so in Schwingungen; die Atome bewegten sich zickzackförmig, transversalschwingend voran. Damit war das Problem der Vereinheitlichung von Wellen- und Emissionstheorie für Patschke gelöst. Vgl. Patschke 1921, S. 34f.

64 Beispiele umfassen eine Bandbreite von der christlichen Schöpfungsgeschichte, nach der die Schaffung von Licht das erste Werk Gottes ist (1. Buch Moses 1,3), bis hin zu Okkultgruppen wie der »Ermächtigten Bruderschaft der alten Riten«, eine Urmauerei mit Meistern, die als »Leuchtende des Urlichts« bezeichnet wurden. Vgl. Glowka, Hans-Jürgen, *Deutsche Okkultgruppen 1875–1937*, München 1981 (Hiram Edition Bd. 12), S. 100ff.

65 Tatsächlich existierten im außerakademischen Raum die physikalischen und die okkultistischen Vorstellungen über das Licht zu Beginn des 20. Jahrhunderts nebeneinander. Insbesondere in der Kunst wurden zumeist okkultistische Ausdeutungen der naturwissenschaftlichen Ansichten über das Licht aufgegriffen und physikalische und okkultistische Konzepte miteinander verbunden. Vgl. Hoormann 2003, S. 37.

wirkende Kraft des Äthers sei.[66] Das Licht wurde hier als Symbol und Darstellungsmittel unsichtbarer, immaterieller Phänomene verstanden.[67] Rudolf Steiner setzte den anthroposophischen Lichtbegriff explizit Einsteins Lichtbegriff entgegen, den er stellvertretend für die »materialistische« Lichtauffassung der Naturwissenschaft kritisierte:

»Ich sehe [...] den einen Fehler, der bei Einstein zugrunde liegt darin, dass er die gewöhnlichen mechanischen Formeln – denn solche sind es doch – auf die Ausbreitung des Lichtes anwendet, und hypothetisch voraussetzt, dass das sich ausbreitende Licht gemessen werden kann, wie irgend ein anderer durch den Raum fliegender Körper. Er berücksichtigt nicht, dass das sich ausbreitende Licht keine fortfliegenden Weltteilchen sind, sondern etwas, wo etwas im Raume geschieht, wo eine Spur zurückgelassen wird mit dem Effekt des Leuchtens [...], und ich kann nicht sprechen davon, dass es sich mit einer bestimmten Geschwindigkeit fortpflanzt, sondern nur die Niveaufläche [pflanzt sich fort].«[68]

Die theistischen und anthroposophischen Vorstellungen über das Licht beanspruchten zwar, wissenschaftlich zu sein, grenzten sich aber explizit dagegen ab, »nur« naturwissenschaftlich-physikalisch zu sein. Die Welträtsellöser dagegen behaupteten, ihre Lichtauffassungen seien die eigentlich naturwissenschaftlichen, so okkultistisch sie letztlich geprägt waren. Sie vermengten okkultistische Lichtinterpretationen mit physikalischen bzw. beriefen sich auf erstere zur Legitimierung letzterer und postulierten, die wahre Physik des Lichts entdeckt zu haben. Patschke gehörte zu denjenigen, für die die Religiösierung des Lichts ihre eigene Auffassung vom Licht nicht unwissenschaftlicher, sondern im Gegenteil die lichtätheratomistische Lichttheorie noch »wahrer« machte:

»Solange es logisch denkende Menschen auf der Erde gegeben hat, werden dieselben das Licht der Sterne, wozu auch das Sonnenlicht, das Mondlicht und das Licht aller Planeten gehört, in den Kreis ihrer eingehenden Naturbetrachtung gestellt haben. Daher mag es wohl auch gekommen sein, daß zu früheren Zeiten

66 Magnetismus wurde hier im Sinne des »thierischen Magnetismus« (Mesmerismus) verstanden. Zum Äther vgl. Blavatsky 1877, S. 125ff.

67 Vgl. z. B. die Äußerung von Blavatsky: »Alle Sonnengötter mit ihrem Symbol und der sichtbaren Sonne, sind nur die Schöpfer der *physischen* Natur. Die *geistige* ist das Werk des höchsten Gottes – des Verborgenen, der zentralen, geistigen Sonne«, Blavatsky 1877, S. 132; vgl. auch Hoormann 2003, S. 41.

68 Steiner 1982, S. 32f. Steiner wollte allerdings keine neue Physik gegen die akademische Wissenschaft durchsetzen, sondern eine »Geisteswissenschaft« etablieren, die im Gegensatz zur auf Erkenntnis der äußeren Natur ausgerichteten Naturwissenschaft die Gesetze des Seelen- und Geisteslebens erkennen sollte.

einfache Naturmenschen klarere und universellere Grundbegriffe über den Aufbau des Weltalls gehabt haben als viele der heutigen Spezial-Gelehrten, die sich durch die Einsteinsche Relativitätstheorie und andere falsch entwickelte Dogmen in die Irre führen ließen. Die alten Naturvölker verehrten nämlich in erster Linie das Licht der Himmelskörper als den Kraftspender, als die Allmacht der Welt. Und sie hatten recht! Nach meiner Weltlichttheorie ergibt sich die Allmacht des Lichtes in einfachster Weise.«[69]

In der Skizzierung des Urlichts als Grundlage von Zieglers okkultistischer Urlichtlehre im ersten Kapitel wurde die religiöse Dimension, die das Licht für ihn besaß, bereits herausgestellt. Für Ziegler war das Licht, genauer gesagt die Urlichtatome des Urlichts, letztlich Gott: »Das Urlicht ist also nicht nur die Urmaterie und positive Substanz in allen Dingen, es ist zugleich auch der unfaßbare und unantastbare Weltgeist, welcher ewig die Welt belebt und in Bewegung erhält. Es ist dasjenige, was der heilige Augustin in seinen Bekenntnissen Gott nannte, aber nicht erfassen konnte.«[70]

Auch Ziegler führte Lichtreligionen an, um seine eigenen Theorie zu bekräftigen, und verfasste zu diesem Zweck sogar eine Abhandlung über den »Sonnengott von Sippar«. Er ging davon aus, in allen Sonnenkulten und Lichtreligionen (darunter fielen für ihn »antike Sonnenkulte«, aber auch die Lichtauffassungen von Heraklit und Goethe) habe es ein instinktives, weil noch unverdorbenes Gespür dafür gegeben, dass die Wahrheit im Licht liege. Diese Vorläufer seien jedoch zu einer wissenschaftlichen Ausformulierung einer Lichttheorie nicht in der Lage gewesen, diese sei vielmehr erst ihm selbst gelungen und von Einstein – so sein Vorwurf – plagiiert worden (vgl. S. 202, S. 208f.).[71]

Diese Lichtauffassungen wurden als Konkurrenz gegen die Lichtauffassung der akademischen Physik ins Feld geführt und als wissenschaft-

69 Patschke 1925, 102f.

70 Ziegler 1923, 14f. Vgl. auch die Äußerung von Ziegler: »Er [Ziegler] fängt seine Weltschöpfung wie Moses wieder mit dem Licht, der einfachsten Wirkung des Urlichts, an und nennt deshalb seine Lehre Urlichtlehre.« Ziegler 1931, S. 19.

71 Ziegler, Johann Heinrich, »Über den Sonnengott von Sippar«, in: ders., *Die wahre Einheit von Religion und Wissenschaft*, Zürich 1904, S. 175–193. Ausdrücklich stellt Ziegler die Urlichtlehre als wissenschaftliche Formulierung der »alten« Wahrheit dar. Die »auffällige Uebereinstimmung der neuen Urlichtlehre mit den Ueberlieferungen, welche wir von der Urlichtlehre der alten Germanen, Römer, Griechen, Persern, Juden, Inkas und Azteken und deren Geheimlehren besitzen und die Sie [den Leser] wohl selbst schon auf die Vermutung gebracht haben mögen, daß es sich bei meiner Lichtlehre nicht um eine absolut neue Entdeckung, sondern nur um die Wiederentdeckung von einer uralten, aber längst verlorengegangenen und verschollenen Weisheit handelt.« Ziegler 1932, S. 15.

liche Gegenkonzepte präsentiert. Sie basierten dabei auf einer metaphysischen Überhöhung des Konzepts Licht, welche in der akademischen Physik, die zwar die Frage nach der physikalischen Natur des Lichts stellte, aber ihm keine religiösen Dimensionen zuwies, keine Rolle spielte. Hier bestand eine ontologische Differenz zwischen metaphysischer Wesensschau des Lichts und »ordinärer« Physik: Das Licht ist in diesen zuletzt diskutierten Konzeptionen viel mehr als das Licht in der Physik – es ist »Allmacht«, es ist »Gott«, es ist transzendent. Gegen diese Lichtkonzeptionen erscheint jeder physikalische, metaphysikfreie Lichtbegriff eindimensional, beschränkt und falsch.

3.1.4 Raum

Der relativistische Raum – eine Physik des gekrümmten Nichts?

Für den Großteil der Physiker und der wissenschaftlichen Laien, die in Schule und Ausbildung euklidische Geometrie gelernt hatten, entsprach der euklidische Raum mit den Dimensionen Höhe, Breite und Tiefe ohne Weiteres den Raumerfahrungen im Alltag und war der »wirkliche« Raum. Im Laufe des 19. Jahrhunderts wurde in der Mathematik die Möglichkeit nicht-euklidischer Geometrien entdeckt und Räume höherer Dimensionalität wurden diskutiert. Für die Physik stellte sich die Herausforderung nachzuprüfen, inwiefern diese Entwicklungen in der Mathematik den physikalischen Raumbegriff betrafen.[72] Während hier Physiker noch auf die Entwicklung in einer Nachbardisziplin reagierten, verschärfte sich die Lage erheblich, als die nicht-euklidische Geometrie mit der allgemeinen Relativitätstheorie umfassend in der eigenen Disziplin zur Anwendung gebracht worden war.[73]

72 Vgl. Jammer, Max, *Das Problem des Raumes: Die Entwicklung der Raumtheorien*, 2., erw. Aufl., Darmstadt 1980, S. 163ff.

73 Bereits die spezielle Relativitätstheorie führte zu einer Herausforderung der klassischen Auffassung vom Raum, da die Zeit dem Raum als vierte Koordinate hinzufügt wurde. Minkowskis viel zitierte Äußerung »Von Stund an sollen Raum für sich und Zeit für sich völlig zu Schatten herabsinken, und nur noch eine Union der beiden soll Selbständigkeit bewahren« diente vielen als Anlass, hier nachdrücklich eine Gegenposition zu beziehen. Vgl. Minkowski, Hermann, »Raum und Zeit«, [Vortrag gehalten auf der Jahrestagung der GDNÄ 1908 in Köln], in: *Physikalische Zeitschrift*, Bd. 10, Nr. 3 (1909), S. 104–111, hier: S. 104. Die Kritik an der Raumauffassung der speziellen Relativitätstheorie konzentrierte sich dementsprechend darauf zu zeigen, dass Zeit und Raum voneinander grundsätzlich

Die allgemeine Relativitätstheorie verallgemeinert das Relativitätsprinzip, indem sie die Gravitation in die Theorie einbezieht. Gravitation wird in diesem Rahmen nicht als eine Kraft, sondern als geometrische Verformung der vierdimensionalen Raumzeit beschrieben. Für den Raumbegriff ergibt sich als erste Konsequenz, dass der physikalische Raum nicht durch die euklidische, sondern durch die nicht-euklidische Geometrie beschrieben wird. Des Weiteren ist der Raum nicht ein unbeteiligter Behälter, in dem das physikalische Geschehen sich abspielt, sondern er bestimmt dieses Geschehen mit. Die Struktur des Raums wird durch die Verteilung von Masse und Energie im Universum bedingt und bedingt ihrerseits wiederum die Bewegung der Materie im Raum. Die Bewegung von Lichtstrahlen und Himmelskörpern wird nicht durch eine anziehende Kraft verursacht, sondern das, was als Anziehungskraft erscheint, ist die kräftefreie Bewegung von Lichtstrahlen und Himmelskörpern im gekrümmten Raum.

Stjepan Mohorovičić (1890-1980)

Stjepan Mohorovičić wurde 1890 in Bakar (Kroatien) als Sohn des bekannten Geophysikers Andrija Mohorovičić geboren. Er studierte von 1913 bis 1915 in Zagreb und Göttingen und promovierte 1918 zum Dr. phil. Die Universitäts-Karriere als Physiker, die er anstrebte, gelang ihm nicht: Er arbeitete zunächst als Oberlehrer an Realgymnasien, 1918 war er Leiter einer Feldwetterstation, von 1917 bis 1921 war er als Professor an der Handelsakademie Zagreb beschäftigt. Von 1923 bis 1939 war er am Gymnasium Zagreb tätig, von 1948 bis 1953 leitete er die wissenschaftliche Abteilung der optischen Industrie Zagreb, von 1951 bis 1953 als wissenschaftlicher Rat. Er starb 1980 in Zagreb.

verschieden seien. Dies war vor allem ein Anliegen von Neukantianern, die hier einen Kernbestand ihrer Philosophie bedroht sahen. Vgl. Hentschel 1990, insb. S. 208ff.

In der Kritik des Einstein'schen Raumbegriffs wurde besonders auf Einsteins Vortrag über »Äther und Relativitätstheorie«[74] Bezug genommen. Dort hatte Einstein 1920 erklärt, nach der allgemeinen Relativitätstheorie sei der Raum mit physikalischen Eigenschaften ausgestattet, diesen Raum könne man auch Äther nennen. Diese Wiedereinführung des Äthers durch Einstein stellte zum einen für die Äther-Befürworter unter den Einsteingegnern eine Steilvorlage dar (vgl. S. 177f.), zum anderen forderte der mit physikalischen Eigenschaften ausgestattete Raum ebenfalls kritische Stellungnahmen heraus: Wie konnte Einstein behaupten, dass Materie auf Nichts wirken und dieses Nichts auch noch verbiegen könne? Wie sollte man sich ein verbogenes Nichts vorstellen, das seinerseits auf die Materie wirkte? Stjepan Mohorovičić wandte ein:

»Unter dem Weltäther verstehen die Relativisten nur den leeren Raum mit physikalischen Qualitäten, welche Qualitäten die Materie dem leeren Raum so überträgt, daß sie ihm auf verschiedenen Stellen verschiedene Krümmung erteilt. Wie die Materie auf den leeren Raum wirken kann, dies ist in der Relativitätstheorie die *unklarste* Stelle!«[75]

Diese »unklarste Stelle« löst sich auf, wenn man den zu diesem Zeitpunkt in der Physik etablierten Begriff des physikalischen Feldes akzeptiert. Doch die Möglichkeit, den Raum dynamisch und den Äther nicht substanziell, sondern als Feld zu denken, bestand für die dem Substanzdenken verhaftet gebliebenen Einsteingegner nicht. Für den Arzt Karl Vogtherr war wie für viele andere ganz klar, was ein richtiges physikalisches Feld zu sein hatte: »Wirkungen kann ein physikalisches ›Feld‹ wie jeder wirkliche Raumteil nur ausüben, wenn es von Stoff erfüllt ist.«[76]

Ähnlich wie beim Zeitbegriff war eine hohe Anzahl der Einwände der außerakademischen Einsteingegner gegen den leeren, krummen Raum genereller Art.[77] Reuterdahl zum Beispiel ließ sich nicht auf das Niveau der Fragwürdigkeit oder auch nur Debattierfähigkeit der Definitionen von Raum, Zeit und Materie herab. In dem von ihm postulierten »Space-Time-

74 Einstein, Albert, »Äther und Relativitätstheorie, Rede gehalten am 5. Mai 1920 an der Reichs-Universität zu Leiden«, [Berlin 1920], abgedruckt in: CP Bd. 7, Doc. 38.

75 Mohorovičić 1923a, S. 48.

76 Vogtherr 1923, S. 15.

77 Die Frage, ob der Raum leer oder mit einem Äther gefüllt sei, wurde in populärwissenschaftlichen Zeitschriften bereits diskutiert, bevor die Relativitätstheorie und damit die »Abschaffung« des Äthers sie erreicht hatte. Vgl. z. B. »Ist der Weltraum leer?«, in: *Unsere Welt*, Bd. 5, Nr. 5 (1913), S. 335.

Potential« ist die wesenhafte Trennbarkeit von Raum, Zeit und Materie eine Grundannahme. Raum und Zeit sind danach interdependente, aber eben nicht untrennbare Elemente. Daher konstatierte er bloß:

»Matter can only affect other matter. [...] Space and time are not matter. Therefore, the presence of matter in Space-Time cannot change the nature of Space and Time. Space is not a material thing which can close like the walls of a box. It is not curved, because curvature pertains only to material objects existing in Space. Consequently Space is not limited and enveloping.«[78]

Einen weiteren generellen Einwand brachte der Oberlehrer Kurt Geissler vor:

»Wie auf einer Kugelfläche, etwa der Erdoberfläche, ›Buckel‹ vorstellbar sind, so soll auch der Raum selbst buckelig, quasisphärisch sein können. [...] [D]er Raum selbst [soll] durch Einwirkung von ›Massen‹ kleine Veränderungen bekommen können – als ob solche Buckel überhaupt verständlich wären und irgendeinen Sinn hätten, wenn man nicht voraussetzt, daß es das Nichtbuckelige gibt, wovon sich das Buckelige unterscheidet.«[79]

Dieses Argument war beliebt und ließ sich beliebig ausdehnen – das Krumme erfordere das Gerade, das Relative das Absolute etc. Sehr strikte Ansichten über die Natur des Raums vertrat aber auch ein Professor für theoretische Physik wie Ludwig Zehnder (1854–1949), für den der wirkliche Raum des Naturwissenschaftlers genau drei Dimensionen hatte, nicht mehr und nicht weniger. Zehnder insistierte: »Wir dürfen nicht dem Raume selber, der doch als die absolute Leere definiert wird, Eigenschaften beilegen, die nur der Materie zukommen können, wie Einstein und andere neuerdings vorgeschlagen haben, um das Dasein des Äthers leugnen zu können.«[80] Die Ebene der Definitionen wird auch von Zehnder nicht thematisiert. Dass man den Raum vielleicht anders definieren könnte, ist

78 Reuterdahl, Arvid, *Einsteinism. Its Fallacies and Frauds*, [1930], RP 1-28. Es handelt sich hierbei um das Typoskript des in deutscher Übersetzung erschienenen Beitrag Reuterdahls in dem Sammelband *100 Autoren gegen Einstein.*

79 Geissler, Kurt, »Schluss mit der Einstein-Irrung«, in: Israel/Ruckhaber/Weinmann 1931, S. 10–12, hier: S. 11.

80 Zehnder, Ludwig, »Ueber die Grundlagen der Naturwissenschaften«, in: *Verhandlungen der Naturforschenden Gesellschaft in Basel*, Bd. 38 (1927), S. 84–100, hier: S. 88. Wesentlich polemischer T. J. J. See: »A fundamentale postulate of Einsteinism is that the ether does not exist, and gravity is not a force but a property of space. These crazy vagaries scarcely require mention, beyond the remark that such discussion is a disgrace to our age.« Zit. nach: »Einstein Theory Is ›Old Stuff‹. U.S. Astronomer Says German Scientist Is Plagiarist«, [unbekannte Zeitung], April 1923 [ohne genaues Datum], GN 4, XX, 84r.

undenkbar (»Wir dürfen nicht«, »es ist nicht angängig«).[81] Ausführlicher mit dem Raumbegriff beschäftigten sich aus dem Netzwerk der Einsteingegner insbesondere die akademischen Philosophen, etwa Oskar Kraus oder Lenore Kühn, sowie die akademischen Physiker.

»Ding-Raum« oder »Behälter-Raum« – Alternativen zum relativistischen Raum

Gehrcke und Mohorovičić bevorzugten zwar entschieden den euklidischen Raum als den physikalischen Raum, äußerten sich aber vorsichtiger als die gerade dargestellten Einwände und nicht kategorisch ablehnend gegenüber der Möglichkeit der realen Existenz eines nicht-euklidischen Raums. Gehrcke veröffentlichte 1921 ein Buch über ein für einen Experimentalphysiker eher ungewöhnliches Thema, nämlich über *Physik und Erkenntnistheorie*.[82] Sich der philosophischen Grundlagen seiner Disziplin zu vergewissern, war ihm äußerst wichtig.[83] Dieses Interesse hatte Gehrcke unabhängig von der Herausforderung, die die Relativitätstheorie für diese Grundlagen darstellte, entwickelt, es stellte aber die maßgebliche Ursache für seine grundlegende Opposition zur modernen Physik dar. In *Physik und Erkenntnistheorie* sowie in der Korrespondenz mit Oskar Kraus, der sich als Philosoph als Gesprächspartner für solche Diskussionen mit Gehrcke in besonderem Maße anbot, führte er seine Ansichten über den physikalischen Raum genauer aus.

In seinem Werk *Physik und Erkenntnistheorie* trennte Gehrcke zwischen dem physiologischen Raum (subjektive Wahrnehmungen der Wirklichkeit), dem physikalischen Raum (aus den subjektiven Raumwahrnehmungen als objektive Wirklichkeit extrahiert) und dem mathematischen Raum (ohne Bezug zur Wirklichkeit). Während der physiologische Raum real und anschaulich sei, sei der physikalische Raum ebenfalls real, aber nicht notwendigerweise anschaulich. Der mathematische Raum sei weder real noch anschaulich. Besonders betont Gehrcke die Objektivität des physikalischen Raums, die er wie folgt gewährleistet sah: Da das Räumliche eine Eigenschaft sei, die verschiedene Subjekte in ihren Empfindungen wie Sehen

81 Zehnder 1927, S. 88.

82 Gehrcke, Ernst, *Physik und Erkenntnistheorie*, Leipzig/Berlin 1921 (Wissenschaft und Hypothese Bd. 22).

83 Vgl. auch die Bemerkung von Schlick in seiner Rezension des Buchs darüber, »daß der Verfasser [Gehrcke], [...] offenbar wirklich das Bedürfnis fühlt, sich über die Prinzipien seiner Wissenschaft klar zu werden«. Schlick, Moritz, [Rezension von Gehrcke 1921c], in: *Die Naturwissenschaften*, Bd. 9 (1921), S. 779.

oder Tasten erfahren könnten, könne man auf den objektiven Charakter dieser subjektiven Raumerfahrungen schließen:

»[D]as Räumliche ist in den Empfindungen, die als solche auch vom größten Skeptiker nicht als unwirklich erachtet werden können, bereits in etwas Wirklichem, Seiendem enthalten; es ist also kein Grund einzusehen, warum das Räumliche, das als Empfindungsinhalt empirische Realität hat, in *physikalischen* Vorgängen *nicht* soll objektiv real sein können.«[84]

Zwar könne man ebenso wenig wie eine idealistische Position die realistische beweisen, letztere besäße aber »den Vorteil, an den Realismus des gemeinen Mannes Anschluss zu besitzen.« Seine eigene Position begriff Gehrcke als »geläuterten Realismus«.[85] Der euklidische Raum habe sich bislang durch Erfahrung und Messungen bestätigt. Gehrcke sah ein lohnendes Unterfangen darin, den realen Raum weiter experimentell zu untersuchen, um somit der »wirklichen« Geometrie, für Gehrcke aller Wahrscheinlichkeit nach die euklidische, näher zu kommen. In einem Briefentwurf an Hugo Dingler formulierte Gehrcke es in einer mit dem Hinweis »Nicht an Dingler« versehenen Randbemerkung so: »Die Kernfrage ist die: Muss der Erfahrungsraum euklidisch sein, oder: ist der Erfahrungsraum zwar innerhalb der Genauigkeit unserer bisherigen Messungen euklidisch, also *näherungsweise* euklidisch, aber *kann* er unter Umständen nichteuklidisch sein?«[86]

Gehrcke schloss folglich nicht kategorisch aus, dass der physikalische Raum nicht-euklidisch sein könne und auch Mohorovičić blieb Entwicklungen in der physikalischen Raumauffassung gegenüber prinzipiell offen, hielt es aber wie Gehrcke für wahrscheinlich, dass der wirkliche Raum keine größere Krümmung aufweise, sondern weitgehend euklidisch sei. Er war der Ansicht, dass sich der empirische Raum ohnehin immer nur annährend definieren lasse.[87] Eine wesentlich andere Auffassung vom Raum hatte Oskar Kraus. Sehr prägnant stellte er seine Raumauffassung in der Korrespondenz mit Gehrcke dar, in der beide bestrebt waren, die Auffassung des jeweils anderen zu verstehen und ihm die eigene plausibel zu machen. Diese gegenseitigen Überzeugungsversuche des Brentanoschülers und des Experimentalphysikers sind besonders aufschlussreich.

84 Gehrcke 1921, S. 62.
85 Beide Zitate ebd., S. 63.
86 Vgl. Gehrcke an Dingler, 8. November 1921, [Entwurf], GN 38-H-13.
87 Vgl. Mohorovičić 1923a, S. 17.

Den Auftakt der erhaltenen Korrespondenz[88] zu diesem Thema machte Oskar Kraus:

»Sie fragen ob ich den Raum als *Subjekt*, als *Modifikation* als *beides* oder *keines von beiden* fasse? Antwort: Raum ist eine Fiktion; es giebt keinen ›Raum‹, sondern nur räumlich-zeitliche Dinge ›Körper‹. [...] [H]ierbei ist das Wort ›Körper‹ in einem sehr weiten Sinne zu nehmen, sagen wir also [...] es gibt keinen ›Raum‹, aber ›reale räumlich ausgedehnte Dinge‹ oder vielleicht nur ein einziges kontinuierliches räumlich ausgedehntes Ding – dieses können wir Aether nennen.«[89]

Der von allen wägbaren Körpern und physikalischen Zuständen befreite Raum sei eine Fiktion, der reale Raum sei der vom Äther erfüllte Raum und damit ein »Ding«.[90] In seiner Replik vom 25. Januar 1921 beharrte Gehrcke jedoch darauf, dass der Äther nicht »das letzte Reale« sein könne und argumentierte dagegen mit seinem unanschaulichen, realen physikalischen Raum:

»Diese Lehre [vom Raum als Ding] ist mir noch immer unverständlich, sie will mir als unzulässig erscheinen: Wenn der Äther sich soll in absoluter Bewegung oder Ruhe befinden können, so meine ich, setzt man implicite auch den Raum, der von Äther frei ist, als real voraus. Denn wie soll sich der *reale* Äther *bewegen* können, wenn der Raum *nicht real* ist? Kann sich etwas *Reales* in etwas *Nichtrealem* bewegen?«[91]

Kraus antwortete vier Tage später darauf:

»Nur wenn der Raum nichts Reales ist, kann sich der Aether (und überhaupt etwas Räumlich-Ausgedehntes) bewegen. Denn wenn der Raum etwas Reales wäre, so wäre er etwas Reales Ausgedehntes, also selbst Räumliches, d. h. Körperliches im weitesten Sinne dieses Wortes. [...] Überhaupt ist ›Raum‹ nur eine façon de parler, eine Redensart, der nichts entspricht oder vielmehr etwas ganz anderes entspricht als man, verführt durch das Substantiv, gewöhnlich glaubt.«[92]

Wie in dieser Diskussion zwischen Gehrcke und Kraus deutlich wird, waren sich die Einsteingegner in Bezug auf den Raumbegriff nicht einig. Es gab sowohl Befürworter eines leeren Raums wie auch Befürworter einer dinghaften Raum-Konzeption. Der dinghafte Raum war dabei zumeist eine

---

88 Der in Gehrckes Nachlass erhaltene Briefwechsel umfasst 20 Briefe sowie eine Postkarte von Kraus und 8 Antwortkopien bzw. –entwürfe von Gehrcke aus den Jahren 1913 bis 1929.

89 Kraus an Gehrcke, 22. November 1920, GN 71-G-6.

90 Ebd.

91 Gehrcke an Kraus, 25. Januar 1921, GN 71-G-9.

92 Kraus an Gehrcke, 29. Januar 1921, GN 71-G-10.

Verbindung oder Gleichsetzung von Äther und Raum. Im Rahmen der akademischen Physik bot sich die Identifizierung des Raums mit dem elektromagnetischen Äther an. Wenn der Äther wie in der Lorentz'schen Formulierung als absolut ruhend konzipiert war, konnte er ebenso wie der absolute Raum als Bezugssystem für absolute Bewegung fungieren. Dieser absolute Äther-Raum war zudem eine anschauliche Vorstellung des Raums. Und obgleich sich diese Auffassung in der Physik nicht etablierte und bald von der Relativitätstheorie überholt worden war, existierte die Vorstellung eines substanzhaften Äther-Raums sowohl bei akademischen als auch bei außerakademischen Forschern fort. Aus Frickes Theorie zum Beispiel ergibt sich ein dinghafter Raum. Seine Ätherwirbeltheorie (vgl. S. 175f.) bezeichnete er gleichzeitig als neue und anschauliche Theorie des Raums; er identifizierte dabei den Raum mit dem Äther: »Faßt man das Wort ›Raum‹ im konkret-physikalischen und nicht im mathematisch-abstrakten Sinne auf, so kann man sagen, daß die Grundbegriffe Raum, Äther und Energie identisch werden«.[93]

Während die Anhänger des Ding-Raums die Anschaulichkeit dieser Vorstellung in den Vordergrund stellten, verneinte die andere Richtung der Kritik die Dinglichkeit des Raums gerade. Die zweite Richtung berief sich vornehmlich auf Kant und nahm den Raum als Anschauungsform a priori an. So auch Lenore Kühn:[94] »Haben wir nicht in Kant schon den großen Warner gehabt, der Raum und Zeit als besonders phänomenale Anschauungsgesetzmäßigkeiten kennzeichnete, beschrieb und von den eigentlich Erfahrung-konstituierenden Momenten abhob?«[95] Für sie stand fest, dass »Ding« und »Raum« einander ausschließen. Dem Raum dürfe man keine Wirkung auf Dinge zuschreiben, sonst würde man »die strenge Kette der physikalischen Ursachen« durch die Einführung eines »unkontrollierbaren und unvorhersehbaren Faktors anderer (geometrischer) Art, durchlöchern.«[96] Kühn meinte zudem einen grundlegenden Widerspruch darin zu

93 Fricke, Hermann, *Eine neue und einfache Deutung der Schwerkraft und eine anschauliche Erklärung der Physik des Raumes,* [als Manuskript gedruckt], Berlin 1918, S. 25.

94 Eine umfassende biographische Studie zu Lenore Kühn von Herrn Detlef Kühn ist im Erscheinen.

95 Kühn, Lenore, »Kant contra Einstein«, in: *Hellweg: Wochenschrift für deutsche Kunst,* 17. August 1921, GN 4, XII, 16r.

96 Alle folgenden Zitate des Absatzes aus: Kühn, Lenore, »Der Raum als angebliche Ursache oder Wirkung physikalischer Zustände (Frage des inhomogenen Raumes und Frage der Erzeugung des geometrischen Raumzustandes durch Zustand der Materie)«, [unveröffentlichtes, undatiertes Typoskript], GN 38-I-9.

entdecken, dass in der allgemeinen Relativitätstheorie der Raum nicht nur als Ursache, sondern auch als Wirkung auftrete, indem er als von der Materie »erzeugt« gedacht wird. Letztlich war für Kühn die Physik Einsteins im »bloßen Phänomenalismus und nur anschauungsmäßig giltigen, obendrein subjektiven Perspektivismus« zu verorten. Ihre auch für Gehrcke attraktive Schlussfolgerung (die Stelle hatte er im Kühn'schen Typoskript doppelt angestrichen) war, dass Einstein die Kausalität von ihrem richtigen Ort – der Physik – in die Geometrie transferiert habe, um trotz seiner ihrer Ansicht nach subjektivistischen Theorie irgendwie noch einen Kausalzusammenhang des Naturgeschehens zu gewährleisten, aber in der Geometrie habe die Kausalität nun einmal nichts zu suchen.

Lenore Kühn (1879–1955)

Lenore Kühn studierte von 1895 bis 1897 an der Hochschule für Musik (Berlin) und war nach ihrem Abschluss als Pianistin und Klavierlehrerin tätig. Ab 1903 studierte sie Philosophie in Berlin, Erlangen und Freiburg. Sie promovierte 1908 bei Heinrich Rickert mit einer Arbeit über das Problem der ästhetischen Autonomie. Kühn begann bereits 1903, als Jounalistin zu arbeiten und war in der deutsch-völkischen Bewegung aktiv. Sie war ab 1916 Schriftleiterin der nationalliberalen Zeitschrift *Der Panther*, ab 1917 war sie mit Pressearbeit im Reichsfrauenausschuss der Deutschnationalen Volkspartei betraut und Herausgeberin der Zeitschrift *Frau und Nation*. Ab 1926 war Kühn Mitarbeiterin am Nietzsche-Archiv, in späteren Jahren ging sie als Berichterstatterin ins Ausland.

Die Unterscheidung zwischen dem physikalischen, dreidimensionalen, euklidischen Raum (singuläre »Wirklichkeit«) und den mehrdimensionalen, nicht-euklidischen Räumen der Mathematik (pluralistische »Möglichkeiten«) wurde immer wieder betont und war das einigende Hauptthema der Kritik am Raumbegriff der allgemeinen Relativitätstheorie, die von den Einsteingegnern der Seite der mathematischen Möglichkeiten zugeschlagen wurde. Denn unabhängig davon, ob ein realer »Behälter-Raum« angenommen wurde, in dem sich Körper und Äther befinden können oder auch nicht, oder ein »Ding-Raum«, der nicht unabhängig von realer Körperlichkeit existieren kann, vehement wurde ein einziger realer Raum gefordert. Dagegen wurde unterstellt, dass der dynamische Raumbegriff der allgemeinen Relativitätstheorie nicht den wirklichen Raum, sondern nur einen von vielen möglichen mathematischen Räumen ohne Bezug auf die Wirklichkeit behandle.[97] Dass der Wirklichkeitsbezug fehle, so schloss die zirkuläre Argumentation, zeige sich bereits daran, dass, wenn man diese mathematische Möglichkeit auf die Wirklichkeit bezöge, so absurde Folgerungen wie die Raumkrümmung die Konsequenz seien.

3.1.5 Gravitation

Die Debatte um die Gravitation

Die Schwerkraft ist ein Phänomen, das wie der Ablauf der Zeit und die Wahrnehmung von Räumlichkeit jeden Menschen unmittelbar betrifft. Dennoch ist sie das vielleicht geheimnisvollste Gebiet der Naturforschung. Warum Körper immer nach unten, aber nie nach oben fallen, ist eine Frage, die historisch unterschiedlich beantwortet wurde. Aristoteles ging zum Beispiel davon aus, dass die Körper sich zu ihrem natürlichen Ort hinbewegen. Dieser sei der Mittelpunkt der Welt, und dass alle Körper auf die Erde fallen, war zu Zeiten des geozentrischen Weltbildes ein schlagendes Argument für diese Auffassung. Newton dagegen ging davon aus, dass zwei Massen sich anziehen, und formulierte ein Gravitationsgesetz, dass er nicht nur auf die irdischen Phänomene, sondern auch auf die Bewegungen der Himmelskörper anwandte und das auch heute noch für viele astronomische Berechnungen angewendet wird. Mit Newtons Gravitationsgesetz war allerdings die Frage nach dem Wesen der Schwerkraft in besonderer Weise virulent geworden. Das Newton'sche Gesetz impliziert nämlich, dass die Schwerkraft sofort wirkt, ohne Zeit zur Fortpflanzung zu benötigen. Dem Mechanismus der Gravitation nicht auf die Spur gekommen zu sein, war auch für Newton selbst unbefriedigend. Trotzdem war das New-

97 So z. B. die Einschätzung Henri Gartelmanns: »Die Frage: ist der Raum in Wirklichkeit vorhanden, oder nicht? Lassen sie [die Physiker] als minder wichtig beiseite«. Gartelmann, Henri, »Zur Philosophie Kants«, in: *Neue Weltanschauung*, Bd. 9, Nr. 2 (1920), S. 33–41, hier S. 40.

ton'sche Gravitationsgesetz bis zur Entwicklung der allgemeinen Relativitätstheorie wegen der ernormen Erfolge seiner Anwendung über einen langen Zeitraum hinweg ohne ernsthafte Konkurrenz.

Es wurden aber immer wieder alternative Ansätze entwickelt, die darauf abzielten, Newtons Gravitationsgesetz mit einer physikalischen Erklärung zu unterfüttern oder eine Erklärung zu finden, deren Resultate sich dem Gesetz wenigstens annäherten. Newton selbst dachte über die Möglichkeit nach, dass ein Medium, der Äther, die Gravitationsursache sein könnte, ebenso sein Zeitgenosse Huygens. Erklärungsbedarf bestand aber nach wie vor im Hinblick darauf, inwiefern sich die Gravitation im Äther dem Newton'schen Gesetz gemäß als Fernwirkung ausbreiten könnte. Mehrfach wurde die Ansicht vertreten, auch die Ausbreitungsgeschwindigkeit der Gravitation müsse endlich sein. In der zweiten Hälfte des 19. Jahrhunderts wurde auf veränderter wissenschaftlicher Grundlage versucht, den Äther als Gravitationsmedium zu etablieren. Vertreter des elektromagnetischen Weltbilds wie Karl Friedrich Zöllner bemühten sich, die Schwerkraft als elektromagnetisches Phänomen zu deuten, und es wurde vorgeschlagen, von einer Ausbreitung der Gravitation mit Lichtgeschwindigkeit auszugehen. Das Weber'sche elektrodynamische Gesetz wurde verallgemeinert und auf die Planetenbewegungen angewendet.[98]

Neben der elektromagnetischen Deutung existierte als weiterer Erklärungsansatz die Drucktheorie der Gravitation.[99] Unter den außerakademischen Wissensbeständen, die als alternative Erklärung für die Gravitation gegen die Relativitätstheorie angeführt wurden, war sie die am häufigsten genannte. In der akademischen Welt bekannt geworden ist insbesondere die Gravitationstheorie von Georges-Louis Le Sage (1724–1803).[100] Le Sage ging davon aus, dass die vermeintliche Anziehung zweier Körper dadurch entstünde, dass der Druck von kleinsten, sich sehr schnell und

98 Vgl. Zöllner, Karl Friedrich, *Erklärung der universellen Gravitation aus den statischen Wirkungen der Elektricität und die allgemeine Bedeutung des Weber'schen Gesetzes*, Leipzig 1882; als Sekundärliteratur vgl. van Lunteren 1991, S. 246; zur Kritik vgl. Whittaker, Edmund Taylor, *A history of the theories of aether and electricity*, 2 Bände, Bd. 1: *The classical theories*, 2. bearb. u. erw. Aufl., London [u. a.] 1951 [1910], S. 201ff., zum Einfluss der Weber'schen Arbeiten auf Gravitationstheorien vgl. ebd., S. 207f.

99 Teilweise auch »Stoßtheorie«, im englischen oft »kinetic theory of gravity«, teilweise auch »pushing gravity«.

100 Ein früherer Ansatz stammte von Nicolas Fatio de Duillier (geb. 1664). Vgl. Zehe, Horst, *Die Gravitationstheorie des Nicolas Fatio de Duillier*, Hildesheim 1980 (Arbor scientiarum, Reihe A: Abhandlungen Bd. 7).

gradlinig im Raum bewegenden Teilchen (»corpuscules ultramondains«) diese Körper zueinander hindrückten. Auf mechanischen Modellen der Gravitation basierten auch die Gravitationstheorien von Angelo Secchi (1818–1878) und William Thomson (Lord Kelvin, 1824–1907). Diese Ansätze waren jedoch mit massiven Problemen konfrontiert, die, wenn die Drucktheorie im Rahmen der akademischen Diskussion behandelt wurde, thematisiert und diskutiert werden mussten. So muss die Drucktheorie zum Beispiel wegen der empirisch bestätigten Proportionalität von Gravitation und Masse eine hohe Durchlässigkeit der Materie annehmen, damit die Gravitationsteilchen mit allen Teilen des Körpers gleichmässig interagieren können. Je durchlässiger jedoch der Körper, desto weniger Abschirmungswirkung, durch die in diesem Modell die Gravitation erklärt wird, kann ihm zugeschrieben werden.[101] In der akademischen Wissenschaft konfrontierten die Entwicklungen der Elektrodynamik und der Thermodynamik in der zweiten Hälfte des 19. Jahrhunderts die mechanischen Gravitationsmodelle zudem mit der Erkenntnis, dass sich viele andere physikalische Phänomene nicht rein mechanisch erklären lassen – wieso also ausgerechnet die Gravitation?

Von diesem Einwand ließen sich die außerakademischen Gravitationsforscher nicht beeindrucken. Sie waren der Ansicht, dass Thermodynamik und Elektrodynamik sehr wohl auf die Mechanik zu reduzieren seien und die Gravitation selbstverständlich auch als mechanisches Phänomen zu erklären sei. Tatsächlich wurde den akademischen Physikern explizit vorgeworfen, sich von der Mechanik entfernt zu haben: »Diese Herren [Relativisten] sind noch im unklaren darüber, daß alles Wissen von den Dingen der Natur zu ›Stoff‹ und Mechanik zurückführen muß: Erkennen heißt Mechanisieren! (Materialisieren, Monisieren).«[102]

Wie auch van Lunteren anmerkt, war das Vorhaben, die physikalische Ursache der Schwerkraft zu ergründen im letzten Drittel des 19. Jahrhunderts weniger ein Thema der akademischen Physik[103] als der außerakademi-

---

101 Für einen kurzen Überblick zu den Problemen der Drucktheorien vgl. Renn, Jürgen/Schemmel, Matthias, »Introduction«, in: Renn, Jürgen (Hg.), *The Genesis of General Relativity*, 4 Bände, Dordrecht 2007 (Boston Studies in the Philosophy of Science Bd. 250), Bd. 3: ders./Schemmel, Matthias (Hg.), *Gravitation in the Twighlight of Classical Physics. Between Mechanics, Field Theory, and Astronomy*, S. 4f.

102 Gilbert 1914, S. 113.

103 Zur Diskussion über die Gravitation in der akademischen Physik vgl. Renn, Jürgen/Schemmel, Matthias, »Introduction«, in: Renn 2007c, S. 1–18; als zeitgenössische skeptische Stimmen über die Begreifbarkeit der Gravitationskraft vgl. u. a. Du Bois-

schen Forschung.[104] Mögliche Erklärungsansätze dafür waren in den populärwissenschaftlichen Zeitschriften ein beliebtes Thema. Karl Müller (1818–1899), einer der Gründungsväter des Flaggschiffs der populärwissenschaftlichen Publizistik, der *Natur*, erklärte ebendort 1880:

»[W]ir machen keinen Hehl daraus, daß uns die ›Attraktion‹ längst eines jener Gespenster ist, die nur langsam aus der Welt weichen, weil es so schwer ist, ein Positivum an seine Stelle zu setzen. Die Physiker und Astronomen von Fach haben wenig Veranlassung, sich mit der Korrektur des fraglichen Aberglaubens zu beschäftigen […] Unseres Erachtens hat der Physikalische Verein von Breslau, an seiner Spitze Hr. Aurel Anderssohn, dessen vielfache Mittheilungen über besagten Gegenstand wir gerade in diesen Blättern veröffentlichten, wesentlich den Anstoß dazu gegeben, die Sache in die Hände physikalisch gebildeter Laien hinüber zu spielen, und so scheint allmälig von dem Laienthume eine Anschauung untergraben zu werden, welche nicht länger haltbar ist, bis ihr die wissenschaftliche Welt schließlich wird nachfolgen müssen.«[105]

Aufgrund dieser stark vertretenen drucktheoretischen Positionen im außerakademischen Raum wurde im Bereich der Gravitation von den Einsteingegnern weniger oft als vielleicht zu erwarten gewesen wäre die klassische Physik – Newton gegen Einstein – verteidigt. Wenn dies geschah, dann meist seitens der akademischen Physiker.[106] Von den Welträtsellösern wurde Einsteins Auffassung der Schwerkraft vielmehr als bloße Fortsetzung der »mathematischen« Gravitationstheorie Newtons gesehen, ja, es wird sich im Folgenden herausstellen, dass die außerakademische Einstein-

---

Reymond, Paul, »Über die Unbegreiflichkeit der Schwerkraft«, in: *Naturwissenschaftliche Rundschau*, Bd. 3, Nr. 14 (1888), S. 170–178; Mach, Ernst, *Die Geschichte und die Wurzel des Satzes von der Erhaltung der Arbeit*, Thiele, Joachim, (Hg.), Photomechan. Nachdr. d. Ausg. Prag, Calve, 1872, Amsterdam 1969 [1872], S. 32.

104 Vgl. van Lunteren 1991, S. 196f. und S. 246. Wenige dieser außerakademischen Arbeiten wurden akademisch rezipiert, darunter etwa die von Isenkrahe und selbst diese wiederum nur eingeschränkt.

105 Müller, Karl, »Eine drastische Kritik der Anziehungskraft«, in: *Die Natur*, N.F., Bd. 6, Nr. 15 (1880), S. 194. Zu Anderssohns Arbeiten vgl. dieses Kapitel, Anm. 110–112.

106 Vgl. u. a. See, T. J. J., »New Discoveries showing the Complete Triumph of Newton over Einstein«, [Presseerklärung], 12. Oktober 1924, RP 4-49. See begriff seine Äthertheorie als Vollendung der Newton'schen Theorie. Es handelt sich bei Sees Theorie ebenfalls um eine mechanische Theorie: »[…] the *Aether* is a corpuscular medium, the Aetherons moving with a velocity of 294,000 miles per second.« See, T. J. J., »To the Editor of the New York Times, 19. April 1923, RP 4-49. Vgl. auch die Äußerung von Zehnder: »Die Gravitation […] [ist die] vollkommene, durch den leeren Raum unvermittelt wirkende Fernkraft«, ders., *Die tiefsten Grundlagen der Physik und Chemie. Aus den Universitätsvorlesungen in den Jahren 1935 bis 1938*, Zürich/Leipzig 1938, S. 108.

kritik in Bezug auf die Gravitation sogar weitgehend eine Newtonkritik war und damit an der physikalischen Relativitätstheorie vollkommen vorbeizielte.

Es wird zunächst an einem Beispiel die Tradierung einer außerakademischen Gravitationstheorie untersucht. In einem zweiten Schritt geht es um die Kritik an der Relativitätstheorie aufgrund außerakademischer Gravitationstheorien.

Die außerakademische Suche nach dem Wesen der Anziehungskraft

Wie in der gerade zitierten Einschätzung zur Gravitationsforschung von Karl Müller angesprochen, spielte der Blei- und Stanniolfabrikant Aurel Anderssohn (1824–1896) aus Breslau eine große Rolle in der außerakademischen Verbreitung der Drucktheorie. Mehrere Gegner der Gravitationsauffassung der Relativitätstheorie – darunter Zacharias, Fricke und Reuterdahl – bezogen sich auf Anderssohn.[107] Fabrikant Anderssohn war Privatgelehrter – sein Schüler Zacharias wies auf Anderssohns große Bibliothek mit naturwissenschaftlichen Werken hin[108] – und Vorsitzender des Breslauer Physikalischen Vereins, der sich unter seiner Leitung ganz der Drucktheorie verschrieb. Der Augenarzt und Medizinhistoriker Hugo Magnus (1842–1907), Professor an der Universität Breslau und ebenfalls Mitglied des Vereins, bezeichnete die »absolute Negation der Anziehung« als Devise des Vereins. Rückblickend berichtet er im Jahresbericht von 1884:

---

107 Vgl. Zacharias, Johannes, *Verborgene Gewalten im Weltgeschehen: Eine neue Raum-Kraft-Lehre*, München 1922, S. 14; Fricke, Hermann, *Eine neue und einfache Deutung der Schwerkraft und eine anschauliche Erklärung der Physik des Raumes*, Wolfenbüttel 1919, S. 93; Reuterdahl, Arvid, »Einstein and the New Sciences«, in: *Bi-monthly Journal of the College of St. Thomas*, Bd. 9, Nr. 3 (1921), S. 3–26 (auch als Sonderdruck), S. 3. Anderssohn hatte auch Kontakt zu Secchi, 1875 hatte er ihn in Rom besucht und Secchi wurde von Anderssohns Verein bis zu seinem Tod 1878 als Ehrenmitglied geführt. Zum Treffen von Anderssohn und Secchi vgl. Abdruck des Protokolls des Dolmetschers des Treffens in: Zacharias, Johannes, »Die sechsteilige Kugel zur Erklärung der Gravitation«, in: *Weltwissen*, Bd. 1, Nr. 2 (1912), S. 33–34, hier: S. 34. Die Ehrenmitgliedschaft Secchis wird erwähnt in Erdmenger, Otto, »Bericht über eine Sitzung des Breslauer physikalischen Vereines«, in: *Die Natur*, N.F., Bd. 6, Nr. 52 (1881), S. 628.

108 Zacharias, Johannes, »Ein Pionier der Physik als Brückenbauer zur Metaphysik. Autobiographisches vom Ingenieur Johannes Zacharias«, in: *Der Forscher*, Nr. 2, S. 4–6, hier: S. 5.

»Als der Verein von einigen wenigen Männern gegründet wurde, lag es durchaus nicht in der Absicht, eine Gesellschaft zu gründen, welche die Anziehung leugnete. Im Gegentheil, sämmtliche Herren, die zur Gründung des Vereins zusammentraten, waren unbedingte Anhänger der Anziehung und es handelte sich ausschließlich für sie darum, die Anziehung in ihrem Wesen zu erkennen.«[109]

Diese Versuche der Wesensergründung der Kraft, die die Anziehung verursacht, führten den Verein jedoch auf außergewöhnliche Wege und letztlich auf einen Konfrontationskurs mit der akademischen Physik. Magnus sah sich veranlasst, diese antiakademische Wende der Vereinsmitglieder zu rechtfertigen. Hatte man den Verein noch »vollständig legal auf dem Boden der modernen Physik [hier ist die klassische Physik gemeint]« gegründet, sah man sich später genötigt, diesen Boden zu verlassen:

»Wenn wir von diesem Boden der exacten modernen Physik allmählich verdrängt worden sind und aus den Anhängern der modernen Physik Gegner derselben geworden sind, wenigstens in gewisser Hinsicht, so liegt das durchaus nicht an den Vereinsmitgliedern, sondern an dem Wesen der Anziehung. Trotzdem die sechs Männer, welche anfänglich zur Gründung des Vereins zusammengetreten sind, keine Mühe und Arbeit gescheut haben, ließ sich die Anziehung nicht begreifen.«

Man erhöhte die Anzahl der Sitzungen von monatlichen auf wöchentliche Treffen, die oft bis nach Mitternacht dauerten. Aber, so berichtet der Chronist Magnus:

»Es ließ sich die Anziehung absolut nicht finden. Trotz sehr fleißiger Experimente, trotzdem alle Autoritäten herangezogen wurden, und trotzdem ohne Unterlaß geforscht wurde, entschwand die Anziehung immer mehr. Es liess sich nirgends eine Handhabe finden, mittels welcher man der Anziehung hätte näher treten können. Kurzum, es drängte sich den Mitgliedern des Vereins schließlich das Bewußtsein auf, dass die Anziehung wohl in den Handbüchern der Physik, aber nicht im Weltall existierte.«

Nun wurde den Mitgliedern des Breslauer Physikalischen Vereins bewusst, dass sie sich damit von der akademischen Physik entfernten, »dass ein Bruch mit der Physik unvermeidlich war und es war ein schwerer Kampf für viele von uns, der jetzt anbrach«. Der Breslauer Physikalische Verein nannte sich fortan Zentral-Verein zur Lösung des Problems der Anziehung, kurze Zeit über auch Breslauer physikalischer Verein zur Begründung der Lehre vom Druck der Massen in der Ferne, und vollzog

109 Breslauer Physikalischer Verein, *Physikalisches Jahrbuch*, Bd. 1, Breslau 1884, S. 35. Die nachfolgenden Zitate ebd., S. 35, S. 36, S. 36f., S. 37.

bewusst den Schritt in die außerakademisch argumentierende Forschung, und zwar aus dem eben von Magnus genannten inhaltlichen Grund: Die akademische Wissenschaft konnte das Wesen der Anziehung nicht begreifen, diese Wesensergründung war aber für die Mitglieder von zentraler Bedeutung. Die Vereinsmitglieder sahen sich veranlasst, nicht nur die Anziehungskraft zu verneinen, sondern etwas anderes dagegen zu setzen, und zwar eine universale Drucktheorie, die insbesondere von Anderssohn in verschiedenen Artikeln in der *Natur* seit Mitte der 1870er Jahre ausgearbeitet worden war[110] und in zwei Werken über *Die Theorie vom Massendruck aus der Ferne*[111] von 1880 und über die *Physikalischen Prinzipien der Naturlehre*[112] von 1894 niedergelegt wurde. Anderssohn vertrat eine klassische mechanische Drucktheorie: »Es giebt keine unvermittelte Fernewirkung, insbesondere keine Anziehung und Abstoßung. Der Motor im Weltmechanismus ist einzig und allein der vom Äther vermittelte Druck.« Dieser habe »seine mechanische Erklärung […] in den Ätherstößen, welche mit sehr großer Geschwindigkeit auf einander folgen und die wägbaren Atome des bezüglichen Körpers treffen.«

Die Breslauer Gravitationsforscher wollten eine durch Druckkräfte verursachte »Centralbewegung« experimentell nachweisen. Solcherart sei auch die Bewegung der Himmelskörper. Im Experiment wurde eine Kugel in ein Wasserbassin gesetzt. Das Wasser stellt den Äther, die Kugel die Erde dar. Durch Wasserstrahlen, sowohl von einer »Wassersonne« im Zentrum des Bassins als auch von dessen Rand kommend, sollte die durch den Äther vermittelte, auf die Himmelskörper einwirkende Druckkraft simuliert werden.

---

110 Vgl. Anderssohn, Aurel, »Zur Lösung des Problems der Anziehung«, in: *Die Natur*, N.F., Bd. 2, Nr. 33 (1876), S. 357; ders., »Ein Apparat zum praktischen Beweise der Naturnotwendigkeit des Gravitationsgesetzes«, in: ebd., Nr. 35 (1876), S. 383–384; ders., »Zur Lösung des Problems der Anziehung«, in: ebd., Bd. 3, Nr. 4 (1877), S. 53–54; Breslauer physikalischer Verein zur Begründung der Lehre vom Druck der Massen in der Ferne, »Neues zur Lösung des Problems der Anziehung«, in: ebd., Nr. 10 (1877), S. 136–137; Anderssohn, Aurel, »Ebbe und Flut nach der Lehre ›vom Druck der Massen aus der Ferne‹«, in: ebd., Nr. 15 (1877), S. 207–208; ders., »Attraktion oder Massendruck?«, in: ebd., Bd. 4, Nr. 16 (1878), S. 581; ders., »Aufruf an die deutschen Naturforscher«, in: ebd., Bd. 5, Nr. 47 (1879), S. 591.

111 Ders., *Die Theorie vom Massendruck aus der Ferne in ihren Umrissen*, Breslau 1880.

112 Ders., *Physikalische Prinzipien der Naturlehre*, Halle (Saale) 1894. Die nachfolgenden Zitate ebd., S. 16, S. 19.

Experiment zur Druckstrahlung

Diese Drucktheorie wurde auf alle weiteren physikalischen Kräfte ausgedehnt. So deutete Anderssohn Magnetismus und Elektromagnetismus als durch Ätherströmungen verursachte Phänomene.[113] Auch die anderen Mitglieder des Zentral-Vereins zur Lösung des Problems der Anziehung formulierten die Drucktheorie weiter aus. Chronist Magnus zum Beispiel, dessen Spezialgebiet die Augenheilkunde war, befasste sich mit einer Drucktheorie der Optik und speziell des Sehens: Ein leuchtender Körper veranlasse eine Schwingung der Äthermoleküle, die sich rasch bis zum Auge fortpflanze und dort Druck auf die Sehnerven ausübe und die Sehnerven dazu veranlasse, Signale ins Gehirn zu schicken.[114]

Die Breslauer Drucktheoretiker konnten sich in dem Bewusstsein von der akademischen Physik abkoppeln, Teil einer größeren Bewegung zu sein. Magnus konstatierte das fast monatliche Erscheinen von Schriften, die den Begriff der Anziehung anfechten würden.[115] Diese außerakademische wissenschaftliche Gemeinschaft war äußerst wichtig: Nur dadurch erhielt der Drucktheoretiker, der sich über sein Außenseitertum im Hin-

113 Ebd., S. 90.

114 Breslauer Physikalischer Verein 1884, S. 39.

115 Ebd., S. 45.

blick auf die akademische Physik im Klaren war, die Bestätigung, dass er Mitglied einer Gruppe von Pionieren und nicht ein vereinzelter, in die Irre gelaufener Privatforscher war.

Es war vor allem Anderssohns nach Berlin gezogenem Schüler Johannes Zacharias zu verdanken, dass die Theorie nach Anderssohns Tod in monistischen Kontexten rezipiert wurde, etwa durch Verbreitung und Ausarbeitung der Theorie in Zacharias' eigener Zeitschrift *Weltwissen*, die in den 1910er und 1920er Jahren von vielen Gegnern der modernen Physik als Diskussionsforum genutzt wurde. Selbst vertrat Zacharias eine stark okkultistisch gefärbte Drucktheorie und seine Zeitschrift *Weltwissen* war ganz darauf ausgelegt, verschiedenen Spielarten von Drucktheorien ein Forum zu bieten. Fast in jedem Heft der alle zwei Wochen erschienenen Zeitschrift wurden Artikel wie »Zur Mechanik der Gravitation«[116] oder »Über den Wert der Theorie und den Ersatz der Anziehungslehre«[117] veröffentlicht. Anderssohn und sein Netzwerk sind ein Beispiel für außerakademische Forschung im Bereich der Drucktheorie, waren aber kein Einzelfall. Mechanische Gravitationstheorien waren Ende des 19. Jahrhunderts zum Teil innerwissenschaftlich, aber insbesondere in den Kontexten außerhalb der akademischen Physik weit verbreitet;[118] eine umfangreichere Untersuchung auch über den deutschsprachigen Raum hinaus steht allerdings noch aus. Dieser drucktheoretische Kontext, der

116 Zacharias, Johannes, »Zur Mechanik der Gravitation«, in: *Weltwissen*, Bd. 1, Nr. 1 (1912), S. 9–10.

117 Beckenhaupt, Carl, »Über den Wert der Theorie und den Ersatz der Anziehungslehre«, in: *Weltwissen*, Bd. 1, Nr. 1 (1912), S. 4–6.

118 Vgl. u. a. Dellinghausen, Nicolai, *Das Räthsel der Gravitation,* Heidelberg 1880; Isenkrahe, Caspar, *Das Räthsel von der Schwerkraft: Kritik der bisherigen Lösungen des Gravitationsproblems und Versuch einer neuen auf rein mechanischer Grundlage,* Braunschweig 1879; Sahulka, Johann, *Über die bisherigen Versuche, die Gravitation aus dem Stoße der Ätherteilchen zu erklären*, Wien 1908; Staub, Julius Bernhard, *Die thatsächliche Widerlegung der Newtonschen Hypothese von der allgemeinen Anziehungskraft durch den naturgemäßen Ersatz derselben als Grundlage einer neuen monistischen Weltanschauung*, Leipzig-Lindenau 1898. Für die USA vgl. Brush, Charles Francis, »A Kinetic Theory of Gravitation«, in: *Science*, Bd. 33, Nr. 845 (1911), S. 381–386; ders., »Some Experimental Evidence Supporting the Kinetic Theory of Gravitation«, in: *Journal of the Franklin Institute*, Bd. 206, Nr. 2 (1928), S. 143–150; ders., »Gravitation«, in: *Proceedings of the American Philosophical Society*, 1928, S. 55–68; Stevenson, Robert, »Do Bodies Fall?«, in: *Harper's Weekly*, 1. Teil am 22. August, dann im wöchentlichen Turnus die Fortsetzungen bis zum 11. Teil am 31. Oktober 1914 (unter dem Pseudonym Kinertia erschienen).

hier nur umrissen werden konnte, spielte in der Kritik der Einstein'schen Gravitationstheorie die zentrale Rolle.[119]

Die Kritik der Relativitätstheorie aufgrund mechanischer Gravitationstheorien

Die Welträtsellöser-Kritik an der akademischen Wissenschaft in Bezug auf die Gravitation betraf viel öfter und extensiver die Newton'sche Anziehungskraft als die Einstein'sche Deutung der Gravitation als Raumkrümmung.[120] Hier wurde ein bereits bestehender Konflikt zwischen außerakademischen und akademischen Wissensbeständen auf die Relativitätstheorie als neueste Entwicklung der akademischen Physik übertragen. Die Raumkrümmung war »absurd« und damit erübrigte sich weitere Kritik; es gab keinen Anlass dazu, in die tieferen Niederungen von Details wie Feldgleichungen hinabzusteigen. Während in der Auseinandersetzung mit der speziellen Relativitätstheorie exzessiv gerechnet wurde (insbesondere um das Ergebnis des Michelson-Morley-Versuchs »richtig« zu berechnen und die Unnötigkeit der relativistischen Längenkontraktion aufzuzeigen), versuchte kaum ein Einsteingegner, die allgemeine Relativitätstheorie mathematisch zu widerlegen. Die Kritik setzte bei der allgemeinen Relativitätstheorie vielmehr gerade bei deren Unverständlichkeit, Kompliziertheit und Unanschaulichkeit an und wandte das gegen die Theorie. Einsteins »unphysikalische« Gravitationstheorie stellte für die Welträtsellöser nur den Höhepunkt einer ganzen Reihe von Fehlentwicklungen der Physik dar, die bereits bei Newton ihren Anfang genommen hatte – warum also nicht das

119 Jedoch waren nicht alle Welträtsellöser Drucktheoretiker. Mewes schloss sich Zöllner an und nahm eine elektrodynamische Gravitationstheorie an. Vgl. Mewes 1920a, S. 93. Die elektrodynamische Erklärung der Gravitation war insbesondere unter den akademischen Einsteingegnern verbreitet, so etwa bei Lenard. Vgl. auch Kapitel 4, Anm. 422.

120 Vgl. z. B. Koller-Aeby, Hermann, *Der Grundirrtum Newton's als Ursache des Einstein'schen Grundirrtums*, Leipzig 1931. Sechs Tage nach der Auftaktveranstaltung der öffentlichen Vortragsreihe gegen Einstein in der Berliner Philharmonie schrieb Julius Hermann Klemt an Gehrcke: »Soeben lese ich im ›Rostocker Anzeiger‹ von Ihrer kritischen Zerpflückung der Einsteinschen Relativitätstheorie. Ich bin erst vor Jahresfrist direkt aus dem afrikanischen Busch gekommen, aber ich habe mich immer geschämt über die Art und Weise, in der Einsteins Ideen gelobhudelt wurden. Ich freue mich Ihrer Ehrlichkeit und gestatte mir darum, Ihnen mit einigen wissenschaftlichen Ideen näherzutreten, die anders als die Einsteinschen Newtons Gravitationstheorie zu Leibe gehen.« Klemt übersandte Gehrcke einige Arbeiten und bat um experimentelle Nachprüfung seiner Gravitationsgesetze. Klemt an Gehrcke, 30. August 1920, GN 4-B-11. Eine etwaige Antwort von Gehrcke ist nicht erhalten.

Übel bei der Wurzel packen? Teilweise wurde die Relativitätstheorie von den »freien Forschern« geradezu dankbar als Aufhänger für eine Newton-Kritik benutzt:

»Da die Grundlagen dieser [Relativitäts-]Theorie Newtons Grundlagen seiner Gravitations-Mechanik, das Trägheits-Gesetz, die Anziehungskraft und der völlig leere Weltraum sind, so kann der technisch gebildete Laie leicht auf den Gedanken kommen, Newtons Gravitations-Mechanik unseres Sonnen-Systems einer Untersuchung zu unterziehen. Ist diese Mechanik, wie Newton sie sich denkt, wirklich möglich? Glauben die Fachgelehrten sie und können, müssen wir Laien sie glauben?«[121]

Diese Frage stellt Alfred Brandhoff in der Zeitschrift *Neue Weltanschauung* und legte im Folgenden seine Newton-Kritik dar. Die *Neue Weltanschauung*, die Zeitschrift des Humboldtbunds, einer Abspaltung vom Monistenbund, bot ebenso wie *Weltwissen* in den 1910er und 1920er Jahren ein Forum für mechanische Theorien, die sich meist auf die Gravitation bezogen, aber auch auf andere Bereiche angewendet wurden, vom Elektromagnetismus bis zum menschlichen Bewusstsein. Die Redaktion merkte in einer Fußnote zu einem drucktheoretischen Artikel über »Die Triebkraft im Weltall« an: »Es ist unseren Lesern bekannt, daß in den letzten Jahren vielfach Zweifel an dem Vorhandensein einer Anziehungskraft im Sinne Newtons geäußert worden sind; man will sie durch einen Strahlungsdruck ersetzen«.[122] Tatsächlich war die Drucktheorie der Gravitation in den monistischen Kontexten der 1910er und 1920er Jahre die populärste Alternative zur Newton'schen Gravitationstheorie und erst recht zur noch abstrakteren allgemeinen Relativitätstheorie. Zu dem Zeitpunkt, als die allgemeine Relativitätstheorie in der akademischen Physik anerkannt war, gab es im außerakademischen Raum eine sich als wissenschaftlich verstehende Community, die die in der akademischen Welt weitgehend unbeachteten zeitgenössischen außerakademischen Drucktheorien rezipierte und schätzte. In der *Neuen Weltanschauung* schloss Emil Horst im Jahr 1921 die Besprechung eines Buches von Johannes Oltmanns über *Die Mechanik des Weltalls:*

121 Brandhoff, Alfred, »Newtons Gravitations-Mechanik. Eine Laien-Betrachtung«, in: *Neue Weltanschauung*, Bd. 10, Nr. 10 (1921), S. 65–72.

122 Anmerkung der Redaktion zu: Tölle, Oswald, »Die Triebkraft im Weltall«, in: *Neue Weltanschauung*, Bd. 6, Nr. 4 (1913) S. 142–144.

Grundlagen einer einheitlichen mechanistischen Weltanschauung[123] mit den folgenden Worten:

»Oltmanns Buch ist eine ungemein willkommene Bereicherung der mechanistischen Literatur. Man erkennt, Forscher wie Anderssohn, Zacharias, Hertz, Beckenhaupt, Fricke, Frölich, Newest, Horst, arbeiten nicht mehr in absoluter Verlassenheit. Das Problem der Drucktheorie liegt heute in der Luft, es wird spruchreif.«[124]

Ebenso wie der Rezensent Horst selbst, der unter anderem 1913 in *Weltwissen* eine mehrteilige Abhandlung über die »Erkenntnistheoretische Begründung der Drucktheorie«[125] veröffentlicht hatte, sind die von ihm Genannten zeitgenössische außerakademische Forscher, darunter die in dieser Arbeit bereits erwähnten Welträtsellöser Hermann Fricke, Carl Beckenhaupt, Johannes Zacharias und Aurel Anderssohn. Die in der akademischen Welt bekannten Drucktheoretiker Le Sage, Secchi und teilweise auch Isenkrahe wurden manchmal als Referenz und zur Bekräftigung der eigenen Drucktheorie angeführt. Allerdings wurden deren Ansätze kaum diskutiert, da die Welträtsellöser ihre Drucktheorien weitgehend autonom, also ohne Bezug zum aktuellen Forschungsstand entwickelt hatten und – wie etwa im Fall von Patschke – erst von außen zum Beispiel auf Isenkrahe aufmerksam gemacht worden waren.[126] Auf Grundlage dieser außerakademischen Wissensbestände wurde die Kritik der allgemeinen Relativitätstheorie aus einer bestimmten Perspektive heraus

123 Oltmanns, Johannes, *Die Mechanik des Weltalls: Grundlagen einer einheitlichen mechanistischen Weltanschauung*, Hamburg 1920.

124 Horst, Emil, [Rezension von Oltmanns 1920], in: *Neue Weltanschauung*, Bd. 10, Nr. 1 (1921), S. 16–19, hier: S. 19.

125 Horst, Emil, »Erkenntnistheoretische Begründung der Drucktheorie«, Teil 1 in: *Weltwissen*, Bd. 1, Nr. 9 (1913), S. 121–125, Teil 2 in: ebd., Nr. 10 (1913), S. 133–135, Teil 3 in: ebd., Nr. 11 (1913), S. 141–143.

126 Während ein akademisch ausgebildeter Physiker wie Fricke die einschlägige Literatur kannte und in verschiedenen Schriften über seine Äthertheorie von Descartes bis Maxwell alles für sich vereinahmte, ohne sich allerdings tiefer damit auseinanderzusetzen, handelt es sich bei den Theorien der Ingenieure in der Mehrzahl tatsächlich um eigenständige Ansätze. Bei Patschke war es die Erfahrung mit den Kräften der Dampfturbine, die ihn zur Formulierung seines Weltgesetzes inspirierte. In dieser Formulierung bezog er sich auf die Grundlagen der Mechanik, die ihm im Rahmen seiner Ausbildung am Technikum Mittweida vermittelt worden waren. Er war aber dankbar, wenn er auf weitere Theorien aufmerksam gemacht wurde. So wurde er bei einer Diskussion über sein Weltgesetz im Naturwissenschaftlichen Verein Düsseldorf von einem Zuhörer auf Isenkrahe hingewiesen. Vgl. Patschke 1925, S. 17f.

(»Einstein = Newton«) und aufgrund einer spezifischen Motivation (»Drucktheorie erklärt Gravitation viel besser als alle anderen möglichen Erklärungen«) geführt. Ingenieur Patschke unterzog in seiner Broschüre gegen die Relativitätstheorie unter der Überschrift »Die Urkräfte sind Druckkräfte nicht Zugkräfte« die Gravitationsauffassung der theoretischen Physik einer Grundsatzkritik. Auch für ihn gab es zwischen den Auffassungen Newtons und Einsteins zur Gravitation mehr Gemeinsamkeiten als Unterschiede:

»Einstein folgert aus der Newtonschen Theorie, daß die materielle Welt wohl begrenzt sein müsse, und berechnet sogar die Größe des angeblich sphärischen Weltraumes. Seine Gedankengänge [...] fußen dabei auf der Annahme, daß die Gravitationskraft, die sogenannte Newtonsche Kraft, eine unerklärliche Anziehungskraft sei.«[127]

Diese Gleichsetzung der Einstein'schen und Newton'schen Gravitationskonzeptionen als Theorien der »Anziehung« geht an der wesentlichen Differenz zwischen Einsteins geometrischer Konzeption der Gravitation und Newtons Begriff der Anziehungskraft vorbei, erlaubte es Patschke aber, die Newton'sche und seiner Ansicht nach eben auch Einstein'sche Anziehungskraft in den Mittelpunkt der Kritik zu stellen. Patschkes Kritik der allgemeinen Relativitätstheorie wies drei Hauptpunkte auf, von denen zwei Newton betrafen:

Zum einen sei die Stabilität des Planetensystems in Frage gestellt, falls die Annahme der Anziehungskraft zuträfe.[128] Nach Patschkes Theorie dagegen war das Universum ein Perpetuum mobile, dessen ewige Stabilität sich aus dem Gleichgewicht dreier Kräfte, nämlich zweier »entfernenden« Kräfte und einer »andrückenden« Kraft ergeben sollte. Die auf die Erde wirkenden entfernenden Kräfte seien die Zentrifugalkraft und die abstoßend wirkenden Lichtätherstrahlen der Sonne; die annähernde Kraft be-

---

127 Patschke 1920, S. 19.

128 Eine zeitgenössische akademische Diskussion der Stabilität des Planetensystems findet sich bei Karl Schwarzschild. Nach Poincarés Untersuchungen über die Natur des Dreikörperproblems von 1890 sei es, so Schwarzschild, »sehr wohl möglich, man darf fast sagen, wahrscheinlich, dass das Planetensystem auf die Dauer im höchsten Grade instabil ist«. Schwarzschild war der Ansicht, dass Poincaré zwar recht habe, die Stabilität des Planetensystems sei aber sicher für eine Million, »wahrscheinlich auch noch für 1000 Millionen Jahre« gewährleistet. Schwarzschild, Karl, »Über Himmelsmechanik«, in: *Verhandlungen der Gesellschaft Deutscher Naturforscher und Ärzte*, 1903, allg. Teil, S. 1–14, abgedruckt in: Schwarzschild, Karl, *Gesammelte Werke*, Bd. 1, Voigt, Hans H. (Hg.), Berlin [u. a.] 1992, S. 84–95, hier: S. 91f.

stehe ebenfalls aus Lichtätherstrahlen, jedoch aus dem Mittelwert aller Sternstrahlen im Weltraum, die sehr verdünnt seien und als eigentliche »Gravitationsstrahlen« die Schwerkraft verursachten. Zum anderen sei die Anziehungskraft keine mechanische Kraft; dass aber alle Kräfte Druckkräfte seien, hatte Patschke bereits 1905 in seinem Weltgesetz der Kraft erklärt und er war nicht bereit, davon abzurücken – weder für Newton noch für Einstein. Der dritte Punkt betraf nun endlich Einstein und zwar den Bereich der Kosmologie. Gegen Einsteins Annahme der Begrenztheit des Universums vertrat Patschke die Auffassung, dass das Universum unendlich groß sei. Man könne ohne Weiteres »aus der Einheitlichkeit der Naturkräfte und aus dem Aufbau unseres eigenen Weltsystems [...] folgern, daß auch in dem unendlichen unsichtbaren Weltraum unendlich viele andere Sternenwelten vorhanden sein müssen.«[129] Diese »Lichtwelten« (Patschke) würden durch die Sternstrahlen der anderen Lichtwelten in einem ewigen Gleichgewicht gehalten.

Wie die anderen Kritiker der Gravitationsauffassung der akademischen Physik war auch Fricke der Ansicht, dass eine Erklärung der Schwerkraft diese erst aus der »mathematischen Erstarrung und Isolierung« befreien müsse, die sie sowohl durch Newton als auch durch Einstein erfahren habe »und [dass man] an Stelle der abstrakten Rechengrößen, welche die Betrachtungen über das Schwerkraftproblem bisher so kahl und unerfreulich machten, die uns wohlbekannten lebendigen Kräfte setzen [muss].«[130] Newtons Theorie stellte für ihn »nur ein unvollkommenes mathematisches Gerippe des wirklichen Naturvorganges dar.«[131] Fricke nahm an, dass die »Gravitationsstrahlen«, die von einem Körper ausgesendet werden, »eine Art umgekehrte Lichtstrahlen« sind, die davon getroffenen Körpern Energie zuführen, die diese dann in Form von Lichtstrahlung wieder abgeben.[132] Die Schwerkraft sei demnach eine Energiestrahlung bislang unbekannter Art, und er meinte, ein neues Naturgesetz entdeckt zu haben, nämlich einen Zusammenhang von Temperatur und Schwerkraft.[133] Er

---

129 Patschke 1920, S. 19ff., hier. S. 21. Patschke bezieht sich hier auf Einsteins Arbeit »Kosmologische Betrachtungen zur allgemeinen Relativitätstheorie«, in: *Sitzungsberichte der Königlich Preußischen Akademie der Wissenschaften*, [Berlin] (1917), S. 142–152, abgedruckt in CP Bd. 6, Doc. 43.

130 Fricke 1919, S. 7.

131 Ebd. S. 9.

132 Ebd. S. 8ff.

133 Erwähnung findet Frickes Gravitationstheorie bei Wiechert, Emil, »Anmerkungen zur Theorie der Gravitation und über das Schicksal der Gestirne«, in: *Vierteljahresschrift der*

war der Ansicht, dass die Himmelskörper eine Art Transformatoren seien und Energiezufuhr und Energieabfluss sich gegenseitig ausglichen. Als einen entscheidenden Vorteil seiner Transformatorentheorie sah Fricke an, dass die Himmelskörper damit in alle Ewigkeit weitertransformieren könnten und keine »dahinschwindende Todeskandidaten«[134] seien und er fragte:

»Ist es nicht viel einleuchtender und selbstverständlicher, dass sich alle diese Welten [der strahlenden Sonnen] trotz ihrer zum Teil recht hohen Temperaturen doch in bester Harmonie mit dem Weltganzen befinden? Ja, ist diese Ansicht nicht überhaupt die einzig mögliche? Denn wenn die Welt wirklich erkalten wolle, hätte sie doch längst Zeit dazu gehabt.«[135]

Es wäre zu erwarten, dass Fricke, für den die Schwerkraft eine substanzhafte Strömung im Äther war, die Geometrisierung der Gravitation in der allgemeinen Relativitätstheorie für grundlegend falsch hielt, aber manchmal führten eigenwillige Interpretationen der Relativitätstheorie nicht zum »Feindbild Relativitätstheorie«, sondern zu einer wohlwollenden Auffassung der Einstein'schen Theorie. Dies war auch bei Fricke der Fall, der annahm, dass die Minkowski'sche Raumzeit eine »etwas abstrakte und verhüllte Form der alten unitarischen Ätherwirbeltheorie« sei, daraus eine recht positive Bewertung von Einsteins allgemeiner Relativitätstheorie (»sehr beachtenswert«) herleitete und hoffte: »Vielleicht wirft Einstein in seiner Schwerkrafttheorie noch allmählich ganz die Eierschalen seines unmöglichen Relativitätsprinzips ab und kehrt nach so viel Sturm und Drang friedlich zur guten alten ›Zeit‹, zum Äther und zum euklidischen Raum zurück.«[136]

Astronomischen Gesellschaft, Bd. 56, Nr. 3 (1921), S. 171–191; Riem, Johannes, »Welten-Werden«, in: Prochnow, Oskar (Hg.), *Erdball und Weltall,* Berlin-Lichterfelde 1927, S. 202–268; Mohorovičić, Stjepan, »Eine elementare Theorie der Gravitation«, in: *Naturwissenschaftliche Wochenschrift*, N.F., Bd. 21, Nr. 11 (1922) S. 145–153.

134 Viele Welträtsellöser bemühten sich darum, das vermeintlich bevorstehende Ende des Universums wegzuerklären. Insbesondere der »Wärmetod« – ein aus dem zweiten Hauptsatz der Thermodynamik unter der Annahme eines begrenzten Universums hergeleites Weltende – wurde immer wieder anhand der eigenen Theorien als gegenstandslos bewiesen. Vgl. z. B. Patschke 1921, S. 29 sowie S. 354f.; Zacharias, Johannes, »›Geniale‹ Offenbarungen der ›exakten‹ Forschung«, in: *Weltwissen*, Bd. 2, Nr. 35 (1914), S. 125–129, hier: S. 126.

135 Fricke 1919, S. 19.

136 Fricke 1920a, S. 23.

Okkultistische und vitalistische Gravitationsauffassungen

Während die Drucktheorien mit ihren mechanischen, äther-basierten Erklärungsansätzen oft »veraltetes Wissen« verkörperten und dadurch eine gewisse Grenzfläche mit der akademischen Physik aufwiesen, waren die okkultistischen und vitalistischen Auffassungen über die Gravitation Konzepte, die von vornherein jenseits möglicher Berührungspunkte mit dem Diskurs der akademischen Physik lagen. Sie wurden vom akademischen Diskurs nicht als »veraltetes Wissen«, sondern als nicht wissenschaftsfähig eingestuft. Im okkultistischen Denken wurde, zum Beispiel bei Ziegler, Gravitation durch »elektromagnetische« Anziehung und Abstoßung erklärt, wobei der Begriff des Elektromagnetismus sich hier auf die Odlehre Karl von Reichenbachs (1788–1869) bezieht. Baron von Reichenbach, Privatgelehrter, Erfinder und unkonventioneller Theoretiker, ist vor allem durch das Postulat der »Odkraft« berühmt geworden, einer »das Weltalle umspannende[n] Naturkraft«,[137] die allen Dingen, ob Mensch, Tier, Pflanze oder Materie, entströme und die polarer Natur sei. Diese odische Ausstrahlung sollte das Gewicht nicht verringern und durch alle Stoffe hindurchgehen, aber konkrete und sichtbare Effekte hervorbringen. Sensitive Menschen könnten die entströmende Odkraft sehen – eine Art farbige Aura – und reagierten stark auf Odkräfte. Reichenbach und andere führten viele Versuche durch, um die odischen Reaktionen zu messen und auf Fotoplatte zu bannen. Aus der universal wirkenden Odkraft wurden auch alle physikalischen Phänomene wie Magnetismus, Radioaktivität oder eben auch die Schwerkraft abgeleitet. Bei Ziegler korrespondierte die Verabsolutierung des Dualismus von positiven und negativen Kräften in der Odtheorie mit seiner erkenntnistheoretischen Prämisse des fundamentalen Gegensatzes als Grundstruktur der Welt und die strahlende Natur des Ods mit seiner Präferenz für das Übersinnliche. Gravitation war bei Ziegler daher ein Phänomen des universalen Gegensatzes, das in sehr verschiedener Weise auftreten konnte: als Schwerkraft im engeren Sinne beim freien Fall, als gegenseitige Anziehung großer Körper, aber ebenso als »Anziehung«, als Sympathie zwischen Personen. »Gravitation« in einen so breiten Kontext zu stellen, war im okkultistischen Denken nicht unge-

137 Vgl. Reichenbach, Karl, *Physikalisch-physiologische Untersuchungen über die Dynamide des Magnetismus, der Elektricität, der Wärme, des Lichtes, der Krystallisation, des Chemismus in ihren Beziehungen zur Lebenskraft*, 2 Bände, 2. verb. Aufl., Braunschweig 1850, hier: Bd. 1, S. 162.

wöhnlich.[138] Auch Reuterdahl führte ein »gravitational law of the spiritual world« als ethisches Prinzip in seinem Werk *The God of Science* ein.[139]

Ebenso weit entfernt vom Bereich in der akademischen Physik diskussionsfähiger Konzepte war die Auffassung von Vitalist Kleinschrod: Er kam ganz ohne wie auch immer konzipierte Gravitationskräfte aus. Für den Kneipparzt lag die Ursache der Bewegung nämlich in den Massen selbst begründet, er definierte die Materie als »nicht etwas an sich Totes«, sondern als »tätiges Raumwesen, das Bewegungen bilden kann«.[140] Für ihn gab es »keine Fernkräfte [...], ebensowenig wie Anziehungs- und Abstossungskräfte«,[141] sondern die Sterne bewegten sich – jeder nach seinem individuellen Gesetz – selbst, ohne weitere physikalische Krafteinwirkung, auf ihren Bahnen voran. Selbstbewusst konnte Kleinschrod von der Warte der Übermechanik aus erklären:

> »Wir kommen also zu einer ganz anderen Definition des Weltraumes wie Einstein in seiner Relativitätslehre. Nach Einstein ist die Welt ein ›nichteuklidisches vierdimensionales Kontinuum in Raum und Zeit‹. – Diese Definition muß eine falsche sein, wenn der materiellen Welt ein dynamisches substantiales Raumprinzip zu Grunde liegt.«[142]

Hier wird wiederum das restriktive Interpretationsmuster der Einsteingegner deutlich, nach welchem die Relativitätstheorie falsch sein muss, solange die eigene Theorie richtig ist.

Ähnlich, aber noch deutlicher als beim Thema »Raum« fokussierte die Kritik an der Einstein'schen wie auch an der Gravitationsauffassung der klassischen Physik auf der Forderung nach einer einfachen, anschaulichen Erklärung der Schwerkraft. Wie in der Skizzierung der mechanischen, okkultistischen und vitalistischen Gravitationsauffassungen zu sehen war, wurden zwar unterschiedliche Auffassungen über dieses »einfache« Wesen der Schwerkraft vertreten, die Motivation zur Kritik der unanschaulichen mathematischen Gravitationskonzeptionen von Newton und Einstein, die in den Augen der außerakademischen Einsteingegner mehr Gemeinsamkeiten als Unterschiede aufwiesen, war jedoch dieselbe.

---

138 Die Theosophie erklärte Gravitation als »magnetische« Wirkung (im Sinne des Mesmerismus). Vgl. Blavatsky 1877, S. 206ff.

139 Reuterdahl, Arvid, *The God of Science*, Minneapolis 1928, S. 166ff.

140 Kleinschrod 1928, S. 352.

141 Kleinschrod 1920, S. 21.

142 Ebd.

3.1.6 Äther

Der Äther in der klassischen Physik

Ätherkonzeptionen haben eine lange Tradition in der Physik und wurden eingeführt, um verschiedene Phänomene, insbesondere die Gravitation und die Ausbreitung des Lichts, zu erklären. Huygens war der Auffassung, das Licht sei ein Wellenphänomen und er führte im *Traité de la lumière* den Äther als Trägermedium für die Ausbreitung des Lichts ein, analog zur Luft als Ausbreitungsmedium für Schallwellen.[143] Newton hingegen konnte mit seiner Teilchentheorie des Lichts die gradlinige Ausbreitung und Reflexionserscheinungen mechanisch interpretieren und benötigte keinen Lichtäther.[144] Die Newton'sche Lichttheorie dominierte lange Zeit, wenngleich die Konzeption des Äthers als Medium der Lichtausbreitung im 18. Jahrhundert weiterhin vertreten und weiterentwickelt wurde, unter anderem von Leonhard Euler und Bejamin Franklin. Einen rasanten Aufschwung erlebte die Lichtäthertheorie Anfang des 19. Jahrhunderts mit Thomas Youngs und Augustin Fresnels Arbeiten auf dem Gebiet der Optik. Die Entwicklungen im Bereich der Forschungen zu Wärme, Elektrizität und Magnetismus brachten die nächste Stufe in der Entwicklung der Ätherkonzeptionen. Einen Zusammenhang dieser Phänomene mit dem Lichtäther nahm bereits Michael Faraday an, erst James Clerk Maxwell (1831–1879) jedoch gelang es, in seiner Elektrodynamik den Nachweis zu erbringen, dass die bislang als weitgehend unabhängig voneinander gesehenen Bereiche Elektrizität, Magnetismus und Licht eng zusammengehören und als elektromagnetische Wellen im Äther beschrieben werden können. Der Lichtäther war der elektromagnetische Äther geworden.[145]

---

143 Vgl. Huygens, Christiaan, *Traité de la lumière*, Paris 1920 [1678/1690].

144 Dennoch spielte das Ätherkonzept auch bei Newton eine Rolle und zwar insb. als mögliche Ursache für die Erklärung der Gravitation. Vgl. Newton, Isaac, *Optik oder Abhandlung über Spiegelungen, Brechungen, Beugungen und Farben des Lichts: I., II. und III. Buch (1704)*, Abendroth, William (Hg.), 2. Aufl., Repr. der Ausg. Leipzig 1898, Thun [u. a.] 1996 (Ostwalds Klassiker der exakten Wissenschaften Bd. 96), Queries 17–24, zur Gravitation insb. Query 21. Vgl. auch van Lunteren 1991, S. 54ff.

145 Vgl. z. B. die Feststellung Maxwells: »[W]e can scarcely avoid the inference that *light consists in the transverse undulations of the same medium which is the cause of electric and magnetic phenomena.*« Maxwell, James Clerk, »On Physical Lines of Force«, in: *Philosophical Magazine*, Bd. 21 (1861–1862), abgedruckt in: ders., *The scientific papers*, Bd. 1, Niven, W. D. (Hg.), Cambridge 1890, S. 451–513, hier: S. 500.

Es herrschte unter den Physikern zwar in Bezug auf die Existenz des elektromagnetischen Äthers große Einigkeit, es gab jedoch ein grundlegendes Problem: Man konnte zwar die Eigenschaften des Äthers sehr genau beschreiben, einen Nachweis für die Existenz dieses Mediums aber letztlich nicht erbringen. Zudem musste der Äther, um allen bekannten natürlichen Phänomenen gerecht zu werden, sehr seltsame Eigenschaften aufweisen: Aus der Tatsache, dass sich das Licht mit Transversalschwingungen fortpflanzt und nicht mit Longitudinalwellen, wie in kompressiblen Flüssigkeiten oder Gasen zu erwarten, wurde geschlossen, dass der Äther nicht kompressibel sein dürfe, andererseits aber äußerst elastisch sein müsse, da sich in ihm – wie in einem festen Körper – die Lichtwellen sehr gut fortpflanzten.[146] Max Born resümierte 1919: »Man kam also zu dem Schluß: Der Äther ist ein inkompressibler, vollkommen elastischer, fester Körper. Und trotzdem bewegen sich die Himmelskörper mit ungeheuren Geschwindigkeiten völlig reibungs- und störungsfrei.«[147]

Es war lange Zeit ein herausragendes Thema der Experimentalphysik gewesen, die Eigenschaften des Äthers näher zu bestimmen und ihn nachzuweisen. Für viele im letzten Drittel des 19. Jahrhunderts ausgebildete Physiker war Physik auch zu Beginn des 20. Jahrhunderts in erster Linie Ätherphysik. Das nachträglich im Zusammenhang mit der speziellen Relativitätstheorie so wichtig gewordene Experiment von Michelson und Morley war der wohl berühmteste Versuch, durch die Ausbreitungsgeschwindigkeit eines Lichtstrahls in Abhängigkeit seines Winkels zur Bewegungsrichtung der Erde zum angenommenen Äther, eine Bewegung der Erde gegenüber dem Äther festzustellen. Eine solche ließ sich jedoch nicht nachweisen.[148]

Neben diesem im Elektromagnetismus verankerten Ätherkonzept existierten insbesondere im außerakademischen Raum weiterhin mechanische Vorstellungen vom Äther. Der Äther wurde als aus kleinsten Teilchen zusammengesetzt gedacht und die Ätherbewegungen mechanisch er-

---

146 Zum Ätherkonzept im 19. Jahrhundert vgl. Whittaker 1951; Cantor, Geoffrey N./ Hodge, Michael J. S. (Hg.), *Conceptions of Ether, Studies in the History of Ether Theories 1740–1900,* Cambridge [u. a.] 1981; Schaffner, Kenneth F., *Nineteenth-century aether theories*, Oxford [u. a.] 1972. Für eine zeitgenössische Darstellung vgl. Maxwell, James Clerk, »Æther«, in: *Encyclopedia Britannica*, Bd. 8 (1879), S. 568–572.

147 Born, Max, »Vom mechanischen Äther zur elektrischen Materie«, in: *Die Naturwissenschaften*, Bd. 7, Nr. 9 (1919), S. 136–141.

148 Vgl. dazu ausführlich Swenson, Lloyd S., *The Ethereal Aether: A History of the Michelson-Morley-Miller Aether-drift Experiments. 1880–1930,* Austin 1972.

klärt.[149] Anstelle einer Adaption des elektrodynamischen Weltbilds war hier der Elektromagnetismus durch atomistische Deutungen der Phänomene in das mechanische Weltbild integriert worden.[150] Selbst von einem studierten, nun aber außerakademisch forschenden Physiker wie Fricke wurde ein Unterschied zwischen Mechanik und Elektromagnetismus gar nicht gesehen: »Ich verstehe übrigens nicht recht, warum ein Unterschied zwischen ›mechanischer‹ und ›elektromagnetischer‹ Theorie bestehen soll. Mir scheint hier ein Mißverständnis vorzuliegen.«[151]

Die Verteidigung des Äthers

Während der Äther in der klassischen Physik akzeptiert war und seine Unnachweisbarkeit zwar bedauert, seine Existenz aber nicht grundsätzlich in Frage gestellt wurde, sahen sich die Ätheranhänger nach der Einstein'schen Erklärung, dieser Lichtäther sei in seiner Theorie überflüssig,[152] zunehmend unter Druck gesetzt. Sie mussten nun beweisen, dass es den Äther wirklich gibt und außerdem eine Ätherkonzeption präsentieren, die die Erfolge der Relativitätstheorie – vor allem den für den Existenznachweis des Äthers so blamabel ausgegangenen Michelson-Morley-Versuch[153] – neutralisieren konnte. Tatsächlich erlebten Äthertheorien durch die Provokation der ätherlosen Relativitätstheorie zunächst einen neuen Aufschwung, wie auch einer der unmittelbar Beteiligten, der Astronom Johannes Riem, registrierte: »Gerade *weil* Einstein den Aether als abgeschafft verkündet hatte, hat die praktische Physik die Aetherphysik so sehr in den Vordergrund geschoben, wie nie zuvor. Man denke an die Namen Lenard, Wiechert, Gehrcke, Fricke, Michelson, Eddington, Sagnac, See«.[154]

Die Kritik an der »Abschaffung« des Äthers als Ausbreitungsmedium für Lichtwellen und Ursache weiterer physikalischer Phänomene war verbreitet. Dieses Unbehagen wurde auch von vielen Physikern, etwa von Lorentz und Michelson, geteilt, die die spezielle Relativitätstheorie akzep-

149 Vgl. z. B. Anderssohn 1894, S. 10.

150 Elektromagnetismus mechanisch zu deuten hatten auch akademische Wissenschaftler wie Maxwell zunächst versucht. Vgl. u. a. Siegel, Daniel M., »Thomson, Maxwell and the universal ether in Victorian physics«, in: Cantor/Hodge 1981, S. 239–268.

151 Fricke an Gehrcke, 6. Januar 1927, 76-A-15.

152 Vgl. Einstein 1905b, S. 892.

153 Vgl. Swenson 1972.

154 Riem, Johannes, »Die Bestätigung des Soldner-Effekts«, in: *Rheinisch-Westfälische Zeitung*, 23. April 1923, Abendausgabe, GN 4, XX, 85r.

tierten. Ihnen war aber bewusst, dass man hinter die spezielle Relativitätstheorie nicht mehr zurückgehen konnte und sie wurden, obwohl sie von der Existenz des Äthers ausgingen, dennoch nicht zu erklärten Einsteingegnern wie Gehrcke und Lenard.

Johannes Riem (geb. 1868)

Johannes Riem wurde 1868 in Pommern geboren. Ab 1889 studierte er in Halle, Strassburg und Leipzig Astronomie. 1894 promovierte er in Strassburg zum Dr. rer. nat. Riem war Schüler E. Beckers, des Direktors der Kaiserlichen Universitäts-Sternwarte zu Strassburg. Er war zunächst Assistent und ab 1905 Observator am astronomischen Recheninstitut der Universität Berlin, an der er eine Professur innehatte. 1932 wurde er emeritiert. Riem war Ortsvorsitzender des Berliner Keplerbunds und verfasste viele Beiträge für dessen populärwissenschaftliche Medien. In diesem Rahmen betrieb er selbst abweichende Wissenschaft: Als tiefgläubiger Christ versuchte er, den wissenschaftlichen Beweis für die Existenz Gottes zu erbringen. Eine Zeit lang sympathisierte er außerdem mit der Welteislehre Hörbigers.

Lenard akzeptierte zwar die spezielle Relativitätstheorie,[155] wollte jedoch eine ganz bestimmte Konzeption von Äther beibehalten,[156] die ihn in einen Grundsatzkonflikt mit der modernen Physik stürzte. Er meinte, dass nur das Konzept des Äthers den »Bildern zweiter Art« entspreche, in denen ein Naturforscher denke. Während die »Bilder erster Art« in der mathematischen Formulierung bestünden, gingen die »Bilder zweiter Art« davon aus, dass alle Naturvorgänge auf die mechanisch beschreibbare Bewegung einer Substanz zurückgingen. Die allgemeine Relativitätstheorie lehnte er daher

155 Zu Lenards späterer Abkehr von der speziellen Relativitätstheorie vgl. dieses Kapitel, Anm. 15.

156 Vgl. insb. Lenard, Philipp, *Über Äther und Materie: Vortrag, gehalten in der Gesamtsitzung der Heidelberger Akademie der Wissenschaften am 4. Juni 1910*, 2., ausführlichere u. mit Zusätzen vers. Aufl., Heidelberg 1911; ders., *Über Relativitätsprinzip, Äther, Gravitation*, 3., verm. Ausg., Leipzig 1921, S. 12.

bereits aufgrund ihrer Unanschaulichkeit und Abstraktheit als hinreichende Beschreibung der Gravitation ab (vgl. auch S. 183). Gehrcke setzte sich nicht ausführlich wie Lenard mit der Entwicklung einer Äthertheorie auseinander, er kritisierte im Gegensatz zu Lenard ausgiebig die spezielle Relativitätstheorie.

Philipp Lenard (1862–1947)

Philipp Lenard wurde 1862 in Preßburg geboren. Er studierte zunächst Chemie in Wien und Budapest; von 1883 bis 1885 studierte er Physik in Heidelberg und Berlin, 1886 erfolgte die Promotion bei Quincke, dessen Assistent er von 1886 bis 1889 war. Es folgte ein kurzer Aufenthalt in England, dann ging er als Assistent nach Breslau und 1891 an die Universität Bonn zu Heinrich Hertz. Es folgten noch mehrere Karrierestationen, bis Lenard schließlich 1907 Quinckes Nachfolger und Direktor des Physikalischen Instituts in Heidelberg wurde. Er wurde 1932 emeritiert. 1905 hatte er für seine Forschungen zur Kathodenstrahlung den Nobelpreis erhalten. Lenard war Nationalist und Antisemit und bereits in den 1920er Jahren ein Anhänger Hitlers. In der NS-Zeit war er eine wichtige Identifikationsfigur für die »Deutsche Physik«.

Auch Gehrcke setzte aber einen Äther voraus. Er hielt an der von dem Physiker George Gabriel Stokes (1819–1903) vertretenen Theorie eines von der Erde mitgeführten Äthers und der daraus folgenden Deutung der Aberration fest. Kritik an der Stokes'schen Äthertheorie wollte er mit der Annahme kontern, dass der Äther eine äußerst geringe innere Reibung besäße.[157] Gegen die Einwände, dass die Experimente gegen einen

157 Gehrcke an Lenard, [ca. 1921], GN 71-H-1. Zur zeitgenössischen Kritik an der Stokes'schen Theorie vgl. Lorentz, Hendrik Antoon, *The theory of electrons and its applications to the phenomena of light and radiant heat. A course of lectures delivered in Columbia University, New York, in March and April, 1906*, [1909] (Publication Ernest Kempton Adams Fund for Physical Research Bd. 2), S. 168ff.; vgl. auch Einstein, Albert, »Bemerkung zu Ernst Gehrckes Notiz ›Über den Äther‹«, in: *Verhandlungen der Deutschen Physikalischen Gesellschaft*, Bd. 20 (1918), S. 261, abgedruckt in CP Bd. 7, Doc. 15.

mitgeführten Äther sprachen, führte Gehrcke an, dass der Äther nur von großen Massen bei hoher Geschwindigkeit mitgeführt werde.[158] Allerdings konnte die Annahme der Mitführung des Äthers nicht auf positive experimentelle Bestätigung rekurrieren, sondern verwies insbesondere auf das Resultat des Michelson-Morley-Experiments, wonach keine Bewegung der Erde gegen den Äther festgestellt werden konnte.

Bei den Welträtsellösern unter den Einsteingegnern war der Äther auf einer wesentlich konkreteren Ebene im Denken verankert, etwa so, wie auch heutzutage kaum jemand auf die Idee käme, die Existenz der Luft anzuzweifeln. Das zeigt zum Beispiel Ruckhabers Einwand gegen die »Abschaffung« des Äthers: »Die ›Abschaffung‹ des Äthers, die vor einiger Zeit so viel Streit erweckt hat, ist hinreichend durch den Rundfunk widerlegt.«[159] Denn wandern die Rundfunkwellen nicht sogar wortwörtlich »durch den Äther«? Und er fährt fort:

> »Alle Wellen sind eine sich ausbreitende Bewegung einer Substanz, deren Rhythmus dadurch zustande kommt, daß die Verschiebung der Substanz auf Widerstand trifft, der Druck auf Gegendruck und dieser wieder auf Gegendruck stößt. Dieser Prozeß ist ebensowenig in einem leeren Raum wie in einem widerstandslosen Äther möglich, denn in einem leeren Raum wäre überhaupt nichts möglich, und ohne Widerstand gäbe es weder irgendwelche Formung, auch keine Wellenform, noch eine Zeit und meßbare Geschwindigkeit.«

Ruckhaber nahm an, dass alle Körper vom Äther durchdrungen werden und zwischen diesem »Innenäther« und dem »Außenäther« wiederum ein Kräftespiel stattfindet. Der Versuch, eine Bewegung der Himmelskörper durch den Äther nachzuweisen, wie es der Michelson-Morley-Versuch für die Erde versucht hatte, beruhte für ihn auf der vollkommen falschen Annahme, dass die Materie ätherfrei sei und sich gegen den Äther bewege.[160] Tatsächlich beriefen sich die meisten alternativen Erklärungen zum Ausgang des Michelson-Morley-Versuchs auf das Konzept eines von der Erde mitgeführten Äthers. Physiker wie Lenard und Gehrcke beriefen sich ebenso Theorien eines mitgeführten und bewegten Äthers wie

158 Vgl. Gehrcke, Ernst, »Über den Äther«, in: *Verhandlungen der Deutschen Physikalischen Gesellschaft*, Bd. 20 (1918), S. 165–169, abgedruckt in: Gehrcke 1924a, S. 44–47, insb. S. 45.

159 Dieses und das nachfolgende Zitat aus: Ruckhaber, Erich, *Die Ätherdynamik des Sonnensystems*, Berlin 1941, S. 6f. Auch Fricke argumentierte mit dem Rundfunk. Vgl. Fricke, Hermann, *Rettet den Weltäther! Ein Aufruf an alle, besonders an Physiker und Astronomen*, [undatiertes Typoskript], GN 86-C.

160 Ruckhaber 1941, S. 7.

außerakademische Theorien vertretende Ätheranhänger oder der Philosoph Kraus.[161]

Fricke vertrat wie Ruckhaber, mit dem er längere Zeit zusammen arbeitete (vgl. S. 361ff.), eine auf mechanischer Grundlage errichtete Ätherwirbeltheorie, die er über mehrere Jahrzehnte hinweg ausarbeitete und als Abschluss verschiedener Ansätze zur Formulierung einer Theorie eines mechanisch konzipierten Wirbeläthers ansah. Dabei war er recht großzügig, was die Aufzählung seiner Vorgänger anging und fasste darunter sowohl Descartes wie auch Thomson und Maxwell. Eine ernsthafte Auseinandersetzung mit diesen unterschiedlichen Äthertheorien[162] fand bei Fricke nicht statt.[163] Fricke führte in seinen verschiedenen Arbeiten von der Meteorologie bis hin zur Astrophysik alle physikalischen Phänomene auf die Bewegung des Äthers zurück. Das gleichförmige Fließen des »energiegefüllten Raumes«, wie er den Äther auch bezeichnete, war ihm das

---

161 Vgl. die Äußerung von Kraus in einem Brief an Gehrcke: »Ich meine nun: die letzte Substanz muss kontinuierlich sein; aber der sog Lichtaether könnte darum doch diskret sein, er wäre eben nicht die letzte Substanz, sondern ein Zustand derselben. Er wäre dann auch ›beobachtbar‹, während die letzte Substanz nicht beobachtbar ist. Wäre dem so, dann ließe sich auch eine Möglichkeit ersinnen, den Lichtäther an der Bewegung großer Massen teilnehmen zu lassen und das Michelsonexperiment durch ›Mitnahme‹ zu erklären.« Kraus an Gehrcke, 29. Dezember 1920, GN 71-G-8; vgl. Gehrcke, Ernst, »Die Gegensätze zwischen der Äthertheorie und Relativitätstheorie und ihre experimentelle Prüfung«, in: *Zeitschrift für technische Physik*, Bd. 4, Nr. 9 (1923), S. 292–299, abgedruckt in: Gehrcke 1924a, S. 83–95, hier: S. 92; Gehrcke 1918; Lenard, Philipp, *Über Äther und Uräther*, 2. verm. Aufl. mit einem Mahnwort an deutsche Naturforscher, Leipzig 1922, S. 31. Lenard führte bereits in einem Vortrag von 1910 seine Auffassung aus, dass letztlich jedes Atom seinen eigenen Äther habe, der vom Äther der übrigen Atome unabhängig sei; vgl. Lenard 1911, S. 20f.; vgl. Vogtherr, Karl, »Über Aberration und Michelsonversuch«, in: *Astronomische Nachrichten*, Bd. 217, Nr. 5203 (1922), S. 381–396. Kritisch zur Konzeption des bewegten Äthers äußerte sich der schwedische Physiker Sten Lothigius (1877–1959), der den Ausgang des Michelson-Morley-Versuchs aufgrund seiner eigenen »Faden«-Lichttheorie erklären wollte. Vgl. Lothigius an Gehrcke, 25. April 1925, GN 29-E-3.

162 Zudem ist die von Fricke vorgenommene Zuordnung von Maxwells Ansatz zu den mechanischen Äthertheorien fragwürdig. Vgl. dazu Schaffner 1972, S. 82: »The theory which Maxwell gave in 1865 is non-mechanical, though it is cleary not anti-mechanical.« Zur Diskussion und Darstellung der Maxwell'schen Ätherkonzeption vgl. ebd. S. 78ff. und die dortigen Hinweise.

163 Fricke bezog seine Kenntnisse vor allem aus der Sekundärliteratur. In der Darstellung der Äthertheorien des 19. Jahrhunderts bezog er sich u. a. auf die Dissertation von Block, Heinrich, *Die erkenntnistheoretische Rolle des Äthers in der Entwicklung des Elektromagnetismus,* Bonn 1912. Für eine Diskussion der mechanischen Äthertheorien des 19. Jahrhunderts vgl. Whittaker 1951; vgl. Schaffner 1972, S. 45ff.

Urphänomen, aus dem alle anderen Erscheinungen und physikalischen Kräfte resultieren: »Unser Aethermodell umschließt die Eigenschaften des leeren Raumes, der korpuskularen Strahlen, der Gase, der Flüssigkeiten und der festen Körper, die je nach den Umständen abwechselnd hervortreten.«[164]

Frickes Äthertheorie hatte einen allumfassenden Anspruch, sie war mit ihrer hydrodynamischen Analogie anschaulich und sie hatte ein großes Problem: Ihr Schöpfer machte zwar jede Menge ungeprüfte Annahmen, Voraussetzungen und Verallgemeinerungen, jedoch versuchte er nicht einmal das, woran die mechanischen Äthertheorien des 19. Jahrhunderts gescheitert waren, nämlich eine mathematische Formulierung. Schon aus diesem Grund war seine Äthertheorie, wie die anderen außerakademischen Äthertheorien auch, in der akademischen Physik chancenlos. Fricke jedoch meinte, auf eine mathematische Formulierung nicht angewiesen zu sein, seine Theorie sei wegen ihrer Anschaulichkeit und einfachen Evidenz überzeugend genug (vgl. S. 185f.). Eine solche Auffassung von der Bewährung einer wissenschaftlichen Theorie lag jedoch außerhalb dessen, was in der akademischen Wissenschaft, in der die reine Anschaulichkeit kein Kriterium der Bewährung einer Theorie darstellt, vertretbar war (vgl. auch S. 183ff.). Vor allem Lorentz rückte in Äthertheoretiker Frickes kritischen Blick, denn Einstein habe ja letztlich nur eine mathematische Notlösung für die Aporien des »abstrakten«, ruhenden Äthers von Lorentz erfunden. Der eigentliche Ursprung des »Fehler[s] in der Relativitätstheorie«[165] lag für Fricke demnach bei Lorentz:

»Lorentz trennt in sehr willkürlicher Weise das mit dem Körper wandelnde Kraftfeld und seinen Energiegehalt vom Äther. Dieser wird künstlich aller wahrnehmbaren Wirkungen entkleidet und sinkt zu einem schattenhaften ungreifbaren Wesen herab, über das die Theoretiker dann leicht spotten konnten. Durch die eigentümliche Art, in der Lorentz das Ätherproblem behandelte, wurde der ätherfeindlichen Richtung Einsteins der Boden bereitet.«[166]

Mit der im letzten Satz geäußerten Einschätzung hatte er nicht Unrecht. Tatsächlich war der im Rahmen der Lorentz'schen Elektrodynamik vertretene Ätherbegriff zum Zeitpunkt der Formulierung der speziellen Rela-

164 Fricke 1948.

165 So der Titel von Fricke 1920a.

166 Fricke 1920a, S. 9, Vgl. auch Mewes 1920b, S. 7 über den »folgenschwersten Mangel der Lorentzschen Theorie und der darauf sich stützenden Untersuchungen von A. Einstein (1905) und H. Minkowski (1907)«.

tivitätstheorie der elaborierteste. Um eine konsistente Theorie mit einem absolut ruhenden Äther zu formulieren, verwendete Lorentz die Fitzgerald'sche Längenkontraktion und führte die Ortszeit ein. Die Lorentz'schen Transformationsgleichungen stellten einen wichtigen Bestandteil der Relativitätstheorie dar. Die Gegner der Relativitätstheorie kritisierten deshalb oft nicht ausschliesslich Einstein, sondern bezogen auch andere theoretische Physiker wie Lorentz in diese Kritik mit ein.

In ihrer Verteidigung des Äthers bestärkt fühlten sich die Einsteingegner durch Einsteins vermeintliche Wiedereinführung des Äthers. Am 5. Mai 1920 hielt Einstein in Leiden einen Vortrag mit dem Titel »Äther und Relativitätstheorie«. Nach einem historischen Abriss der Entstehung des Ätherkonzepts stellte Einstein Überlegungen zu einem Ätherbegriff im Rahmen der allgemeinen Relativitätstheorie an, der sich deutlich vom mechanischen und elektromagnetischen Ätherbegriff absetzte: »Der Äther der allgemeinen Relativitätstheorie ist ein Medium, welches selbst aller mechanischen und kinematischen Eigenschaften bar ist, aber das mechanische (und elektromagnetische) Geschehen mitbestimmt.«[167] Für die Einsteingegner war das eine Steilvorlage: Einstein führte den Äther wieder ein! Die Definition des Einstein'schen Äthers wurde dabei entweder

- als unrichtig abgelehnt – »unphysikalisch und inhaltleer« (zum Beispiel Reuterdahl, Kraus, Mohorovičić, Gehrcke, Vogtherr);[168]
- als »taktische Wiedereinführung durch die Hintertür« entlarvt – Einstein habe erkannt, dass man ohne den Äther nicht auskomme, traue sich aber nach seiner lautstarken Abschaffung des Äthers nur, diesen

167 Einstein 1920a, S. 12.

168 Vgl. Reuterdahl 1931b, S. 43. Für Kraus stand fest, dass der »Aether als die zugrunde liegende Substanz« einen Bewegungszustand besitzen müsse, auch wenn dieser nicht erkennbar sei und er erklärte: »Versteht aber Einstein unter Aether nur Aetherzustände – und lässt diese Zustände ohne einen Träger, so ist das absurd«. Kraus an Gehrcke, 22. November 1920, GN 71-G-6; vgl. Mohorovičić 1923a, S. 47f; zu Gehrcke vgl. die Angaben in Anm. 161 dieses Kapitels; Einsteins Einführung eines Äthers ohne mechanische Eigenschaften war auch für Vogtherr nicht legitim. Den Äther anders als ein »Ding« zu denken, kam für ihn nicht in Frage: »Mindestens eine mechanische Eigenschaft muß jedes ›Ding‹ haben, nämlich einen Zustand der Ruhe oder Bewegung, sonst ist es eben kein ›Ding‹, und hat ein Ding gar keine mechanischen Eigenschaften, so ist es im Raume nicht vorhanden und überhaupt kein Objekt der Physik mehr. Was die Physik mit dem absoluten Nichts anfangen soll, mit einem ›Ding‹, das nicht nur keinen Zustand der Bewegung, sondern nicht einmal einen Zustand der Ruhe hat, ist völlig unerfindlich.« Vogtherr 1923, S. 16f.

blassen Abklatsch des »richtigen« Äthers einzuführen (zum Beispiel Riem);[169]
- oder weitgehend außer Acht gelassen (zum Beispiel See, Zehnder, z. T. Kraus).[170]

Der Umgang mit der Einstein'schen Wiedereinführung des Äthers changierte je nach Ausrichtung der Argumentation von »Wir haben gesiegt« bis zu »Das ist kein Äther«. Ersteres wurde gerne öffentlich verkündet. So feierte Johannes Riem in der Tagespresse den Erfolg: »Einstein hat unter der Wucht der von seinen Gegnern vorgebrachten Tatsachen und Gründen in der Tat sich genötigt gesehen, den Äther auf einem Umwege wieder anzuerkennen.«[171] Gehrcke aber erklärte gegenüber Kraus in einem Brief kurz und knapp: »Einsteins Ätherbegriff = nicht Äther, sondern nichteuklidischer Raum«.[172]

In diesem Unterabschnitt konnten nur einige Aspekte des Festhaltens am Ätherkonzept angerissen werden. Die Forderung, am Äther festzuhalten, wurde aus der Defensive erhoben und Äthertheorien wurden oft trotz ihrer Unzulänglichkeiten weiter vertreten. Dies erklärt sich daraus, dass die wichtigste Frage für die Ätheranhänger nicht die Aufstellung einer plausiblen, einwandfrei formulierten Äthertheorie war oder im Ersinnen von Experimenten zum Nachweis des Äthers bestand, sondern dass mit dem Festhalten am Äther eine ontologische Position bezogen wurde, die eine anschauliche und »wahre« Physik einforderte. Gehrcke äußerte seine Meinung sehr deutlich in einer in den Verhandlungen der Deutschen Physikalischen Gesellschaft erschienenen Abhandlung über den Äther. Dort findet sich folgende, in Anbetracht des Adressatenkreises dieser Publikation

---

169 Vgl. Riem 1923.

170 »Erstaunt bin ich auch über Einsteins Schrift ›Aether und Relativitätstheorie.‹ Haben Sie sie gesehen? S. 11 adoptiert er nahezu wörtlich Ihre Lehre ›wesentlich ist ja nur, daß neben den beobachtbaren Objekten noch ein anderes, nicht wahrnehmbares Ding als real angesehen werden muß, um die Beschleunigung bzw. die Rotation als etwas Reales ansehen zu können.‹ Dieses Reale ist ihm nun – der Aether!!!! Der Rückzug ist vollkommen: ›gemäß der allge RT ist ein Raum ohne Aether undenkbar‹!!! – freilich soll *dieser* Aether etwas ganz Neues sein; indes ist das eine unverschämte Behauptung; denn es handelt sich ja um nichts anders als um jenen Aetherbegriff, wie wir ihn zb gerade jetzt diskutieren, wie ich ihn im Anschluß an Brentano (vgl. mein Brentanobuch) fasse« und wie ihn auch andere konzipiert hätten. Kraus an Gehrcke, 22. November 1920, GN 71-G-6; vgl. See 1923a; vgl. Zehnder, Ludwig, *Der Aufbau der Atome aus Uratomen: Vortrag, gehalten in der Kantgesellschaft, Ortsgruppe Basel am 12. Dezember 1921*, Tübingen 1922, S. 2f.

171 Riem 1923.

172 Gehrcke an Kraus, 7. Dezember 1920, GN 71-G-7.

erstaunliche Stellungnahme: »[E]s scheidet überhaupt die Frage der mathematischen Form der Gleichungen des Äthers hier aus, und es handelt sich vielmehr um die Existenzfrage, ob es *wahr* ist, dass es einen Äther gibt und welches seine wirklichen Eigenschaften sind.«[173] Diese Vorrangstellung des »Seins« des Äthers zeigte sich insbesondere in den religiösierten und metaphysischen Ätherkonzepten der Einsteingegner, die wie beim Thema Licht eine Ebene der Argumentation in die Diskussion einführten, die in der akademischen Physik außerhalb dessen lag, was als wissenschaftsfähig galt.

Der Äther als metaphysischer Anker

Dem Äther eine religiöse Dimension zuzuschreiben und ihn als Bindeglied zwischen Gott und Welt anzusehen, war nicht neu.[174] In der zweiten Hälfte des 19. Jahrhunderts fand die religiöse Dimension des Äthers unter anderem in dem schottischen Physiker Peter Guthrie Tait einen Fürsprecher. In seinem zusammen mit Balfour Stewart verfassten Buch *The Unseen Universe* plädierte er für eine harmonische Beziehung von christlichem Glauben und Naturwissenschaft.[175] In Bezug auf das »sichtbare« Universum argumentieren die Autoren, dass dessen Atome aus Ätherwirbeln bestünden, diese wiederum aus feinerem Äther und so fort. Je feiner und immaterieller diese Materie, desto dauerhafter und energiereicher sei sie, »until it rises into existences absolutely immaterial and spiritual«.[176] Anfang des 20. Jahrhundert vertrat der Physiker Oliver Lodge die

173 Gehrcke 1918, S. 45. Vgl. auch die Bemerkung Gehrckes: »Der Äther aber, wenn er existiert, ist durch keine noch so angestrengte Überlegungen umzubringen.« Gehrcke, Ernst, »Zur Diskussion über den Äther«, in: *Verhandlungen der Deutschen Physikalischen Gesellschaft*, Bd. 21 (1919), S. 67–68, abgedruckt in: Gehrcke 1924a, S. 47–48, hier: S. 48. Die Ironie dieser immunisierten Argumentation – *wenn* der Äther existiert, kann man ihn tatsächlich nicht »umbringen« – lag sicher nicht in der Absicht des Autors.

174 Vgl. Cantor, G. N., »The theological significance of ethers«, in: Cantor/Hodge 1981, S. 135–155 und die dortigen Hinweise.

175 Vgl. Stewart, Balfour/Tait, Peter Guthrie, *The Unseen Universe or Physical Speculations On A Future State*, London 1882, Vorwort zur 1. Auflage.

176 Ebd., S. 20. Blavatsky wies in *Isis entschleiert* zustimmend auf das Buch hin und hoffte, dass sich dessen Thesen in der Wissenschaft durchsetzen. Vgl. Blavatsky 1877, S. 159. Vgl. auch die Äußerung Blavatskys: »Der *moderne* Äther; nicht so, wie ihn unsre Gelehrten anerkennen, sondern so, wie er den alten Philosophen lange vor Moses Zeiten bekannt *war;* Äther mit allen seinen mysteriösen, okkulten Eigenschaften«. Ebd., S. 134.

Auffassung, der Äther sei eine Substanz, aus der auch der spirituelle Körper des Menschen konstituiert sei und in dem die Seele ihren Sitz habe.[177] Diese Ansichten geben nicht den Mainstream der naturwissenschaftlichen Ätherauffassungen Ende des 19. und Anfang des 20. Jahrhunderts wieder, aber sie reflektieren die Bestrebungen, Naturwissenschaft mit dem Bereich des Geistigen auf neue Art zu vereinigen und fanden sich bei vielen Ätherverteidigern der 1920er Jahre in der einen oder anderen Form wieder.

Tatsächlich hatte der Äther oft die Funktion eines metaphysischen Ankers der physikalischen Erscheinungen zu erfüllen. Kneipparzt Kleinschrod etwa stellte sich die Frage, wo die Materie herkomme: »Aus Nichts kann auch die Materie nicht entstanden sein, aus irgend einem substantialen Prinzip muß sie hervorgegangen sein. Es entstehen doch heute noch neue Sterne im Weltall! Wo kommen diese her?«[178] Er definierte den Äther in einer späteren Arbeit als »allererste Substanz, gleichsam die Urkeimsubstanz, aus der die in der Erfahrung gegebene materielle Welt erst hervorgegangen ist.«[179] Eine Reflexion auf den Ätherbegriff fand bei ihm nicht statt. Ingenieur Patschke löste in seiner Drucktheorie den Menschen als aus Ätheratomen zusammengesetztes Wesen letztlich im Äther auf und bettete ihn in einen ewigen Kreislauf der Atome ein. Das Leben war seiner Ansicht nach eine Kraft und damit für den Drucktheoretiker, wie alle anderen Kräfte auch, Bewegung der Materie. Da Kräfte zwar transformierbar seien, aber nicht neu erzeugt werden könnten, schlussfolgerte er, dass auch das Leben ewig sein müsse: »Demnach ist der Lichtäther auch als die Seele des Lebens zu betrachten, die durch ihre materielle, atomistische Eigenschaft unsterblich ist; denn der Lichtäther mit seinen Atomen ist unzerstörbar und seine Bewegung muß auch bereits von Ewigkeit an vorhanden gewesen sein.«[180] Diese Erkenntnis der »göttliche[n] Weltseele des Lichtäthers« führe den Menschen dann zur »wahren Weltreligion« und »diese Naturreligion, die uns die Allmacht der Sonne und der übrigen Sterne in der allen Völkern verständlichen Weltsprache der Natur predigt, weist uns auch den Weg zu dem von allen Menschenfreunden erträumten Weltfrieden.«[181]

177 Vgl. Lodge 1933, insb. die Kapitel 20 und 21 über »A Psychical Function Suggested For The Ether Of Space« und »Ether And The Soul«, S. 221ff.

178 Kleinschrod 1920, S. 19.

179 Kleinschrod 1928, S. 347.

180 Patschke 1925, S. 122.

181 Ebd.

Fricke beendete seine *Neue und einfache Deutung der Schwerkraft* mit einem Abschnitt über »Neue Prinzipien der Naturphilosophie«. Seine weitgehende Revision der klassischen Physik rechtfertigte er dort damit, dass »die lediglich auf die Gesetze der Mechanik und der Materie gegründete Laboratoriumsphysik allen Lebenserscheinungen und vor allem dem großen Probleme, das der menschliche Geist darstellt« gegenüber vollständig versage.[182] Mit seiner »umfassenderen« und »vollständigeren« Physik wollte Fricke einer Einheitswissenschaft – »sozusagen [der] ›Metaphysik‹« – den Weg bereiten, in der »Äther« und »Geist« Ausdrucksformen der einen Weltsubstanz seien und die nach den Vorbildern Leibniz, Goethe und Fechner die Welt als prästabilisierten harmonischen Organismus auffasse. Daher sei

> »das Raum- oder Ätherproblem […] keine Spezialfrage der theoretischen Physik […] sondern […] es [handelt] sich hier um die Grundfragen unserer Kultur, um Fragen der Logik und des gesunden Menschenverstandes, an denen Theologie, Rechtswissenschaft und Medizin ebenso interessiert sind, wie die Philosophie und die Naturwissenschaften.«

Und er erklärte pathetisch zur Bedeutung des Äthers: »Der Weltäther ist Raum und Zeit, er ist Licht und Schwerkraft, Elektrizität und Magnetismus. Er ist das Leere und das Volle. Er ist Himmel und Erde, Leben und Tod, Geist und Materie. Er ist die Natur, ist die Welt. Er ist der ›Zusammenhang‹ aller Dinge.«

In diesen Huldigungen des göttlichen Lichtäthers und der metaphysischen Überladung des Ätherkonzepts mit der Aufgabe, die Grundsubstanz der Welt darzustellen, wird deutlich, dass Einsteins »Abschaffung« des Äthers für viele Einsteingegner über eine Revolution im engeren Kreise der Physik hinausging. Sie entzog den physikalischen Phänomenen ihre ontologische und metaphysische Verankerung und wurde deshalb als Bedrohung der Weltanschauung wahrgenommen.

---

182 Fricke 1919, S. 114. Alle folgenden Zitate ebd., S. 114, S. 137, S. 115, S. 118.

3.2 Zwei Auffassungen von Wissenschaft

3.2.1 Die Kluft zwischen moderner und populärer Wissenschaftsauffassung

Es ist bereits deutlich geworden, dass unter den Einsteingegnern keine Einigkeit darüber bestand, was im Gegensatz zur relativistischen die richtige Auffassung von zentralen physikalischen Begriffen sei. Im Folgenden wird eine in den einzelnen Kritiken bereits öfter hervorscheinende gemeinsame Basis, die geteilte Wissenschaftsauffassung, der Einsteingegner herausgearbeitet, die mit den spezifischen Inhalten ihrer Stellungnahmen nur mittelbar zu tun hat.

Das Wissenschaftsverständnis der Einsteingegner unterschied sich fundamental vom Wissenschaftsverständnis der modernen Physik. Es versteht sich, dass ich hier mit einer groben Vereinfachung arbeite und in der Praxis nicht zwei Wissenschaftsauffassungen in Reinform existierten. Ebenso wie die im außerakademischen, aber auch im akademischen Bereich verbreitete Wissenschaftsauffassung, im Folgenden als die »populäre« bezeichnet, ist auch die Wissenschaftsauffassung von Vertretern der modernen Physik in sich differenziert. Es wird in diesem Abschnitt nicht versucht, mögliche Gemeinsamkeiten der Wissenschaftsauffassung der theoretischen Physiker zu identifizieren, sondern die »moderne« Wissenschaftsauffassung wird im Folgenden an Reaktionen von führenden theoretischen Physikern gegen die Kritik der Einsteingegner an der Wissenschaftsauffassung der modernen Physik illustriert.

Dennoch ist es berechtigt, von einer fundamentalen Differenz zweier Wissenschaftsauffassungen zu sprechen, da die Einsteingegner eine spezifische Wissenschaftsauffassung, die sie in der modernen Physik repräsentiert fanden bzw. zu finden glaubten, bekämpften und eine andere dagegen setzten und sowohl das, was in der modernen Wissenschaftsauffassung bekämpft als auch das, was ihr entgegengesetzt wurde, große Gemeinsamkeiten aufweist. An Stellen, wo sich signifikante Unterschiede, insbesondere zwischen den Welträtsellösern und den akademischen Einsteingegnern, zeigen, wird darauf hingewiesen.

Die populäre Wissenschaftsauffassung forderte Anschaulichkeit und Einfachheit als unhintergehbare Voraussetzungen, die eine richtige physikalische Theorie zu erfüllen habe. Hier zeigte sich der Konflikt mit der modernen Wissenschaftsauffassung in der Ablehnung der zunehmenden Bedeutung der Mathematik in der Naturforschung. Außerdem zeigte sich in der Kritik an der Wissenschaftsauffassung der modernen Physik, dass die populäre Wissenschaftsauffassung stark metaphysisch geprägt war. Dies äußerte sich vor allem in der Forderung, die Wissenschaft habe die letzte Substanz des Wirklichen zu erfassen.

3.2.2 Anschaulichkeit

In der Ablehnung der Unanschaulichkeit und Kompliziertheit der Physik, die für die Einsteingegner insbesondere durch die allgemeine Relativitätstheorie verkörpert wurde, waren sich nicht nur die Welträtsellöser, sondern auch viele Experimentalphysiker, einige (meist ältere) theoretische Physiker und die Philosophen einig.

Auf den Punkt gebracht wurden diese unterschiedlichen Auffassungen über die Bedeutung von Anschaulichkeit in der Physik in der Kontroverse zwischen Einstein und Lenard auf der Naturforscherversammlung in Bad Nauheim am 23. September 1920.[183] Lenard forderte in seiner Diskussion mit Einstein nachdrücklich Anschaulichkeit ein, die er durch den Gravitationsbegriff der allgemeinen Relativitätstheorie nicht gewährleistet sah. Er ging dabei von der Existenz von Bildern erster und zweiter Art in der Physik aus. Während erstere »alle Vorgänge durch Gleichungen« ausdrückten, deuteten letztere »die Gleichungen als Vorgänge im Raume«. Lenard fuhr fort: »Bei den Bildern zweiter Art ist der Äther unentbehrlich. Er war stets eines der wichtigsten Hilfsmittel beim Fortschritt in der Naturforschung, und seine Abschaffung bedeutet das Abschaffen des Denkens aller Naturforscher mittels des Bildes zweiter Art.«[184] Lenard wollte daher Einsteins Einwand, dass die physikalische Realität des Gravitationsfeldes sich ergibt, »weil es die allgemeinen Differentialgleichungen erfüllt und weil es zurückgeführt werden kann auf die Wirkung aller entfernten Massen«,[185] nicht akzeptieren. Einstein dagegen konnte bereits mit dieser Forderung nach den anschaulichen Bildern zweiter Art nichts anfangen und wies Lenard auf die Historizität der »Anschaulichkeit« hin: »Ich möchte sagen, daß das, was der Mensch als anschaulich ansieht, und was nicht, gewechselt

183 Zur Sekundärliteratur zu diesem Ereignis vgl. Einleitung, Anm. 11.

184 »Diskussion«, in: *Physikalische Zeitschrift*, Bd. 21 (1920), S. 650–651, 662, 666–668, abgedruckt in: CP 7, Doc. 46.

185 Ebd., S. 666.

hat. Die Ansicht über Anschaulichkeit ist gewissermaßen eine Funktion der Zeit. Ich meine, die Physik ist begrifflich, nicht anschaulich.«[186]

Ebenso argumentierte auch Planck, der in seinem auf der Naturforscherversammlung 1910 in Königsberg gehaltenen Vortrag über »Die Stellung der neueren Physik zur mechanischen Naturanschauung« erklärte:

»Der Maßstab für die Bewertung einer neuen physikalischen Hypothese liegt nicht in ihrer Anschaulichkeit, sondern in ihrer Leistungsfähigkeit. Hat die Hypothese sich einmal als fruchtbar bewährt, so gewöhnt man sich an sie, und dann stellt sich nach und nach eine gewisse Anschaulichkeit ganz von selber ein.«[187]

Diese relative und historisierende Betrachtung der Anschaulichkeit widersprach dem Wissenschaftsverständnis der Einsteingegner, die Anschaulichkeit als historisch invariant begriffen. Das offene Bekenntnis nicht nur der neuen physikalischen Elite, der Theoretiker, zur begrifflichen und symbolischen Deutung der Wirklichkeit[188] vertrug sich nicht mit der Vorstellung von einer das Wesen der Natur aufspürenden Wissenschaft, vom intuitiven, direkten Zugang des Forschers zur Natur. Experimentalphysiker wie Ernst Gehrcke, Johannes Stark und Philipp Lenard positionierten sich gegen die zunehmende Bedeutung der theoretischen Physik. Es ging ihnen um die Verhinderung des »Überwuchern[s]«[189] der Naturforschung durch die mathematische Theorie und sie vertraten die Auffassung, man könne mit mathematischen Beschreibungen nicht das Wesen der Wirklichkeit erforschen, sondern nur durch Wesenserkenntnis – mit der Natur »Aug in Aug« gewissermaßen. Johannes Stark beklagte sich seinem Pamphlet *Die gegenwärtige Krisis in der deutschen Physik* von 1922:

»Wäre Einstein mit seiner Theorie doch von Anfang unter die Mathematiker gegangen! Die deutsche Physik wäre dann vielleicht von dem lähmenden Gift des Gedankens verschont geblieben, man könne aus geistreichen Fiktionen

186 Ebd.

187 Planck, Max, »Die Stellung der neueren Physik zur mechanischen Naturanschauung, Vortrag gehalten am 23. September 1910 auf der 82. Versammlung der GDNÄ in Königsberg«, in: Planck, Max, *Vorträge und Reden*, Max-Planck-Gesellschaft zur Förderung der Wissenschaften/Verband Deutscher Physikalischer Gesellschaften (Hg.), Braunschweig 1958, S. 30–46, hier: S. 41.

188 Auch Philosophen wie Ernst Cassirer zählten dazu, vgl. insb. Cassirer [1994/1910] und Cassirer [1994/1929].

189 Stark, 1922, S. 7.

(›Gedankenexperimenten‹) mit Hilfe mathematischer Operationen physikalische Erkenntnisse, oder, wie es in der Regel heißt, das ›Weltbild‹ gewinnen.«[190]

Starks Kritik an der Relativitätstheorie gipfelte im Vorwurf »physikalischer Inhaltslosigkeit«.[191] Lenard äußerte gegenüber Gehrcke kurz nach der Debatte in Bad Nauheim über das Verhältnis von Mathematik und Physik:

»Die Mathematiker, wie Herr Weyl, haben natürlich grosse Freude an dem 4-dimensionalen Raum-Zeitgebilde, aber sie vergessen, oder begreifen es überhaupt nicht, dass die beobachtende Physik, welche nachher ihre Resultate kontrollieren soll, nur mit dem ganz gewöhnlichen, wirklichen Raum und mit der ganz gewöhnlichen Zeit es zu tun hat«.[192]

Weniger polemisch erklärte Gehrcke den Unterschied zwischen der Vorgehensweise der modernen Physik und der »richtigen« Naturforschung so:

»[Es] wird aus dem Mosaik der vorhandenen Erfahrungen und Formeln eine allgemeine Regel, das Prinzip der Relativität, durch logische Analyse entnommen. Diese letzte Methode [der modernen Physik] ist zweifellos die objektivste und logisch einwandfrei, sie bedient sich aber nicht des logischen Feingefühls; denn sie sieht die Dinge aus Prinzip nur von außen an und macht keinen Versuch, die physikalischen Vorgänge mitzufühlen und von innen zu erfassen.«[193]

Das »Mitfühlen« und die »Anschaulichkeit« hatten bei den akademischen wie den außerakademischen Einsteingegnern eindeutige Priorität vor der mathematischen Formulierung einer Theorie. Welträtsellöser Fricke zum Beispiel konterte Einwände, dass seine Ätherhydrodynamik durch die vielen notwendigen Zusatzannahmen eine höchst komplizierte mathematische Formulierung zur Folge hätte, dass man auf die mathematische Formulierung gar nicht angewiesen sei: »Die einfache Naturbeobachtung am fließenden Wasser kann uns auch helfen. Wir brauchen Anschauung«.[194] Und diese war für Fricke eindeutig übergeordnet. Er stellte die anschauliche über die unanschauliche Wissenschaft, deren Anfänge seiner Meinung nach weit zurückreichten:

---

190 Ebd., S. 9.

191 Ebd.

192 Lenard an Gehrcke, 6. November 1920, GN 3-F-3.

193 Gehrcke, Ernst, »Nochmals über die Grenzen des Relativitätsprinzips«, in: *Verhandlungen der Deutschen Physikalische Gesellschaft*, Bd. 13, Nr. 21 (1911), S. 990–1000, abgedruckt in: Gehrcke 1924a, S. 4–11, hier: S. 11.

194 Fricke [ca. 1942]. Vgl. auch Fricke an Gehrcke: »Eine hydrodynamische Äthertheorie darf nur auf den Vergleich mit dem Wasser, nicht auf eingebildete ›Grundgleichungen‹ von ›reibungslosen‹ Flüssigkeiten aufgebaut sein.« 13. August 1921, GN 3-G-9.

»Die Krisis in der theoretischen Physik rührt nicht erst von Einstein her, sie ist so alt wie die Wissenschaft selbst, sie beruht auf einem angeborenen Fehler derselben. Die theoretische Physik stimmt nicht. Die Physiker haben nicht erkannt, daß ihre Wissenschaft auf zwei ganz verschiedenen Systemen aufgebaut ist, daß sie zwei Seelen besitzt, die mit einander im Streit liegen.«[195]

Das erste System sei das »unanschauliche« von Galilei und Newton und der Vorstellung von sich nach dem Trägheitsgesetz bewegenden Massen im leeren Raum, das zweite beruhe auf den »anschaulichen« Ätherwirbeltheorien von Descartes und Maxwell, in denen der Äther die Grundsubstanz sei und der leere Raum nicht existiere. Fricke positionierte sich als »Experimentalphysiker« gegen den »Theoretiker« Einstein und sprach diesem jede Kompetenz zu einer physikalischen Wirklichkeitsdeutung ab. Er sah sich in einem »Kampf gegen die ›Schreckensherrschaft der Mathematiker‹«[196] und erklärte,

»daß der Theoretiker Einstein die Ergebnisse der Experimentalphysik vollständig mißverstanden hat. Hier ist der Punkt, über den Einstein keine Rechenkunst, kein Jonglieren mit Formeln wird hinweghelfen können. Denn das Wort hat hier nicht der Mathematiker oder Philosoph, sondern allein der praktische Experimentalphysiker. Hier kann der Kampf unabhängig von aller Dialektik und Philosophie mit reinen Tatsachen geführt werden.«[197]

Diese Polemik von Fricke spiegelt die Richtung des Großteils der Mathematik-Kritik der Einsteingegner wider: Es ging zum einen um eine andere Auffassung von »richtiger« Physik, zugleich aber auch um Kompetenzansprüche in Bezug auf die »richtige« Physik, nämlich darum »wer spricht«,[198] wer darüber zu befinden hat, was »richtige« Physik ist. Der Experimentalphysiker – der Fricke selbst im Übrigen gar nicht war, als den er sich aber positionierte – und der Ingenieur meinten, durch ihre Arbeit näher an der Natur zu sein und deshalb ein besseres Naturverständnis zu besitzen als der theoretische Physiker.

Anschaulichkeit war für die Einsteingegner dabei kein Wert an sich, sondern stand für Wirklichkeitsnähe und Wahrheitsfähigkeit. Mit dem Vorwurf der Unanschaulichkeit war umgekehrt immer die Ansicht verbunden, diese sei ein Indiz für Wirklichkeitsferne, Falschheit und Unwissenschaftlichkeit. Ziegler urteilte: »Nichts ist bezeichnender für den agnosti-

195 Fricke 1937.

196 Fricke 1920a, Vorwort.

197 Ebd., S. 6.

198 Zur Frage der Legitimität des Sprechers vgl. Bourdieu 1990.

schen Betrieb der heutigen Physik, als dass sie sich ohne Rücksichtnahme auf die Form der Dinge eine Vorstellung davon machen zu können wähnt. Denn ohne Formvorstellung keine Anschaulichkeit, keine Klarheit, kein Verständnis.«[199] Gegenüber den Argumenten eines Planck, der mehrfach zu der Kritik an der neuen, stark mathematisch geprägten Ausrichtung der modernen Physik Stellung nahm, waren die Einsteingegner vollkommen immun. Planck etwa äußerte in einem Vortrag von 1937:

»Wer daher einer sorgfältigen Pflege der modernen Atomtheorie ihren Wert abspricht und ihre Abstraktheit und mathematische Kompliziertheit als einen Mangel hinstellt, der behoben werden könnte, wenn man auf die primitiveren, leichter zu handhabenden Anschauungen der klassischen Epoche zurückgreift, der beweist damit nur, dass ihm das tiefere Verständnis für das Wesen der Probleme, mit denen die Physik gegenwärtig zu kämpfen hat, fremd geblieben ist. Wohl ist die heutige Theorie schwierig und unbequem, aber diese unerfreuliche Eigenschaft ist keineswegs von den Theoretikern ersonnen, um ihre mathematischen Akrobatenkünste besser zur Schau tragen zu können, sondern sie hat sich nach vielfachen Versuchen als ein letzter, gewissermassen verzweifelter Ausweg erwiesen aus dem Dickicht der Rätsel und scheinbaren Widersprüche, welche gerade die experimentelle Forschung den Theoretikern zu lösen aufgegeben hat.«[200]

Wenngleich Planck mit dieser Einschätzung vom Standpunkt der damaligen akademischen Physik und auch vom Standpunkt der heutigen historischen Forschung zu den Problemen der Physik zu Beginn des 20. Jahrhunderts recht hat, ist es eine Tatsache, dass diese Einschätzung von vielen nicht akzeptiert wurde. Fricke, der Planck mit dieser Position in seinem Aufsatz »Protest gegen die Planck-Physik« zitiert, merkt empört an: »Das ist einfach falsch!«[201] Den Einsteingegnern fehlte das »tiefere Verständnis« (Planck) der Probleme der Physik ihrer Zeit und sie beabsichtigten auch nicht, ein solches zu erwerben, da sie, die einem anderen Wissenschaftsverständnis verhaftet waren, die zeitgenössische Physik als Fehlentwicklung grundlegend ablehnten. Dabei stellte sich für die Einsteingegner die moderne Wissenschaftsauffassung kontra-intuitiver dar, als sie tatsächlich war,[202] da in der populären Wissenschaftsauffassung der intuitive Zugriff

199 Ziegler 1914, S. 80.

200 Planck, Max, »Zum 25jährigen Jubiläum der von W. Friedrich, P. Knipping und Max von Laue gemachten Entdeckung«, in: *Verhandlungen der Deutschen Physikalischen Gesellschaft*, 3. Reihe, Bd. 18 (1937), S. 77–80.

201 Fricke [ca. 1942].

202 Einstein betonte z. B. in seinem Artikel über die »Motive des Forschens« ausdrücklich die Rolle der Intuition: »Höchste Aufgabe des Physikers ist also das Aufsuchen jener

immer den Gegensatz zu einem abstrakten, nüchternen, mathematischen Zugriff bezeichnete, der als der Zugriff der modernen Wissenschaft aufgefasst wurde. Ruckhaber betonte in einer Rezension von Zieglers *Die Umwälzung in den Grundanschauungen der Naturwissenschaft*:

»Geschlossene Weltanschauungen [wie Zieglers] sind etwas Seltenes, weil sie nicht nur Gelehrsamkeit, sondern auch die Gabe der Intuition erfordern. Die nüchterne analytisch arbeitende Schule muß aber von vornherein eine Abneigung gegen alle Intuition haben und wird niemals etwas für geniale Synthesen übrig haben. Sie boykottiert die Naturphilosophie eines Spencer und Haeckel und begeistert sich statt dessen für die erkenntniszersetzende Arbeit eines Einstein.«[203]

Ein weiterer Vorwurf war, dass durch die mathematische Formulierung ein Exklusivitätsanspruch angemeldet bzw. eine Verschleierungstaktik angewendet würde. Während die Experimentalphysiker, die ebenfalls das mathematische Handwerkszeug zur Durchdringung der allgemeinen Relativitätstheorie nicht besaßen,[204] diesen Umstand nicht groß herausstellten, gingen die außerakademischen Forscher damit offensiver um und kehrten ihn oft in einen Vorwurf gegen die moderne Wissenschaft. Der wissenschaftlich kompetente Bürger des 19. Jahrhunderts kann im 20. Jahrhundert bei der Anwendung höherer Mathematik in der Naturforschung nicht mehr mitreden oder, wie Gilbert in seiner Satire pointiert feststellt: »Eine Formel ist den meisten Menschen ein göttlich dunkles Symbol, vor dem sie in ihres Nichts durchbohrendem Gefühl auf dem Bauche liegen.«[205]

Ziegler unterscheidet zwischen den »mathematischen Physikern à la Planck und Konsorten«, den »mathematischen Seiltänzern«, die »nur Abscheu« und den experimentellen Physikern (Edison, Marconi), die »wegen

---

allgemeinsten elementaren Gesetze, aus denen durch reine Deduktion das Weltbild zu gewinnen ist. Zu diesen elementaren Gesetzen führt kein logischer Weg, sondern nur die auf Einfühlung in die Erfahrung sich stützende Intuition.« Einstein, Albert, »Motive des Forschens«, in: *Zu Max Plancks sechzigstem Geburtstag. Ansprachen, gehalten am 26. April 1918 in der Deutschen Physikalischen Gesellschaft von E. Warburg, M. v. Laue, A. Sommerfeld und A. Einstein*, Karlsruhe 1918, S. 29–32, abgedruckt in: CP Bd. 7, Doc. 7, hier: S. 31.

203 Ruckhaber, Erich, »Die Umwälzung in den Grundanschauungen der Naturwissenschaft [Rezension von Ziegler 1914]«, in: *Neue Weltanschauung*, Bd. 10, Nr. 7 (1921), S. 215–218.

204 Die Spezialisierung eines Physikers im Bereich der theoretischen Physik erforderte eine umfassende Ausbildung in höherer Mathematik. Den Experimentalphysikern fehlte diese. Vgl. Jungnickel/McCormmach 1986, Bd. 2, S. 346. Während einige dies bedauerten (vgl. ebd.), sahen andere, wie die Einsteingegner unter den Experimentalphysikern, darin eine »Übernahme« der Physik durch die Mathematik.

205 Gilbert 1914, S. 21.

ihrer praktischen Erfindungen zu den größten Förderern der Zivilisation und Kultur gehören« und deshalb Verehrung verdienten.[206] Hinter unverständlichen Formeln, die nur dem Mathematiker zugänglich seien (und Mathematiker seien eben nicht kompetent, über Wirkliches Aussagen zu machen), würde versteckt, dass die Relativitätstheorie widersprüchlich und absurd sei:

»Niemand hat sie [die Relativitätstheorie] bis jetzt wahrhaft verstanden, weil sie wegen ihren logischen Widersprüchen überhaupt unverständlich ist. Aber sie konnte bisher auch nie endgültig widerlegt werden, weil ihre rein mathematische Darlegungen nur von Mathematikern verstanden werden können und diese selbst noch in dem Wahn befangen sind, die Mathematik sei das einzig richtige Beweismittel für wahre Verständnisse, daß sie eben zu jeder richtigen Widerlegung noch unfähig waren.«[207]

Ingenieur Patschke pauschalisierte in seiner Weltlichttheorie:

»Unklare, fehlerhafte Theorien hat man vielfach in vektor- oder tensor-analytische Gleichungen gekleidet, um ihnen dadurch scheinbar ein größeres mathematisches Gewicht zu geben. Klare Theorien dagegen benötigen solche Rechnungsarten für ihre Grundlagen nicht im Geringsten. Ihnen genügen die allgemeinen klaren Differential- und Integralrechnungen vollauf.«[208]

Fricke erklärte: »Der Aufwand an Mathematik führt zu einer Art Unfehlbarkeitsdünkel. Äußert jemand eine andere Meinung, so muß er dumm oder unwissend sein, folglich braucht man sich nicht um ihn zu kümmern.«[209]

Nun waren aber weder die Welträtsellöser noch die akademischen Einsteingegner erklärte Feinde der Mathematik, sie sollte sich aber wieder auf

---

206 Ziegler 1931, S. 124.

207 Ziegler 1923, S. 20. Vgl. auch Ziegler an Gehrcke: »[...] während ich meinem eigentlichen Beruf nach organischer Chemiker, & zwar von der alten Schule, bin, wo die Mathematik, wenigstens die höhere, noch gar keine Rolle spielte.« 19. August 1922, GN 82-D-6. Auch Kühn war sich ihrer begrenzten Kenntnisse in Physik und Mathematik bewußt. 1929 bat sie Gehrcke anläßlich eines Presseberichts über einen Vortrag Einsteins über die Einheitliche Feldtheorie einen Gegenstandpunkt zu beziehen: »Wollen Sie nicht [...] sich dazu – äussern? Ich kann mich auf das *spezielle* physikalische Feld nicht begeben. Die allgemeine, *philosophische* Theorie ist noch immer ebenso unsinnig wie sie war. *Wollen Sie sich nicht zu Worte melden?*« Kühn an Gehrcke, 12. Dezember 1929, GN 12-J-8.

208 Patschke 1925, S. 43.

209 Fricke, Hermann, *Luftfahrt und Wetterkunde – gehemmt durch die ›moderne‹ Physik*, Berlin-Schmargendorf 1936 (Deutsche Gesellschaft für Weltätherforschung, Veröffentlichung Nr. 33), GN 86-A.

ihre angestammte Rolle als Hilfswissenschaft zurückbesinnen. Festzuhalten in Bezug auf diese bei durchweg allen Einsteingegnern vorhandene Ablehnung der Mathematisierung[210] ist, dass hiermit die Relativitätstheorie als »nur mathematische Theorie« disqualifiziert wurde und erst gar nicht akzeptiert wurde, dass die Relativitätstheorie eine physikalische Theorie ist.

3.2.3 Die metaphysische Ebene der populären Wissenschaftsauffassung

Die Forderungen nach Anschaulichkeit ergaben sich aus einem bestimmten Verständnis heraus, was Wissenschaft ist, was die Wirklichkeit ist und wie beide in Beziehung stehen. Dieses ist im Kontrast zum modernen Wissenschaftsverständnis als stark metaphysisch geprägtes Wissenschaftsverständnis zu charakterisieren. Philipp Frank beschreibt in seinem Artikel »Über die ›Anschaulichkeit‹ physikalischer Theorien«[211] die Forderung nach Anschaulichkeit seitens der Gegner der modernen Physik als »metaphysischen Materialismus«. Hinter der Forderung nach Anschaulichkeit stehe »teils ein gewisses Bequemlichkeitsbedürfnis, teils das unbewußte Hängen an einigen überkommenen philosophischen Systemen.« Diesen »metaphysischen Materialismus« weist Frank am Beispiel von Lenards Bildern erster und zweiter Art nach, die dieser in der Diskussion mit Einstein in Bad Nauheim gebraucht hatte, so etwa in Lenards Ansicht, »daß alle Vorgänge in der Natur [...] bloße Bewegungsvorgänge sind, d.i. nur in Ortsveränderungen eines ein für allemal gegebenen Stoffes bestehen.« Es ist diese Suche nach einem »ein für allemal gegebenen Stoff«, nach einer Substanz der Natur, die Frank als metaphysischen Materialismus kritisiert.

Hiermit fängt jedoch die Auseinandersetzung erst an. Von den Einsteingegnern wäre eine Kritik wie die von Frank, so überzeugend sie sein mag, nicht akzeptiert worden. Denn was für Frank ein Festhalten an über-

---

210 Vgl. z. B. Mewes 1920a, S. 88; Kleinschrod 1920, S. 11; Reuterdahl, Arvid, *Scientific theism versus materialism. The space-time potential*, New York 1920, S. 45; Driesch, Hans, *Relativitätstheorie und Philosophie*, Karlsruhe 1924 (Wissen und Wirken: Einzelschriften zu den Grundfragen des Erkennens und Schaffens Bd. 14), S. 49. Vgl. auch Mohorovičić: »Ich bin überzeugt, daß die allgemeine Relativitätstheorie als ein mathematisches System weder wahr noch falsch ist«, Mohorovičić an Gehrcke, 20. Dezember 1924, GN 29-F-1. Einige Wochen später erklärte er, »daß die ganze Einstein'sche Lehre eine reine mathematische Fiktion ist«, Mohorovičić an Gehrcke, 28. Januar 1925, GN 29-F-4.

211 Frank, Philipp, »Über die ›Anschaulichkeit‹ physikalischer Theorien«, in: *Die Naturwissenschaften*, Bd. 16, Nr. 8 (1928), S. 121–128. Alle folgenden Zitate ebd., S. 126, S. 121.

kommenen philosophischen Systemen war, stellte sich für die Gegner der modernen Physik als die Bewahrung richtiger Wissenschaft dar. Insbesondere in den Welträtsellöser-Theorien fielen Religion, Weltanschauung und Naturwissenschaft zusammen (vgl. S. 57ff.), und sie beanspruchten ausdrücklich, ihre Theorien beinhalteten die Letztbegründung aller wissenschaftlichen Fragen. Metaphysisch zu argumentieren, war für die Welträtsellöser deshalb im Allgemeinen kein Makel, der einen Vorwurf rechtfertigen würde, sondern wurde im Gegenteil offensiv vertreten. Den akademischen Einsteingegnern hingegen war bewusst, dass es eine wissenschaftliche Theorie im 20. Jahrhundert disqualifizierte und nicht auszeichnete, wenn sie als metaphysisch bezeichnet werden konnte. Sie wandten den Metaphysik-Vorwurf deshalb vor allem gegen die moderne Physik. Dies geschah dadurch, dass Mathematik und Metaphysik kurzerhand gleichgesetzt wurden als Symbole für wirklichkeitsferne Spekulation:

»Die Physik geht langsam, aber immer mehr und mehr in die Mathematik und Metaphysik über«,[212] beschwerte sich Mohorovičić und der Toulouser Physikprofessor Henri Bouasse erklärte: »[L]a théorie d'Einstein ne rentre pas dans le cadre des théories physiques: c'est une hypothèse métaphysique«.[213] Die gegenwärtige Wissenschaft versinke im »morass of unbalanced licentiousness«, warnte Heidenreich, stellte aber gleichzeitig klar: »But this is not science. On the contrary, it is a new brand of metaphysics«,[214] und Oskar Kraus urteilte: »Die moderne theoretische Physik ist spekulativ; sie verfällt in ähnliche Verwirrungen wie vormals die Naturphilosophie eines Schelling und Consorten.«[215] Lenard erklärte 1922, dass er die Kritik der von ihm konsequent in Anführungszeichen gesetzten »Fachleute« (gemeint waren die theoretischen Physiker) nicht ernst zu nehmen brauche; diese seien »überwiegend Mathematiker, die in einer Art Rückfall in alte Scholastik neue Erkenntnis in ihren eigenen Köpfen suchen, statt draußen in der Natur«.[216]

Zum anderen wurde aber gar nicht wahrgenommen, dass die auch von Physikern wie Gehrcke und Lenard vertretenen Forderungen, Wissenschaft müsse anschaulich sein und die »Substanz« des Wirklichen erkennen,

212 Mohorovičić 1923a, S. 32.

213 Bouasse, Henri, *La question préalable contre la théorie d'Einstein*, Paris 1923, S. 8.

214 Heidenreich, Eyvind Lee, »Reuterdahl's Light Quantum Theory«, [Prolog zu Reuterdahl 1929], in: Reuterdahl 1929, S. 1–6, hier: S. 2.

215 Kraus an Gehrcke, 26. November 1913, GN 72-A-5.

216 Lenard 1922a, S. 7.

letztlich metaphysisch waren und in dieser Form in der modernen Physik nicht mehr erhoben wurden. Zwar formulierten sie ihre Kritik an der modernen Physik im Rahmen der klassischen Physik und unterschieden sich dadurch von den Welträtsellösern, die metaphysische Begründungen in ihre Argumentationen einbauten. Ihre Motivation zur Kritik der modernen Physik entstammte jedoch bestimmten Vorstellungen über die Natur, die in einer ähnlichen Weise metaphysisch geprägt waren wie bei den Welträtsellösern.

Nicht zuletzt die Tendenz zur »Urisierung« der physikalischen Begriffe bei akademischen und außerakademischen Einsteingegnern zeigt diese metaphysische Dimension deutlich auf. Es reichte nicht, von Atomen, Äther, Raum und Zeit zu sprechen; dort, wo diese Begriffe plötzlich in einer Weise definiert wurden, die sie für viele irreal werden ließ (das Atom war teilbar, der Äther ein Feld, der Raum eine Funktion der Materie und die Zeit abhängig vom Bewegungszustand), wurden diese Begriffe einfach eine Ebene weiter »nach hinten«[217] verlegt: Von Uratomen, Urkräften oder Ursubstanzen war in der Wissenschaft schon länger die Rede gewesen,[218] Urwirbel oder schlicht das Ur[219] kamen vor allem in Welträtsellöser-Schriften vor, aber der Uräther, der Urraum und die Urzeit entstanden als Reaktion auf die moderne Physik.[220] Das Präfix »Ur« ist Symptom der Bestrebung, die vom Wissenschaftler beschriebene Wirklichkeit ontologisch zu verankern, indem eine »dahinter« liegende, eine andere, absolute und »wirklichere« Ebene der Realität postuliert wird. Warum eigentlich nannte Lenard seine zwei Äther nicht »Äther 1 und Äther 2« oder »bewegter Äther

217 Carl Christian Bry hat dieses Verlangen, die Dinge hinter den Erscheinungen aufzuspüren, treffend als »Hinterweltlertum« bezeichnet. Vgl. Bry 1964.

218 Vgl. Zehnder 1938, S. 1 und S. 25ff., der das Wasserstoffatom als Uratom der wägbaren und das Ätheratom als Uratom der bislang noch unwägbaren Materie ansah; vgl. auch Mohorovičić an Gehrcke: »[A]lle Körper [sind] aus gleichen Uratomen gebaut«, 3. März 1921, GN 3-G-1. »Ursubstanzen« und »Urkräfte« finden sich bei Zehnder 1922, S. 8f.; vgl. auch die Äußerung von Fricke: »Wir brauchen die vielen kleinen physikalischen Kräfte, die Elektrizität, den Magnetismus, die Mechanik mit der Trägheit nicht mehr, wir sehen überall das gleichförmige Fließen des Raumes als Urkraft. Damit ist das physikalische Weltbild nicht nur vereinfacht, es ist auch wesentlich vervollständigt.« Fricke 1918, S. 45.

219 »Urwirbel« z. B. bei Fricke, Hermann, *Eine Bitte an alle Goethe-Freunde*, Berlin-Schmargendorf [ca. 1938] (Deutsche Gesellschaft für Weltätherforschung, Veröffentlichung Nr. 30), GN 86-A; das »Ur« findet sich bei Zacharias 1922, S. 12; »Urbewegungen«, »Urkräfte«, »Urdrücke« und »Urstöße« finden sich bei Patschke 1925, S. 35f.

220 Zum »Uräther« vgl. Lenard 1922a; zum »Urraum« und zur »Urzeit« vgl. Ziegler 1923, S. 26f.

und ruhender Äther«, sondern »Äther und Uräther«? Oskar Kraus tat sich als Philosoph leichter als die Physiker, die metaphysische Funktion des Äthers offen zuzugeben: Neben dem Lichtäther existiere noch ein »Subaether [...], der als solcher dh als Substanz nicht beobachtbar ist, während der Lichtaether fassbar ist. [...] Den letzten Aether benötige ich wegen der actio in distans und aus anderen metaphysisch erkenntnistheoretischen Gründen.«[221] Die Forderung nach einem metaphysischen, substanzhaften Unterbau der Physik war oft eine ausschlaggebende Motivation für Angriffe auf die Relativitätstheorie. Mohorovičić zum Beispiel sah die Relativitätstheorie als unhaltbar an

»aus dem Grund, weil sie nicht nur mit einigen Grundfehlern behaftet ist, *sondern weil sie auch zu eng ist.* Die Kraft ist eine innewohnende Eigenschaft der Substanz, und sie wird von der *Einsteinschen* Theorie nur *teilweise* und dies noch unnatürlich ›erklärt‹. Ich bin aber überzeugt, daß man eine Theorie aufstellen kann, welche wirklich alle Naturerscheinungen umfassen wird und welche die Kraft in dem hier angegebenen Sinne deuten wird. Ich selbst arbeite darauf, jedoch bin ich noch nicht weit gekommen.«[222]

Letztlich hatten die Einsteingegner dasselbe Ziel wie die modernen Physiker: die Aufstellung einer vereinheitlichenden Theorie der Naturerscheinungen – nur dass sie dieses Ziel metaphysisch aufluden und die Relativitätstheorie aus ihrem Substanzdenken heraus als eine jeder Anschaulichkeit und ontologischer Verankerung beraubte, unverständliche Karikatur einer physikalischen Theorie erschien. Die inhaltliche Kritik an der Relativitätstheorie betraf deshalb nicht lediglich einzelne wissenschaftliche Konzepte (Zeit, Raum, Äther etc.), sondern war stark von der Thematisierung des in den Augen der Einsteingegner höchst fragwürdigen Status der Relativitätstheorie als physikalische Theorie geprägt. Damit war gleichzeitig eine argumentative Strategie gegen die Relativitätstheorie verbunden: Wenn Einstein gar keine physikalische Theorie aufgestellt hatte, konnte diese »Spekulation« grundsätzlich abgelehnt werden. Weitere argumentative Strategien gegen die Relativitätstheorie, die weniger inhaltlich als politisch motiviert waren, werden im vierten Kapitel untersucht.

---

221 Kraus an Gehrcke, 29. Dezember 1920, GN 71-G-8.

222 Mohorovičić an Gehrcke, 3. März 1921, GN 3-G-2.

3.3 Die inhaltlich motivierten Plagiatsvorwürfe

Eine Besonderheit und höchst aufschlussreich für das Verständnis der Hintergründe der inhaltlichen Kritik an der Relativitätstheorie sind die Plagiatsvorwürfe, die gegen sie erhoben wurden. Diese Vorwürfe werden daher im Folgenden in einem eigenen Abschnitt als Überleitung zur strategischen Auseinandersetzung (Kapitel 4) mit der Relativitätstheorie diskutiert.

3.3.1 Die Norm der Originalität in der Wissenschaft

Max Weber beschreibt in seinem Vortrag »Wissenschaft als Beruf« die Wissenschaft mehr als eine Berufung, denn als bloßen Broterwerb. In der modernen, spezialisierten Wissenschaft gehe es nicht um die Erkenntnis einer universalen Wahrheit; vielmehr müsse man in der Lage sein, sich voller Leidenschaft einem höchst spezialistischen Gebiet zu widmen: »Und wer also nicht die Fähigkeit besitzt, sich einmal sozusagen Scheuklappen anzuziehen und sich hineinzusteigern in die Vorstellung, daß das Schicksal seiner Seele davon abhängt: ob er diese, gerade diese Konjektur an dieser Stelle der Handschrift richtig macht, der bleibe der Wissenschaft ja fern.«[223] In der Beantwortung der Frage, was den Wissenschaftler zur Wissenschaft treibt und was er als Lohn dafür erhält, stellte Weber heraus, dass der Lohn des Wissenschaftlers vor allem ideeller Art sei. Er besteht außer der nicht zu unterschätzenden persönlichen Befriedigung darüber, die richtige Konjektur tatsächlich an der richtigen Stelle gemacht zu haben, in Reputation und in Anerkennung. Diese Anerkennung erhält der Wissenschaftler von seiner wissenschaftlichen Community für originale und als relevant betrachtete Beiträge.

Die Forderung nach Originalität und Relevanz ist in der Struktur der wissenschaftlichen Erkenntnisproduktion begründet. Insbesondere Merton hat ihre Rolle als Ursache für Prioritätsstreitigkeiten betont.[224] Die Frage der Priorität ist die soziale Kehrseite der fachlichen Originalität und darum

---

223 Weber, Max, *Gesamtausgabe*, Baier, Horst (u. a.) (Hg.), Abt. 1: *Schriften und Reden*, Bd. 17: *Wissenschaft als Beruf*, Mommsen, Wolfgang J./Schluchter, Wolfgang (Hg.),Tübingen 1992 [1917/1919], S. 71–111, hier: S. 80f.

224 Vgl. Merton, Robert, »Prioritätsstreitigkeiten in der Wissenschaft«, in: Merton 1985, S. 258–300.

eine grundlegende und wichtige, jedoch oft nicht leicht zu beantwortende Frage. So ist es zum Beispiel nicht ungewöhnlich, dass bei einem von vielen Wissenschaftlern geteilten Wissensstand Entdeckungen zeitnah gemacht werden und Theorien sich zeitgleich entwickeln, so dass nur schwer oder auch gar nicht zu klären ist, wer Priorität beanspruchen kann.

Und was ist überhaupt das Maß der Priorität? Die erste Publikation? Das erste Manuskript? Aber was ist, wenn eine neue Idee nur mündlich in einer Diskussion geäußert und dargelegt wird? Liegt dann bereits Priorität vor? Könnte dann nicht vielleicht schon die Einsicht des Wissenschaftlers, sein erster Gedanke zählen, den er vielleicht wegen äußerer Umstände nicht auszusprechen oder niederzuschreiben wagt? Und wenn dem so ist, gilt der richtige Gedanke auch dann als prioritär, wenn er auf Grundlage einer falschen oder überholten Theorie ausgesprochen wurde?[225] Prioritätsstreitigkeiten sind meist komplexe Prozesse sozialer Natur: Es geht dabei zunächst um die Einforderung des ideellen Lohns des Wissenschaftlers, der Anerkennung, die in diesem Fall von mehr als einem Wissenschaftler für sich reklamiert wird. Anerkennung aber ist etwas, das nicht direkt eingefordert werden, wenn es auch möglich ist, dafür zu werben oder darum zu kämpfen. Und tatsächlich artet die harmlose Frage »Wer war zuerst?« oft in regelrechte Prioritätsfeldzüge aus, in denen Rivalitäten einzelner Wissenschaftler oder ganzer wissenschaftlicher Communities, Stolz und verletzte Eitelkeiten – manchmal mehr bei den Anhängern eines am Prioritätsstreit Beteiligten als bei den eigentlichen Protagonisten – eine Rolle spielen.

Die Plagiatsvorwürfe gegen Einstein, die im Folgenden im Zentrum stehen, sind in zweifacher Hinsicht anderer Art als normale Prioritätsstreitigkeiten: Zum einen beziehen sie sich nicht auf tatsächliche Inhalte der Relativitätstheorie, wie es etwa im Prioritätsstreitigkeitsfall Einstein-Hilbert der Fall war, wo es darum ging, wer zuerst die endgültige mathematische Formulierung der allgemeinen Relativitätstheorie aufgestellt hatte. Vielmehr wurden diese Vorwürfe im Hinblick auf Aussagen erhoben, die meist nur nach Ansicht desjenigen, der Einstein des Plagiats bezichtigte,

---

225 So erklärte Woldemar Voigt, der bereits 1887 eine Transformation der Raum- und Zeitkoordinaten angegeben hatte, die bis auf einen Faktor der Lorentz'schen von 1904 entsprach, anlässlich des Wiederabdrucks seiner Arbeit, dass dies auf einer völlig anderen Grundlage geschehen war als in der Lorentz'schen Elektrodynamik und von ihm deshalb nicht weiterverfolgt worden war. Vgl. Voigt, Woldemar, »Über das Dopplersche Prinzip«, in: *Physikalische Zeitschrift*, Bd. 16 (1915), S. 381–386 (Vorbemerkung zum Wiederabdruck seiner Arbeit); vgl. auch Hentschel 1990, S. 151f.

etwas mit der Einstein'schen Relativitätstheorie zu tun hatten. Zum anderen waren es in diesem Fall Einsteingegner, die Priorität für die Relativitätstheorie oder Teile derselben beanspruchten; soweit sie das für sich selbst taten, gerieten sie damit in einen offenkundigen Selbstwiderspruch, soweit sie das für andere taten, bleibt ihr Verhalten nichtsdestotrotz erklärungsbedürftig. Diesem Phänomen gilt es im Folgenden auf die Spur zu kommen.

Zunächst soll jedoch noch eine Unterscheidung zwischen Prioritätsstreit und Plagiatsvorwurf getroffen werden: Während eine Auseinandersetzung um Priorität nach dem Zeitpunkt der jeweiligen Entdeckung fragt – wie zum Beispiel, ob zuerst Einstein oder Hilbert die Feldgleichungen der allgemeinen Relativitätstheorie aufgestellt hatte –, geht es beim Plagiatsvorwurf um unlauteres Verhalten und um wissentlichen Betrug. Während beim Prioritätsstreit gefragt wird: »Wer war zuerst?«, beschuldigt der Plagiatsvorwurf: »Der hat geklaut!« Dass der Übergang vom einen zum anderen fließend sein kann, sollte nicht daran hindern, auch bei den Einsteingegnern darauf zu achten, wer die Plagiatsterminologie verwendete und wer nicht.[226]

Ich habe den Prioritätsstreitigkeiten und Plagiatsvorwürfen einen besonderen Stellenwert in der Analyse der inhaltlichen Kritik eingeräumt und sie unter einem spezifischen Blickwinkel betrachtet, der sich insbesondere von Hentschels Ansatz unterscheidet, der den »wissenschaftshistorischen Wiederausgrabungsversuchen«[227] ebenfalls einen breiteren Raum eingeräumt hat und vor allem die Inhalte dieser Vorwürfe und deren Haltlosigkeit aufgezeigt hat. Da in dieser Arbeit bereits gezeigt wurde, dass die inhaltliche Kritik zum Schutz der eigenen Theorien gegen eine der Relativitätstheorie angelastete Bedrohungssituation geführt wurde, interessiert hier die Motivation für die Prioritätsstreitigkeiten und Plagiatsvorwürfe. Es lassen sich zum einen inhaltliche (dieses Kapitel) und zum anderen strate-

---

226 Allerdings erfolgte die Vermeidung des Begriffs »Plagiat« auch aus taktischen Motiven. So z. B. bei Ruckhaber, der sich bei dem Projekt der Übersetzung der *100 Autoren gegen Einstein* (vgl. S. 359ff.) gegen die Verwendung des Wortes »plagiarism« aussprach mit der Begründung, seine Mitherausgeber »Dr. Weinmann and Dr. Israel were very afraid of getting into troubles with regard to the expression ›plagiarism‹; it would be difficult to prove or decide what plagiarism is, and a possible lawsuit might cost a lot of money and would be of doubtful result, as the Jews have the best advocates and many judges are Jews. The German jurisdiction is today corrupted by political passion, it has become relative.« Ruckhaber an Reuterdahl, 11. Februar 1931, RP 4-48.

227 Vgl. Hentschel 1990, S. 150ff.

gische Beweggründe (Kapitel 4) unterscheiden. Eine Untersuchung der Motivation der inhaltlich motivierten Plagiatsvorwürfe muss über die Konstatierung der Haltlosigkeit der erhobenen Ansprüche hinausgehen. Sie muss mit der grundsätzlichen Frage beginnen, was Einstein in der Sichtweise der Einsteingegner eigentlich plagiierte.

3.3.2 Die Relativitätstheorie als Plagiat der Welträtsellöser-Theorie

Der Vorwurf des Plagiats bzw. die Erhebung von Prioritätsansprüchen war eine beliebte, weil wirksame Argumentationsfigur im Kampf gegen die Relativitätstheorie. Wenn gezeigt werden konnte, dass Einstein gar nicht der große Wissenschaftler und originäre Denker war, wenn sogar nachgewiesen werden konnte, dass er ein Kopierer und Betrüger war, dann würde sich die Akzeptanz der Relativitätstheorie wie von selbst auflösen. Die Argumentation wurde strategisch genutzt, wurzelte aber in tiefster Überzeugung, wie am Beispiel Reuterdahls deutlich wird. Reuterdahl verfasste einen ausführlichen Artikel, »Einstein and the New Science«, nur zu den »Vorläufern« der Relativitätstheorie. Man hätte nun Ausführungen über die Beiträge von Poincaré, Lorentz oder Voigt erwartet, die in der Broschüre auch tatsächlich genannt werden. Aber die eigentlichen und verkannten Vorläufer der »Neuen Wissenschaft«, die öffentlich nur mit Einstein verbunden werde, waren laut Reuterdahl vielmehr Karl von Reichenbach, Aurel Anderssohn, Johannes Zacharias, »Kinertia« Robert Stevenson, Johann Heinrich Ziegler, Robert T. Brown, Charles Brush, Melchior Palagyi, Rudolf Mewes, und auch Philipp Lenard, Ernst Gehrcke, Arthur Patschke, Paul Weyland und Edouard Guillaume fanden im Zusammenhang mit der »Neuen Wissenschaft« Erwähnung. Diese »Neue Wissenschaft« hatte mit moderner Physik nichts zu tun und bei den von Reuterdahl aufgezählten Vorreitern handelt es sich zum großen Teil um aus der vorliegenden Arbeit bereits vertraute Personen. Wie kam diese Verbindung zustande?

Der typische Plagiatsvorwurf oder Prioritätsanspruch wurzelte in einem spezifischen Verständnis dessen, was die Relativitätstheorie sei, einem Verständnis, das mit der physikalischen Relativitätstheorie oft nichts zu tun hatte, sondern sich auf einzelne Inhalte, die als »die Relativitätstheorie« identifiziert wurden (wie die »Abschaffung« des Äthers oder die Vereinigung von Raum und Zeit) bezog. Der Konflikt um Priorität ergab sich häufig bereits daraus, dass der Welträtsellöser, als er das erste Mal von der Relativitätstheorie hörte, schon eine allumfassende Theorie entwickelt hatte. Er wusste daher, was Raum, Zeit und die Ursache der Gravitation sind, und demnach war alles an der Relativitätstheorie, was sich damit nicht deckte, falsch, und alles, was sich damit in Deckung bringen ließ, hatte der Welträtsellöser bereits früher entdeckt.

Dass die eigene Theorie und die Einsteins vollkommen unterschiedliche Ziele hatten, spielte, auch wenn es erkannt wurde, keine Rolle. »The purpose of my work is radically different from that of Einstein«, musste sich Reuterdahl gegenüber seinem Verlag Devin-Adair Company rechtfertigen, der besorgt angefragt hatte, ob nicht vielmehr Reuterdahl, der einen Prioritätsanspruch auf die Verbindung von Raum und Zeit erhob (vgl. S. 207f.), ein Plagiat der Theorie Einsteins vorgeworfen werden könnte. In einem achtseitigen Vermerk an seinen Verleger legte Reuterdahl im Dezember 1919 dar, dass er von Einsteins Arbeiten durch den Krieg keine Kenntnis gehabt habe und erst nach Fertigstellung seiner Arbeit im Februar 1915 erfahren habe, dass Einstein und Lorentz sich für den Michelson-Morley-Versuch interessierten – dass es sich in diesem Zusammenhang um die spezielle Relativitätstheorie handeln musste, auf die Priorität angemeldet wurde, und dass diese 1915 bereits seit zehn Jahren bekannt war, wurde von Reuterdahl nicht berücksichtigt. Vielmehr erklärte er, außer einem Zeitungsausschnitt aus der *New York Times*, den sein Verleger ihm geschickt hatte, »in which it appears that Dr. Albert Einstein's theory, in its final form, was presented to the Royal Society at a meeting in London, Nov. 6, 1919«,[228] nichts über die Relativitätstheorie zu wissen. Tatsächlich ging es in diesem berühmt gewordenen Artikel um die berühmt gewordene Sitzung, in der die experimentelle Bestätigung der allgemeinen Relativitätstheorie verkündet, aber keineswegs die Endfassung der allgemeinen Relativitätstheorie präsentiert worden war. Neben dem Eingeständnis, er habe keine Kenntnis von der Relativitätstheorie gehabt, versicherte Reuterdahl dem Verlag darüber hinaus:

»The primary purpose of my work is to correlate science, philosophy, and religion. This involves a proof of the existence of God [...] My entire position will therefore be different ›in toto‹ from the position of a physico-mathematician [...] Einstein naturally will proceed from the facts of physical science to certain conclusions within the limited realm of physical science. [...] Einstein's relativity is merely

228 Reuterdahl an Garrity, 14. Dezember 1919, RP 3-23.

physical and leaves the world problem unanswered. [...] His interest probably ends with the physical universe.«[229]

Allerdings verhinderte diese Einsicht, dass man im Gegensatz zu Einstein eine religiöse oder metaphysische Theorie vertrat, Plagiatsvorwürfe keineswegs, sondern hier kam ein für das Verständnis der Plagiatsvorwürfe äußerst wichtiges Wahrnehmungsmuster zum Tragen: Dass die Relativitätstheorie eine andere Form als die Welträtsellöser-Theorie hatte, zeigte, dass es sich nicht nur um ein Plagiat, sondern auch noch um eine Verfälschung handelte. In einem Brief an Mohorovičić stellte Reuterdahl klar: »When I first struggled with these ideas I had not heard of Einstein. In fact, I am convinced that Einstein's ›mollusks‹ were suggested to him by my Space-Time Potential. He did not quite dare to include the genuine energetic element in his scheme which is at the basis of my system.«[230]

Reuterdahl war nämlich der Überzeugung, der schwedische Physiker Gösta Mittag-Leffler (1846–1927), an den er seine Theorie 1915 zwecks Veröffentlichung schickte, habe nicht nur die Veröffentlichung unterlassen, sondern zentrale Einsichten aus Reuterdahls eigener Theorie unter der Hand an Einstein weitergegeben, der sie dann in seiner Form und unter seinem Namen publiziert habe.[231] »I have no direct proof that professor Einstein gained access to my manuscript«, musste Reuterdahl zwar eingestehen, »but the many peculiar circumstances lead me to believe that such was the case. The remarkable similarities between his later works and the theories I advanced at that time constitute an astounding coincidence.«[232] Zu dem Zeitpunkt der Äußerung des ersten Plagiatsverdachts stammten Reuterdahls einzige Kenntnisse der Relativitätstheorie aus dem

229 Ebd.

230 Reuterdahl an Mohorovičić, 24. Mai 1923, RP 4-35.

231 Vgl. u. a. die Darstellung in: »Authorship Of The Famous Theory Of Light Bending Contested By St. Paul Scientist; Lost Paper Is Key«, in: *St. Paul Sunday Pioneer Press*, 15. Februar 1920. Reuterdahls Plagiatvorwurf wurde von Erik Sjöstrand, dem Sekretär des Schwedischen Journalistenverbands in Amerika (»Svenska Journalistförbundet i Amerika«) gestützt, dieser wies Reuterdahl in einem Brief auch auf einen Artikel im *Literary Digest* über »Einstein's Cosmic Religion« hin, in dem Einstein mit der Äußerung zitiert wird, der Mensch habe einen »cosmic religious sense«. Sjöstrand vermutete hier ein Plagiat von Reuterdahls Konzept des »Theocosmism«: »As you have shown how he [Einstein] has ›appropriated‹ the idea about ›relativity‹ [...] so it seems that he also wants to appropriate your ›Theocosmism‹«. Sjöstrand an Reuterdahl, 30. November 1930, RP 4-51.

232 Reuterdahl zit. nach »Prof. Reuterdahl to Write Book to Show Einstein Fallacies«, in: *Evening Tribune*, 18. April 1921.

erwähnten Bericht der *New York Times*. Sein Plagiatsvorwurf stützte sich auf die Feststellung von »Ähnlichkeiten« zwischen seiner und Einsteins Theorie, die ausschließlich auf Übereinstimmungen in der Wortwahl zurückgehen. Im Einzelnen beanspruchte Reuterdahl, die Begriffe »Space-Time«, »Space-Time-Potential« und »gravitational mass« als erster Wissenschaftler geprägt zu haben. Tatsächlich besaß er Urheberrechte an einem Vortrag mit dem Titel »The Space-Time Potential. A New Concept of Gravitation and Electricity«, aber nicht an den genannten Begriffen.[233] Dass diese Begriffe in seinem System eine ganz andere Bedeutung hatten, wird in seinem Plagiatsvorwurf vollkommen außer Acht gelassen. Die Überzeugung, von Einstein plagiiert worden zu sein, führte vielmehr zu mehreren heftigen Polemiken.

Anlässlich Einsteins Reise nach Norwegen im Sommer 1920 gelang es Heidenreich und Reuterdahl nicht nur die US-amerikanische, sondern auch die norwegische und schwedische Presse für die Plagiatsgeschichte zu interessieren. Dass beide skandinavische Emigranten waren – Reuterdahl kam ursprünglich aus Schweden, Heidenreich aus Norwegen –, kam ihnen dabei vermutlich zugute. In einem Interview mit der norwegischen Tageszeitung *Aftenposten* am 18. Juni 1920 wurde Einstein mit den Reuterdahl'schen Plagiatsanschuldigungen konfrontiert – tatsächlich handelte das Interview nur von Reuterdahls Plagiatsvorwürfen, denn Heidenreich, der zu dieser Zeit für einige Monate in Norwegen gewesen war, hatte diesen Aufenthalt dazu genutzt, den Redakteur von *Aftenposten* persönlich mit Reuterdahls Theorie und dem Plagiatsvorwurf vertraut zu machen – anscheinend erfolgreich. Einstein gab eine längere Erklärung ab, dass ihn die Plagiatsanschuldigungen nicht interessierten, da ihm weder Reuterdahl noch seine Theorie bekannt seien, und Mittag-Leffler, den er wohl kenne, ihn nicht auf Reuterdahls Arbeiten hingewiesen habe.[234]

---

233 Das »Certificate of Copyright Registration« für den Vortrag ist reproduziert in: Reuterdahl, Arvid, »First Attempt of the Unification of Electricity and Gravitation«, in: *Universum*, Bd. 2, Nr. 9–12 (1923), S. 292–294, hier: S. 293. Es handelt sich bei dem Artikel um einen Ausschnitt aus einem Brief von Reuterdahl an Mohorovičić.

234 »Diskussionen om relativitetstheorien«, in: *Aftenposten*, Morgenausgabe, 18. Juni 1920. Ähnlich anlässlich der erneut vorgebrachten Anschuldigungen bei der USA-Reise Einsteins 1921: »Professor Einstein said he never heard of professor Reuterdahl, and that he was not in the least interested in the latter's challenge to a written debate on the subject of relativity. He intimated that he might read an article written by Professor Reuterdahl, if he happened to come across it, but as for entering a controversy, he could not waste his time.« Heidenreich, Eyvind Lee, »Calls Einstein's Statements Irreconcilable«, in: *The Minneapolis Morning Tribune*, 16. Mai 1921.

Dass Einstein sich nicht weiter mit diesen Anschuldigungen auseinandersetzte, war für die Einsteingegner allerdings nur als bewusste Vermeidungsstrategie zu deuten. Dass Mittag-Leffler keinen Anlass gesehen haben wird, Einstein mit Reuterdahls esoterischer Theorie bekannt zu machen, dass er Reuterdahls Schriften wahrscheinlich selbst kaum eines Blickes gewürdigt haben wird – für die von der Bedeutung des »Space-Time-Potentials« überzeugten Amerikaner unvorstellbar. Dass Einstein Reuterdahl, Leiter eines vor allem mit industrienaher Ausbildung befassten kleineren Technologieinstituts im Mittleren Westen ohne einschlägige Beiträge in der Physik, tatsächlich nicht kannte – für Reuterdahl und Heidenreich undenkbar, schließlich handelte es sich bei Reuterdahls »Space-Time-Potential« in ihren Augen um die wichtigste wissenschaftliche Entdeckung aller Zeiten, was selbst ein Mittag-Leffler und ein Einstein erkannt haben müssten. Wenn sie also dennoch so taten, als ob sie nichts vom »Space-Time-Potential« wüssten, dann doch nur deshalb, weil sie Reuterdahls Theorie plagiiert hatten.

Reuterdahl erhob über Jahre hinweg immer wieder Prioritätsansprüche, sei es für einzelne Aspekte wie die Abschaffung des Äthers, sei es für die komplette Relativitätstheorie, die er für ein Plagiat seines »Space-Time-Potentials« hielt, sei es für sich, sei es für andere. Noch als Einstein 1929 ankündigte, mit der Einheitlichen Feldtheorie nun endlich den Abschluss seiner Arbeiten gefunden zu haben, was einiges Medienecho auslöste, verfasste Reuterdahl sofort eine Presseerklärung, um auch auf die Einheitliche Feldtheorie Priorität anzumelden.[235] Bei Reuterdahl ging es dabei nie lediglich um die Frage der Priorität, sondern er äußerte immer sofort und deutlich Plagiatsanschuldigungen. Sein bevorzugtes Forum war dabei die

235 »Communication By Dr. Arvid Reuterdahl Of St. Paul, In Reference To The New Theory Of Dr. Albert Einstein«, [Typoskript], [1929], RP. Ebenso reagierte See. Bereits auf eine knappe Meldung der Associated Press hin, Einstein habe eine neue Entdeckung bezüglich »the connection between the earth's power of attraction and terrestrial magnetism« verkündet, meldete See bei der *Times* (London) Priorität an: »Will you be good enough to point out through the columns of your valuable paper that my own Discovery of the Law of Nature connecting terrestrial Magnetism with terrestrial Gravitation was finished a year ago this month [...] it would appear that five month after my Discovery is published in the greatest Scientific journal of the world [*International Journal of Astronomy*], Professor Einstein has seen the error of his way regarding the discredited Doctrine of relativity, and now is trying to follow the path which I opened up«. See, T. J. J., »To The Editor Of The London Times«, 21. März 1923, RP 4-49.

Tagespresse, insbesondere in der Lokalpresse Minnesotas erschienen immer wieder Artikel über Reuterdahls Vorwürfe.[236]

Auch für Ziegler war die Relativitätstheorie nur eine verstümmelte Version seiner eigenen Urlichtlehre. Seine Plagiatsvorwürfe bezogen sich teilweise auf bestimmte Inhalte, teilweise aber auch auf die gesamte Theorie. Nach Zieglers Grundvoraussetzung der Komplementarität der Gegensätze konnte es nur beides, das Absolute und das Relative, geben. Ein »Relativitätsprinzip« alleine mache also keinen Sinn. Dass die Relativitätstheorie Relativitätstheorie sei, bezeugte für Ziegler bereits, dass sie nicht komplett und auf die dazugehörige »Absolutitäts«-Theorie angewiesen sei.[237] Aus dem gleichen Grund sprach Reuterdahl von der Einstein'schen Relativitätstheorie als »partial relativity«, während sein »Space-Time-Potential« die vollständige Theorie, inklusive Gott als Absolutes, sei.[238] Ziegler war dabei der Ansicht, der Berner Philosophieprofessor Ludwig Stein (1859–1930), dem er seine frühen Arbeiten geschickt hatte, habe diese an Einstein weitergegeben. Denn lebte nicht auch Einstein zu dieser Zeit in Bern und verkehrte mit Stein?[239]

Dieses Bewusstsein, im Besitz der richtigen Theorie zu sein, ist der Schlüssel zu den inhaltlich motivierten Plagiatsvorwürfen. Durchdrungen von der festen Überzeugung, etwas außerordentlich Wichtiges entdeckt zu haben, glaubten die Welträtsellöser, Professoren wie Mittag-Leffler oder Stein, an die sie ihre Theorien weitergaben, hätten deren Bedeutung selbstverständlich erkannt, sie dann heimlich ihrem Günstling Einstein zukommen lassen und seien nun unter erheblichem Zeitaufwand bemüht, die ganze Angelegenheit zu vertuschen. Die Überzeugung, selbst die richtige Relativitätstheorie erfunden zu haben, ging bei Mewes so weit, dass er den

---

236 Vgl. z. B. Heidenreich 1921; »Reuterdahl Asserts He Is Real Originator of Einstein's New Theory«, in: *The St. Paul Daily News*, 27. Januar 1929, RP 3-26; »Authorship Of The Famous Theory Of Light Bending Contested By St. Paul Scientist; Lost Paper Is Key«, in: *St. Paul Sunday Pioneer Press*, 15. Februar 1920; »St. Paul Physicist Concludes That Relativity Booster and His Admirers Are Suffering From ›Delirium Mathematicum‹, Scoffs at Idea of Curved Space«, in: *St. Paul Dispatch*, 28. Januar 1929.

237 Ziegler 1923, S. 26. Gehrcke und Lenard verhielten sich Zieglers Plagiatsanschuldigungen gegen Einstein gegenüber wohlwollend, wenn sie diese auch nicht aktiv unterstützten. Vgl. Lenard an Gehrcke, 5. Juli 1920, GN 3-F-14: »Herr Ziegler aus der Schweiz schrieb mir und sandte eine ältere Schrift, die mit einigem guten Willen allerdings vielerlei schon herauslesen lässt, was man Einstein zuschreibt. Herr Ziegler legte grossen Wert darauf. Kennen Sie ihn?« Vgl. auch Gehrcke an Ziegler, 19. März 1931, GN 83-L-5.

238 Reuterdahl 1920, S. 273.

239 Vgl. Ziegler an Gehrcke, 11. Februar 1931, GN 83-L-4.

Spieß ganz einfach umdrehte und als Erfinder der »wirklichen« Relativitätstheorie ein Kapitel seiner auf 1884 vordatierten *Raumzeitlehre* wie folgt betitelte: »Lorentz, Einstein und Minkowski (Zurückweisung ihrer Prioritätsansprüche)«.[240] Dieser Kontext der Plagiatvorwürfe erklärt, warum es für den Einsteingegner durchaus nicht widersprüchlich war, die Relativitätstheorie abzulehnen und Einstein gleichzeitig eines Plagiats zu bezichtigen: Die Relativitätstheorie wurde als Verfälschung der eigenen Theorie wahrgenommen.

3.3.3 Der Inhalt der Plagiatsvorwürfe im Einzelnen – vier Beispiele

Die Vereinigung von Raum und Zeit – © by Einstein?

Dass sich der am häufigsten vorgebrachte Plagiatsvorwurf auf die »Vereinigung von Raum und Zeit« bezieht, liegt in der Allgemeinheit des Themas. Wenn ein Zusammenhang irgendeiner Art – philosophisch, psychologisch etc. – von Raum und Zeit als Kern der Relativitätstheorie angesehen wird, und für viele bestand die Relativitätstheorie eben darin, dann ist naturgemäß der Kreis der möglichen Prioritätsansprüche groß. Palagyi erklärte:

> »Tatsächlich verhält es sich so, dass Minkowski und Einstein ihren Hauptgedanken, die Einheitslehre von Raum und Zeit aus meiner schon 1901 erschienenen Schrift ›Neue Theorie des Raumes und der Zeit‹ […] geschöpft haben. Freilich misdeuteten und entstellten sie zugleich meinen Grundgedanken, und haben dadurch eine wahre Anarchie des physikalischen Denkens herbeigeführt.«[241]

Auch hier findet sich wieder das Deutungsmuster, die Relativitätstheorie sei eine Verfälschung des eigenen richtigen Grundgedankens. Palagyi betonte, dass seine Feststellung, dass man den Zeitstrom so auffassen könne, »als ob er in einer vierten, imaginären (oder symbolischen) Raumdimension fließen würde«, mit der Relativitätstheorie »durchaus nichts zu schaffen« habe, da er Raum und Zeit nicht relativiere und eigentlich »nur

240 Mewes 1920a, S. 62.

241 Palagyi an Reuterdahl, 16. Oktober 1921, RP 4-40. Palagyi bezog sich dabei auf sein 1901 veröffentlichtes Werk *Neue Theorie des Raumes und der Zeit. Die Grundbegriffe einer Metageometrie*, Darmstadt. Zu Palagyi vgl. auch Hentschel 1990, S. 153ff.

etwas Selbstverständliches« feststelle.[242] Palagyis Zuordnung des »Zeitstroms« zum Raum sollte vielmehr ausdrücken, dass jeder Zeitpunkt einem bestimmten Raumpunkt zugeordnet werden könne, alle physischen Vorgänge also in Raum und Zeit stattfänden und damit absolut bestimmt seien. Dabei ging Palagyi davon aus, dass der Raum nichts Statisches sei, sondern sich immer wieder im Zeitstrom erneuere; auch anscheinend statische physische Erscheinungen – etwa ein Berg in der Landschaft – erneuerten sich permanent und es sei lediglich der Beschränktheit der menschlichen Erkenntnismöglichkeiten zuzurechnen, dass dies nicht wahrgenommen werde. Der Raum »strömt« so als Ausschnitt, als »Erscheinung«, im fließenden Zeitstrom mit:

»Das Wesen dieser erhabenen Konzeption besteht darin, dass man die ganze physische Erscheinungswelt, folglich auch den Raum, in den Zeitstrom eingeschaltet denkt. Dadurch erscheint der Raum wie ein momentaner Querschnitt durch den Zeitstrom. Oder umgekehrt der Fluss der Zeit findet in jener vierten Dimension statt, in der der Raum sich unablässig erneuert.«

Bei seiner Theorie handelt es sich, so Palagyis, letztlich um »nichts weiter, als dass jedes physische Ereignis sowohl irgendwo, als auch irgendwann stattfinden muss, so dass es einen Widersinn einschließen würde zu behaupten, dass ein physischer Vorgang bloß in der Zeit oder bloß im Raume stattfinden könne.«

Bemerkenswert ist nun weder die Palagyische philosophische Konzeption von Raum und Zeit als solche, noch die Tatsache, dass sie die relativistische Raum-Zeit in keiner Weise vorwegnimmt, sondern bemerkenswert ist, dass viele Einsteingegner für Palagyis Konzept einer Raum-Zeit-Union Priorität gegenüber Einsteins Ansatz beanspruchten und mit welcher Begründung dies geschah. Tatsächlich war die Begründung zweifach: Inhaltlich wurde hier die »wahre«, unverfälschte Raum-Zeit-Vereinigung gegen deren »Entstellung« durch Einstein und Minkowski gesetzt, strategisch wurde Einstein der Diebstahl geistigen Eigentums vorgeworfen (zu weiteren, vorwiegend strategisch motivierten Plagiatsvorwürfen vgl. S. 337ff.).

Gilbert verwies in seiner Auflistung von Raum-Zeit-Vereinigungen vor Einstein und Minkowski auf den »bekannte[n] Philosoph[en] Melchior

242 Alle nachfolgenden Zitate aus: Palagyi, Melchior, *Kurze und populäre Darstellung der Einheits- oder Zusammengehörigkeitslehre von Raum und Zeit*, [unveröffentlichtes Manuskript], [1922], RP 4-40.

Palagyi«, ging allerdings davon aus, dass die »Relativisten« eher von Wells Zeitmaschine inspiriert worden seien, »denn die Relativisten, die von der großen Denkarbeit der Menschheit, der Philosophen keine Ahnung besitzen, haben nicht Palagyi gelesen«.[243] Damit hatte er zweifellos recht, wenn auch aus anderen Gründen, als er meinte. Auch Mohorovičić betonte, dass Palagyi bereits vor Minkowski von Vierdimensionalität ausgegangen sei, und zwar »ohne den ganz disparaten Charakter des Raumes und der Zeit zu verlassen«, was Mohorovičić als entscheidender Vorteil galt.[244]

Palagyis Prioriätsanspruch wurde zuerst nicht von diesem selbst, sondern von Gehrcke erhoben und gestützt. Dieser interessierte sich sehr für mögliche Ansprüche auf Priorität gegenüber Einstein und markierte in den sich in seinem Besitz befindenden Schriften gegen die Relativitätstheorie oft betreffende Stellen. In dem 1911 erschienenen Aufsatz »Nochmals über die Grenzen des Relativitätsprinzips« verwies er nachdrücklich auf Palagyis Arbeit und äußerte zudem einen Plagiatsverdacht: »Die Minkowskische Form der Relativitätstheorie benutzt ebenfalls eine solche raumzeitliche Mannigfaltigkeit [wie Palagyi], wobei dahingestellt bleiben kann, ob den Erbauern der Relativitätstheorie die Palagyische Schrift bekannt war oder nicht.«[245] Auch ein Briefentwurf Gehrckes an Palagyi zeigt Gehrckes Interesse an diesem Plagiatsvorwurf:

> »Wenn diese Herren [Mathematiker und Physiker, die die Relativitätstheorie akzeptieren], wie Sie zu glauben scheinen, Ihre alte Schrift dem Inhalt nach gekannt haben, so besteht die Leistung der Herren darin, dass sie einem originalen erkenntnistheoretischen Kern ein mathematisches Flittergewand umgehängt haben«.[246]

Während Palagyi fest davon überzeugt war, dass seine Raum-Zeit-Union ein Vorläufer der Minkowski'schen Raumzeit war, der Prioritätsanspruch also rein inhaltlich motiviert war, stellte sich dies bei Gehrcke anders dar. Dieser setzte sich dafür ein, Palagyi Priorität zuzusprechen, obgleich er von dessen Raum-Zeit-Konzeption nicht überzeugt war. Palagyi gegenüber erklärte Gehrcke nämlich, dass er dessen Einführung des Faktors $\sqrt{-1}$, mit dem Palagyi die Zeitachse multipliziert und auf der der Plagiatsvorwurf gegen Minkowski maßgeblich beruhte, nicht nachvollziehen könne:

243 Gilbert 1914, S. 51 (Anm. 1).

244 Mohorovičić 1923a, S. 32; vgl. auch Reuterdahl 1921a, S. 9.

245 Gehrcke 1911, S. 9; vgl. auch ders., »Die Relativitätstheorie, eine wissenschaftliche Massensuggestion«, abgedruckt in: Gehrcke 1924a, S. 54–68, hier: S. 66.

246 Gehrcke an Palagyi, [undatierter Entwurf], GN 83-B-18.

»Nun habe ich bisher nie, und auch jetzt noch nicht, begriffen, warum Sie die Zeitachse zum Unterschied von den Raumachsen mit $\sqrt{-1}$ multiplizieren. [...] Warum nehmen Sie nicht irgend einen anderen Faktor, z. B. $-\sqrt{-1}$, oder meinetwegen π oder e? Warum nehmen Sie überhaupt einen besonderen Faktor? Das ist der Punkt, an dem ich ihren weiteren Schlüssen nicht mehr zu folgen vermag.«[247]

Dieser grundsätzliche Zweifel an Palagyis Argumentation hielt Gehrcke allerdings wie erwähnt nicht davon ab, sich öffentlich für Palagyis Priorität in Bezug auf die Verbindung von Raum und Zeit stark zu machen und ausdrücklich zu betonen, dass bei diesem bereits 1901 die Zeitkoordinate »mit der imaginären Einheit $\sqrt{-1}$ multipliziert auftritt«.[248] Trotz dieser inhaltlichen Vorbehalte bestand aus der Sicht des Physikers Gehrcke der große Vorteil von Palagyis Ansatz darin, dass er Raum und Zeit auf eine physikalisch absolut bedeutungslose, naturphilosophische Weise verband, die den für Gehrcke bestehenden grundsätzlichen Unterschied zwischen den physikalischen Begriffen Raum und Zeit nicht tangierte.

Auch Mewes beanspruchte die Vereinigung von Raum und Zeit für sich und warf Einstein vor, seine angeblich aus dem Jahr 1884 stammende *Raumzeitlehre* plagiiert zu haben. Allerdings brachte Mewes erst 1920, nachdem er mit der Relativitätstheorie Bekanntschaft gemacht hatte, einen Band dieses Namens heraus, der eine Sammlung älterer und neuerer Arbeiten war. Sein Prioritätsanspruch rekurrierte vor allem auf eine Arbeit aus dem Jahr 1889 über »Das Wesen der Materie und des Naturerkennens«, in welcher er in Anlehnung an Schopenhauer erklärte: »Das ganze Wesen der Materie besteht in ihrem Wirken« und daraus schlussfolgerte:

»Die Materie ist ebenso wie Raum und Zeit gänzlich relativ, da sie nur mit Rücksicht auf andere Materie, auf die sie wirkt, existiert. Die Materie an sich, also ohne Beziehung auf ihre Wirkung, vermögen wir ebenso wenig wie Raum und Zeit an sich zu begreifen. [...] Weil die Materie jedoch im Wirken und damit in der Kausalität ihr Wesen hat, so setzt sie Raum und Zeit, nicht bloß jedes für sich, sondern beide im Verein, voraus; denn es würde bei allem Nebeneinander im Raum und allem Wechsel in der Zeit, so lange jede dieser beiden Formen für sich und ohne Zusammenhang mit der anderen Bestand und Lauf hätte, keine Kausalität geben.«[249]

247 Vgl. ebd.
248 Gehrcke 1920, S. 66.
249 Mewes 1920a, S. 26f.

Die Vereinigung von Raum und Zeit erfolgte bei Mewes also letztlich in der gleichen Absicht wie bei Palagyi, nämlich um eine strenge Kausalität zu begründen, indem alles in Raum und Zeit seinem spezifischen Ort und seinem spezifischen Zeitpunkt zugeordnet werden kann.

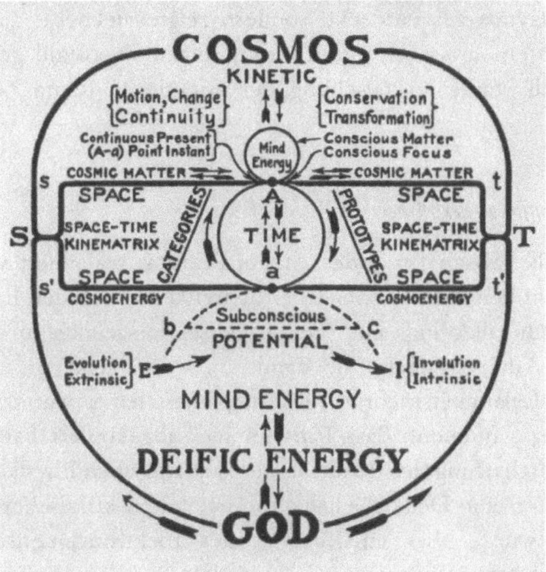

Reuterdahl hielt Einsteins Relativitätstheorie für ein Plagiat seiner eignen Vereinigung von Raum und Zeit, hier dargestellt im »Theocosmic Diagram«

Aus ganz anderen Gründen beanspruchte Reuterdahl die Vereinigung von Raum und Zeit für sich und meinte, in seinem Konzept des »Space-Time-Potentials« die Relativitätstheorie vorweggenommen zu haben. Den theoretischen Rahmen für das »Space-Time-Potential« bildete Reuterdahls »Scientific Theism«. Dieser wissenschaftliche Theismus basierte auf der Annahme, das Universum sei ein »unitary, interacting, rational, purposive, and teleological system«. Reuterdahl identifizierte in diesem System verschiedene Ebenen von Realität (physisch, psychisch etc.), die letztlich auf die Existenz und das Wirken Gottes zurückgeführt werden können. Das »Space-Time-Potential« betraf die Ebene der physikalischen Wirklichkeit und befasste sich daher mit der Interpretation »of God as the ultimate source of the Potential charted in Space and Time.«[250] Mit dieser Form der Zusammenführung von Raum und Zeit beanspruchte Reuterdahl Priorität in Bezug auf die Relativitätstheorie. Und wer in diesem Ansatz nicht sofort die Einstein'sche Relativitätstheorie wiedererkennen sollte – so die Logik eines Einsteingegners wie Reuterdahl –, hatte nicht etwa die Haltlosigkeit des Plagiatsvorwurfs entdeckt, sondern zeigte vielmehr, dass Einstein in seinem Unternehmen erfolgreich war, seinen Diebstahl geistigen Eigentums durch starke Verfälschung der »richtigen« Raum-Zeit-Theorie zu kaschieren.

Die »Abschaffung« des Äthers

Dass für die Abschaffung des Äthers Priorität reklamiert wurde, ist aufgrund der hohen Anzahl von Äthertheoretikern unter den Einsteingegnern selten. Wenn allerdings ein Welträtsellöser tatsächlich in seiner Theorie ohne den Äther arbeitete und damit auch noch vor der Aufstellung der speziellen Relativitätstheorie 1905 begonnen hatte, war das für ihn ein schlagendes Argument, dass Einstein hier abgekupfert hatte. Tatsächlich war die Abschaffung des Äthers in der akademischen Physik vor 1905 zwar nach wie vor eine Denkmöglichkeit im Rahmen klassischer mechanischer Theorien, wurde aber im Zeitalter des Elektromagnetismus nicht als ernsthafte Option diskutiert. Ganz anders bei den Welträtsellösern, die nach wie vor überwiegend mit mechanischen Theorien arbeiteten.

Ziegler hatte bereits in den Weltformelvorträgen von 1901/1902 den Äther ausdrücklich als abgeschafft bezeichnet. Es mag dabei eine Rolle gespielt haben, dass er als Chemiker einen weniger engen Bezug zum Konzept des Äthers hatte als ein Physiker. Im Zusammenhang mit den Überlegungen, wie eine wirklich sinnvolle Farbtheorie aussehen müsse, die nämlich die genaue Kenntnis von Licht und Materie voraussetze, bezeichnete Ziegler in seinem Weltformel-Aufsatz von 1902 die Annahme eines Äthers als »greifbaren Unsinn«:

»Der den Raum oder die Stofflosigkeit überall erfüllende stofflose Stoff, genannt Weltäther, ist ein unbegreiflicher Begriff, und alle Lehren, welche auf ihm beruhen, sind genau ebenso unvollkommen und trügerisch, wie die Grundlage. Keine der Wellenbewegungen, die man jenem wesenlosen Ding andichtet, um die Fortpflanzung des Lichtes zu erklären, ist wirklich vorhanden. Es sind dies bloss mathematische Fiktionen, die ausschließlich in der Einbildung der Physiker vorhanden

250 Alle Zitate dieses Absatzes aus Reuterdahl 1920, S. 36f.

sind, gerade wie jener phantomhafte Stoff selbst, der bald dem bewegten Wasser, bald einem geschlagenen, gespannten Seil ähnliche Schwankungen ausführen soll.«[251]

Es entbehrt nicht eines gewissen Charmes, dass ausgerechnet Ziegler, der seine ganze Theorie aus dem von ihm postulierten metaphysischen Urlicht deduziert, das »phantomhafte« der Unnachweisbarkeit des Äthers anprangert. Da er aber von der Existenz des Urlichts felsenfest überzeugt war, kam ihm gar nicht in den Sinn, dass das Urlicht in den Augen der Physiker mindestens ebenso phantomhaft wie in seinen Augen der Äther sein könnte. Wie bei dem Prioritätsanspruch für die Begründung der Konstanz der Lichtgeschwindigkeit (vgl. S. 211f.) ging Ziegler davon aus, dass vor ihm niemand die Existenzberechtigung des Äthers in Zweifel gezogen hatte. Der Einzige außer ihm selbst, von dem Ziegler wußte, dass er den Äther »abgeschafft« hatte, war Einstein. Und Einstein sage nichts darüber

»als ob er etwas davon wüßte, daß Ziegler schon vor 23 Jahren die sinnlose Ätherhypothese durch die sinnvolle Lehre vom Urlicht im leeren Raum ersetzt hatte. War nun schon jene ›Annahme‹ von der Konstanz der Lichtgeschwindigkeit in Einstein's Theorie verdächtig, so muß uns jetzt die neue Einstein'sche Entdeckung von der Ersetzbarkeit des sinnlosen Äthers durch die vollen Urlichtatome und den leeren Raum als ein ganz zweifelloses Plagiat erscheinen, aber allerdings als ein immer noch schlecht verstandenes.«[252]

Der Prioritätsanspruch Zieglers wurde insbesondere von Reuterdahl gestützt, der starke Ähnlichkeiten zwischen seiner eigenen und der Theorie Zieglers sah. Reuterdahl verband die Herausstellung Zieglers als eigentlichen Entdecker der Ätherabschaffung mit der Äußerung eines Plagiatsverdachts gegen Einstein: »The fact that Dr. Einstein lived in Bern, Switzerland, at the time when Ziegler's theory of light was a topic of general discussion, leads one to justly question the extraordinary claims to originality of the founder of the Theory of Relativity«.[253] Dass Zieglers Theorie »a topic of general discussion« war, stellte eine Übertreibung dar, aber die Welträtsellöser waren in gegenseitigen Ehrerweisungen nicht kleinlich, schließlich bekamen sie von anderer Seite wenig Zuspruch. Auch Reuterdahl selbst kam ohne das Ätherkonzept aus. Der Äther sei eine physikalisch nicht nachweisbare, mathematische Hilfskonstruktion, um die

251 Ziegler 1902, S. 9.

252 Ziegler 1923, S. 31.

253 Reuterdahl 1921a, S. 4f. sowie in Reuterdahl, Arvid, »Science's ›Baby-Guy‹ Was Simple Child Till Einstein Adopted It«, in: *The Minneapolis Sunday Tribune*, 22. Mai 1921.

Leere zwischen den Materieteilchen aufzufüllen und durch den rein theoretischen Charakter sei es möglich, eine Unmenge von Äthern zu konstruieren: »There are almost as many ethers as there are physicists«,[254] bemerkt Reuterdahl süffisant und setzt fort:

»We are told by some physicists that the ether is structureless, incompressible, motionless, but capable of being set into motion, non-elastic, capable of indefinite subdivisions, and that the resulting parts can move over each other without friction. No known physical reality in the universe satisfies these specifications. Empty space (vacuum) qualifies better than any form of matter.«

Es war jedoch, wie bei Ziegler, nicht mit diesem sehr modern anmutenden Zweifel am Äther getan, sondern Reuterdahls Haupteinwand gegen die »materialistischen« Äthertheorien bestand in dem Vorwurf, die »Materialisten« (für ihn alle nicht religiös argumentierenden Physiker) würden das Ätherkonzept benutzten, um Gott aus dem Universum herauszunehmen. Gott musste aber nach Reuterdahls theistischer Wissenschaft grundlegendes Konzept jeder wissenschaftlichen Theorie sein:

»[I]n every form of the [ether] hypothesis one basic element is missing, without which the ether model becomes inoperative. This basic element is selective intelligence. […] Any possible future substitute for the ether hypothesis will involve similar difficulties and inconsistencies unless the concept of God becomes the basic element of its hypothetical content. The concept of God solves the riddle of the physical universe.«[255]

Reuterdahl wies zwar immer wieder darauf hin, dass er bereits 1902, also drei Jahre vor Einstein, den Äther abgeschafft habe,[256] im Gegensatz zu seinen anderen Plagiatsvorwürfen, insbesondere in Bezug auf das »Space-Time-Potential«, war dieser Prioritätsanspruch jedoch für ihn nicht zentral, wurde aber – wie Zieglers Prioritätsanspruch – unter anderem von Mohorovičić gestützt.[257]

254 Reuterdahl 1920, S. 29.

255 Ebd., S. 30f.

256 Vgl. z. B. in Reuterdahl 1921a, S. 5.

257 »Reuterdahl in 1902 already (and at the same time J.H. Ziegler too) had rejected the hypothesis of cosmic ether«, Mohorovičić 1923b, S. 2.

Die Begründung für die Konstanz der Lichtgeschwindigkeit

Die Kritik, dass Einstein die Konstanz der Lichtgeschwindigkeit als allgemeines Prinzip betrachte, ist im Zusammenhang mit der Kritik der Relativität der Gleichzeitigkeit dargestellt worden (vgl. S. 132ff.). Dagegen ging der Prioritätsanspruch für die erstmalige physikalische Begründung der Konstanz der Lichtgeschwindigkeit davon aus, dass Einstein eben diese Begründung für sich reklamierte, was er in Wirklichkeit aber nie getan hatte. Ziegler ging davon aus, dass durch seine deduktive Denkleistung die Konstanz der Lichtgeschwindigkeit erstmals tatsächlich logisch bewiesen worden sei. Er bezichtigte Einstein des Plagiats, indem er seinen Begriff des »Urlichts« identifizierte mit der Aussage »die Lichtgeschwindigkeit ist konstant« und erklärte:

»Denn eigentlich sollte sie [die Relativitätstheorie] Absolutitätstheorie heißen, da er [Einstein] ihr die absolute Geschwindigkeit des Urlichts zugrunde legte. Aber dies hätte sie allzuleicht als eine heimliche Anleihe bei der Urlichttheorie erkennbar gemacht und so schien es ratsam, sie unter einer Maske unter die Leute zu bringen.«[258]

Die konstante Lichtgeschwindigkeit im leeren Raum ist ein Grundpfeiler der metaphysischen Urlichttheorie Zieglers – und Einsteins Relativitätstheorie. Diese grundlegende Übereinstimmung reichte Ziegler bereits aus, um ein weit reichendes Plagiatsszenario zu entwerfen:

»Denn seit ich mit meinen Ansichten an die Öffentlichkeit trat, wurde ich von allen Vertretern der als wahre Wissenschaft geltenden relativen Unwissenheit boykottiert. Sie erlauben mir an ihren Versammlungen keine Vorträge mehr und schwiegen meine Schriften tot. Dagegen wurde eine Theorie von einem reinen Mathematiker, die wegen ihrer inneren Widersprüche kaum diesen Namen verdient, von ihnen sofort in den Himmel gehoben und mit allen Mitteln der Reklame über den ganzen Erdball bekannt gemacht. Diese Theorie gründet sich auf die bloße Annahme von der Konstanz der Lichtgeschwindigkeit im Vacuum und erscheint, da sie einige Jahre nach den ersten Bekanntgaben meiner universellen Lichtlehre erschien, wie eine mißlungene Contrefaçon davon.«[259]

258 Ziegler 1932, S. 37. Vgl. auch Ziegler 1914.

259 Ziegler 1923, S. 20. Gehrcke bestärkte ihn im Plagiatsverdacht, ohne jedoch inhaltlich mit der Urlichtlehre konform zu gehen. Vgl. Gehrcke an Ziegler, 19. März 1931, GN 83-L-5. Reuterdahl wiederum war ein erklärter Anhänger der »göttlichen Wissenschaft« Zieglers. »Ziegler [...], in the year 1902, laid the foundation of a cosmic theory in a lecture entitled, ›Die Universelle Weltformel und ihre Bedeutung fur die wahre Erkennt-

Zieglers Prioritätsanspruch wurde gestützt von Reuterdahl,[260] der auch seinerseits Ansprüche in Bezug auf die Entdeckung der physikalischen Grundlage der Konstanz der Lichtgeschwindigkeit erhob.[261]

»Kinertia« und das Äquivalenzprinzip

Das Äquivalenzprinzip, also die Gleichheit von träger und schwerer Masse, war in der Newton'schen Mechanik formuliert und seine empirische Gültigkeit war bereits um 1900 mit hoher Genauigkeit festgestellt worden. 1907 erhob Einstein das Äquivalenzprinzip zur zentralen Grundannahme, auf deren Grundlage er seine Gravitationstheorie entwickelte.[262]

Sowohl in der Kritik der Relativitätstheorie als auch im Zusammenhang mit Plagiatsvorwürfen zog das Äquivalenzprinzip weit weniger Aufmerksamkeit auf sich als der Zeitbegriff, die »Mathematisierung« der Gravitation oder das Prinzip von der Konstanz der Lichtgeschwindigkeit. Der Plagiatsvorwurf in Bezug auf das Äquivalenzprinzip stammte von dem in den USA lebenden Reuterdahl und wurde auch im deutschsprachigen Raum rezipiert.[263] Reuterdahl machte den Plagiatsvorwurf nicht für sich selbst, sondern für den außerakademischen Gravitationsforscher »Kinertia« geltend. »Kinertia« war das Pseudonym von Robert Stevenson, der unter diesem Namen Ende des 19. Jahrhunderts eine mechanische Gravitationstheorie entwickelt hatte. Diesmal bezog sich der Plagiatsvorwurf sogar zunächst auf einen richtigen Inhalt: Stevenson, ein Schüler von William Thomson und Peter Guthrie Tait, dessen bewegte Biographie unter anderem eine Zeit als Mineningenieur umfasste, hatte in einer Goldmine Selbstversuche mit dem freien Fall durchgeführt. Er ließ sich im Aufzug des Schachts die Hälfte der Strecke frei fallen, dann bremste der Aufzug

nis aller Dinge‹. This theory is of basic and far reaching significance to the New Science.« Reuterdahl 1921a, S. 4.

260 Ebd. S. 4f.

261 Vgl. Reuterdahl 1923a, S. 35ff.; ders., *The Physical Basis of the Constant Velocity of Light*, Minneapolis 1929.

262 Vgl. Renn 2006, insb. S. 207ff.

263 In der *Hamburger Woche* vom 9. Juni 1921 befindet sich ein Portrait Reuterdahls und die Bemerkung: »Reuterdaul nennt Einstein nicht nur einen ›verrückten Wissenschaftler mit hysterischer Theorie‹, sondern auch einen Plagiator und behauptet, dass die Einsteinsche Theorie bereits 1866 von einem Gelehrten unter dem Namen ›Inertia‹ entdeckt worden sei.«

ab: »That thaught me that acceleration was the proximate cause of weight«,[264] berichtete Stevenson rückblickend.

Reuterdahl begnügte sich nicht damit, dass Stevenson, so wie viele vor ihm, auf die Äquivalenz von träger und schwerer Masse geschlossen hatte und diese daraufhin experimentell feststellen wollte, sondern er wollte darüber hinaus zeigen, dass die gesamte allgemeine Relativitätstheorie Einsteins ein Plagiat von Stevensons Theorie darstelle. Dass Einstein die Entdeckung des Äquivalenzprinzips gar nicht für sich reklamierte, sondern sein Verdienst in der Analyse und neuen Interpretation des altbekannten Äquivalenzprinzips bestand, spielte in der Plagiatsdiskussion keine Rolle. Reuterdahl argumentierte, einige von »Kinertias« Arbeiten seien 1903 an die Preußische Akademie der Wissenschaften geschickt worden und da sei es doch nahe liegend, dass das Akademie-Mitglied Einstein sich im Archiv dieser Einsichten »Kinertias« bedient habe. »Did Dr. Einstein avail himself of these easily accessible records?«[265] fragte Reuterdahl im *Dearborn Independent* und nahm sogleich den Nachweis dafür in Angriff, dass die Antwort auf diese Frage nur »Ja« lauten könne.

Dazu verglich Reuterdahl in einem langen Artikel im *Dearborn Independent* Zitate aus einer Artikelserie, die Stevenson 1914 in der weit verbreiteten Wochenzeitschrift *Harper's Weekly* veröffentlicht hatte, mit Zitaten aus populären Werken zur Relativitätstheorie, insbesondere aus der englischen Erstübersetzung von Einsteins *Über die spezielle und die allgemeine Relativitätstheorie. Gemeinverständlich*[266] sowie aus Eddingtons *Space, Time, and Gravitation.*[267] In seiner Aneinanderreihung von aus dem Kontext gelösten Zitathäppchen fokussierte Reuterdahl auf das Äquivalenzprinzip und speziell auf das Gedankenexperiment des Aufzugs im Weltall, das er kurzerhand mit der allgemeinen Relativitätstheorie ineinssetzte. Das Gedankenexperiment besagt, dass ein Beobachter im geschlossenen Aufzug durch physikalische Versuche nicht erkennen kann, ob der Aufzug im Weltraum beschleunigt wird oder er sich ruhend auf der Erde befindet. Er kann auch nicht unterscheiden, ob sich der Aufzug gradlinig-gleichförmig im Weltraum bewegt oder auf der Erde frei fällt. In beiden Fällen spürt er

264 Stevenson 1914, S. 210.

265 Reuterdahl 1921b.

266 Einstein, Albert, *Relativity: The Special and the General Theory*, New York 1920.

267 Eddington, Arthur Stanley, *Space, Time and Gravitation: An Outline of the General Relativity Theory*, Cambridge 1920.

keine Anziehungskraft. Daraus lässt sich auf die Gleichheit von träger und schwerer Masse schließen.

Dass Stevenson im Rahmen einer kinetischen Drucktheorie der Gravitation vor allem daran interessiert war, zu widerlegen, dass die Gravitation als Anziehungskraft aufzufassen sei, wusste Reuterdahl; diese Tatsache spielte aber durch die Reduzierung der allgemeinen Relativitätstheorie auf das Gedankenexperiment keine Rolle. Für Reuterdahl stand vielmehr fest: »›Kinertia's‹ theory of gravitation is identical with Einstein's. Both men find the crux of the problem in acceleration, and the development of both theories is based upon the very same experiment.«[268] Aber während Einstein das Experiment nur in Gedanken machte, so Reuterdahl, führte Stevenson das Experiment erstens selbst und zweitens Jahre bevor Einstein die allgemeine Relativitätstheorie aufstellte durch: »From the preceding is evident that ›Kinertia‹ derived his norm of gravitation before Einstein was born. The question of priority is therefore definitely and irrefutably established in favor of ›Kinertia‹ in the case of the General Theory of Relativity«,[269] schlussfolgerte Reuterdahl und spielte taktisch äußerst geschickt Plagiatsvorwurf und Prioritätsanspruch gegeneinander aus:

»If Einstein was aware of ›Kinertia's‹ discovery then the appellation ›plagiarist,‹ bestowed upon him by his German professional colleagues, is eminently fitting. If, on the contrary, Einstein was unaware of this work, then he is, nevertheless, antedated by the work of ›Kinertia‹. Einstein is at liberty to choose either horn of the dilemma.«[270]

---

268 Reuterdahl 1921b.

269 Ebd. Nach dem Erscheinen des Artikels »›Kinertia‹ Versus Einstein« erhielt Reuterdahl einen Brief von John Heslip, einem Pfarrer der Tabernacle United Presbyterian Church in Youngstown, Ohio, der neben dem Artikel im *Dearborn Independent* auch seinerzeit die Originalarbeiten Stevensons in *Haper's Weekly* gelesen hatte und seitdem von dessen Auffassung der Gravitation stark beeindruckt war. Heslip regte an, die Aufsätze als Buch herauszubringen, um so ein größeres Publikum anzusprechen. Außerdem sollte man auch in Buchform deutlich machen, »that ›Kinertia‹ was in the field long before Einstein.« Heslip an Reuterdahl, 30. April 1921, RP 4-67.

270 Reuterdahl 1921b.

3.3.4 Resümee zu den inhaltlich motivierten Plagiatsvorwürfen

An den hier untersuchten Plagiatsvorwürfen gegen Einstein sind mehrere Aspekte bemerkenswert: Die Plagiatsvorwürfe bezogen sich auf Inhalte, die mit der physikalischen Relativitätstheorie nichts zu tun hatten, bzw. auf isolierte und verallgemeinerte Aussagen wie »Raum und Zeit sind zusammen zu betrachten« oder »Die Lichtgeschwindigkeit ist konstant«, die als Kern der Relativitätstheorie oder gleich als »die« Relativitätstheorie interpretiert wurden. Eine Besonderheit, die in der Diskussion der Plagiatsvorwürfe herausgestellt wurde, ist, dass das Plagiat sich auf die eigene Theorie bezog und tatsächlich hat fast jeder Einsteingegner irgendwann einmal die Vermutung geäußert, er selbst habe das, was an der Relativitätstheorie stimme, doch auch schon gesagt, bloß in einfacheren Worten.[271] Dabei waren rein taktische Plagiatsvorwürfe (wie Gehrckes Unterstützung Palagyis) selten. Die Einsteingegner waren zutiefst von der Richtigkeit ihrer Anschuldigung überzeugt. Reuterdahl glaubte wirklich, dass die allgemeine Relativitätstheorie mit dem »Mann im Aufzug« gleichzusetzen sei. Dass trotz einer solchen Unkenntnis der Relativitätstheorie so scharf gegen sie vorgegangen wurde, bestätigt die in Kapitel 2 festgestellte Verteidigungshaltung gegen ein »Feindbild Relativitätstheorie«, das weitgehend unabhängig von Einsteins Theorie war; diese Verteidigungshaltung ging vor allem auf die Verletzbarkeit und Empfindlichkeit der Welträtsellöser in Bezug auf ihre eigene Theorie zurück und resultierte aus einer spezifischen Rezeption der Relativitätstheorie als Bedrohung. Ein weiterer bemerkenswerter Punkt ist, dass einige Einsteingegner die Prioritätsansprüche nicht

---

271 Neben den in diesem Abschnitt dargestellten Positionen vgl. z. B. die Äußerung von Geissler über die »Relativitätsschrift, die ich schon 1900 veröffentlicht hatte.« Geissler an Gehrcke, 9. Dezember 1920, 76-A-7. Vgl. auch Kleinschrod 1920, S. 28. Auch Gehrcke meinte sich von Einstein beraubt, er bezog sich dabei allerdings nicht direkt auf die Relativitätstheorie, sondern auf den Bereich Physik und Erkenntnistheorie. Einstein habe in seiner Arbeit »Die Grundlage der allgemeinen Relativitätstheorie« festgestellt, dass die klassische Mechanik einen erkenntnistheoretischen Mangel habe und dass Mach dies als Erster klar hervorgehoben habe. Vgl. Einstein, Albert, »Die Grundlage der allgemeinen Relativitätstheorie«, in: *Annalen der Physik*, Bd. 354, Nr. 7 (1916), S. 769–822, abgedruckt in: CP Bd. 6, Doc. 30, zu Mach S. 771. Gehrcke meinte nun, »daß die Überlegungen Einsteins, soweit sie nicht schon bei Mach sich finden, in wesentlichen Punkten bereits in Arbeiten von mir, und zwar, wie ich glaube, klar enthalten sind.« Gehrcke, Ernst, »Zur Kritik und Geschichte der neueren Gravitationstheorien«, in: *Annalen der Physik*, Bd. 356, Nr. 17 (1916), S. 119–124, abgedruckt in: Gehrcke 1924a, S. 40–44, hier: S. 40.

ausschließlich für sich erhoben, sondern versuchten, durch die Nennung anderer den Prioritätsansprüchen mehr Gewicht zu verleihen. Dabei entstanden teilweise paradoxe Situationen – wenn man, wie zum Beispiel Mohorovičić, zugab, dass die Einsteingegner Reuterdahl und Ziegler unabhängig voneinander den Äther abgeschafft hatten, warum sollte man dann nicht zugestehen, dass auch Einstein ebenso unabhängig davon eine Theorie entwickelt hatte, die ohne den Äther auskam? Oft setzte hier wieder die Argumentation ein, die die »wahren, aufrichtigen Naturforscher« gegen die »unlauteren Relativisten« ausspielte. Es stützte den eigenen Anspruch, wenn ein anderer Naturforscher unabhängig zum selben oder zu einem ähnlichen Ergebnis gelangt war.[272] Einstein dagegen – so die Argumentation – sei gar kein Naturforscher, sondern baue die von anderen Forschern entdeckten Wahrheiten in ein fiktives mathematisches System ein, das keinen Bezug zur Wirklichkeit habe.

Es ist außerdem auffällig, welches Bild von Einstein und den der Relativitätstheorie positiv gegenüber stehenden Wissenschaftlern bei den Einsteingegnern vorherrschte. Die meisten unterstellten Einstein unwissenschaftliches und moralisch fragwürdiges Verhalten und gingen davon aus, dass er sich bei jeder Gelegenheit wieder fremder Theorien bedienen würde. Und den Wissenschaftlern, die Einstein gegen Plagiatsvorwürfe verteidigten oder sie einfach nur nicht ernst nahmen, wurde im Allgemeinen unterstellt, sie würden das Einstein'sche Plagiat bewusst vertuschen und damit ebenso fragwürdig handeln. Diese Auffassungen resultierten aus einem starken Misstrauen gegenüber der akademischen Wissenschaft, die zwar die Relativitätstheorie, nicht aber die Lösung der Welträtsel anerkannte, und aus der damit zusammenhängenden antiakademischen Haltung der Welträtsellöser. Beides bestimmte die im nächsten Kapitel dargestellte strategische Auseinandersetzung mit der Relativitätstheorie in hohem Maße mit.

272 Anders Ziegler, der sogar einen Prioritätsanspruch für das angeblich an ihm begangenen Plagiat erhob. Er schrieb an Gehrcke, »daß ich zweifellos der Erste war, den Einstein plagiiert hat.« Ziegler an Gehrcke, 11. Februar 1931, GN 83-L-4.

4. Marginalisierung und Protest: Die strategische Auseinandersetzung mit der Relativitätstheorie

Dieses Kapitel analysiert die heftige öffentliche Kontroverse um die Relativitätstheorie in den 1920er Jahren auf der Grundlage der Ergebnisse der drei ersten Kapitel: Im ersten Kapitel wurde die Existenz einer außerakademischen Wissenschaft nachgewiesen, deren Wissensinhalte mit denen der modernen akademischen Physik inkompatibel waren und deren Protagonisten offensiv antiakademisch auftraten. Das zweite Kapitel hat gezeigt, dass die omnipräsente Relativitätstheorie von den außerakademischen Forschern, aber auch von akademischen Einsteingegnern, als eine Bedrohung wahrgenommen wurde, gegen die sie sich ihrer Ansicht nach verteidigen mussten. Im dritten Kapitel wurde dargelegt, dass die Einsteingegner davon überzeugt waren, die Relativitätstheorie auf Basis ihrer eigenen Theorien bzw. als Physiker oder Philosophen vollständig widerlegt und außerdem nachgewiesen zu haben, dass es sich bei der Relativitätstheorie um gar keine »richtige« physikalische Theorie handelte oder das sie eine Verfälschung der eigenen, richtigen Theorie war. Inhaltlich war für sie damit die Angelegenheit erledigt. Doch was nutzte die Richtigstellung der von den Einsteingegnern angenommenen Falschheit der Relativitätstheorie, wenn sie kein Gehör fand?

Die inhaltlichen Widerlegungsversuche der Relativitätstheorie stellten nur einen Teil, nämlich die inhaltliche Dimension des Gegendiskurses zur akademischen Physik dar, der in seiner strategischen Dimension die Anerkennung dieser Widerlegungen einforderte. Um diese Wahrheitsansprüche durchzusetzen wurde versucht, in den herrschenden wissenschaftlichen Diskurs zu gelangen und sich damit der »Machteffekte des wissenschaftlichen Diskurses«[1] zu bemächtigen, der in seiner Funktion als wissenschaftlicher Diskurs über die Legitimität von Wahrheitsansprüchen befindet und den Rahmen dessen darstellt, was überhaupt wahrheitsfähig ist.

1 Foucault 1999, S. 22.

Die religiösen Ansprüche der Welträtsellöser-Theorien zum Beispiel besaßen im Rahmen der akademischen Physik der 1920er Jahre diese Wahrheitsfähigkeit von vornherein nicht.

Die Einsteingegner mussten den wissenschaftlichen Diskurs in irgendeiner Weise kapern – sei es durch freundliche Übernahme oder durch Putsch. Gegen einen so mächtigen Diskurs wie ihn die institutionalisierte akademische Wissenschaft darstellt wurde dies nicht als Aufgabe eines Einzelnen gesehen, sondern es wurden Verbindungen und Allianzen mit Gleichgesinnten gesucht. Dieses Kapitel widmet sich den Subversionsversuchen und Kämpfen, den Taktiken und Strategien gegen die Relativitätstheorie. Es wird gezeigt, dass die Nichtanerkennung der jeweiligen Widerlegung der Relativitätstheorie anhand der eigenen Theorie respektive die Nichtakzeptanz der von den akademischen Physikern und Philosophen vorgebrachten Einwände dazu führte, dass die Einsteingegner diese Frage zunehmend nicht als Frage von Richtigkeit oder Falschheit dieser Einwände auffassten, sondern als eine Frage des Zugangs zum System der Anerkennung von Wahrheitsansprüchen im Wissenschaftssystem. Die Tatsache und vor allem die permanente Konfrontation mit der Tatsache, dass die »Widerlegungen« der Relativitätstheorie nicht anerkannt wurden, führte zu einer Verschiebung der Ebene der Argumentation, von der inhaltlichen zur politisch-strategischen Kritik, die im Wesentlichen die Schärfe der Relativitätstheorie-Kritik in den 1920er Jahren bedingte.

4.1 Marginalisierung

4.1.1 Dimensionen des Marginalisierungsprozesses

Mit der Herausbildung der naturwissenschaftlichen Disziplinen Ende des 18. und Anfang des 19. Jahrhunderts gingen Spezialisierung und Professionalisierung der Wissenschaft einher.[2] Der moderne Wissenschaftler ist nicht länger Gentleman Scientist oder Privatier, sondern ein professioneller, nach bestimmten Standards ausgebildeter und mit entsprechenden Titeln ausgewiesener Angestellter einer Universität oder einer außeruniver-

2 Vgl. Stichweh 1984.

sitären Forschungseinrichtung.[3] Diese Entwicklungen stellen in mehrerer Hinsicht die Rahmenbedingungen für den im Folgenden zu analysierenden Marginalisierungsprozess dar:

1. Zum einen gehen in der Wissenschaft Entwicklungen der Spezialisierung mit innerdisziplinären Differenzierungen, Neubewertungen und Neuentstehung von Teilbereichen der Disziplinen einher.
2. Zum anderen ist die weitgehende Undurchlässigkeit zum außerakademischen Raum durch die Institutionalisierung der wissenschaftlichen Ausbildung und Forschung strukturell verankert.
3. Des Weiteren – und auf der Ebene des Wissens anzusiedeln – folgen aus der Organisation des Wissens in der wissenschaftlichen Disziplin Grenzziehungen zwischen wissenschaftsfähigem Wissen und nicht wissenschaftsfähigem Wissen.

Dieser in den drei Punkten aufgespannte Rahmen soll hier kurz skizziert werden.

Innerdisziplinäre Marginalisierung

Die Spezialisierung innerhalb wissenschaftlicher Disziplinen führte dazu, dass ein Studium, beispielsweise der Physik, den Absolventen nicht mit allem Spezialwissen seiner Disziplin ausstatten konnte. Früh waren Entscheidungen vonnöten: Wollte man seine wissenschaftliche Karriere der Optik widmen oder der Tieftemperaturforschung? Davon hing ab, welche Lehrer man sich suchte und an welche Universität man ging. Oft kommen zwischen innerdisziplinären wissenschaftlichen Communities ähnliche Prozesse der Spezialisierung und Exklusion zum Tragen wie zwischen Wissenschaftlern verschiedener Disziplinen oder zwischen Wissenschaftlern und Öffentlichkeit. Wissenschaftssoziologen wenden die Experte-Laie-Distinktion deshalb auch innerhalb der Wissenschaft und innerhalb von Disziplinen an.[4] Im vorliegenden Kapitel wird diese Differenzierung innerhalb von Disziplinen vor allem im Hinblick auf die gegen die Relativi-

3 Diese Institutionen und die durch sie verliehenen Titel und Abschlüsse haben ihrerseits starken Einfluss auf die Machthierarchien innerhalb der Wissenschaft. Pierre Bourdieu hat dies anhand des in dieser Hinsicht im internationalen Vergleich stark durch Hierarchien geprägten französischen Wissenschaftssystem detailliert analysiert. Vgl. Bourdieu, Pierre, *Homo academicus*, Frankfurt (Main) 1992.

4 Vgl. Kapitel 1, Anm. 5.

tätstheorie opponierenden Experimentalphysiker, die in der nun die Disziplin dominierenden theoretischen Physik keine »Experten« waren, die zentrale Rolle spielen.

Außerakademische Marginalisierung

Der außerakademische Raum steht in einem besonderen Verhältnis zu den akademischen institutionalisierten wissenschaftlichen Disziplinen, da er das Komplement zur Entstehung eines weitgehend undurchlässigen akademischen Raums bildete. Die Identifizierung des nicht der akademischen Wissenschaft angehörigen Personenkreises mit dem außerakademischen Bereich und die Ansiedlung des nicht-professionellen Forschens auf der Seite der Populär- und Amateurwissenschaft wurde jedoch, wie im ersten Kapitel dargestellt, nicht von allen außerakademischen Forschern akzeptiert. Diese Exklusion des Laien und die Kreierung des modernen Amateurs vollzog sich als Prozess über Jahrzehnte hinweg und stieß (und stößt immer noch) auf Gegenwehr bei Teilen der Exkludierten.

Epistemologische Marginalisierung

Soziale Grenzziehungen durch Binnendifferenzierung und Institutionalisierung der Wissenschaft sind eine Ebene, auf der Ausschlussmechanismen greifen. Die andere Ebene ist die Ebene des Wissens. Hier ist es zunächst gleichgültig, ob ein akademisch ausgebildeter Physiker oder ein Ingenieur spricht. Auf dieser Ebene waren die akademischen Einsteingegner ebenfalls der Marginalisierung ausgesetzt: Es kam auf die Position an, die sie jeweils vertraten und darauf, inwiefern diese im Rahmen der inneren Organisation des wissenschaftlichen Wissens wissenschaftsfähig war oder als falsch, veraltet oder als Nicht-Wissen marginalisiert wurde.[5] Nun sind Wissenssysteme nicht statisch. Ihre innere Organisation entwickelt und ändert sich. Gerade in Zeiten der Umstrukturierung von Wissenssystemen existieren verschiedene Auffassungen darüber, was im Rahmen des Wissenschaftsfähigen liegt und was nicht. Die Gegner der modernen Physik waren allerdings in den 1920er Jahren mit einem Forschungsstand konfrontiert, von dem aus ihre Wissensansprüche keine bedeutenden, sondern marginale andere Auffassungen darstellten.

---

5 Vgl. Foucault 1999, S. 193–217 (Vorlesung am Collège de France vom 25. Februar 1976).

Soziale und epistemologische Grenzziehungen

Aufgrund dieser Rahmenbedingungen schlugen sich die Grenzziehungen zwischen »drinnen« und »draußen« des Marginalisierungsprozesses in verschiedenen Formen nieder, und sie betrafen die verschiedenen Gruppen von Einsteingegnern in unterschiedlicher Weise. Die außerakademischen Einsteingegner waren bereits durch ihr fehlendes Durchlaufen der akademischen Institutionen in einer strukturellen Außenseiterposition, während die akademischen Physiker und Philosophen durch ihre institutionelle Anbindung und ihre akademische Ausbildung zumindest nicht bereits strukturell exkludiert waren. Die akademischen Einsteingegner waren aber durch ihr Festhalten an vom Konsens des Forschungsstands abweichenden wissenschaftlichen Positionen ebenso wie die außerakademischen Kritiker einem Marginalisierungsprozess ausgesetzt. Zu solchen Mechanismen der Marginalisierung, die bei allen Gruppen von Einsteingegnern zum Tragen kamen, zählen insbesondere Verfahren der wissenschaftlichen Qualitätssicherung wie das Gutachterwesen der Fachzeitschriften oder die Entscheidung über die Zulassung von Vorträgen in wissenschaftlichen Vereinen. Hinzu kamen Entscheidungen über Berufungsfragen und Postenverteilungen in wissenschaftlichen Gremien und Kuratorien, die ausschließlich die akademischen Einsteingegner betrafen, während die außerakademischen Einsteingegner überwiegend der einfachsten und effektivsten Form der Marginalisierung ausgesetzt waren: der Nichtbeachtung.

4.1.2 Die frühe Bekanntschaft mit der Relativitätstheorie

Wissenschaftsinteressierte Personen wie die Welträtsellöser hatten in den naturforschenden Vereinen und bei Vorträgen der wissenschaftlichen Gesellschaften oft bereits Jahre vor ihrer spektakulären Bestätigung im Jahre 1919 Bekanntschaft mit der Relativitätstheorie gemacht. Nicht zuletzt Einstein selbst hielt mehrere Vorträge in nicht rein fachwissenschaftlichen Foren, insbesondere in den naturforschenden Gesellschaften der Schweiz.[6]

6 1903 vor der Naturforschenden Gesellschaft Bern »Über die Theorie der elektromagnetischen Wellen«, gelistet im Protokoll der 992. Sitzung, 1903, Burger Bibliothek Bern, GA BNG – Protokolle der Sitzungen, Band 10; 1907 vor der Naturforschenden Gesellschaft Bern »Ueber die Natur der Bewegungen mikroskopisch kleiner, in Flüssigkeiten suspendierter Teilchen«, als Abstract abgedruckt in CP Bd. 2, Doc. 43; 1911 vor der

Die frühe kritische Rezeption weist zwei Besonderheiten im Vergleich zu der Relativitätstheorie-Kritik der 1920er Jahre auf: Zum einen ist kennzeichnend, dass die Relativitätstheorie bzw. das Relativitätsprinzip, wie die Bezeichnung vor der Formulierung der allgemeinen Relativitätstheorie lautete, nur als eine unter mehreren »falschen« Entwicklungen in der modernen Wissenschaft galt und noch nicht diese herausragende Bedeutung wie in den 1920er Jahren hatte. Zacharias etwa stellte 1914 die Situation so dar:

»Die Anziehung und die Entropie sind unmöglich, die Relativität und Ostwalds Energetik sind unsinnig, die Lehre vom Magnetismus ist völlig verkehrt und ohne natürliche Vorstellung, Wetterkunde und Mathematik sind unzulänglich, die Heilkunde ist vielfach auf Abwegen. Diese heillosen Zustände, diese grundlose Konfusion, diese mangelhaften Lehren und Leistungen nennt man heute immer noch ›Wissenschaft‹.«[7]

Leo Gilberts Buch *Das Relativitätsprinzip, die neueste Modenarrheit der Wissenschaft* erschien 1914 und bereits der Titel macht keinen Hehl daraus, dass es sich bei dem Relativitätsprinzip für Gilbert nur um eine weitere unter den in der Wissenschaft sehr verbreiteten Narrheiten handelte, die aufzudecken er sich auf Grundlage seiner *Neuen Energetik* vorgenommen hatte.[8]

Zum anderen war diese frühe Kritik zwar nicht immer, aber doch spürbar freundlicher, was zwei Gründe hatte: Viele der Kritiker hatten in den 1910er Jahren noch direkten Kontakt zu Einstein und sie äußerten sich in der persönlichen Diskussion in der Regel zurückhaltender. Noch ausschlaggebender als diese äußeren Umstände war allerdings die »Kritiker-Karriere« der einzelnen Personen. Der erste Kritik-Versuch – gleich ob 1913 oder 1923 – war meist noch wohlwollend, erst durch Nichtbeachtung und Zurückweisung (gleich, wie berechtigt diese war) wuchs der Unmut.

Naturforschenden Gesellschaft Zürich über »Die Relativitäts-Theorie«, vgl. Einstein 1911a. Die Mitglieder der Naturforschenden Gesellschaften waren überwiegend Wissenschaftler, die Vorträge waren aber, da hier unterschiedliche Disziplinen aufeinandertrafen, semi-populär gehalten.

7 Zacharias 1914a, S. 128.

8 Andere »Modenarrheiten« seien z. B. die Lorentz'sche Elektronentheorie: »Ebenso phänomenal ist die Elektrizitätslehre des Professors H. A. Lorentz.« Gilbert 1914, S. 15.

4.1.3 »Herrn Prof. Einstein, Berlin. Betreff: Weltall«[9] – Persönliche Kontakte zu Einstein

Viele Gegner der Relativitätstheorie hatten zunächst weder etwas gegen Einstein als Person, noch waren sie verbissene Gegner der Relativitätstheorie. Vielmehr hatten sie zuallererst – vor und nach 1919 – Kontakt mit Einstein aufgenommen, um ihn – von Wissenschaftler zu Wissenschaftler – auf Fehler in der Relativitätstheorie aufmerksam zu machen. Die Welträtsellöser folgten dem Ethos des Wissenschaftlers und ihre Hinweise waren unpolemisch und oft in respektvollem Ton gehalten, denn es war ja durchaus denkbar, dass Kollege Einstein seine Fehler noch gar nicht bemerkt hatte. Vielleicht kannte er die Urlichtlehre oder das universale Kraftgesetz, die die Relativitätstheorie überflüssig machten, einfach noch nicht?

Deutlich wird diese Haltung an dem Versuch Zieglers, mit Einstein in Verbindung zu treten. Die beiden Schweizer bewegten sich in den 1900er und 1910er Jahren teilweise in den gleichen Kreisen der naturforschenden Gesellschaften und naturwissenschaftlichen Vereine: Ziegler war Mitglied der Schweizerischen Naturforschenden Gesellschaft (SNG), später auch der Naturforschenden Gesellschaft Zürich, Einstein war Mitglied der Naturforschenden Gesellschaft Bern. Zwar war Einstein in den Jahren nach der Vollendung der speziellen Relativitätstheorie 1905 noch nicht der Medienstar in der Öffentlichkeit wie nach 1919, unter Wissenschaftlern und Wissenschaftsinteressierten war er jedoch als herausragender Wissenschaftler bekannt.[10] Ziegler, der als Privatier viel Zeit mit Reisen zu wissenschaftlichen Kongressen verbrachte, traf Einstein das erste Mal, als dieser am 21. September 1909 einen Vortrag »Über die Entwicklung unserer Anschauungen über das Wesen der Konstitution der Strahlung« bei der Naturforscherversammlung in Salzburg hielt.[11] Diese Versammlung gilt als das Ereignis, bei dem Einstein erstmals innerhalb eines großen

9 So beginnt ein offener Brief von Robert Büchler an Einstein. Vgl. Büchler, Robert, *Lehrsätze über das Weltall mit Beweis in Form e. offenen Briefes an Prof. Einstein*, Aachen 1921.

10 Vgl. u. a. Fölsing 1993, S. 225ff.; vgl. auch die Äußerung von Kraus im Jahr 1913 gegenüber Gehrcke: »[…] da in weiten Kreisen ein großes Interesse für die Relativitätstheorie besteht«, 17. Oktober 1913, GN 72-A-4 sowie den auf S. 225 zitierten Brief von Ziegler an Einstein aus dem Jahr 1910.

11 Einstein, Albert, »Über die Entwicklung unserer Anschauungen über das Wesen der Konstitution der Strahlung«, in: *Physikalische Zeitschrift*, Bd. 10 (1909), S. 817–825, abgedruckt in: CP Bd. 2, Doc. 60.

Forums zu den zeitgenössischen wissenschaftlichen Koryphäen sprach.[12] Unter den etwa 100 Teilnehmern, darunter viele führende Physiker der Zeit wie Planck, Born, Sommerfeld und Stark, befand sich auch der Welträtsellöser Ziegler. Planck brachte in der Diskussion nach Einsteins Vortrag den Einwand vor, ihm führe Einsteins Konsequenz zu weit, auch die Lichtwellen selbst als quantisiert anzusehen.[13] Nach Planck erhielt Ziegler das Wort und hatte sogleich die Lösung parat:

»Wenn man sich die Uratome der Materie als unsichtbare Kügelchen vorstellt, welche unveränderliche Lichtgeschwindigkeit besitzen, so lassen sich alle Wechselwirkungen von körperlichen Zuständen und elektromagnetischen Erscheinungen darstellen und damit wäre auch die von Herrn Planck vermißte Brücke zwischen Materiellem und Nichtmateriellem geschlagen.«[14]

Während die anwesenden Diskutanten Planck, Stark und Rubens nicht auf Zieglers Lösungsvorschlag eingingen, wusste ein Kenner der Urlichtlehre, dass Plancks Unterscheidung von elektromagnetischen und mechanischen Vorgängen nur als eine Unterscheidung zwischen immateriellem, geistigem Urlicht und Materie gemeint sein konnte. Ebenso erfolglos blieb Ziegler ein Jahr später, als er in einem kleineren Rahmen am 22. November 1910 Einsteins Vortrag über das Boltzmann'sche Prinzip in der Physikalischen Gesellschaft Zürich hörte.[15] Zu diesem Anlass führte Ziegler auf Grundlage seiner Weltformel aus, dass das Relative nur die eine Hälfte des Ganzen sei, welches als Komplement das Absolute erfordere. Ziegler schildert Einsteins Reaktion auf diesen Einwand so:

»[I]ch [erlaubte] mir absichtlich, um die innere Haltlosigkeit dieser Relativitätslehre in überzeugender Weise zu beweisen, am Schlusse der Debatte über einen Vortrag von Prof. Einstein über sein schwer verständliches Prinzip, die einfache Frage an ihn zu richten, ob er es mir nicht durch eine kurze Kennzeichnung des Absolutitätsprinzips etwas verständlicher machen könnte.

---

12 Vgl. Benz, Ulrich/Hermann, Armin, »Quanten- und Relativitätstheorie im Spiegel der Naturforscherversammlungen 1906–1920«, in: Querner, Hans/Schipperges, Heinrich (Hg.), *Wege der Naturforschung 1822–1972 im Spiegel der Versammlungen Deutscher Naturforscher und Ärzte*, Berlin [u. a.] 1972, S. 125–137, insb. S. 130f.

13 »Diskussion«, in: *Physikalische Zeitschrift*, Bd. 10, Nr. 22 (1909), S. 825–826, abgedruckt in: CP Bd. 2, Doc. 61.

14 Ebd., S. 826.

15 Entweder wurde bei dem genannten Einstein-Vortrag auch über das Relativitätsprinzip gesprochen oder Ziegler verwechselt diesen Vortrag mit einem anderen Vortrag Einsteins. Vgl. Einstein, Albert, »Über das Boltzmann'sche Prinzip und einige unmittelbar aus demselben fliessende Forderungen«, [Ende 1910], in: Renn 2005c, S. 76–89.

Die scheinbare Naivität meiner Frage und die etwas spöttische Gegenfrage Einsteins, was denn das sei, löste bei der agnostischen Gesellschaft ein unbändiges Gelächter aus, das sich aber alsbald legte, als ich kurzweg nachwies, dass überhaupt kein Gedanke ohne seinen Gegengedanken denkbar sei, und dass somit auch jedes Ding nur durch Vergleich mit seinem ›Gegenteil‹ qualifiziert werden könne.

Damit war das Gegenprinziplose Einsteinsche Relativitätsprinzip im wahrsten Sinne des Wortes als unqualifizierbar und damit auch als gegenstandslos erwiesen«.[16]

Ziegler sieht sich hier als Überwinder Einsteins, dabei haben weder Einstein noch die anderen Anwesenden Zieglers Einwand ernst genommen. Warum sollten sie auch – wie in diesem Bericht Zieglers noch einmal deutlich wird, war das Reativitätsprinzip für ihn etwas ganz anderes als das Relativitätsprinzip der modernen Physik. Was es mit dem Einstein'schen Relativitätsprinzip wirklich auf sich hatte, hat Ziegler nie herausgefunden. Das Relativitätsprinzip konnte für ihn nichts anderes sein als (nur) eine Hälfte seines eigenen Grundgegensatzes von »Absolut« und »Relativ«. Man schrieb erst das Jahr 1910 und noch war Ziegler seinem Schweizer Kollegen freundlich gesonnen: Er vermutete, dass Einstein mit seiner »halben Theorie« von der Relativität nahe an seiner »ganzen Theorie« des Urlichts liegen würde und etwas Hilfe gebrauchen könnte und so schrieb er am 12. Dezember 1910 einen Brief an Einstein:

»Sehr geehrter Herr!

ich hatte vor einem Jahr das Vergnügen, Ihren Vortrag in Salzburg zu hören und kürzlich als Gast in der Physik. Gesellschaft in Zürich einen andern Vortrag über Ableitungen aus dem Boltzmannschen Prinzip. Diese mathematischen Ableitungen sind für mich einfachen Chemiker zu hoch und [deshalb] gehe ich nicht darauf ein. Da Sie aber ein sog. Prinzip der Relativität en vogue gebracht haben – Alles spricht und schreibt ja jetzt darüber, Planck in Berlin und Gruner in Bern etc. etc. – und da ich auf etwas sehr Aehnlichem ebenfalls ein universelles System der Physik begründet habe, so will ich mir erlauben, Ihnen eine meiner letzten Schriften über diese meine Ansichten hiermit ergebenst zu übersenden. Vielleicht können Sie sich denselben anschliessen und die mathematischen Zusätze zu meiner Formel übernehmen, wenn Sie nicht an der Ansicht einer einseitigen Entropie festhalten wollen.

Hochachtungsvoll, Dr. H. Ziegler«[17]

---

16 Ziegler 1914, S. 18f.

17 Dem Schreiben beigefügt war Zieglers Broschüre *Die Struktur der Materie und das Welträtsel*, Bern 1908. Eine Kopie des Briefs und der Zustellbeleg mit Einsteins Unterschrift befinden sich im Nachlass Reuterdahls, RP 4-66.

Der Brief ist höflich gehalten und steht somit im Gegensatz zu den späteren Polemiken gegen Einstein, erklärt diese jedoch auch zum Teil: Ziegler war keineswegs von Anfang an ein Gegner der Relativitätstheorie, er sah sie immerhin als der Urlichtlehre »sehr aehnlich« an. Einstein aber antwortete nicht. Für einen wohlmeinenden Kollegen, als den Ziegler sich begriff, eine Brüskierung und eine maßgebliche Legitimationsquelle seiner scharfen Angriffe. Erstaunlich viele Einsteingegner, sowohl akademische wie außerakademische, suchten nicht nur Kontakt zu Einstein, sondern führten mit ihm in den Jahren vor der breiten öffentlichen Rezeption der Relativitätstheorie auch mehr oder weniger ausführliche persönliche Diskussionen – über die genauen Inhalte ist meist nichts bekannt; aus den Berichten der Einsteingegner geht allerdings hervor, dass sie für die Einsteingegner sehr unbefriedigend verlaufen sind.

Oskar Kraus, seit 1911 wirklicher Extraordinarius für Philosophie an der deutschen Universität Prag, war 1911 oder 1912 zum ersten Mal mit der Relativitätstheorie konfrontiert worden, als Einstein ebenfalls in Prag lehrte.[18] Die deutschsprachigen Akademikerkreise in Prag waren überschaubar, vielleicht hatten sie sich in der Universität, vielleicht auch im Salon der Berta Fanta[19] getroffen, in dem beide verkehrten – jedenfalls wollte Kraus unbedingt mehr über die Relativitätstheorie erfahren. Er besuchte Einstein im Physikalischen Institut und bekam dort von diesem die Relativitätstheorie recht ausführlich erklärt. Diese persönliche Erklärung wurde für Kraus später eine wichtige, weil besonders legitimierte Quelle zur Relativitätstheorie, auf die er sich in den *Offenen Briefen* an Einstein und Laue bezieht.[20]

---

18 Vgl. Kraus an Gehrcke, 19. April 1927, GN 33-J-11.

19 Zu Berta Fanta vgl. Gimpl, Georg, *Weil der Boden selbst hier brennt … : aus dem Prager Salon der Berta Fanta (1865–1918)*, Furth im Wald [u. a.] 2001.

20 Kraus, Oskar, *Offene Briefe an Albert Einstein und Max von Laue über die gedanklichen Grundlagen der speziellen und allgemeinen Relativitätstheorie,* Wien [u. a.] 1925, S. 39ff. Kraus traf Einstein ein weiteres Mal im Januar 1921, als dieser vom Naturwissenschaftlichen Verein Lotos zu einem Vortrag nach Prag eingeladen wurde. Da die Möglichkeit, als Einsteingegner direkt mit Einstein zu diskutieren, 1921 selten geworden war, machte Kraus gleich ein Angebot an Gehrcke: »Einstein kommt also am 7. Heute wurde ich telefonisch gefragt, ob ich an einer – an besonderem Orte abzuführenden – Debatte teilnehmen würde. Ich bejahte. Daraufhin telegrafierte man ihm vom Vereine Lotos aus. Wenn Sie [Gehrcke] irgend einen Wunsch hinsichtlich an Einstein etwa zu stellender Fragen hätten, so wollen Sie mir das baldigst mitteilen.« Kraus an Gehrcke, 29. Dezember 1920, GN 71-G-8. Kraus sprach dann unpolemisch über die Entwicklung des Relativitätsgedankens in der Philosophie, zu einer Diskussion mit Einstein kam es nicht.

Die Philosophin Lenore Kühn, die in den 1920er Jahren polemisierte, die Relativitätstheorie würde »den Begriff der theoretischen Wirklichkeit durch einen Relativismus zertör[en], der sie selbst unter seinen Trümmern begraben muß«,[21] hatte bereits 1915 einen Vortrag Einsteins gehört und ihm daraufhin einen in repektvollem Ton gehaltenen Brief geschrieben:

»Wenn ich mir erlaube, an Sie [Einstein] diese Zeilen zu richten, trotzdem ich annehmen muss, dass Sie häufig und gewiss auch von Unberufenen Zuschriften erhalten und ich damit vielleicht in die Reihe voreiliger Besserwisser für Sie rücke, so geschieht das nicht aus dem flüchtigen Eindruck einer Stunde heraus, sondern aus brennendem Interesse an der Relativitätstheorie, mit der ich mich namentlich in den letzten Monaten beschäftigt habe.«[22]

Fricke merkte eine längere persönliche Diskussion mit Einstein nebenbei in einem Brief vom 4. September 1919 an Gehrcke an: »Es interessiert Sie vielleicht, dass ich kürzlich ca. 2 Stunden lang mit Herrn Einstein über diese Fragen [die Ätherwirbeltheorie] debattiert habe. Ich sah dabei, daß Einstein die Äthertheorien gar nicht kennt, nur die degenerierte Lorentzsche Form.«[23] Diese Enttäuschung über das »Unverständnis« Einsteins teilten andere Diskutanten wie Mohorovičić, der Gelegenheit zu einem Briefwechsel mit Einstein hatte, als er 1916 eine Arbeit über die Möglichkeit vieler spezieller Relativitätstheorien in der *Physikalischen Zeitschrift* veröffentlichen wollte.[24] Aber auch er war von Einsteins Einwänden wenig beeindruckt: »Herr. A. Einstein leugnete aber den physikalischen Wert meiner Arbeit, aber er betonte, *daß sie nicht unlogisch ist.* So bin ich zur

Kraus' Erinnerung nach verlief die Diskussion nach seinem Vortrag sehr ungünstig für ihn. Vgl. die nachträgliche Einschätzung »wie damals im Uraniasaal als Objekt öffentlicher Schamlust«. Kraus an Gehrcke, 24. Oktober 1929, GN 33-J-4.

21 Kühn 1921.

22 Kühn an Einstein, 26. Juni 1915, GN 3-G-11. Kühn nahm an, dass die Relativierung des Raum- und Zeitbegriffs durch Einstein ähnlich ihrer eigenen Auffassung über Raum und Zeit sei, die sie im Rahmen ihrer Arbeit über »fundamentale Formen des Ästhetischen« (ebd.) entwickelte. Sie rechnete es Einstein an, dass er die Unterschiede zwischen Zeit an sich und Zeitbestimmung sowie zwischen Raum an sich und Raumbestimmung mit der Relativitätstheorie klargelegt habe. Dies tut Einstein jedoch gerade nicht. Erst Jahre später ließ sie diesen nicht abgesandten Brief Gehrcke zukommen.

23 Fricke an Gehrcke, 4. September 1919, GN 76-A-8.

24 Mohorovičić an Gehrcke, 25. März 1921, GN 3-G-3. Mohorovičić führte diesen Gedanken in mehreren Arbeiten aus, vgl. z. B. Mohorovičić, Stjepan, »Über die räumliche und zeitliche Translation«, Teil 1 in: *Académie des Sciences et des Arts des Slaves du Sud de Zagreb, Croatie, Bulletin des Traveaux de la Classe des Sciences Mathématiques et Naturelles*, Nr. 6–7 (1916–1917), S. 46–72, Teil 2 in: ebd., Nr. 9–10 (1918), S. 21–33.

Korrespondenz mit Einstein gekommen, aber für mich waren seine Beweise nie zwingend.«[25]

In den 1920er Jahren wurde Einstein mit Post überschwemmt, so dass er auf viele Briefe nicht antwortete, sie wahrscheinlich zum großen Teil nicht mal zu Gesicht bekam. Auch wird ihm die Zuspitzung der Kontroverse um die Relativitätstheorie in den 1920er Jahren die Vermeidung solcher Diskussionen nahe gelegt haben. Mit alten Bekannten wie Edouard Guillaume allerdings musste er sich auf – wenngleich unfruchtbare – Diskussionen einlassen. Guillaume war ein ehemaliger Kollege Einsteins am Patentamt in Bern. Wie viele andere Einsteingegner hielt er die Relativierung der Zeit für ein Problem auf der Ebene der Zeitmessung und versuchte, in die Lorentz-Transformation einen weiteren Parameter *t* einer absoluten Zeit einzuführen. Einstein erklärte ihm in einem Brief vom 9. Oktober 1917 kurz und freundlich, aber deutlich: »*Jener Parameter t existiert eben nicht.*«[26] Es gingen noch einige Briefe hin und her, dann brach der Briefwechsel ab. 1920 nahm Guillaume die Korrespondenz jedoch wieder auf[27] und Einstein versuchte erneut, Guillaume auf seine grundlegenden Missverständnisse hinzuweisen, doch alle Einwände prallten an diesem ab und Guillaume versuchte seinerseits immer wieder, Einstein doch noch zu überzeugen, bis Einstein schließlich nichts mehr von sich hören ließ. In der Zwischenzeit verbreitete einer von Einsteins engsten Freunden, der Mathematiker Marcel Grossmann (1878–1936), in der Schweiz, dass Einstein Guillaumes Ideen für unsinnig halte und Guillaume drang in einem Brief an Einstein vom 30. Juni 1920 auf Aussprache:

»Wie mir verschiedene Persönlichkeiten erklärt haben, wäre es aber sehr zu begrüßen, wenn Sie einmal ihren Standpunkt begründen wollten, und für mich selbst ist es unbedingt notwendig geworden, daß Sie sich aussprechen. In einer Pressepolemik hat nämlich ihr Freund Grossmann geschrieben (in der N. S. Z.),

---

25 Mohorovičić an Gehrcke, 25. März 1921, GN 3-G-3.

26 Einstein an Guillaume, 9. Oktober 1917, in: CP Bd. 9, Doc. 387.

27 »Lieber Einstein! Ich brauche Ihnen nicht zu sagen, welche Freude mir die experimentelle Bestätigung Ihrer schönen Theorie bereitet hat. Daß ich Ihre Theorie sehr hoch schätze geht schon daraus hervor, daß ich mich seit zwei Jahren eingehend damit beschäftige. Ich bin aber jetzt zu Resultaten gelangt, die für die Entwickelung der Theorie so wichtig sind, daß ich es mir zur Pflicht mache Ihnen diese unverzüglich mitzuteilen. Meine Studien über Raum und Zeit haben mich nämlich zu der Schlussfolgerung geführt, daß ein *wesentlicher Fehler* die Zeit betreffend in der Theorie steckt.« Guillaume an Einstein, 25. Januar 1920, in: CP Bd. 9, Doc. 280.

daß ›meine Ansichten über die Relativität von Ihnen durchaus abgelehnt (?) worden seien.‹

Als ich daraufhin Grossmann fragte, wann und wo Sie sich in diesem Sinne ausgesprochen hätten, antwortete er mir, daß Sie in einem Briefe geschrieben hätten, ›meine Ansichten über die Relativität seien Unsinn‹. Dieses unbegründete Urteil, welches geeignet ist, mir im höchsten Masse zu schaden, zwingt mich zu verlangen, daß dies begründet oder zurückgezogen wird.

Deshalb muß ich Sie, lieber Einstein, um eine Antwort bitten, die ich veröffentlichen kann. Dies können Sie doch Ihrem alten Amtskollegen nicht refusieren!«[28]

Einstein zog sich diplomatisch aus der Affäre:

»Lieber Guillaume!

Mein Verhalten muss Ihnen unfreundlich und unkollegial erscheinen; es ist als wenn ich Sie durch Schweigen verurteilen wollte. In Wahrheit ist es aber ganz was anderes. Ich habe oft versucht, Ihre Aeusserungen zu begreifen, bin aber immer absolut gescheitert. Wenn ich nun Grossmann geschrieben habe, es sei Unsinn, so ist dies zu verstehen inbezug auf mich, oder besser auf den eben vorhandenen Zustand meines Gehirns; Unsinn nennt man eben, was man nicht begreifen kann, ein anderes Kriterium gibt es nicht.«[29]

Einstein insistierte aber, dass er in Guillaumes Gleichungen keinen physikalischen Sinn entdecken könne, und vermutete, dass Guillaume sich einer »unerlaubten Mystik«[30] hingegeben habe. Für Guillaume dagegen war klar, dass Einstein derjenige ist, der sich in eine absurde Idee verrannt hatte und so schrieb er ihm mitfühlend: »Lieber Einstein, Nein! böse bin nicht, aber wohl traurig, denn es ist immer traurig einen hervorragenden Menschen wie Sie zu sehen, der sich in so plumperweise verwirrt.«[31]

Diese bis dahin nur zwischen Guillaume und Einstein geführte Kontroverse – von Guillaumes Vorhaben einer Veröffentlichung des

28 Guillaume an Einstein, 30. Juni 1920, in CP Bd. 10, Doc. 68; vgl. auch Grossmann an Einstein: »Wie du siehst, bildet sich da um Guilleaume herum eine Sekte, die da meint, Deine Anschauungen in wesentlichn Punkten korrigieren zu müssen.« 9. September 1920, in CP Bd. 10, Doc. 142.

29 Einstein an Guillaume, 4. Juli 1920, in: CP Bd. 10, Doc. 71; vgl. auch Einsteins (unpublizierte) Stellungnahme zu Guillaumes Arbeiten in einem Brief an Grossmann, die zur Publikation in den Genfer *Archives des sciences physiques et naturelles* gedacht war. Einstein an Grossmann, 12. September 1920, in: CP Bd. 10, Doc. 148; vgl. auch Grossmann, Marcel, »Mise au point mathématique«, in: *Archives des sciences physiques et naturelles*, Bd. 2 (1920), S. 497–499.

30 Einstein an Guillaume, 4. Juli 1920, in: CP Bd. 10, Doc. 71.

31 Guillaume an Einstein, 23. Dezember 1920, in: CP Bd. 10, Doc. 241.

Briefwechsels versuchte ihn Einstein, der befürchtete, dass dies nur zu einer Blamage seines einstigen Kollegen führen würde, abzubringen – nahm eine für Guillaume unerfreuliche Wendung, als er nicht davon abzuhalten war, Einstein öffentlich zu widerlegen.

Im April 1922 reiste Einstein nach Paris, um vier Vorträge mit Diskussion am Collège de France zu halten, außerdem sprach er vor der Philosophischen Gesellschaft.[32] Guillaume war eigens aus Genf angereist und von der Presse im Vorfeld international groß als Widerleger der Relativitätstheorie angekündigt worden.[33] Er hatte sich darauf vorbereitet, dem Collège de France ausführlich in einem großen Auftritt über die Ergebnisse seiner Forschungen zur absoluten Zeit zu berichten. Zu seiner Enttäuschung hatte er dann nur einige Minuten Zeit zur Verfügung und musste noch dazu hinnehmen, dass Paul Langevin seinen Vortrag abbrach, um Einstein sprechen zu lassen. Die Tagespresse berichtete vernichtend über Guillaumes Auftritt. Zunächst wurde er als Person nicht besonders vorteilhaft dargestellt: »M. Guillaume est petit, trapu, chauve, avec une barbiche noire et un sourire avantageux qui se changera tout à l'heure en un déplorable sourire d`écolier grondé qui se retient de pleurer.«[34] Über Guillaumes Einwände gegen den Zeitbegriff der Relativitätstheorie und die Reaktion der Kollegen berichtete der *L'Œuvre* am ausführlichsten:

»Il avait cependant apporté son matériel de démonstration: une belle planche où sont dessinées des dents de scie bleues et d'autres rouges, et une feuille de papier avec une circonférence et une ellipse. Nous n'avons pas eu le loisir de savoir à quoi il les destinait. M. Guillaume fut mis hors de combat en deux rounds. Il s'aventura à dire que certaine sphère lui paraissait bien être une éllipsoïde. Peut-être bien que, dans un certain système, c'est une éllipsoïde, déclara M. Einstein avec un bon sourire; mais, quand c'est une éllipsoïde, ça ne nous intéresse pas du tout.«[35]

---

32 Zur Reise vgl. insb. Biezunski 1991. Einen Besuch bei der französischen Akademie der Wissenschaften sagte Einstein ab, nachdem bekannt geworden war, dass eine hohe Anzahl der Akademie-Mitglieder beschlossen hatte, einen Vortrag des »boche« Einstein in ihren Hallen zu boykottieren. Vgl. dazu auch verschiedene zeitgenössische Presseberichte, GN 4, XVII 124r bis 128r.

33 Vgl. z. B. »Un adversaire des Théories d'Einstein, in: *Les Messin*, 1. April 1922; »Les Théories d'Einstein?«, in: *Intransigeant*, 3. April 1922; »Einstein Wrong, Swiss Declares«, in: *Chicago Tribune*, 31. März 1922, GN 4, XVII, 129r.

34 »Au Collège de France. M. Guillaume, de Genève, contre M. Einstein«, in: *L'Œuvre*, 6. Juni 1922, GN 4, XVII, 130r.

35 Ebd. Guillaumes Vorwurf bezog sich auf das Beispiel der Koordinatentransformation einer Kugelwelle in der speziellen Relativitätstheorie. Vgl. Einstein 1905b, S. 901.

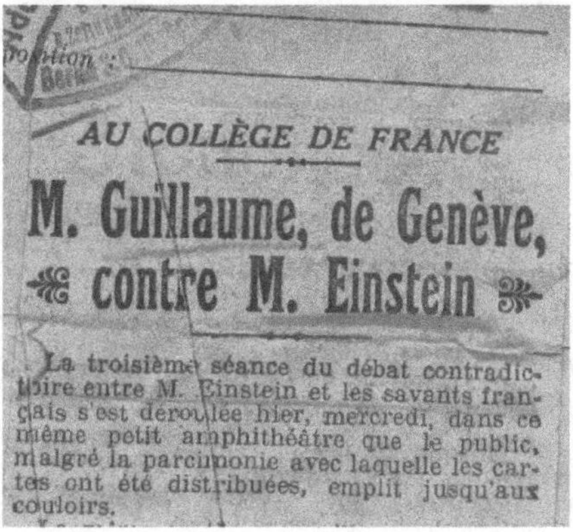

AU COLLÈGE DE FRANCE

M. Guillaume, de Genève, contre M. Einstein

La troisième séance du débat contradictoire entre M. Einstein et les savants français s'est déroulée hier, mercredi, dans ce même petit amphithéâtre que le public, malgré la parcimonie avec laquelle les cartes ont été distribuées, emplit jusqu'aux couloirs.

L'Œuvre. 6. Juni 1922

Nach dieser Erfahrung hatte Guillaume mit seinem einstigen Kollegen Einstein und dem Rest der akademischen Physiker abgeschlossen. Er beklagte sich verbittert bei Reuterdahl: »Einstein reconnut l'existence de mon éllipsoïde mais déclaraqu'il n'etait pas ›intéressant‹, et les nombreux auditeurs présents se mirent à applaudir!«[36] Einzig bei Einsteingegner wie Reuterdahl stieß sowohl Guillaumes Widerlegung der Relativitätstheorie als auch seine Theorie der absoluten Zeit auf Resonanz.

Die Argumente der Einsteingegner, die diese in persönlichen Kontakten mit Einstein vorbrachten, ließen diesen ganz offensichtlich nicht von der Relativitätstheorie Abstand nehmen. Deshalb wandte man sich an einen größeren Adressatenkreis in der akademischen Wissenschaft.

4.1.4 Die Überzeugungsversuche bei den akademischen Wissenschaftlern

Insbesondere die Welträtsellöser unter den Einsteingegnern suchten aber auch über andere Wege als über den Schöpfer der Relativitätstheorie Gehör in der akademischen Wissenschaft. Sie waren nach wie vor fest davon überzeugt, dass es mit einer umfassenden Aufklärung der »unwissenden« akademischen Physiker getan wäre. Wenn sie nur zuhören würden! Die einsichtigen und überzeugenden Theorien der Welträtsellöser würden ihnen dann schon einleuchten und sie ihre »Verblendung« erkennen lassen! »Die Problemlösung [des Schwerkraftproblems] ist leicht und ließ sich in

36 Guillaume an Reuterdahl, 26. April 1922, RP 4-19.

wenigen Worten sagen. Aber ein Problem blieb mir dabei unlösbar: der Physiker. Man sollte meinen, die Lösung eines Jahrhunderte alten Problems müßte ihn irgendwie interessieren. Er hat sich aber bisher völlig passiv verhalten«,[37] beklagte sich Fricke und bat um Aufmerksamkeit: »Ich bin bereit, jedem Fachmanne gegenüber für meine Ansichten öffentlich einzutreten«. Doch die Fachmänner interessierten sich weder für seine Widerlegung der Relativitätstheorie noch für seine Ätherwirbel- oder für seine Sonnentheorie. Höflich waren auch die Versuche des Ingenieurs Lamberty, Max Planck zu belehren:

»[I]ch habe Ihnen neuerdings wiederum einige Zeilen zugehen lassen bezüglich der beiden kleinen akademischen Irrtümer von Fizeau und Olaf Römer. Ich bitte Sie ergebenst, im Interesse unserer Deutschen Wissenschaft mir mitzuteilen, ob Sie diese beiden Irrtümer erkannt haben. Und wenn nicht, so will ich mir nochmals Mühe geben sie Ihnen weiter, näher zu beschreiben.«

Wieso, mokiert sich Welträtsellöser Lamberty, nutzte Planck diese ihm angebotene Hilfestellung nicht? Dabei wäre Lamberty bereit gewesen, ihm auch alles persönlich zu erläutern, »sofern man mich während einiger Tage anhören kann. Denn in einigen Stunden kann ich nicht alles erklären.«[38] Die meisten Wissenschaftler – der Astrophysiker vermutlich mehr als die Historikerin, obgleich auch diese manchmal E-Mails mit längeren Überlegungen zu den Analogien von Lebensaltern und Geschichtsverlauf erreichen – werden Erfahrungen mit außerakademischen Theoretikern haben, die ihnen ihre Ansichten zu Gehör bringen wollen. In den meisten Fällen kommt eine fruchtbare Diskussion nicht zustande, weil eine gemeinsame Grundlage geteilter wissenschaftlicher Standards fehlt, der akademische Forscher dies meist auf den ersten Blick erkennt und seine knappe

37 Fricke 1937. Die Überzeugung, dass die Lösung aller Probleme der Wissenschaft durch die Welträtsellösertheorie so evident sei, dass jeder sie akzeptieren *müsse*, zeigte sich neben permanenten Wiederholungen auch in der Gestaltung der verfassten Werke. Einige Welträtsellöser arbeiteten exzessiv mit dem Mittel der Hervorhebung, etwa nach folgendem Muster: ES **MUSS** DOCH *ENDLICH* EINMAL VERSTANDEN WERDEN!!!!!! Reuterdahl wurde von einem wohlwollenden Leser darauf aufmerksam gemacht, dass die Überbetonung einen entgegengesetzten Effekt haben könne. Vgl. Myron Weiß, Associate Editor des *Time Magazine*, an Reuterdahl, 28. Februar 1929, RP 4-17: »May I offer a criticism on the mechanics of the book's [Reuterdahl 1928] printing? There are so many words beginning with capital letters in it that the emphasis of capitalization becomes lost. Further, I have found, that excessive capitalization disturbs a reader and confuses him, makes him lose the continuity of thought.«

38 Beide Zitate aus: Lamberty an Planck, 4. Mai 1925, [Kopie], GN 38-D-4.

Zeit nicht damit verbringen will, die Unhaltbarkeit der jeweiligen Ideen nachzuweisen, wie es etwa Einstein bei Guillaume versuchte.

Damit ist nicht gesagt, dass nicht auch »von außen« Anregungen kommen können, die sich aufzunehmen lohnt,[39] aber solche Fälle sind erfahrungsgemäß eher selten. Und es ist damit auch nicht gesagt, dass nicht auch »innerhalb« der Wissenschaft abweichende Wissenschaft betrieben wird; tatsächlich kann diese in vielen Fällen innovativen Charakter haben. Und dennoch herrscht in der Wissenschaft keine Beliebigkeit. Dies resultiert bereits aus der epistemologischen Sozialisation des Wissenschaftlers, die ihn Teilhaber eines Wissensstandes seiner Zeit werden lässt. Desweiteren gibt es eine strukturell in der Wissenschaft verankerte wissenschaftliche Qualitätssicherung durch Selbstkontrolle.

Dieser Sicherungsmechanismus funktioniert, trotz seiner oft konstatierten Schwächen und teilweise innovationshemmenden Funktion, in vielen Fällen bei weit vom Forschungsstand abweichenden Argumentationsweisen zufriedenstellend. Blondlots »N-Strahlen« zum Beispiel, die um 1900 Furore machten, wurden von anderen Wissenschaftlern rasch als nicht-existent nachgewiesen.[40] Und ein Astronom wie T. J. J. See wurde, als er sich vom Observieren auf das Theoretisieren verlegte und von den Ursachen von Erdbeben bis zur Gravitation die Probleme der Wissenschaft zu lösen beanspruchte, sehr schnell von Seiten der jeweiligen Fachkollegen dafür kritisiert, dass die Annahmen seiner Theorien veraltet oder metaphysisch oder beides seien. Selbst ein populärer Astronom wie See hatte aber vor allem eines erfahren: Nichtbeachtung und die Fachwelt reagierte erst, als er behauptete, die Nichtbeachtung sei eine stillschweigende Anerkennung für seine Arbeiten oder als er begann, Einstein öffentlich anzugreifen und damit breitere Aufmerksamkeit erregte.[41] Es erstaunt

39 Das zeigt nicht zuletzt die Rolle des Amateurforschers Mandl in der Entstehungsgeschichte von Einsteins Arbeit über Gravitationslinsen. Vgl. Renn, Jürgen/Sauer, Tilman, »Eclipses of the stars – Mandl, Einstein, and the early history of gravitational lensing«, in: Ashtekar, Abhay, *Revisiting the Foundations of Relativistic Physics. Festschrift in Honor of John Stachel*, Dordrecht [u. a.] 2003 (Boston Studies in the Philosophy of Science Bd. 234), S. 69–92.

40 Der Physiker René Blondlot meinte, eine der Röntgenstrahlung ähnliche »N-Strahlung« (N für Nancy, wo Blondlot forschte) entdeckt zu haben. Vgl. Ashmore, Malcolm, »The Theatre of the Blind: Starring a Promethean Prankster, a Phoney Phenomenon, a Prism, a Pocket, and a Piece of Wood«, in: *Social Studies of Science*, Bd. 23, Nr. 1 (1993), S. 67–106.

41 Zu Sees Konflikten mit der akademischen Wissenschaft vgl. Sherill 1999. Ausbleibende Reaktionen wurden oft gegen die akademische Wissenschaft gewendet. Die Argumen-

daher nicht, dass die akademische Wissenschaft die Widerlegungen der Relativitätstheorie auf der Grundlage einer eigenen Theorie durch einen Ingenieur oder Arzt meist einfach ignorierte.[42] Und wenn die akademischen Kollegen doch mal antworteten, bedeutete das für die meisten Einsteingegner eine demütigende Erfahrung: Es kamen sehr deutliche Absagen, die je nach Temperament der jeweiligen Person von freundlich-zurückhaltend bis hin zu brüsk rangierten.

Fricke ließ nichts unversucht, um in den akademischen Diskurs zu gelangen und als zwar welträtsellösender, aber akademisch ausgebildeter Physiker hatte er immerhin einen Fuß in der Tür zur akademischen Physik (etwa durch seine Mitgliedschaft in der DPG): »Ich habe mich so gar an die Herren Planck und Laue mit der Bitte gewandt, doch eine klare Aussprache, womöglich eine persönliche Rücksprache zu ermöglichen. Meine Bitte wurde sehr entschieden abgewiesen. Angeblich sollte eine genügende gemeinsame Grundlage zur Erörterung fehlen.«[43] Ihm war das vollkommen unverständlich, obgleich bei Frickes fundamentalen Differenzen nicht nur mit der modernen, sondern auch mit der klassischen Physik selbst ein wohlwollender Leser wie Ernst Gehrcke manchmal nur Fragezeichen an den Rand der jeweiligen Ausführungen schreiben konnte.[44] Während er seine früheren Arbeiten zur Ätherwirbeltheorie vor allem an die theoretischen Physiker richtete, die er davon abbringen wollte, aufgrund der (seiner Ansicht nach falschen) Lorentz'schen Äthertheorie die Relativitätstheorie zu akzeptieren, lieferte Fricke sich seit den 1930er Jahren heftige Auseinandersetzungen mit Astronomen, die sich von seinem Festhalten an der Herschel'schen Sonnentheorie nicht überzeugen lassen wollten. Insbesondere an den Astronomen des Astrophysikalischen Observato-

---

tationsstrategie lautete: Wer nicht reagiert, hat die jeweilige Schrift auch nicht widerlegt, wer nicht ausdrücklich dagegen ist, ist dafür. Vgl. z. B. die Äußerung von Ruckhaber: »Nicht ein einziger Arzt, mit dem ich persönlich oder schriftlich in Verbindung trat, hat ihr [der Biomechanik] bisher widersprochen.« Ruckhaber, Erich, *Biomechanik: das gelöste Lebensproblem, die Ursachen des Alterns und ihre alleinige Bekämpfung*, 3. Aufl., Berlin 1952, Vorwort zur 3. Auflage.

42 Vgl. u. a. die Äußerung von Lamberty: »Sie wissen, dass ich, erfreut über das Ergebnis meiner Forschungen und im Glauben, das sei der richtige Weg, *seit Anfang 1924* mich an Universitäten und Gelehrte gewendet habe. Alles aber schweigt. Man behandelt mich wie eine Null.« Lamberty an Gervai, 11. Mai 1925, [Abschrift], GN 38-D-6.

43 Fricke [ca. 1942].

44 Vgl. z. B. die Randnotizen zu: Fricke, Hermann, *Sonne, Wind und Aether*, [undatiertes Typoskript], GN 18-C-9 und zu Fricke [ca. 1942]. Vgl. auch die auf S. 295 wiedergegebene Äußerung von Lenard über Fricke.

riums in Potsdam scheiterte er bzw. ein Bekannter, der sich für ihn einsetzte:

»Herr Patentanwalt Bueren, […] der aus Interesse an der Wissenschaft vermitteln wollte, mußte sich, von Prof. Kienle[45] an Prof. Grotrian[46] verwiesen, von diesem eine grobe Behandlung gefallen lassen. Man war zu keiner sachlichen Aussprache bereit. Weil ich die bis 1861 bei den Astronomen allgemein geltenden Ansichten von Herschel, Bode, Humboldt und Arago physikalisch neu begründet habe, soll ich ›ein Mensch sein, der in das Irrenhaus gehört‹ und dessen Ansichten nur ›pathologisch‹ zu nehmen sind.«[47]

Aber ganz trennscharf lassen sich die Grenzen zwischen ablehnender akademischer Wissenschaft und Welträtsellöser-Wissenschaft nicht ziehen. Interessanterweise war es ein Freund Einsteins, der französische Astronom Charles Nordmann, der sich 1933 in einem Artikel in *Le Matin* für eine Diskussion der Fricke'schen Sonnentheorie einsetzte. Der Artikel zeugt insgesamt von Offenheit und Aufgeschlossenheit gegenüber Frickes Projekt, die Herschel'sche Sonnentheorie wieder aufzunehmen. Nordmann akzeptierte sogar Frickes Behauptung, dass Temperatur und Schwerkraft proportional seien (was von anderen Astronomen heftig angegriffen wurde).[48] In der spiralförmigen Anordnung der Sternnebel sah Nordmann

45 Johann Georg Kienle (1895–1975) war seit 1939 Direktor des Astrophysikalischen Observatoriums in Potsdam und Professor für Astrophysik und Astronomie an der Universität Berlin.

46 Walter Grotrian (1890–1954) war 1922 an das Astrophysikalische Observatorium in Potsdam berufen worden und seit 1927 Professor für Astrophysik an der Universität Berlin.

47 Fricke, Hermann, [undatiertes Manuskript, ohne Titel], GN 19-G-5.

48 Frickes *Eine neue und einfache Deutung der Schwerkraft und eine anschauliche Erklärung der Physik des Raumes* (Fricke 1919) erhielt 1920 von Johannes Riem in der *Naturwissenschaftlichen Wochenschrift* eine sehr wohlwollende Besprechung (vgl. Riem 1920). Der Heidelberger Professor Becker sandte daraufhin »eine wesentlich von der früheren Besprechung abweichende Beurteilung« über Frickes Werk an die *Naturwissenschaftliche Wochenschrift.* Becker erklärte: »Die vorliegende Schrift enthält eine Reihe von Aufsätzen, in denen Verf. eine über unsere bisherige Kenntnis hinausgehende Deutung der Gravitation glaubt geben zu können. Der Grundgedanke ist der, daß die Kraftlinien des Schwerefeldes den Lichtstrahlen vergleichbar als Weg einer Energiestrahlung (zum anziehenden Körper hin) aufzufassen seien. Es müsse infolgedessen in schweren Massen eine dauernde Energieentwicklung stattfinden, die sich in den Himmelskörpern durch ihre Temperatur äußere. In diesem Zusammenhang glaubt Verf. die Tatsache eines gewissen Parallelismus von Masse und Temperatur dieser Körper verständlich machen zu können, die natürlich, was offenbar nicht erkannt wird, ohne weiteres aus der Proportionalität von Masse und Wärmeinhalt bei festgehaltener Temperatur folgt. Diese

eine weitere Bekräftigung der Wirbeltheorie des Äthers. Nordmann schließt seinen Artikel:

»Il sera curieux de voir la réaction des ›bien pensants‹ astronomiques en présence des audacieuses propositions que le docteur Fricke a étayées de technicité fort sérieuse. Gageons que ce soleil, devenu soudain, sous sa carapace de feu, tempéré selon le mode [...] naguère démodé [...] d'Herschel et d'Arago leur donnera froid dans le dos. Et pourtant elle tourne [...] la théorie.«[49]

Solch eine wohlwollende Besprechung seitens eines Angehörigen der akademischen Wissenschaft stellte einen großen Triumph dar und wurde von Fricke sofort in deutscher Übersetzung fotokopiert und verbreitet. Aber das war eine absolute Ausnahme. Viel typischer war demgegenüber die Reaktion von Paul Drossbach, Dozent für Physikalische Chemie und Elektrochemie an der Technischen Hochschule Berlin:

»Sehr geehrter Herr Dr. Fricke! Ich erhielt Ihre Druckschriften auf dem Gebiete der Astrophysik. Ich möchte sie gleich auf einen Grundfehler hinweisen. Sie bestreiten nämlich die Anwendbarkeit des newtonschen Gravitationsgesetzes zur Bestimmung der Massen der Gestirne. Nun ist aber die Masse erst eindeutig *definiert* durch dieses Gesetz, so dass also auch jede experimentelle Bestimmung – auch im Labor – sich letzten Endes auf dieses Gesetz, auf diese *Definition* stützt.

Mithin ist eben die Bestimmung auch der Massen der Gestirne nur möglich unter der Anwendung eben des erst die Masse definierenden Gravitationsgesetzes. Ihre hiervon abweichenden Theorien sind daher einfach falsch, eben weil sie der Definition der Masse widersprechen. Was Sie berechnen, ist alles andere, nur keine Masse. [...]

Man lehnt Ihre Theorien nicht etwa ab, weil sie der Atomphysik widersprechen, sondern weil sie einfach genau so falsch sind, wie wenn jemand eine Kuh mit einem Baum verwechselte und dann allerlei Märchen über die Blätter und Äste der Kuh erzählt. Sie können eben niemals, wenn Sie überhaupt Wissenschaft und auch Experimente treiben wollen, den eindeutigen Definitionen der Grundbegriffe widersprechen.«[50]

---

und zahlreiche damit verknüpfte Betrachtungen sind leider vielfach weder mit unserer bisherigen festbegründeten Kenntnis noch miteinander in Einklang zu bringen.« Becker, [Rezension von Fricke 1919], in: *Naturwissenschaftliche Wochenschrift*, N.F., Bd. 19, Nr. 29 (1920), S. 463–464.

49 Nordmann, Charles, »Aux dernières nouvelles le soleil serait froid et entouré d'eau«, in: *Le Matin*, 7. Juli 1933.

50 Drossbach an Fricke, 15. Oktober 1942, GN-18-7. Fricke schickte den Brief mit Begleitschreiben am 26. Dezember an Gehrcke. Zu Frickes Modifikation des Newton'schen

Frickes Kampf um Anerkennung in der akademischen Wissenschaft begann als Kampf gegen die Relativitätstheorie und dauerte Jahrzehnte an. Auch nach dem Zweiten Weltkrieg versuchte er noch Unterstützung zu bekommen, er wandte sich mit der Bitte um Unterstützung an die Friedrich-Schiller-Universität in Jena und die Sächsische Akademie der Wissenschaften, erhielt aber beide Male Absagen. Während die Jenaer Universität die Absage diplomatisch formulierte konstatierte der Sekretar der mathematisch-physikalischen Klasse der Sächsischen Akademie kurz und knapp: »Ihre Bitte um Förderung kann ich der Akademie nicht vorlegen, da ich in Ihrer Schrift keinen wissenschaftlichen Wert erkennen kann.«[51]

Auch Ziegler war zunächst davon überzeugt, mit einer genauen Darstellung der Urlichtlehre würden sich die Koryphäen der Physik schon überzeugen lassen. Darum besuchte er Max Planck, den er für den einflussreichsten theoretischen Physiker hielt, zweimal in Berlin, das erste Mal 1907 nach der Naturforscherversammlung in Dresden, allerdings ohne Erfolg: »Er [Planck] meinte nur, es ließe sich ja nichts einfacheres denken als meine Ansicht von den Uratomen.«[52] Im Gegensatz zu Planck hielt Ziegler diese Einfachheit aber gerade für einen schlagenden Beweis der Wahrheit seiner Anschauungen. Also bat er einige Zeit später Planck um eine weitere Unterredung, die dieser »mit einigem Widerstreben« gewährte. Wieder gelang es Ziegler nicht, den renitenten Planck auf seine Seite zu ziehen: »Sie [die Unterredung] fand statt und erstreckte sich dann auf volle zwei Stunden, doch kam dabei wegen den fortwährenden Einwendungen Plancks nichts Ersprießliches heraus.«

Tatsächlich waren die wissenschaftlichen Koryphäen eine denkbar schlechte Adresse für die Einsteingegner. Es handelte sich dabei überwiegend um theoretische Physiker, die die moderne Physik mit aufbauten. Ein anderer Zugang zur akademischen Wissenschaft als über die großen Namen und Institutionen bestand darin, an bestehende Netzwerke aus Studienzeit und Ausbildung anzuknüpfen. Teilweise hatte man damit

---

Anziehungsgesetzes für bewegte Massen vgl. Fricke, Hermann, *Über eine neue Form des Wirkungsgesetzes für bewegte Massen*, 1. Mai 1920, [Manuskript], GN 76-A-10.

51 Hund, F. (Sekretar der mathematisch-physikalischen Klasse der Sächsischen Akademie der Wissenschaften) an Fricke, 28. August 1946, [Abschrift], GN 19-G-10. Bei der Schrift handelte es sich um Frickes Urheberschrift Nr. 2, *Die Meerwassertheorie der Sonne.* Bense (Kurator der Friedrich-Schiller-Universität) an Fricke, 1. August 1946, [Abschrift], GN 19-G-10.

52 Alle nachfolgenden Zitate aus: Ziegler, Johann Heinrich, *Das Geheimnis des Selbstverständlichen: der Schlüssel zum Welträtsel*, Zürich 1935, S. 33f.

Erfolg, oft aber auch nicht, und die Niederlage war umso bitterer, je besser man die ehemaligen Lehrer und Studienkollegen gekannt hatte.[53]

4.1.5 Besonderheiten bei der Marginalisierung der akademischen Einsteingegner

Die akademischen Einsteingegner waren durch ihre grundsätzliche Ablehnung der Relativitätstheorie ebenfalls einem Marginalisierungsprozess ausgesetzt. Hierbei machte es einen entscheidenden Unterschied, ob der akademische Kritiker aus der eigenen Disziplin der Physik kam oder aus der Philosophie: Die Kritik eines Physikprofessors hatte wesentlich mehr Gewicht als die von Philosophen wie Kraus oder Palagyi. Außerdem spielte die Anerkennungshierarchie eine Rolle: Einen Lenard konnte Einstein kaum ignorieren, die Auseinandersetzung mit Gehrcke dagegen führten oft andere Physiker wie von Laue oder Thirring.[54] Im Folgenden soll diese innerdisziplinäre Marginalisierung in einen breiteren Zusammenhang gestellt werden, da die Motivation von akademischen Physikern wie Gehrcke oder (eingeschränkt) Lenard zur Allianz mit der außerakademischen Opposition sich maßgeblich aus diesem besonderen Kontext speiste.

Die Experimentalphysiker unter den Einsteingegnern gerieten durch ihre inhaltliche Fundamentalopposition, durch die sie sich vom Forschungsstand abkoppelten und – in manchen Bereichen ihrer Disziplin – abweichende Wissenschaft betrieben, an den Randbereich der akademischen Diskussion. Verstärkt wurde diese aus inhaltlichen Divergenzen resultierende Randposition durch die wissenschaftsorganisatorischen Konsequenzen der neuen Bedeutung der theoretischen Physik: Wer stand in den 1920er Jahren an der Spitze von wissenschaftlichen Vereinigungen wie

53 Ingenieur Patschke bat als Absolvent des Technikums Mittweida um Rezension seines Werkes *Lösung der Welträtsel durch das einheitliche Weltgesetz der Kraft* durch drei Dozenten des Technikums, die Rezension sollte dem Verleger zur Verfügung gestellt werden. Die Direktion teilte jedoch mit, dass sich niemand bereit gefunden habe, die Rezension zu verfassen und entschuldigte dies mit der Arbeitsbelastung der Dozenten. Vgl. Patschke an Technikum Mittweida, 21. November 1905; Direktion des Technikums Mittweida an Patschke, 24. November 1905, Technikum Mittweida, Studentenakte Nr. 4393. Gravitationsforscher Stevenson versuchte, seinen ehemaligen Lehrer William Thomson (Lord Kelvin) von seiner mechanischen Drucktheorie zu überzeugen, auch ohne Erfolg: »I am afraid however we are no nearer for a physical explanation of gravitation than we were when you were in my class«, Thomson an Stevenson, 11. Mai 1896, RP 4-56.

54 Zu diesem »Verteidigungsgürtel« um Einstein vgl. Hentschel 1990, S. 163ff.

der Deutschen Physikalischen Gesellschaft? Wer saß in den Gremien der Institutionen? Wer wurde auf freiwerdende Ordinatsprofessuren berufen? Wessen Artikel wurden in den Fachzeitschriften publiziert? Und wer hatte die Schriftleitung dieser Zeitschriften inne und entschied darüber, wer dort publizierte? Wer hielt die großen Vorträge bei wissenschaftlichen Kongressen? Und über wen und was schrieben die Zeitungen in einem nie da gewesenen Ausmaß? Johannes Stark registrierte diese Entwicklung und wertete sie äußerst kritisch:

»Die gestiegene Bedeutung der theoretischen Physik drückt sich auch darin aus, daß die Zahl und der Umfang der theoretischen Abhandlungen in den physikalischen Zeitschriften sehr vielmehr zugenommen hat als die Zahl der Abhandlungen, in welchen neue Erscheinungen, Verfahren und Geräte beschrieben oder verbesserte Messungen physikalischer Größen mitgeteilt werden. Auch ist es ein Zeichen der Zeit, daß auf den letztjährigen Naturforscherversammlungen in den allgemeinen Vorträgen von physikalischer Seite überwiegend die Theorie zu Worte kommt, so auf der Naturforscherversammlung in Nauheim die Quantentheorie, auf der diesjährigen Versammlung in Leipzig die Relativitätstheorie. Ja selbst in den Kreisen der experimentellen Physiker scheint das Gefühl der Unterlegenheit gegenüber der Theorie Platz zu greifen; [...] Bei dieser Lage der Dinge ist es wohl gerechtfertigt, von einem Überwuchern der Theorie in der gegenwärtigen Physik zu sprechen.«[55]

Diese Situation war neu und resultierte aus einem innerdisziplinären Bedeutungswandel zu Beginn des 20. Jahrhunderts weg von der experimentellen hin zur theoretischen Physik, der mit einer Verschiebung der innerwissenschaftlichen Anerkennung von Experimentalphysiker und Theoretiker, aber auch mit einem Wandel auf forschungsorganisatorischer Ebene und im gesellschaftlichen Ansehen verbunden war. Es war in der Physik seit Langem üblich, zwischen angewandter oder experimenteller Physik auf der einen und theoretischer Physik auf der anderen Seite zu unterscheiden. Bis Ende des 19. Jahrhunderts konnten die Physiker jedoch leicht von einem Bereich in den anderen wechseln. Dies war nicht zuletzt deshalb erforderlich, weil die theoretische Physik keine viel versprechenden Karrierewege vorsah. In der Lehre war sie oft von Privatdozenten abgedeckt worden und sie begann sich erst ab 1870 institutionell durch die Schaffung von außerordentlichen Professuren zu festigen. Diese waren aber vor allem zur Unterstützung der Experimentalphysik und zur Entlastung der mit ihr befassten Professoren gedacht. Wer eine wissenschaft-

55 Stark 1922, S. 1f.

liche Karriere anstrebte, musste, selbst wenn er eine Stelle für theoretische Physik inne hatte, experimentell arbeiten, da die Ordinatsprofessuren und physikalischen Institute fast ausschließlich in der Experimentalphysik angesiedelt waren.[56] Auch der als herausragender Experimentalphysiker bekannt gewordene Philipp Lenard hatte zum Beispiel als junger Wissenschaftler 1896 in Heidelberg eine außerordentliche Professur für theoretische Physik inne.

Der Aufschwung der theoretischen Physik war sowohl durch neue spektakuläre Ergebnisse der Experimentalphysik bedingt als auch durch Entwicklungen innerhalb der theoretischen Physik. Sie stand vor der Herausforderung, die neuen Entdeckungen der Röntgenstrahlung, der Radioaktivität und des Elektrons in einen theoretischen Zusammenhang einzubetten. Nachdem sich die Thermodynamik und die Elektrodynamik als neue Bereiche herausgebildet hatten, galt es für die theoretische Physik zudem zu klären, inwiefern die Mechanik hierauf Anwendung finden könnte oder ob Alternativen zu entwickeln seien.[57] Um die Jahrhundertwende begannen sich Berlin (Max Planck), Göttingen (Woldemar Voigt) und München (Arnold Sommerfeld) als Zentren der theoretischen Physik zu etablieren und die dortigen Studentenzahlen stiegen.[58] Insbesondere Max Planck hatte sich durch die Übernahme vieler Ämter und Funktionen in der Physik als Manager der deutschen Physik profiliert.[59] Vor dem ersten Weltkrieg waren mit Max von Laue (Frankfurt), Albert Einstein (Berlin) und Peter Debye (Göttingen) drei jüngere herausragende theoretische Physiker als Professoren installiert, die zudem im Gegensatz zu ihrer Vorgängergeneration ihre Karrieren ausschließlich in der theoretischen Physik gemacht hatten.

Zunehmend rückten theoretische Physiker auf die einflussreichen Posten; die Dominanz der theoretischen Physiker in der DPG[60] führte

56 Vgl. Jungnickel/McCormmach 1986, Bd. 2, S. 33ff.

57 Vgl. ebd., S. 212ff.; Renn 2006, S. 87ff.

58 Vgl. Jungnickel/McCormmach 1986, Bd. 2, S. 254ff.

59 Vgl. Heilbron, John L., *Max Planck: ein Leben für die Wissenschaft, 1858–1947*, 2., korrigierte und ergänzte Auflage, Stuttgart 2006; vgl. Hoffmann, Dieter, »Max Planck«, in: Hoffmann, Dieter/Laitko, Hubert/Müller-Wille, Staffan (Hg.), *Lexikon der bedeutenden Naturwissenschaftler*, 3 Bände, Heidelberg [u. a.] 2004, Bd. 3, S. 150–155; vgl. ders., *Max Planck. Die Entstehung der modernen Physik*, München 2008, S. 67ff.

60 Im Jahr 1919/1920 bestand der Vorstand der DPG aus Sommerfeld (Vorsitz), Rubens, Warburg, Planck, Haber, Nernst, Einstein, Boas, Goldstein (Beisitzer). Vgl. *Deutsche Physikalische Gesellschaft, Uebersicht der Sitzungen f.d. Vorstandsjahr 1919/20*, GN 71-E-2.

1919 sogar zur Gründung einer eigenen Gesellschaft der anwendungsorientierten Physiker, der Deutschen Gesellschaft für technische Physik (DGTP).[61] Einer der Beteiligten, Johannes Stark, stellt in seinem Pamphlet *Krisis* die Motivation zur Gründung so dar:

»Die Physiker, welche die Begründung [der DGTP] unternahmen und durchführten, fühlten sich von der in Berlin herrschenden theoretischen Richtung so wenig befriedigt, sie fanden für die Anwendungen der Physik bei dieser Richtung so wenig Interesse, daß sie beschlossen, selbst einen wissenschaftlichen Kreis zu bilden und die publizistische Sorge für die technische Physik selbst in die Hand zu nehmen.«[62]

Auch wurde versucht, der Experimentalphysik innerhalb der DPG mehr Gewicht zu verleihen. Gehrcke notierte in einem (inoffiziellen) Protokoll über eine Sitzung zur Neuordnung des Zeitschriftenwesens der DPG: »Ich hob dann hervor, dass man nun aber ernsthaft etwas tun sollte und besonders die auswärtigen Herrn wieder zufrieden stellen müsse; ein Zustand wie der jetzige, wo Lenard und Wien mit der Gesellschaft unzufrieden sei[en], wäre noch nicht dagewesen.«[63] Die Zeitschriftenkommission wurde im Folgenden vor allem durch Experimentalphysiker erweitert. Diese Spannungen Anfang der 1920er Jahre zwischen theoretischer und angewandter Physik führten jedoch nicht zu einem Bruch, geschweige denn zu einem außerakademischen Kurs der angewandten Physik. Daran waren weder theoretische Physiker noch Experimentalphysiker interessiert. Ab 1923 wurde bei den gemeinsamen Physikertagungen bereits nicht mehr nach reiner und technischer Physik differenziert.[64]

---

61 Die Deutsche Gesellschaft für technische Physik war 1919 von Georg Gehlhoff gegründet worden. Vgl. Hoffmann, Dieter/Swinne, Edgar, *Über die Geschichte der ›technischen Physik‹ in Deutschland und den Begründer ihrer wissenschaftlichen Gesellschaft Georg Gehlhoff*, 2., überarbeitete und ergänzte Auflage, Berlin 1994 (Berliner Beiträge zur Geschichte der Naturwissenschaften und der Technik Bd. 1).

62 Stark 1922, S. 29. Zu Starks Kritik an der Hochschulpolitik vgl. Beyerchen 1982, S. 150ff. Zur Motivation der Gründung der DGTP vgl. auch die Äußerung von Fricke: »Sie [die DGTP] ist gegründet worden unter eifriger Beteiligung mehrerer Herren, die mit der Arbeits- und Denkweise der unter Plancks Einfluß stehenden Deutschen Physikalischen Gesellschaft nicht einverstanden waren und von technischen Physikern, die Pflege einer den mathematischen Theorien gegenüber mehr wirklichkeitsnahen und greifbaren Physik erhofften.« Fricke [ca. 1942].

63 »Aussprache über das Zeitschriftenwesen«, privates Protokoll von Ernst Gehrcke, 8. Mai 1920, GN 71-E-1. Zu der Spaltung zwischen den »Berlinern« und den »Auswärtigen« vgl. u. a. Beyerchen 1980, S. 152.

64 Vgl. Hoffmann/Swinne 1994, S. 18.

Neben der Frage der Repräsentation der Experimentalphysiker in den Fachvereinigungen waren Berufungsfragen und Karrierewege dasjenige Thema, bei dem die akademischen Einsteingegner ihre Marginalisierung und ihren fehlenden Einfluss immer wieder thematisierten:

»Sie mögen aber aus diesem Verlaufe [der Ablehnung aller von Lenard als mögliche Nachfolger für seinen Lehrstuhl vorgeschlagenen Kandidaten] sehen, wie weit die Macht des Einstein-Planck-Geistes schon gediehen ist. Dabei ist jede Aufklärungs-Arbeit unter Universitätsleuten nach meiner Erfahrung aufs Vollständigste hoffnungslos.«[65]

Die Marginalisierung wurde dabei oft nicht nur der Dominanz der theoretischen Physik, sondern der absichtsvollen Verschwörung der theoretischen Physiker angelastet, was weiter unten in der Analyse der konspirativen Deutungsmuster der Marginalisierung untersucht wird (vgl. S. 281ff.). Ein weiterer wesentlicher Aspekt der Marginalisierung, der insbesondere die auf der Grundlage eigener Theorien argumentierenden Einsteingegner betraf, bestand in der Zurückweisung von Arbeiten der Einsteingegner durch die Fachpresse, stellt doch die Veröffentlichung in Fachzeitschriften ein zentrales Kommunikationsmittel in der akademischen Diskussion dar.

4.1.6 Publikations-Probleme und publizistische Ausweichmanöver

Die Fachzeitschriften

Die außerakademisch argumentierenden Einsteingegner versuchten, ihre Artikel zunächst in den einschlägigen Fachzeitschriften unterzubringen, etwa in den *Annalen der Physik*, der *Physikalischen Zeitschrift* oder der *Zeitschrift für Physik*. Das entsprach ihrem Selbstverständnis als ernsthafte Wissenschaftler, die im geeigneten Forum publizieren wollen. Insbesondere die Publikation in den *Annalen der Physik* galt als ein Muss für jeden, der in der akademischen Physik wahrgenommen werden wollte.[66] Die Welträtsellöser scheiterten mit ihren Einwänden gegen die moderne Physik in der Fachpresse fast immer an der Voraussetzung einer positiven Gutachter-

65 Lenard an Gehrcke, 26. Mai 1927, GN 33-F-7. Lenard hatte u. a. Stark und Gehrcke vorgeschlagen. Vgl. ebd. sowie Beyerchen 1980, S. 140f.

66 Vgl. Stichweh 1984, S. 394ff.; Jungnickel/McCormmach 1986, Bd. 1, S. 114ff. Die *Annalen der Physik* hatten um 1906 nur eine Ablehnungsquote von 5–10%. Zur Ablehnungspraxis der *Annalen der Physik* vgl. ebd., S. 310ff.

stellungnahme. Ihre inhaltlichen Einwände gegen die Relativitätstheorie waren für die Fachpresse unpublizierbar, da sie, wie im dritten Kapitel der Arbeit gezeigt, weitgehend an der physikalischen Relativitätstheorie vorbeigingen und auf der Grundlage von eigenen Theorien der Einsteingegner vorgebracht wurden, die von der Fachpresse als nicht wissenschaftlich qualifiziert wurden: Zieglers Urlichtlehre in den *Annalen der Physik*? Patschkes Weltgesetz der Kraft? Mewes Periodenlehre? Gilberts Energetik?

Für die Fachpresse ist die Qualitätssicherung, etwa durch die Entscheidung des Herausgebers oder das Gutachterwesen, unabdingbar. Diese Kontrollverfahren vor der Publikation sollen sicher stellen, dass die jeweiligen Mindeststandards für wissenschaftliche Arbeiten eingehalten werden. Nach der Publikation ist es Sache der wissenschaftlichen Community, über die Arbeit zu urteilen,[67] und hiervon wurden insbesondere die akademischen Einsteingegner betroffen, die aufgrund ihrer Zugehörigkeit zur akademischen Physik weniger stark der Ablehnung der Fachpresse ausgesetzt waren.

Teilweise hatten die Welträtsellöser 1920 bereits mit den Versuchen, ihre eigenen Theorien dort unterzubringen, so viel schlechte Erfahrungen mit dem Flaggschiff der physikalischen Fachzeitschriften, den *Annalen der Physik*, gemacht, dass die Ablehnung eines Artikels gegen die Relativitätstheorie sie schon gar nicht mehr überraschte. Ein Artikel von Rudolf Mewes, in dem er gegen Einstein einen Plagiatsvorwurf erhebt, wurde von der Schriftleitung der *Annalen der Physik*, so berichtet Mewes, »einfach abgewiesen«. Und er fährt fort: »Aus der Erfahrung der letzten beiden Jahrzehnte weiß ich, daß ich nicht auf Entgegenkommen bei den großen Zeitschriften zu rechnen habe.«[68] Auch auf die Publikationsmöglichkeit in den Abhandlungen von Akademien und Physikalischen Vereinen wurde gerne gesetzt, jedoch oft ohne Erfolg. Reuterdahl empörte besonders, das selbst Mitgliedschaft in den jeweiligen Vereinen die Veröffentlichung polemischer Artikel gegen die Relativitätstheorie in deren Publikationsorganen nicht garantierte: »I have had articles refused by Scientific Socie-

---

67 Vgl. dazu auch Stichweh 1984, S. 394ff, insb. 395f. Die Entstehung der Fachzeitschriften wurde von einem Prozess der Inklusion begleitet. Im Gegensatz zu den allgemeinwissenschaftlichen Zeitschriften, deren Leser oft passive Konsumenten waren, fühlten sich die Leser einer Fachzeitschrift oft motiviert, selbst zu ihrem Fachgebiet beizutragen. Vgl. ebd.

68 Beide Zitate aus Mewes 1920a, S. 73.

ties of which I am a member because they clearly exposed the Einstein Sham.«[69]

Es trifft zu, dass sich keine erklärten Einsteingegner in den einflussreichen Positionen der Fachpresse fanden, sondern (nicht ausschließlich, aber überwiegend) Physiker, die die moderne Physik repräsentierten. Die *Annalen der Physik* wurden zwar von dem der modernen Physik äußerst zurückhaltend gegenüber stehenden Wilhelm Wien herausgegeben, jedoch war Max Planck 1895 als Nachfolger von Helmholtz als Mitglied des redaktionellen Beirats der Physikalischen Gesellschaft assoziiert worden und fungierte als Gutachter für die Arbeiten über theoretische Physik,[70] die *Zeitschrift für Physik* wurde von Karl Scheel und die *Physikalische Zeitschrift* seit 1921 von Max Born und Peter Debye geführt. Auch Arnold Berliner, der die einflussreiche Zeitschrift *Die Naturwissenschaften* herausgab, die sich an breitere Kreise der Wissenschaft richtete, stand der Relativitätstheorie positiv gegenüber. Ebenso wurden Gutachten über eingereichte Artikel und Rezensionen über Literatur zur Relativitätstheorie fast ausschließlich von Vertretern der modernen Physik verfasst. Für die *Zeitschrift für Physik* begutachtete von Laue die Artikel zum Thema Relativitätstheorie,[71] in den *Physikalischen Berichten* kamen die meisten Rezensionen über Literatur zur Relativitätstheorie von Reichenbach. Diese Dominanz der theoretischen Physiker wurde von den Einsteingegnern nicht dahingehend gedeutet, dass sich hierin lediglich eine Weiterentwicklung der Physik widerspiegelte. Für die Einsteingegner resultierte diese Dominanz vielmehr aus einer mit fragwürdigen Mitteln vollzogenen »Machtübernahme« in der Physik durch die theoretischen Physiker.

Die akademischen Physiker unter den Einsteingegnern hatten zwar prinzipiell Zugang zur Fachpresse, mussten dort aber vor allem in Form von zum Teil vernichtenden Kritiken zu ihren Beiträgen darauf gestoßen werden, dass sie eine Randposition in der akademischen Physik einnahmen. Auf Gehrckes Artikel gegen die Relativitätstheorie wurde oft reagiert: Unter anderem nahmen Max Born, Hans Thirring, Hermann Weyl, aber auch Einstein selbst zu Gehrckes Einwänden Stellung.[72]

69 Reuterdahl an Fischer, 11. Oktober 1931, RP 4-14. Reuterdahl war u. a. Mitglied der Mathematical Association of America, der History of Science Society, der Swedish Physical Society, der American Society of Mechanical Engineers sowie des Keplerbunds.

70 Vgl. Jungnickel/McCormmach 1986, Bd. 2, S. 248 und S. 254f.

71 Vgl. Scheel an Kraus, abgedruckt in: Kraus 1925, S. 75–77, insb. S. 75f.

72 Vgl. Born, Max, »Zum Relativitätsprinzip: Entgegnung auf Herrn Gehrckes Artikel ›Die gegen die Relativitätstheorie erhobenen Einwände‹«, in: *Die Naturwissenschaften*, Bd. 1,

Gleiches galt für die Buchpublikationen. So musste sich Gehrcke nach Erscheinen seiner gesammelten Schriften gegen die Relativitätstheorie im Jahr 1924 von Gustav Mie folgende Rezension gefallen lassen:

»Unser Verf. [Gehrcke] [...] hält sein mangelndes Verständnis der Lorentzschen Gleichungen für wichtig genug, um es der Fachwelt auseinanderzusetzen. Auch nach mehr als 10 Jahren ist es ihm immer noch nicht gelungen, die Lösung aus der Schwierigkeit [die ihm die Relativierung der Gleichzeitigkeit bereitet] zu finden, obwohl inzwischen mehrere dazu wirklich berufene Fachkollegen sich bemüht haben, ihm zu helfen.«[73]

In den 1920er Jahren, als jeder nur denkbare fundamentale Einwand gegen die Relativitätstheorie in unzähligen Variationen bereits vorgebracht worden war, wurde es auch für die akademischen Physiker zusehends schwieriger, etwas gegen die Relativitätstheorie zu veröffentlichen.[74] Anfang des Jahres 1925, als Mohorovičić wegen der Aussicht auf einen Lehrstuhl an der Universität Zagreb rasch noch etwas in der Fachpresse publizieren wollte um seine Publikationsliste aufzubessern, riet ihm Gehrcke, ein kurzes Manuskript ohne Nennung von Einstein oder der Relativitätstheorie, etwa unter dem Titel »Die allgemeine lineare Transformation der Masszahlen von Raum und Zeit« zu verfassen. Dieses wolle er dann nach »persönlicher Rücksprache mit Prof. W. Wien« in den *Annalen der Physik* unterbringen. Er erklärte Mohorovičić: »Die Sache ist dadurch etwas schwierig, dass unsere physikalischen Zeitschriften neuerdings Manuskripte abzulehnen pflegen welche sich [kritisch] auf die Relativitätstheorie beziehen.«[75] Dabei wurde nie angenommen, dass rein sachliche Gründe die

Nr. 4 (1913), S. 92–94; Thirring 1921a; Thirring 1921b; Thirring 1921c; Einstein 1918a; Weyl, Hermann, »Antwort an Herrn Prof. Gehrcke«, in: *Die Umschau*, Bd. 25, Nr. 10 (1921), S. 123–124.

73 Mie, Gustav, [Rezension von Gehrcke 1924a und Gehrcke 1924b], in: *Deutsche Literaturzeitung*, Nr. 14, 1926, S. 678–682, hier: S. 680, GN 4, VII.

74 Vgl. auch von Gleich an Gehrcke, 3. Februar 1923: »[I]ch hoffe also, dass die neue Fassung, an die ich mich sofort gemacht habe, nicht nur Ihren Wünschen, sondern auch den der ›Zensurbehörde‹ entspricht. Ich hatte keine Ahnung davon, dass auch die wissenschaftliche Litteratur in einer solchen Zwangsjacke steckt. [...] Nun höre ich, dass sogar Gelehrte wie Sie und Prof. Lenard Schwierigkeiten haben, wenn Sie in einer Fachzeitschrift Ansichten vorbringen wollen, die dem ›grössten Wissenschaftler des modernen Deutschlands‹ Herrn Einstein widersprechen.« GN 78-C-1. Bei dem Artikel handelte es sich mit großer Wahrscheinlichkeit um den wenige Wochen später an die *Annalen der Physik* eingesandten und dort (Bd. 377, Nr. 19 (1923), S. 221–235) veröffentlichten Artikel »Die allgemeine Relativitätstheorie und das Merkurperihel«.

75 Alle Zitate aus: Gehrcke an Mohorovičić, 4. Februar 1925, GN 29-F-6.

Ursache für die Ablehnung eines kritischen Artikels zur Relativitätstheorie sein könnten, sondern man sah sich stets als Opfer einer Intrige (vgl. S. 280ff.). Obgleich sie Zugang zur Fachpresse hatten, beklagten sich Gehrcke und Lenard wechselseitig beieinander über die »Beherrschung der physikalischen ›Fachpresse‹« durch die theoretischen Physiker bzw. sprachen dieser von ihnen in Anführungszeichen gesetzten »Fachpresse« ab, die »richtige« Physik zu repräsentieren.[76]

Anders die Situation bei einem akademischen Philosophen wie Kraus, der bei den physikalischen Fachzeitschriften ähnlich wie die außerakademischen Einsteingegner abgewiesen worden war. Ein von ihm eingesandtes Manuskript an die *Zeitschrift für die Physik* wurde vom Herausgeber Karl Scheel im Frühjahr 1924 mit Berufung auf Max von Laues negatives Urteil zurückgewiesen. Von Laue schrieb an Scheel, dass Kraus einer der Gegner der Relativitätstheorie sei, »denen es zwar redlich um die Sache zu tun ist, die aber dennoch nicht in die Sache hineinkommen, weil sie sich nicht mit der mathematischen Durcharbeitung der Theorie beschäftigen.«[77] Aber schließlich war Kraus ordentlicher Professor für Philosophie, er war tief gekränkt und schlug deshalb zurück: »Herr Einstein selbst ist philosophischer Laie.«[78] Kraus griff zu einem Mittel, dessen sich bislang vor allem die außerakademischen Einsteingegner bedient hatten: Er schrieb offene Briefe an von Laue und Einstein, um wahrgenommen zu werden. In

76 Vgl. u. a. die Äußerungen in einem Brief von Gehrcke an Lenard vom 3. Dezember 1917 über die »Reklame« und die »Beherrschung der physikalischen ›Fachpresse‹«, [Entwurf], GN 83-E-4. Auch die »Wissenschaft« wurde oft in Anführungszeichen gesetzt. Vgl. z. B. Lenard an Gehrcke, 26. Mai 1927: »[...] welche Missgeburt der ›Wissenschaft‹ dieser Jude E.[instein] ist«, GN 33-F-7.

77 Scheel an Kraus, 14. April 1924, abgedruckt in Kraus 1925, S. 75-77. In seinem Brief zitiert Scheel dieses Urteil von Laues. Kritisch zu Kraus auch Frank, Philipp, *Einstein: sein Leben und seine Zeit*, Braunschweig [u. a.] 1979, S. 286f. Scheel druckte auch eine von Gimmerthal an die *Zeitschrift für Physik* eingesandte Arbeit nicht, da sie »mehr in eine philosophische als in eine physikalische Zeitschrift zu gehören scheine.« Gimmerthal an Gehrcke, 29. April 1927, GN 76-A-4. Im März 1921 versuchte Gehrcke, den Herausgeber der *Umschau* davon zu überzeugen, eine in Gehrckes Augen »objektive Stellung bei wissenschaftlichen Streitfragen« einzunehmen. Gehrcke wollte den Druck einer Replik auf Hermann Weyls Replik auf Gehrckes Replik auf Weyls Bericht über den Verlauf der Diskussion der Relativitätstheorie in Bad Nauheim erwirken. Vgl. Gehrcke an Bechold, 21. März 1921, GN 4-G-10 sowie die Stellungnahme Gehrckes, GN 4-G-15. Die Stellungnahme wurde publiziert in: *Die Umschau*, Bd. 25, Nr. 17 (1921), S. 227. Vgl. Weyls Bericht in: ebd., Bd. 24, Nr. 42, S. 609–611; Gehrckes Replik in: ebd., Bd. 25, Nr. 8, S. 99; Weyls Replik in: ebd., Nr. 10, S. 123–124.

78 Kraus 1925, S. 94.

seinem offenen Brief an Max von Laue betonte er, dass das Gebiet seiner Kritik das der Philosophie sei und er nur in diesem Gebiet Einstein, der dort keine Kompetenz besäße, kritisiere. Das stimmte allerdings nicht, sondern Kraus begab sich immer wieder in den Bereich der physikalischen Kritik und gab Gehrcke gegenüber offen zu, dass dies auch für ihn als Philosophen unumgänglich sei.[79]

Es ist aber trotz der geschilderten Schwierigkeiten erstaunlich viel Kritisches zur Relativitätstheorie (ich beziehe mich hier ausschließlich auf Grundsatzkritik) publiziert worden. Die Einsteingegner, insbesondere wenn sie aus der akademischen Physik kamen und/oder im Rahmen der klassischen Physik argumentierten (Gerold von Gleich zum Beispiel) und nicht die Physik zur Lösung des Welträtsels bekehren wollten, konnten durchaus in der Fachpresse und erst recht in den sich an breitere Kreise wendenden Zeitschriften wie den *Naturwissenschaften*, der *Naturwissenschaftlichen Wochenschrift* oder der *Umschau* publizieren, wenn auch nicht immer problemlos, wie die Korrespondenz untereinander und mit den Redakteuren zeigt.[80]

Gehrcke zum Beispiel lieferte sich mehrfach Auseinandersetzungen mit dem Herausgeber der *Naturwissenschaften*, Arnold Berliner. 1914 hatte er eine Notiz über eine Äußerung Einsteins zum Uhrenparadoxon in Rubens Physikalischen Kolloquium im Mai 1914 abgefasst: Einstein habe zuge-

79 Ebd., S. 94f. Vgl. z. B. die gegenüber Gehrcke gemachte Bemerkung über seinen auf der »Als-Ob«-Konferenz gehaltenen Vortrag: »ganz ohne Eingehen in das Physikalische konnte es aber nicht gemacht werden. Begehe ich Fehler so ist eines sicher: Solche Unsinnigkeiten, wie sie Einstein begeht [...] begehe ich nicht.« Kraus an Gehrcke, 6. Juni 1920, GN 76-A-17. Vgl. auch Kapitel 2, Anm. 62.

80 Gehrcke bat den Bremer Ingenieur Max Drescher zu versuchen, die Broschüre *Massensuggestion* in einer Bremer Buchhandlung zu bestellen, zum einen um zu sehen, ob Schwierigkeiten, die Schrift zu beziehen auch außerhalb Berlins bestünden, zum anderen, um durch den Bezug Gehrcke zu unterstützen: Die Schrift sei nur noch im Kommissionsverlag zu beziehen »und die Bemühungen, diese Schrift zu unterdrücken, reichen bis zu dieser Stelle.« Gehrcke an Drescher, 2. März 1921, GN 71-G-11. Gehrcke ließ sich 1913 von Kraus Zeitschriften für die Publikation eines Aufsatzes zur Relativitätstheorie empfehlen. Vgl. Kraus an Gehrcke, 17. Oktober 1913, GN 72-A-4; vgl. auch Palagyi an Gehrcke, 20. Februar 1923, GN 78-C-2. Vogtherr wurde von Gehrcke an den Verlag Heckner verwiesen, der allerdings gerade mit der Herausgabe eines von Frickes Werken ausgelastet war. Daher wandte sich Vogtherr an den Verlag W. Gente. Vogtherr an Gehrcke, 27. Juli 1922, GN 83-A-8. Vogtherr hatte auch 1932 noch Schwierigkeiten, einen Verlag zu finden; mehrere Verlage lehnten die Herausgabe von *Das Problem der Gleichzeitigkeit* ab, »*ohne* das Manuskript eingesehen zu haben« und obgleich Vogtherr einen Zuschuss anbot. Vogtherr an Gehrcke, 10. August 1932, GN 38-H-1.

geben, dass beschleunigte Bewegungen in der Relativitätstheorie absolute Bewegungen seien. Die Notiz ist unpolemisch, Gehrckes Ansicht nach hatte Einstein bereits durch die Charakterisierung der beschleunigten Bewegung als absolute Bewegung die Relativitätstheorie in innere Widersprüche verwickelt. Dies wollte er nun der Fachwelt bekannt machen. Berliner erklärte jedoch, er würde auf Wunsch Einsteins, der Gehrckes sehr kurze Darstellung für nicht sachgerecht hielt, diese Notiz nicht abdrucken. Einstein erklärte gegenüber Berliner:

»Ich bin durchaus dagegen, dass diese Notiz publiziert wird, weil sie – aus dem Zusammenhang genommen – nur Verwirrung stiften kann, trotzdem sie in gewissem Grade richtig ist. Der Gegenstand kann, wie dies neulich im Kolloquium durch mich geschehen ist, nur durch eine ziemlich ausführliche Betrachtung klar gemacht werden.«[81]

Dass die Herausgeber, wie hier Berliner an Gehrcke, als Begründung der Ablehnung der Artikel solche Stellungnahmen direkt an die Einsteingegner weitergaben, bestärkte diese in ihrer Ansicht, die »Relativisten« würden kritische Meinungen unterdrücken. Anfang des Jahres 1919 kam es zu einer längeren Auseinandersetzung zwischen Gehrcke und Berliner, als Berliner Gehrckes »Berichtigung über den Dialog über die Relativitätstheorien«, eine Replik auf Einsteins »Dialog über Einwände gegen die Relativitätstheorie«,[82] nicht am gewünschten prominenten Ort als Gegendarstellung drucken wollte. Gehrckes Artikel erschien dann in der Rubrik »Anmerkungen«.[83] Gegenüber Friedrich Poske beschwerte sich Gehrcke: »Übrigens ist der Eindruck, den Berliner auf den unbefangenen Leser seines Briefes [es ist unklar, um welchen Brief es sich hier handelt] erwecken muss, als ob ich mit meiner Ansicht über die Rel.th. wie ein eigensinniger Sonderling allein dastehe, durchaus nicht zutreffend!«[84] In den Jahren 1927 und 1928 kam es sogar zu einer Klage Gehrckes gegen Berliner, um die Veröffentlichung einer Gegendarstellung zu Gerlachs

81 Als Zitat in: Berliner an Gehrcke, 4. Juni 1914, MPIWG Library, Papers No. 753/05, 4c.

82 Einstein 1918b.

83 Vgl. Gehrcke, Ernst, »Berichtigung zum Dialog über die Relativitätstheorien«, in: *Die Naturwissenschaften*, Bd. 7, Nr. 9 (1919), S. 147–148. Berliner erklärte mit Berufung auf § 11 des Pressegesetzes, auf den Gehrcke sich als Erster berufen hatte, dass er nur Tatsachen berichtigen müsse und bei der Relativitätstheorie handele es sich um eine Theorie, nicht um eine Tatsache. Berliner an Gehrcke, 17. Januar 1919, GN 83-B-8. Auch die Erwiderung auf Weyl in der *Umschau* (vgl. dieses Kapitel, Anm. 77) versuchte Gehrcke mit dem Hinweis auf das Pressegesetz durchzusetzten.

84 Gehrcke an Poske, 1. Januar 1920, GN 83-E-9.

Rezension des von Gehrcke herausgegebenen *Handbuchs der physikalischen Optik* juristisch zu erzwingen. Gerlach hatte die inhaltliche Qualität mancher Beiträge bemängelt.[85]

Schwierigkeiten hatten die akademischen Einsteingegner auch bei den Buchpublikationen. So bemerkte Lenard gegenüber Gehrcke über mögliche Verlage für sein Werk *Aether und Uraether*: »Es ist, [...] [neben Hirzel und Weicher] auch sonst kein genügend anständiger Verlag da für diesen Fall.«[86] Obgleich Lenard mit Hirzel unzufrieden war, sah er letztlich keine andere Möglichkeit, als auf diesen Verlag zurückzugreifen: »Ich habe mit Hirzel den Vertrag gemacht; Besseres war nicht zu finden«.[87]

Mohorovičić gelang es nicht, seinen Artikel über »Die Folgerungen der allgemeinen Relativitätstheorie und die Newtonsche Physik« in der Fachpresse – seine Wahl war auf die von Born und Debye geführte *Physikalische Zeitschrift* gefallen – zu platzieren. Die *Physikalische Zeitschrift* antwortete nicht und auf persönliche Nachfrage Mohorovičićs bei Debye, ob er die Arbeit bekommen habe, erklärte dieser, die Arbeit sei für die *Physikalische Zeitschrift* nicht geeignet. Mohorovičić vermutete, dass seine deutlichen Angriffe auf die Relativitätstheorie in dem Artikel die Ursache für die Ablehnung sei.[88] Dass der Artikel in Wahrheit nicht abgelehnt worden war, weil Debye berechtigte Kritik an der Relativitätstheorie verhindern wollte, sondern weil er nicht dem Stand der physikalischen Fachdiskussion entsprach, wollte Mohorovičić ebenso wenig annehmen wie Guillaume, der einen Artikel mit Bemerkungen zu seiner Diskussion mit Einstein in Paris (vgl. S. 230f.) ebenfalls in der *Physikalischen Zeitschrift* publizieren wollte. Aus diesem Anlass fragte Born bei Einstein nach, was er von Guillaumes Artikel halte, ob er ihn drucken solle und ob Einstein etwaige Ergänzungen habe. Die Antwort lässt einen in Bezug auf die Frage, ob sich Auseinandersetzungen mit den Fundamentalkritikern seiner Theorie lohnen, desillusionierten Einstein erkennen:

---

85 Zu diesem Vorgang befindet sich eine Akte im Nachlass Gehrckes, GN 70-E. Vgl. Gehrcke 1927; vgl. Gerlach, Walther, [Rezension von Gehrcke 1927], in: *Die Naturwissenschaften*, Bd. 15, Nr. 3 (1927), S. 410–412.

86 Lenard an Gehrcke, 7. Mai 1921, GN 3-F-10.

87 Lenard an Gehrcke, 15. August 1921, GN 3-F-15, vgl. auch Lenard an Gehrcke, 24. Juli 1921, GN 83-F-2.

88 Mohorovičić an Gehrcke, 30. Juli 1921, GN 3-G-4. Der Artikel erschien dann in: *Naturwissenschaftliche Wochenschrift*, N.F., Bd. 20, Nr. 52 (1921), S. 737–739 (auch als Sonderdruck).

»Lieber Born,

Der Guillaume ist verrückt und auch in Paris komplet[t] abgefahren. Ich habe mir schon viel Mühe gegeben ihn zu überzeugen, ebenso Langevin. Es ist alles vergebens. Es gibt noch so einen Unglücklichen Mohorovičić. Ich täts nicht drucken. Wenn ihr es aber bequemer findet, als abweisen, ist es mir auch recht.«[89]

Die Auseinandersetzung mit der Fachpresse betraf nicht nur den deutschsprachigen Raum. Die US-amerikanischen Einsteingegner schafften es mit der »Einstein hat Soldner plagiiert«-Debatte (vgl. S. 342ff.) zwar bis in *Science*, allerdings nicht aus eigenem Verdienst. Nachdem T. J. J. See in der US-amerikanischen Tagespresse Artikel publiziert hatte, in denen er Einstein bezichtigte, Soldner plagiiert zu haben, bat William Wallace Campbell, der Leiter des Lick Observatory, seinen Mitarbeiter Robert Trumpler, eine Richtigstellung zu verfassen, was dieser gerne tat – seine Replik auf See wurde dann in *Science* publiziert.[90] Dadurch hatte See seinerseits Gelegenheit zu einer kurzen Erwiderung in *Science*.[91] Reuterdahl hatte Sees Publikation in *Science* selbstverständlich hochinteressiert gelesen, schließlich war er es, der den Plagiatsvorwurf und Soldners Arbeiten in den USA publik gemacht hatte (vgl. S. 344f.). Jedenfalls erhoffte sich Reuterdahl, dass nun eine »offene« Debatte in *Science* stattfinden könne (es war am 21. Dezember 1923 noch ein Artikel von Luther P. Eisenhart zu »Einstein and Soldner«[92] erschienen) und verfasste einen Artikel über »Einstein's Predecessors«[93] mit Repliken auf Trumpler und Eisenhart zur Publikation in *Science*. Gegenüber Mohorovičić erklärte er zu den Hoffnungen, die er zunächst in *Science* gesetzt hatte: »I was gratified to learn that one scientific journal in the United States, at last, had come to the conclusion that

89 Einstein an Born, [Juni 1922], die Abschrift des Schreibens von Born an Einstein vom 16. Juni 1922 und der Antwort Einsteins befindet sich im Nachlass Gehrckes, GN 4-B-6. Beide Schreiben sind nicht enthalten in: Born, Max/Einstein, Albert, *Briefwechsel 1916–1955*, München 1991. Handschriftliche Bemerkung Gehrckes auf der Rückseite der Abschrift: »Abschrift (nachgeprüft) der ›Kopie‹ des von Born unterschriebenen Originalbriefes und der handschriftlichen Einsteinschen Antwort die am selben Blatte im Original unten angefügt ist. Original im Besitz von Prof. Guillaume in Bern.«

90 Trumpler, Robert, »Historical Note On The Problem Of Light Deflection In The Sun's Gravitational Field«, in: *Science*, Bd. 58, Nr. 1496 (1923), S. 161–163.

91 See, T. J. J., »Soldner, Foucault, and Einstein«, in: *Science*, Bd. 58, Nr. 1506 (1923), S. 372.

92 Eisenhart, Luther P., »Einstein and Soldner«, in: *Science*, Bd. 58, Nr. 1512 (1923), S. 516–517.

93 Reuterdahl, Arvid, »Einstein's Predecessors«, [unveröffentlichtes Typoskript], [1923], RP 3-88. Unter dem gleichen Titel erschien ein anderer Artikel Reuterdahls in der *New York Times* (Reuterdahl 1923c).

further suppression of the historical facts concerning the development of Einsteinism was directly contrary to the principles of plain honesty and the high ideals that modest science claims to represent.«[94]

Die Antwort des Herausgebers Cattell fiel dann allerdings anders aus als von Reuterdahl zunächst erwartet; »it is undesirable to print the enclosed manuscript in Science« zitierte Reuterdahl aus Cattells Antwort, die Gutachter hätten es abgelehnt. Dass Reuterdahls Prioritätsansprüche zugunsten von Soldner und Gerber, die er in seinem zur Publikation in *Science* gedachten Manuskript erhob, für die akademische Physik inhaltlich unhaltbar waren, wussten die Gutachter von *Science*, lag aber für Reuterdahl als mögliche Erklärung nicht im Bereich des Denkbaren. Er konnte sich die Weigerung, seinen Text zu drucken, nur dadurch erklären, dass Druck auf Cattell ausgeübt worden war: »I am led to infer that his action, which he seems to regret, is due to the pressure of extraneous advice«, und er polemisierte gegen *Science*, »whose editorial policies seem to be controlled not by the editor but by certain ›advisors‹ whose intentions [...] seem to be the exclusion of matter detrimental to Einstein and Einsteinism.« Wie viel für Reuterdahl auf dem Spiel stand, zeigt sich in seinem eindringlichen Plädoyer, dass *Science* sich nicht aus dieser Kontroverse heraushalten dürfe, die ganze Wissenschaft sei in Gefahr:

> »The paramount purpose of science is the discovery of truth both historical and factual. [...] This incident reveals the presence of a malignant disease which threatens to destroy the very existence of science, intimidated the seekers for truth, and throttle all incentives to honest investigation. It is high time that sincere and honest scientists arise and protest, in no uncertain terms, against this corrupt condition before intellectual freedom and scientific honesty is completely crushed.«

Dass die Marginalisierung und Exklusion für die Einsteingegner den Protest legitimierte, wird sich in der Darstellung der Hintergründe der Protestaktionen noch deutlich zeigen (vgl. S. 334ff.). Ziegler, der seine Misserfolge gerne auf das direkte Einwirken einzelner Personen zurückführte, lastete es dem Einfluss seines einstigen Lehrers Adolf von Baeyer an, »der zurzeit in München herrscht wie einst Plutarch in Delphi«,[95] dass ihm in den fachwissenschaftlichen Zeitschriften keine Veröffentlichung gelang. Es war nicht nur unwahrscheinlich, dass von Baeyer, Chemie-Nobelpreisträger des Jahres 1905 und einer der führenden Köpfe der orga-

94 Alle nachfolgenden Zitate aus: Reuterdahl an Mohorovičić, [Entwurf], [Anfang 1924], RP 3-88.

95 Ziegler 1908a, S. 17.

nischen Chemie, sich tatsächlich aktiv um die Unterdrückung der Urlichttheorie bemühte, wie Ziegler unterstellte. Vielmehr macht bereits ein kurzer Blick auf Zieglers okkultistisch argumentierende Arbeiten deutlich, dass keine seriöse Redaktion einen solchen Artikel von Ziegler publiziert hätte. Während in der populärwissenschaftlichen und weltanschaulichen Presse, zum Beispiel in den okkultistischen *Psychischen Studien*, eher ungewöhnliche Anschauungen über »Die wahre Ursache der hellen Lichtstrahlung des Radiums«[96] veröffentlicht werden konnten, machten sich die etablierten wissenschaftlichen Zeitschriften mit der Aufnahme von Welträtsellöser-Theorien höchst angreifbar, wie der Brief des Berliner Mathematikers Paul Kirchberger an die Schriftleitung von *Forschungen und Fortschritte* zeigt:

»Vor einiger Zeit brachten Sie ein Referat von Herrn Dr. Fricke, Oberregierungsrat im Reichspatentamt über ein von ihm aufgefundenes astrophysikalisches Gesetz [den Zusammenhang von Temperatur und Schwerkraft]. Soweit ich das beurteilen kann, kann die dem Referat zugrunde liegende Arbeit in keiner Weise zur wissenschaftlichen Literatur gezählt werden. Da ich Ihre werte Zeitschrift immer für unbedingt zuverlässig gehalten habe, wunderte ich mich sehr, besagtes Referat in ihr zu finden. Es würde mich sehr interessieren, zu hören, ob ich mich in der Bewertung der Arbeit irre, oder ob Ihnen bei der Aufnahme ein Versehen unterlaufen ist.«[97]

Wie *Forschungen und Fortschritte* darauf reagierte, ist nicht bekannt. Die Einsteingegner jedoch, konfrontiert mit der Ablehnung durch die Fachpresse, suchten neue Publikationsforen.

Publikations-Nischen

In ihren Broschüren legten die Einsteingegner oft minutiös dar, wann ihre Arbeiten von welcher Zeitschrift mit welcher »lächerlichen« Begründung abgelehnt worden waren – und das, obwohl man sich an ein breites Spektrum fach- und populärwissenschaftlicher Publikationsorgane gewandt hatte. Die Schriften des pensionierten Oberstabsarztes Johannes Haedicke wurden zum Beispiel unter anderem abgelehnt von der *Zeitschrift für Physik*, von *Unserer Welt* (der Zeitschrift des Keplerbunds), von *Natur und Museum* (der Zeitschrift der Senckenbergschen Naturforschenden Gesellschaft),

96 Vgl. Ziegler, Johann Heinrich, »Die wahre Ursache der hellen Lichtstrahlung des Radiums«, in: *Psychische Studien*, Bd. 32 (1905), S. 449–455.

97 Kirchberger an Schriftleitung von *Forschungen und Fortschritte*, an Gehrcke zur Kenntnisnahme, 28. April 1932, GN 38-I-7.

von der *Geologischen Rundschau*, von der *Koralle – Wochenzeitung für Unterhaltung, Wissen, Lebensfreude*, von den *Naturwissenschaften*, der *Physikalischen Zeitschrift* sowie von *Wissen und Fortschritt – Populäre Monatsschrift für Technik und Wissenschaft*. Letztere lehnte als einzige mit der aus der Sicht der Einsteingegner positiven Begründung ab, man veröffentliche im kommenden Heft bereits etwas Kritisches zur Relativitätstheorie. Haedickes Beispiel zeigt auch, dass man zwar Präferenzen für fachwissenschaftliche Zeitschriften hatte, aber letztlich die Publikation in einem breiten Spektrum wissenschaftlicher, populärwissenschaftlicher und weltanschaulicher Presse versuchte.

Am besten war natürlich, man hatte eine Zeitschrift an der Hand. Mewes war Redakteur von zwei ingenieurwissenschaftlichen Zeitschriften, der *Turbine* und der *Zeitschrift für Sauerstoff- und Stickstoff-Industrie*, die er auch für die Publikation seiner und anderer Artikel gegen die Relativitätstheorie nutzte.[98] Und ebenso konnte Ludwig Glaser als Herausgeber von *Glasers*

---

98 Vgl. z. B. Mewes, Rudolf, »Unterschiede zwischen der Relativitätstheorie von Mewes (1892/1893) und Lorentz (1895)«, Teil 1 in: *Zeitschrift für Sauerstoff- und Stickstoff-Industrie*, Bd. 11, Nr. 17–18 (1919), S. 70, Teil 2 in: ebd., Bd. 11, Nr. 19–20 (1919), S. 75–76; ders., »Bemerkung zur Ableitung der Grundformeln der Relativitätstheorie«, in: ebd., Bd. 12, Nr. 1–2 (1920), S. 6; ders., »Bestimmung der Fortpflanzungsgeschwindigkeit der Schwerkraft nach Gerber und Einstein«, in: ebd., Nr. 3–4 (1920), S. 13–14; ders., »Die Versuchsformel von Fizeau und die Relativitätsgleichung von Einstein«, in: ebd., Bd. 12, Nr. 9–10 (1920), S. 38; ders., »Elementarer Weg zur Ableitung der Einsteinschen Grundgleichungen«, in: ebd., Bd. 12, Nr. 13–14 (1920), S. 65; ders., »Lichtablenkung in bewegten Mitteln«, in: ebd., Bd. 13, Nr. 1–2, S. 1–4; ders., »Zur Beurteilung der abendländischen Naturerkenntnis nach Spengler (Entropie, Gas- und Relativitätstheorie)«, in: ebd., Bd. 13, Nr. 11–12 (1921), S. 42–44; ders., »Lenards und Reuterdahls Stellungnahmen zur Relativitätstheorie«, in: ebd., Bd. 13, Nr. 17–18 (1921), S. 77–78; ders., »Reuterdahl vs. Einstein. Festnagelung einer Täuschung«, in: ebd., Bd. 14, Nr. 5 (1922), S. 55; ders., »Vergleichende Gegenüberstellung der Exponentialformeln von Mewes, Planck, Einstein und Nernst für die spezifische Wärme«, in: ebd., Bd. 14, Nr. 10 (1922), S. 121–123; ders., »Stimmen gegen die Relativitätstheorie«, in: ebd., Bd. 14, Nr. 11 (1922), S. 134–135; vgl. Fricke, Hermann, »Eine neue Erklärung für die Ursache der Barometerschwankungen und des Windes«, in: ebd., Bd. 11, Nr. 13–14 (1919), S. 49–53; ders., [Rezension von Karollus 1921], in: ebd., Bd. 14, Nr. 1 (1922), S. 18. Vgl. auch Mewes' Anfrage bei Gehrcke, ob er Gehrckes Abhandlung »Die gegen die Relativitätstheorie erhobenen Einwände«, die dieser ihm zugesandt hatte, in der *Zeitschrift für Sauerstoff- und Stickstoff-Industrie* publizieren dürfe, Mewes an Gehrcke, 10. Oktober 1919, GN 38-H-9. Der Verein für Sauerstoff- und Stickstoff-Industrie fragte Fricke auch für einen Vortrag an. Vgl. Fricke an Gehrcke, 24. Oktober 1920, GN 76-A-13.

Annalen für Gewerbe und Bauwesen dort seine eigenen Artikel oder die anderer unterbringen.[99]

Gehrcke war mit dem Herausgeber der *Kant-Studien*, Max Frischeisen-Köhler, seit ihrer gemeinsamen Schulzeit befreundet, man duzte sich und wenn Veröffentlichungen zur Relativitätstheorie in den *Kant-Studien* anstanden – unter anderem von Einstein selbst – wurde Gehrcke im Vorfeld informiert. Gehrcke wiederum konnte eigene Artikel oder Artikel anderer Einsteingegner dem »lieben Max« auf dem kurzen Weg für die *Kant-Studien* empfehlen.[100] Palagyi hatte aufgrund seiner früheren Tätigkeit als Journalist beste Beziehungen zu Frankfurter Zeitungen, in denen er ausführliche Artikel zum Beispiel über Gehrckes oder Lenards Arbeiten unterbringen konnte.[101] Diese Beispiele zeigen, dass persönliche Beziehungen beim Ausfindigmachen von solchen – teils kuriosen – Nischen für die Einsteinkritik eine herausragende Rolle spielten. Fricke zum Beispiel veröffentlichte seine Arbeiten, nachdem er bei den Redakteuren persönlich vorstellig geworden war, in den 1930er und 1940er Jahren vor allem in der *Deutschen Optischen Wochenschrift (Docentra)* – einer seriösen und etablierten Zeitschrift des Optikerwesens.[102]

---

99 Glaser, Ludwig, »Ueber Versuche zur Bestätigung der Relativitätstheorie an der Beobachtung«, Teil 1 in: *Glasers Annalen*, Bd. 87, Nr. 4 (ganze Reihe Nr. 1036) (1920), S. 29–33, Teil 2 in: ebd., Bd. 88, Nr. 2 (ganze Reihe Nr. 1048) (1921), S. 30–32 und Nr. 3 (ganze Reihe Nr. 1049) (1921), S. 42–43; Fricke, Hermann, »Eine neue und anschauliche Physik des Aethers, in: ebd., Bd. 86, Nr. 12 (ganze Reihe Nr. 1032) (1920), S. 95–96; Gehrcke, Ernst [Rezension von Kraus/Lipsius/Linke/Petzoldt 1921], in: ebd., Bd. 88 (ganze Reihe Nr. 1053) (1921), S. 80.

100 Frischeisen-Köhler wollte Fragen, die die *Kant-Studien* Einstein vorlegen wollten, vorher Gehrcke »zur Vorprüfung übersenden.« Frischeisen-Köhler an Gehrcke, 7. März 1919, GN 68-D-6. Gehrcke selbst veröffentlichte 1914 »Die erkenntnistheoretischen Grundlagen der verschiedenen physikalischen Relativitätstheorien« in den *Kant-Studien*, Bd. 19, Nr. 4 (1914), S. 481–487, abgedruckt in: Gehrcke 1924a, S. 35–40 (auch als Sonderdruck). Vgl. auch Riedinger an Gehrcke: »Daß ich gegebenenfalls bei den Kantstudien auf Ihre Unterstützung rechnen kann, ist mir sehr lieb.« 9. Dezember 1920, GN 71-K-13.

101 Vgl. Palagyi, Melchior, »Physik und Erkenntnistheorie«, in: *Frankfurter Nachrichten*, 7. August 1921, Morgenausgabe, GN 4, XII, 87r; ders., »Lenard und Einstein«, in: *Frankfurter Nachrichten*, 12. November 1921, Abendausgabe, GN 4, XII, 71r.

102 Anlässlich Frickes 60. Geburtstags am 16. Dezember 1936 erschien ein Artikel »Hermann Fricke's 30jähriger Krieg« in der *Docentra*, in dem die Zeitschrift nicht nur Frickes Anerkennungskampf für seine Äthertheorie gegen die »herrschende Planck-Einstein-Richtung« würdigt, sondern auch die Bekanntschaft mit Fricke rekapituliert. Vgl. »Hermann Fricke's 30jähriger Krieg«, in: *Docentra*, Bd. 57, Nr. 25 (1936), S. 421–422, hier: S. 421.

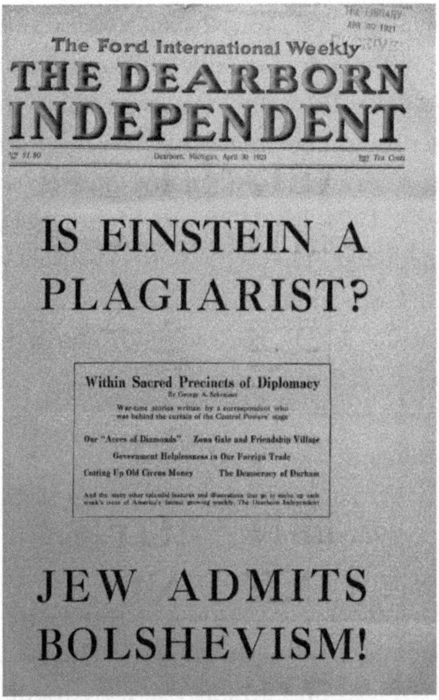
The Ford International Weekly
THE DEARBORN INDEPENDENT
Dearborn, Michigan, April 30 1921
IS EINSTEIN A PLAGIARIST?
Within Sacred Precincts of Diplomacy
War-time stories written by a correspondent who was behind the curtain of the Central Powers' stage
Our "Acres of Diamonds" Zona Gale and Friendship Village
Government Helplessness in Our Foreign Trade
Cutting Up Old Circus Money The Democracy of Durham
JEW ADMITS BOLSHEVISM!

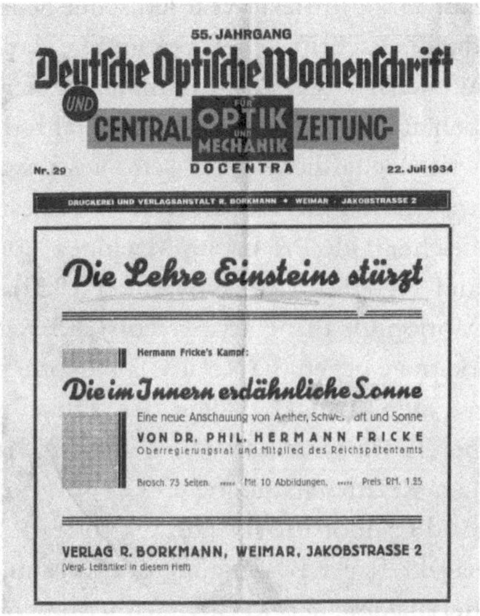
55. JAHRGANG
Deutsche Optische Wochenschrift
UND CENTRAL ZEITUNG FÜR OPTIK UND MECHANIK
Nr. 29 DOCENTRA 22. Juli 1934
DRUCKEREI UND VERLAGSANSTALT R. BORKMANN • WEIMAR · JAKOBSTRASSE 2
Die Lehre Einsteins stürzt
Hermann Fricke's Kampf:
Die im Innern erdähnliche Sonne
Eine neue Anschauung von Aether, Schwe… aft und Sonne
VON DR. PHIL. HERMANN FRICKE
Oberregierungsrat und Mitglied des Reichspatentamts
Brosch. 73 Seiten. Mit 10 Abbildungen. Preis RM. 1.25
VERLAG R. BORKMANN, WEIMAR, JAKOBSTRASSE 2
(Vergl. Leitartikel in diesem Heft)

Alternativen zur physikalischen Fachpresse: Einsteinkritik im Dearborn Independent und in der Docentra

Weniger kurios als politisch fragwürdig war Reuterdahls Ausweichforum. Reuterdahl erhielt durch die Vermittlung von Robert Stevenson alias »Kinertia« Gelegenheit, für die Zeitschrift *Dearborn Independent* eine Wissenschaftsseite zu gestalten.[103] Der *Dearborn Independent* war seit 1919 im Besitz von Henry Ford und Stevenson kannte Henry Fords Sohn Edsel, der seit 1919 das Ford'sche Autoimperium leitete. Wenn auch ein insgesamt breites Spektrum an Themen abgedeckt wurde, handelte es sich beim *Dearborn Independent* um ein antisemitisches Blatt – Fords antisemitisches Pamphlet *The International Jew*[104] war eine Zusammenstellung von ab 1920 im *Dearborn Independent* erschienenen Artikeln. Dort zu publizieren war nicht unbedingt die beste Empfehlung für einen Wissenschaftler. Henry Garrity, President der Devin-Adair-Company, die Reuterdahls Bücher verlegte, wandte sich im Mai 1921 beunruhigt an Reuterdahls Arbeitsgeber, die katholische University of St. Thomas in St. Paul, Minnesota: »Mr. Reuterdahl's attack

103 Vgl. Stevenson an Reuterdahl, 30. Dezember 1921, RP 4-56.
104 Ford, Henry, *Der internationale Jude. Ein Weltproblem. Das 1. amerikan. Buch über d. Judenfrage*, 3. Aufl., Leipzig 1922 [1920–1922].

on Einstein in that Anti-Jewish paper will work serious harm to him and us.«[105] Garrity beunruhigte allerdings mehr der Gedanke an mögliche lautstarke Proteste von jüdischer Seite als die Tatsache, dass sein Autor in der Zeitschrift eines bekannten Antisemiten veröffentlichte. Auf seiner Wissenschaftsseite »International Science Briefs« im *Dearborn Independent* behandelte Reuterdahl in den Jahren von 1921 bis 1926 ein breites Feld wissenschaftlicher und semi-wissenschaftlicher Themen. Neben populärwissenschaftlichen Artikeln zu neuesten Entwicklungen in Technik (»The Fischer Tide Predicting Machine«, 20. Januar 1923), Biologie (»Protoplasm and Heredity«, 10. November 1923) oder Astronomie (»The Origin And Motion Of Planetary Systems«, 15. September 1923) wurden immer wieder Beiträge gegen die Relativitätstheorie publiziert:

Den Auftakt bildete der Artikel »›Kinertia‹ versus Einstein« mit dem bereits dargestellten (vgl. S. 212ff.) Plagiatsvorwurf bezüglich der allgemeinen Relativitätstheorie (30. April 1921). In »What the Einstein Test Can And Cannot Prove« (28. Oktober 1922) wurden Einwände gegen die Aussagekraft der Bestätigung der Lichtablenkung als Beweis für die Richtigkeit der allgemeinen Relativitätstheorie vorgebracht und erneut Plagiatsvorwürfe erhoben, die insbesondere die Theorien von Soldner und Reuterdahl selbst betrafen. Ganz dem Plagiat der eigenen Theorie Reuterdahls gewidmet war der von Reuterdahls Freund und Anhänger Heidenreich verfasste Artikel »Reuterdahl vs. Einstein: Nailing a Fallacy« (25. März 1922); »Einstein and the Nobel Premium« (6. Januar 1923) wandte sich gegen die Verleihung des Nobelpreises an Einstein und brachte insbesondere die von Oskar Westin im Vorfeld erhobenen Plagiatsanschuldigungen groß heraus. In »The Einstein Film And The Debacle Of Einsteinism« (22. März 1924) nahm Reuterdahl den »Einstein-Film«[106] zum Anlass für eine Globalkritik an der Relativitätstheorie.

Der Leser des *Dearborn Independent* wurde aber nicht nur von Reuterdahl über die Relativitätstheorie und den »Einsteinismus« aufgeklärt; Robert Morgan publizierte auf der Seite der »International Science Briefs« einen emphatischen Artikel über die Einsteinkritik von T. J. J. See, »Einstein Theory Declared Colossal Humbug by U.S. Naval Astronomer« (21. Juli 1923), und See selbst veröffentlichte einen Beitrag über seine Auffassung

105 Garrity an Reverend Bush, 28. Mai 1921, RP 3-23.
106 Vgl. Kapitel 2, Anm. 23.

von Licht und Äther, in dem er beanspruchte, die Relativitätstheorie als vollkommen haltlos bewiesen zu haben.[107]

Der *Dearborn Independent* war mit einer Auflage von ca. 750.000 neben der Tagespresse die einzige Publikationsmöglichkeit mit größerer Reichweite für Reuterdahls kritische Ansichten zur Relativitätstheorie. Dabei war ihm bewußt, dass der *Dearborn Independent* keine Fachzeitschrift und gegenüber einer fachwissenschaftlichen Veröffentlichung nur eine Notlösung darstellte. Nach einer bitteren Klage von Mohorovičić über fehlende Publikationsmöglichkeiten für eine Arbeit über die Lösung der Euler'schen hydrodynamischen Gleichungen erklärte ihm Reuterdahl: »If this development dealt with a subject which could be presented in a semi-popular manner I could promise you a proper place in The Dearborn Independent. Unfortunately that is not the nature of the subject.« Daraufhin verfasste Mohorovičić ersatzweise den Artikel »Worthlessness of Einstein's theory of relativity for the physics«, seinen vom Ton her schärfsten Artikel gegen Einstein, zur Publikation im *Dearborn Independent.*[108]

Neben der populärwissenschaftlichen und weltanschaulichen Presse, auf die im nächsten Abschnitt eingegangen wird, war es die Tagespresse, die aus unterschiedlichen Gründen den Einsteingegnern ein Forum bot: Politische Ausrichtung war dabei ein Faktor, die Einsteinkritik findet sich zumeist in nationalistischen Zeitungen, aber auch das Ziel, eine sensationelle Schlagzeile zu bringen (»Relativitätstheorie widerlegt!«) oder der Stolz des Lokalblatts auf den lokalen Einsteingegner (»Minnesota Man Calls Relativity ›Bunk‹«) oder auch beides zusammen spielten eine Rolle.[109]

---

107 See, T. J. J., »Travelling at Speed of 294.375 Miles a Second. Scientist Believes Etherons Provide Pathway for Light and Radio Waves«, in: *The Dearborn Independent*, 10. Januar 1925. Der erste – und am wenigsten polemische – Artikel über die Relativitätstheorie im *Dearborn Independent* wurde allerdings vor Reuterdahls Verbindung zum *Dearborn Independent* geschrieben und zwar über die von Weyland organisierten Vorträge gegen die Relativitätstheorie in der Berliner Philharmonie. Vgl. »Einstein Theory Causes Scientific War«, in: *The Dearborn Independent*, 30. Oktober 1920.

108 Reuterdahl an Mohorovičić, 24. Mai 1923, RP 4-35; Mohorovičić an Reuterdahl, 27. Juni 1923, RP 4-35 (mit dem Artikel als Anhang). Der Artikel ist nicht publiziert worden.

109 »Einstein Branded Barnum of Science, Minnesota Man Calls Relativity ›Bunk‹«, in: *The Minneapolis Sunday Tribune*, 10. April 1921. Der Stolz auf den einheimischen Einsteingegner kam besonders bei dem Schweizer Ziegler und bei dem in Minnesota lebenden Reuterdahl zum Tragen. So erschien in der *Zürcher Chronik* ein Porträt über Ziegler: »Die ›Zürcher Chronik‹ kann […] nicht die Aufgabe haben, ihre Leser in die Einzelheiten der Schriften eines Dr. Ziegler einzuführen; sie will auch nicht etwa an einer Polemik gegen Einstein sich beteiligen. Immerhin aber will sie das Werk eines Kantonzürchers und Schweizers unter der etwas verdächtig chauvinistisch ausgeschlachteten Theorie des

Redakteure nationalistischer und völkischer Zeitungen ergriffen Partei für die Einsteingegner, vor allem wenn diese ebenfalls nationalistisch oder völkisch eingestellt waren. Der Plagiatsvorwurf des deutschnationalen Mewes etwa wurde 1919 in der *Deutschen Zeitung* in einem längeren Artikel mit dem Titel »Wissenschaftsraub und Bluff« verteidigt.[110] Aber auch in der bürgerlichen Presse konnte ein Redakteur gegen die Relativitätstheorie eingestellt sein und verhindern, dass die Relativitätstheorie in seiner Zeitung allzu gut wegkam. »Die Stellung der ›Frankfurter Zeitung‹ war immer gegen Einstein, weil der dortige Redaktionsphilosoph ihn ablehnte«, wurde zum Beispiel im *Leipziger Tageblatt* erklärt.[111]

4.1.7 Die wissenschaftlichen Vereine und ihre Publikationen

Im ersten Kapitel wurde dargestellt, dass die Welträtsellöser in den Kontext der Wissenschaftspopularisierung gestellt werden können und tatsächlich suchten sie die Foren der großen und kleinen wissenschaftlichen Vereine auf, um ihre Lösung der Welträtsel zu präsentieren und die »Konkurrenzlehre«[112] Einsteins zu widerlegen. Hier ist die Differenziertheit des wissenschaftlichen und populärwissenschaftlichen Vereinswesens

---

deutschen Gelehrten nicht ganz verblassen lassen [...] Mehr als gehört werden will der bescheidene und doch mit Recht selbstbewußte Schweizer Gelehrte nicht. An uns ist es, ihn zu hören, zu prüfen, zu kritisieren und nicht davor zurückzuschrecken, ihn auch einem Einstein gegenüber zu halten. Ob man uns segnen oder fluchen wird, wenn die Zeit gekommen ist, das Endurteil zu fällen, ist gleichgültig; Pflicht ist es, Zürich und die Schweiz nicht zu Schaden kommen zu lassen!« »Dr. J. H. Ziegler«, in: *Zürcher Chronik*, 6. Juli 1921.

110 »Prof. Dr. Einstein drückte noch die Schulbank, als die allgemeine Lehre von der Relativität der Kräfte oder der gemeingültigen Raumzeitlichkeitslehre aufgestellt worden ist, kann also nicht als der große Geistesheld ureigenster schöpferischer Kraft gelten, als welcher er heute überall gefeiert wird. Einstein ist nicht Selbstschöpfer, sondern Nachbeter und Wissensschröpfer.« »Wissenschaftsraub und Bluff«, in: *Deutsche Zeitung*, 19. Dezember 1919, zit. nach Mewes 1920a, S. 74–76, hier: S. 75.

111 R[udolf] L[ämmel], [Rezension von Gehrcke 1924b], in: *Leipziger Tageblatt*, 14. September 1924, GN VII. Bei dem »Redaktionsphilosophen« könnte es sich um Melchior Palagyi oder um Walther Rauschenberger, den Direktor der Senckenbergischen Bibliothek, handeln, der mehrere kritische Artikel zur Relativitätstheorie in der *Frankfurter Zeitung* veröffentlichte. Vgl. z. B. Rauschenberger, Walther, »Die philosophische Bedeutung der Relativitätstheorie«, in: *Frankfurter Zeitung*, 21. Juni 1921, 1. Morgenausgabe, GN 4, XI, 36r–37r1.

112 Ziegler 1931, S. 20.

von großer Bedeutung, das vom Naturerleben im Alltag bis hin zur professionellen Standesvertretung reichte.[113] Dabei machte es einen Unterschied, ob jemand, der sich selbst als Amateur begreift, im Botanisierklub über seine letzte Waldwanderung berichtet oder ob ein selbsternannter Welträtsellöser bei einer großen naturforschenden Gesellschaft wie der SNG oder der GDNÄ in der physikalischen Sektion einen Vortrag über das ewige Urlicht oder die Gravitationsstrahlung als Lösung sämtlicher in der Physik diskutierter Probleme anmeldet – und höchstwahrscheinlich abgewiesen wird. Tatsächlich wurde die Legitimität der Gründung von eigenen Vereinigungen[114] (vgl. S. 309ff., S. 361ff.) oft daraus abgeleitet, dass die traditionellen und etablierten Vereinigungen weder für die Lösung der Welträtsel, noch für die Widerlegung der Relativitätstheorie eine geeignete Plattform boten. Während es für die akademischen Einsteingegner eine weitgehend neue Erfahrung war, mit ihren Ansichten in den wissenschaftlichen Vereinen auf Widerstand zu treffen, waren die Welträtsellöser daran bereits gewöhnt.

Die überregionalen wissenschaftlichen Vereine

Am hartnäckigsten suchte Ziegler über das Vereinswesen Anschluss an die akademische Wissenschaft. Während seiner Karriere als Chemiker war Ziegler kein Mitglied der SNG; er trat erst 1901 als Welträtsellöser dort ein mit dem ausdrücklichen Ziel, ein Forum für seine Arbeit über die »Universelle Weltformel« zu finden, und mit der Erwartung, von den Koryphäen als der Löser aller in der Wissenschaft vorhandenen Probleme anerkannt zu werden. Die erste Vortragsanmeldung Zieglers 1901 war die einzig erfolgreiche in den folgenden 35 Jahren seiner Welträtsellöser-Laufbahn. Der Vortrag wurde in die Sektion für Physik gelegt und endete für den in der organischen Chemie verwurzelten Ziegler, der von physikalischer Chemie wie von Physik wenig verstand, in einer Katastrophe: Er hatte unter den Physikern keine wohlwollend gestimmten Bekannten aus der Studienzeit wie bei den Chemikern, die über sein Welträtsellösertum nachsichtig hinwegsahen. Er war hier unbekannt und nicht als Fachwissen-

113 Vgl. Daum 2002, S. 89ff.

114 Vgl. auch die Einschätzung von Daum 2002, S. 110: »Wo die Amateurwissenschaftler erneut [in den Naturvereinen] solchen exklusiven Tendenzen begegneten, blieb ihnen der Weg in die Passivität, in die Lektüre oder die Chance, wiederum alternative Angebote aus dem Vereinsspektrum zu nutzen bzw. solche selbst zu schaffen.«

schaftler anerkannt. Es überrascht nicht, dass sein erster Vortrag wesentlich andere Konsequenzen hatte als erhofft, wie Ziegler rückblickend beschreibt: »Das alles [was er vortrug] war damals so unerhört, dass den Herren nicht klar war, ob ich im Ernst rede oder im Scherz, oder ob ein an einer fixen Idee Leidender die Sektion unsicher mache.«[115]

Ziegler sprach etwa 15 Minuten lang über die seiner Ansicht nach mit seiner Weltformel gelöste Beziehung von Licht und Materie, Farbe und chemischer Konstitution, aber als er anfing, die Farben nach seiner Formel der absoluten Komplementarität in »männliche« und »weibliche« einzuteilen, »brach ein wahrer Tumult aus. Der wohlbeleibte und allgemein verehrte Vorsitzende, Prof. Hagenbach-Bischoff von Basel, wieherte selbst so, daß es seinen ganzen Leib erschütterte.«[116] Insgesamt war das Resultat auch Zieglers eigener Einschätzung zufolge »niederschmetternd«.[117] Ziegler versuchte insgesamt bei drei Jahresversammlungen der SNG in den Jahren 1901, 1902 und 1903 die Physiker von seiner Weltformel zu überzeugen; 1903, bei der Jahresversammlung der SNG in Locarno, kam es zum Eklat: Ziegler meldete zwei Vorträge an und war wieder mit dem Physiker Eduard Hagenbach-Bischoff (1833–1910), der die Sektion leitete, konfrontiert. Dieser setzte die Vorträge mit der Begründung, sie behandelten weniger physikalische als vielmehr philosophische Fragen, ans Ende der Sitzung. Als Ziegler als letzter der Sitzung zu reden begann, begann Hagenbach-Bischoff nach dem Bericht Zieglers dann allerdings den Vortrag zu stören, indem er sich laut mit seinem Assistenten Veillon unterhielt. Daraufhin erklärte Ziegler seinen sofortigen Austritt aus der SNG.[118]

Zieglers kurze Karriere in der SNG war nach drei Jahren gescheitert. In den folgenden Jahren besuchte er immer wieder die Versammlungen der GDNÄ und diskutierte dort unter anderem mit van t'Hoff und Ostwald – konnte sie jedoch nicht davon überzeugen, das metaphysische Uratom in die Chemie einzuführen. Etwa ab 1912 besuchte Ziegler resigniert keine wissenschaftlichen Kongresse und Versammlungen mehr; erst 1922, anlässlich des Protestes der Einsteingegner bei der Hundertjahrfeier der GDNÄ (vgl S. 329ff.), nahm er wieder an einer solchen Veranstaltung teil.[119]

115 Ziegler 1914, S. 143.

116 Ziegler 1935, S. 31.

117 Ebd.

118 Vgl. ebd., S. 32.

119 Vgl. den ausführlichen Bericht über Zieglers Scheitern, den er in Form eines Briefes an Gehrcke lieferte. Ziegler an Gehrcke, 11. Februar 1931, GN 83-L-4.

Der studierte Physiker Fricke war Mitglied der DPG, mit der er jedoch bald auf Kriegsfuß stand. 1906 und 1909 hielt er vor der Physikalischen Gesellschaft Berlin Vorträge, in denen er seine Theorie des Äthers als Flüssigkeit mit innerer Reibung ausführte, aber während der Vortrag von 1906 noch Eingang in die Verhandlungen der Deutschen Physikalischen Gesellschaft fand,[120] wurde der Vortrag von 1909 vom Vorsitzenden Planck abgelehnt mit der Begründung, im ersten Vortrag sei schon das Wesentliche enthalten gewesen. »Ich sehe in dieser Ablehnung anderer Meinungen eine Unterdrückung durch Planck«[121] erklärte der brüskierte Fricke. Tatsächlich sah Fricke seinen Hauptgegner eher in dem Theoretiker und Wissenschaftsmanager Planck als in Einstein; so war es bei ihm vor allem die »Planckphysik« und waren es die »Planckphysiker« (zu denen er Einstein natürlich rechnete), gegen die er polemisierte.[122]

1919 lieferte er sich erneut eine Auseinandersetzung mit der DPG. In einem Schreiben an den geschäftsführenden Ausschuss protestierte er dagegen, dass der Abdruck einer im Juni 1919 vorgelegten Arbeit »widerrechtlich verhindert worden«[123] sei. Der Protest des DPG-Mitglieds Fricke wurde am 24. Juni 1919 in einer Sitzung mit Fricke behandelt, aber obgleich er nun, wie so oft gefordert, seine Ansichten persönlich vor führenden Physikern verteidigen konnte, war er diesmal nicht mit dem Verfahren einverstanden, da nicht der Vorsitzende (zu dieser Zeit Arnold Sommerfeld), sondern Karl Scheel, seit 1900 Geschäftsführer und Schriftführer der DPG, die Sitzung leitete. Fricke hielt Scheel einen kurzen Vortrag über den Zusammenhang von Temperatur und Schwerkraft, bekam dann aber mitgeteilt, dass sein Manuskript nicht zum Abdruck in den Verhandlungen der DPG geeignet sei.[124]

Fricke versuchte nach dieser ersten Absage noch im selben Jahr ein zweites Mal, Schriften im Rahmen der DPG herauszubringen, die DPG lehnte seine Beschwerde jedoch durch einen Bescheid vom 19. Dezember 1919 ab, der auf einem Gutachten von Arnold Sommerfeld und Wilhelm

---

120 Vgl. Fricke, Hermann, »Über einen Versuch der Gebrüder Weber, transversale Luftschwingungen betr.«, in: *Verhandlungen der Deutschen Physikalischen Gesellschaft*, Bd. 8, Nr. 12 (1906), S. 248–250.

121 Fricke [ca. 1942].

122 Vgl. ebd.

123 *Protest des Mitgliedes der Deutschen Physikalischen Gesellschaft Reg. Rat Dr. Fricke gegen die ihm vom Vorstande der Gesellschaft zu Teil gewordene Behandlung*, Fricke an den geschäftsführenden Ausschuss der DPG, [September 1920], [Durchschlag], GN 71-B-5.

124 Vgl. ebd.

Westphal beruhte. Für Fricke war dieser Bescheid ebenso wie »das Verhalten des Vorstandes [...] eine durch nichts gerechtfertigte Beleidigung eines Mitgliedes der Gesellschaft.«[125] Er stellte sich dabei auf den Standpunkt des »richtigen Wissenschaftlers«: Er habe eine wissenschaftlich formulierte Theorie aufgestellt und sehe nicht ein, warum diese nicht diskutiert wird. Die DPG ließ sich jedoch auf keine Debatte über Frickes eigenwillige Neudefinitionen physikalischer Begriffe und seinen Wissenschaftlichkeitsanspruch ein. In dem Bescheid des Vorstands heißt es: »Die ihrer Betrachtung zu Grunde liegenden Annahmen, sowie zahlreiche Bemerkungen in Ihrer Schrift widersprechen, wie Sie selbst zugeben werden, völlig dem, was die Mehrzahl der Physiker heute für richtig und bewiesen hält.«[126] Frickes Immunität gegen solche Abweisungen zeigt sich in seiner konsternierten Erklärung: »Zwischen dieser Bemerkung und dem von mir vorgelegten Schriftsatz vermag ich keinen Zusammenhang zu finden.«[127]

Oskar Kraus wollte sich ebenfalls aus den engeren Kreisen der Philosophie mit seiner Einsteinkritik hinausbewegen und für die Naturforscherversammlung in Innsbruck 1924 einen Vortrag anmelden, bekam aber bedeutet, dass für diese Versammlung keine Vorträge zur Relativitätstheorie angenommen werden würden:

> »Ich habe verzichtet, der Sache weiter nachzugehen, nachdem ich von anderen Kollegen erfahren habe, welche Schwierigkeiten man auf Kongressen den Gegnern der Relativitätstheorie, die dort zu Wort zu kommen wünschen, selbst dann bereitet, wenn sie Professoren der mathematisch-naturwissenschaftlichen Fächer an deutschen Universitäten sind! Was hätte da ein gegnerischer Philosoph zu hoffen!«[128]

Publikations-Nischen in der populärwissenschaftlichen Vereinspresse

Möglichkeiten für Publikationen eröffneten vor allem die populärwissenschaftlich-weltanschaulichen Vereine, von denen viele eigene Zeitschriften besaßen. Insbesondere im Monismus, der einflussreichsten Weltanschauungsbewegung mit Wissenschaftlichkeitsanspruch zu Beginn des 20. Jahrhunderts, fühlten sich viele Welträtsellöser heimisch (vgl. S. 50ff.). Der

125 Ebd.

126 Vorstand der DPG an Fricke, 19. Dezember 1919, [Abschrift], GN 76-A-13.

127 Fricke 1920e.

128 Kraus 1925, S. 5f.

Monismus war jedoch vorwiegend mit der Verbreitung der Evolutionstheorie befasste und betraf damit insbesondere die Bereiche Biologie und Religion, weniger den Bereich der Physik.

Zudem besaß die monistische Bewegung keine geschlossene Weltanschauung und bestand nicht nur aus dem Monistenbund, sondern es existierten viele monistische Splittergruppen mit unterschiedlichen Schwerpunktsetzungen. Deren Anhänger konnten verschiedene Auffassungen zur Relativitätstheorie haben oder – was oft der Fall war – sich gar nicht besonders für die moderne Physik interessieren. In den *Monistischen Monatsheften*, dem offiziellen Publikationsorgan des Monistenbunds, findet sich in den Jahren von 1920 bis 1922 wenig zur Relativitätstheorie, das bestimmende Thema ist das Verhältnis von monistischer Weltanschauung und Religion. Im Jahr 1920 erschien (wie in fast allen anderen Zeitschriften auch) eine populäre Einführung in die Relativitätstheorie.[129]

Ganz anders die Berichterstattung in der *Neuen Weltanschauung*, der Zeitschrift des Humboldtbunds, der neben dem Monistenbund die bedeutendste monistische Vereinigung darstellte. In der *Neuen Weltanschauung* erfolgte die Berichterstattung über Relativitätstheorie fast ausschließlich durch zwei ausgewiesene Einsteingegner, nämlich Henri Gartelmann und Erich Ruckhaber. Die erste kritische Besprechung der Relativitätstheorie erfolgte durch Gartelmann im Juni-Heft 1920. Dort argumentiert er vor allem gegen Einsteins Auffassung, dass die Frage nach der Wahrheit der Axiome der Geometrie zu nichts führe. Für Gartelmann dagegen gründete sich die Geometrie auf Erfahrung und Logik und war durchaus wahrheitsfähig, weil empirisch verifizierbar. Man könne ja zeigen, dass mehrere Gerade die kürzeste Verbindung von zwei Punkten darstellen könnten, dann sei die euklidische Geometrie nicht mehr wahr, sondern falsch.[130] Ebenso wie Kraus verlagerte Gartelmann die Kompetenz der Beurteilung der »Logik« der Relativitätstheorie, mit der diese stehen und fallen würde, ins Gebiet der Philosophie. Längenkontraktion und Zeitdilatation waren ihm nur theoretisches Konstrukt und bloße Behauptungen.[131]

---

129 Vgl. Schmidt, Harry, »Wege zum Verständnis der Einsteinschen Relativitätstheorie«, Teil 1 in: *Monistische Monatshefte*, Bd. 5, Nr. 6 (1920), S. 254–260, Teil 2 in: ebd., Nr. 7–8 (1920), S. 305–311, Teil 3 in: ebd., Nr. 9–10 (1920), S. 359–362, Teil 4 in: ebd., Nr. 11–12 (1920), S. 404–408.

130 Vgl. Gartelmann 1920b, Teil 1, S. 165. Er bezog sich dabei auf Einstein 1917a, S. 1.

131 Vgl. ebd. sowie Gartelmann 1920b, Teil 2.

Erich Ruckhaber war ab ca. 1912 Mitarbeiter im Redaktionsteam der *Neuen Weltanschauung* und deckte ein breites Spektrum in seinen Artikeln ab: Von »Die zwingende Logik des Monismus« über »Geld, Sozialismus und Intelligenz« bis hin zu »Eine neue Energiegewinnung« reichten die Themen.[132] Broschüren gegen die Relativitätstheorie veröffentlichte Ruckhaber erst in den Jahren ab 1928, in der *Neuen Weltanschauung* nahm er aber bereits ab 1920 zur Relativitätstheorie Stellung und ordnete Einstein dem (abzulehnenden) begrifflich-abstrakten Denken zu, während Ruckhaber selbst eine sensualistische Position vertrat. Er hatte als Kaufmann mehrere Jahre in Afrika verbracht und sich für die Naturauffassung der Ureinwohner interessiert. Er berief sich des Öfteren auf diese Eindrücke, um seine Appelle an den »gesunden Menschenverstand« zu legitimieren, den er in den Ureinwohnern, die er als ursprüngliche, unverdorbene »Naturmenschen«[133] begriff, verkörpert sah.

Ab 1920 finden sich in fast jedem Heft der *Neuen Weltanschauung* eine oder mehrere kritische Stellungnahmen zur Relativitätstheorie, sei es in Form von Artikeln von Gartelmann und Ruckhaber im Hauptteil, von Besprechungen von Vorträgen, etwa gehalten von Fricke, oder von Berichten, zum Beispiel über die Diskussion in Bad Nauheim, in der Rubrik »Umschau«.[134] Darüber hinaus bot die *Neue Weltanschauung* ein Forum für drucktheoretische Welträtsellöser-Theorien. So publizierten dort zum Beispiel Fricke, Beckenhaupt und Vogt[135] und über die Arbeiten von Ziegler und Fricke wurde auch berichtet.[136]

Dass eine kritische Haltung zur Relativitätstheorie nicht zwangsläufig mit einer monistischen oder anti-monistischen Weltanschauung einherging, zeigt sich auch daran, dass mindestens zwei Einsteingegner, Johannes Riem und Arvid Reuterdahl, Mitglieder im anti-monistischen christlichen Kepler-

---

132 In: *Neue Weltanschauung*, Bd. 6, Nr. 4 (1913), S. 125–128; ebd., Bd. 9, Nr. 5 (1920), S. 141–145; ebd., Nr. 10 (1920), S. 303–304.

133 Ruckhaber 1920a. S. 2.

134 Vgl. G[artelmann, Henri], »Zur Relativitätstheorie«, in: *Neue Weltanschauung*, Bd. 9, Nr. 11 (1920), S. 341–342; vgl. Anon, »Die Relativitätstheorie auf der Naturforscher-Versammlung in Nauheim«, in: *Neue Weltanschauung*, Bd. 9, Nr. 11 (1920), S. 342–344.

135 Vgl. z. B. Fricke, Hermann, »Eine neue Erklärung der Schwerkraft«, in: *Neue Weltanschauung*, Bd. 9, Nr. 1 (1920), S. 9–18; Beckenhaupt, Carl, »Über die objektiven Grundlagen der Physik«, in: ebd., Bd. 5, Nr. 7 (1912), S. 250–261; Vogt, Johann Gustav, »Der neueste Stern«, in: ebd., Bd. 5, Nr. 6 (1912), S. 209–212.

136 Vgl. Ruckhaber, Erich, »Schwerkraft und Temperatur [Bemerkung zu Fricke 1920b]«, in: *Neue Weltanschauung*, Bd. 9, Nr. 4 (1920), S. 118–119; ders., [Rezension von Fricke 1920a], in: ebd., Bd. 10, Nr. 5 (1921), S. 159–160; Ruckhaber 1921b.

bund waren, Riem als Berliner Ortsvorsitzender sogar äußerst aktiv und in prominenter Funktion.[137] Die Berichterstattung über die Relativitätstheorie in *Unsere Welt*, der Zeitschrift des Keplerbunds, war im Gegensatz zur *Neuen Weltanschauung* weniger extensiv. In Bernhard Bavink, einem Oberlehrer, der bei Woldemar Voigt in theoretischer Physik ausgebildet worden war, hatte *Unsere Welt* einen Schriftleiter, der sowohl der Relativitätstheorie wie auch der Quantentheorie positiv gegenüberstand und der beide Theorien selbst popularisierte.[138] In *Unsere Welt* wurde die Relativitätstheorie zwar auch diskutiert,[139] es fanden sich jedoch keine Polemiken und dezidierte Gegenpositionen wie in der *Neuen Weltanschauung*. Auch Johannes Riem, der zahlreiche Artikel in *Unsere Welt* publizierte, veröffentlichte dort keinen gegen die Relativitätstheorie. Das könnte auf Bavinks Einfluss als Herausgeber zurückzuführen sein, wahrscheinlich hing es aber damit zusammen, dass der tiefgläubige Riem in seiner Eigenschaft als Mitglied des Keplerbunds vor allem an der Versöhnung von Religion und Wissenschaft interessiert war und deshalb mit seinen Veröffentlichungen in *Unsere Welt* ein anderes Ziel verfolgte als mit seiner Kritik der Relativitätstheorie. In mehreren populärwissenschaftlichen Artikeln argumentierte Riem, dass die Beschaffenheit der Welt, insbesondere die Stellung der Erde und des Sonnensystems im Kosmos, die Existenz Gottes voraussetze.[140] Dagegen kritisierte er die Relativitätstheorie im Gegensatz zu den Welträtsellösern nicht anhand einer eigenen außerakademischen Theorie, sondern konzentrierte sich dabei zum einen – für ihn als Astronomen nahe liegend – auf die experimentellen Bestätigungen der Relativitätstheorie (die er als nicht

137 Hier ist monistische Weltanschauung im Sinne des Monistenbunds gemeint. Im weiteren Sinne könnte man gerade auch jemand wie Riem, der von der dualistischen Auffassung des Verhältnisses von Religion und Wissenschaft, die der offiziellen Linie des Keplerbunds entsprach, wenig hielt und eine Verschmelzung von Religion und Wissenschaft herbeiführen wollte, als Anhänger monistischer Weltanschauung bezeichnen.

138 Vgl. z. B. Bavink, Bernhard, »Philosophische Folgerungen der Einsteinschen Relativitätstheorie«, in: *Unsere Welt*, Bd. 12, Nr. 4 (1920), S. 131–138; ders., »Die Quantentheorie«, Teil 1 in: ebd., Bd. 17, Nr. 10 (1925), S. 253–261, Teil 2 in: ebd., Nr. 11 (1925), S. 286–289.

139 Vgl. z. B. Sellien, Ewald, »Kant und Einstein«, in: *Unsere Welt*, Bd. 16, Nr. 5 (1924), S. 107–112; ders., »Die Stellung des Aethers im Weltbild der Physik«, in: ebd., Nr. 10 (1924), S. 217–220.

140 Vgl. z. B. Riem, Johannes, »Hat die Welt einen Zweck?«, in: *Unsere Welt*, Bd. 5, Nr. 11 (1913), S. 774–778; ders., »Astronomie und Religion«, in: ebd., Bd. 15, Nr. 1 (1924), S. 1–3. Scharfe Kritik aus Sicht eines Monisten am Keplerbund und insbesondere an Riem übte Baege, Max, *Der Keplerbund und seine Gelehrten*, Frankfurt (Main) 1911, zu Riem insb. S. 20ff.

gegeben ansah) und griff zum anderen Einstein politisch an.[141] Diese nationalistische und antisemitische politische Polemik führte er in der Tagespresse, meist in der *Deutschen Zeitung*, seine inhaltliche Kritik brachte er außer in der Tagespresse auch in populärwissenschaftlichen Zeitschriften wie der *Umschau* und der *Naturwissenschaftlichen Wochenschrift* vor. Letztere, eine angesehene und verbreitete populärwissenschaftliche Zeitschrift, bot einigen Einsteingegnern ein Forum. Mohorovičić, Vogtherr, Riem und Fricke veröffentlichten hier ihre Einwände gegen die Relativitätstheorie oder legten ihre eigenen Theorien dar.[142] Riem und Fricke fungierten sogar als Rezensenten von Literatur zur Relativitätstheorie, so dass sie Gelegenheit erhielten, die Bücher von Schlick, von Laue und anderen über die Relativitätstheorie zu besprechen, statt umgekehrt von den »Relativisten« ablehnend rezensiert oder gar nicht beachtet zu werden. Über Wilhelm Wiens *Die Relativitätstheorie vom Standpunkte der Physik und Erkenntnislehre*[143] urteilte Fricke zum Beispiel:

»Das Buch ist ein erfreuliches Zeichen dafür, daß die Kritik an der Relativitätstheorie auch in den führenden Kreisen der Fachphysiker immer weitere Fortschritte macht. So wendet sich der Verf. u. a. gegen die voreilige Abschaffung des Äthers. [...] Die Bedenken des Verf.s richten sich allerdings zunächst hauptsächlich gegen die allgemeine Relativitätstheorie, während die spezielle Relativitätstheorie noch wohlwollend besprochen wird. Auf einem ähnlichen Standpunkt be-

---

141 So bemerkte er z. B. mit Bezug auf die Frankreich-Reise Einsteins im Frühjahr 1922: »Er [der Berichterstatter des Figaro] rechnet es diesem [Einstein] als besonderes Verdienst an, sich damals bei Kriegsanfang von dem Aufruf der 93 deutschen Gelehrten ausgeschlossen zu haben, wohl aber mit Nicolai einen Aufruf des entgegengesetzten Inhaltes unterschrieben zu haben. Das passt zu der Mitteilung in dem Motzkowskibuche, dass für Einstein die Weltgeschichte ihren Sinn verloren haben würde, wenn Wilhelm II. als Sieger durch das Brandenburger Tor geritten wäre. Auch eine Zierde der Kgl. Preußischen Akademie der Wissenschaften!« Riem, Johannes, »Um die Relativitätstheorie«, in: *Deutsche Zeitung*, 7. Januar 1922, GN 4, XVI, 9r.

142 Vgl. z. B. Mohorovičić 1921; Riem, Johannes, »Keine Bestätigung der Relativitätstheorie«, in: *Naturwissenschaftliche Wochenschrift*, N.F., Bd. 20, Nr. 28 (1921), S. 420; ders., »Neues zur Relativitätstheorie«, in: ebd., N.F., Bd. 21, Nr. 1 (1922), S. 13–14; ders., »Rotverschiebung und Michelsonscher Versuch«, in: ebd., Nr. 52 (1922), S. 717; Fricke, Hermann, »Wind und Wetter als Feldwirkung der Schwerkraft«, in: ebd., Nr. 7 (1921), S. 97–102; ders., »Zur Klärung des Ätherproblems«, in: ebd., N.F., Bd. 21, Nr. 13 (1922), S. 169–173; Vogtherr, Karl, »Über Fragen der Aberration und Lichtausbreitung«, in: ebd., Nr. 2 (1922), S. 20–25.

143 Wien, Wilhelm, *Die Relativitätstheorie vom Standpunkte der Physik und Erkenntnislehre. Vortrag gehalten im Verwaltungsgebäude der Firma Siemens & Halske in Siemensstadt bei Berlin am 18. März 1921*, Leipzig 1921.

fand sich auch ursprünglich Lenard; er hat ihn jedoch neuerdings zugunsten einer völligen Zurückweisung der Relativitätstheorie aufgegeben. In der Tat scheint mir der Grundgedanke Einsteins mit der Äthervorstellung nicht vereinbar. Vielleicht nimmt der Verf. in einer späteren Auflage seines Buches zu dieser Kernfrage noch etwas stärker Stellung.«[144]

Wesentlich negativer fiel Frickes Rezension zu Max von Laues *Die Relativitätstheorie*[145] aus, die von seiner grundsätzlich anderen Auffassung von Physik bestimmt wurde:

»Sehr gering denkt v. Laue über die älteren mechanischen Deutungen der Schwere. ›Seit freilich die Relativitätstheorie uns gelehrt hat, daß der leere Raum von allem Substantiellen, auch vom ›Äther‹ völlig frei ist, müssen alle diese mechanischen Theorien als überholt gelten.‹ Wie ein Physiker so etwas schreiben kann, ist mir nicht recht faßbar. […] In der Darstellung v. Laues […] vermag ich nichts Physikalisches erkennen.«[146]

4.2 Argumentative Strategien gegen die Marginalisierung

Sowohl akademische wie außerakademische Einsteingegner reagierten auf die Ablehnung durch die akademischen Physiker wenig einsichtig und eröffneten eine Gegenoffensive, die sich von der inhaltlichen Kritik unterschied und wesentlich strategischer Natur war, um ihrerseits die Bedeutung der Relativitätstheorie zu relativieren. Die Relativitätstheorie wurde mehrfach für tot erklärt oder ihr wurde eine untergeordnete Rolle in der Physik zugeschrieben (vgl. S. 268ff.). Zeitgleich mit Beschwerden über die als Unterdrückung empfundene Zurückweisung oder Nichtbeachtung durch die akademischen Physiker wurde daher immer wieder der Sieg der Antirelativisten verkündet. Dieser zunächst verblüffende Sachverhalt lässt sich als Strategie begreifen, etwas in die Realität zu setzen, indem es vehement und kontinuierlich zur Tatsache erklärt wird. Die Behauptung, die Relativitätstheorie sei widerlegt oder unbedeutend, sollte also als »self-fulfilling prophecy« wirken und hob nicht zuletzt die Moral der Einsteingegner.

144 Fricke, Hermann, [Rezension von Wien 1921], in: *Naturwissenschaftliche Wochenschrift*, N.F., Bd. 21, Nr. 12 (1922), S. 168.

145 Laue, Max von, *Die Relativitätstheorie,* Braunschweig 1921.

146 Fricke, Hermann, [Sammelrezension von Laue 1921c u. a.], in: *Naturwissenschaftliche Wochenschrift*, N.F., Bd. 20, Nr. 25 (1921), S. 373–376, zu Laue S. 374f.

Die am extensivsten genutzte Strategie gegen die Marginalisierung waren jedoch konspirative Argumentationen, auf die ich ebenso wie auf die antisemitischen Deutungsmuster, die gegen die Relativitätstheorie zum Tragen kamen, gesondert eingehe (vgl. S. 271ff.).

4.2.1 Negation und Marginalisierung der Relativitätstheorie

Der Basler Physikprofessor Ludwig Zehnder (1854–1949) erwähnte in seinen physikalischen Abhandlungen in den 1920er und 1930er Jahren die Relativitätstheorie nicht oder nur am Rande und entwickelte unbeeindruckt seine Uratomistik weiter. Eine solche Strategie der konsequenten Ignoranz oder gar irgendeine Form des Arrangements mit der Relativitätstheorie kam für die meisten Einsteingegner jedoch nicht in Frage.[147] Sie suchten nach Wegen, um die Relativitätstheorie für tot erklären zu können, um das Problem elegant zu lösen und sich endlich wieder der wirklich wichtigen Arbeit widmen zu können.

Reuterdahl lancierte mehrfach Meldungen in der Lokalpresse Minnesotas, wonach die Haltlosigkeit der Relativitätstheorie endgültig festgestellt worden sei. Die *Minneapolis Sunday Tribune* titelte im November 1921, also in der Hochphase der allgemeinen Einsteinbegeisterung: »Einstein Foes Prove Theory False, Claim. Twin Cities Mathematical Association Hears Talk On Relativity. Former Exponents Are Now Sorry, Says St. Thomas Engineering Dean.«[148] Und Reuterdahl wird in dem Artikel mit Beteuerungen zitiert wie »It is *literally* true that Europe is *seething* in revolt against the *yoke* of Einsteinism« und »Undoubtedly the great majority of American scientists are today solidly opposed to the theories of Einstein.« Ebenfalls

---

147 Vgl. z. B. Zehnder, Ludwig, *Der Aether im Lichte der klassischen Zeit und der Neuzeit*, Tübingen 1933. Ignoriert wurde die Relativitätstheorie vor allem von Anhängern derjenigen Weltanschauungen mit Wissenschaftlichkeitsanspruch, die sehr weit von der akademischen Wissenschaft entfernt waren oder deren spezifische Interessen wenige Schnittmengen mit der modernen Physik aufwiesen. Die Anhänger der Welteislehre ignorierten die Relativitätstheorie fast ganz, lieferten sich aber heftige Kontroversen mit Astronomen über ihr kosmogonisches Modell. In okkultistischen Kreisen spielte die Relativitätstheorie eine weit weniger wichtige Rolle als die Radioaktivität.

148 *The Minneapolis Sunday Tribune*, 20. November 1921. Reuterdahl erklärte auch zehn Jahre später noch unermüdlich in der Presse, dass sich nun endlich die Meinung gewendet hätte, zum Beispiel wurde anlässlich der Veröffentlichung des Werkes *100 Autoren gegen Einstein* im *The Kansas City Star* vom 24. März 1931 getitelt: »Scientific Opinion Turning Against Einsteinism, Says Noted Scientist [Reuterdahl].«

während der Zeit der größten Einsteineuphorie Anfang der 1920er Jahre schrieb Johannes Riem in der *Deutschen Zeitung*:

»Seitdem vor einem Jahre die Vorträge in der Philharmonie den Kampf gegen die Relativitätstheorie in die breiteste Öffentlichkeit trugen, ist es nicht mehr still geworden, immer neues Material ist von den Gegnern, Philosophen wie Naturforschern, beigetragen worden, dessen Beweiskraft sich niemand verschließen kann, und viele, die seinerzeit zu den lautesten Rufern dafür gehörten, wären froh, wenn sie das damals Geschriebene ungeschehen machen könnten.«[149]

Diese öffentlich geäußerte Einschätzung stand zum Teil im scharfen Kontrast zur Einschätzung der eigenen Position in der Korrespondenz der Einsteingegner untereinander (vgl. zum Beispiel S. 292f. und S. 295), zum Teil bestätigten sich die Einsteingegner aber auch gegenseitig, dass man auf der nun siegreichen Seite stünde.[150] Vogtherr versicherte Gehrcke in einem Brief im Jahr 1922: »Daß Glanz und Herrlichkeit des Einsteinismus nun dem Ende entgegengeht, darüber kann wohl kein Zweifel sein.«[151] Als Ruckhaber 1928 sein Pamphlet gegen die Relativitätstheorie schrieb, begründete er das als notwendige Aufklärungsarbeit, den »ehemaligen« Relativitätstheorie-Anhängern ihren Irrtum vollständig zu Bewusstsein zu bringen: »Die Relativitätsfanatiker sind durch die große Gegnerschaft der logisch Denkenden von ihrem Wahn, der große Messias der Philosophie sei gekommen, geheilt worden. In den Gedanken, daß es ein bloßer Traum war, können sie sich nur schwer hineinfinden«.[152] Dass nicht nur die Relativitätstheorie durch seine Urlichtlehre den Todesstoß erhalten habe, war die feste Überzeugung Zieglers. Dessen Immunität gegen jede Form von Zweifel an seiner Person oder an der Überzeugungskraft seiner Urlichtlehre kam unter anderem darin zum Ausdruck, dass er die Selbsttötungen der bekannten Physiker Drude und Boltzmann im Jahr 1906 in einen direkten Kausalzusammenhang mit der Lektüre seiner Schrift *Die wahre Einheit von Wissenschaft und Religion* stellte. Drude und Boltzmann sei durch Zieglers Schrift klar geworden, dass sie eine vollkommen falsche Wissenschaft betrieben hätten und darin läge der eindeutige Grund für ihre

149 Riem, Johannes, »Um Einsteins Relativitätstheorie«, in: *Deutsche Zeitung*, 18. November 1921, GN 4, XII, 70r.

150 Vgl. z. B. See an Reuterdahl: »Einstein's sun has set – he is abandoned in Germany, Switzerland, Holland, and England, as well as France, Spain and Italy, so I hear.« 11. Oktober 1921, RP 4-49.

151 Vogtherr an Gehrcke, 25. September 1922, GN 83-A-10.

152 Ruckhaber 1928, S. 10.

Selbsttötungen: »[E]s war Lebensüberdruß und Verzweiflung darüber, dass sie ihre beste Lebenskraft an eine verfehlte Sache verschwendet hatten.«[153]

Wie zeitunabhängig die Argumentationsstrategie »Die Relativitätstheorie ist tot« war, wird nicht zuletzt darin deutlich, dass Gehrcke noch 1951 in einem Brief an Sten Lothigius betonte,[154] dass er »in der Relativitätsbewegung vor allem Ermüdungserscheinungen beim Publikum« erwarte: »man muss nur die Ausdauer haben und warten können«. Angesichts der Tatsache, dass Gehrcke zu diesem Zeitpunkt bereits seit 40 Jahren auf das Erwachen des Publikums aus der »Massensuggestion« der Relativitätstheorie wartete, stellt sich allerdings nachdrücklich die Frage, in welchen Zeiträumen er in Bezug auf die Haltbarkeit eines Interesses beim »unselbständig[en], denkschwach[en], sensationshungrig[en] und vergesslich[en]« Publikum dachte.

Oskar Kraus war der Einzige im Netzwerk der Einsteingegner, den die Akzeptanz der Relativitätstheorie in der Physik nachdenklich machte: »Andererseits musste ich mir sagen, daß die spezielle und allgemeine R[elativitäts]T[heorie] eine physikalisch-mathematische Bedeutung besitzen müsse, nachdem der größte Teil der Physiker oder wenigstens der einflußreichste sich mit ihr beschäftigt«.[155] Von dieser Erkenntnis versuchte ihn Gehrcke allerdings postwendend abzubringen: »Dass ein grosser Teil der Physiker sich mit der R[elativitäts]T[heorie] befasst, beweist mir nichts, wie ich überhaupt nicht viel vom consensus gentium halte.«[156]

Eine weitere Abwehrstrategie bestand in der Marginalisierung der Relativitätstheorie. Das Argument lautete hier: »Die Relativitätstheorie ist nicht wichtig.« Wenn die Relativitätstheorie gar keine umfassende neue Theorie war, sondern nur eine interessante spekulative Überlegung für Spezialisten, dann musste man sich nicht weiter damit aufhalten. Die Schwäche dieses Arguments zeigte sich bereits daran, dass man sich zu ausführlichen Widerlegungen veranlasst sah, anstatt die angeblich so unwichtige Relativitätstheorie auf sich beruhen zu lassen. Das »Nicht so wichtig«-Argument wurde meist als Ergänzung der Kritik, als eine Art relativierende Absicherung vorgebracht: »Aber man darf auch nicht die Wichtigkeit der Sache überschätzen. Es handelt sich dabei [bei der

153 Ziegler 1935, S. 33; vgl auch Ziegler 1914, S. 146.

154 Alle Zitate dieses Absatzes stammen aus: Gehrcke an Lothigius, 15. April 1951, GN 50-B-5.

155 Kraus an Gehrcke, 1. April 1920, GN 82-I-10.

156 Gehrcke an Kraus, 15. April 1920, GN 82-I-11.

Relativitätstheorie] um ganz geringfügige Korrekturen bisheriger Messungen und nicht um einen Umschwung unserer Weltanschauung«,[157] erklärte Ruckhaber in der »Neuen Weltanschauung«. In die gleiche Richtung ging die Äußerung Rudolf Weinmanns: »Von einem neuem Welt- oder auch nur Naturbild, von einer ›Kopernikanischen Tat‹ oder gar von einer Tat von philosophischer (erkenntnistheoretischer) Bedeutung kann nicht die Rede sein. Kepler, Kopernikus bleiben unangetastet.«[158]

Zuweilen wurde, dem Ethos des Wissenschaftlers entsprechend, vor dem Verriss der Relativitätstheorie noch eine Verbeugung vor dem Kollegen gemacht und die Fundamentalkritik mit einer diffusen Feststellung eingeleitet wie: »So außergewöhnlich interessant und beachtenswert die Einsteinschen Beobachtungen und Berechnungen an sich nun zweifellos sind«.[159] Anschließend folgte dann das große »Aber«, ohne weiter darauf einzugehen, was die »Einsteinschen Beobachtungen und Berechnungen« nun eigentlich aussagen. Während die Strategie, die Relativitätstheorie für tot oder für unwichtig zu erklären, angesichts der breiten Akzeptanz der Relativitätstheorie ein Abwehrverfahren mit wenig Schlagkraft war, versprachen die politischen Argumentationen mehr Erfolg.

4.2.2 Politische Argumentationen gegen die Relativitätstheorie

Wenn die Relativitätstheorie entweder unbedeutend oder längst widerlegt war, wie die Einsteingegner behaupteten, musste eine Erklärung dafür gefunden werden, warum sie sich dennoch in der Öffentlichkeit wie in der Wissenschaft halten konnte. Die Erklärungen für dieses Phänomen enthielten fast immer – mehr oder weniger ausgeprägte – konspirative Deutungsmuster. Besonders offensichtlich wird dies bei den verschwörungstheoretischen sowie den antisemitischen Deutungen der Akzeptanz der Relativitätstheorie, auf deren Bedeutung im Kampf der Einsteingegener weiter unten in diesem Abschnitt eingegangen wird.[160] Elemente einer konspi-

157 Ruckhaber, Erich, »Noch einmal die Einsteintheorie«, in: *Neue Weltanschauung*, Bd. 9, Nr. 12 (1920), S. 356–360.

158 Weinmann 1926, S. 15.

159 Christiansen 1920, S. 1.

160 Andere politische Argumentationen, insbesondere aus einer nationalistischen Motivation heraus, kamen zwar auch vor (etwa bei Riem und Mewes), waren aber nicht von derselben strategischen Relevanz wie die Verschwörungstheorien und werden daher nicht gesondert betrachtet.

rativen Interpretation finden sich jedoch auch bei dem zunächst vorgestellten Reklame-Argument, wonach die Popularität der Relativitätstheorie auf eine Massensuggestion zurückzuführen war.

»Die Relativitätstheorie – eine Massensuggestion«: Das Reklame-Argument

Die »Masse« ist ein Phänomen der neueren Moderne. Sie tauchte im 19. Jahrhundert aus den wirtschaftlichen und sozialen Umbrüchen, die mit der Industrialisierung einhergingen, auf und wurde insbesondere von den Intellektuellen kritisch betrachtet. Bei Nietzsche bekam die Masse – die Mittelmäßigen, der Pöbel – eine kulturbedrohende Dimension,[161] Simmel untersuchte als Soziologe den »Massencharakter des Lebens«[162] und auch in der Weimarer Republik war die Beschäftigung mit der »Masse« äußerst populär, man denke an Siegfried Kracauers Artikelserie über die neu entstandene soziale Schicht der Angestellten[163] oder Ernst Tollers unter dem Eindruck der Revolution von 1918/1919 geschriebenes Drama »Masse Mensch«.[164] Neben Kulturphilosophen und Soziologen waren es vor allem Psychologen, die sich um die Jahrhundertwende für die Masse oder genauer: die »Massenseele«[165] zu interessieren begannen. In den 1920er Jahren war nicht nur die Massenkultur selbst – Presse, Freizeitgestaltung, Film – populär, sondern ebenso die Massenpsychologie als ein Ansatz, wissenschaftlich mit dem neuen sozialen Phänomen der Masse umzugehen. Die Massensuggestion ist ein Begriff aus der Massenpsychologie, die insbesondere mit den Arbeiten von Gustave LeBon 1895 ihren Anfang nahm und durch Freud und andere weitergeführt wurde.[166] Die Deutung der Relativitätstheorie als Massensuggestion ist in diesem Kontext der Popularität der zeitgenössischen Beschäftigung mit »der

161 Vgl. Reschke, Renate, »›Pöbel-Mischmasch‹ oder vom notwendigen Niedergang aller Kultur. Friedrich Nietzsches Ansätze zu einer Kulturkritik der Masse«, in: Krenzlin, Norbert, *Zwischen Angstmetapher und Terminus: Theorien der Massenkultur seit Nietzsche*, Berlin 1992, S. 14–42.

162 Vgl. Müller, Gisela, »Der Massencharakter des Lebens und das rastlose Ich. Eine Lesart zu Georg Simmels Moderne-Bild«, in: Krenzlin 1992, S. 43–72.

163 Kracauer, Siegfried, *Die Angestellten*, Frankfurt (Main) 1971 [1930, Erstveröffentlichung 1929 in der *Frankfurter Zeitung*].

164 Vgl. Toller, Ernst, *Masse – Mensch*, Potsdam 1921. In der Erstausgabe ist der Titel »Masse Mensch« ohne Bindestrich geschrieben.

165 LeBon, Gustave, *Psychologie des foules*, Paris 1895 (Bibliothèque de philosophie contemporaine Bd. 145), hier: S. 11.

166 Vgl. LeBon 1895; Freud, Sigmund, *Massenpsychologie und Ich-Analyse*, Leipzig [u. a.] 1921.

Masse« – dem Undefinierbaren, Undifferenzierbaren, Beeinflussbaren, zuweilen auch Angsteinflößenden – zu situieren.

Für die Verbreitung der Ansicht, die Relativitätstheorie sei eine Massensuggestion, sorgte Ernst Gehrcke mit seinem am 24. August 1920 in der Berliner Philharmonie gehaltenen Vortrag »Kritik der Einsteinschen Relativitätstheorie«, der unter dem Titel *Die Relativitätstheorie, eine wissenschaftliche Massensuggestion* zeitgleich publiziert wurde. Allerdings wurde die Bezeichnung »Massensuggestion« oder nur »Suggestion« bereits früher im Zusammenhang mit der Relativitätstheorie verwendet,[167] war aber auch darüber hinaus eine gängige Vokabel in der politischen Diskussion.[168] 1924 erschien Gehrckes Werk *Die Massensuggestion der Relativitätstheorie*, in welchem er ausdrücklich auf LeBon und Freud rekurrierte. Deutlich zeigt sich dabei Gehrckes strategische Verwendung von wissenschaftlichen Argumenten. Auf eine kulturphilosophische oder sozialpsychologische Analyse[169] konnte er verzichten, weil ihm das Phänomen selbst bereits als Beweis galt, und die psychologische Terminologie diente lediglich dazu, das Argument zu adeln: Dass die Relativitätstheorie anerkannt wurde, dass sie in der Öffentlichkeit und der Wissenschaft dermaßen präsent war, war für Gehrcke der Beleg dafür, dass es hier nicht mit richtigen Dingen zugehen konnte und es sich um eine durch Reklame ausgelöste Massensuggestion handeln musste.

---

167 Vgl. Drude, Paul, *Lehrbuch der Optik*, Gehrcke, Ernst (Hg.), Leipzig 1912, S. 470. Gehrcke hatte die Ausgabe teilweise ergänzt, so auch den Teil, wo sich die Bezeichnung »Massensuggestion« findet. Vgl. auch Gehrcke, Ernst, »Die gegen die Relativitätstheorie erhobenen Einwände«, in: *Die Naturwissenschaften*, Bd. 1, Nr. 3 (1913), S. 62–66, abgedruckt in: Gehrcke 1924a, S. 20–28, hier: S. 28.

168 So meinte der Monistenbund in Bezug auf die ersten Wahlen zur Nationalversammlung am 19. Januar 1919, dass das Wahlvolk »in außerordentlichem Grade von dem abhängig war, was die am Ort erscheinende Presse schrieb. So wie die Presse, so die Wahl. Die Masse unterlag in hohem Grade der Suggestion der Presse.« »Massensuggestion«, in: *Mitteilungen des deutschen Monistenbundes*, Bd. 4, Nr. 3 (1919), S. 33–34.

169 So konstatierte auch Lämmel 1924: »Eine psychologische Studie ist dies durchaus nicht.« Ebenso Hermann Neubert in *Grundwissenschaft*, Bd. VI, Nr. 3–4. Ausgerechnet in der *Psychiatrisch-neurologischen Wochenschrift* allerdings wurde erklärt, das Buch sei »von dauerdem Wert für die Massenpsychologie«, Bd. 27, Nr. 19 (1925). Gehrcke selbst verstand sein Buch als »dokumentarische Begründung« der These von der Massensuggestion. Vgl. Gehrcke 1924b, Vorwort; ebenso sein enger Mitarbeiter Ernst Lau in einer Besprechung in den *Annalen der Philosophie*, Bd. 4, Nr. 8 (1924). Die Rezension durch Lau war die zweite Rezension von Gehrcke 1924a und Gehrcke 1924b in den *Annalen der Philosophie*, mit der ersten Besprechung durch Paul Volkmann in Bd. 4, Nr. 6 (1924) war Gehrcke nicht einverstanden gewesen.

Das Reklame-Argument war nicht zuletzt deshalb weit verbreitet, weil die tatsächlich zu beobachtende überwältigende Präsenz der Relativitätstheorie in der Presse (vgl. S. 88ff.) es unmittelbar evident erscheinen ließ. Vom Reklame-Argument zu unterscheiden ist jedoch die Medienschelte, die von vielen Zeitgenossen, nicht zuletzt – mit einem Augenzwinkern – von Einstein selbst[170] vorgebracht wurde, die dem »Zeitungsgeschrei« (Einstein) konsterniert bis hilflos gegenüberstanden. Die Einsteingegner hingegen benutzten die Medienschelte dazu, um zu erklären, warum sich ihre Widerlegungen der Relativitätstheorie nicht hatten durchsetzen können. Sie verbanden das Reklame-Argument mit Gehrckes Behauptung, diese öffentliche Präsenz habe etwas in den Köpfen der Menschen ausgelöst, was nur als Massensuggestion zu erklären sei, und nur darum sei die Relativitätstheorie noch immer akzeptiert. Viele Einsteingegner unterstützen Gehrckes Argumentation oder argumentierten, wie Mohorovičić, analog: »Impressed with this religion [Mohorovičić bezieht sich hier auf eine vorher geäußerte Stelle, die Relativitätstheorie sei eine »modern and dangerous religion«] the whole world almost had been hypnotized!«[171] Auch Fricke stimmte Gehrckes These zu: »Die Sache erinnert an die Befehle der Hypnotiseure und tatsächlich hat Einstein eine hohe Suggestivkraft – allerdings mehr auf die Zuschauer als auf die Experimentatoren – ausgeübt. Mit Recht bezeichnet Gehrcke das R[elativitäts]P[rinzip] als eine große Massensuggestion.«[172] Ebenso äußerte sich der Arzt Vogtherr: »[I]ch glaube, daß mit der Uhr im Paradoxon auch das schon lange baufällige Gebäude der Relativitätstheorie in die Luft gesprengt wurde. Aber bis der zähe Bann einer Massensuggestion endgültig gebrochen ist, das mag immerhin noch einige Zeit und Arbeit kosten«.[173]

170 Vgl. z. B. die Äußerung Einsteins gegenüber Max und Hedi Born: »Wie bei dem Mann im Märchen alles zu Gold wurde, was er berührte, so wird bei mir alles zum Zeitungsgeschrei: suum cuique.« Einstein an Max und Hedi Born, 9. September 1920, in: Born/Einstein 1991, S. 59.

171 Mohorovičić 1923b, S. 6. Vgl. auch Kraus: »Die ›Massensuggestion‹ ergreift Physiker [...], ergreift die Philosophen selbst.« Kraus an Gehrcke, 12. Oktober 1913, GN 72-A-3; ebenso Ziegler: »Ruhig und solid denkende Gelehrte [...] hielten das ganze Machwerk [die Relativitätstheorie], wie z. B. Prof. E. Gehrke, einfach für einen Bluff oder eine freche ›Massensuggestion‹.« Ziegler 1931, S. 80.

172 Fricke 1920a, S. 12.

173 Vogtherr an Gehrcke, 25. September 1922, GN 83-A-10.

Die Broschüre kritisiert die »Reklame« für Einstein – hat aber selbst eine Werbe-Banderole

Bei der Verwendung des Reklame-Arguments lassen sich zwei verschiedene Richtungen identifizieren. Für die einen war die Presse für die Massensuggestion verwantwortlich, die anderen sahen Einstein oder die theoretischen Physiker oder die Juden oder alle zusammen – je mächtiger die Verschwörer, desto heroischer der Kampf des Opfers dieser Verschwörung – als Verursacher der Reklame. Letzteres ist bereits eine konspirative Argumentation (vgl. dazu S. 280ff.).

Kurt Geissler äußerte insofern eine gemäßigte Kritik, als er Laue und Einstein zwar vorwarf, nicht gegen die Reklame anzugehen, ihnen aber nicht unterstellte, sie selbst initiiert zu haben. Das Argument der Reklame diente aber auch ihm als Erklärung für den Erfolg der Relativitätstheorie: »Natürlich hat die Zeitungsreklame derartiges [die allgemeine Begeisterung für die Relativitätstheorie] zustande gebracht.«[174] Und Ziegler verwies in

174 Geissler an Gehrcke, 9. Dezember 1920, GN 76-A-7. Zu seinem Buch *Gemeinverständliche Widerlegung des formalen Relativismus* erklärte Geissler, er habe sich »nur an die Sache gehalten, allerdings hat die starke Reklame, welche für Einstein gemacht worden war, auch veranlasst, dass hiergegen Stellung genommen wurde.« Geissler, Friedrich Kurt, *Gemein-*

der Vorbemerkung zu der 1923 im Selbstverlag veröffentlichten Abhandlung *Das Ende der sogenannten Relativitätstheorie* darauf, dass dieser Artikel zur »Bekämpfung der sich in letzter Zeit neuerdings aufdringlich gebärdenden Zeitungsreklame zu Gunsten des Relativitätspropheten Albert Einstein und zum besseren Verständnis seiner [Einsteins] unverständlichen Lehren«[175] gedacht sei. Dass Ziegler seinen Artikel ursprünglich nicht im Selbstverlag, sondern auch in einer Zeitung veröffentlichen wollte, war nach der Logik eines Einsteingegners selbstverständlich nicht als Reklame, sondern als Aufklärungsarbeit zu werten. Ebenfalls mit der Pflicht zur Aufklärung rechtfertigte Lenard gegenüber Gehrcke, der von Veröffentlichungen eines Wissenschaftlers in Tageszeitungen nichts hielt, einen Artikel in der *Deutschen Zeitung*: »Was ›D.Zeitung‹ anlangt verstehe ich vollkommen Ihre Abneigung gegen Zeitung überhaupt. Es war aber meinerseits keineswegs nur an R.th. gedacht, sondern an gediegene wissensch. Aufklärung«.[176] Am 3. Januar 1920, wenige Wochen, nachdem die Presseberichterstattung über Einstein lawinenartig zunahm, fragte Fricke in einem Brief an Gehrcke »Die Einsteinpropaganda blüht inzwischen lustig weiter. […] Läßt sich denn nichts dagegen unternehmen?«[177]

Diese Stellungnahmen machen zweierlei deutlich: Zum einen sahen sich die Einsteingegner herausgefordert, aktiv zu werden. Mit der Deutung des Erfolgs der Relativitätstheorie als Effekt von Reklame glaubten sie sich legitimiert, hiergegen scharf vorzugehen. Zum anderen und damit verbunden war durch die Reklame-Argumentation erklärbar, warum der Einsteingegner sich mit seiner Widerlegung der Relativitätstheorie bislang nicht hat durchsetzen können: Wenn Öffentlichkeit und Wissenschaft unzurechnungsfähig waren oder zumindest eingeschränktes Urteilsvermögen besaßen, war es dann nicht geradezu logisch, dass die »richtige« Wissenschaft der Einsteingegner kein Gehör fand? Die vorwiegend strategische Bedeutung der Schuldzuweisung an die Reklame zeigt sich nicht zuletzt darin, dass Gehrcke keinerlei Bedenken hatte, einerseits die »Reklame« für die

---

verständliche Widerlegung des formalen Relativismus (von Einstein und verwandten) und zusammenhängende Darstellung einer grundwissenschaftlichen Relativität, Leipzig 1921, S. 7. Noch schärfer Johannes Stark: »Einstein ist der Vorwurf nicht zu ersparen, daß er sich dem Hinauszerren seiner Theorie auf den Jahrmarkt nicht entgegengesetzt hat, die Propaganda seiner Freunde und Anhänger gewähren ließ, ja Schriften von Dilettanten zum Ruhme seiner Theorie ermunterte.« Stark 1922, S. 15.

175 Ziegler 1923, Vorbemerkung.

176 Lenard an Gehrcke, 1921, GN 83-F-7. Auf dem Brief ist nur die Jahreszahl vermerkt.

177 Fricke an Gehrcke, 3. Januar 1920, 76-A-9.

Relativitätstheorie scharf anzugreifen und andererseits selbst öffentlichkeitswirksam für Einsteinkritik zu werben. Anlässlich des Vortrags, den Kraus 1920 in Berlin halten sollte (vgl. S. 298ff.), erklärte er diesem, dass »vorher in richtiger Weise die Öffentlichkeit auf Ihren Vortrag aufmerksam gemacht« werden solle und er »die nötige Reklame« veranlassen wolle.[178]

Für die Einsteingegner hatte das Reklame-Argument in erster Linie entlastende Funktion, weil sie damit ihr Scheitern zu erklären vermochten. Unter anderem in Rezensionen von Gehrckes Broschüre *Die Massensuggestion der Relativitätstheorie* griffen nationalistische und antisemitische Kreise dieses Argument jedoch dankbar auf. In dieser Broschüre hatte Gehrcke anscheinend werturteilslos nackte Tatsachen – Artikel aus seiner umfangreichen Zeitungsausschnittsammlung – aneinandergereiht. Die Anordnung der Artikel zu bestimmten Themenclustern und die Abfolge und Auswahl der Artikel spiegelt jedoch Gehrckes eigene Version der öffentlichen Rezeption der Relativitätstheorie wider. Oft finden sich Artikel von Riem oder anderen Einsteingegnern darunter, die der Aneinanderreihung der Berichte einen kritischen Abschluss geben. Die Broschüre wurde vor allem von der nationalistischen Presse hochgelobt. Besonders auffallend ist der heftige Antisemitismus in diesen Besprechungen. Unter den etwa 2.700 erhaltenen Artikeln der Zeitungsausschnittssammlung Gehrckes aus den Jahren von 1921 bis 1923 befinden sich zwar auch besonders zu Einsteins Reisen heftige politische Angriffe, jedoch keine dermaßen geballte antisemitisch motivierte Reaktion auf ein Ereignis oder auf ein anti-relativistisches Buch.[179]

Die *Massensuggestion* war dabei kein antisemitisches Werk, Gehrcke selbst stellte das Phänomen der »Massensuggestion« in den Kontext einer generellen kulturellen Degeneration, die er im Nachkriegsdeutschland zu erkennen glaubte.[180] Im Schlusswort berief er sich allerdings auf Freud,

---

178 Gehrcke an Kraus, [1920], GN 71-G-4.

179 Die Rezensionen zur *Massensuggestion* stammen aus den Jahren ab 1924 und waren nicht in der ursprünglichen Zeitungsausschnittssammlung enthalten, die ja das Material für das Buch darstellte.

180 Vgl. Gehrcke 1924b, Vorwort. Lenard fragte bei Gehrcke im Vorfeld der Veröffentlichung an, ob dieser ihm nicht die Artikel seiner Sammlung, die »Einsteins politisches, juden-verbundenes und dergleichen deutschfeindliches Wirken« beträfen und die Gehrcke Lenards Ansicht nach für die *Massensuggestion* nicht ausreichend verwertet habe, ihm zusenden könne. Lenard wollte diese Artikel »an die mir zugänglichen Stellen zur geeigneten Verwertung vermitteln.« Ob dies erfolgte, ist nicht bekannt. Lenard an Gehrcke, 11. Mai 1924, GN 6-I-2.

dem zufolge »›Gefühlsbindungen‹ das Wesen der Massenseele« ausmachten, und nannte als Beispiel für solche Gefühlsbindungen »die Beziehungen des Zionismus zur Relativitätstheorie«.[181]

Entscheidender für die politische Rezeption der Broschüre als diese psychologisierte völkische Gefühlstümelei war, dass das Reklame-Argument als solches eine strukturelle Nähe aufweist zu einem verbreiteten antisemitischen Deutungsmuster: »Propaganda und Reklame, echt jüdische Mache, statt stilles Arbeiten und Forschen«.[182] Daher ist die begeisterte Aufnahme des Gehrcke'schen Werks in deutschnationalen, völkischen und antisemitischen Kreisen nicht überraschend. Die nationalistische *Deutsche Zeitung* zum Beispiel erklärte in ihrer Rezension: »Ja, Herr Einstein kennt die Seele der Masse in der Tat! Die kennt der Jude ja überhaupt ausgezeichnet, daher reüssiert er in Revolutionen eben bis zur Stunde.«[183] In der *Rundschau für Literatur und Kunst* vom 31. Juli 1924 verstieg man sich in der Rezension zu neuen Wortschöpfungen:

»Sie [die Dokumente Gehrckes] verraten gleichzeitig die Suggestionsdiktatur des dem Aufdrangsjudentum wie dem Empormenschlichungsdeutschtum feindlichen Fortschrittsjudentum [...] Darum müsste jeder nicht nationalistisch, aber national gesinnte Deutsche dieses Buch kennen, das einfach nur die Tatsachen reden lässt.«

Und in der *Mecklenburger Warte* vom 9. August 1924 wurde Gehrckes Werk gelobt als »unbarmherzige[r] Hinweis auf die ekelerregende Reklame, deren sich die jüdischen Krämerseelen bedienten, um dies Lichtlein aus Juda zu einem strahlenden Gestirn emporzulügen.«[184] Dem *Völkischen Kurier* vom 11. September 1924 war Gehrcke Buch zwar nicht völkisch genug, Gehrcke habe aber dennoch »auch der völkischen Sache einen Dienst getan, die mit wahrer Naturwissenschaft in gewissem Sinne gleiches Ziel hat, nämlich Geltendmachung von Wahrheit.«

Es gab aus verschiedenen Richtungen kritische Rezensionen zur *Massensuggestion*. So wurde erklärt, Gehrcke habe nur »unsachliche Momen-

181 Gehrcke 1924b, S. 100.

182 Fischer, Franz, [Rezension von Gehrcke 1924b], in: *Volksruf*, Bd. 11, Nr. 43. Alle im Folgenden zitierten Rezensionen befinden sich im Nachlass Gehrckes, GN VII.

183 »Einsteins Massensuggestion«, [Rezension von Gehrcke 1924b], in: *Deutsche Zeitung*, 10. Juni 1924; ähnlich auch die Rezension in: *Der Tag*, 18. Juli 1924.

184 Ebenso antisemitisch motivierte Rezension in: *Deutscher Wille. Werkgemeinschaftliches Wochenblatt*, 7. August 1924; Roderich, [Rezension von Gehrcke 1924b], in: *Deutsches Haus*, Folge 8–9, September 1924, S. 3. Rezension mit völkischem Schwerpunkt in: *Hammer*, Nr. 532, August 1924.

te aus Zeitungen und Journalen aller Herren Länder«[185] zusammengetragen, und der Mathematiker Otmar Zettl erklärte, dass man in Bezug auf die populäre Rezeption vielleicht von einer Suggestion sprechen könne, aber nicht in Bezug auf die Akzeptanz der Relativitätstheorie durch die »führenden Männern der Wissenschaft«.[186] Ähnlich wurde in der *Berliner Börsenzeitung* unter der Überschrift »Ein zweckloses Buch« erklärt: »[E]s ist vollkommen gleichgültig, ob das Publikum aus einer solchen Theorie einen großen Rummel macht oder nicht.«[187] Wie in diesen Äußerungen deutlich wird, teilten auch Kritiker des Gehrcke'schen Buchs seine Skepsis gegenüber der sensationsheischenden Presse und der großen Begeisterung in der Öffentlichkeit für die Relativitätstheorie, sie gingen aber mit der Wertung der Bedeutung dieser öffentlichen Euphorie für die wissenschaftliche Haltbarkeit der Relativitätstheorie nicht mit ihm konform. Die treffendste Kritik kam von Bernhard Bavink im *Hannoverschen Kurier*, der erklärte, dass man wohl die öffentliche Begeisterung für Einstein aus dieser Broschüre deutlich erkenne, aber:

»Man erkennt leider schon weniger deutlich, dass Einstein selber dieser äußeren Mache ganz fern steht und noch weniger, dass die – von wenigen Ausnahmen abgesehen – allgemeine Anerkennung von Einsteins Leistung in den Kreisen seiner Fachgenossen weder durch jene übertriebene Mache hervorgerufen, noch durch das spätere Abflauen des ›Relativitätsrummels‹ irgendwie in nennenswertem Grade modifiziert worden ist. Zu einem gerechten Urteil über die Theorie selber kann der Laie durch diese Broschüre also nicht geführt werden.«[188]

Genau das war aber die Absicht des Gehrcke'schen Ausflugs in die Massenpsychologie: Er wollte zeigen, dass die Relativitätstheorie eine Suggestion war, die Öffentlichkeit *und* Wissenschaft erfasst hatte (»Wenn die Rel.th. eine spezielle physikalische Theorie wäre, wie etwa die Äthertheorie, so hätte sie niemals ein solches Aufsehen erregen können«)[189] und nun nicht nur in der Öffentlichkeit, sondern auch in der Wissenschaft »im Abflauen« sei. Konsequenterweise war ein Kapitel des Buchs dem »Ab-

185 [Rezension von Gehrcke 1924b], in: *Breslauer Zeitung*, 24. August 1924.

186 Zettl, Otmar, [Rezension von Gehrcke 1924b], in: *Augsburger Postzeitung*, 1924 [ohne genaues Datum].

187 »Ein zweckloses Buch«, in: *Berliner Börsenzeitung*, Unterhaltungsbeilage, 29. November 1924.

188 Bavink, Bernhard, [Rezension von Gehrcke 1924b], in: *Hannoverscher Kurier*, Bd. 77, Nr. 67; vgl. auch Mie 1926.

189 Handschriftliche Anmerkung zu dem als Vortragsskript genutzten Exemplar von *Die Relativitätstheorie, eine wissenschaftliche Massensuggestion*, GN 83-E-17, hier: S. 11.

flauen der Bewegung« und das Schlusskapitel dem »Verschwinden der Relativitätstheorie« gewidmet.

Das Reklame-Argument enthielt oft bereits konspirative Deutungsmuster, da die meisten Verwender dieses Arguments unterstellten, Einstein habe die Reklame und damit auch die Massensuggestion bewusst ausgelöst. Es stellte insofern eine Art Vorstufe gegenüber offen konspirativen Argumentationen dar, die im nächsten Abschnitt genauer untersucht werden. Bereits 1917 beschwerte sich Gehrcke in einem Brief an Lenard, dass die »von Einstein betriebene, emsige Reklame« von anderen nicht durchschaut werden würde.[190] Reuterdahl zog Parallelen zwischen Einstein und Phineas Taylor Barnum, einer Showgröße des 19. Jahrhunderts (»Einstein Branded Barnum of Science. Minnesota Man Calls Relativity ›Bunk‹«[191]) und erklärte in einem Brief an Gehrcke zu den Gerüchten über eine geplante Russland-Reise Einsteins:[192]

»It would seem that Einstein has developed what we jokingly call ›softening the brain‹. Napoleon too must rush madly into Russia – let us hope that the parallelism will complete itself. It would be far better to invade Russia with ›bushels and bushels of wheat‹ instead of with a ›hat-full of Relativity‹. He is *mad* for glory. Next he will invade Borneo, Tasmania, etc., etc.«[193]

T. J. J. See erklärte im *San Francisco Journal*: »[H]e [Einstein] has the habit of a promoter« und fuhr fort: »[T]he magazine and newspaper press for the last eight years has been so filled with systematic propaganda, undoubtedly organized and directed by Einstein and his agents, that the public has become familiar with the name of Einstein and with the phrase ›Theory of Relativity‹.«[194] Es gab jedoch auch einzelne Einsteingegner, die das Reklame-Argument nicht verwendeten und Einstein gegen den Vorwurf, die Reklame initiiert zu haben, in Schutz nahmen.[195]

190 Gehrcke an Lenard, [Entwurf], 3. Dezember 1917, GN 84-E-4.

191 *The Minneapolis Sunday Tribune*, 10. April 1921.

192 Vgl. dazu die zeitgenössischen Presseberichte vom August 1921 im Gehrcke-Nachlass, GN 4, XI, 47r bis 49r.

193 Reuterdahl an Gehrcke, 11. August 1921, GN 3-I-8.

194 See 1923a.

195 Vgl. z. B. Ruckhaber: »Es ist [...] aber nicht zu vergessen, daß man nicht den Autor der Relativitätstheorie selbst dafür [die Reklame] verantwortlich machen kann [...] ihm selbst soll sie, wie mir erzählt wurde, sehr peinlich sein.« Ruckhaber, Erich, »Zur Relativitätstheorie«, in: *Neue Weltanschauung*, Bd. 9, Nr. 9 (1920), S. 274–275, hier: S. 274f.

Konspirative Deutungsmuster

Die Politisierung und die Verschärfung der Debatte um die Relativitätstheorie erklären sich in hohem Maße aus der Relevanz konspirativer Deutungsmuster in dieser Auseinandersetzung. Verschwörungstheorien, gleich ob sie die »Protokolle der Weisen von Zion« oder die Anschläge des 11. September 2001 betreffen, sind politische Argumentationen mit einer spezifischen Logik. Das heißt, dass Anhänger von Verschwörungstheorien nicht psychisch krank sind, und Verschwörungstheorien nicht als Paranoia im klinischen Sinn gedeutet werden können, da sie strategisch für politische Zwecke eingesetzt werden. Richard Hofstadter hat sich mit der politischen Relevanz der Verwendung konspirativer Argumentationen in der Politik beschäftigt und dafür die Bezeichnung »paranoid style« vorgeschlagen. Mit dem Begriff der Paranoia betont er ein wichtiges Element der Verschwörungstheorie: Die Verschwörung ist Erklärung für angebliche Bedrohungen und Ausdruck eines Sich-Verfolgt-Fühlens. Hofstadter definiert den paranoiden Stil im Kontext einer politischen Psychologie als »use of paranoid modes of expression by more or less normal people«, als eine spezifische, apokalyptische politische Rhetorik, die unabhängig von bestimmten Programmen oder Inhalten ist.[196]

Graumann und Moscovici weisen auf die scheinbar paradoxe Situation hin, dass ausgerechnet im Zeitalter der Vernunft, in der aufgeklärten Welt, Verschwörungstheorien einen ungeahnten Aufschwung erhielten, während in der feudalen Gesellschaft zwar tatsächlich ein relativ kleiner Kreis von Regenten die Macht in den Händen hielt, Verschwörungstheorien aber nicht in diesem Ausmaß eine Rolle spielten.[197] Aber genau wegen der Komplexität und Differenziertheit moderner Gesellschaften, in denen Zurechenbarkeit und Verantwortlichkeit kaum mehr eindeutig festzustellen sind,[198] florieren Verschwörungstheorien, ebenso wie Gegenbewegungen zur Säkularisierung und Aufklärung. Verschwörungstheorien reduzieren Komplexität besonders effektiv und sind daher gerade in unsicheren und überkomplexen Situationen attraktiv: Hinter allem und jedem Geschehen

196 Vgl. Hofstadter, Richard, »The Paranoid Style in American Politics«, in: *Harper's Magazine*, November 1964, S. 77–86, abgedruckt in: ders., *The Paranoid Style in American Politics And Other Essays*, Chicago 1979, S. 3–40, hier: S. 4.

197 Vgl. Graumann, Carl F./Moscovici, Serge (Hg.), *Changing Conceptions of Conspiracy*, New York 1987 (Springer Series in Social Psychology).

198 Vgl. u. a. Beck, Ulrich, *Risikogesellschaft: Auf dem Weg in eine andere Moderne*, 14. Aufl., Frankfurt (Main) 1998.

steht ein einziger, unwiderlegbarer Grund und man findet leicht andere, die der gleichen Ansicht sind. Am prägnantesten hat Dieter Groh die Frage, auf die Verschwörungstheorien antworten, formuliert: »Why do bad things happen to good people?«[199] Verschwörungstheorien antworten auf das »Warum«. Sie haben insbesondere in Zeiten politischer Instabilität Konjunktur (»Sündenbock-Reaktion«), etwa während der französischen Revolution oder im Deutschland der 1920er Jahre – man denke etwa an den Erfolg der Dolchstoßlegende oder der »Protokolle der Weisen von Zion«.[200]

Der Siegeszug der modernen Physik führte bei den verschiedenen Gruppen von Einsteingegnern zu einer ähnlich umfassenden Verunsicherung, nicht nur in Hinsicht auf ihre Auffassung von Wissenschaft im engeren Sinne, sondern auch im Hinblick auf die weltanschauliche Bedeutung, die die Wissenschaft für sie hatte. Tatsächlich wurde die marginalisierte Position und die Bedrohungslage, in der die Einsteingegner sich selbst sahen, von den meisten konspirativ gedeutet.

Wenn der Erfolg der Relativitätstheorie einer Verschwörung zu verdanken war, stellte sich die Frage, wer dahintersteckte. Manchmal wurden Einstein und seine Kollegen persönlich, öfter aber die Juden generell und noch häufiger beide als Drahtzieher vermutet. Ziegler war der Meinung, dass die Relativitätstheorie einzig und allein »erfunden« wurde, um nicht zugeben zu müssen, dass ein Chemiker die Welträtsel gelöst hat. Planck und andere hätten Einstein systematisch mit diesem Ziel aufgebaut: »Sie [die Relativitätstheorie] ist nämlich als nichts anderes aufzufassen als ein Abwehrmittel gegen die Aufklärung, mit der Aufgabe der Abbiegung der Urlichtlehre.«[201] Tatsächlich war Ziegler fest davon überzeugt, dass Planck und andere theoretische Physiker einen Großteil ihrer Zeit damit verbrachten, die Urlichtlehre zu unterdrücken und dass Plancks Schriften »sämtlich gegen einen nie genannten Gegner gerichtet sind« – nämlich ihn selbst.[202] Fricke unterstellte eine gezielte »Taktik der Planckphysiker«, die

---

199 Vgl. Groh, Dieter, »Die verschwörungstheoretische Versuchung oder: Why do bad things happen to good people?«, in: ders. (Hg.), *Anthropologische Dimensionen der Geschichte*, Frankfurt (Main) 1992, S. 267–304.

200 Vgl. die Beiträge in Graumann/Moscovici 1987; vgl. Groh 1992.

201 Ziegler 1931, S. 119.

202 Ziegler 1935, S. 36; vgl. auch den Plagiatsvorwurf gegenüber Planck in einem Brief an Gehrcke vom 11. Februar 1931, GN 83-L-4: »Planck sprach ich schon im Jahr 1902 bei der Naturforscher Vers. in Karlsbad & besuchte ihn in den Jahren 1907 und 1908 in seiner Villa im Grunewald. Aber nie hat er meinen Namen erwähnt, obgleich ich ihm bis

Äthertheorie als Anachronismus darzustellen, den man nicht ernst nehmen müsse.[203] Auch er, der jahrelang äußerst sachlich blieb, geriet damit ab Mitte der 1930er Jahre ins Fahrwasser konspirativer Erklärungsversuche. Gegenüber Gehrcke beklagte er sich: »Seit 30 Jahren versuche ich in der Physik den gesunden Menschenverstand zu Worte kommen zu lassen. Stets wurden meine Bestrebungen sabotiert.«[204]

Ein interessanter Fall ist Mohorovičić, der über einen langen Zeitraum hinweg versuchte, eine akademische Karriere einzuschlagen, was ihm aber nicht gelang. Die genauen Gründe für sein Scheitern liegen im Dunkeln, werden aber höchstwahrscheinlich auf seine wenig überzeugenden wissenschaftlichen Leistungen zurückzuführen sein.[205] Er selbst deutete das Nichtzustandekommen seiner Universitätslaufbahn rein konspirativ. Mohorovičić versuchte 1924 fast verzweifelt, Dvoraks Nachfolger für den Lehrstuhl für Experimentalphysik an der Universität Zagreb zu werden (»eine solche Gelegenheit werde ich nie mehr haben«) und wurde von den Professoren Vladimir Njegovan und Johannes Plotnikow unterstützt. Jedoch gelang es ihm nicht, den Lehrstuhl zu erhalten. Mohorovičić schob dies auf den Einfluss der ihm nicht wohlgeneigten Professoren an der Universität Zagreb (»Doch habe ich hier zu viel Feinde«), namentlich auf Stanko Hondl:

»[D]er ›Relativist‹ *Hondl* ist seinen Ideen treu geblieben, und er versuchte dabei die Relativitätstheorie, welche nur eine wissenschaftliche Begründung der kom[m]unistischen Grundidee ist, auch in der Praxis anzuwenden. […] Gegen diese verfluchte komunistische Bagage (welche die *Juden* geheim unterstützen) wird man bei uns jetzt sehr energisch vorgehen«.[206]

1908 meine sämtl. Publikationen zugesandt hatte. Das beweist genügend, daß auch er die Resultate meiner geistigen Arbeit für vogelfrei & fürs Plagiat geeignet betrachtet hat.« Ziegler spricht in diesem Brief vom »Komplott« gegen seine Urlichtlehre. Vgl. Ziegler an Gehrcke, 26. April 1923, GN 6-G-4.

203 Fricke [ca. 1942].

204 Fricke an Gehrcke, 17. April 1936, GN 38-I-3.

205 Vgl. auch S. 249f. Kragh weist darauf hin, dass Mohorovičić als Erster die Existenz des Positroniums postuliert hat, allerdings im Rahmen seiner weitgehend vom Stand der Physik seiner Zeit abweichenden Schriften. Vgl. Kragh, Helge, »From ›Electrum‹ to Positronium«, in: *Journal of Chemical Education*, Bd. 67, Nr. 3 (1990), S. 196–197.

206 Dieses und die beiden vorangegangenen Zitate aus: Mohorovičić an Gehrcke, 20. Dezember 1924, GN 29-F-1.

Gehrcke gegenüber betonte er immer wieder, dass die »Kommunisten« und »Juden« unter den Professoren versuchten, ihn als Kandidaten zu verhindern:

»Es sind recht viele Kandidaten, welche durchwegs bis jetzt nichts wissenschaftliches geleistet haben (aber hier spielt leider die Politik eine mächtige Rolle). Noch dazu ist als Kontraktualprofessor an der philos. Fakultät für die physikal. Chemie ein Jude aus St.-Petersburg (Leningrad!), welcher trachten wird irgendeinen ›Galizianer‹ hineinzuschieben, usw. (*ganz vertraulich*!).«[207]

Und noch 15 Jahre später beklagte er sich gegenüber Hugo Dingler: »Schon als Student, seit 1910, kämpfte ich gegen die Einsteinerei [...] Leider kämpfe ich hier ganz allein, von Niemanden unterstützt! Was für Schwierigkeiten musste ich dabei überwinden!« Er habe nun eine »Privatstation für kosmische Physik« gegründet und bat Dingler, sich dafür einzusetzen, dass diese »Privatstation« mit Instrumenten ausgestattet werde. Dass er in der akademischen Welt keine Stellung bekam, erklärte Mohorovičić gegenüber Dingler mit dem Einfluss der Freimaurer in der akademischen Welt: Nur deshalb, weil er sich weigerte, auch Freimaurer zu werden, sei er nun gezwungen, sich mit dieser Bitte an Dingler zu wenden, »da alles Mögliche unternommen wurde, mir meine wissenschaftliche Betätigung zu verhindern.«[208]

Besonders die Ablehnung der zur Publikation gedachten Manuskripte durch die Fachpresse wurde oft konspirativ gedeutet. Charles Lane Poor, Astronom an der Columbia University, beschwerte sich zum Beispiel:

»[A]t the present moment relativists control all scientific societies, all scientific journals and it is impossible to get the truth before scientists. Further all scientific news in the public press is syndicated by Science Service in Washington, which is under control of the relativists. They are running the scientific world today just as a political boss runs a city, which is under his control.«[209]

207 Ebd. Njegovan wollte Mohorovičić dann an der neuen Technischen Hochschule einen Lehrstuhl für »kosmische Physik« verschaffen. Auch das klappte offensichtlich nicht, was Mohorovičić schon voraussah, da seiner Ansicht nach wieder die »Varicak-Hondl-Partei dagegen arbeitet.« Mohorovičić an Gehrcke, 28. Januar 1925, GN 29-F-4.

208 Mohorovičić an Dingler, 31. Oktober 1939, [Abschrift], GN 22-C-7. Dingler sandte diese Abschrift an Gehrcke mit der Bitte um Hilfe für Mohorovicic: »Auch er [Mohorovičić] ist ein Opfer der internationalen Einsteinclique und verdient es gewiss.« Dingler an Gehrcke, 21. November 1939, GN 22-C-7.

209 Poor an Redman, 14. Oktober 1926, [Abschrift], RP 5-7.

Oft wird aber auch nicht klar, wer hinter der – vom jeweiligen Verfasser unterstellten – organisierten Unterdrückung stecken sollte. So erging sich Reuterdahl mehrfach in Andeutungen:

»I am in possession of letters from eminent European Scientists [der europäischen Einsteingegner] describing the deplorable methods employed to hinder and, if possible, completely prevent an unbiased and free discussion of the problem of relativity. In addition to this evidence my own experience is proof conclusive that the known evil effects are not due to accidental causes, but arise from a well defined and strongly organized plan.«[210]

Nur wenige Einsteingegner wie Fricke sahen die theoretische Physik als solche als »Drahtzieher« hinter der Akzeptanz der Relativitätstheorie. Für viele lag es auf der Hand, dass es sich primär um eine »jüdische Verschwörung« zugunsten des Juden Einstein handeln müsse.

Nicht alle Einsteingegner dachten antisemitisch; es gab Einsteingegner, die – oft selbst jüdischer Herkunft – ausdrücklich keine Antisemiten waren (zum Beispiel Gilbert, Driesch, Kraus, Palagyi, Israel). Jedoch gab es eine große Anzahl derer, die die weit verbreiteten antisemitischen Ressentiments teilten,[211] die in der Kritik der Relativitätstheorie aber keine oder nur eine untergeordnete Rolle spielten (zum Beispiel Gehrcke, Ruckhaber, Mohorovičić, von Gleich) und es gab schließlich überzeugte Antisemiten, von denen einige ihre Relativitätstheorie-Kritik unpolitisch führten (anfänglich Lenard) und andere, für die eine antisemitische Verschwörungstheorie eine wichtige, manchmal sogar die entscheidende Rolle in der Argumentation gegen die Relativitätstheorie spielte (zum Beispiel Mewes, Ziegler und der späte Lenard).

Dennoch kritisierten die in dieser Arbeit behandelten Einsteingegner die Relativitätstheorie nicht, wie zum Beispiel Theodor Fritsch oder Arthur Trebitsch,[212] *weil* sie Antisemiten waren; vielmehr waren antisemitische wie

210 Reuterdahl, Arvid, »The Academy of Nations – Its Aims and Hopes«, in: *The Dearborn Independent*, 7. Januar 1922, S. 14.

211 Zum Antisemitismus in Kaiserzeit und Weimarer Republik vgl. Poliakov, León, *Geschichte des Antisemitismus*, Bd. 6: *Emanzipation und Rassenwahn*, Worms 1987; Hammerstein, Notker, *Antisemitismus und deutsche Universitäten 1871–1933*, Frankfurt (Main)/New York 1995; Beyerchen 1980, S. 82–101. In der Korrespondenz wird sehr deutlich, wer antisemitisch eingestellt war und wer nicht. Vgl. z. B. die Äußerungen von Mohorovičić auf S. 283f. Vgl. auch von Gleich an Gehrcke darüber, dass »der *Misbrauch* der Mathematik bei den Hebräern so beliebt« sei, 10. Februar 1926, GN 71-B-4.

212 Vgl. Fritsch 1921; Trebitsch, Artur, *Deutscher Geist – oder Judentum! Ein Weg der Befreiung*, Berlin [u. a.] 1921, zur Relativitätstheorie: S. 252–257.

konspirative Deutungsmuster insgesamt aus der Sicht der Einsteingegner eine geeignete, weil plausible Erklärung für die Nichtanerkennung der eigenen Theorie (bzw. der klassisch-physikalischen oder der philosophischen Einwände) und die Anerkennung der Relativitätstheorie.

Für mehrere Einsteingegner stand fest, dass die Presse unter »jüdischer Kontrolle« stehe und darum die Relativitätstheorie des Juden Einstein hochspiele. Dass einige der führenden Zeitungen und wichtige naturwissenschaftliche Zeitschriften wie *Die Naturwissenschaften* unter ihrem Schriftleiter Arnold Berliner von Verlegern und Journalisten jüdischer Herkunft geführt wurden, diente als pauschale Erklärung für die Ablehnung der Einsteingegner in diesen Medien. Im Mai 1923 erklärte Reuterdahl gegenüber Mohorovičić: »Our trouble in America is that all scientific journals are closed to the Anti-Relativists through Jewish influence. The daily press is almost entirely under the control of the Jews.«[213] Ruckhaber, der Reuterdahls theistischen Ansatz sehr schätze, wollte dessen Ideen aus *The God of Science* in Deutschland verbreiten – bloß wo? »There is however the great difficulty that the newspapers are either – and mostly – in the hands of Jews and consequently Einsteinians (and I am of course on the black list) or antisemitic or little interested in philosophy.«[214] Obgleich er die »jüdische Presse« für Einstein-freundlich hielt, kam für Ruckhaber interessanterweise also auch eine Veröffentlichung in einer antisemitischen Zeitschrift nicht in Frage, aber nicht etwa, weil er den Antisemitismus ablehnte, sondern weil er einer derjenigen war, die bewusst und konsequent zwischen Widerlegung der Relativitätstheorie und politischer Einstellung trennten.

Bereits im Dezember 1920 nahm Ruckhaber in der *Neuen Weltanschauung* Stellung zu Vorwürfen, die Zeitschrift sei wegen der Publikation seiner kritischen Artikeln zur Relativitätstheorie antisemitisch. Tatsächlich enthielten die Artikel in der *Neuen Weltanschauung* keine politischen Angriffe auf Einstein oder die Relativitätstheorie. Ruckhaber verteidigte sich nun folgendermaßen: »Dem starken Antisemitismus unserer Gegenwart steht tatsächlich auf der anderen Seite eine geradezu mimosische Scheu vor dem

213 Reuterdahl an Mohorovičić, 24. Mai 1923, RP 4-35. Und auch Jahre später äußerte er gegenüber William Fischer: »The force behind Einstein has excellent control over the press and scientific journals. They control our mathematical and scientific departments (indirectly) in our universities and colleges«. Reuterdahl an Fischer, 11. Oktober 1931, RP 4-14.

214 Ruckhaber an Reuterdahl, 11. April 1931, RP 4-17.

bloßen Verdachte des Antisemitismus gegenüber. ›Entweder Einsteinianer oder Antisemit‹ scheint heute die Parole zu sein.« Damit suggerierte Ruckhaber, die »Einsteinianer« hätten den Antisemitismusvorwurf benutzt, um die Gegner der Relativitätstheorie zu disqualifizieren. Diese Position verallgemeinert die Fälle, in denen tatsächlich ungerechtfertigt antisemitische Beweggründe unterstellt worden waren, ohne den Kontext, der zu solchen Beurteilungen führte, in Betracht zu ziehen. Ruckhaber befand sich in einer ähnlichen Situation wie Gehrcke, der von Einstein 1920 scharf angegriffen worden war und dem zusammen mit Weyland antisemitische Beweggründe für seine Kritik der Relativitätstheorie unterstellt worden waren.[215] Auch Gehrcke und der ebenfalls von Einstein kritisierte Lenard konnten empört darauf hinweisen, keine antisemitisch oder persönlich motivierten Angriffe auf die Relativitätstheorie unternommen zu haben.[216] Mehrfach wurde darauf hingewiesen, dass Einstein in seinem Artikel »Meine Antwort« als Erster den Antisemitismus in Bezug auf die Relativitätstheorie-Kritik öffentlich thematisierte. Doch kann man aus dieser Tatsache Einstein tatsächlich eine »gewisse Mitschuld«[217] an der Politisierung der Debatte um die Relativitätstheorie zuschreiben?

Einstein reagierte mit seiner Stellungnahme auf vorhandene antisemitische Stimmungen und löste nicht den Antisemitismus aus.[218] Antisemitische Denk- und daraus folgende Handlungsweisen (von der von antisemitischen Ressentiments geleiteten Berufungspolitik bis hin zu tätlichen Übergriffen) waren in der Kaiserzeit und der Weimarer Republik weit verbreitet. Einstein war bereits in den frühen 1920er Jahren heftigen anti-

---

215 Vgl. Einstein, Albert, »Meine Antwort. Ueber die anti-relativistische G.m.b.H.«, in: *Berliner Tageblatt*, 27. August 1920, Morgenausgabe, abgedruckt in: CP Bd. 7, Doc. 45.

216 Vgl. z. B. die Äußerung von Lenard: »Ich selbst bezweifle leider, ob mein Zugegensein bei der Versammlung [der DPG in Bad Nauheim am 21. September 1920] tunlich sein wird. Die Ursache sind die eigentümlichen Angriffe persönlicher Art, welche die Herren Laue und Einstein vor aller Oeffentlichkeit gegen mich gerichtet haben (Tägl. Rundschau vom 11. Aug. Abendausgabe, Berliner Tageblatt vom 27. Aug. Nr. 402), der ich keine andere öffentliche Aeusserung betreffend das von diesen Herren vertretene Relativitätsprinzip getan habe, als die rein sachliche und ausführlich begründete in meiner Druckschrift ›Ueber Relativitätsprinzip, Äther, Gravitation‹.« Lenard an Gehrcke [und elf weitere Physiker], »Einladung [zu einer Beratung über eine angestrebte Erneuerung der DPG]«, 14. September 1920, GN 3-F-1.

217 Vgl. Könneker 2001, S. 138f.: »Einstein kam also eine gewisse Mitschuld daran zu, daß sich die Kontroverse um die Relativitätstheorie im Sommer 1920 über alle sonstigen Positionen hinweg auch unumkehrbar auf den politischen Diskurs ausdehnte.« Ebd., S. 138; ähnlich Hentschel 1990, S. 134f.

218 Ähnlich Rowe 1993, S. 102.

semitischen und nationalistischen Angriffen ausgesetzt. Auch bei den Einsteingegnern waren antisemitische Ressentiments oft anzutreffen, was vor allem in der Korrespondenz deutlich zu Tage tritt, und es ist anzunehmen, dass ihren Zeitgenossen diese persönlichen Einstellungen nicht verborgen geblieben sind. Lenard zog bereits früh Parallelen zwischen »richtiger« Wissenschaft und nationaler Herkunft (so in seinen Polemiken gegen die Engländer) oder Abstammung (»Juda bleibt immer schlau und immer Gift für den deutschen Geist.«[219]) Nach Lektüre von Hermann Weyls Darstellung der Bad Nauheimer Debatte, die für Lenard nicht sehr positiv ausfiel, bemerkte er gegenüber Gehrcke: »Zugegeben wundere ich mich jetzt über Herrn Weyls – wie ich glaubte – so ganz deutsches Aussehen.«[220] Nicht nur in der Korrespondenz mit Gehrcke gehörten Fragen wie im Brief vom 18. November 1920: »Ist übrigens Bohr Jude?«[221] oder Anmerkungen wie im Brief vom 9. September 1921: »Was ist übrigens ›Antisemit‹? Es ist das jüdische Schimpfwort für einen Deutschen, der wirklich einer ist und der nicht vom Fremdgeistigen beherrscht sein will«[222] zum Standard. Man wusste auch 1920, was Lenard von Juden und Nicht-Deutschen hielt, auch wenn er erst 1922 öffentlich gegen den »Fremdgeist«, den er in der Relativitätstheorie verkörpert sah, polemisierte.[223]

Während Ruckhaber also berechnend unpolitisch gegen Einstein argumentierte, entwickelten Ziegler und Mewes früh ausgeklügelte antisemi-

219 Lenard an Gehrcke, 8. Januar 1920, GN 83-E-10.

220 Lenard an Gehrcke, 6. November 1920, GN 3-F-3; vgl. Weyl 1920.

221 Lenard an Gehrcke, 18. November 1920, GN 3-F-6.

222 Lenard an Gehrcke, 9. September 1921, GN 3-F-16.

223 Vgl. Lenard 1922a, S. 9. Die öffentliche Vortragsreihe gegen die Relativitätstheorie in der Berliner Philharmonie veranlasste Einstein zu der ernsthaften Überlegung, Deutschland zu verlassen. Dazu Lenard in einem Brief an Gehrcke: »[D]ie Macht dieser Leute [um Einstein] ist offenbar schon so hoch gestiegen, als dass man geradeaus dagegen losgehen könnte. Wie ist es doch auch möglich, dass Jemand in Deutschland mit Erfolg (dem Minister gegenüber sogar!) drohen kann, Deutschland verlassen zu wollen? Warum sagt man ihm nicht: Ei, dann *bist* Du ja gar kein Deutscher; schere Dich z. Teufel!« Lenard an Gehrcke, 1. Oktober 1920, GN 83-E-17. Lenard hatte dennoch Kontakt zu den jüdischen Einsteingegnern Kraus und Palagyi, Kraus besuchte Lenard sogar (vgl. Lenard an Gehrcke, 1921 [ohne genauere Datumsangabe], GN 83-F-7). Vermutlich wusste Lenard nicht über die jüdische Herkunft von Kraus und Palagyi Bescheid; so forderte er in einem Brief an Gehrcke zunächst »wirklich deutsche Philosophen« zur Auseinandersetzung mit der Relativitätstheorie auf, um sich im nächsten Satz nahtlos für einen von Gehrcke zugesandten »sehr gediegenen« (Lenard) Brief von Palagyi zu bedanken. Lenard an Gehrcke, 30. November 1920, GN 83-E-18; vgl. auch Lenard an Gehrcke, 7. Dezember 1921, GN 83-F-5.

tische Verschwörungstheorien. In den Druckschriften Zieglers sowie in den unter Pseudonym verfassten Zeitungsartikeln waren antisemitische Pauschalvorwürfe gegen Einstein seit Anfang der 1920er Jahre üblich. Seit 1931 verwies Ziegler zudem in seinen Polemiken ausdrücklich auf die »Protokolle der Weisen von Zion« und Henry Fords Pamphlet *Der internationale Jude* hin. Die »Protokolle der Weisen von Zion«, die angeblich eine jüdische Weltverschwörung protokollarisch wiedergeben sollen, sind wahrscheinlich das einflussreichste verschwörungstheoretische Werk überhaupt.[224] Dass sie bereits kurz nach Erscheinen als Fälschung entlarvt wurden, tat ihrer Rezeption keinen Abbruch. Die »Protokolle« passten (und passen noch) viel zu gut zu verbreiteten antisemitischen Denkmustern, die hier nur eine Bestätigung finden wollten. Außerdem ficht es den Anhänger einer Verschwörungstheorie nicht an, wenn seine Verschwörung, in diesem Falle die »Protokolle«, als falsch enttarnt wird: Dies ist im konspirativen Weltbild natürlich nur ein Schachzug der Gegenseite.

Für Ziegler waren die Stellen in den »Protokollen« wichtig, wo »die Juden« (wie Einstein) die Unterdrückung der »Nichtjuden« (wie Ziegler) beschreiben. Ziegler zitiert lange aus den »Protokollen«, wie mittels der Presse die Meinungsherrschaft übernommen werden und dass die Öffentlichkeit durch leere Begriffe und phantastische Theorien (wie die Relativitätstheorie) irregeführt werden solle. Seiner Ansicht nach versuchten »die Juden«, ihm seine Welttheorie »zu entreißen«, was ihnen jedoch nicht gelang, weil die Theorie »uraltes, arisches Erbgut [ist], das der Arier nicht mehr aus der Hand gibt.« Indem Ziegler seine Welttheorie vor dem »Weltherrschaftswahn« der Juden schützte, sollte sie, hier war er wieder ganz Philanthrop, der gesamten Menschheit zugute kommen.[225]

Zieglers einziger Aufsatz, der dem Titel nach ausschließlich der Auseinandersetzung mit der Relativitätstheorie gewidmet ist, war ein mit antisemitischen Stereotypen gespicktes verschwörungstheoretisches Pamphlet. Nicht nur die akademische Physik habe sich gegen ihn verschworen, sondern dahinter stehe das »Weltjudentum«:

> »[M]an mußte den Zauber [der Relativitätstheorie] aber auch noch durch irreführende Reden, bezw. mit der gehörigen Reklame unterstützen. Und zwar mußte diese um so stärker sein, je geringer die Aussicht war, daß eine schwer verständliche Lehre vor einer leicht verständlichen ins Publikum dringen und dann ihr

---

224 Vgl. Sammons, Jeffrey L., *Die Protokolle der Weisen von Zion. Die Grundlage des modernen Antisemitismus – eine Fälschung. Text und Kommentar*, Göttingen 1998.

225 Alle Zitate dieses Absatzes aus: Ziegler 1931, S. 84ff.

gegenüber das Feld behaupten könnte. An einer solchen Reklame sollte es Einstein nicht fehlen, und zwar um so weniger, als das ganze Reklamewesen ja eine Erfindung seines Stammes ist und dieser, im Zusammenhalten stärker als alle übrigen Völkerstämme der Welt, einsichtig genug war, um den großen moralischen Vorteil richtig zu würdigen, den es ihm brächte, wenn er sich einst rühmen dürfte, die wahre Erneuerung der Wissenschaften sei seinem Geist entsprossen.«[226]

Für Ziegler war bewiesen, »daß es sich bei der ganzen Einsteiniade in erster Linie um den jüdischen Ehrgeiz und erst in zweiter um wissenschaftliche Interessen handelt«.[227] Bei dem alldeutschen Kaiseranhänger Mewes, der ebenfalls eine Verschwörungstheorie entwickelte, war diese eingebettet in seiner tief rassistisch geprägten Weltanschauung. Für einen Turbinenbauer recht ungewöhnlich, bestand Mewes' Hauptwerk – geht man vom Umfang und der Tatsache aus, dass er viermal zum Teil stark erweiterte Neuauflagen herausbrachte – in einer geschichtsphilosophischen Abhandlung von zuletzt 672 Seiten. Das Inhaltsverzeichnis umfasste Themen von Dürers Christus über die Sintflut bis hin zur kinetischen Gastheorie. Ausführungen über die zahlentheoretische Begründung vom »Gleichlauf der Lebensbahn Wilhelms II. in der Jugend mit der Sonnenfleckenkurve und dem Lebenslauf des Verfassers« fanden sich darin ebenso wie eine »Beurteilung Wilhelms II. vom Rassenstandpunkt aus«.[228] In der dritten Auflage von 1922 wurde ein Abschnitt mit dem programmatischen Titel: »Kriegs- und Geistesperioden im Völkerleben vom Standpunkt der Rassen- und Weltgangsentwicklung (Relativitätslehre) erläutert am Leben des Kaisers« eingefügt. Die Darlegung der »Naturwissenschaftlichen Grundlage der Darstellung« beginnt mit einem Absatz über das »Unrecht am Kaiser« und gelangt über das »Raumzeitliche Wirken der Rassekräfte« hin zur »Verbindung Einsteins mit der

---

226 Ziegler 1923, S. 28. Vgl. auch Ziegler an Gehrcke: »In letzter Zeit, seitdem Einstein aus Japan, Palästina & Spanien zurück ist, wird nun von den Zionisten neuerdings eine starke Propaganda für ihn getrieben. Die Absicht ist klar. Das Judentum soll die geistige Hegemonie haben«, 26. April 1923, GN 6-G-4.

227 Ziegler 1923, S. 29.

228 Mewes wollte in seinem Werk Kriege zwischen den Völkern als naturwissenschaftliches Ereignis beschreiben. Ähnlich wie Wilhelm Fliess, der eine umfassende Theorie des Menschenlebens anhand der Periodizität der Zahlen 28 und 23 aufstellte, war Mewes Anhänger der Idee einer grundlegenden Periodizität im Weltgeschehen, deutet diese aber nicht wie Fliess als einen der lebendigen Substanz innewohnenden Mechanismus, sondern astronomisch als »in den Wirkungen der periodisch sich ändernden Einflüsse der Gestirne« bestehend. Mewes 1922a, S. 59. Mewes wollte die Welt von seiner Geschichtstheorie überzeugen, um damit dem Kaisertum wieder zu seiner einstigen Stellung zu verhelfen. Vgl. auch die Darstellung auf S. 70 der vorliegenden Arbeit.

Presse seiner Rassegenossen«.[229] Das antisemitische Stereotyp, »der Jude« könne nichts Konkretes, Inhaltliches in der Wissenschaft aufbauen, sondern nur abstrakte, irreale Theorien entwickeln, war für Mewes eine Tatsache:

»Bei Einstein und Minkowski hat man den Eindruck großen hohltönenden Wortgepränges, um nicht zu sagen bloßer Mache oder irreführenden Bluffs an Stelle wesentlichen Fortschritts und gediegener Arbeit. [...] Das Verhältnis von Mewes zu Einstein läßt sich demgemäß kurz mit den Schlagworten kennzeichnen: ›Deutscher gegen Jude, Wissensschöpfer gegen Wissensschröpfer, Eigentum gegen Diebstahl, Monarchist gegen Kommunist.‹«[230]

Mewes griff auch die Argumentationsfigur von der »Judenpresse« auf und erklärte, »dass meine Bemühungen, den Sachverhalt [dass Einstein und Minkowski seine Raumzeitlichkeitslehre plagiiert hätten] in Zeitschriften und in der Tagespresse zu klären, vollständig gescheitert sind. Der Einfluß der jüdischen Macher ist so groß, dass heute ein solches Unternehmen aussichtslos ist.«[231] Allerdings musste Mewes gleichzeitig eingestehen, dass sich auch die »deutsch-völkische Presse«, insbesondere die *Deutsche Zeitung*, in den 1920er Jahren seiner Sache nicht annehmen wollte[232] – dafür hatte er dann keine Erklärung mehr. Dass Weber und er selbst sich mit der elektrodynamischen Deutung der Gravitation nicht hatten durchsetzen können, ging in diesem Deutungsschema nicht auf inhaltliche Gründe, sondern auf den »Widerstand aus Berlin« zurück. Dass bedeutete, die theoretischen Physiker, aber besonders die »Feindschaft der jüdischen Presse« gegen die »echt deutschen Forscher« waren schuld daran.[233] In gleicher Weise deutete aber auch Lenard die Tatsache, dass er in der Fachwelt zunehmend isoliert war.[234] In der Korrespondenz mit Gehrcke und anderen sowie ab 1922 auch öffentlich wurde von Lenard seit den frühen 1920er Jahren immer wieder der »Juden-Geist« in der Physik beschworen und gegen die »Verkommenheit des heutigen Gelehrten-Packs«[235] polemisiert, die an seiner marginalisierten Position schuld seien. So sagte er seine Teilnahme an einer Kuratoriumssitzung der Physikalisch-Technischen-

229 Mewes 1922a, S. 388ff.

230 Mewes 1920a, S. 78.

231 Ebd., S. 70.

232 1919 war dort noch ein Artikel über Mewes erschienen. Vgl. S. 258.

233 Alle Zitate aus Mewes 1920a, S. 93.

234 Vgl. auch Beyerchen 1980, insb. S. 131ff.

235 Lenard an Gehrcke, 16. August 1922, GN 83-F-10.

Reichsanstalt 1927 mit der Begründung ab: »[I]ch glaube nicht, dass ich das Mindeste dort helfen könnte, weil schon die Tatsache, dass ich nicht Jude bin und auch nicht Juden-Geist besitze, von vornherein mich vereinzelt machen würde.«[236]

Während bei Ziegler und Mewes antisemitische Verschwörungsszenarien detailliert ausgebreitet wurden, spielte bei anderen Einsteingegnern Antisemitismus meist als eine von mehreren Dimensionen der Weltanschauung eine Rolle. Keplerbund-Mitglied Johannes Riem zum Beispiel bekämpfte zuallererst den Materialismus; seine antisemitischen Vorurteile zeigen sich darin, dass er Materialismus wie Relativitätstheorie den Juden anlastete: »Beides, die Relativitätstheorie und der Materialismus sind in gleicher Weise zu bekämpfen und es ist sehr bezeichnend, dass es sich in beiden Fällen fast nur um Juden handelt. Jedenfalls besteht der Monistenbund in Berlin fast nur aus Juden, und wie ich gehört habe ist es an andern Orten ebenso.«[237]

Wenig überraschend nahm die konspirative Argumentation im Laufe der Jahre zu und die Einsteingegner stilisierten sich im Zuge dessen immer öfter als verkannte Genies und (noch) nicht erkannte Elite. Dass der Erfolg der Relativitätstheorie oft in konspirativen Mustern (hervorgerufen durch die Presse, die theoretischen Physiker, die Juden) gedeutet wurde, ist neben dem festen Glauben an ihre eigenen Theorien und Konzepte eine weitere Erklärung dafür, dass die Einsteingegner gegen Kritik oder wohlwollende Erläuterungen weitgehend immun waren. Es half nicht, ihnen die Relativitätstheorie verständlich machen zu wollen, ebenso wenig wie rationale Aufklärung gegen Verschwörungstheorien hilft. Diese Resistenzen waren Ausdruck einer empfundenen Bedrohung innerhalb eines gegen Kritik immunisierten konspirativen Weltbildes, nicht eines Bildungsdefizits.

Die Einsteingegner begnügten sich jedoch überwiegend nicht damit, sich als Opfer zu stilisieren. Das Prophetentum der großen Geister machte einsam. »Jedenfalls bin ich allein einer feindlichen Mehrheit entgegengetreten«, rechtfertigte Fricke gegenüber Gehrcke seinen von akademischen Physikern stark kritisierten Auftritt auf der DPG-Tagung in Bad Salzbrunn und klagte in einem anderen Brief: »Warum ist man gegen mich überall so feindlich und mistrauisch eingestellt«.[238] Ziegler beschrieb 1929 in einem

236 Lenard an Gehrcke, 4. März 1927, GN 33-F-6.

237 Riem an Reuterdahl, 7. Oktober 1921, RP 4-67.

238 Erstes Zitat: Fricke an Gehrcke, 21. Dezember 1936, GN 33-H-3, zweites Zitat: Fricke an Gehrcke, 10. Mai 1948, GN 2-G-8.

Brief an den Schweizer Literaten und Mäzen Georg Reinhart seine »beinahe beängstigende Isoliertheit«.[239] Die Opferrolle war daher meist nur die letzte Zuflucht zu einer irgendwie noch pathetischen Deutung der eigenen Situation am Ende einer außerakademischen Karriere. Die Einsteingegner wollten jedoch keine isolierten, einsamen Kämpfer sein, sondern suchten die Marginalisierung durch Vernetzung untereinander aufzuheben, wie der folgende Abschnitt zeigen wird.

4.3 Netzwerkbildung und Protestvereinigungen der Einsteingegner

Das Netzwerk der Einsteingegner bildete sich aus zwei Gründen: Zum einen tendiert abweichende Wissenschaft, die keine formale Organisation besitzt, dazu, sich zu vernetzen. So existierten bereits alternative Netzwerke der Welträtsellöser, in denen sie ihre von der akademischen Physik divergierenden wissenschaftlichen Interessen verfolgten, wie es am Beispiel der Breslauer Drucktheoretiker deutlich wurde (vgl. S. 156ff.).[240] Zum anderen, und hierin besteht die Besonderheit, die im Folgenden in den Mittelpunkt gestellt wird, wurde die Vernetzung durch die geteilte so wahrgenommene Bedrohungslage, die in Kapitel 2 dargestellt wurde, und durch die Marginalisierung, die am Anfang dieses Kapitels beschrieben wurde, vorangetrieben – die verschiedenen Gruppen von marginalisierten Einsteingegnern stellten ihre inhaltlichen Differenzen zurück, um eine sichtbare Gegenbewegung der Marginalisierten zu formieren.

---

239 Ziegler an Reinhart, 28. September 1929, Stadtarchiv Winterthur.

240 Auf die Vernetzungsbestrebungen der Einsteingegner passt Dolbys Differenzierung verschiedener Grade von alternativer Organisation abweichender Wissenschaften, von sehr exklusiven Gruppierungen, in die man nur durch einen Initiationsprozess gelangt, bis hin zu offenen Gruppierungen, die dadurch entstehen, dass die Anhänger abweichender Wissenschaft sich gegenseitig ausfindig machen, korrespondieren, ihre Schriften austauschen und Treffen abhalten. Vgl. Dolby 1979. Die Vernetzung der Einsteingegner war eine solche offene Gruppierung. Vgl. z. B. die Äußerung von Zacharias: »Die *freien* Forscher müssen sich *ebenso fest* zusammenschließen, wie die Wissenschaftsbeamten. Nur dann können sie die dringend erforderliche Aufklärung erzwingen. Zeitungen, Zeitschriften, Buchverleger müssen gewonnen werden, die den wahrhaften Fortschritt fördern wollen.« Zacharias 1920, S. 112.

4.3.1 Das Netzwerk der Einstein-Gegner

Im Netzwerk der Einsteingegner kam einigen Personen wie Gehrcke, Reuterdahl oder Mohorovičić eine größere Bedeutung als anderen. Hierbei waren zwei Faktoren Ausschlag gebend, die sich gegenseitig ergänzten: Sozialer Status (möglichst auch Anerkennung in der akademischen Wissenschaft) sowie Engagement und Interesse, eine möglichst breite Vernetzung der Einsteingegner zu erreichen. Zum Beispiel war Gehrcke als Universitätsprofessor, als akademisch ausgebildeter Physiker sowie als Mitarbeiter der Physikalisch-Technischen Reichsanstalt für viele außerakademische Einsteingegner ein wichtiger erster Ansprechpartner. Sie erhofften sich von ihm Unterstützung bei der Suche nach fachwissenschaftlichen Publikationsmöglichkeiten sowie Anerkennung und Hilfestellung in der Auseinandersetzung mit der akademischen Physik (»Nur eines brauche ich zu wissen: Versteht mich der Fachmann; oder bin ich unverständlich?«[241]). Gehrcke war zwar auch mit Ablehnung seitens der akademischen Welt konfrontiert, hatte dort jedoch – nicht wegen seiner überzeugenderen Argumente, sondern weil er zur akademischen Wissenschaft gehörte – mehr Möglichkeiten, sich Gehör zu verschaffen, als die außerakademischen Einsteingegner.

Das Sozialprestige eines Einsteingegners allein kann aber seine Bedeutung im Netzwerk der Einsteingegner nicht erklären, was sich im Vergleich Gehrckes zu Lenard zeigt, der als Nobelpreisträger einen noch höheren Status hatte und als Einsteingegner sowohl in der akademischen Wissenschaft als auch in der Öffentlichkeit weit mehr Aufmerksamkeit als Gehrcke bekam, für das Netzwerk der Einsteingegner aber dennoch weniger relevant war. Lenard war nämlich nicht bereit, sich intensiver mit dem Netzwerk einzulassen und harscher in seinen Urteilen über potentielle außerakademische Verbündete. Während Gehrcke, wie andere akademische Physiker und teilweise auch Philosophen, von Lenard als Bundesgenosse akzeptiert wurde – »Für die Sache [der Gegendarstellung zu Weyls Bericht über den Verlauf der Bad Nauheimer Sitzung] ist es allerdings

241 Gilbert an Gehrcke, 1. Februar 1930, GN 11-B-2. Auch Mohorovičić bat – nach Ablehnung des Artikels durch Debye (vgl. S. 249f.) – Gehrcke darum, das Manuskript zu »Die Folgerungen der allgemeinen Relativitätstheorie und die Newtonsche Physik« auf etwaige Fehler hin durchzusehen. Vgl. Mohorovičić an Gehrcke, 30. Juli 1921, GN 3-G-4; Gimmerthal wandte sich an Gehrcke, der über seine Arbeit urteilen solle: »Das unterliegt nun bei Ihnen dem competentesten Urteil«. Gimmerthal an Gehrcke, 29. April 1927, GN 76-A-4.

nötig, daß ich nicht allein stehe, und ich würde es daher sehr begrüßen, wenn Sie oder (bez. und) Herr Palagyi das Wort ergriffen«[242] –, genügten die meisten anderen seinen Ansprüchen nicht: »Dr. Geissler ist leider zu beschränkt und zu sehr von sich eingenommen, als dass er viel nützen könnte. Mit Fricke ist es leider fast ebenso. Es leben zu wenig *Menschen.*«[243] Und in einem anderen Brief an Gehrcke beklagt er sich über ihre Isoliertheit: »Mit Ziegler u. Mewes, auch manchem anderen, wird man dem Einstein-Wahnsinn nicht beikommen; ich sehe überhaupt niemanden als uns Beide von physikalischer Seite bisher öffentlich wirksam.«[244] Solche Äußerungen und Stoßseufzer (»Aber wer hilft mir; ich kann nicht allen helfen, wenn sie Narren sind, an denen ein Reich zugrunde gehen muss«[245]) finden sich öfter in den Briefen Lenards an Gehrcke. Lenard versuchte dementsprechend, Physiker wie Mie und Wiechert stärker für die Sache der Einsteingegner einzuspannen:

»Auf Mie setze ich immerhin noch viel Hoffnung, und ich schrieb ihm neulich wieder, u. a. auch dass es doch schmählich wäre, wenn ich mit Ihnen [Gehrcke] allein bleiben sollte in der entschiedenen Ablehnung so offenbaren geistigen Unfugs wie die verallg. RTh. samt der Umwälzungsbestrebung der Raumzeitvorstellung es ist.«[246]

Er überließ es lieber Gehrcke, sich mit Geissler, Fricke oder Reuterdahl direkt auseinanderzusetzen. Dieser zweite Faktor der Netzwerkarbeit war viel wichtiger als das Sozialprestige. Gehrcke lehnte auch jene Einsteinkritiker, die für Lenard als Verbündete nicht in Frage kamen, selten ab.[247] Zum einen war Gehrcke selbst in seinen wissenschaftlichen Interessen sehr breit orientiert. Es war eines seiner Hauptargumente, dass die Relativitätstheorie die Bereiche von Physik, Mathematik und Philosophie gleicher-

242 Lenard an Gehrcke, 6. November 1920, GN 3-F-3. Vgl. auch die Äußerung Lenards im selben Brief: »Gar Viele sind es, die mir ›helfen‹ wollen, aber die können es nicht (fast täglich kommen Briefe gegen das Relprinzip zu mir von physikalisch wie mathematisch ganz unkundigen Leuten)«.

243 Lenard an Gehrcke, 14. Oktober 1921, GN 3-F-20. Vogtherr allerdings schätzte er, vgl. Lenard an Gehrcke, 24. Juli 1921, GN 83-F-2.

244 Lenard an Gehrcke, 21. Juli 1921, GN 83-F-1.

245 Lenard an Gehrcke, 14. November 1920, GN 3-F-5.

246 Lenard an Gehrcke, 30. November 1920, GN 83-E-18.

247 Hingegen stellte es einen Ablehnungsgrund dar, wenn jemand der Relativitätstheorie zu nahe stand. Vgl. Gehrckes Absage an Johann Radakovits: »Dasselbe [Radakovits Manuskript] bringt zwar abweichende Ideen von der Relativitätstheorie, steht jedoch in der Anlage und im Geiste dieser Theorie sehr nahe und deshalb bitte ich Sie, davon Abstand zu nehmen, mich mit der Sache weiter zu beschäftigen.« 31. März 1921, GN 3-J-22.

maßen betreffe, weshalb es für den einzelnen Physiker, Mathematiker oder Philosophen so schwierig sei, sie zu kritisieren, und er suchte sich gerade im philosophischen Bereich Unterstützung.[248] Neben dieser Offenheit war der entscheidende Grund jedoch, dass Gehrcke hochgradig politisch dachte. Er war ein Stratege in der Opposition gegen die moderne Physik. Auch wenn er hinsichtlich der inhaltlichen Kritik auf ein gewisses Maß an Qualität bedacht war, stand die Sichtbarkeit der Opposition im Mittelpunkt seines Interesses, und er war nicht sehr wählerisch in Bezug auf die Wege, Sichtbarkeit zu erreichen, seien es Masse und Lautstärke, geeignete Allianzen oder gezielte Aktionen. *Dass* Fricke den Äther verteidigte war für Gehrcke demnach wichtiger als die Tatsache, dass Frickes Äthertheorie selbst von Ätheranhängern wie Gehrcke und Lenard angezweifelt wurde.

Auf der anderen Seite des Atlantiks war Reuterdahl die zweite zentrale Figur im Netzwerk der Einsteingegner. Als Dekan des Fachbereichs für Engineering und Architecture an der University of St. Thomas, ab 1922 als Präsident des Ramsey Institutes of Technology, einer von ihm gegründeten vor allem mit industrienaher Postgraduierten-Ausbildung befassten Einrichtung, war er in einer sozialen Position mit gewissem Prestige, er war außerdem eine charismatische Persönlichkeit und in Minnesota gesellschaftlich wie lokalpolitisch exzellent vernetzt.[249] Er war nicht nur von seiner eigenen Theorie des »Scientific Theism« überzeugt und wollte auch den Rest der Welt davon überzeugen, sondern er war ebenso erpicht darauf, Material über »the true story of Einsteinism« zusammenzutragen.[250]

---

248 Dabei kam es ihm vor allem auf die Bestätigung seiner eigenen philosophischen und wissenschaftstheoretischen Ansichten an, nicht auf den akademischen Status. Er profitierte deshalb inhaltlich mehr von Melchior Palagyi und Lenore Kühn als von Oskar Kraus, wie sich bereits in den Grundsatzdiskussionen über den Raum und den Äther zwischen Kraus und Gehrcke im dritten Kapitel zeigte (vgl. S. 148f.). Lenard dagegen schätzte zwar die Arbeiten von Kühn (vgl. S. 306) und Palagyi (vgl. dieses Kapitel, Anm. 223), war aber nicht an einer interdisziplinären Gegenbewegung interessiert und merkte gegenüber Gehrcke an: »Ich selbst, für mich, zweifele, ob mir die Philosophen etwas bieten könnten, was ich nicht schon kenne?« Lenard an Gehrcke, 30. November 1920, GN 83-E-18.

249 Reuterdahl war zum einen als Präsident des Ramsey Institutes of Technology lokal bekannt, zum anderen engagierte er sich gesellschaftlich und politisch. Er war u. a. Mitglied einer Freimaurer-Gruppe (Scottish Rite Masonry) sowie Gründer der Interchurch Theistic Alliance und der International Theistic Society und hielt vielfach populäre Vorträge, insb. über religiöse Themen.

250 Vgl. auch Reuterdahl an See, 17. Mai 1923, RP 4-49: »Today I have letters, documents, and original papers which tell the story of the advent and development of Einsteinism. Some time in the near future I hope that a publisher can be found for this material

Tatsächlich befindet sich in seinem Nachlass in St. Paul eine umfangreiche Quellensammlung von Anti-Einstein-Material. Während Gehrcke sich eher darauf beschränkte, zu reagieren, legte Reuterdahl aktiv eine Sammlung von Adressen, Photos und Stellungnahmen von Einsteingegnern an[251] und er war dabei noch weniger wählerisch als Gehrcke. Diese Kombination aus der Mission Reuterdahls und dem strategischen Interesse Gehrckes führte die Einsteingegner – Welträtsellöser, Physiker und Philosophen – für einige Jahre zusammen.

Beyond Weyland & Co.

Die einzige Vereinigung der Einsteingegner, die bislang in der Einsteinforschung Erwähnung findet, ist die Arbeitsgemeinschaft deutscher Naturforscher zur Erhaltung reiner Wissenschaft e.V., die Paul Weyland (1888–1972) erklärte gegründet zu haben. Weyland war einer der Vortragenden bei der ersten öffentlichen Protestaktion gegen die Relativitätstheorie am 24. August 1920 in der Berliner Philharmonie. In seinem Vortragsskript erklärte er die Relativitätstheorie zum »wissenschaftlichen Dadaismus« und stellte den Bezug zu einer von ihm konstatierten allgemeinen kulturellen und politischen Degeneration her:

»Nachdem wir materiell arm geworden sind, soll nun daran gegangen werden, uns die geistigen Güter zu nehmen, das selbständige Denken soll uns von nun an unterbunden werden. In der Politik hat man es geschafft. Sie sehen es täglich und stündlich aus jeder Zeitungsnotiz, wie eine Tollgruppe kritikloser Menschen unter der gewissenlosen Führung eigennütziger Menschen, dem Bolschewismus zustreben. Ethik und Moral sind nur noch als Begriffe vorhanden und nachdem man darangegangen ist, al[le]s das im Deutschen totzuschlagen, was ihn groß gemacht hat, soll ihm nunmehr auch die Wissenschaft genommen werden. […] Denn die Konsequenzen und Absichten des allgemeinen Einsteinschen R.[elativitäts] T.[heorie] Relativitätsprinzip und seiner Hintermänner sind weitgehender und schwieriger, als man in der Öffentlichkeit ahnt.«[252]

---

compiled into book form. I believe that I alone have all the data. I have published item after item wherever an opportunity appeared. The facts have been transmitted back to Europe to those who were not familiar with them. From Jogoslavien to Sweden I have supplied this ammunition for the batteries of truth, whereever located.«

251 Vgl. z. B. Fricke an Gehrcke: »Hat Herr Reuterdahl auch Ihr Bild gefordert?« 5. August 1921, GN 3-G-8.

252 Typoskript des am 24. August in der Berliner Philharmonie gehaltenen Vortrags, mit handschriftlichen Korrekturen von Ernst Gehrcke, [1920], GN 72-E-6. Der hier zitierte

Wer war Paul Weyland, der hinter dem allgemeinen Relativitätsprinzip Hintermänner vermutete und ihm finstere Absichten unterstellte? Bis zu seinem Vortrag war er unter Wissenschaftlern gänzlich unbekannt. Er selbst bezeichnete sich unter anderem als Ingenieur und Chemiker.[253] Weyland war ein überzeugter Antisemit und gab Anfang der 1920er Jahre die *Deutschvölkischen Monatshefte* heraus. Während ältere Arbeiten die Existenz der Weylandschen Arbeitsgemeinschaft nicht in Zweifel zogen,[254] hat vor allem Andreas Kleinert überzeugend dargelegt, dass diese Arbeitsgemeinschaft aller Wahrscheinlichkeit nach nur eine nicht realisierte Idee war.[255] Tatsächlich spielte Weyland im Netzwerk der Einsteingegner nur eine kleine Rolle, wenngleich er mit seiner polemischen Aktion und seinen politischen Ansichten öffentlich große Wirkung erzielte und daher zu Recht von der Forschung zur Anti-Einstein-Bewegung in den Blick genommen wurde. Andererseits hat diese starke Fokussierung auf Weyland Aspekte vernachlässigt, die für ein Verständnis der Hintergründe der verbreiteten Opposition gegen die Relativitätstheorie zentral sind: Warum konnte Weyland keine Organisation der Einsteingegner aufbauen und sind die Einsteingegner vielleicht anders als in Form von Weylands letztlich nichtexistenter Organisation vernetzt gewesen? Das Scheitern des Weyland'schen Plans, eine Organisation gegen Einstein aufzubauen, und der Erfolg einer alternativen Organisation sagt viel aus einerseits über den Stellenwert Weylands in der Gegenbewegung zur Relativitätstheorie und andererseits über die Motive der Einsteingegner. Sobald das Ereignis in der Philharmonie und die Beziehungen der Einsteingegner zu Weyland in den Kontext des Netzwerks der Einsteingegner gestellt werden, zeigt sich, dass sie ihn nicht als einen der ihren betrachteten.

Die für den 2. September 1920 angekündigte Fortsetzung der Vorlesungsreihe in der Berliner Philharmonie mit Vorträgen von Oskar Kraus und Ludwig Glaser fand nicht wie geplant statt. Oskar Kraus hatte – alarmiert durch Zeitungsberichte über den antisemitischen Kontext der Veranstaltung – in einem Brief an Gehrcke vom 30. August 1920 sein Kommen abgesagt, obgleich die Reise bereits organisiert und der Vortrag fertig ge-

---

Teil ist im Typoskript durchgestrichen. Das Skript enthält viele Flüchtigkeitsfehler, wie das »R. T. Relativitätsprinzip«.

253 Vgl. Kleinert 1993.

254 Vgl. z. B. Grundmann 1967; Hermann 1977.

255 Vgl. Kleinert 1993.

schrieben war. Antisemitismus in der Anti-Einstein-Bewegung wurde zum ersten (und einzigen) Mal ein Thema zwischen Kraus und Gehrcke:

»Sie wissen, daß ich seit 1913 mich mit den Unsinnigkeiten der Relativitätstheorie herumschlage. [...] Jetzt, nachdem durch die Tätigkeit des Herrn Weyland die Angelegenheit zu einer politischen, persönlichen und vor allem leider rüde antisemitischen geworden ist, kann ich mich nicht an ihr beteiligen. Ich dachte, es könne Ihnen nicht unbekannt sein, daß ich selbst jüdischer Abkunft bin.«[256]

Gehrckes Antwort vom 3. September bestärkt die oben vertretene Einschätzung, dass Gehrcke durchaus antisemitische Ressentiments teilte und in antisemitischen Stereotypen dachte, aber diese in seiner Ablehnung der Relativitätstheorie eine marginale Rolle spielten und keinesfalls die Allianz mit jüdischen Einsteingegnern in Frage stellten:

»Die Frage, ob jemand jüdischer Abkunft ist, pflege ich als eine solche nicht von besonderer Wichtigkeit anzusehen, da ich die Menschen nach ihren Taten einzuschätzen gewohnt bin. Ich habe natürlich unter meinen Freunden auch solche von jüdischer Abkunft.

Einstein habe ich nicht kritisiert, *weil*, sondern allenfalls *obgleich* er jüdischer Abstammung ist und glaube mich hierzu vollkommen einig mit Ihnen. Ich sehe sowohl in der Vorliebe eines Rassenangehörigen für den eigenen Rassengenossen wie in der Abneigung gegen die andersartige Rasse ein menschlich verständliches, wenn auch objektiv nicht begründetes Gefühl, und möchte daher für eine nicht allzu strenge Beurteilung des Rassenchauvinismus wie des Rassenhasses plädieren.

Ich möchte insbesondere den philosemitischen Freunden Einsteins wie seinen antisemitischen Feinden mildernde Umstände zubilligen, weil sie beide unter der Einschätzung eines Gefühls stehen. Andererseits möchte ich mir derartige Gefühle nicht zueigen machen.«[257]

Kraus war damit anscheinend zufrieden, fragte Gehrcke jedoch öfter nach dem weiteren Verlauf der Verbindung mit Weyland: »Besteht die ›Arbeitsgemeinschaft‹ noch? Ist Weyland zurückgetreten? Wer hielt dort die nächsten Vorträge?«[258] Gehrckes Bericht an Kraus bestätigt die Vermutung, dass Weylands Arbeitsgemeinschaft ein Einmann-Unternehmen war:

»Der Weylandschen Arbeitsgemeinschaft bin ich trotz aller Lockungen bisher nicht beigetreten und Sie können sich denken, dass ich auch in Zukunft keine Neigung zum Beitritt habe. Übrigens ist mir die Zukunft dieser Arbeitsgemeinschaft völlig

---

256 Kraus an Gehrcke, 30. August 1920, GN 71-G-1.

257 Gehrcke an Kraus, 3. September 1920, GN 71-G-2.

258 Kraus an Gehrcke, 16. Oktober 1920, GN 71-G-5. Ludwig Glaser hatte, wie im ursprünglichen Programm vorgesehen, seinen Vortrag am 2. September 1920 gehalten.

rätselhaft, da ich bisher kein Mitglied außer Herrn Weyland kennen gelernt habe.«[259]

Gehrcke wollte nach wie vor einen Vortrag Kraus' organisieren, außerhalb des Rahmens von Weylands Veranstaltungsreihe.

»Bezüglich Ihres Vortrages liegt die Sache so, dass ich, Ihre Bereitwilligkeit vorausgesetzt, im Interesse der Sache sehr wünschen würde, er käme vor einem möglichst *grossen* Publikum zu stande. Ich glaube bestimmt, dass der Saal voll wird, wenn vorher in der richtigen Weise die Öffentlichkeit auf Ihren Vortrag aufmerksam gemacht worden ist.«[260]

Welch dubiosen Eindruck Weylands Anti-Einstein-Aktivitäten bei den Einsteingegnern hinterließen, zeigt sich in Kraus' Reaktion, als Weyland ihn, den Juden, unbedingt in Prag besuchen wollte – aus welchen Gründen, war Kraus selbst unbekannt. Gehrcke gegenüber äußerte er sich vollkommen konsterniert:

»Weyland habe ich *längst* meine Abstammung eröffnet – auch daß ich unter seiner Patronanz nicht sprechen werde. Ich schrieb ihm auch, ich hätte Besuch (in der Tat war bis jetzt Kollege Kastil aus Innsbruck bei mir) – doch will er nun später kommen. Ist der Mann nicht ein wenig abnormal? Er macht mir den Eindruck eines fanatischen – überaus geschäftigen-unklaren – Draufgängers.

Was er über die Juden schreibt ist grotesk. Das ›Kolnidre‹-Gebet soll die moralische Verwerflichkeit der Rasse offenbaren. Ich mußte mich bei ›wissenderen‹ Juden erkundigen, um überhaupt zu verstehen, was er meint. Das Kolnidrgebet bittet Gott, den Sünder von allen Gelübden gegen die Gottheit zu entbinden! Das deuten die Herren dahin, es entbinde den Juden von allen Gelübden gegen andere Menschen.

Wie lächerlich und zugleich ungerecht diese ungeheuerliche Anschuldigung ist, mögen Sie daraus ersehen, daß unsereiner nichteinmal weiß, wessen er die Juden beschuldigt! Wir sind von deutscher Kultur erzogen und können nicht anders als mit den Deutschen fühlen, mögen sie uns auch verachten und mit Füßen treten. Wir dh eben jene, die nicht durch den Antisemitismus zu Zionisten geworden sind. Ich meinerseits habe deutlich genug durch meinen Uebertritt zum Protestantismus dokumentiert, daß ich auf Zugehörigkeit zur Synagoge keinen Wert lege.«[261]

In den folgenden Jahren warnte Gehrcke andere Einsteingegner öfter davor, sich näher mit Weyland einzulassen oder auch nur seinen Namen im

259 Gehrcke an Kraus, [Herbst 1920], GN 71-G-4.

260 Ebd. Der Vortrag sollte Gehrckes Vorstellung nach in der Berliner Urania oder vor der Kantgesellschaft stattfinden.

261 Kraus an Gehrcke, 22. November 1920, 71-G-6.

Zusammenhang mit anderen Gegner der Relativitätstheorie zu nennen,[262] und distanzierte sich:

»Zusammenfassend ist meine Auffassung die, dass Weyland es mir ermöglicht hat, dem Totgeschwiegenwerden von Einstein ein Ende zu bereiten, indem er die Bedingungen schuf, gegen die Relativitätstheorie in der Öffentlichkeit Stellung zu nehmen. Damit ist er für mich aber erledigt gewesen: Der Mohr hat seine Schuldigkeit getan [...] Dass Weyland im übrigen mit äußerster Vorsicht zu genießen sei und nichts weiter ist, als eine nur durch gewisse Genialität ausgezeichnete Type aus dem Sumpfe des revolutionären, nachkriegerischen Berlins, war mir schon vor meinem Philharmonie-Vortrage klar.«[263]

So jedenfalls Gehrckes nachträgliche Einschätzung im Bericht an Lenard. Ob er Weyland tatsächlich wie von ihm beschrieben nur benutzt und später fallengelassen hat, oder ob er sich die Angelegenheit im Nachhinein so zurechtlegte, ist offen. Es hätte jedoch seinem strategischen Denken durchaus entsprochen, eine solche Allianz unter dem Kosten-Nutzen-Aspekt einzugehen und sich dann eben aufgrund dieses Aspekts von einer sich als eher schädlich denn nützlich herausstellenden Allianz auch wieder zu distanzieren.[264]

---

262 Vgl. z. B. die Äußerung gegenüber Reuterdahl: »Zum Schluss möchte ich Sie noch einmal vor Weyland warnen. Er schadet mehr als er nutzt.« Gehrcke an Reuterdahl, 29. August 1921, RP 4-16.

263 Gehrcke an Lenard, [Entwurf], [1921], GN 71-G-13. Der leicht veränderte abgesandte Brief ist auf den 3. Februar 1921 datiert, vgl. Kleinert/Schönbeck 1978, S. 327. Zu Lenards Kontakten zu Weyland vgl. ebd.; Rowe 1993; Schönbeck 2000. Lenard ließ sich zwar nicht für die Vorlesungsreihe einspannen, sah den »Einsatz« Weylands aber als ein legitimes Mittel gegen die Marginalisierung an: »Soll man nicht [...] schliessen, dass den ›Relativisten‹ gegenüber ein Herr W[eyland] geradezu eine Notwendigkeit sei?« Lenard an Gehrcke, 1. Oktober 1920, GN 83-E-17. Außerdem sympathisierte er mit Weylands politischen Aktivitäten. Vgl. Lenard an Gehrcke, 6. November 1920, GN 3-F-3: »Es ist doch gut, wenn Kraft- und Luft-Geister wie Weyland ab und zu unter die Menschen fahren, das bringt die zusammen, die zusammengehören, wenn auch etwas Durcheinander dabei entsteht. Ich wünschte immer, Herr W. käme nicht zu schlecht weg. Was tut er jetzt?«; vgl. auch Lenard an Gehrcke, 8. Januar [1921], GN 83-E-10: »Herr Weylands Vielseitigkeit in, wie mir scheint, geschickt und treffend geschriebenen Artikeln seines neuen Blattes [*Deutschvölkische Monatshefte*] könnte doch nun fruchtbar werden. Ein Erfolg des Blattes wäre sehr zu wünschen; es trifft den Kern der Sache.«

264 Max von Laue und Erich Regener kritisierten Gehrckes Allianz mit Weyland und vor allem die Tatsache, dass er sich nicht im Nachhinein von Weyland ausdrücklich distanziert hatte, deutlich. Vgl. von Laue an Gehrcke, 28. August 1920, [Abschrift], GN 4-B-12; Regener an Gehrcke, 10. September 1920, GN 4-B-13 sowie Regener an Gehrcke, 15. September 1920, GN 4-B-14. Bereits einige Tage vor dem Vortrag hatte der Physiker Paul Spies Gehrcke zu Hause aufgesucht, um ihn vor einer Verbindung mit

Gleichwohl war unter den Einsteingegnern das Bedürfnis, sich zu organisieren und zu vernetzen, um gemeinsam durchsetzungsfähiger zu sein, stark vertreten und es wurden andere Vereinigungen tatsächlich gegründet – allerdings ohne Weyland, der in ihren Augen im Gegensatz zu ihnen selbst nicht der seriösen Wissenschaft zuzurechnen war. Gehrcke erklärte kurz nach der Philharmonie-Veranstaltung gegenüber Kraus:

»Etwas anders [als die Weylandsche Arbeitsgemeinschaft] wäre es, wenn es gelänge, etwas neues zu gründen, nämlich einen vorläufig etwa aus Ihnen, Lenard, Palagyi, Dr. Glaser und mir bestehenden Bund, der sich die allgemeine Aufgabe stellt, dem Volke gute, wissenschaftliche Darbietungen in Form von Vorträgen und gemeinverständlichen Schriften zu bieten. Also nicht extra eine G.m.b.H. gegen Einstein, sondern ein wissenschaftlicher Führerbund zum Zwecke der Popularisierung wissenschaftlicher Ideen und Entdeckungen.«[265]

Es ist bemerkenswert, dass Gehrcke keinen Bund der »verbissenen Gegner Einsteins«[266] plante, sondern in der Tradition der Volksaufklärung des 19. Jahrhunderts die Popularisierung »gute[r], wissenschaftliche[r] Darbietungen« ins Zentrum stellte. Neben dieser aufklärerischen Intention diktierte die Einsicht in die Notwendigkeit der Herstellung einer »Gegen-Öffentlichkeit« den Plan: Ohne Öffentlichkeit sei man nicht sichtbar und könne keinen Einfluss nehmen. Der von Gehrcke angedachte »wissenschaftliche Führerbund« kam dann doch nicht zustande, vermutlich deshalb nicht, weil sich durch die Bekanntschaft mit Reuterdahl andere Optionen ergaben.

Weyland, dessen antisemitische Vorträge bekannt seien, zu warnen. Aus Gehrckes Antwort an Spies – hier wiedergegeben in einem Brief an Lenard – geht hervor, dass ihm eine zu erwartende antisemitische Aufladung der Veranstaltung gleichgültig war: »[Spies] möge insofern recht haben, als sich die Antisemiten über die Sache freuten, aber ich könnte eine Parteinahme der Antisemiten ebensowenig beeinflussen, wie Einstein eine Parteinahme der Philosemiten für die Rel.th. beeinflussen könnte.« Gehrcke an Lenard, [um den 20. August 1920], GN 3-J-17.

265 Gehrcke an Kraus, [Herbst 1920], 71-G-4.

266 So die Charakterisierung der Einsteingegner durch das *Berliner Tageblatt*, vgl. »Die verbissenen Gegner Einsteins …«, in: Berliner Tageblatt, 17. November, Morgenausgabe, GN 4, I, 35r

Wie lernten sich die Einsteingegner kennen?

In dieser Arbeit war bereits oft von Kontakten zwischen den Einsteingegnern die Rede. Aber wann und wie lernten sie sich eigentlich kennen? Eine erschöpfende Antwort auf diese Frage gibt es nicht. Wie es zu den Kontakten zwischen den Einsteingegnern kam, lässt sich nicht in Gänze rekonstruieren und war zudem individuell verschieden. Ein wesentlicher Faktor war jedoch die Medienpräsenz der Einsteinkritik und die persönlichen Hinweise der Einsteingegner aufeinander.

Ohne die Massenmedien hätte es die öffentliche Begeisterung für die Relativitätstheorie ebenso wenig gegeben wie das Netzwerk der Einsteingegner. Viele Opponenten der modernen Physik erfuhren von Welträtsellösern und akademischen Einsteingegnern über deren »Öffentlichkeitsarbeit«, also Vorträge, Publikationen und Presseberichte. Gehrcke hatte in seiner Zeitungsausschnittssammlung manchmal Namen von Einsteingegnern unterstrichen und teilweise auch dazu vermerkt, um wen es sich handelte, welchen Beruf derjenige ausübte etc. (»wertvoller Gegner d. R.Th. und klarer Logiker, (vormals Privatdozent?) d. Physik«).[267] Man kontaktierte dann einfach denjenigen, der in dem Artikel erwähnt worden war. Auf diese Weise lernten sich auch die Welträtsellöser Patschke und Wutke kennen, wie Patschke rückblickend erzählt:

»Am 24. Juni 1920 besuchte mich abends um etwa 6 1/2 Uhr der wegen seiner geophysischen Werke ›Die Erde als Motor‹, ›Kann die Erde erkalten‹, ›Über Ursachen und Wesen der Eiszeiten‹ usw. bekannte frühere Apothekenbesitzer Georg Wutke. ›Herr Patschke‹, sagte er, ich such Sie schon seit 15 Jahren, aber erst aus einer Rezension in der heutigen Wilmersdorfer Zeitung erfahre ich Ihre Adresse, obgleich ich ganz in ihrer Nähe und zwar Ihnen schräg gegenüber wohne.«[268]

Von nun fand ein reger Austausch statt; beiden ging es um die Diskussion ihrer eigenen Theorien, nicht vorrangig um eine Kritik der modernen Physik, von der sie beide nichts hielten. Über Wutke lernte Patschke dann die inhaltlich sehr nah an seiner eigenen Theorie liegenden Drucktheoretiker um Johannes Zacharias kennen und gab diesem die Adresse von Reuterdahl, die er selbst wiederum aus der Zeitung erfahren hatte, in der

267 Notiz Gehrckes am Rand eines Fotos, das anlässlich Nordensons 50. Geburtstags in der schwedischen Presse erschienen war. Bildunterschrift: »Direktören, fil. dr Harald Nordenson, Stockholm«, [unbekannte Zeitung], 10. August 1936, GN 4, (2), 32r.

268 Zit. nach Patschke 1925, S. 55.

über Reuterdahl als Gegner Einsteins berichtet worden war und zwar wahrscheinlich von Johannes Riem, der mehrere Pressebeiträge über Reuterdahl brachte.[269] Zacharias und Ziegler kannten sich wiederum bereits über andere Verbindungen,[270] eventuell über Fricke, der bereits in der Weltwissen-Gruppe um Zacharias in Erscheinung getreten war.[271] Vermutlich über Ziegler wurde auch Reuterdahl mit Zacharias und seiner Zeitschrift *Weltwissen* bekannt.[272] Über Fricke, der sich in bemerkenswert vielen subakademischen Kontexten bewegte, kam auch Gehrcke mit Reuterdahl in Verbindung.[273] Erich Ruckhaber, einer der Herausgeber der *100 Autoren gegen Einstein*, erfuhr durch einen von Ziegler verfassten Artikel in den *Luzerner Neuesten Nachrichten* von Reuterdahls Opposition zur Relativitätstheorie und kontaktierte Reuterdahl deshalb Jahre später anlässlich der Herausgabe der *100 Autoren gegen Einstein* (vgl. S. 359f.).[274]

Aber auch Gehrcke selbst stellte, wie bereits erwähnt, für viele Einsteingegner eine öffentlich wahrnehmbare Anlaufstelle dar. Durch seine Publikationen bereits in den 1910er Jahren gegen die Relativitätstheorie, unter anderem in der sich an Wissenschaftler verschiedener Disziplinen richtenden Zeitschrift *Die Naturwissenschaften* oder in den philosophischen *Kant-Studien*, war er nicht nur den Physikerkollegen, sondern auch dem interessierten Publikum als Einsteingegner bekannt geworden. So hatte etwa Kraus Gehrckes frühe kritische Artikel zur Relativitätstheorie gelesen, in denen dieser auf die philosophische Dimension der Auseinandersetzung mit der Relativitätstheorie hinweist. Diese Lektüre ermutigte Kraus, sich 1913 und auch in den folgenden Jahren an Gehrcke zu wenden – »eine[n]

---

269 Vgl. Patschke 1925, S. 57; vgl. z. B. Riem, Johannes, »Zu Einsteins Amerikafahrt«, in: *Deutsche Zeitung*, 13. September 1921, GN 4, XII, 26r; ders., »Ein amerikanisches Weltanschauungsbuch«, in: *Der Reichsbote*, 4. Oktober 1921, GN 4, XII, 55r.

270 Vgl. Ziegler an Reuterdahl, 29. Dezember 1923, RP 4-66.

271 Fricke veröffentlichte mehrfach in Zacharias' Zeitschrift *Weltwissen*. Vgl. z. B. Fricke, Hermann, »Die allgemeine Gravitation. Ein neuer Weg zur Lösung des Problems«, in: *Weltwissen*, Bd. 2, Nr. 38 (1914), S. 177–180, Teil 2 in: ebd., Nr. 39, S. 185–188; ders., »Nochmals die ›Gravitation‹«, in: ebd., Nr. 45, S. 239.

272 Reuterdahl zitiert einen Beitrag Zacharias' aus *Weltwissen* in einem Artikel über Ziegler. Vgl. Reuterdahl 1921c.

273 Vgl. Fricke an Reuterdahl, 19. Juni 1921, RP 4-15. Fricke berichtet Reuterdahl, er habe Gehrcke gebeten, Reuterdahl seinen Philharmonie-Vortrag zu übersenden. Auch habe er Johannes Riem einen Zeitungsartikel von Reuterdahl gegeben, den dieser in die deutsche Presse bringen solle.

274 Vgl. Ruckhaber an Reuterdahl, 11. Februar 1931, RP 4-48; vgl. Ziegler, Johann Heinrich, »Albertus Maximus und die Blamage der Schulweisheit«, in: *Luzerner Neueste Nachrichten*, 20. September 1921 (unter dem Pseudonym J. E. G. Hirzel erschienen).

so ausgezeichneten Kenner der Sache und Physiker von Ruf.«[275] Sein Auftritt in der Berliner Philharmonie 1920 machte Gehrcke breiteren Kreisen bekannt.[276] Vogtherr wandte sich 1921 auf Empfehlung Lenards an Gehrcke, den er zudem »aus Schriften und Vorträgen als einen eifrigen und mutigen Verteidiger des gesunden Verstandes gegenüber den absurden Anmutungen der Relativitäts-Theorie kenne und schätze.«[277] Ende des Jahres 1921 bat Vogtherr Gehrcke um Durchsicht des Manuskripts und um Hilfe bei der Suche nach einem Verleger für seine Broschüre *Wohin führt die Relativitätstheorie?* – und die beiden blieben für die nächsten zehn Jahre in Verbindung. Für den Arzt Vogtherr, der über keine Anbindung an den akademischen Bereich verfügte, war dieser Austausch mit dem Physiker Gehrcke äußerst wichtig: »Ich denke immer noch mit Freude an die angenehmen Stunden zurück, die ich in ihrem Heim und ihrer Gesellschaft verbringen durfte. Leider fehlt mir hier ein in dieser Weise anregender wissenschaftlicher Umgang fast völlig.«[278]

Der erste Kontakt zwischen Gehrcke und Mohorovičić stammt vom 3. März 1921. Der mit seinen damals erst 31 Jahren jüngste im Netzwerk der Einsteingegner wandte sich auf Empfehlung von Johannes Plotnikow an Gehrcke, »da ich gelegentlich eines Kolloquiums bei H. Prof. Plotnikow einen Vortrag über die *Schattenseiten* der Einsteinschen Theorie halten wer-

275 Kraus an Gehrcke, 19. Juni 1920, GN 76-A-18.

276 Weitere Einsteingegner, die sich in den 1920er Jahren bei Gehrcke meldeten waren u. a. Gimmerthal, Geissler und Orthner: »Die beigeschlossene Arbeit hätte ich gern in wissenschaftlichen Kreisen bekannt gemacht, habe aber weder Namen noch Titel noch Beziehungen und weiß nicht, wohin mit ihr.« Gimmerthal an Gehrcke, 29. April 1927, GN 76-A-4; vgl. auch Geissler an Gehrcke: »andere [von Gehrckes Schriften] sind mir schon von früher her bekannt, z. B. was Sie in den Kantstudien veröffentlicht hatten.« Geissler an Gehrcke, 9. Dezember 1920, GN 76-A-7; der Chemiker Rudolf Orthner dankte für Gehrckes Durchsicht des Manuskripts zu *Über physikalische und mathematische Abhängigkeit*, vgl. Orthner an Gehrcke, 24. August 1928, GN 33-F-1.

277 Vogtherr an Gehrcke, 28. Juli 1921, GN 3-J-23; vgl. zur Publikation von Vogtherr 1923 auch Vogtherr an Gehrcke, 27. Dezember 1921: »Da ich weiß, daß Sie an der Bekämpfung der in die moderne Physik eingeschlichenen Absonderlichkeiten regen tätigen Anteil nehmen, so darf ich mir vielleicht erlauben, mich an Sie mit einer Bitte zu wenden, welche das gleiche Interesse zur Grundlage hat.« 1932 wandte sich Vogtherr nach längerer Pause verzweifelt an Gehrcke: »Sie werden es mir hoffentlich nicht übel nehmen, wenn ich mir […] erlaube mich in einer bedrängten Lage an Sie zu wenden.« Vogtherr an Gehrcke, 29. April 1932, GN 33-F-8. Es ging um die Frage, wo er *Das Problem der Gleichzeitigkeit* publizieren könne. Das Buch erschien dann 1933 bei Reinhardt (München).

278 Vogtherr an Gehrcke, 31. Januar 1926, GN 76-A-2.

de, weil ich ein entschiedener Gegner der Einsteinschen speziellen und allgemeinen Relativitätstheorie bin.«[279] Mohorovičić wurde in den nächsten Jahren einer der wichtigsten Austauschpartner Gehrckes.

Auch etlichen Publikationen ließen sich Hinweise auf potentielle Verbündete entnehmen. Reuterdahls »Einstein and the New Science« war als eine Art Materialsammlung angelegt und daher ergiebig für andere Einsteingegner, die diese Informationen zu schätzen wussten: »There [in »Einstein and the New Science«] I found quotations unknown to me, to which I shall refer.«[280] Besonders viel versprechend waren die Hinweise auf interessante Autoren oder potentielle Korrespondenzpartner, die sich aus einem persönlichen Schriftwechsel ergaben; oft wurden auch bei Bekannten Erkundigungen über unbekannte Briefeschreiber eingezogen. So bekam Kraus von Gehrcke eine »Anregung betr. die Büchereinkäufe«, riet Gehrcke seinerseits, in welchen philosophischen Zeitschriften dieser publizieren könne, fragte aber auch, was Gehrcke von Fricke hielte, der ihm einige Schriften übersandt hatte und von dem er nicht genau wusste, was er von ihm halten sollte.[281] Lenard erkundigte sich bei Gehrcke nach Lenore Kühn, deren Pamphlet *Kant contra Einstein* er für so nützlich hielt, dass er einem Verein vorschlug, Kühn an seiner Stelle einen Vortrag halten zu lassen.[282] Gehrcke machte immer wieder mit ihm korrespondierende Einsteingegner aufeinander aufmerksam und verteilte Adressen. Geissler bedankte sich etwa bei Gehrcke »für die Liste von Adressen, welche Sie mir damals schickten für die Relativitätsschrift. Von den meisten habe ich Zustimmung erhalten, auch ausführlichere Korrespondenz begonnen«.[283]

---

279 Mohorovičić an Gehrcke, 3. März 1921, GN 3-G-2.

280 Mohorovičić an Reuterdahl, 25. Februar 1922, RP 4-35.

281 Vgl. Kraus an Gehrcke, 17. Oktober 1913, GN 72-A-4 (zu den Zeitschriften); vgl. Kraus an Gehrcke, 29. Januar 1921, GN 71-G-10 (zu Fricke). Sehr oft wurde auch die einschlägige Literatur oder Korrespondenz weiterversandt, zum Teil als Leihgaben, die vom einen zum anderen weitergereicht wurden. Vgl. Fricke: »lege ich Ihnen einige, mir von Herrn Mewes überlassene deutsche Zeitungen vor, die sehr heftige Ausfälle gegen Einstein enthalten.« Fricke an Gehrcke 14. Januar 1920, GN 68-E-18; »Anbei weitere Einsteinliteratur.« Fricke an Gehrcke, 11. September 1921, GN 3-G-10.

282 Lenard an Gehrcke, 6. November 1920, GN 3-F-3. Welchem Verein er Kühn als Referentin vorschlug, geht aus dem Brief nicht hervor.

283 Geissler an Gehrcke, 26. Januar 1921, GN 3-J-9; Glaser erhielt von Gehrcke die Adresse des Ingenieurs Giulio Alliata. Vgl. Glaser an Gehrcke, 22. Juli 1921, GN 3-J-1.

Das Netzwerk der Einsteingegner – rekonstruiert anhand der Korrespondenz in den Nachlässen Gehrckes und Reuterdahls.[284]

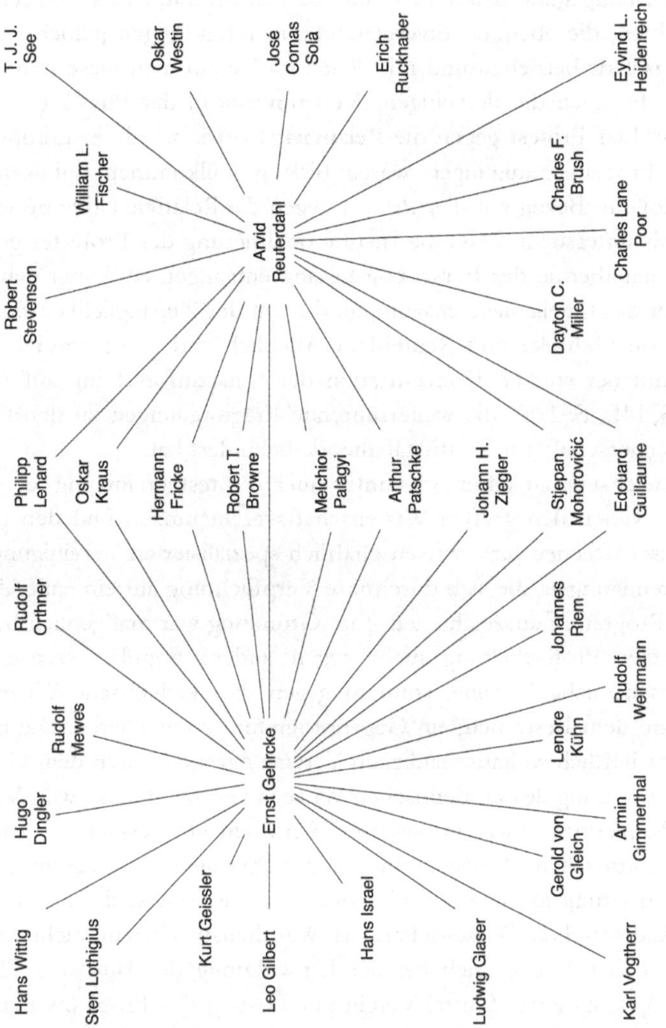

284 In der Abbildung sind die wichtigsten Korrespondenzpartner aufgeführt; dabei wurden auch Einsteingegner berücksichtigt, die in dieser Arbeit nicht im Mittelpunkt stehen und daher nicht in der Tabelle auf S. 25 aufgeführt wurden. Sowohl im Nachlass Gehrckes als auch im Nachlass Reuterdahls befinden sich darüber hinaus (oft nur einzelne) Briefe von in der Abbildung nicht aufgeführten Einsteingegnern.

4.3.2 Zum Begriff der Protestvereinigung

Die Einsteingegner nahmen Kontakt zueinander auf, weil sie Gleichgesinnte suchten, die ebenfalls divergierende, in ihren Augen jedoch »richtige«, Wissenschaft betrieben und mit denen im Verein man diese richtige Wissenschaft gegen die derzeitigen »Verirrungen« in der Physik durchsetzen könnte. Der Protest gegen die Relativitätstheorie wurde institutionalisiert. Diese Protestvereinigungen waren bislang vollkommen unbekannt und ihre Rolle in Bezug auf den Protest gegen die Relativitätstheorie wird hier erstmals untersucht. Dass die Institutionalisierung des Protestes gegen die Relativitätstheorie der Forschung bislang entgangen ist, hängt dabei nicht nur mit der Quellenlage zusammen, die seit der Zugänglichkeit der Nachlässe von Gehrcke und Reuterdahl erheblich verbessert wurde, sondern auch mit der starken Konzentration der Einsteinforschung auf Weyland (vgl. S. 14f., S. 298), die weiterführende Fragestellungen zu den Gegnern der Gegnerschaft zur Relativitätstheorie behindert hat.

Zunächst ist zu klären, was unter einer »Protestvereinigung« zu verstehen ist. Neben den großen Wissenschaftsvereinigungen und den populärwissenschaftlichen bzw. wissenschaftlich spezialisierten Vereinigungen gab es Vereinigungen, die sich durch ihre Verpflichtung auf ein außerakademisches Programm auszeichneten. Ihre Gründung war maßgeblich bestimmt von einer Protesthaltung nicht gegen andere populärwissenschaftlich-weltanschauliche Vereine, sondern gegen die akademische Wissenschaft und von dem Bestreben, ein Gegenprogramm zu etablieren. Die populärwissenschaftlich-weltanschaulichen Vereine dagegen waren dem Gedanken der Vermittlung des akademischen Wissens verpflichtet. So war der christliche Keplerbund zwar in gewisser Weise ein »Protestverein« gegen den religionskritischen Monistenbund, er trat aber gerade für die »vorsichtige« Popularisierung akademischer Erkenntnisse ein und stellte die Akzeptanz der akademischen Wissenschaft als Wahrheitsproduzent nicht in Frage. Dagegen handelte es sich bei der Umwidmung des Breslauer Physikalischen Vereins zum Zentral-Verein zur Lösung des Problems der Anziehung (vgl. S. 156ff.) um die Wandlung zu einem Protestverein.

Die Quellenlage zu diesen originären Vereinigungen der »wissenschaftlichen Outlaws« ist äußerst problematisch. Zum Teil finden sich Gründungsmanifeste und Satzungen in den Publikationen der Welträtsellöser, wobei aber oft unklar bleibt, ob es sich dabei nur um Vorhaben handelt, die möglicherweise gar nicht oder zumindest nicht in der angekündigten Form realisiert wurden. So waren Patschkes großangelegte Pläne zur Realisierung einer »Weltausstellung der Naturkräfte« aller Wahrscheinlichkeit nach nur ein stark utopisches Einmann-Unternehmen, das über den Status eines Plans nie hinausgekommen ist.[285]

Die folgende Darstellung beschränkt sich daher auf zwei Vereinigungen, zu denen zahlreiche Dokumente in den Nachlässen von Gehrcke und Reuterdahl vorliegen. Die erste Vereinigung nahm eine herausgehobene Stellung unter diesen Protestbünden ein, da es sich um ein international angelegtes Netzwerk handelte. Sie bezog ihren Zusammenhalt vor allem aus einem inhaltlich nicht näher bestimmten Konsens darüber, dass man der Relativitätstheorie »richtige« Wissenschaft entgegensetzen müsse. Bei der zweiten, kleineren Vereinigung hingegen waren es vor allem spezifische inhaltliche Interessen, die den Zusammenhalt herstellten. Es ist nicht auszuschließen, sondern eher sogar wahrscheinlich, dass es noch weitere Protestvereinigungen dieser Art gegeben hat.[286]

4.3.3 Die Academy of Nations als Protestvereinigung der Einsteingegner

Wahrheitsbund …

An verschiedenen Stellen der Arbeit wurde die Rolle von Wahrheit in der Wissenschaftsauffassung der Einsteingegner herausgestellt. Dieser Kampf um Wahrheit fand nicht nur auf dem Papier, sondern auch in gezielten Aktionen einen Niederschlag. Die Vereinigung der Kräfte zielte – das wird im Folgenden am Beispiel der Academy of Nations (AoN) deutlich werden – mindestens ebenso sehr darauf, eine »wahre Wissenschaft« zu etablieren, eine »Vereinigung der Guten« zu sein, wie darauf, die Relativitätstheorie zu bekämpfen. Beides ging Hand in Hand, der Kampf gegen die Relativitätstheorie wurde als Grundlage des Neuaufbaus der Wissenschaft angesehen.

---

285 Weitere Nachweise als eine Ankündigung in einer seiner Publikationen sind nicht aufgefunden worden. Vgl. Patschke 1925, S. 134ff.

286 Beispielsweise der von Johannes Zacharias gegründete Weltbund. Allerdings gibt es nur einen dürftigen Beleg für dessen reale Existenz in Form von zwei Artikeln in der einzigen erhalten gebliebenen Nummer von *Weltwissen* des Jahres 1921. Vgl. Rutan, »Was will der Weltbund«, in: *Weltwissen*, Bd. 5, 1. April 1921, S. 1–2 sowie ders., »Die Organisation des Weltbundes«, in: ebd., S. 2–4. Den erhaltenen Bänden der Zeitschrift *Weltwissen* lässt sich jedoch entnehmen, dass die ebenfalls von Zacharias gegründete Protestvereinigung Gesellschaft Weltwissen zumindest einige Jahre existierte.

Im Jahr 1921 beschlossen Reuterdahl und der Esoteriker Robert Browne (zu Browne vgl. auch S. 314), eine Vereinigung der »wahren Wissenschaftler« zu gründen.[287] Sie hatten sich im Mai 1921 kennen gelernt, als Browne sich mit einem Brief an Reuterdahl wandte, in welchem er die Notwendigkeit betont hatte, erzieherisch tätig zu werden, um das Chaos im Bereich des Wissens zu beseitigen, für das nach Reuterdahls Ansicht insbesondere die Einstein'sche Relativitätstheorie verantwortlich war. Wahrscheinlich war Browne durch einen Pressebericht über einen von Reuterdahls Vorträgen über religiöse Themen auf ihn aufmerksam geworden. Die AoN sollte der Beseitigung der gegenwärtigen Unübersichtlichkeit in den Wissenssystemen dienen: »The Academy of Nations will function in the unification and co-ordination of systems of knowledge, thus procuring the development of synthesized body of knowledge as against the highly specialized condition now existing.« Sie solle außerdem ein Welt-Tribunal zur Entscheidung wissenschaftlicher und philosophischer Kontroversen sein und eines ihrer herausragenden inhaltlichen Ziele war: »Discovery, investigation and dissemination of truth«.[288] Der Kampf um Wahrheit und die Verteidigung der »richtigen« Wissenschaft und Weltanschauung nahm für die Mitglieder der AoN einen höheren Stellenwert ein als der Kampf gegen die Relativitätstheorie.[289] Gehrcke erklärte in seiner Korrespondenz mit Reuterdahl im Vorfeld der AoN-Gründung:

»Ich sehe den Hauptpunkt Ihres Programms in dem Begriff § 2 der Agenda: Truth! Es muss ein *Wahrheitsbund* werden, mit diesem *positiven* Inhalt finden sich allein die Menschen zu wirksamer Abwehr kulturfeindlicher Mächte zusammen. Ein solcher *positiver* Inhalt ist weit besser als es ein lediglich *negativer* sein würde; in Ihrem

287 Die Gründung der AoN wurde erstmals im Jahr 1921 angekündigt (ohne genauere Datumsangabe). Vgl. *Announcement. The Academy of Nations. Organized for the Advancement of Knowledge in all its Branches and for the Promotion of Amity, Unity of Purpose and Organized Cooperation among the Nations of the World. An Outline of its Purposes, Scope and Plan of Organization*, RP 3-5.

288 Beide Zitate aus Reuterdahl 1922a.

289 Das zeigt sich nicht zuletzt auch daran, dass Gerold von Gleich, der als außerakademischer, aber nicht außerakademisch argumentierender Gegner der Relativitätstheorie im Netzwerk der Einsteingegner eine Sonderrolle einnahm, deutlich sein Unbehagen an den universalen Wahrheitsansprüchen der AoN-Mitglieder zeigte: »Das [der Entwurf von Kühn zu den Zielen der AON, vgl. S. 311] ist mir offengestanden etwas zu anspruchsvoll. Vor allem die ›Erfassung letzter Wahrheiten‹. [...] Sagen wir doch zunächst, dass wir einfach die Rel.Th. bekämpfen wollen.« Von Gleich an Gehrcke, 4. April 1925, GN 29-F-7.

Ankündigungsheft ist dem in sehr kluger Weise Rechnung getragen. Was wir wollen, ist ein Imperialismus der *Wahrheit* – sonst *keinen* Imperialismus.«[290]

In einem Entwurf von Lenore Kühn über *Was soll die Akademie der Nationen sein?* wird im ersten Punkt erklärt: »Sie soll ein gemeinsamer Aufschwung der Nationen zur vereinten Erfassung letzter Wahrheiten sein.« Und in Punkt zwei heißt es: »Sie soll eine geistige Direktivkraft für den Weg der zivilisierten Menschheit sein, auf geistigem Gebiet jener Staat des Plato wo die ›Philosophen‹ Herrscher sind.«[291] Von Wahrheit ist in diesem Entwurf viel, von der Relativitätstheorie kein einziges Mal die Rede. Palagyi nannte es in einem Brief an Reuterdahl »Wahrheitsforschung«, die sie vereint gegen die »tiefe Geistesverwirrung unserer Tage, den ›Relativismus‹« setzten.[292] Dass die AoN als exklusiver Kreis und Elite der Wahrheitssuchenden begriffen wurde, zeigt sich auch an Dušan Grubićs Brief an Reuterdahl, in welchem er ihm seinen »innigsten Dank für das Vertrauen, welches Sie und ›College of Fellows‹ unserer Akademie mir entgegenbrachten, indem Sie mich zum wirklichen Mitglied dieses Ehrenkörpers wählten«, aussprach und betonte:

»Im Vereine mit unserem Dr. Mohorovičić und übrigen Mitgliedern unserer Akademie werden wir unser Bestes und Möglichstes bieten, um den hehren Aufgaben der ›Academy of Nations‹ durch Kreierung unseres nationalen Instituts in Jugoslawien (S.H.S.) den Boden bei uns vorzubereiten [...] Wir stehen doch im Dienste der Wahrheit.«[293]

Mohorovičić versicherte Reuterdahl, dass sie vereint die »richtige« Wissenschaft würden durchsetzen können: »I never doubted that our affair will succe[e]d. We shall write and fight so long, untill this clear scientifical truth conquers and I am sure that moment is not far.«[294] Selbst wurde er wiederum in Phasen der Mutlosigkeit von Reuterdahl aufgemuntert:

290 Gehrcke an Reuterdahl, 17. Oktober 1921, GN 4-16. Gehrcke bezog sich auf die in Reuterdahl 1922a aufgelisteten Ziele der AoN; vgl. auch Gehrcke an Browne: »Ich erhoffe von Herzen einen erspriesslichen und gedeihlichen Fortschritt der Academy of Nations in allen ihren Nationalinstituten, als eines internationalen Organs zur Verbreitung der Wahrheit, zum Wohle der ganzen Menschheit«, 18. Januar 1922, [Entwurf], GN 82-G-5.

291 [Kühn, Lenore], *Was soll die Akademie der Nationen sein?*, [undatierter Entwurf], GN 29-F-10.

292 Palagyi an Reuterdahl, 12. Oktober 1922, RP 4-40.

293 Grubić an Reuterdahl, 17. Januar 1924, RP 4-57.

294 Mohorovičić an Reuterdahl, 1. Juli 1923, RP 4-35.

»Dear friend, do not lose courage! We must continue this fight for the preservation of ›free science.‹ The issue is greater than Einsteinism. These sinister forces are trying to stifle the truth. The few fearless men like ourselves, and the staunch Germans like Lenard, Gehrcke, Fricke, Riem, etc. etc., the Swiss -- Guillaume, Ziegler etc -- constitute the truth phalanx which must battle on to victory. We will win eventually.«[295]

Das Bewusstsein, dass die entscheidende Schlacht um die »wahre« Wissenschaft bevorstehe, teilte auch Einsteins ehemaliger Patentamtskollege Guillaume: »[I]l est urgent que toutes les bonnes volontés s'unissent pour lutter contre ces méthodes déplorables, qui ne pourraient que conduire à la mort de la Science.«[296] Dass es ein »positives Programm« geben und um »die Wahrheit« gehen müsse, war ein Ziel, auf das sich verschiedene Gegner der akademischen Physik zunächst einigen konnten. War die AoN also nur ein Bund hehrer Wahrheitssucher?

... und Anti-Einstein-Akademie

Neben diesem Grundkonsens der Wiederherstellung der »wahren« Wissenschaft – was immer dann im Einzelnen darunter verstanden wurde – war der Kampf gegen die Relativitätstheorie das zweite einigende Interesse. Der Kampf gegen die Relativitätstheorie wurde dabei nicht als etwas vom Kampf für die »wahre« Wissenschaft Verschiedenes verstanden; vielmehr galt die Relativitätstheorie als etwas, das der »wahren« Wissenschaft im Wege stand und deshalb zuerst beseitigt werden sollte. Die Hälfte der Gründungsankündigung der AoN polemisiert dementsprechend gegen die Relativitätstheorie. Bereits die ersten Sätze lassen keinen Zweifel daran, dass die Relativitätstheorie als bedeutende Bedrohung wahrgenommen wurde:

»We are emerging from a period of material and intellectual chaos. Nations have clashed in war. The intellectual world is still in conflict on the fields of knowledge. Never before has the demarcation between intellectual camps been so clearly defined. The meteoric rise of Einstein marks the beginning of this division in the modern kingdom of intellect. [...] Now the intellectual world is divided broadly into the Relativistic and the Anti-Relativistic schools. Einstein has served as a

295 Reuterdahl an Mohorovičić, 24. Mai 1923, RP 4-35.
296 Guillaume an Reuterdahl, 26. April 1922, RP 4-19.

chemical reagent which has precipitated relativity from the present content of knowledge as a mass insoluble to the average man.«[297]

Reuterdahl und Browne stellen hier deutlich heraus, dass ihrer Ansicht nach zwei »Lager« in der Wissenschaft existierten, auf die auch bereits Fricke öfter hingewiesen hatte (vgl. S. 99). Diese »Lager-Mentalität« ist ein Grund dafür, warum die inhaltliche Heterogenität der Anti-Einstein-Bewegung zumindst zeitweise in der Hintergrund trat: Wer die Relativitätstheorie ablehnte und die von den Einsteingegnern geforderten Eigenschaften eines »richtigen« Naturforschers aufwies, stand im richtigen Lager. Die Terminologie der Einsteingegner war in dieser strategischen Auseinandersetzung die des Kampfes, nicht die der Wissenschaft (»in unserem Kampfe haben wir nur *einen* Gegner und wir müssen jetzt solche Fehler unserer Feinde, welche uns ganz vernichten wollten, rasch ausnützen«;[298] »We must use the same means as our enemies do«[299]). Die Gegnerschaft zur Relativitätstheorie war in Europa das wichtigste, vielleicht auch das einzige Rekrutierungskriterium für die AoN, eine Entwicklung, die ihr Generalsekretär Browne, der sich wenig für moderne Physik interessierte, mit Argwohn beobachtete. Die führenden Figuren der im Folgenden vorgestellten europäischen Nationalinstitute jedenfalls – Gehrcke, Mohorovičić, Guillaume und Ziegler – waren alle wohlbekannte Einsteingegner und brachten ihre lokalen Netzwerke ein.

Organisationsstruktur

Die AoN wurde von New York aus geführt, war aber als föderales internationales Gebilde angelegt und sah die Gründung von Nationalinstituten vor, die eigenständige Entscheidungen (etwa über die Aufnahme von Mitgliedern) treffen konnten. Das »Committee on Organization« der AoN setzte sich vorwiegend aus Personen zusammen, die in dieser Arbeit

---

297 Reuterdahl 1922a.

298 Mohorovičić an Gehrcke, 20. Dezember 1924, GN 29-F-1.

299 Mohorovičić an Reuterdahl, 1. Juli 1923, RP 4-35; vgl. auch Reuterdahl an See: »There is very little danger of overdoing the fight on Einstein, I have had the pulse both here and abroad on that matter for a long time. With the excellent control and censorship which the Einsteinians can exert, and because of the comparatively small number of Einstein's opponents there is a hard fight ahead. Einstein and his cohorts are solidly intrenched and their Rock of Relativity can only be destroyed by continous assault. I propose, for myself at least, to fight this charlatan until he is vanquished or I a[m] dead.« 17. Mai 1923, GN 4-49.

bereits angesprochen wurden: Arvid Reuterdahl, Robert T. Browne, Sidney T. Skidmore, Hermann Fricke, Thomas J. J. See, Eyvind Lee Heidenreich, Ludwig Glaser, Hudson Maxim, James F. Morton, Ernst Gehrcke, Sten Lothigius, Oskar Kraus, Johann Heinrich Ziegler, Lenore Kühn, Edouard Guillaume, J. G. A. Goedhart, Johannes Riem, José Comas Solà.[300] Die AoN war wie eine akademische Akademie organisiert: Sie hatte einfache »Members«, »Savants«, die eine Ebene über den einfachen Mitgliedern angesiedelt waren, und eine begrenzte Anzahl von hierarchisch noch höher stehenden »Fellows«. Ihr Ursprung in der theistischen Bewegung zeigte sich darin, dass sie im Laufe der Zeit von »Archons«, spirituellen Führen, geleitet werden sollte.

Die Nationalinstitute in den USA und in Europa

Neben Reuterdahl war Robert Tecumtha Browne (geb. 1882), der als Generalsekretär der AoN fungierte und damit an der Spitze der gesamten Vereinigung stand, die zentrale Figur im US-amerikanischen Teil des AoN-Netzwerks. Brownes Interesse lag nicht im Bereich des naturwissenschaftlichen, sondern des okkultistischen Wissens. 1919 publizierte er *The Mystery of Space*,[301] ein parapsychologisches Buch über die Dimensionen des Raums und trat auch ansonsten nur mit okkultistischen Themen in die Öffentlichkeit. Vermutlich entwickelte sich die AoN in den USA unter Brownes Einfluss zu einer theistischen Sekte. In okkultistisch-esoterischen Kreisen wird Browne, der sich seit 1925 Mullah Hanaranda nannte, jedenfalls heute noch als Autorität angesehen.[302] Sein Ziel war es, die AoN in eine größere spirituelle Organisationsstruktur zu integrieren.[303] Browne war an Einsteinkritik wenig interessiert, er wollte sein theistisches Programm mit der AoN durchsetzen und so blieb Reuterdahl der Ansprechpartner für die europäischen und US-amerikanischen Einsteingegner, die Brownes Programm nur zum geringen Teil teilten.

300 »Committee on Organization«, 15. November 1921, RP 3-5.

301 Browne, Robert T., *The Mystery of Space. A Study of the Hyperspace Movement in the Light of the Evolution of New Physic Faculties and An Inquiry into the Genesis and the Essential Nature of Space*, New York 1919.

302 Darunter etwa die Hermetic Society for World Service, die in jüngster Zeit eine Neuauflage von Brownes Schriften besorgte.

303 Vgl. »The Archons«, in: *Occult Series*, Nr. 2, [ohne Datum], RP 03a-02.

Robert T. Browne

Reuterdahls Anhänger Heidenreich bildete mit Browne und Reuterdahl das Dreigestirn an der Spitze der US-amerikanischen AoN. Ob neben T. J. J. See noch andere US-amerikanische Einsteingegner, die mit Reuterdahl in Verbindung standen, zum Beispiel Charles Francis Brush, Charles Lane Poor oder Dayton Clarence Miller, zur AoN gehörten, geht aus den untersuchten Quellen nicht hervor.

Als Reuterdahl durch Vermittlung Frickes im Herbst 1921 mit der Idee der Gründung der AoN an ihn herantrat, sah Gehrcke darin sofort ein potentielles Forum für eine Institutionalisierung von Anti-Einstein-Aktivitäten, die er ja schon ein Jahr zuvor gegenüber Kraus angeregt hatte:

»Ueber Ihre Einladung zu einer Academy of Nations fand am 23. Oktober in meiner Wohnung eine Aussprache unter folgenden Personen statt, die Ihnen durch literarische Beiträge zu der Einstein-Angelegenheit bekannt sind: Fricke, Gehrcke, Glaser, Kühn, Riem. Die Aussprache ergab generelle Zustimmung zu dem Plan und der Beteiligung an dieser Academy of Nations, deren Begründung durch das amerikanische Kommite lebhaft begrüßt wird. [...] Die genannten 5 Personen konstituieren sich als vorläufige Arbeitsgemeinschaft der deutschen Gruppe der Academy of Nations.«[304]

304 Gehrcke an Reuterdahl, 24. Oktober 1921, GN 79-A-4.

Mit dem Werben weiterer Mitglieder wollte man zunächst »inanbetracht der besonderen Umstände« abwarten, in Aussicht gestellt wurden den US-Amerikanern die Beitritte von Kurt Geissler, Philipp Lenard und Rudolf Mewes.[305] Gehrcke insistierte, dass erst bekannte Wissenschaftler mit zugkräftigen Namen gewonnen werden müssten, bevor man an die Öffentlichkeit gehen könne, sonst würde man nicht anerkannt und »nur unseren Gegnern als Zielschreibe des Angriffs dienen.«[306]

Browne, in seiner Funktion als »Acting Secretary General«, stellte Gehrcke am 15. November 1921 dann die offizielle »Authority for the Organization of National Institutes« aus und bevollmächtigte ihn damit zur Etablierung eines deutschen Nationalinstituts der AoN. Diese offiziöse Anmutung der AoN war für die Einsteingegner wichtig, um eine in ihren Augen seriöse Gegenstruktur zu etablieren. Tatsächlich lassen die Briefköpfe aus der US-amerikanischen Zentrale, die Dokumente zur Autorisierung der Vorsitzenden der nationalen Institute, die Satzung und die Bulletins und nicht zuletzt die Aufnahmeprozedur für neue Mitglieder – es waren detaillierte Formulare auszufüllen und eine wissenschaftliche Arbeit einzureichen, woraufhin eine offizielle Urkunde der Mitgliedschaft ausgehändigt wurde – auf den ersten Blick keinen Unterschied zu einer normalen wissenschaftlichen Vereinigung erkennen. Reuterdahl führte sogar seit 1923 einen von der AoN verliehenen Doktortitel.[307]

Während in den USA vor allem der Wunsch von Reuterdahl und Browne nach Durchsetzung einer religiösen Wissenschaft die Motivation für die AoN-Gründung war, stellt sich die Frage, was sich Gehrcke eigent-

305 Ebd. Geissler trat 1924 bei (vgl. das Aufnahmeformular, GN 82-F-6), Lenard trat nicht bei, ob Mewes Mitglied wurde, ist unklar.

306 Gehrcke an Reuterdahl, 24. Oktober 1921, RP 4-16. Vgl. auch Gehrcke an Browne: »Wir sind der Meinung, dass die Begründung eines Deutschen National-Instituts unter den hiesigen Verhältnissen am besten auf dem Wege zu geschehen hat, dass eine grössere Gruppe namhafter und bekannter Forscher an die breite Öffentlichkeit herantritt, um neue Mitglieder zu werben. Es wäre bei den hiesigen Verhältnissen falsch, wenn eine *so kleine* Gruppe wie wir bisher sind, schon an die breite Öffentlichkeit sich mit Aufruf wenden würde! Dementsprechend haben wir mit einer Reihe uns bekannter Gelehrter von internationalem Ruf verhandelt und zunächst *ganz im Vertrauen* die Stimmung zur Gründung der Academy of Nations erforscht. Wir fanden viel Teilnahme und Zuspruch, doch wollten bisher alle sich *noch nicht jetzt sofort* entscheiden, sondern vorläufig abwarten, wie sich die ganze Sache und ganz besonders die finanzielle Seite gestaltet.« 20. Juni 1922, [Entwurf], GN 82-G-9.

307 Die Verleihungsurkunde befindet sich im Nachlass Reuterdahls, unterzeichnet von Browne, RP 3-1.

lich von der deutschen AoN und einer Allianz mit den US-amerikanischen Theisten versprach. Ihn reizte die Anti-Einstein-Programmatik und er hoffte vor allem auf Unterstützung für die deutschen Einsteingegner – in ideeller, aber unverhüllt auch in materieller Hinsicht.

In ideeller Hinsicht waren die Ehrerweisungen, die von den AoN-Mitgliedern häufig untereinander ausgetauscht wurden, eine moralische Unterstützung. So erklärte Browne gegenüber Gehrcke: »We are deeply gratified to know that so eminent an authority as yourself will undertake the work of organizing The German National Institute of The Academy of Nations.«[308] Aber bereits in dem oben zitierten Schreiben Gehrckes an Reuterdahl zur Konstitution der deutschen Sektion wird unter Punkt 6 die finanzielle Seite angesprochen: »Die [...] Arbeitsgemeinschaft [der deutschen Gruppe der AoN] nimmt an, dass inanbetracht der allgemein bekannten, schwierigen wirtschaftlichen Lage in Deutschland von dem amerikanischen Hauptkommitee Geldmittel zur Verfügung gestellt werden, um die deutsche Gruppe der Academy of Nations bilden zu können.«[309]

Geldmangel war immer wieder ein Thema bei den deutschen Einsteingegnern. Im Deutschland der Nachkriegszeit war die wirtschaftliche Lage angespannt, viele standen ohne Vermögen dar, Reparationszahlungen und Inflation prägten die Nachkriegswirtschaft.[310] Nun lag zwar der Grund der fehlenden Publikationsmöglichkeiten der Einsteingegner weniger an der Papierknappheit denn am akademischen System der Qualitätssicherung. Die Schwierigkeit, ihre Artikel und Bücher in etablierten Zeitschriften und Verlagen unterzubringen, zwang aber viele dazu, immer öfter eigene Veröffentlichungsmöglichkeiten zu schaffen, und die Neugründung von Zeitschriften oder das Publizieren im Selbstverlag kostete Geld, das oft nicht vorhanden war.[311] Außerdem war die Veröffentlichung im Selbstverlag mit wenig Prestige verbunden. Eine eigene Zeitschrift der AoN und

308 Browne an Gehrcke, 17. November 1921, GN 82-G-4.

309 Gehrcke an Reuterdahl, 24. Oktober 1921, RP 4-16.

310 Zur ökonomischen Situation der Nachkriegszeit vgl. umfassend Feldman, Gerald D., *The Great Disorder. Politics, Economics, and Society in the German Inflation, 1914–1924*. New York, NY/Oxford 1993.

311 »Wenn ich nicht durch die Inflation alle meine Ersparnisse verloren hätte, wäre es [der Druck Vogtherrs Manuskripts] ja wohl schon längst geschehen.« Vogtherr an Gehrcke, 5. Mai 1926, GN 76-A-3. Aber auch die US-amerikanischen Einsteingegner klagten über die hohen Kosten der Publikation im Selbstverlag, vgl. z. B. die Äußerung Sees: »My Aether work alone will have cost me close on to $ 2000,00«, See an Reuterdahl, 11. Oktober 1921, RP 4-49.

eine eigene Buchreihe, möglichst finanziert aus Amerika, war dagegen reizvoll. Die Amerikaner lockten zudem mit einem mächtigen Verbündeten: dem Industriellen Henry Ford (1863–1947).

Am 7. August 1921 schrieb Reuterdahl an Gehrcke: »Mr. Henry Ford has been a great help to my attack on Einstein. Most of the American scientific journals have been hoodwinked by Einstein – either by financial influences or by other means. I am enclosing a terrific attack on Einstein by Ford's paper ›The Dearborn Independent‹«.[312] Gehrcke antwortete: »Dass Sie mit dem Industriellen Ford in Verbindung sind, ist sehr gut, und hat mich sehr gefreut. Ford wird Interesse daran haben, den Einsteinismus zu entlarven. Einstein ist der Nationalheilige seiner Rasse.«[313] In einem zweiten Schreiben fragte Gehrcke erneut nach finanzieller Unterstützung für die deutsche Sektion der AoN.[314] Generalsekretär Browne lehnte dies in einem vertraulichen Schreiben ab und erklärte, dass die AoN erst bei ausreichender Unterstützung und Anhängerbasis Aussicht auf Finanzierung in Amerika habe, die bisherigen Ausgaben hätten die US-amerikanischen Fellows aus eigener Tasche bezahlt.[315] Ob Henry Ford die US-amerikanische AoN tatsächlich finanziell unterstützte, ist unklar, aber eher unwahrscheinlich. Außer Reuterdahls Verbindung zu Fords Zeitung *The Dearborn Independent*, die aber über Stevenson zustande kam,[316] ist kein weiterer Kontakt bekannt. Es befindet sich keine Korrespondenz mit Henry oder Edsel Ford im Nachlass Reuterdahls. Vielleicht hatte eine Unterstützung durch Ford über Stevenson erreicht werden sollen, sich aber aufgrund von dessen Tod im Jahr 1922 nicht mehr realisieren lassen.

Auch Palagyi spekulierte auf finanzielle Hilfe aus Amerika. Er wandte sich an Reuterdahl mit der Bitte, seine Aufsätze in US-amerikanischen Zeitschriften zu veröffentlichen, um so an Devisen zu kommen, die ihm eine Fortsetzung seiner physikalischen Experimente erlauben würden: »So seltsam sind die heutigen Lebensverhältnisse diesseits und jenseits des Ozeans geartet, dass Sie durch die kleinste Mühewaltung, – so scheint es mir wenigstens –, das Problem meiner experimentellen Arbeitsmöglichkeit

312 Reuterdahl an Gehrcke, 7. August 1921, GN 3-I-5.

313 Gehrcke an Reuterdahl, 17. Oktober 1921, RP 4-16. Dies ist eine der wenigen direkt antisemitischen Äußerungen von Gehrcke, die in der Korrespondenz geäußert wurden. Zu Gehrckes Haltung zum Thema Antisemitismus vgl. S. 299.

314 Gehrcke an Browne, 22. Juni 1922, [Entwurf], GN 79-A-5.

315 Browne an Gehrcke, 27. Juli 1922, GN 79-A-3.

316 Vgl. Stevenson an Reuterdahl, 30. Dezember 1921, RP 4-56.

lösen würden!«[317] Die experimentelle Bestätigung seiner Naturphilosophie war für Palagyi, der sich ebenso als Physiker wie als Naturphilosoph verstand, von großer Bedeutung.[318] In einem weiteren Brief fragte er noch einmal nach der Möglichkeit, ein Honorar in Devisen für einen Artikel zu bekommen: Ihm schwebten 100 Dollar vor, die ihm möglichst rasch zugehen sollten, solange der Wechselkurs noch dermaßen hoch sei.[319] Palagyi setzte auf die beginnende Hyper-Inflation: Im Januar 1921 kostete 1 Dollar 191,80 Mark, zum Zeitpunkt seines Briefes im November 1922 bekam man für 1 Dollar bereits 7183,10 Mark, im Januar 1923 dann sogar 17.972 Mark.[320]

Anscheinend hatte in den deutschen Einsteingegner-Kreisen das Gerücht, dass Henry Ford ihre Arbeit fördern wolle, schnell die Runde gemacht. Mit der Aussicht auf mächtige Unterstützung durch den Industriellen und – für Lenard ebenfalls eine Empfehlung – überzeugten Antisemiten Henry Ford konnte Gehrcke sogar Lenard jedenfalls kurzzeitig für das gemeinsame Vorhaben mit den US-Amerikanern interessieren. Gemäß seiner Strategie, »große Namen« für die AoN zu gewinnen, hatte Gehrcke zunächst versucht, Lenard als Zugpferd für die deutsche Sektion der AoN einzuspannen. Lenard war aber zum einen in der Wahl seiner Verbündeten mehr als Gehrcke auf wissenschaftliche Qualität bedacht und zum anderen wesentlich stärker als Gehrcke von nationalistischen und antisemitischen Ressentiments geleitet. Während Lenard gegenüber Gehrcke die im Hammer-Verlag erschienene antisemitische Schrift *Einstein's Truglehre* trotz der von ihm selbst konstatierten physikalischen Schwäche wohlwollend erwähnte,[321] war eine Allianz mit einem US-Amerikaner wie Reuterdahl für Lenard undenkbar. Mit der AoN wollte er daher nichts zu tun haben:

»Der Reuterdahl-Brief gefällt mir – offen zu sagen – nicht sehr. Seine ›Acad of N.‹ ist – wie Sie auch selbst übrigens ungefähr sagen – Spielerei nach amerikan. Art; nichts Deutsches. Uns kann aber nur Grund-Deutsches helfen. An irgendwelchen internationalen Dingen (ausgenommen in besonderem Falle Spezialwissenschaftliches) teilzunehmen halte ich für gänzlich verkehrt«.[322]

317 Palagyi an Reuterdahl, 12. Oktober 1922, RP 4-40.

318 Vgl. ebd.

319 Palagyi an Reuterdahl, 25. November 1922, RP 4-40.

320 Vgl. Feldman 1993, Table 1, S. 5.

321 Vgl. Lenard an Gehrcke, 7. Mai 1921, GN 3-F-10.

322 Lenard an Gehrcke, 14. Oktober 1921, GN 3-F-20. Bereits in einem Brief vom 21. Juli 1921 an Gehrcke hatte er erklärt: »Es könnte sein, dass Sie recht haben, ihn [Reuterdahl]

Das einzige internationale Bündnis, fügte er hinzu, das er gelten lassen würde, wäre ein Bündnis gegen den »Judengeist«, aber selbstverständlich auch nur dann, wenn der »deutsche Geist« hierbei die Führungsrolle einnähme.[323] Auch dass die Initiative zur Gründung der AoN von den USA ausging, passte ihm überhaupt nicht: »Wenn Herr R.[euterdahl] in Amerika mit dem Einstein-Sphinx Schwierigkeiten hat, so soll er erst dort *seinen* Stall reinigen, statt zu lachen und zu tun als wären *wir*, die wir viel klarer sehen, der amerikanischen Bemutterung bedürftig.« Trotz dieser Vorbehalte dachte auch Lenard taktisch und setzte seine Überlegungen deshalb folgendermaßen fort:

»Dies schließt natürlich nicht aus, dass von *uns* aus Herr R.[euterdahl] *benutzt* werden kann, was Sie gewiss geschickt bewirken können. Z. B. müßte Dr. Glaser, wenn er übersetzt [Reuterdahl wollte seine Werke ins Deutsche übersetzen lassen], durchaus durch geeignete *Zusätze* die *deutschen* Äusserungen zu den Relativitäts-Volks-Irreführungen von sich aus ins deutlichste Licht setzen, samt deren Verfasser.«

Und außerdem könne man die US-amerikanische Meinungsfreiheit für die eigenen Zwecke ausnutzen: »So etwas – wie beispielsweise die relative Volksangehörigkeit [Einsteins] – *muss* einmal ganz öffentlich gesagt werden, und dazu ist Amerika ganz gut.« Lenard schrieb allerdings dennoch ein Jahr später einen Brief in fließendem Englisch – er hatte 1890 nach England auswandern wollen, letztlich aber nur ein halbes Jahr dort gearbeitet[324] – an Reuterdahl. Der Brief handelt zum einen von den verschiedenen

---

zu unterstützen; aber ich möchte meinenteils nicht versuchen, meinen Einfluss über Deutschland hinaus zu erstrecken«. GN 83-F-1. Auch Generalmajor a. D. Gerold von Gleich haderte mit dem Internationalismus der AoN. So protestierte er entschieden gegen Überlegungen, die Zentrale der AoN nach Paris zu verlegen: »[S]olange der Versailler Schandvertrag besteht, [bin ich] schon als Mitglied der Deutschen Adelsgenossenschaft und des Nationalverbands deutscher Offiziere völlig ausser Stande, irgend welche Berührung mit Franzosen aufzunehmen.« von Gleich an Gehrcke, 4. April 1925, GN 29-F-7.

323 Alle nachfolgenden Zitate aus: Lenard an Gehrcke, 14. Oktober 1921, GN 3-F-20.

324 Vgl. Lenard, Philipp, *Erinnerungen eines Naturforschers. Kritische annotierte Ausgabe des Originaltyposkriptes von 1931/1943*, Schirrmacher, Arne (Hg.), Berlin 2009. Die deutschen Einsteingegner, mit Ausnahme von Ruckhaber und Mohorovičić, die auf Englisch schrieben, schrieben auf Deutsch, die Amerikaner auf Englisch. Guillaume und Solà schrieben auf Französisch, die Skandinavier auf Schwedisch. Gegenüber Mohorovičić erklärte Reuterdahl, er habe insbesondere mit der deutschen Handschrift Schwierigkeiten und es koste ihn viel Zeit, die Briefe zu entziffern. Vgl. Reuterdahl an Mohorovičić, 24. Mai 1923, RP 4-35.

Prioritätsansprüchen, die gegen Einstein erhoben wurden und speziell davon, dass Reuterdahl den Prioritätsanspruch, den Lenard zugunsten Soldners erhoben hatte (vgl. S. 342ff.), unterstützen wollte. Das waren aber Präliminarien, hauptsächlich ging es Lenard nun doch um einen internationalen Austausch über Ausprägung und Abwehr der angeblichen Unterdrückung der Einsteingegner. Dass die Juden hinter allem dem steckten, stand für Lenard dabei außer Frage:

»Your remark that it is difficult, almost impossible, to get anything against Einstein published in America, was astonishing to me. The power[325] of the Jews is behind that, and it must accordingly be greater in your country even, than it is here. Indeed that may be seen too from Henry Fords very deserving book [*The International Jew*]. One would think that Henry Ford with his great means would be able to do something in America toward clarifying and saving the Aryan (non-Jew) spirit. But evidently there is a lack of self-sacrificing mental forces in sufficient numbers, including a lack of publishers and other men of the press.

Such assistance is still to be had in Germany. In case Henry Ford should actually wish to give support to auxiliary forces in the struggle to free the world, not only America, from the spirit of Jewry, he could do it most effectively and at the same time most economically through Germans. There is a considerable number of prominent German authors and scholars who are skillfully and successfully active for clarification from pure motives of self-sacrifice, (among them also Fritsch, the publisher of the German translation of Ford's book and G. Bartels, of Weimar, the historian of literature), and they experience so much opposition that it is difficult for them to make their living in their advancing age.

If such men had support, the frightful (tremendous) problem of saving the Aryan spirit would be as effectively advanced as it could be, and at the same time in a part of the Earth where men of strong and still pure Aryan spirit are yet to be found; for it is a problem of the fate of the entire world, a world-problem, as Henry Ford himself says. Perhaps it would be possible for you to direct Mr. Fords attention to this side of the question.«[326]

Die Motivation dieses Briefes ist offensichtlich und spiegelt die in der Korrespondenz mit Gehrcke ausgegebene Linie wieder, so viel wie mög-

325 In einer früheren Fassung: influence.

326 Lenard an Reuterdahl, 22. Oktober 1922, RP 4-31. In einem Brief an Gehrcke vom 21. Dezember 1921 hatte Lenard außerdem vorgeschlagen, dass man eine (von Experimentalphysikern wie Lenard selbst abgelehnten) Verbindung des *Stark'schen Jahrbuchs* mit der *Physikalischen Zeitschrift* eventuell mit einer Neugründung kontern könne. Da in Deutschland die Schwierigkeiten, einen Verlag zu finden, groß seien, könne man dazu »im allerschlimmsten Falle« die Hilfe der Amerikaner und insbesondere Fords Hilfe in Anspruch nehmen. Lenard an Gehrcke, 21. Dezember 1921, GN 83-F-6.

lich von der Kooperation mit den Amerikanern zu profitieren. Aber selbst Oskar Kraus, der ja bereits 1920 mit dem Antisemitismus in der Anti-Einstein-Bewegung konfrontiert worden war, wandte sich 1922 an Reuterdahl, um Fords Unterstützung anzufragen: »Vielleicht ist es Ihnen möglich durch Ihre Beziehungen etwas für das intellektuelle Leben der Deutschen hier [in Prag] zu tun. – Die Sparmaßnahmen der Regierung treffen in erster Linie die deutschen Kulturinteressen. Wäre es möglich den Aufruf an Ford weiterzuleiten?«[327]

Gehrcke versuchte, weitere Mitglieder für die AoN zu werben; unter anderem wollte er bei der Hundertjahrfeier der GDNÄ in Leipzig (vgl. S. 329ff.) ihm geeignet erscheinende potentielle Mitglieder ansprechen.[328] In den folgenden Jahren wurde der Kreis der fünf ersten Mitglieder der deutschen Sektion durch weitere sieben Mitglieder erweitert, die, bis auf den Archäologen Eckard Unger, von dem mir keine Stellungnahmen zur Relativitätstheorie bekannt sind, alle als Einsteingegner in Erscheinung getreten waren. Während mit Karl Vogtherr, Gerold von Gleich, Kurt Geissler und Hans Wittig bekannte Einsteingegner rekrutiert wurden, haben die Eberswalder Forstzoologen Max Wolff und Anton Krausse nicht mit zahlreichen Publikationen gegen die Relativitätstheorie Stellung bezogen;[329] beide hatten allerdings den Leipziger Protestaufruf gegen die Relativitätstheorie mitunterzeichnet (vgl. S. 332).

Unstimmigkeiten gab es über den Beitrittswunsch von Welträtsellöser Patschke zur AoN. Patschke, der als Ingenieur über berufliche Verbindungen nach Chicago verfügte und die Stadt anlässlich der Weltausstellung 1893 auch besucht hatte, war unabhängig von den Einsteingegnern um Gehrcke durch einen Pressebericht auf Reuterdahl und die AoN gestoßen. Browne übergab, den Entscheidungsstrukturen der AoN entsprechend, die Entscheidung über die Aufnahme Patschkes Gehrcke als Leiter des deut-

327 Kraus an Reuterdahl, Juni 1922 [ohne Tagesdatum], mit Postskriptum vom 17. Juli 1922, RP 4-30.

328 Vgl. Gehrcke an Browne, 22. Juni 1922, [Entwurf], GN 79-A-5. Außerdem versuchte er Palagyi und Mewes zu gewinnen (vgl. Gehrcke an Mewes, [undatierter Entwurf], GN 3-I-12; vgl. Palagyi an Gehrcke, 22. Juli 1921, GN 83-B-22; Palagyi an Gehrcke, 21. August 1921, GN 3-I-4). Beide sind wahrscheinlich nicht beigetreten, obgleich Palagyi in ausführlichem Briefwechsel mit Reuterdahl stand (vgl. RP 4-40).

329 Vgl. aber Wolff, Max, »Einige Bemerkungen zur Bewertung der Descendenz-Hypothese und neuerer Hypothesen der Physik«, in: *Archiv für Naturgeschichte*, Bd. 88, Abt. A, Nr. 7 (1922), S. 113–121.

schen Nationalinstituts.[330] Gehrcke allerdings lehnte den Beitritt Patschkes ab:

»Bezüglich des Herrn Patschke beschlossen wir, diesen vorläufig nicht als Mitglied der Academy of Nations vorzuschlagen. Er erscheint uns nicht als eine Persönlichkeit, die geeignet wäre, zur jetzigen Zeit für die vorerst kleine deutsche Gruppe zweckdienlich zu sein. Ob er für später als Mitglied in Aussicht zu nehmen ist, bleibt eine Frage für sich, die vorläufig vertagt wird.«[331]

Es waren vermutlich nicht nur Patschkes Welträtsellöser-Ambitionen, die Gehrcke in diesem Fall von einer Verbindung Abstand nehmen ließen, sondern auch die Tatsache, dass er – im Gegensatz zu den ähnlich undogmatische Theorien vertretenden Welträtsellösern Ziegler, Fricke und Gilbert – Patschke nicht persönlich kannte. Patschke blieb dennoch in Kontakt mit den US-Amerikanern. Reuterdahl erwies sich wieder als Netzwerker und Patschke erklärte stolz: »Durch Reuterdahl bin ich dann mit einer größeren Anzahl ausländischer erstklassiger Naturforscher in Verbindung gebracht worden zum Zweck: der Wahrheit in der Naturwissenschaft zum Siege zu verhelfen.«[332] Die »erstklassige[n] Naturforscher« aus Amerika, auf die Patschke verweist, sind namentlich Robert T. Browne, Dayton Clarence Miller, Sidney Tuthill Skidmore und insbesondere Heidenreich, der ja ein Berufskollege Patschkes war. In seinem letzten Werk *Weltlichttheorie* druckte Patschke ein Porträt Reuterdahls und zitierte aus dem Briefwechsel mit Reuterdahl dessen Lobpreisung von Patschkes Werk:

»Es gibt nur wenige Männer in der Welt, welche das Einsteinsche Fiasko an der richtigen Stelle festgenagelt haben. Ich selbst [Reuterdahl] habe in Amerika darauf hingewiesen, daß den Einsteinschen Berechnungen zu dem Michelsonschen Versuch eine falsche Vorstellung vom Wesen des Lichtäthers zugrunde liegt; aber Ihnen gebührt die Welt-Priorität. Ich habe bereits im hiesigen Ingenieurverein in einem Lichtbildvortrag auf Ihre klaren mathematischen Beweisführungen hingewiesen und erstklassige Matadoren hier in Amerika (Browne, Miller, Skidmore, See u. a.), in Schweden (Westin) und in Jugoslawien (Mohorovičić) auf Ihre Werke aufmerksam gemacht.«[333]

Bei der Gründung des jugoslawischen Nationalinstituts kam es wegen der unstabilen politischen Lage nach dem Ersten Weltkrieg zu zeitlichen Verzögerungen. Es ist wahrscheinlich, dass Mohorovičić durch Vermittlung

330 Browne an Patschke, 10. Mai 1922, Kopie, GN 82-G-7.

331 Gehrcke an Browne, 20. Juni 1922, GN 82-G-9.

332 Patschke 1925, S. 57.

333 Ebd., S. 131.

Gehrckes mit Reuterdahl bekannt wurde. In einem Brief vom 8. Februar 1922 erklärte Browne: »We are endeavoring to extend the organization of the College of Fellows to all European countries. And we should esteem it a very great courtesy if you would kindly send us the names of persons in Poland and Russia or any other European country except Switzerland which is already represented.«[334] Vermutlich empfahl Gehrcke daraufhin seinen Bekannten Mohorovičić. Allerdings ist der erste Brief Mohorovičićs an Reuterdahl nicht in dessen Nachlass enthalten, dort beginnt die Korrespondenz mit einem Brief vom 25. Februar 1922, der sich aber auf frühere Korrespondenz bezieht. Am 18. Oktober 1923 meldete Mohorovičić jedenfalls zufrieden nach St. Paul, dass sich das jugoslawische Nationalinstitut der AoN nun endlich gegründet habe.[335]

Dessen Zusammensetzung unterschied sich wesentlich vom deutschen Nationalinstitut. Die ersten drei Fellows waren (neben Mohorovičić) Milan Marjanović, Dušan Grubić und Dragiša Lapčević. Lapčević (1864–1939) war Mitbegründer und zweiter Vorsitzender der serbischen sozialdemokratischen Partei gewesen, auch der Leiter des AoN-Instituts Marjanović (1879–1955), ein Autor und Publizist, trat nicht als Einsteingegner oder mit naturwissenschaftlichen Ambitionen in Erscheinung. Mohorovičić wies selbst in einem Brief an Reuterdahl darauf hin: »Our chairman is an literate and in a small degree interested in our strugg[le]; but he rejoice a great respect and he distinguishes himself with an extraordinary honesty.«[336] Marjanović war aber vermutlich außer Patschke das einzige europäische AoN-Mitglied, das die Amerikaner persönlich besuchte. Er schaute 1924 bei Browne vorbei, als er anlässlich der Kunstausstellung eines Freundes in New York war. Browne berichtete darüber an Reuterdahl:

»He is a man of spiritual inclinations and is a practical idealist, I should say. He does not impress me as being a strong man, nevertheless I was pleased with his visit. Most of the time was spent in explaining to him some of the deeper denotations of the Pantelicon. He assured me, however, that there are not more than two or three men throughout the Kingdom of the Serbs, Croats and Slovenes who could measure up to the Principles of the Pantelicon, and inquired dubiously

334 Browne an Gehrcke, 8. Februar 1922, GN 82-G-6. Zur Schweizer Sektion siehe weiter unten (S. 326f.) in diesem Abschnitt.

335 Mohorovičić an Reuterdahl, 18. Oktober 1923, RP 4-35.

336 Mohorovičić an Reuterdahl, 6. November 1923, RP 4-35.

as to whether we thought there were any in America who were commensurate. He has evidently been disappointed with Americanism, somewhat.«[337]

Das einzige Mitglied des jugoslawischen Nationalinstituts,[338] welches neben Mohorovičić naturwissenschaftliche Ambitionen hatte, war Dušan Grubić. 1917 publizierte er *Das Universal-Kausalgesetz als unser oberstes Naturgesetz, ein Versuch des Aufbaus einer allumfassenden Naturphilosophie.*[339] Auch von Grubić sind mir jedoch keine Stellungnahmen gegen die Relativitätstheorie bekannt. Mohorovičićs Strategie für den Aufbau der AoN in Jugoslawien bestand augenscheinlich darin, reputierte und einflussreiche Mitstreiter zu finden, um den schweren Stand als Einsteingegner abzumildern. Im Gegensatz zu Gehrcke, der dieselbe Strategie verfolgte, sich aber auf große Namen in der Wissenschaft beschränkte, suchte Mohorovičić allgemein unter Intellektuellen Unterstützung. Mit dieser Strategie gelang es ihm auch, die literarisch-populärwissenschaftliche Zeitschrift *Univerzum* in ein Publikationsorgan der jugoslawischen Sektion der AoN umzuwidmen, wofür wieder finanzielle Unterstützung aus den USA eingeplant worden war:

»[W]e have resolved to transform our scientific Review ›Univerzum‹ in the Journal of our Institute; [...] In deed we have gra[e]t expenses by the publication of our own Journal, in consequence of what is now quite passive, but we trust that we shall find a great support on the part of our fraternal American National Institute, for we work now with our own very modest means.«[340]

Seit der Mai-August Ausgabe 1923 befand sich auf dem Titelblatt der Zusatz »The Journal of the Jugo-Slavian Institute of the Academy of Nations« sowie ein AoN-Logo. Mohorovičić hatte die Redaktion der Rubrik für Naturwissenschaften übernommen und fragte nun bei den europäischen und US-amerikanischen Einsteingegnern Beiträge an. In *Univerzum* wurden unter anderem kritische Artikel zur Relativitätstheorie von Gehrcke, Reuterdahl und Fricke – von Mohorovičić ins Kroatische übersetzt – abgedruckt sowie über kritische Beiträge gegen die moderne Physik unter anderem von Gehrcke, Fricke, Reuterdahl, Heidenreich, Lenard, Ziegler,

337 Browne an Reuterdahl, 19. August 1924, RP 3-3.

338 Ein Nachlass von Mohorovičić konnte nicht aufgefunden werden. Die Informationen über die innere Struktur des jugoslawischen Netzwerks stammen aus dem Material, das zu diesem Thema in den Nachlässen von Gehrcke und Reuterdahl existiert.

339 Grubić 1917.

340 Mohorovičić an Reuterdahl, 18. Oktober 1923, RP 4-35.

Dingler und Wiechert berichtet.[341] Im Unterschied zu Gehrcke verfuhr Mohorovičić bei der Rekrutierung neuer Mitglieder großzügig: Die jugoslawische Sektion hatte 1923 bereits 51 Mitglieder, hauptsächlich Künstler, Politiker und Literaten.

Auch in der Schweiz sollte ein Nationalinstitut der AoN entstehen, als in Frage kommende Protagonisten wurden von den US-Amerikanern wieder zwei Einsteingegner, nämlich Ziegler und Guillaume, favorisiert. Ziegler war von den zeitweise intensiven Kontakten zu anderen Welträtsellösern wie Zacharias enttäuscht worden, da er meinte, dass Diskussionen ihn nur vom Ausformulieren der Urlichtlehre abhielten, und arbeitete deshalb recht isoliert. Er setzte für kurze Zeit große Hoffnungen in das Netzwerk. In Reuterdahl und dessen Academy of Nations meinte Ziegler endlich einen Unterstützer gefunden zu haben, der die Urlichtlehre inhaltlich hochschätzte und sie in die Öffentlichkeit trug.[342] Wie der Kontakt zwischen Ziegler und der AoN zustande kam, konnte nicht rekonstruiert werden. Da Browne Gehrcke jedoch mitteilte, für die Schweiz habe man bereits Vertreter (vgl. S. 324), muss dieser Kontakt bereits früher als der zu Gehrcke bestanden haben. Die Gründung eines Schweizer Nationalinstituts der AoN kam dann aber aufgrund persönlicher Unstimmigkeiten zwischen Ziegler einerseits und Guillaume und seinem Mitstreiter René de Saussure andererseits nicht zustande.[343]

Browne und Reuterdahl hatten ihre Hoffungen anscheinend zunächst auf Guillaume gesetzt, für den die AoN ein wahrer Lichtblick war in einer Zeit, wo man sich gegen die »Unterdrückung« der »richtigen« Wissenschaft zur Wehr setzen müsse: »Votre idée de créer une ›Academy‹ est très belle et a ma complète approbation. Vous pouvez compter sur moi comme un membre très dévoué.«[344] Die AoN wurde von Einsteins einstigem Kolle-

341 Vgl. z. B. Mohorovičić an Reuterdahl, 27. Juni 1923, RP 4-35; vgl. Mohorovičić an Reuterdahl, 1. Juli 1923, RP 4-35: »In our scientifical review ›Univerzum‹ I shall publish under your name in English and in Croatian both your articles [...] So I shall make our learned circles better acquainted with your work and at the same time I shall rise the reputation of our scientifical review.« Insbesondere in den Bänden 1922 und 1923 findet sich eine Vielzahl kritischer Artikel zur Relativitätstheorie. Vgl. z. B. Gehrcke, Ernst, »Soldnerov efekat i teorija relativnosti«, in: *Univerzum*, Bd. 1–2, Nr. 4–5 (1922–1923), S. 159; Fricke, Hermann, »Novi rezultati Michelsonova pokusa«, in: ebd., Bd. 2, Nr. 6–8 (1923), S. 191.

342 Vgl. Ziegler an Reuterdahl, 29. Dezember 1929, RP 4-66.

343 Guillaume und Ziegler waren mindestens seit 1921 in Kontakt. Vgl. Guillaume an Reuterdahl, 20. Oktober 1921, RP 4-19.

344 Ebd.

gen ausdrücklich als durch die Marginalisierung der Einsteingegner gerechtfertigte Gegenmaßnahme angesehen. Guillaume berichtet in diesem Brief, dass er mit verschiedenen Leuten, die er für geeignet hielt, über die AoN gesprochen habe. Auch in der Schweiz wurde die AoN von den jeweiligen existierenden Kontexten und Netzwerken getragen. Guillaumes engster Mitstreiter René de Saussure, ein Mathematiker vom Institut de France, war auch Herausgeber eines Esperanto-Journals. An der AoN interessierten ihn vor allem die Möglichkeiten, an Übersetzungen zu arbeiten, zum Beispiel wollte er die Ankündigung zur Gründung der AoN ins Esperanto übersetzen. Durch die schwierige Finanzlage sah sich Guillaume allerdings vorerst nicht in der Lage, ein Nationalinstitut zu gründen.[345] Nach Vorstellung der US-Amerikaner sollten Ziegler, Guillaume und de Saussure zu dritt eine konstituierende Sitzung einberufen. Diese waren sich allerdings nicht einig darüber, wer welche Kompetenzen habe. So schrieb Browne Reuterdahl am 8. November 1923,[346] Ziegler sei der Ansicht, Guillaume und de Saussure agierten hinter seinem Rücken, dabei habe de Saussure noch am 3. Oktober 1923 berichtet, dass er und Guillaume noch überhaupt nichts in Bezug auf die Gründung des Schweizer AoN-Instituts unternommen hätten und zwar aus zwei Gründen, die Browne aus dem Schreiben de Saussures referiert: »1st. that the Swiss scientists fear to link up in a fight against Einsteinism lest such action might imperil their official positions; 2d. that they have been busily engaged in the promotion of Esperantida.«

Während der erstgenannte Punkt vorwiegend auf Guillaume zutreffen dürfte, war der zweite Punkt eindeutig de Saussures Entschuldigung. Browne, der mit Zieglers religiöser Wissenschaft wesentlich mehr anfangen konnte als mit Guillaumes Einsteinkritik oder de Saussures Interesse in Esperanto, schlug nun vor, Guillaume und de Saussure ihre Autorität zur Gründung eines AoN-Nationalinstituts zu entziehen (»holds no hope for future activities«) und diese ausschließlich auf Ziegler zu konzentrieren. Ziegler hatte anfangs zwar versucht, sein kleines Netzwerk in die AoN einzubringen; er nannte gegenüber Reuterdahl als Interessenten unter anderem den Augenarzt Emil Hegg-Bitzius, der 1914 die Schrift *Das Ewige im Zeitlichen: Eine naturwissenschaftliche Formulierung*[347] über Zieglers Theorie

345 Ebd.

346 Alle folgenden Zitate aus: Browne an Reuterdahl, 8. November 1923, RP 3-3.

347 Hegg-Bitzius, Emil, *Das Ewige im Zeitlichen: Eine naturwissenschaftliche Formulierung*, Bern 1914.

verfasst hatte und den Professor für Chemie Amé Pictet (1857–1937). Am 29. Dezember 1923 erklärte Ziegler Reuterdahl jedoch, dass es für die Gründung einer Schweizer Sektion angesichts seines fortgeschrittenen Alters nun zu spät sei.[348] Auch in Schweden war zumindest beabsichtigt, eine nationale Sektion der AoN zu gründen, und zwar von den Einsteingegnern Oskar Edvard Westin und Sten Lothigius.[349]

Was wurde aus der Academy of Nations?

Die US-amerikanische AoN nahm unter Browne immer mehr eine spirituelle Ausrichtung an. Diese Entwicklung ging darauf zurück, dass Browne und Reuterdahl sich zunehmend spirituell orientierten und den Kampf gegen Einstein, der drei Jahre zuvor über die Hälfte der Gründungsankündigung ausgemacht hatte, als weniger relevant einstuften. Sie studierten die Bhagavad Gita, lernten Sanskrit und schrieben über Wiedergeburt und Karma Yoga. Browne ging es nun darum, den »Pantelicon« aufzubauen. Spirituelle Führer, so genannte »Archons«, sollten aus Deutschland, Japan, Italien, Russland und Amerika zur AoN kommen (»We are not to go out looking for them, however. They are coming to us, in time«), wobei der »Great Master of All« aus Indien erwartet wurde.[350]

Während die US-amerikanische AoN mindestens bis 1930 existierte, kann davon ausgegangen werden, dass die deutsche Gruppe Mitte der 1920er Jahre aufgelöst wurde bzw. eingeschlafen war, zumindest ist nach 1925 keine Korrespondenz zwischen Gehrcke und der US-amerikanischen AoN mehr nachweisbar. Möglicherweise hatte das seinen Grund darin, dass Gehrcke – obgleich bis an sein Lebensende überzeugter Einsteingegner – zu diesem Zeitpunkt von öffentlichen Stellungnahmen gegen Einstein Abstand genommen und seine Interessen zudem zunehmend auf das medizinische Gebiet verlagert hatte.[351] Auch Riem hatte kein Interesse mehr, seine rare Freizeit am Sonntag, der dem Treffen der Berliner Einsteingegner gewidmet war, dem Kampf gegen Einstein zu opfern, und

348 Vgl. Ziegler an Reuterdahl, 29. Dezember 1923, RP 4-66.

349 In einem Brief an Reuterdahl erwähnt Westin, er habe die Bevollmächtigung für sich, Lothigius und andere erhalten, ein schwedisches Nationalinstitut der AoN zu gründen. Vgl. Westin an Reuterdahl, 10. Juli 1922, RP 4-63.

350 Beide Zitate aus Browne an Reuterdahl, 19. August 1924, RP 3-3.

351 Gehrcke entwickelte ein künstliches Heilklima (»Gehrcke-Klima«), gründete Gehrcke-Klima-Institute und behandelte Patienten.

wollte diese Zeit lieber mit der Familie verbringen.[352] Am 27. Januar 1927 berichtete Gehrcke in einem Brief an Kühn über das Schicksal der AoN:

»Von der Ac. of Nations ist wenig neues zu sagen, sie hat ›ihre Mission erfüllt, da sie die Einsteingegner zusammenführte‹, schrieb mir neulich Lothigius. (Die Amerikaner sind völlig passiv geworden.) Doch benutzen wir gelegentlich beiliegende Karte, die ich Ihnen als Muster beifüge, ebenso einen ganz netten Werbezettel meiner relativistischen Literatur. Es ist jedoch erstaunlich still geworden im gesamten wissenschaftlichen Urwald, wo es früher so stürmisch herging. Ich erhalte etwa noch 1/5 so viel Anfragen [...] wie vor einem Jahre, fast ausschliesslich rein Physikalisches und Astrophysikalisches.«[353]

4.3.4 Die gemeinsamen Protestaktionen der Einsteingegner

Neben der Gründung von Protestvereinigungen – eine zweite, erst 1933/1934 ins Leben gerufene Vereinigung wird der Chronologie der Ereignisse folgend weiter unten vorgestellt – wurden von Seiten der Einsteingegner in den 1920er und frühen 1930er Jahren gemeinsame Protestaktionen durchgeführt. Die hier dargestellten Protestaktionen sind höchst unterschiedlich. Ihr gemeinsamer Nenner liegt darin, dass sie von Einsteingegnern gemeinsam geplante und durchgeführte Aktionen waren, die der »richtigen« Wissenschaft zum Durchbruch verhelfen oder die Relativitätstheorie als Trugbild entlarven sollten oder auch beiden Zielen dienten. Ich werde zunächst auf die Leipziger Protesterklärung der Einsteingegner von 1922 eingehen und dann die strategisch motivierten Kampagnen zugunsten angeblicher Vorläufer Einsteins darstellen. Anfang der 1930er Jahre endeten die gemeinsamen Aktionen mit Reuterdahls Nobelpreisbewerbung und der Veröffentlichung der *100 Autoren gegen Einstein.*

Leipzig 1922 – Die Protesterklärung der Einsteingegner

Am 5. August 1922 erschien ein Artikel mit einer scheinbar harmlosen Überschrift in den *Leipziger Neuesten Nachrichten*: »Kommt Professor Einstein nach Leipzig?«[354] Die GDNÄ wollte dort mit einer festlichen Ver-

352 Vgl. Riem an Gehrcke, 22. Oktober 1925, GN 77-C-2.

353 Gehrcke an Kühn, 27. Januar 1927, GN 38-I-8.

354 »Kommt Professor Einstein nach Leipzig?«, in: *Leipziger Neueste Nachrichten*, 5. August 1922, GN 4, XXI, 5r.

sammlung ihre Hundertjahrfeier begehen. Ein besonderer Höhepunkt der Veranstaltung sollte ein von Einstein gehaltener Festvortrag über die Relativitätstheorie werden. Die Gegner der Relativitätstheorie hatten sich deshalb gut vorbereitet: Sie verfassten eine »Protesterklärung«, um Einsteins Vortrag in Leipzig zu verhindern. Durch die politischen Ereignisse des Sommers 1922 erhielt diese Protesterklärung eine besondere Brisanz. Nachdem Außenminister Walter Rathenau am 24. Juni 1922 von Freikorps-Angehörigen ermordet worden war,[355] war die Situation auch für den engagierten Demokraten und Juden Einstein immer prekärer geworden. Bereits anlässlich seiner Reise nach Frankreich im Frühjahr 1922 war Einstein heftiger nationalistischer Kritik ausgesetzt gewesen. In der Presse war damals zu lesen, Einstein habe sich »die Relativität des nationalen Ehrgefühls auf die Fahnen geschrieben«.[356] Nun jedoch, einige Monate später, gab es konkrete Drohungen und Einstein beschloss, sich für einige Zeit aus dem öffentlichen Leben zurückzuziehen; es wurden sogar Gerüchte laut, er erwäge, Berlin für immer zu verlassen.[357]

Am 6. Juli 1922 sagte Einstein in einem Brief an Max Planck, der zu dieser Zeit Vorsitzender der GDNÄ war, den versprochenen Vortrag auf der Hundertjahrfeier mit folgender Begründung ab: »[I]ch soll zu der Gruppe gehören, gegen die von völkischer Seite Attentate geplant sind [...] Nun hilft nichts als Geduld und Verreisen.«[358] Seinem Freund Maurice Solovine berichtete er wenig später: »Hier sind bewegte Zeiten seit dem abscheulichen Mord an Rathenau. Ich werde auch immer gewarnt, habe mein Kolleg aufgegeben und bin offiziell abwesend, aber in Wahrheit doch hier. Der Antisemitismus ist sehr gross.«[359] Planck war empört über den Einfluss, den rechtsradikale Kreise durch ihre Drohungen ausüben konnten, und schrieb am 9. Juli an Max von Laue: »So weit haben es die Lumpen wirklich gebracht, dass sie eine Veranstaltung der deutschen Wissenschaft von historischer Bedeutung zu durchkreuzen vermögen.«[360] Man

355 Vgl. dazu Sabrow, Martin, *Die verdrängte Verschwörung. Der Rathenau-Mord und die deutsche Gegenrevolution*, Frankfurt (Main) 1999.

356 »Der Film des physikalischen Nihilismus«, in: *Kinorat*, Nr. 9–10 (1922), GN 4, XVI, 67r.

357 Vgl. »Austritt Einsteins aus der Kaiser-Wilhelm-Akademie. Eine Folge der reaktionären Hetze«, in: *Neue Berliner 12 Uhr Zeitung*, 29. September 1922, GN 1, 1, 2r.

358 Einstein an Planck, 6. Juli 1922, MPIWG Archival Collection, 100-V.

359 Einstein an Solovine, 16. Juli 1922, abgedruckt in: Einstein, Albert, *Briefe an Maurice Solovine*, Berlin 1960, S. 42.

360 Planck an von Laue, 9. Juli 1922, zit. nach Hermann 1994, S. 281.

einigte sich darauf, dass von Laue an Stelle von Einstein den Festvortrag über die Relativitätstheorie halten sollte.

Die Hintergründe von Einsteins Absage des Festvortrags wurden in der Öffentlichkeit ausführlich diskutiert. Der Verlauf dieser Kontroverse ist durch zahlreiche Zeitungsartikel aus der Tagespresse vom Sommer 1922 dokumentiert. Bereits seit Beginn der exzessiven Berichterstattung über Einstein und die Relativitätstheorie ab 1919 war festzustellen, dass die Position einer Zeitung für oder gegen die Relativitätstheorie auffällig mit ihrer politischen Ausrichtung korrespondierte (vgl. auch S. 88f.). Nachdem die Morddrohung gegen Einstein bekannt wurde, solidarisierte sich die demokratische Presse sofort mit Einstein. Die *Dresdener Volkszeitung* urteilte: »Es ist eine Schande für ganz Deutschland, dass ein weltberühmter Gelehrter von einem ungeistigen reaktionären Halunkentum auf die Attentatliste gesetzt und außer Landes gehetzt werden kann«,[361] das *Berliner Tageblatt* sprach von einer »moralischen Verwilderung [...] in weiten Teilen des Rechtsradikalismus«.[362] Die antisemitische Zeitung *Die Wahrheit* höhnte dagegen, Einstein sei selber schuld, dass ihm der Festvortrag entgangen sei, »denn daß es wirklich verrückte Menschen geben sollte, die sich mit dergleichen Mordabsichten tragen, ist nicht glaubhaft.«[363] In Anbetracht von über 350 von Rechtsradikalen begangenen politischen Morden im Zeitraum von 1919 bis 1922 kann dies nur als Versuch angesehen werden, die reale Gefahr für Einstein zu verharmlosen.[364] Die *Rheinisch-Westfälische Zeitung* legte ihren Lesern sogar nahe, die von Einstein »in Szene gesetzte Flucht als Reklame auszulegen [...], die seinen schon merklich verblassten Stern in neuem Glanze erstrahlen lassen soll«,[365] und unterstellte Einstein damit, die Bedrohung seines Lebens selbst inszeniert zu haben.

Dass die wissenschaftliche Akzeptanz und öffentliche Begeisterung für die Relativitätstheorie nur der »Reklame« zu verdanken sei, stand auch für die Einsteingegner fest, die trotz dieser politisch aufgeheizten Atmosphäre die Hundertjahrfeier der GDNÄ als eine willkommene Gelegenheit für eine »Protesterklärung« gegen die Relativitätstheorie benutzten.

---

361 »Einsteins Absage. Der Gelehrte auf der Mörderliste«, in: *Dresdener Volkszeitung*, 5. August 1922, GN 4, XXI, 5r,.

362 »Einsteins Absage an den Naturforschertag. Auf der Liste der Mörderorganisation«, in: *Berliner Tageblatt*, 5. August 1922, Morgenausgabe, GN 4, XXI, 6r.

363 »Einstein«, in: *Die Wahrheit*, 23. September 1922, GN 1, I, 3r.

364 Vgl. Gumbel, Emil Julius, *Vier Jahre politischer Mord*, Heidelberg 1980 [1922].

365 »Die flüchtige Relativität«, in: *Rheinisch-Westfälische Zeitung*, 5. August 1922, GN XXI, 6r.

Die Leitung der „Gesellschaft Deutscher Naturforscher und Ärzte" hat es für richtig gehalten, unter den wissenschaftlichen Darbietungen der Leipziger Jahrhundertfeier Vorträge über Relativitätstheorie auf die Tagesordnung einer großen, allgemeinen Sitzung aufzunehmen. Es muß und soll dadurch wohl der Eindruck erweckt werden, als stelle die Relativitätstheorie einen Höhepunkt der modernen wissenschaftlichen Forschung dar.

Hiergegen legen die unterzeichneten Physiker, Mathematiker und Philosophen entschiedene Verwahrung ein. Sie beklagen aufs tiefste die Irreführung der öffentlichen Meinung, welcher die Relativitätstheorie als Lösung des Welträtsels angepriesen wird, und welche man über die Tatsache im Unklaren hält, daß viele und auch sehr angesehene Gelehrte der drei genannten Forschungsgebiete die Relativitätstheorie nicht nur als eine unbewiesene Hypothese ansehen, sondern sie sogar als eine im Grunde verfehlte und logisch unhaltbare Fiktion ablehnen. Die Unterzeichneten betrachten es als unvereinbar mit dem Ernst und der Würde deutscher Wissenschaft, wenn eine im höchsten Maße anfechtbare Theorie voreilig und marktschreierisch in die Laienwelt getragen wird, und wenn die Gesellschaft Deutscher Naturforscher und Ärzte benutzt wird, um solche Bestrebungen unterstützen.

Dr.-Ing. L. C. Glaser, Würzburg,
Prof. Dr. F. Lipsius, Leipzig,
Prof. Dr. M. Palagyi, Darmstadt,
Dr. L. Kühn-Frobenius, Berlin,
Geh. Rat Prof. Dr. P. Lenard, Heidelberg,
Prof. Dr. J. Riem, Berlin,
Dr. H. Fricke, Charlottenburg,
Prof. Dr. K. Strehl, Hof,
Dr. K. Geißler, Eisenach,
Prof. Dr. E. Gehrcke, Berlin,
Prof Dr. S. Mohorovicic, Agram,
Dr. K. Vogtherr, Karlsruhe,
Dr. R. Orthner, Linz,
Dr. J. Kremer, Graz,
Dr. St. Lothigius, Stockholm,
Dr. V. Nachreiner, Neustadt a. d. H.,
Prof. Dr. M. Wolff, Eberswalde,
Dr. A. Krauße, Eberswalde,
Geh. Rat Prof. D. Dr. E. Hartwig, Bamberg.

Flugblatt mit der Protesterklärung gegen die Vorträge über die Relativitätstheorie

Die »Protesterklärung« wurde als eine wissenschaftliche Richtigstellung präsentiert, war aber eine eindeutig strategisch ausgerichtete Stellungnahme, die ihre Legitimität aus der Präsenz der Relativitätstheorie in Wissenschaft und Öffentlichkeit ableiten zu können meinte. Die Erklärung wurde in der Presse lanciert sowie direkt auf der Tagung verteilt. Heisenberg, der als Student in Leipzig anwesend war, berichtete darüber, dass die Flugblätter am Eingang zum Vortragssaale verteilt wurden und wie entsetzt er darüber war, dass ein angesehener Physiker wie Lenard sich an dieser

Aktion beteiligte.[366] Tatsächlich bezog Lenard seit 1922 öffentlich auch in politischer Hinsicht Stellung zur Relativitätstheorie. Der zweiten Auflage von *Äther und Uräther* von 1922 hatte er ein »Mahnwort an deutsche Naturforscher« vorangestellt, das auch separat in der nationalistischen Tagespresse gedruckt wurde.[367] Er polemisiert dort unter anderem gegen den »Fremdgeist, [...] der als dunkle Macht überall auftaucht und der auch in allem, was zur ›Relativitätstheorie‹ gehört, so deutlich sich ausprägt.«[368]

Viele Einsteingegner kamen nach Leipzig, sei es, weil sie es im Vorfeld verabredet hatten, sei es, weil diese Tagung nach der Veranstaltung in Bad Nauheim das nächste Großereignis zur Debatte um die Relativitätstheorie zu werden versprach. Außerdem nutzten die Einsteingegner, wie andere Wissenschaftler auch, die Tagung als Gelegenheit, sich persönlich kennenzulernen. So kamen zum Beispiel Rudolf Orthner und Gehrcke in Leipzig erstmals zusammen.[369] Die Einsteingegner waren mit der Wirkung ihres Protestes anscheinend zufrieden. Gehrcke schickte an die Beteiligten am 6. Oktober ein Exemplar der Protesterklärung und erklärte in seinem Anlageschreiben, dass der Protest sowohl direkt in Leipzig als auch in der Presse große Wirkung gehabt habe:

»Seine Wirkung war augenscheinlich die, dass viele an der Richtigkeit der Einsteinschen Theorie zweifelten, die sie vorher noch für zutreffend erachtet hatten. Es muss noch gesagt werden, dass leider die Unterschriften von Prof. Dr. Kraus – Prag und Dr. Mach – München (der Sohn von E. Mach) nicht mehr berücksichtigt werden konnten, weil sie zu spät eingingen.«[370]

Die US-amerikanischen Einsteingegner waren in diese Protestaktion nicht involviert. Als T. J. J. See einige Monate später Kenntnis davon erhielt, verfasste er allerdings eine Presseerklärung für die Nachrichtenagentur »Associated Press«, in der er die Anzahl der Protestierenden mehr als verdoppelte:

---

366 Vgl. Heisenberg, Werner, *Der Teil und das Ganze. Gespräche im Umkreis der Atomphysik*, München 1969, S. 66ff., insb. S. 67.

367 Vgl. Lenard 1922a; ders., »›Ueber Aether und Uräther.‹ Ein Mahnwort an deutsche Naturforscher«, in: *Deutsche Zeitung*, 15. September 1922, GN 4, I, 20r.

368 Lenard 1922a, S. 9.

369 Vgl. Orthner an Gehrcke, 10. Mai 1928, GN 83-A-3.

370 Gehrcke an die Unterzeichner der Protesterklärung, 6. Oktober 1922, GN 4-B-3. Zu der Einsteingegnerschaft von Ernst Machs Sohn vgl. Wolters, Gereon, *Mach I, Mach II, Einstein und die Relativitätstheorie: eine Fälschung und ihre Folgen*, Berlin/New York 1987.

»In January of this year it was reported from Berlin that fifty German Physicists, Mathematicians and other philosophers were seriously grieved to see public opinion misled by the suggestion that the Theory of relativity is the solution of the problems of the Universe, and by the concealment of the fact that many savants, including the most distinguished, do not accept this Theory as a proved hypothesis, but look upon it as fiction.«[371]

Vogtherr, der aus zeitlichen Gründen in Leipzig nicht persönlich anwesend sein konnte, war im Gegensatz zu anderen Einsteingegnern mit der Presseberichterstattung allerdings nicht zufrieden:

»Der Protest ist, wie ich aus der ›Vossischen‹ und dem ›Berliner Tagblatt‹ ersah, von dieser Seite mit gebührender Verachtung aufgenommen worden, die Tagespresse kennt eben, wie es ihrer Geistesrichtung entspricht, nur politische oder tendenziöse Einstellung und wittert dahinter Antisemitismus! Von dieser Seite ist keine sachgemäße Aufklärung zu erwarten, die Suggestion sitzt bereits zu fest, als daß die Leute noch klar sehen könnten. Es zeigt dies aber wieder, wie notwendig eine wirklich sachgemässe Aufklärung des gebildeten Publikums ist«.[372]

In dieser Einschätzung Vogtherrs kommt zum einen klar das oben skizzierte Deutungsmuster der Relativitätstheorie als Massensuggestion zum Ausdruck. Zum anderen zeigt sich hier die praktisch-politische Bedeutung dieser Wahrnehmungsweise: Die von den Einsteingegnern unterstellte Suggestion legitimierte den Protest. Gegen die Bedrohung, die die Relativitätstheorie in ihren Augen darstellte, war der Protest ein legitimes und notwendiges Mittel, ebenso gegen die angebliche Unterdrückung, wahlweise durch die »jüdische Presse« oder die »Relativisten«. Pressemeldungen, wonach die Protestierenden eine Diskussion über die Relativitätstheorie hätten verhindern wollen, entgegnete Mitunterzeichner Fricke:

»Das ist ein Mißverständnis. Die Unterzeichner hatten selbstverständlich nicht das mindeste gegen eine Erörterung dieser Theorie auf einer solchen Tagung einzuwenden. Der Protest richtete sich lediglich dagegen, daß die Relativitätstheorie […] auf die Tagesordnung einer großen allgemeinen Sitzung gesetzt worden ist, auf der

371 See, T. J. J., »To the Associated Press«, 18. April 1923, RP 4-49.

372 Vogtherr an Gehrcke, 25. September 1922, GN 83-A-10. Das *Berliner Tageblatt* hatte tatsächlich den Protest in die Tradition der gegen Einstein gerichteten öffentlichen Vortragsreihe in der Philharmonie gestellt, womit es angesichts der Motivation und der Beteiligten nicht falsch lag. Vgl. »Die verbissenen Gegner Einsteins…«, in: *Berliner Tageblatt*, 17. November 1922, Morgenausgabe, GN 4, I, 35r.

eine Diskussion nicht stattfindet, die immer zahlreicher werdenden Gegner dieser Theorie also nicht zu Wort kommen.«[373]

Für den von der Richtigkeit seiner mechanischen Äthertheorie überzeugten Fricke war die Relativitätstheorie auch 1922 noch eine unbestätigte, höchst diskussionswürdige Hypothese. Dabei war die spezielle Relativitätstheorie zu dieser Zeit bereits fester Bestandteil der akademischen Physik, auch die allgemeine Relativitätstheorie war allgemein akzeptiert, so dass anlässlich der Festveranstaltung der GDNÄ ein Festvortrag über eine der einflussreichsten wissenschaftlichen Theorien des 20. Jahrhunderts geradezu selbstverständlich war. Von Fricke und den anderen Einsteingegnern wurde dies jedoch nicht akzeptiert und die eigene Bedeutung als Kritiker (»immer zahlreicher werdende Gegner«) der akademischen Physik maßlos überschätzt. Daher stellte bereits die Tatsache, dass es einen Festvortrag ohne Grundsatzdiskussion über die Relativitätstheorie geben sollte, in seinen Augen eine Unterdrückung dar: »Es hat den Anschein, als ob jeder Widerstand gegen die Theorie von vornherein gewaltsam unterdrückt werden sollte.«[374] Ziegler, der den Aufruf zwar nicht unterzeichnet hatte, aber in Leipzig anwesend gewesen war und mit dem Protestaufruf sympathisierte, nahm einen positiven Bericht über die in Leipzig gehaltenen Vorträge über die Relativitätstheorie zum Anlass für eine in seinen Augen notwendige Richtigstellung:

»Danach [dem positiven Bericht nach] scheint es, als wäre die sogenannte Relativitätstheorie endlich zu allgemeiner und widerspruchsloser Anerkennung durchgedrungen und zu einem festen Bestand der Wissenschaft geworden. Das wäre indessen ein schwerer Irrtum. Jene Theorie verliert im Gegenteil fortwährend immer mehr Boden, und zwar im selben Maße, wie die anfänglich durch ihre maßlose Anpreisung Ueberrumpelten wieder zur Besinnung kommen.«[375]

Ziegler konstruierte im Folgenden die Legitimität der Protesterklärung aus einer jüdischen Verschwörung und erklärte, dass »die große Presse [...] in Deutschland fast ausschließlich in den Händen der Volksgenossen Einsteins« sei und »eine öffentliche Diskussion im ausschließlichen Interesse des Einsteinianismus« bekämpfe.[376] Auch Mohorovičić sah sich veranlasst, den Protest zu rechtfertigen: »A question had been put about what reasons

373 Fricke, Hermann, »Ueber den Gelehrtenprotest gegen die Relativitätstheorie«, in: *Der Tag*, 28. September 1922, GN 4, I, 46r.

374 Ebd.

375 Ebd.

376 Ziegler 1922, Teil 2.

might have suggested us in proceeding so rigorously against the theory [die Relativitätstheorie].«[377] Für ihn stellte sich der Protest ebenfalls eindeutig als gerechtfertigte Reaktion dar:

»[T]he manner ought to be mentioned in which Mr. Einstein himself and by means of his followers is endeavoring to work against us anti-relativists, furthermore the means they are making use of in consequence of which many men are obliged to continually bear such things on the part of those inconsiderate mobs! Up till now such a manner had never been used in science! If that theory had not been advanced by such manner its impossibility would have been proved already long ago and we never had proceeded so sharply. But now they had used different means in order to create that theory to a modern and dangerous religion. But we are not inclined to kneel down before the golden calf!«

Die Ansicht der Einsteingegner, ihre Kritik der Relativitätstheorie werde bewusst unterdrückt, wurde bereits durch die Tatsache ad absurdum geführt, dass ihre Protesterklärung in vielen Zeitungen abgedruckt wurde. Dabei gaben die meisten Zeitungen den Protest wertfrei wieder, einige äußerten sich kritisch, aber in etwa genau so viele positiv. Eine Zeitung wie die antisemitische *Wahrheit*, die gerade noch die Morddrohung gegen Einstein verharmloste, präsentierte im selben Artikel wohlwollend den »Protest [...] gegen die Stimmungsmache zugunsten des Professors Einstein«.[378] Die Lancierung dieser Protesterklärung ungeachtet der Hintergründe von Einsteins Absage seines angekündigten Vortrags zeigt deutlich, dass der Protest gegen die Relativitätstheorie den politischen Kontext, in den er sich durch seine Öffentlichkeit zwangsläufig stellte, in keiner Weise reflektierte. Die Morddrohungen gegenüber Einstein wurden vielmehr heruntergespielt. So erkundigte sich Reuterdahl bei Gehrcke: »What is the truth concerning the alleged threat against Einstein's life? Is this a form of Jewish sympathy propaganda?«[379]

Dadurch, dass die Einsteingegner sich nicht von den Angriffen auf Einsteins Person distanzierten und sie sich vielmehr zunutze machten, haben sie, auch wenn ihre eigene Motivation nach wie vor in der wissenschaftlichen Widerlegung der Relativitätstheorie bestand, politische Position bezogen. Dass auch die rein oder vorwiegend sachliche Kritik der Relativitätstheorie durch apolitisches Verhalten in politischen Zusammenhängen, wo keine Stellungnahme auch eine Stellungnahme ist, eine politi-

377 Dieses und das nachfolgende Zitat aus: Mohorovičić 1923b, S. 5.

378 »Einstein«, in: *Die Wahrheit*, 23. September 1922, GN 1, I, 3r.

379 Reuterdahl an Gehrcke, 10. September 1922, GN 4-B-2.

sche Positionierung bedeutet, wird sich in Gehrckes und insbesondere in Frickes Verhalten als Einsteingegner im NS-Staat noch krasser zeigen (vgl. S. 366ff.).

Die Kampagnen zugunsten angeblicher Vorläufer Einsteins

Neben den Plagiatsvorwürfen, die sich auf die eigenen Theorien bezogen und daher im Kapitel zur inhaltlichen Kritik der Relativitätstheorie untersucht wurden (vgl. S. 194ff.), erhoben die Einsteingegner auch Plagiatsvorwürfe vorwiegend strategischer Natur. An dieser Stelle interessieren zwei dieser Vorwürfe, die regelrechten Kampagnencharakter annahmen: zum einen der Fall Gerber, in dem es um die Merkurperihelbewegung ging, und zum anderen der Fall Soldner, der die Lichtablenkung betraf. Die geringe Abweichung der Merkurperihelbewegung von der nach der Newton'schen Theorie geforderten Bahn und die Lichtablenkung am Sonnenrande sind Beobachtungen, welche beide durch die allgemeine Relativitätstheorie erklärt werden können. Für die Einsteingegner war es daher von großer Wichtigkeit, alternative Erklärungen für diese unbestrittenen Effekte angeben zu können.

Ernst Gehrcke schrieb in seinem 1916 erschienenen Artikel »Zur Kritik und Geschichte der neueren Gravitationstheorien« dem Oberlehrer Paul Gerber (1854-1909) die Erklärung des Phänomens der Abweichung der Merkurperihelbewegung zu. 1917 veröffentlichte er einen Neuabdruck der Arbeit Gerbers von 1898/1902 in den *Annalen der Physik*.[380] Gerbers Arbeit stand im Kontext der Versuche im letzten Drittel des 19. Jahrhunderts, die Gesetze der Elektrodynamik auch auf die Gravitation anzuwenden, wie es zum Beispiel Zöllner versucht hatte. Gerber wollte die Newton'sche Annahme von einer instantan wirkenden Gravitationskraft durch die an der Elektrodynamik orientierte Annahme ersetzen, dass sich die Gravitation mit Lichtgeschwindigkeit ausbreite. Hieraus leitete er eine Abweichung des Merkurperihels ab, die mit dem beobachteten Wert gut übereinstimmte.[381]

380 Vgl. Gerber, Paul, »Räumliche und zeitliche Ausbreitung der Gravitation«, in: *Zeitschrift für Mathematik und Physik*, Bd. 43 (1898), S. 93–104; ders., »Die Fortpflanzungsgeschwindigkeit der Gravitation«, in: *Programmabhandlung des städtischen Realgymnasiums Stargard in Pommern*, [Stargard] 1902 (auch in: *Annalen der Physik*, Bd. 357, Nr. 4 (1917), S. 415–441).

381 Zur Diskussion vgl. Seeliger, Hugo von, »Bemerkung zu P. Gerbers Aufsatz: ›Die Fortpflanzungsgeschwindigkeit der Gravitation‹«, in: *Annalen der Physik*, Bd. 358, Nr. 9 (1917), S. 31–32; ders., »Weitere Bemerkungen zur ›Fortpflanzungsgeschwindigkeit der Gravitation‹«, in: *Annalen der Physik*, Bd. 359, Nr. 17 (1917), S. 38–40; Laue, Max von,

Hugo von Seeliger wies allerdings anlässlich des Wiederabdrucks der Gerber'schen Arbeit darauf hin, dass ihm bereits seit der Erstveröffentlichung bekannt war, dass die Ableitung mehrere Fehler enthielt.[382] Gehrcke akzeptierte diese Kritik von Seeligers nicht, geriet aber immens unter Druck, als sogar Lenard ihm berichtete, der Heidelberger Mathematiker Paul Stäckel hätte einen durch von Seeliger entdeckten Fehler bestätigt.[383] Gehrcke versuchte sich einer Antwort an von Seeliger zu entziehen und schlug Lenard vor, entweder Stäckel antworten zu lassen oder – eine letzte Verzweiflungsmaßnahme – einen Studenten darauf anzusetzen, eine frühere Arbeit von Seeligers ausfindig zu machen, in der dieser, so meinte sich Gehrcke zu erinnern, Gerber erwähnt hatte, ohne auf einen Fehler in dessen Rechnung einzugehen.[384]

Auch andere Einsteingegner wie Gerold von Gleich kritisierten Gerbers Arbeit intern – »[E]s war ganz unmöglich, mich von der Stichhaltigkeit seiner [Gerbers] Ausführungen zu überzeugen. Je mehr ich mich damit beschäftigte, desto unhaltbarer kamen sie mir vor. Nun ist es mir eigentlich eine Beruhigung, dass Sie mir von der ablehnenden Haltung Seeligers schreiben«, – wollten aber nach außen als geschlossene Front auftreten: »Gerber habe ich so zitiert, dass Prof. Seeliger jedenfalls nicht in Opposition treten kann«,[385] beruhigte von Gleich Gehrcke.

»Die Fortpflanzungsgeschwindigkeit der Gravitation. Bemerkungen zur gleichnamigen Abhandlung von P. Gerber«, in: *Annalen der Physik*, Bd. 358, Nr. 11 (1917), S. 214–216; als Sekundärliteratur vgl. Schönbeck 2000, S. 18ff.

382 Vgl. Seeliger 1917. Auf einen Fehler wies außerdem Michele Besso hin, vgl. Besso an Einstein, 5. Dezember 1916, in CP Bd. 8A, Doc. 283. Auch Lenard gesteht im Vorwort zum Wiederabdruck der Arbeit Soldners (Lenard 1921b) mit Hinweis auf von Seeligers und von Laues Einwände zu, »dass Gerbers Rechnung nicht für einwandfrei befunden wurde.« Lenard 1921b, S. 594. Kritisch zu Gerber bereits Osten, Hans, »Über eine Erklärung der anomalen Bewegung des Merkurperihels«, in: *Astronomische Nachrichten*, Bd. 171, Nr. 8 (1906), S. 119–120.

383 Zunächst versuchte Lenard, Gehrcke zu beschwichtigen: »Da ich s. Zeit sehr um Abdruck dieser Arbeit in den Ann. geraten hatte, möchte ich sagen, dass es mir sehr unwahrscheinlich ist, in Gerbers Arbeit einen ernstlichen Fehler zu finden, aus dem einfachen Grunde, weil das Endresultat, die Ausbreitung der Grav. mit Lichtgeschwindigkeit, wohl nicht zu bezweifeln ist«. Lenard an Gehrcke, 30. Oktober 1917, GN 6-J-7. Lenard hatte dann allerdings von Stäckel die Mitteilung bekommen, dass von Seeliger mit der Entdeckung eines Rechenfehlers Recht habe, aber man dennoch den gesamten Gedankengang Gerbers evtl. retten könne. Vgl. Stäckel an Lenard, 14. November 1917, [Abschrift], GN 6-J-9 sowie Lenard an Gehrcke, 22. November 1917, GN 6-J-9.

384 Gehrcke an Lenard, 24. November 1917, GN 6-J-8.

385 von Gleich an Gehrcke, 3. Februar 1923, GN 78-C-1.

Paul Gerber

Aber die meisten Einsteingegner interessierte weder Gerbers Gravitationstheorie, noch die dort vorhandenen Fehler, sondern die Formel: Die Hauptsache war, dass eine Formel für die Abweichung der Merkurperihelbewegung außerhalb der allgemeinen Relativitätstheorie möglich war. Denn, so die Argumentation Gehrckes, wenn Einstein und Gerber zum gleichen Ergebnis gekommen seien, verdiente Gerbers Formel den Vorzug, und er betonte: »Man mag über die Gerbersche Theorie denken, wie man will, jedenfalls geht soviel aus ihr hervor, dass es nicht notwendig ist, relativtheoretische Betrachtungen anzustellen, um die Gerbersche Formel für die Perihelbewegung des Merkur abzuleiten.«[386] Eine Formel zu verteidigen, über deren theoretischen Kontext man sich lieber nicht festlegen will, ist allerdings eine äußerst defensive Form der Argumentation, die aber auch Riem und Reuterdahl verwendeten. Letzterer erklärte, wenn Gerbers Wert für die Perihelabweichung korrekt sei, brauche man die Relativitätstheorie gar nicht. Wie Gerbers Wert zustande kam, war dagegen nicht oder nur von untergeordnetem Interesse.[387] Es ging den Einsteingegnern jedoch

386 Gehrcke 1916, S. 124.

387 Vgl. u. a. Reuterdahl 1921a, S. 9; vgl. Mohorovičić 1923b, S. 2. Fricke meinte, auf Grundlage des von ihm postulierten Zusammenhangs von Temperatur und Schwerkraft eine neue Begründung für die Gerber'sche Formel liefern und damit die Angriffe auf

nicht nur um die Priorität einer aus dem Kontext ihrer Theorie gerissenen Formel, sondern es wurde von Anfang an ein Plagiatsvorwurf erhoben. Bereits 1916 hatte Gehrcke angedeutet, Einstein habe Gerber plagiiert:

»Gerber hat also schon die Einsteinsche Formel vorweggenommen; Gerber hat ferner schon die Perihelbewegung des Merkurs quantitativ erklärt; er hat auch auf die sehr geringe Größe der Perihelbewegung hingewiesen, die sich für die anderen Planeten ergibt. Man könnte meinen, es läge hier ein großer Zufall vor, und Einstein sei ohne Kenntnis der Gerberschen Arbeit zu dem gleichen Ergebnis gekommen. Eine solche Annahme wird indessen dadurch erschwert, dass die Gerbersche Abhandlung sich in der bekannten Mechanik von Mach erörtert findet, und dass Einstein erst kürzlich seine genaue Bekanntschaft mit diesem Buche gelegentlich eines Nachrufes auf Mach dargelegt hat.«[388]

In den Jahren 1916 und 1917 machte dieser Plagiatsverdacht noch wenig öffentliche Furore. Viele Einsteingegner unterstützten den zugunsten Gerbers erhobenen Prioritätsanspruch erst in den 1920er Jahren, um ihn zusammen mit dem für Soldners Erklärung der Lichtablenkung erhobenen Prioritätsanspruch (vgl. S. 342ff.) in einen größeren Plagiatsvorwurf einzubauen. Oskar Kraus war einer der wenigen, die Einstein ausdrücklich nicht unterstellten, Gerber plagiiert zu haben. Kraus war im Gegensatz zu anderen Einsteingegnern von bemerkenswerter Fairness und bemühte sich ernsthaft, die Relativitätstheorie zu verstehen, wenn auch ohne Erfolg, da er seine Probleme im physikalischen Verständnis vor allem mit Gehrcke besprach, der sie selbst nicht verstanden hatte. Er erklärte:

»Die Frage ist m.E. die, ob Gerber den Gedanken, es pflanze sich die Gravitation mit Lichtgeschwindigkeit fort, ausgesprochen und verwertet hat. Ersteres ist zweifellos – was die Rechnung anlangt, so hat sie auch Lenard verteidigt.[389] [...] Da aber Einstein aus anderen Voraussetzungen zum gleichen Quantum gelangt, so habe ich an ein Plagiat seinerseits nicht glauben wollen. Dadurch hat sich Weyland

---

Gerbers Formel abfangen zu können. Vgl. Fricke an Gehrcke, 2. Mai 1920, GN 76-A-10.

388 Gehrcke 1916, S. 124. Vgl. Mach, Ernst, *Die Mechanik in ihrer Entwicklung: historisch-kritisch dargestellt*, Wahsner, Renate/Borzeszkowski, Horst-Heino von (Hg.), Berlin 1988 [1883], S. 214f.

389 Hier irrt Kraus, Lenard relativierte lediglich die Bedeutung der fehlerhafte Rechnung für den Gesamtwert der Arbeit. Vgl. die Anmerkungen 4 und 20 in: Lenard 1918, Lenard 1920, Lenard 1921a.

[der Einstein ein Plagiat der Formel Gerbers vorgeworfen hatte] ins Unrecht gesetzt.«[390]

Doch damit vertrat Kraus eine absolute Minderheitenposition und der verstorbene Gerber wurde für die Zwecke der Einsteingegner regelrecht instrumentalisiert. Eine zentrale Rolle spielte hier erneut Reuterdahl, der ein Portrait Gerbers zur Illustration einer Publikation erwerben wollte.[391] Wie Fricke Gehrcke berichtete, entwickelte Reuterdahl ein lebhaftes Interesse für die Gerber'sche Arbeit und zitiert aus einem an ihn gerichteten Brief von Reuterdahl: »I am anxious to obtain the complete details of the work of the Oberlehrer Gerber [...] I would like very much to secure copies of the works of Dr. Gerber and photographs (2) for the purpose of framing and reproduction in my work«.[392]

Im Herbst 1921 machte Reuterdahl durch Vermittlung Gehrckes die Witwe Gerbers in Stargard (Pommern) ausfindig, die dort nach dem Tod ihres Mannes in ärmlichen Verhältnissen lebte. Ein Bekannter der Gerbers aus Stargard schilderte Reuterdahl die schwierige materielle Situation von Meta Gerber und schlug vor, die Einsteingegner sollten Geld sammeln, um ihr das gewünschte Bildmaterial abzukaufen.[393] Meta Gerber sandte via Gehrcke zwei Fotos an Reuterdahl und erhielt, wieder via Gehrcke, im Gegenzug zwei Schecks über 200 Mark.[394] Neben dieser Unterstützung war sie dankbar dafür, dass die Arbeit ihres Mannes bei den Einsteingegnern auf so großes Interesse stieß: »Recht, von Herzen, danke ich Ihnen, dass Sie für meinen Mann das Wort ergreifen wollen, so ist seine viele Arbeit, doch nicht ganz umsonst gewesen.« Sie kündigte außerdem an, Gehrcke zu bitten, »mir doch zu erklären, wie sich eigentlich die Einsteinsache verhält, ich weiß davon so wenig.«[395] Weitere Korrespondenz von Meta Gerber mit den Einsteingegnern ist allerdings nicht erhalten. Auch von anderer Seite war Meta Gerber gefragt. Das Originalmanuskript der Gerber'schen Arbeit übergab sie ein gutes Jahr später dem Kölner Privatlehrer Robert Braun, der ihr versicherte, dass »nicht nur die Einsteingegner, [...] sondern auch die überzeugten Einsteinanhänger – und dazu ge-

390 Kraus an Gehrcke, 16. Oktober 1920, GN 71-G-5. Vgl. Weyland, Paul, »Einsteins Relativitätstheorie – eine Massensuggestion«, in: *Tägliche Rundschau*, 6. August 1920.

391 Reuterdahl an Gehrcke, 7. August 1921, GN 3-I-6.

392 Reuterdahl zit. nach: Fricke an Gehrcke, 5. August 1921, GN 3-G-8.

393 Kursch an Reuterdahl, 13. August 1921, RP 4-16.

394 Gerber an Gehrcke, 14. September 1921, GN 3-K-8; Gerber an Reuterdahl, 2. Oktober 1921, RP 4-16.

395 Gerber an Reuterdahl, 7. September 1921, RP 4-16.

höre ich – rückhaltlos anerkennen, dass Ihr Herr Gemahl das Recht der Priorität gewisser Gedankenreihen der Einstein-Theorie für sich in Anspruch nehmen darf«. Bei ihm, so Braun, sei sichergestellt, »dass die wertvolle Schrift nicht in unwürdige Hände gekommen ist.«[396]

Während Gehrcke gewissermaßen die Patenschaft für Gerber übernommen hatte, verhalf Lenard dem bayrischen Geodäten und Astronomen Johann Soldner (1776–1833) zu neuen Ehren, der 1801 die Abhandlung »Über die Ablenkung eines Lichtstrahls von seiner geradlinigen Bewegung durch die Attraktion eines Weltkörpers, an welchem er nahe vorbeigeht« veröffentlicht hatte.[397] Im Rahmen der Newton'schen Emissionstheorie kalkulierte Soldner, den primär interessierte, ob diese Ablenkung Auswirkungen für den auf der Erde tätigen Astronomen besitzt, auch die Werte für die Lichtablenkung am Mond- und am Sonnenrand. Die Formel ergab eine Lichtablenkung am Sonnenrand von 0,84 Bogensekunden.[398]

Lenard veranlasste einen Abdruck der Soldner'schen Arbeit in den *Annalen der Physik* in einer allerdings stark veränderten Form. Er hatte den Text nicht nur gekürzt, überarbeitet und kommentiert, sondern teilweise sogar paraphrasiert. Auch stellte Lenard dem Text eine Einführung voran, die eher den Namen »Leseanleitung und Interpretationshilfe« verdient, da sie mehr als die Hälfte des Artikels ausmachte. Lenards Absicht war die strategische Verwendung der Soldner'schen Arbeit im Kampf gegen die Relativitätstheorie und nicht etwa ein wissenschaftshistorisches Interesse oder gar die Rückkehr zur Physik um 1800. In der Einführung zur Soldner'schen Arbeit machte Lenard Andeutungen, Einstein habe sich für seine eigene Beschäftigung mit der Lichtablenkung bei der älteren Arbeit Soldners bedient: »Die Relativitätstheorie ist vielbeachtet worden; es verdient demgegenüber auch Soldners so viel ältere Leistung der allgemein zugänglichen Hervorhebung, um so mehr als – wie stets in solchen Fällen – niemand sagen kann, in welchem Maße die ältere Leistung Anlaß und

396 Braun an Gerber, 21. Januar 1923, [Abschrift], GN 83-B-24.

397 Vgl. Soldner, Johann, »Über die Ablenkung eines Lichtstrahls von seiner geradlinigen Bewegung durch die Attraktion eines Weltkörpers, an welchem er nahe vorbeigeht«, in: *Annalen der Physik*, Bd. 370, Nr. 15 (1921), S. 593–604. Zuerst erschienen im *Astronomischen Jahrbuch für das Jahr 1804*, [Berlin 1801].

398 Diese Darstellung stützt sich auf Jaki, Stanley L., »Johann Georg von Soldner and the gravitational bending of light, with an English translation of his essay on it published in 1801, in: *Foundations of Physics*, Bd. 8, Nr. 11–12 (1978), S. 927–950.

Stütze für spätere Beschäftigung mit demselben Gegenstand gewesen war«.[399]

Ähnlich wie im Fall Gerber wurde auch im Fall Soldner der zu dessen Gunsten erhobene Anspruch auf Priorität bzw. Plagiatsverdacht postwendend zurückgewiesen. Max von Laue erwiderte in den *Annalen der Physik* auf Lenards Einleitung,[400] außerdem nahmen sowohl von Laue als auch David Hilbert und Max Born einen in der *Frankfurter Zeitung* erschienenen Artikel von Ludwig Baumgardt über »Ruhm. Soldner und Einstein«[401] zum Anlass, auch in der Tagespresse die Bedeutung der Soldner'schen Arbeit richtigzustellen. Denn während der Prioritätsanspruch für Gerber in den Jahren 1916/1917 weitgehend unter Ausschluss der allgemeinen Öffentlichkeit in Fachzeitschriften diskutiert worden war, wurde die Soldner-Debatte 1921 begierig von den Tageszeitungen aufgesogen.[402] Sowohl von Laue als auch Hilbert und Born betonen in den jeweiligen Artikeln, dass sich die Frage von Priorität so nicht stellen ließe, da die Werte von Einstein und Soldner auf jeweils vollkommen anderer theoretischer Grundlage errechnet worden und damit nicht vergleichbar seien.[403] Wie im Fall

399 Lenard 1921b, S. 594.

400 Laue, Max von, »Eine Erwiderung auf Hrn. Lenards Vorbemerkungen zur Soldnerschen Arbeit von 1801«, in: *Annalen der Physik*, Bd. 371, Nr. 20 (1921), S. 283–284.

401 Baumgardt erzählte dort den Soldner-Einstein-Fall als eine Geschichte, in der die Bestätigung zu Lebzeiten bei dem einen – Einstein –, der die Lichtablenkung vorausgesagt habe, zu Glück und Ruhm geführt habe, während der andere – Soldner – mehr als 100 Jahre zuvor auf anderen Wegen zum selben Ergebnis gekommen sei, aber leider keine Bestätigung erlebt habe und daher in Vergessenheit geraten sei. Wäre nun Soldners Voraussage zu dessen Lebzeiten bestätigt worden, so betont Baumgardt in einem weiteren Artikel, hätte dieser den Ruhm geerntet und Einstein wäre niemals dermaßen berühmt geworden. Vgl. Baumgardt, Ludwig, »Ruhm. Soldner und Einstein«, in: *Frankfurter Zeitung*, 6. November 1921, GN 4, XII, 72r; ders., »Soldner und Einstein«, in: *Frankfurter Zeitung*, 2. Dezember 1921, Abendausgabe, GN 4, XII, 75r.

402 Vgl. u. a. Riem 1921c; ders., »Nachdenkliches zur Sonnenfinsternis im September«, in: *Rheinisch-Westfälische Zeitung*, 29. Juli 1922, GN 4, XX, 26r; ders., »Von der deutschen Sonnenfinsternis-Expedition«, in: *Deutsche Tageszeitung*, 27. Juli 1922, GN 4, XX, 27r; »Die Relativitätstheorie bestätigt?«, in: *Hamburger Nachrichten*, 25. Mai 1923, GN 4, XX, 88r; Palagyi 1921b; »Um die Priorität der Einstein-Theorie«, in: *Magdeburgische Zeitung*, 30. November 1921, GN 4, XII, 74r; »Nochmals Soldner und Einstein«, in: *Neue Zürcher Zeitung*, 30. November 1921, 2. Morgenausgabe, GN 4, XII, 75r.

403 Vgl. Laue, Max von, »Soldner und Einstein. Die Entdeckung der Ablenkung des Lichts durch die Schwere«, in: *Frankfurter Zeitung*, 18. November 1921, Morgenblatt, GN 4, XII, 73r; Born, Max/Hilbert, David, »Soldner und Einstein«, in: ebd. Auf die grundsätzliche Verschiedenheit der Soldner'schen und der Einstein'schen Erklärung wies auch

Gerber hatte diese Richtigstellung jedoch keine Auswirkungen auf die Debatte. Vielmehr verbreitete sich die Forderung, Soldner historische Priorität zuzuerkennen, rasch unter den Einsteingegnern, und zwar mit dem gleichen Argument wie bei Gerber: »Wenn aber die einfachen Mittel Soldners ausreichen, so ist die hochgespannte Künstlichkeit des Einsteinschen mathematischen Apparates, wenigstens in diesem Falle, überflüssig.«[404]

Insbesondere anlässlich der Sonnenfinsternis im Jahr 1922, in der genauere Messungen zur Lichtablenkung die Relativitätstheorie endgültig bestätigen sollten (die Messergebnisse von 1919 waren für die Astronomen unzureichend gewesen[405]), wurde die Frage »Soldner oder Einstein« breit diskutiert. Johannes Riem veröffentlichte mehrere Artikel in der Tagespresse und erklärte zur Lichtablenkung: »Diese Wirkung ist demgemäß als Soldnereffekt zu bezeichnen, wenn auch über 100 Jahre später Einstein aus seinen Ideen dieselbe Annahme ableitet.«[406]

Die Forderung nach »historischer Gerechtigkeit« für Soldner nahm regelrechten Kampagnencharakter an und kochte etwas später als die Debatte 1921 in Deutschland auch in den USA hoch. Für diese – wenn auch verspätete – Rezeption Soldners in den USA spielten die Netzwerkverbindungen der Einsteingegner eine entscheidende Rolle. Es war Gehrcke, der Reuterdahl auf Soldner aufmerksam machte, und es war Lenard, der dafür sorgte, dass Reuterdahl den Abdruck des Soldner-Artikels aus den *Annalen der Physik* erhielt.[407] T. J. J. See und Reuterdahl bezogen sich in ihren Vorwürfen immer darauf, dass »leading German physicists« –

Emanuel Beke hin, vgl. Beke, Emanuel, »Lenard und Einstein«, in: *Pester Lloyd*, 29. November 1921, GN 4, XII, 75r.

404 Palagyi 1921b. So auch Riem »Dieser [Soldner] hat einen physikalischen Grund angegeben, während die Relativitätstheorie nichts ist als eine auf höchst zweifelhafter Grundlage aufgebaute naturwissenschaftlich unmögliche und philosophisch ebenso unmögliche Spekulation.« Riem 1922b.

405 Vgl. Kapitel 2, Anm. 4.

406 Riem 1922b.

407 Der Sonderdruck aus den *Annalen der Physik* mit einer persönlichen Widmung Lenards befindet sich im Nachlass Reuterdahls. Ob Lenard ihn persönlich auf den Weg brachte oder über Gehrcke oder seinen Verlag Hirzel verschickte, wie im Fall *Aether und Uraether* geschehen, ist unklar. In einem Brief an Gehrcke erklärte es für wünschenswert, dass Reuterdahl den Artikel erhielte, er selbst könne aber »einen Briefwechsel mit dem Amerikaner nicht über mich bringen.« Lenard an Gehrcke, 2. September 1921, GN 3-F-16. Vgl. aber den Brief Lenards ein Jahr später an Reuterdahl, S. 321.

namentlich Gehrcke und Lenard – das Plagiat nachgewiesen hätten.[408] Reuterdahl spitzte die Andeutungen zu einem deutlichen Plagiatsvorwurf zu und sorgte für dessen Verbreitung in den USA. Er hielt Lichtbild-Vorträge, die Soldner zu Gerechtigkeit verhelfen sollten, und publizierte mehrere Zeitungsartikel, die Einstein des Plagiats von Soldners Theorie bezichtigten.[409] Reuterdahl sorgte auch für die Verbreitung des Plagiatsvorwurfs unter den ihm bekannten US-amerikanischen Einsteingegnern, darunter T. J. J. See, der in seiner Position breitere öffentliche Resonanz als Reuterdahl erzielen konnte und dem es sogar gelang, die Soldner-Einstein-Kontroverse bis in die renommierte Fachzeitschrift *Science* zu bringen (vgl. S. 250f.).[410] Ebenso wie im deutschsprachigen Raum ließ der von See und Reuterdahl erhobene Plagiatsvorwurf nicht nur die verschiedenen theoretischen Kontexte der Kalkulation der Lichtablenkung unbeachtet, sondern er bezog sich ganz speziell auf die Formel und fokussierte schließlich auf den Vorwurf, Einstein habe einen Fehler Soldners kopiert. Reuterdahl erklärte:

»Soldner, as Lenard noticed, made a slight mistake in his calculations in that he neglected the factor 2 in his formula. That was in the year 1801. In the year 1911 Einstein was overtaken by the same misfortune, that is, he also omitted the factor 2 in his formula [...] Through the courtesy of Dr. Lenard and Dr. Gehrcke, the author [Reuterdahl] has all evidence before him as he writes this article. This most unfortunate blunder, on the part of Einstein, in including the error of Soldner, was adroitly camouflaged in a subsequent article which appeared in the year 1915«.[411]

---

408 Vgl. z. B. See 1923a; vgl. auch Crelinsten 2006, insb. S. 213ff.

409 Vgl. u. a. Reuterdahl 1921b; Reuterdahl 1921c; Reuterdahl 1922b; Reuterdahl 1923b; ders., »Einstein's Predecessors. Dr. Arvid Reuterdahl Argues German Scientist Used Soldner's, Gerber's, and Other Formulae Without Acknowledgment«, in: *The New York Times*, 3. Juni 1923, RP 4-4.

410 Vgl. Reuterdahls Bericht an Mohorovičić: »I supplied many American scientists including Dr. T. J. J. See with this information. Dr. See's exposé of the Soldner-Einstein affair was based upon personal communication, and copies of my articles which I sent to him. His reference to Westin's part in the exposé was quoted verbatim from my article in the Dearborn Independent, issue of Jan. 6, 1923 [Reuterdahl 1923b].« Reuterdahl an Mohorovičić, [1924], RP 3-88; vgl. auch See an Reuterdahl: »I thank you very much for the data about Soldner's original paper, now reprinted by Lenard. It certainly proves Einstein to be a thief.« 22. Mai 1923, RP 4-49.

411 Reuterdahl 1922b. Zu See vgl. dieses Kapitel, Anm. 408 sowie auch verschiedene Zeitungsberichte, die Sees per Presseerklärung herausgegebenen Anschuldigungen referierten, z. B.: »Government Scientist Exposes Einstein Trick. Declares German Astronomer Was Detected in Plagiarizing Von Soldner in 1911. Newton Theory Held True. Says

Bei dem erwähnten Artikel, der das Plagiat angeblich vertuschen sollte, handelte es sich um Einsteins allgemeine Relativitätstheorie. Reuterdahl hatte kaum Kenntnisse über die Unterschiede zwischen der speziellen und der allgemeinen Relativitätstheorie, geschweige denn über Differenzen in Einsteins Arbeiten zur Gravitation um 1911 und der allgemeinen Relativitätstheorie.[412] Diese Unkenntnis spielte eine große Rolle für den Plagiatsvorwurf: Einsteins Arbeit »Über den Einfluß der Schwerkraft auf die Ausbreitung des Lichtes«[413] von 1911 bezog die zusätzliche Ablenkung durch die Raumkrümmung noch nicht ein und kam durch ausschließliche Anwendung des Äquivalenzprinzips auf einen deutlich geringeren Wert der Lichtablenkung von 0,83 Bogensekunden, der in etwa dem Soldner'schen Wert entsprach. Da in Soldners Kalkulation auf den ersten Blick ein Fehler um den Faktor 2 vorzuliegen schien[414] und sich nach der endgültigen Relativitätstheorie mit Einbeziehung der Raumkrümmung ebenfalls ein etwa doppelt so hoher Wert ergab, wurde dies als schlagender Beweis für ein Plagiat angesehen, nach dem Motto: Das gleiche richtige Ergebnis zu haben ist bereits verdächtig, aber wenn man die Fehler mit abschreibt, ist die Situation eindeutig. Wie bestechend der vermeintlich gleiche »Rechenfehler« war, zeigt sich in der Einschätzung Harris A. Houghtons in einem Brief an Reuterdahl:

»Am I not right in believing that the best evidence of Einstein's duplicity is in the fact that Soldner corrected his own formula two years after his original article by inserting »2« in the denominator, a mistake which Einstein copied and afterwards corrected. It seems to me that this point is conclusive to the lay mind, of which

---

Bending of Stars' Rays Do Not Bear Out Claims Which He Terms Crazy Vagaries« in: *The Philadelphia Journal*, 12. April 1923.

412 Zu Einsteins Weg der Entwicklung der allgemeinen Relativitätstheorie vgl. Renn, Jürgen (Hg.), *The Genesis of General Relativity*, 4 Bände, Dordrecht 2007 (Boston Studies in the Philosophy of Science Bd. 250), Bd. 1: Janssen, Michel/Norton, John/Renn, Jürgen /Sauer, Tilman/Stachel, John, *Einstein's Zurich Notebook: Introduction and Source*; dies., Bd. 2: *Einstein's Zurich Notebook. Commentary and Essays.*

413 Einstein, Albert, »Über den Einfluß der Schwerkraft auf die Ausbreitung des Lichtes«, in: *Annalen der Physik*, Bd. 340, Nr. 10 (1911), S. 898–908, abgedruckt in: CP Bd. 3, Doc. 23.

414 Hans-Jürgen Treder und Gerhard Jackisch zeigen allerdings, dass dieser Faktor 2 kein Fehler war, sondern der physikalischen Terminologie des 18. Jahrhunderts entsprach. Vgl. Treder, Hans-Jürgen/Jakkisch, Gerhard, »On Soldner's Value Of Newtonian Deflection Of Light«, in: *Astronomische Nachrichten*, Bd. 302, Nr. 6 (1981), S. 275–277.

type mine is. Such a thing could not have occurred without conscious plagiarism.«[415]

In Deutschland war es vor allem Johannes Riem, der den »Faktor 2« in Zeitungsartikeln beschwor:

»Aber nun kommt das merkwürdige an der Sache. *Die Formeln von Soldner und von Einstein sind durchaus identisch.* Lenard, der die alte Abhandlung ausgrub und veröffentlichte, weist darauf hin, daß Soldner in seiner Ableitung ein kleines Versehen macht. Er vernachlässigt den Faktor 2 und nach 110 Jahren geschieht es, daß Einstein genau an derselben Stelle genau dergleiche Fehler passiert!«[416]

Reuterdahl selbst hätte Soldner für seine Hauptkritik am »Faktor 2« eigentlich gar nicht gebraucht. Er sah bereits in der Tatsache, dass Einsteins Rechnungen anhand der Theorie von 1911 und anhand der endgültigen allgemeinen Relativitätstheorie unterschiedliche Werte ergeben, eine Inkonsistenz der Relativitätstheorie. Recht abenteuerliches Kernargument von Reuterdahls Kritik ist daher, dass die Theorien von 1911 und 1915 im Prinzip die gleichen seien und daher, wenn nun die Rechenergebnisse von 1911 und 1915 beide mathematisch korrekt seien, ein offensichtlicher Widerspruch in der Relativitätstheorie vorläge.[417] Diese Ansicht teilten viele Kritiker, die, wie Reuterdahl kaum Kenntnisse über die allgemeine Relativitätstheorie und ihre Entwicklung besaßen. Auch andere argumentierten in der festen Überzeugung, wenn die Theorie von 1911 ein Vorläufer der Theorie von 1915 sei, aber der sich aus ihr ergebende Wert für die Lichtablenkung für falsch erklärt würde, dann sei auch die Theorie von 1915 und überhaupt jede Relativitätstheorie falsch: »[E]s hätte also der Relativitätstheoretiker von 1911 nicht nur den von 1915 widerlegt, sondern bereits 1911 durch die Aufstellung einer verfehlten Relativitätstheorie die Unmöglichkeit jeder Relativität, sowohl der allgemeinen, als der speziellen erwiesen.«[418]

---

415 Houghton an Reuterdahl, 15. Juli 1923, RP 4-67. Houghton, ein Arzt und Offizier, spielte eine zentrale Rolle in der englischen Publikation der »Protokolle der Weisen von Zion«.

416 Riem 1923. Vgl. auch Lenard an Gehrcke, 15. August 1921, GN 3-F-15: »Beidemale [bei Soldner und bei Einstein] ist Faktor 2 der Fehler. Allerdings kann man selbst leicht irren bei Derlei; doch hoffe ich das vermieden zu haben?«

417 Vgl. Reuterdahl 1923d.

418 »Nochmals Soldner und Einstein«, in: *Neue Zürcher Zeitung*, 30. November 1921, 2. Morgenausgabe.

Durch scharfe Formulierungen spitzte Reuterdahl die Debatte um Soldner zu, was wiederum Rückwirkungen auf die europäischen Einsteingegner hatte. Mohorovičićs Ansichten über Prioritätsfragen zum Beispiel radikalisierten sich erheblich durch seine Bekanntschaft mit Reuterdahl. In seinem Werk *Die Einsteinsche Relativitätstheorie und ihr mathematischer, philosophischer und physikalischer Charakter* argumentierte Mohorovičić, dass der Einstein'sche Wert der Lichtablenkung von 1,7 Bogensekunden nicht notwendigerweise die Relativitätstheorie beweisen müsse, sondern auch im Rahmen der klassischen Physik erklärbar sei. Ein Plagiatsvorwurf war hiermit nicht verbunden, Mohorovičić wies nur auf die Möglichkeit der Deutung dieses Effekts ohne Relativitätstheorie hin und erklärte, »daß von einer experimentellen Bestätigung der allgemeinen Relativitätstheorie keine Rede sein kann«.[419] In seinem Artikel »Worthlessness of Einstein's theory of relativity for the physics«, der auf Wunsch Reuterdahls für den US-amerikanischen Markt verfasst worden war, wurde Mohorovičić deutlicher. Er spielte zum einen die Bedeutung der Bestätigung herunter – »There had been no other thing but that a ray passing close by enormous masses of matter deviates extraordinary little from its way and – nothing else« – und er bezichtigte Einstein jetzt offen eines Plagiats:

»[T]he measurements really confirmed the existence of s[o] c[alled] Soldner's effect which erroneously is called by modern relativists ›Einstein's‹ effect, whereas this was ›prophesied‹ more than 100 years ago (thus before Einstein) [...] Neither he [Einstein] was a faultless inquirer of natural things, because he did not mention anywhere his predecessors, although he had known them very well. That never could be pardoned to Mr. Einstein!«[420]

In die US-amerikanische Plagiatsdebatte in Bezug auf Soldner griff sogar die Kirche ein. 1929 äußerte sich Kardinal O'Connell zur Relativitätstheorie. O'Connell war sowieso nicht gut auf Einstein zu sprechen, da ihm dieser über seine Frau Elsa vermittelt den Wunsch nach einer persönlichen Diskussion abgeschlagen hatte: »Frau Einstein said that Einstein did not wish to dispute with me about his theories and that my assertions left him cold.«[421] Bei diesen Anschuldigungen dürfte es sich höchstwahrscheinlich um Plagiatsvorwürfe gehandelt haben; der Kardinal stützte nämlich die Reuterdahl'schen Plagiatsanschuldigungen und erklärte, es sei ein typisches

419 Mohorovičić 1923a, S. 42.

420 Beide Zitate aus Mohorovičić 1923b, S.1, S. 5.

421 Alle folgenden Zitate aus: O'Connell, William, »Cardinal Gives Further View On Einstein Theory«, in: *Boston Evening American*, 12. April 1929.

Verhalten von Einstein, stets den Auseinandersetzungen mit den größten Wissenschaftlern, unter anderem mit den »best minds in Germany«, aus dem Weg zu gehen, die ihm vorgeworfen hätten, dass er Soldner plagiiere und die gezeigt hätten »that his so-called new theory of relativity is not new at all, but that whatever there is in it of scientific value is nothing but a plagiarism of Von Soldner's system, explaining the deflection of light published as far back as about 1810.«

Es ist bemerkenswert, mit welcher Offenheit der Kardinal hier sein Halbwissen präsentiert, selbst die Jahreszahl von Soldners Veröffentlichung ist falsch. Ohne darin einen Widerspruch zu sehen, befürwortete der Kardinal auch Reuterdahls eigenen Prioritätsanspruch auf die Relativitätstheorie: »[T]his same theory [die Relativitätstheorie] was borrowed or filched from the works of Professor Reuterdahl«. Der Kardinal sah einen großen Vorteil darin, dass Gott in Reuterdahls Theorie eine zentrale Rolle einnahm. Einstein plagiierte dieser Argumentation nach also nicht nur die Theorie Reuterdahls, sondern er ließ dabei auch noch die Existenz Gottes einfach unter den Tisch fallen. Für den Kardinal stand fest: »[B]ehind the Einstein cloak lurks in very truth the ghastly spectre of atheism.« Diese Polemik des Kardinals zeigt besonders deutlich, dass es bei der Kampagne für Soldner nicht um die Frage historischer Priorität ging, sondern dass das Soldner-Argument in umfassendere, weltanschaulich geprägte Argumentationen gegen die Relativitätstheorie eingebaut wurde.

Im Unterschied zu den von den Einsteingegnern erhobenen Vorwürfen, die Relativitätstheorie plagiiere die eigene Theorie (vgl. S. 194ff.), waren die Kampagnen zugunsten von Soldner und Gerber weniger inhaltlicher als strategischer Natur. Weder wollte Lenard die von Soldner verwendete Emissionstheorie, noch wollte Gehrcke Gerbers elektrodynamische Gravitationstheorie zur neuen Basis der Physik erheben.[422] Ihnen ging es hauptsächlich darum aufzuzeigen, dass überhaupt klassisch-physikalische Erklärungen für die durch die Relativitätstheorie erklärten Phänomene möglich waren, um der Überzeugungskraft, die etwa die Verbindung von spezieller Relativitätstheorie und Erklärung des Ausgangs des Michel-

422 Obgleich Lenard Gerbers elektrodynamische Erklärung der Gravitation sehr schätzte. Vgl. Lenard an Gehrcke, 1. Dezember 1916, GN 83-E-2. In einem Brief an Gehrcke vom 10. Dezember 1920 (GN 83-E-19) gab Lenard allerdings zu, dass, wenn die vom ihm präferierte Erklärung von Hugo von Seeliger zuträfe, dass unbekannte Massen in Sonnennähe die Merkurperihelbewegung verursachen würden, die Gerber'sche Formel keinen Wert mehr habe.

son-Morley-Versuchs hatte, etwas entgegenzusetzen. Aus diesem Grund wurde permanent darauf hingewiesen, dass es auch alternative Erklärungen gebe. Daran ist zunächst nichts auszusetzen, aber sowohl Lenard als auch Gehrcke gingen darüber hinaus, indem sie einen Plagiatsvorwurf erhoben: Wenn die klassische Erklärung vor Einsteins Erklärung existierte, sei es nahe liegend, dass dieser ein Plagiat begangen habe.

Das Argument, dass mehrere aus verschiedenen theoretischen Kontexten herauspräparierte Einzelerklärungen nicht eine Theorie, die alle Effekte erklären kann, ersetzen, wurde von den Einsteingegnern entweder unter den Tisch fallen gelassen oder schlicht nicht wahrgenommen. Physiker wie von Laue und Born insistierten, dass der Wert der Relativitätstheorie in der Erklärungskraft der gesamten Theorie und nicht in einer einzelnen isolierten Formel liege, und Frederick Bond formulierte plastisch in der *New York Times*: »[I]f, 120 years ago, Archimedes, Galileo, Newton, Laplace and Benjamin Franklin had been assembled in some realm on earth or among the isles of the blessed, they could not have worked out Einstein's theory. Gauss and Clark-Maxwell had to live first«[423] – auf diese Ebene der Diskussion begaben sich die Einsteingegner gar nicht. Die Kampagnen für die »historischen Vorläufer« Soldner und Gerber waren nicht zuletzt auch deshalb ein solcher Erfolg, da sich diese Personen als Identifikationsfiguren für die marginalisierten Einsteingegner anboten, ähnlich wie in der eingangs skizzierten Professorentum-Kritik Robert Mayer und Eugen Dühring (vgl. S. 75ff.). Dem »arme[n] Soldner«[424] müsse man zur Gerechtigkeit verhelfen – so lautete eine typische Reaktion, und man hat den Eindruck, dass eigentliche der »arme« Einsteingegner selbst damit gemeint war.

423 Bond, Frederick, »Relating to Relativity«, in: *The New York Times*, 13. Mai 1923. Bond bezog sich auf: Houghton, Harris A., »A Newtonian Duplication? Einstein's Triumph a Long Distances Ahead«, in: *The New York Times*, 21. April 1923. Daraufhin stieg Reuterdahl in die Kontroverse ein (Houghton hatte sich in seinem Artikel auf Reuterdahl bezogen und Bond hatte in seiner Replik Reuterdahls im *The Dearborn Independent* erschienene Plagiatsvorwürfe scharf angegriffen). Vgl. Reuterdahl 1923c; Bond, Frederick, »Reuterdahl And The Einstein Theory«, in: *The New York Times*, 15. Juli 1923; Reuterdahl, Arvid, »The Origin Of Einsteinism. Prof. Reuterdahl, Replying to Mr. Bond, Says That, in the Absence of Proof of Innocence, Einstein Stands Convicted of Plagiarism«, in: *The New York Times*, 12. August 1923. Alle Artikel sowie ein Brief Bonds an Reuterdahl befinden sich im Nachlass Reuterdahls, RP 4-4.

424 »Nochmals Soldner und Einstein«, in: *Neue Zürcher Zeitung*, 30. November 1921, 2. Morgenausgabe.

Der Nobelpreis für die Weltformel!

Da die Einsteingegner vollkommen davon überzeugt waren, eine viel bessere Theorie als Einstein formuliert zu haben, suchten sie nach Instanzen, mit deren Hilfe sie gegen die Nichtanerkennung ihrer Theorie vorgehen wollten. Einige Hoffnung wurde auf den Staat gesetzt. Mewes zum Beispiel wandte sich an das Preußische Kultusministerium, um seine Prioritätsansprüche durchzusetzen, erhielt von dort aber keine Antwort, für den Deutschnationalen »nach Sachlage der heutigen Richtung daselbst« in der Weimarer Demokratie kein Wunder.[425] Auch bei der Preußischen Akademie der Wissenschaften meldete Mewes seinen Prioritätsanspruch »gegenüber den semitischen Professoren A. Einstein und H. Minkowski«[426] an. Die Akademie nahm jedoch nicht Stellung, sondern berief sich zunächst darauf, der Brief sei verloren gegangen. Nachdem Mewes seine Vorwürfe zum zweiten Mal vorbrachte, antwortete die Akademie lediglich unverbindlich, dass sie nicht über Prioritätsfragen zu befinden habe.[427]

Ziegler setzte Hoffnungen in eine private Förderung; er lernte nämlich den Wissenschaftsmäzen Ernst Solvay 1905 auf einem Kongress in Lüttich kennen und verband große Erwartungen mit dieser Bekanntschaft. Er sandte Solvay seine Schriften zu und dieser hatte ihm freundlich geantwortet. Fünf Jahre später bei dem Internationalen Kongress für Radiologie und Elektrizität in Brüssel ergab sich die Möglichkeit eines zweiten Zusammentreffens. Solvay nahm nicht am Kongress teil, bat Ziegler jedoch in sein Geschäftshaus zu sich und nahm Zieglers Publikationen entgegen. Allerdings verlief dieses Treffen nicht so, wie es Ziegler sich erhofft hatte:

»Leider zeigte sich aber bei dieser Unterredung eine starke Differenz in den Ansichten. Solvay hielt den Verstand allein für ungenügend, um die Grundlagen richtiger Weltanschauung festzustellen und vertrat noch die alte Ansicht, welche

---

425 Mewes 1922a, S. 418; vgl. auch Mewes 1920a, S. 72ff. Vgl. auch Vogtherr: »Eigentlich wäre es meines Erachtens Aufgabe des Staates oder gelehrter Gesellschaften für Schriften unbemittelter Verfasser, soferne sie nicht wertlos sind, die Druckkosten aufzubringen.« Vogtherr dachte insbesondere an seine eigenen Schriften, die er wegen Geldmangels nicht herausbringen konnte. Vgl. Vogtherr an Gehrcke, 5 Mai 1926, GN 76-A-3. Fricke suchte auch im NS-Staat immer noch nach einer offiziellen Instanz, die ihm Gehör verschaffen könnte: »Wo aber ist im neuen Deutschland die Stelle, die solche Entdeckungen [wie seine eigenen] prüft und fördert? Wer ist zuständig? Wer entdeckt die Entdecker?« Fricke 1937, S. 195.

426 Mewes 1920a, S. 74.

427 Vgl. ebd.

diese Aufgabe mittels Experimenten und mathematischer Berechnung lösen wollte.«[428]

Ziegler blieb allerdings über das Bergsteigen in Kontakt mit Solvay, der jedes Jahr mehrere Wochen im Engadin verbrachte, dort wie Ziegler in Pontresina logierte und Ziegler mehrfach zum Abendschoppen und einmal zum Spaziergang einlud, »aber er [Solvay] ließ sich, trotz Weltformel und Farbkugel, nicht bekehren, sondern verharrte in dem Wahn, daß man ohne Mathematik die Weltgesetze nie bestimmen könne.«[429] Die folgenden von Solvay finanzierten Solvay-Kongresse, Themen der modernen Physik gewidmet,[430] deutete Ziegler konspirativ als bewusst gegen seine Urlichttheorie gerichtete Versammlungen. Ziegler versuchte nicht nur bei Solvay Förderung zu erhalten, er bewarb sich auch um mehrere Wissenschaftspreise, unter anderem um den 1920 zum ersten Mal ausgelobten Wissenschaftspreis der Schweiz, den Marcel-Benoit-Preis,[431] und – selbstverständlich – bei der Nobelstiftung um den Nobelpreis.

Der Nobelpreis weckte besondere Begehrlichkeiten bei den Welträtsellösern. Neben dem Preisgeld lockte vor allem die ideelle Unterstützung, das Prestige, das mit dem Nobelpreis verbunden wird: Endlich würde der eigenen Arbeit die höchstmögliche Anerkennung zuteil, endlich wäre man offiziell als herausragender Forscher anerkannt! Als besonderer Katalysator der Selbstbewerbungen um den Nobelpreis erwies sich die Verleihung des Nobelpreises an Einstein 1921 – schließlich meinte der Welträtsellöser, Einstein bereits widerlegt zu haben und eine viel bessere und nützlichere Theorie anbieten zu können. Das Nobelkomitee wurde aus diesem Grund

428 Ziegler 1931, S. 66.

429 Ebd.

430 Die Themen der ersten drei Konferenzen waren »Theorie der Strahlung und Quanten« (1911), »Die Struktur der Materie« (1913) sowie »Atome und Elektronen« (1921).

431 Ziegler schickte seine Unterlagen am 22. September 1921 an das Sekretariat der Marcel-Benoit-Stiftung. Der Stiftung waren die Arbeiten zu alt, Ziegler sollte eine Zusammenfassung der dort vorgebrachten neuen Erkenntnisse schreiben. Das tat er, *Die Hauptaufgabe der Naturwissenschaft und ihre einfache Lösung* war das Ergebnis. Allerdings wurde Ziegler wieder enttäuscht – bereits die Vorprüfungskommission wies die Abhandlung als »rein spekulativ« zurück. Vgl. Ziegler 1931, S. 70. Ziegler bewarb sich daraufhin noch dreimal mit kleineren Arbeiten, immer ohne Erfolg. Für Ziegler bestätigten diese Misserfolge seine Verschwörungstheorie: »Schließlich sah Ziegler [er schreibt über sich in der dritten Person] ein, daß die Preisverteilungen ganz vom Gutdünken der ihm feindlichen Zunft abhängen und daß sich der dafür verantwortliche Schiedsrichter selbst gar nicht dafür verantwortlich fühle, sondern sein Urteil abgebe, wie es jene verlange.« Ziegler 1931, S. 71.

heftig kritisiert: Ziegler warf – wie auch andere »verkannte Wissenschaftler« – dem Nobelkomitee vor, anstatt viel versprechende Wissenschaftler zu fördern, die die Unterstützung für ihre Forschungen wirklich nötig hätten (er dachte natürlich vor allem an sich selbst), den Preis zu einer Belohnung der Koryphäen zweckentfremdet zu haben.[432] Die meisten Einsteingegner wussten dabei nichts über das Vergabeverfahren, etwa dass eine Selbstbewerbung ausgeschlossen ist, oder es war ihnen gleichgültig. Ziegler schickte alle seine Arbeiten von Anfang an zum Nobelkomitee in Stockholm[433] und Patschkes Werken ist ab 1920 als Widmung vorangestellt:

»Gewidmet der Akademie der Wissenschaften in Stockholm und allen Freunden der Naturwissenschaften von der Astronomie bis zur Elektronik und Chemie. Die vorliegende Schrift ist ein Teil meiner naturwissenschaftlichen Werke, welche das Produkt einer vieljährigen, entdeckungsreichen Tätigkeit darstellen. Diese Werke werden an geeigneter Stelle bekanntgegeben. Sie führen in natürlicher und deshalb auch einfacher, sinnfälliger Weise zur richtigen Erkenntnis und Ausnutzung der Naturkräfte und dadurch zur Förderung des Allgemeinwohls. Auf Grund der wertvollen Resultate dieser Arbeiten für Theorie und Praxis bewerbe ich mich um den Nobelpreis für Physik.«[434]

Der Nobelpreis für die Welträtsellöser auch deshalb besonders attraktiv, weil sie in der Person Nobels, der den praktischen Erfolgen der Naturforschung zugeneigt war, eine Identifikationsfigur sahen. Der Erfinder Nobel, so ihre einhellige Meinung, hätte nie gewollt, dass diese »abstrakten«, »sonderlichen« Theorien der modernen Physik mit seinem Preis bedacht werden.[435] Neben solchen Selbstbewerbungen und Lobpreisungen durch außerakademische Kollegen (»Dieser edle Forscher und tapfere Pionier wahrer Naturerkenntnis, der sich in seinen vielen Werken auf verschiedenen Wissensgebiete als ein nobelpreiswürdiger Galilei der Naturforschung erwiesen hat«[436]) unternahm Reuterdahl tatsächlich eine gezielte Anstrengung, um den Nobelpreis zu erhalten. Er konnte dafür auf Unterstützung aus dem Netzwerk zurückgreifen und er machte sich, im

432 Die Verleihungspolitik stand damals und steht auch heute bei Nobelpreisverleihungen aus verschiedenen Gründen immer wieder in der Kritik. Vgl. Ziegler 1931, S. 133ff. Vgl. allgemein zur Verleihungspolitik Friedman, Robert Marc, *The politics of excellence: behind the Nobel Prize in science,* New York 2001.

433 Vgl. Ziegler 1931, S. 74.

434 Vgl. Patschke 1920; Patschke 1921; Patschke 1922; Patschke 1925.

435 Vgl. z. B. Ziegler 1931, S. 133ff.

436 Patschke über Reuterdahl in: Patschke 1925, S. 132.

Gegensatz zu den Selbstbewerbern Patschke und Ziegler, mit den Strukturen der Entscheidungsfindung des Nobelkomitees vertraut. Die Initiative ging wesentlich von Reuterdahls Freund Heidenreich aus, der bereits seit 1915 versuchte, die akademische Wissenschaft in Gestalt des Carnegie Institutes of Technology (Carnegie Mellon University) sowie mehrerer anderer Universitäten von Reuterdahls Arbeiten zu überzeugen, allerdings vergeblich.[437]

Heidenreich und Reuterdahl hatten sich anlässlich von Vorträgen, die sie am Kansas State College of Agriculture hielten, kennen gelernt. Heidenreich sprach über Stahlbeton, Reuterdahl über sein »Space-Time-Potential« und seitdem war Heidenreich von Reuterdahls Theorie fasziniert. Im August 1931 hatte Heidenreich zunächst direkt eine Bewerbung für Reuterdahl nach Stockholm gesandt, einschließlich einer Unterschriftenliste von Unterstützern, die er weitgehend aus dem Einsteingegner-Netzwerk rekrutiert hatte. Er wurde dann allerdings darauf hingewiesen, dass nur ehemalige Nobelpreisträger und eventuell die wissenschaftliche Weltspitze einen Einfluss auf die Auswahl der Nobelpreisträger hätten. Freunde und Bekannte in Stockholm rieten Heidenreich, sich um eine Befürwortung der Bewerbung durch das Massachusetts Institute of Technology (MIT) oder die Universität Harvard zu bemühen.[438]

Neben dem Versuch, mit Hilfe der Community skandinavischer Immigranten in den USA einen ehemaligen Nobelpreisträger für das Projekt zu gewinnen,[439] setzte Heidenreich hohe Erwartungen in Edwin Pliny Seaver, den Superintendent der Boston Primary Public Schools, der in Harvard studiert hatte und der ihm durch einen gemeinsamen Freund, Søren M. Kielland, für die Nobelpreis-Aktion empfohlen worden war. Heidenreich warnte Seaver, dass ein schwieriges Unterfangen bevorstehe: »Dr. Reuterdahl, for some reason or other, has been much feared, and therefore apparently deprecated by scientific institutions«.[440] Seaver wandte sich tatsächlich an die Universität Harvard, musste Heidenreich aber eine enttäuschende Mitteilung machen:

---

437 Vgl. z. B. Heidenreich an Carnegie Institute, 9. Oktober 1915, [Kopie], RP 4-24; vgl. auch Heidenreich an Kielland, 15. Dezember 1931, [Kopie], RP 4-24.

438 So Heidenreich in einem Brief an Kemble, 12. Februar 1932, [Kopie], RP 4-24.

439 Reuterdahl und Heidenreich erhielten Unterstützung von Erik Sjöstrand (dem Sekretär des Schwedischen Journalistenverbands), der versuchen wollte, den Friedensnobelpreisträger des Jahres 1930, den schwedischen Erzbischoff Nathan Söderblom, als Unterstützung zu gewinnen. Vgl. Sjöstrand an Reuterdahl, 30. November 1930, RP 4-51.

440 Heidenreich an Seaver, 5. Januar 1932, [Kopie], RP 4-24.

»I have received a letter from Prof. Charles E. [H.] Grandgent as follows: ›Reuterdahl's credentials were examined by three of the most eminent experts in our Engineering School, and I regret to say they all agree in the opinion that he does not measure up to the standard of the Nobel Prize.‹ The men were H. E. Clifford, Dean of the School, G. W. Pierce, and E. L. Chaffee.«[441]

Heidenreich insistierte, Seaver solle nicht so schnell aufgeben und dieser erhielt daraufhin von Chaffee am 4. Februar 1932 die Auskunft, dass Harvard erst dann erneut die Reuterdahl'schen Arbeiten in ihrer Gänze untersuchen wolle, wenn eine unabhängige dritte Meinung aus Physikerkreisen – er schlug vor, John C. Slater (1900–1976) vom MIT oder Edwin C. Kemble (1889–1984) in Harvard zu kontaktieren – zu anderen als ablehnenden Ergebnissen käme.[442] Heidenreich wandte sich daraufhin an Kemble, der allerdings auf die wiederholten Nachfragen Heidenreichs hin sehr deutlich wurde:

»My primary thesis is that the Nobel prizes in Physics have always been given to men whose work has been accepted by the great body of competent scientists and incorporated as an integral part into the structure of orthodox physical science. So far as I know in every case the prize has been given long after the quality of the work done has been fully recognized by practically all competent judges.

Just this qualification is, it seems to me, completely lacking in the case of Dr. Reuterdahl, although the collection of reviews which you have sent me shows that some men of scientific standing have had good words to say about his work. These reviews do not by any means constitute the kind of recommendation of which I speak.

Certainly his work has not been incorporated into the body of accepted physical science and I suspect it to be true that there have been few if any papers by others of either theoretical or experimental nature based upon the work of Dr. Reuterdahl.«[443]

Außerdem habe er Reuterdahls Arbeiten[444] – unter anderem bewarb sich dieser mit dem theistischem Werk *The God of Science* für den Physik-Nobelpreis – nicht verstanden, »I can make neither head nor tail of the articles of Dr. Reuterdahl that you have sent me.« Er habe zwar nicht viel Zeit auf die Arbeiten verwandt, »but the language which he uses makes no connection with my own equipment of scientific concepts and I see no

441 Seaver an Heidenreich, 18. Januar 1932, [Kopie], RP 4-24.

442 Chaffee an Seaver, 4. Februar 1932, [Kopie], RP 4-24.

443 Kemble an Heidenreich, 29. Februar 1932, [Kopie], RP 4-24.

444 Übersandt wurden Reuterdahl 1923a, Reuterdahl 1928 und Reuterdahl 1929a. Vgl. Heidenreich an Reuterdahl, 16. Februar 1932, RP 4-24.

reason for supposing that it conceals any important scientific truth.«[445] Die Unterstützerliste mit den Namen der Einsteingegner – Heidenreich wandte sich mit einer Art Kettenbrief zunächst an Mohorovičić, der dann Gehrcke um dessen Unterzeichnung und um die Sammlung weiterer Unterschriften bat[446] – konnte jemanden wie Kemble nicht überzeugen. Heidenreich polemisierte während der Nobelpreisaktion immer wieder gegen »these professors and solidly established salaried scientists«[447] und berichtete Reuterdahl am 3. März über Kemble:

»I received the […] letter from Professor Kemble of Harvard, which shows he either does not understand your theory or will not understand it, claiming he never has seen or heard of it before, while naturally he is well acquainted with it and perfectly understands the Einstein conundrums. He advises you to send a convincing article of this kind to the Physical Review or some other reputable journal of physics and claims that thereby you will place yourself before the public. To my mind Professor Edwin C. Kemble must be either singularly dumb, stupid or a very lazy or slovenly reader of current discoveries of physical endeavors.«[448]

Nachdem von allen angeschriebenen Institutionen und selbst von Reuterdahls einstigem Arbeitgeber, der University of Kansas, nur Absagen kamen, verlief sich die Nobelpreisbewerbung.[449]

»100 Autoren gegen Einstein« goes America

1931 erschien eine Broschüre mit dem ambitionierten Titel *100 Autoren gegen Einstein.*[450] Auch wenn die versprochenen hundert Autoren nicht zusammenkamen, sondern nur 28 Originalbeiträge, aufgestockt durch weitere Zitate aus bereits erschienenen Gegnerschriften, war es doch der erste tatsächlich publizierte Sammelband gegen die Relativitätstheorie. Angeregt worden war die Herausgabe eines solchen Sammelbands bereits in den 1920er Jahren und die Idee wurde auch nach Erscheinen der *100 Autoren*

445 Kemble an Heidenreich, 29. Februar 1932, [Kopie], RP 4-24.

446 Mohorovičić an Gehrcke, 10. September 1931, GN 33-B-5.

447 Heidenreich an Reuterdahl, 25. Januar 1932, RP 4-24.

448 Heidenreich an Reuterdahl, 3. März 1932, RP 4-24.

449 Der Kanzler der University of Kansas, E. H. Lindley, zog sich diplomatisch aus der Affäre »Our men have a high regard for Dr. Reuterdahl, but feel doubtful of his success in that competition. This is, of course, confidential. We have no desire to stand in the way of recognition of Dr. Reuerdahl's distinguished service in science.« Lindley an Heidenreich, 6. November 1931, [Kopie], RP 4-24.

450 Vgl. auch Goenner 1993b.

gegen Einstein noch weiter verfolgt.[451] Das Projekt der *100 Autoren gegen Einstein* ging auf die Initiative der Herausgeber Erich Ruckhaber, Hans Israel und Rudolf Weinmann zurück und war zunächst unabhängig von den Einsteingegnern im engeren Netzwerk um Gehrcke und Reuterdahl geplant worden, die aber wegen ihrer Bekanntheit als Einsteingegner für Beiträge angefragt wurden. Die Anfragen gingen von Rudolf Weinmann aus, der als Schriftleiter das Projekt betreute. Die Briefe wurden mit einer zweiseitigen Begründung für das Vorhaben und einem Namensverzeichnis der zunächst angefragten Autoren verschickt.[452] Gehrcke allerdings sagte Weinmann ab:

»Von einer Beteiligung an der Sache möchte ich jedoch aus verschiedenen Gründen Abstand nehmen, nicht nur weil mir einige Punkte in dem Schriftsatz nicht zusagen, sondern vor allem weil ich die ganze Aktion, wie sie vor mir liegt, nicht in dem Sinne für wirkungsvoll halte, wie es offenbar ihre Veranstalter erwarten.«[453]

Er wurde dann sowohl von Weinmann als auch von Israel noch einmal angefragt,[454] ließ sich aber nicht überzeugen. Er gestattete aber, einen Auszug aus einem seiner älteren Werke gegen die Relativitätstheorie zu drucken. Ob Gehrcke sich nicht beteiligen wollte, weil der öffentlich geführte Kampf gegen die Relativitätstheorie für ihn seit Mitte der 1920er Jahre vorbei war oder ob er ähnliche Bedenken wie Mohorovičić hatte, ist unbekannt. Mohorovičić stand der Aktion nämlich skeptisch gegenüber:

---

451 Lenard dachte bereits 1920 über ein »Sammelbändchen zur Abwehr des Rel. Unfugs« nach; vgl. Lenard an Gehrcke, 10. Dezember 1920, GN 83-E-19. Zu Reuterdahls geplantem Sammelband vgl. S. 359f. Im Jahr 1942 wollte Fricke einen Sammelband »Kritiker der modernen Physik« herausbringen mit den Beiträgen von Gehrcke, Dingler, Thüring, Müller, Hilgenberg, Ruckhaber, Fricke, Stark, Lenard, evtl. auch von Glaser, Vogtherr, Mey. Vgl. Fricke an Gehrcke, 9. November 1942, GN 18-C-6. In einem anderen Brief erklärte er: »Man müsste versuchen ein Konkurrenzlexion herauszubringen. Seit Jahren plane ich schon ein Lexikon üb. d. Aether u. modernes Weltbild, in dem *alle* zu Wort kommen sollen.« Fricke an Gehrcke, 10. Mai 1945, GN 3-G-8.

452 Weinmann an Gehrcke, 12. Januar 1930, Anlage: *Der Sturz der Relativitätstheorie,* GN 3-J-1.

453 Gehrcke an Weinmann, 19. Januar 1930, [Durchschlag], GN 12-J-2. Gehrcke merkt in dem Brief an, dass in der Autorenliste Lenore Kühn fehle.

454 »Freilich wären wir Ihnen besonders verbunden, wenn Sie sich vielleicht doch noch zur Beteiligung entschließen würden. Über eine Änderung des Schriftsatzes ließe sich reden – an sich wäre ich dankbar, Ihre Bedenken, auch in *unserem* Interesse, zu hören.« Weinmann an Gehrcke, 21. Januar 1930, GN 12-J-3; vgl. auch ähnlich Israel an Gehrcke, 23. Januar 1930, GN 12-J-9.

»Heute erhielt ich eine Zuschrift von einem mir unbekannten Herrn Dr. Weinmann, welcher sicherlich eine identische Zuschrift auch Ihnen [Gehrcke] gesendet hatte. Bitte die Güte zu haben mir bekanntzugeben, inwieweit ich dieser Einladung Folge leisten könnte. Ein gemeinsamer Angriff auf die Relativitätstheorie könnte kaum von Leuten geleitet werden, welche in der Wissenschaft keinen bedeutenden Namen haben; dazu scheint mir der Hillmansche Verlag für solche Zwecke nicht genügend ernst.«[455]

Weinmann wandte sich nach Erscheinen der *100 Autoren* erneut an Gehrcke. In den *Naturwissenschaften* waren die *100 Autoren* in einer Rezension von A. von Brunn scharf kritisiert worden.[456] Daraufhin versuchte Weinmann, eine Gegendarstellung zu lancieren, scheiterte aber an Herausgeber Arnold Berliner. An Auseinandersetzungen mit Berliner war Gehrcke nach wie vor interessiert, und er ließ sich gerne von Weinmann die betreffende Korrespondenz zusenden. Außerdem regte Weinmann an, Gehrcke solle

»die *positiv falsche* Behauptung, Sie und Lenard hätten sich ›längst mit der spez. R.th. vollkommen abgefunden‹, energisch zurückzuweisen. Meine Bitte geht nun dahin, Sie möchten in der Ihnen geeignet erscheinenden Form zu dieser Zurückweisung autorisieren oder, vielleicht noch besser, einfacher und wirkungsvoller, selbst die Redaktion veranlassen, die falsche Behauptung zurückzunehmen. Keinesfalls, meine ich, darf sie unwidersprochen bleiben. In gleichem Sinne schreibe ich an Prof. Lenard.«[457]

Gehrcke wollte sich allerdings nicht erneut aktiv in eine Auseinandersetzung mit Berliner verwickeln lassen. Zwar habe er sich keineswegs mit der speziellen Relativitätstheorie abgefunden: »Mich aber deshalb an Herrn Dr. Berliner zu wenden, bei dem ich in einem früheren Falle erst mit Hülfe des Staatsanwalts habe erreichen können, eine sachliche Berichtigung in den Naturwissenschaften abzudrucken [...] will mir bei der Bedeutungslosigkeit der vorliegenden Sache nicht zweckmäßig erscheinen.«[458]

---

455 Mohorovičić an Gehrcke, 17. Januar 1930, GN 12-J-7. In seinem Anschreiben hatte Weinmann mitgeteilt, dass Hillmann wahrscheinlich das Buch herausbringen werde, letztlich war es dann R. Voigtländer, der das Werk publizierte. Vgl. Weinmann an Gehrcke, 12. Januar 1930, GN 12-J-1. Auch Ruckhaber berichtete Reuterdahl über Schwierigkeiten, einen Verlag für die *100 Autoren* zu finden, obgleich man extra die akademisch angesehenen beitragenden Philosophieprofessoren Hans Driesch und Oskar Kraus vorgeschickt habe. Vgl. Ruckhaber an Reuterdahl, 11. Februar 1931, RP 4-48.

456 Vgl. Brunn, A. von, [Rezension von Israel/Ruckhaber/Weinmann 1931], in: *Die Naturwissenschaften*, Bd. 19, Nr. 11 (1931), S. 254–256.

457 Weinmann an Gehrcke, 8. Mai 1931, GN 12-J-4.

458 Gehrcke an Weinmann, 10. Mai 1931, [Durchschlag], GN 12-J-5. Zu Gehrckes Auseinandersetzungen mit Berliner vgl. S. 247ff.

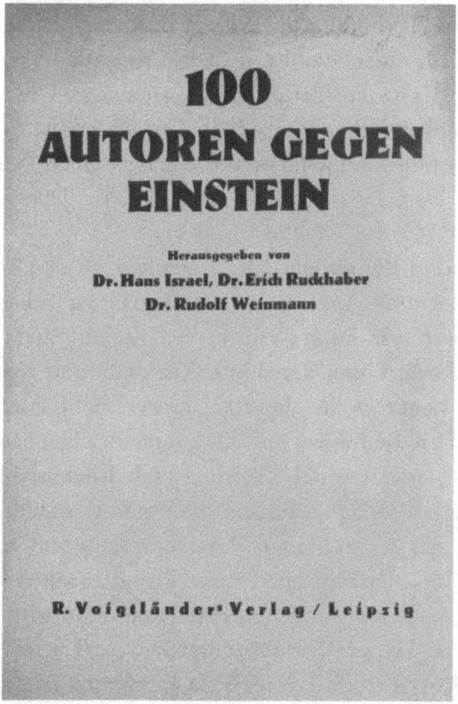

Das Sammelwerk gegen die Relativitätstheorie sollte auch in englischer Übersetzung erscheinen

Dass die *100 Autoren* hier Erwähnung finden, hat zwei Gründe: Zum einen entstand der Band aus dem Kontext von Marginalisierung und Protest heraus; das Hauptziel war, durch seinen schlichten Umfang zu zeigen, dass es sich bei den Einsteingegner nicht um einzelne, marginalisierte Personen, sondern um eine große und ernst zu nehmende Gruppe handelte. Die Heterogenität der Argumentation – Ätherbefürworter und Äthergegner standen in den *100 Autoren* Seite an Seite – wurde von den Herausgebern dabei als Stärke verkauft: »sicherlich findet sich zu jedem Argument der Einstein-Seite das entsprechende entlarvende Gegenargument.«[459] Zum anderen interessierte sich zwar Gehrcke nicht für das Projekt, wohl aber Reuterdahl: »It would be a great stroke for truth if we could find the means of getting ›100 Autoren gegen Einstein‹ published in English.«[460] Das große Interesse Reuterdahls an den *100 Autoren* erklärt sich nicht zuletzt

459 Israel/Ruckhaber/Weinmann 1931, Vorwort, S. 4.
460 Reuterdahl an Fischer, 11. Oktober 1931, RP 4-14.

daraus, dass er selbst bereits 1921 damit begonnen hatte, Kurzbeiträge von 2.000 Wörtern für einen Band mit dem Arbeitstitel *The Fallacies of Einstein* zu sammeln.[461] Er wollte damit die Einsteingegner in der US-amerikanischen Öffentlichkeit bekannt machen. Tatsächlich ist es wohl nur Reuterdahls schlechtem Gesundheitszustand zuzuschreiben – er hatte Diabetes –, dass das Buch *Fallacies of Einstein* Anfang der 1920er Jahre nicht fertiggestellt wurde.

Ruckhaber und Reuterdahl hatten geplant, in den USA eine englische Übersetzung der *100 Autoren* auf den Markt zu bringen.[462] Maßgeblich daran interessiert war auch William L. Fischer (auch Wilhelm Ludwig Fischer) aus Akron, Ohio, der durch Ruckhaber an Reuterdahl verwiesen worden war. Fischer wollte die *100 Autoren* nicht nur übersetzen lassen, sondern sie durch Beiträge von US-amerikanischen Einsteingegnern, darunter er selbst, erweitern.[463] Allerdings sah Reuterdahl große Schwierigkeiten darin, einen Verlag zu finden. Man müsste sich um die Finanzierung kümmern und das sei in Zeiten der Depression ein schwer zu lösendes Problem. Die US-amerikanischen Einsteingegner sahen sich in der Zeit der Weltwirtschaftskrise mit ähnlichen Problemen konfrontiert wie zehn Jahre zuvor die in die Hyperinflation schlitternden deutschen Einsteingegner. Reuterdahl selbst war durch seine lange Krankheit auch finanziell geschwächt. Dass Dayton Clarence Miller oder Charles Lane Poor, die er als mögliche Paten für die *100 Autoren* vorschlug, in der (vermutlich finanziellen) Position seien, das Projekt zu übernehmen, hielt er für fraglich; als Alternative käme laut Reuterdahl jedoch ansonsten nur noch ein L. J. Moore in Betracht. Es gebe zwar noch einige Wissenschaftler, die der Relativitätstheorie kritisch gegenüber ständen, »but many are afraid of losing scientific caste, and perhaps their position.«[464] So erklärte jedenfalls Reuterdahl, dass ihm nicht mehr potentielle Schirmherren für die *100 Autoren* einfielen. Da Fischer persönlich mit Miller bekannt sei, solle er es bei ihm versuchen. Fischer wandte sich tatsächlich an Poor, Miller und Moore,

---

461 Vgl. »Prof. Reuterdahl to Write Book to Show Einstein Fallacies«, in: *Evening Tribune*, 18. April 1921.Vgl. auch einen Brief Guillaumes an Reuterdahl mit der Ankündigung, den angefragten Text von 2.000 Wörtern zu verfassen, 29. August 1921, RP 4-19.

462 Vgl. die Korrespondenz zwischen Ruckhaber und Reuterdahl im Nachlass Reuterdahls, RP 4-48.

463 Vgl. Fischer an Reuterdahl, 3. November 1931, RP 4-14. Er fragte Reuterdahl auch nach weiteren in Frage kommenden Beitragenden in den USA.

464 Reuterdahl an Fischer, 11. Oktober 1931, RP 4-14.

aber ganz offensichtlich ist aus einer englischsprachigen Fassung der *100 Autoren* nichts geworden – ein solches Buch existiert nicht.

4.3.5 Die Deutsche Gesellschaft für Weltätherforschung und anschauliche Physik als Protestvereinigung der Einsteingegner

In den 1930er Jahren, nach dem Niedergang der AoN und nach den gemeinsamen Protestaktionen, etablierte sich eine weitere Protestvereinigung der Einsteingegner: Die Deutsche Gesellschaft für Weltätherforschung und anschauliche Physik (DGWAP).

Organisation und Zielsetzungen

Die DGWAP war das Ergebnis eines lange geplanten Projekts Frickes. Bereits 1920 hatte er eine solche Vereinigung gründen wollen. Dazu kam es zunächst nicht, er schloss sich der AoN an und gehörte zum engen Kreis der Berliner Einsteingegner um Gehrcke. Die Gründung der DGWAP begründete er in dieser Tradition der konzertierten Aktionen: Nach dem Versuch des Aufstands der »richtigen Wissenschaftler« in Bad Nauheim 1920, nach dem Protest bei der Naturforscherversammlung 1922 in Leipzig und nach der AoN sehe er sich nun gefordert, den Kampf für die »wahre Wissenschaft« durch die Gründung einer eigenen Organisation weiterzuführen.[465] 1934 erklärte Fricke zur Programmatik:

> »Die Gesellschaft für Weltätherforschung will durch ruhige, sachliche Aussprache die Irrtümer und Trugschlüsse, auf die sich u. a. die moderne relativistische Darstellung in den Büchern von Einstein, Planck, v. Laue, Born, Reichenbach, Heisenberg, Westphal, Jordan, Eddington und vielen anderen stützt, leicht übersichtlich ordnen.«[466]

Auch Frickes Organisation war wie die AoN doppelt ausgerichtet: zum einen gegen die moderne Physik, zum anderen für den Aufbau einer neuen Ätherphysik. Die DGWAP appellierte ebenso ausdrücklich an die Wahrheitsorientierung: »Die Gesellschaft [für Weltätherforschung] ruft alle, denen die Erforschung der Wahrheit am Herzen liegt, um Hilfe auf!«[467]

---

465 Vgl. Fricke, Hermann, »Die Notwendigkeit einer ›Gesellschaft für Weltätherforschung und anschauliche Physik‹«, in: Fricke 1939a, S. 102–108.

466 Fricke 1934e.

467 Ebd.

Fricke fungierte als Leiter der Gesellschaft, ein Dr. Kothe firmierte als Geschäftsführer, die Gesellschaft war auf seine Privatadresse eingetragen. Die sonstige Mitgliederschaft blieb weitgehend im Dunkeln und war vermutlich nicht sehr zahlreich (»die Ätheranhänger sind entsetzliche Eigenbrödler«)[468]. Als Sympathisanten der DGWAP nannte Fricke den Physiker Karl Strehl und Lenore Kühn. Gründungsmitglieder waren Fricke, Erich Ruckhaber sowie aus der nachfolgenden Generation der Einsteingegner der Ingenieur Ott Christoph Hilgenberg (1896–1976).[469] Wann Gehrcke Mitglied geworden ist, ist nicht bekannt, jedenfalls erklärte ihm Fricke 1948 auf Nachfrage, dass er ihn noch als Mitglied ansehe.[470]

Die Versammlungen fanden jeden dritten Dienstag im Monat im Landwehroffizierskasino am Berliner Zoo statt und lösten einiges Presseecho aus. Die *BZ* kündigte zum Beispiel in einem Bericht vom 20. Februar 1934 einen Vortrag von Fricke am selben Abend an. Der Bericht ist unkritisch und sensationsheischend aufgemacht: »›Die Sonne ist kalt – aber ewig‹. Neue Weltalltheorie heute abend zur Debatte« und erklärte: »Nichts ist so skurril, als daß man es sich nicht anhören sollte, wenn nur die neue Idee fruchtbar ist.« Zu den fruchtbaren, wenngleich im Schwinden begriffenen skurrilen Ideen gehörte für die *BZ* übrigens neben Einsteins Relativitätstheorie (»heute ist sein Meteor im Schwinden«) auch Darwins Evolutionstheorie (»man hat sie wieder verworfen«).[471] Im Rahmen der Veranstaltungen der DGWAP wurden auch Vorträge von anderen Welträtsellösern gehalten. Patschkes Bekannter, der Welträtsellöser Georg Wutke, hielt einen Vortrag über »Die Bewegung der Erde als Ursache der großen

468 Fricke an Gehrcke, 21. Dezember 1936, GN 33-H-3.

469 Mittlerweile gibt es mehrere Generationen von Einsteingegnern, wobei sich die Nachwuchsgenerationen oft auf die erste Generation der Einsteingegner, die Generation Gehrckes, beziehen. In den 1950er Jahren gab es direkte Kontakte zwischen der ersten und der zweiten Generation. Mohorovičić und Vogtherr standen in den 1950er Jahren mit dem Personenkreis um *Wissen im Werden*, der Zeitschrift der Gesellschaft für rationale Physik und Naturphilosophie, in Verbindung, Mohorovičić war sogar neben Karl Sapper und Gotthard Barth Herausgeber der Zeitschrift. Gehrcke veröffentlichte dort ebenfalls. In *Wissen im Werden* nahm die Auseinandersetzung mit der Relativitätstheorie einen zentralen Stellenwert ein.

470 Fricke an Gehrcke, 21. Juli 1948, GN 2-E-5.

471 »›Die Sonne ist kalt – aber ewig‹. Neue Weltalltheorie heute abend zur Debatte«, in: *BZ*, 20. Februar 1934, GN 29-F-11.

irdischen Naturerscheinungen« und Major Carl Frederick Krafft einen Vortrag über »Eine neue Ätherhypothese«.[472]

Der Kampf gegen die Relativitätstheorie spielte in den 1930er Jahren bei den Äthertheoretikern nach wie vor eine große Rolle.[473] Nachdem sich Reuterdahl und Gehrcke anderen Gebieten zugewandt hatten und außerdem Reuterdahl bereits in den 1920er Jahren gesundheitlich angegriffen und 1933 schließlich verstorben war, war es der nach wie vor als Äthertheoretiker und Einsteingegner sehr rührige Fricke, der Kontakte mit Einsteingegnern hielt – auch mit solchen, die in den 1920er Jahren noch nicht aktiv waren. So stand er zum Beispiel mit Carl Frederick Krafft in Verbindung, der zusammen mit Russel Moore in Iowa eine »Ether-Vortex-Society« gründete.[474] Die finanziellen und personellen Kapazitäten der DGWAP waren äußerst beschränkt. Nichtsdestotrotz diente die Gesellschaft als Anlaufstelle für Ätherphysiker. Ihre Veröffentlichungen gab die DGWAP zwar nur als zusammengeheftete Schreibmaschinenskripte, dafür mit über 100 Stück in den Jahren von 1935 bis 1947 aber sehr zahlreich heraus.[475] Die Themen reichten von *Die einfache Aufklärung des Einsteinstreits* über *Goethe als Entdecker einer neuen Meteorologie* hin zu einem *Plan zur schnellen Überwindung der europäischen Not* durch die Umleitung der Elbe nach Berlin.[476]

Das »Literarische Patentbüro«

Neben der DGWAP verfolgten Ruckhaber und Fricke ein weiteres Projekt, welches unverwechselbar die Spuren der vorangegangenen Anerkennungskämpfe trug, nämlich die Etablierung eines »Literarischen Patentbüros«. Das fundamentale Prinzip des Austauschs wissenschaftlicher Anerkennung – das Zitationswesen der wissenschaftlichen Community – stand für die Welträtsellöser nicht zur Verfügung. Die Verweise auf ihre Werke in Werken anderer Welträtsellöser konnten das nicht aufwiegen. Bereits im Rahmen der AoN war versucht worden, eine »wissenschaftliche Begutachtungsstelle« zu errichten:

472 Vgl. »Einladung zur Monatsversammlung der Deutschen Gesellschaft für Weltätherforschung«, 1934, GN 4-B-15.

473 Vgl. z. B. Fricke 1939b, S. 106.

474 Vgl. ebd., S. 107.

475 Die Nummerierung der zum Teil in Gehrckes Nachlass enthaltenen Veröffentlichungen reicht bis Nr. 104 im Jahr 1947.

476 Fricke 1934b; Fricke 1934c; Fricke 1947.

»Eine Einrichtung, die dazu dient, in gewisser Analogie zum Patentamt jedermann Gelegenheit zu geben, seine wissenschaftlichen neuen Gedanken einem geeigneten Gremium vorzulegen und objektiv prüfen zu lassen, fehlt bisher und käme umsomehr einem vorhandenen Bedürfnis entgegen, als die bestehenden Akademien eine solche Prüfung als nicht zu ihren Aufgaben gehörig ablehnen.«[477]

Anfang der 1930er Jahre kulminierte die Bestrebung, die symbolischen Anerkennungsprozeduren zu verrechtlichen in der Forderung nach einem Patent auf Ideen und nach der Gründung eines »Literarischen Patentbüros«, wie es Ruckhaber forderte:

»Gegen diese schmachvollen Zustände [der Nichtanerkennung ihrer Arbeiten] würde nur eine Einrichtung helfen, die schon vor Jahren der bekannte Schwerkrafttheoretiker Reg. Rat Dr. Fricke vorgeschlagen hat, nämlich ein Institut, in welchem ähnlich wie die Erfindungen in den Patentämtern, neue wissenschaftliche Gedanken registriert werden.«[478]

Es ging neben der rechtlichen Sicherung des geistigen Eigentums vor den angeblichen, die Forschung des Welträtsellöser entstellenden Plagiaten durch die moderne Physik insbesondere um den Zugang zum wissenschaftlichen Diskurs durch die institutionelle Absicherung des Publikmachens der Ideen: »[M]it solchem Schutz der Priorität [könnte] gleichzeitig das baldige Bekanntwerden eines fruchtbaren Gedankens und des Autors verbunden werden«. Ruckhaber wollte nämlich nicht irgendeine zusätzliche Institution schaffen, sondern eine zentrale Steuerung der gesamten Wissenschaft etablieren: »Eine [...] Zentralisation des geistigen Lebens, ein Forum, vor dem es keine Autoritäten, keine willkürliche Entscheidung eines Redakteurs, keine parteilichen Gesichtspunkte gibt«. Ein privat gegründetes Institut mit mehreren Abteilungen unter der Ober-Abteilung der Philosophie stellte Ruckhaber sich vor, das entgegen der »parteilichen Tages- oder Zeitschriftenpresse« dafür sorgen könnte, dass »unverfälschter philosophischer Geist« sich ausbreiten würde.

---

477 [Vertrauliches Rundschreiben an die Mitglieder des deutschen Nationalinstituts der AoN], [ca. 1921/1922], GN 82-G-12. Vgl. auch Fricke, Hermann, »Die Akademie die uns fehlt. Ein praktischer Vorschlag zur Neu-Organisation der Wissenschaft«, in: *Weltwissen*, Bd. 5, 1. April 1921, S. 9–10.

478 Alle nachfolgenden Zitate aus: Ruckhaber, Erich, *Expansion und Unendlichkeit*, Berlin [1931], Abschnitt B. Die Schrift ist bereits als Patentanmeldung bei dem zu gründenden Patentbüro gedacht. Ruckhaber wollte den Gedanken der Expansion der Substanz als Urgrund allen Geschehens patentieren lassen.

Die DGWAP und der Nationalsozialismus

Die DGWAP stand als Protestvereinigung gegen die Relativitätstheorie in den 1930er und 1940er Jahren in einem vollkommen anderen politischen Kontext als die Academy of Nations Anfang der 1920er Jahre. Dass sich die DGWAP in den Jahren 1933/1934 gründete, war kein Zufall: Fricke hatte in diesen Jahren durch eine Vorlesung an der Humboldt-Hochschule einen Kreis von Anhängern um sich versammelt, den er auf dauerhafte Basis stellen wollte. Die Humboldt-Hochschule Berlin war eine Volkshochschule, die 1915 aus dem Zusammenschluss der seit 1878 tätigen Volkshochschule Humboldt-Akademie und der 1902 gegründeten Volkshochschule Freie Hochschule, die zum Zeitpunkt des Zusammenschlusses je ca. 20.000 Hörer hatten, entstand. Die Relativitätstheorie war laut den Vorlesungsverzeichnissen 1919 und 1920 Gegenstand der Wissensvermittlung.[479] Dann folgten lange Jahre ohne Veranstaltungen zur Relativitätstheorie an der Volkshochschule und erst in den 1930er Jahren in den Vorlesungen von Fricke kam Einsteins Theorie dann wieder in den Vorlesungsverzeichnissen vor. Seinen Einstand an der Humboldt-Hochschule gab Fricke am 28. Januar 1933 mit einem Vortrag über seine Sonnentheorie: »Umsturz unserer Auffassung von der Sonne (Mit Lichtbildern) Die unbefriedigende Erkaltungslehre. Die im Innern kalte und dunkle Sonne. Weltraumatmosphäre und kosmische Meteorologie. Schwerkraft und Weltäther. Die Sternnebel als wirkliche Nebel.« Die Vorlesung war so beliebt, dass die Volkshochschule Wiederholungen ansetzte: »Die Ausführungen Dr. Frickes [...] über sein neues Weltbild haben überall das größte

479 Die Vorlesung wurde meist von Viktor Engelhardt gehalten: Im 4. Quartal 1919 las er über »Von Artistoteles bis Einstein. Die Entwicklungsgeschichte des physikalischen Weltbildes«, Vorlesungsverzeichnis 4. Quartal 1919, S. 80, im 1. Quartal 1920 über »Die Weltanschauung der neueren Physik«, Vorlesungsverzeichnis 1. Quartal 1920, S. 65, im 2. Quartal 1920 über »Die Relativitätstheorie«, Vorlesungsverzeichnis 2. Quartal 1920, S. 33. Im 4. Quartal musste Engelhardt die Vorlesung bereits zu zwei Terminen anbieten, außerdem gab es zusätzlich von Cl. von Horbath »Die Grundlagen der newton'schen Mechanik im Lichte der Einstein'schen Relativitätstheorie« im Angebot sowie im Bereich Philosophie eine Vorlesung von Max Apel über »Die Relativitätslehre und die Philosophie. Eine kritische Darstellung der grundlegenden Lehren des Relativismus in ihrer Bedeutung für die philosophische Weltanschauung«, Vorlesungsverzeichnis 4. Quartal 1920. Das Vorlesungsverzeichnis für das 3. Quartal 1920 war mir nicht zugänglich.

Aufsehen erregt, so daß wir unseren Hörern hier noch zweimal Gelegenheit zum Besuch des Vortrags geben.«[480]

War es nur ein Zufall, dass es Fricke ausgerechnet zum Zeitpunkt der nationalsozialistischen Machtübernahme gelang, seine Weltätherforschung an der Humboldt-Hochschule zu etablieren? Es gibt deutliche Hinweise, dass dieser politische Kontext eine Rolle spielte. Im Herbst-Winter-Semester 1933, das bei der Volkshochschule ganz im Zeichen der nationalsozialistischen Machtübernahme stand – nun standen auch »Deutsche Ur- und Vorgeschichte, Deutsche Geschichte, Rassenkunde, Erbgesundheitslehre, Familienkunde und ähnliche Fragen der volkhaften Erneuerung« auf dem Lehrplan und die Volkshochschule erklärte, sie habe nun »ein neues Gesicht, einen neuen Charakter, eine neue Bedeutung« –,[481] hielt Fricke sogar eine wöchentliche Vorlesung in der regulären Rubrik »Naturkunde« unter dem leicht angepassten Titel: »Neue Anschauungen von Sonne und Weltäther. Aufbauende Kritik am sog. ›modernen‹ Weltbilde.« Die einzelnen Teile waren: »1. Die im Innern erdähnliche Sonne. 2. Weltäther. 3. Neue Meteorologie. Warum Segelflug möglich ist. 4. Relativität. Bedenken gegen Einstein und Eddington. 5. Welteislehre und Weltraumatmosphäre. Schlußbetrachtungen.«[482]

Inwiefern die Aufnahme von Frickes Vorlesung in den Lehrplan mit dem Andienen seiner Sonnentheorie an den Nationalsozialismus oder der

480 Vorlesungsverzeichnis April–Juni 1933, S. 2. Fricke hielt Vorträge am 21. und 28. April. Laut dem Vorlesungsverzeichnis Winter 1933, S. 4 sowie dem Vorlesungsverzeichnis Okt.–Dez. 1933, S. 11 dann eine reguläre Vorlesungsreihe in der Rubrik »Naturkunde«. Dann einen Einzelvortrag am 27. Januar 1934 (Vorlesungsverzeichnis Jan.–März 1934, S. 3) sowie eine reguläre Vorlesung (ebd. S. 9), diesmal unter dem Titel »Sonne, Schwerkraft und Äther. Weltprobleme in neuer Lösung. Die Erlösung von der Relativität«, mit den Unterabschnitten: »1. u. 2. Die im Innern erdähnliche Sonne. Fixsterne und Nebel. Die Schwerkraft. 3. Neue Meteorologie und Schwerkraft – eine große Entdeckung Goethes. Segelflug. 4. Gegen Einstein und Eddington. 5. Für und wider die Welteislehre. Schluß«. Dann wieder Einzelvorträge (die Themen wurden etwas anders formuliert, blieben aber im Wesentlichen dieselben) am 12. Dezember 1934 (Vorlesungsverzeichnis Herbst 1934, S. 9), am 13. Februar 1935 (Vorlesungsverzeichnis Jan.–März 1935, S. 4), am 22. September 1936 (Vorlesungsverzeichnis Sept.–Dez. 1936, S. 11), am 27. Februar 1937 (Vorlesungsverzeichnis Jan.–März 1937, S. 15), am 14. April 1937 (Vorlesungsverzeichnis April–Juni 1937, S. 11), sowie am 23. Okt. 1937 (Vorlesungsverzeichnis Sept.–Dez. 1937), S. 15.

481 »An unsere Hörer!«, Vorlesungsverzeichnis Okt.–Dez. 1933, S. 2.

482 Ebd., S. 11.

Neuausrichtung der Erwachsenenbildung[483] nach der Machtübernahme oder mit beidem zusammenhing, ist nicht eindeutig nachzuvollziehen. Ein solcher Zusammenhang liegt aber nahe, da das Vorlesungsprogramm der 1920er Jahre sehr solide war und keine außerakademischen Welträtsellöser-Theorien oder politischen Weltanschauungsschulungen enthielt.

Die Einsteingegnerschaft Frickes stand nun in einem vollkommen anderen politischen Kontext – Einstein war 1933 von einer Auslandsreise nicht mehr in das nun nationalsozialistisch regierte Deutschland zurückgekehrt – als die Einsteinkritik der 1920er Jahre. Fricke verhielt sich politisch als Opportunist und nutzte die veränderten politischen Verhältnisse, um das durchzusetzen, was ihm wirklich wichtig war: die Ätherphysik. Vor der Machtübernahme der Nationalsozialisten hatte er weder in seinen Publikationen noch in der Korrespondenz antisemitische Anspielungen gegen die Relativitätstheorie und Einstein gemacht, 1933 setzte er jedoch große Hoffnungen darauf, dass die neue Regierung der Ätherforschung zum Durchbruch verhelfen würde. Diese Hoffnung war nicht unberechtigt: Einstein und die moderne Physik galten bei vielen Nationalsozialisten als »jüdische Physik«, die sogenannte »deutsche Physik« erlebte zunächst einen Aufschwung und Nationalsozialisten politisieren die Berufung auf den »gesunden Menschenverstand« in ihrem Sinne. Das gesunde deutsche Denken wurde dem »talmudische[n]«[484] jüdischen Denken gegenübergestellt.

Auch wenn sich die »deutsche Physik« und ähnliche Bestrebungen wie die von Fricke nicht dauerhaft durchsetzen konnten, stellten sie einen Versuch der vollständigen Umgestaltung der Physik dar, mit denen sich die akademischen Physiker auseinandersetzen mussten. Bislang marginalisierte Wissenschaftler wie Lenard, Stark und Gehrcke und Welträtsellöser wie Fricke spürten nun Aufwind. Lenard war bei der Machtübernahme der Nationalsozialisten bereits emeritiert, stellte sich aber unter anderem in

483 Die Reichsarbeitsgemeinschaft und der Reichsverband deutscher Volkshochschulen wurden aufgelöst und deren Aufgaben von der neugegründeten Hauptstelle für Volkshochschulen am Zentralinstitut für Erziehung und Unterricht in Berlin übernommen. 1934 wurden die Volkshochschulen dem Reichsschulungsamt der NSDAP und der Deutschen Arbeitsfront als deutsches Volksbildungswerk angeschlossen. Vgl. Feidel-Mertz, Hildegard, »Erwachsenenbildung im Nationalsozialismus«, in: Tippelt, Rudolf (Hg.), *Handbuch Erwachsenenbildung, Weiterbildung*, 2. Aufl., Opladen 1999, S. 42–53.

484 Thüring, Bruno, *Albert Einsteins Umsturzversuch der Physik und seine inneren Möglichkeiten und Ursachen, Forschungen zur Judenfrage*, Bd. 4 (1941), S. 134–162, hier zitiert nach dem Sonderdruck, S. 6; als Sekundärliteratur vgl. Beyerchen 1980, S. 172ff.

einem Memorandum an Hitler als Berater für Berufungsangelegenheiten zur Verfügung und erhielt mehrere Ehrungen. Er versuchte 1933 über seine politischen Beziehungen, die Berufung Gehrckes auf eine Professur für Physik in Berlin durchzusetzen.[485] Im Jahr 1936 erschien sein Werk *Deutsche Physik*, das ein neues, »arisches« Lehrbuch sein sollte.[486] Stark wurde 1933 Direktor der Physikalisch-Technischen Reichsanstalt, obgleich alle beratenden Wissenschaftler seine Kandidatur abgelehnt hatten. Von 1934 bis 1936 war er zudem Präsident der Deutschen Forschungsgemeinschaft.[487]

Fricke publizierte kurz nach der Machtübernahme durch die Nationalsozialisten einen Beitrag über *Nationalsozialistische Revolution und Weltätherforschung*, in welchem er seine Wissenschaft den neuen Machthabern andiente:

»Durch die nationalsozialistische Revolution ist im deutschen Volke eine neue Weltanschauung zum Durchbruch gelangt. Diese geistige Umstellung geht in merkwürdiger Weise mit der Bestrebung parallel, die sich an die Idee der Weltätherforschung knüpft. Am 28. Januar, sozusagen am Vorabend der nationalsozialistischen Machtübernahme, entwickelte der Physiker Dr. Fricke in der Humboldthochschule sein großes Programm für den Umsturz jenen Weltbildes, das als Ergebnis einer schein-exakten theoretischen Physik seine letzte sonderbare Blüte in der Relativitätstheorie Einsteins getrieben hatte. Er begann damit sozusagen eine ›Hitlerbewegung in der Physik‹ [...] Eine Bekämpfung der Ideen Einsteins liegt wohl durchaus im Sinne des nationalsozialistischen Gedankenganges. Was in dieser Richtung bisher erfolgt war, war noch wenig geeignet, Klarheit zu schaffen. Es gilt nun, die durch einseitig verneinendes, zersetzendes Denken entstandene Verwirrung endlich zu beseitigen.«[488]

---

485 Vgl. Lenard an Gehrcke: »Ich habe am 4. April eine Denkschrift zur Neubesetzung der Berliner Professur [für Physik, Nachfolge Nernst] an Minister Rust gesandt, und zwar ist sie durch Vermittlung von Oberpräsident Kühn gegangen und von diesem persönlich dem Minister überreicht worden, nachdem ich mit Kühn, als er Abgeordneter war, Briefwechsel über ›Professoren mit Einstein-Komplexen‹ gehabt hatte. In der Denkschrift habe ich mit eingehender Begründung Sie allein als den Geeigneten bezeichnet. Es sollte die experimentelle Forschung wieder in den Vordergrund kommen; es sollte ein deutliches Zeichen des Abrückens von Planck und Einstein sein; es sollte ein älterer, bewährter, mit allen Teilen der Physik bekannter Forscher sein.« 13. Dezember 1933, GN 79-G-9, vgl. auch Gehrcke an Lenard, 20. Dezember 1933, mit Dank für Lenards Bemühungen.

486 Vgl. Beyerchen 1980, S. 141ff.

487 Vgl. ebd., S. 160ff.

488 Fricke, Hermann, *Nationalsozialistische Revolution und Weltätherforschung*, Berlin-Schmargendorf [1934] (Veröffentlichung der Deutschen Gesellschaft für Weltätherforschung).

Einiges Aufsehen erregte die DGWAP, als Fricke sich an Theodor Vahlen, seit 1934 Leiter der Hochschulabteilung im Kultusministerium und ab 1938 Präsident der Preußischen Akademie der Wissenschaften, sowie an Bernhard Rust, seit 1934 Reichserziehungsminister, wandte, um sie mit der Bedeutung seiner wissenschaftlichen Entdeckungen bekanntzumachen. Unter den neuen politischen Rahmenbedingungen zeigte ein solcher Hinweis an die oberste Ebene Erfolg. Rust bat den Präsidenten der Physikalisch-Technischen Reichsanstalt, Johannes Stark, sich zu Frickes Weltätherforschung zu äußern,[489] dieser wiederum gab die Aufgabe an seinen Abteilungsleiter Gehrcke weiter. Im Gutachten erklärte Gehrcke:

»Die Veröffentlichungen der Deutschen Gesellschaft für Weltätherforschung greifen in wissenschaftliche Tagesfragen wie: Relativitätstheorie, Weltäther, Goethe als Naturforscher ein und sind deshalb besonders bemerkenswert, weil sie die bisher herrschenden Lehren, besonders von Einstein, Planck und anderen bekämpfen.

Wenn in Bezug auf die Relativitätstheorie Einsteins ausgeführt wird, daß sie ›ein ungeheuerlicher Unsinn‹ sei, so möchte ich mich dem auch heute restlos anschließen, desgleichen, wenn dargelegt wird, daß es in erster Linie Planck gewesen ist, der ›die Kritik Andersdenkender, die Stimme des gesunden Menschenverstandes, die freie Meinung der Wissenschaft‹ unterdrückt hat. Auch daß Dr. Berliner, der Schriftleiter der Zeitschrift ›Die Naturwissenschaften‹, jahrzehntelang die Einsteinlehre propagiert und jede andere Meinung von der Diskussion ausgeschlossen hat, trifft zu und kann durch Einzelbeispiele belegt werden.

Dem Wunsche, über die meteorologischen Anschauungen Goethes eine ›geordnete Diskussion‹ herbeizuführen wird man im Interesse der ›Freiheit der Wissenschaft‹, die von Einstein, Planck usw. oft gefordert, aber ebenso oft unterdrückt worden ist, zustimmen müssen.«[490]

Man könnte fast glauben, dass Gehrcke versuchte, komisch zu sein: Goethe als »wissenschaftliche Tagesfrage« und Arbeiten die sich dadurch auszeichnen, dass sie besonders unvereinbar mit den geltenden Lehren sind? Das Gutachten war aber vollkommen ernst gemeint. Gehrcke und wohl auch der mitunterzeichnende Stark sahen darin aller Wahrschein-

489 »Die mir mit dem Schreiben vom 2. Mai 1934 übermittelten Schriftstücke der Deutschen Gesellschaft für Weltätherforschung habe ich dem Herrn Präsidenten der Physikalisch-technischen Reichsanstalt in Berlin-Charlottenburg zur Prüfung und Stellungnahme zugesandt. Der von ihm erstattete Bericht von 1. Juli 1934 – IV Nr. 2059/34 – ist in Abschrift beigefügt. i.A. gez. Schnoering«, GN 38-D-19.

490 Abgedruckt in: Fricke, Hermann, *Die im Innern erdähnliche Sonne*, Weimar 1934, Anhang, S. 3f.

lichkeit nach eine willkommene Möglichkeit, mit den langjährigen Kontrahenten abzurechnen. So ist die in Gehrckes Gutachten enthaltene Polemik gegen Arnold Berliner ohne Zweifel eine späte Revanche für die Auseinandersetzungen mit Berliner in den Jahren 1914, 1919 und 1927/1928 (vgl. S. 247ff.). Planck sandte Berliner das Gutachten zur Kenntnisnahme und dieser antwortete mit der ironischen Bemerkung: »Dass ich stolz bin, neben Ihnen als Unterdrücker der freien Meinung der Wissenschaft zu stehen, bedarf kaum einer Versicherung.«[491]

Für Fricke war diese offiziöse Anerkennung sehr wichtig, er zitierte aus dem Gutachten in mehreren nachfolgenden Publikationen. Fricke suchte auch Verbindung zu den Anhängern der »deutschen Physik« und reiste im Juli 1942 nach München, um dort Wilhelm Müller (1880–1968) und Rudolf Tomaschek (1895–1966) aufzusuchen, beide Vertreter dieser rassisch politisierten Physik.[492] Am 10. Juli 1942 hielt Fricke seinen bereits öfter gehaltenen Lichtbildvortrag über »Sonne und Russell-Diagramm« im Kolloquium für theoretische Physik an der Universität München. Allerdings wurde diese von Fricke so bezeichnete »Münchener Affäre« zu einer Enttäuschung, da sogar die »deutschen Physiker« seine Sonnentheorie nicht goutierten.[493]

Fricke versuchte immer wieder, sich politisch anzupassen und dadurch seiner wissenschaftlichen Argumentation Anerkennung zu verschaffen. Auch seine Auffassung von der Existenz »zweier Lager« in der Physik wurde politisch entsprechend modifiziert. In einer Kritik der kritischen Rezension des Buchs *Jüdische und deutsche Physik*[494] durch den Bonner Physiker Walter Weizel[495] betonte Fricke wieder die Existenz zweier

491 Berliner an Planck, 28. Juli 1934, an Sommerfeld zur Kenntnisnahme, in: Sommerfeld, Arnold, *Wissenschaftlicher Briefwechsel.* Bd. 2: *1919–1951*, Eckert, Michael/Märker, Karl (Hg.), Berlin [u. a.] 2004, Doc. 188. Arnold Berliner hatte in der NS-Zeit wegen seiner jüdischen Herkunft große Schwierigkeiten, die *Naturwissenschaften* weiterzuführen. Vgl. u. a. die Korrespondenz Berliners mit Sommerfeld in diesem Zeitraum. 1935 wurde Berliner gezwungen, sein Amt niederzulegen, 1942 beging er in seiner Berliner Wohnung Selbstmord. Vgl. Beyerchen 1980, S. 98.

492 Vgl. zum Münchener Kreis um Müller Litten 2000.

493 Fricke hat den Verlauf seiner »Münchener Affäre« ausführlich an Gehrcke berichtet. Vgl. insbesondere die Korrespondenz in GN 18-C.

494 Müller, Wilhelm/Stark, Johannes (Hg.), *Jüdische und deutsche Physik: Vorträge zur Eröffnung des Kolloquiums für theoretische Physik an der Universität München*, Leipzig 1941.

495 Weizel kritisierte, dass Müller die nationalsozialistische Weltanschauung als Vorspann seiner Kritik von Relativitätstheorie und Quantentheorie benutze und von Quantentheorie »anscheinend keine große Kenntnis« habe. Weizel ging es in seiner Rezension

konträrer Arbeitsweisen in der Physik – die an mechanischen Modellen orientierte Ätherphysik auf der einen, die an mathematischen Formulierungen orientierte Arbeitsweise der modernen Physik auf der anderen Seite. Während die erste Arbeitsweise die des 19. Jahrhunderts gewesen sei, sei die zweite die des 20. Jahrhunderts geworden. Dieser Paradigmenwechsel wird nun von Fricke mit einem politischen Argument begründet: »Es liegt nun außerordentlich nahe, diese Sinnesänderung mit der um die Jahrhundertwende sich immermehr hervordrängenden jüdischen Geisteshaltung in Parallele zu bringen. Wird doch nur das alttestamentarische Gebot: ›Du sollst dir kein Bildnis, noch ein Gleichnis machen‹ hier auf die Physik angewandt.«[496]

Fricke wollte aus Gründen der Sachlichkeit lieber von »Planck-Physik« statt von »jüdischer Physik« sprechen, was aber seine Parallelsetzung von »jüdischem Denken« und »mathematischer, moderner Physik« keineswegs relativiert, sondern nur seinen Opportunismus aufzeigt. Tatsächlich hatte sich bereits in der Analyse des Marginalisierungsprozesses gezeigt, dass er weniger Einstein als vielmehr Planck und andere in entscheidenden Positionen sitzende Physiker als seine Gegner betrachtete, die er nun irgendwie mit ins Spiel bringen wollte, obwohl sie nicht in das Argumentationsschema von »deutscher« und »jüdischer« Physik passten:

»Ich halte […] den Einfluß Plancks auf die neuere Physik für geradezu katastrophal und muss es auf das freudigste begrüßen, wenn sich Männer finden, die, wie Lenard auf dem Physikertage in Nauheim 1920 oder wie die Verfasser des Buches ›Jüdische und deutsche Physik‹, dieser ganzen Richtung einmal energisch entgegentreten.«[497]

Doch dauerhaften Erfolg konnte Fricke seiner Ätherforschung auch in der Zeit zwischen 1933 und 1945 nicht sichern. Fricke und auch Gehrcke, der während der NS-Zeit Gutachten auf Anfrage des Reichserziehungsministeriums verfasst hatte, mit denen er Einsteingegnern wie Mohorovičić und Glaser zu einem Lehrstuhl respektive der Ehrendoktorwürde verhelfen wollte,[498] argumentierten nicht aus inniger Überzeugung für die politischen

---

darum, die Quantentheorie als »eine Leistung der deutschen Wissenschaft« und nicht der Juden herauszustellen. Vgl. Weizel, Walter, [Rezension von Müller/Stark 1941], in: *Zeitschrift für technische Physik*, Bd. 23, Nr. 1 (1942), S. 25; vgl. Fricke [ca. 1942].

496 Ebd.

497 Ebd.

498 Zu Mohorovičić vgl. die Anfrage für ein Gutachten von Wilhelm Führer, Reichserziehungsministerium, an Gehrcke, 14. August 1939, GN 28-E-1 sowie Gehrckes Gut-

Ziele des Nationalsozialismus gegen die Relativitätstheorie. Sie gehörten zu denen, die sich arrangierten und die selbst den festen Glauben hatten, vollkommen unpolitisch nur ihre wissenschaftlichen Ziele verfolgt zu haben. Dass es politische Zusammenhänge gibt, in denen man sich gar nicht mehr unpolitisch verhalten kann, ist von ihnen nie reflektiert worden. Das zeigt sich nicht zuletzt daran, dass beide ihre mit politisch opportunem Vokabular gespickten kritischen Deutungen der Relativitätstheorie nach Zusammenbruch des »Dritten Reichs« nahtlos fortsetzten.

Nach 1945 argumentierten Fricke und Gehrcke nämlich, dass Relativitätstheorie *und* Nationalsozialismus die zwei großen Verirrungen des 20. Jahrhunderts gewesen seien. Beide verwendeten die Analogie von Relativitätstheorie und Nationalsozialismus für ihr Argument der »Verblendung« von Wissenschaft und Öffentlichkeit durch die moderne Physik. Für Gehrcke war die spezielle Relativitätstheorie auch zu diesem Zeitpunkt noch »eine wissenschaftliche und politische Massensuggestion«, die (immerhin) »durch die Hitler-sche Massensuggestion des Nationalsozialismus weit in den Schatten gestellt« worden sei.[499] Frickes erste These seiner 1948 verfassten *16 Thesen über und gegen Einstein* lautet lapidar: »Deutschland ist in diesem Jahrhundert zweimal auf ›Führer‹ hineingefallen; zweitens auf Hitler

achten: GN 20-K-2 Gutachten zu Glaser; GN 28-E-2 Gutachten zu Mohorovičić. In den Gutachten stellte Gehrcke die Opposition der beiden gegen die Relativitätstheorie in den 1920er Jahren groß heraus: »Mohorovičić hat seine Arbeiten meistens in deutscher Sprache erscheinen lassen und sich damit in die Reihe der wissenschaftlichen Arbeiter und Streiter von *deutscher* Kultur eingereiht. Dies gilt besonders für seine kritischen Arbeiten über die Einsteinschen Theorien, zu deren Zersetzung er wesentlich beigetragen hat.« Außerdem wies Gehrcke auf Mohorovičićs Unterzeichnung des Protestaufrufs von 1922 hin. Gehrcke versuchte auch, durch Erfindungen dem deutschen Militär zu helfen. So meldete er 1940 einen »Torpedo mit Zielstandszündung« zum Patent an mit dem Hinweis, hiermit würden die »Interessen der Landesverteidigung« berührt werden. Die Patentanmeldung wurde abgewiesen mit der Begründung, dass Gehrckes Verfahren keine wesentliche Neuerung darstelle. Unterlagen zu dem Patentverfahren befinden sich in GN 27-B-1 bis 27-B-12. 1942 meldete Gehrcke einen »Richtungs-Tarner« zum Patent an, wieder mit dem Hinweis, dass »der Anmeldungsgegenstand möglicherweise für die Wehrmacht Interesse hat.« Die Prüfung des »Richtungs-Tarners« wurde vom Oberkommando der Kriegsmarine durchgeführt, ergab aber, dass die Erfindung nicht praktikabel sei, gleichlautend die Antwort des Reichspatentamts im Juni 1943, GN 28-F-1 bis 28-F-13. Noch wenige Wochen vor Kriegsende diente Gehrcke sein in den 1930er Jahren entwickeltes künstliches Wüstenklima zum Einsatz in deutschen U-Booten an. Gehrcke an unbekannten Empfänger, [»Klimatisierung im U-Boot«], 9. März 1945, GN 81-K-2.

499 Gehrcke, Ernst, [Notiz], [nach 1945], GN 3-D-13.

und erstens auf Einstein.«[500] Was wie eine Variation auf Kurt Tucholskys »Hitler und Goethe. Ein Schulaufsatz« klingt, wurde von Fricke in den Nachkriegsjahren noch öfter ausgeführt. Während es in der NS-Zeit »Greuelpropaganda«[501] war, die seine Ätherphysik bedrohte, finden sich in der Nachkriegsterminologie neue politisch opportune Bezeichnungen:

»Einsteins Relativitätstheorie wird auch heute noch von vielen Physikern als ›völliger Unsinn‹ und ›Verbrechen gegen die Menschlichkeit‹ betrachtet. […] Nur mit kurz vergangenen politischen Vorgängen vergleichbar ist der fanatisch jede andere Meinung ausschließende Terror, der von Äthergegnern ausgeübt wird.«[502]

Und weiter unten in diesem Traktat spricht er von einem »›eiserne[n] Vorhang‹, den die Wissenschaft um meine Entdeckung ziehen möchte.«[503] Eine Woche vor seinem Tod regte er noch in einem Brief an Gehrcke an, »Beziehungen zu den Russen« zu knüpfen: »Dialekt. Materialismus u. substantieller Aether müssten sich doch gut verbinden lassen!«[504] Die DGWAP existierte auch nach dem Krieg weiter, 1947 erwähnte Fricke, dass die DGWAP an die Gesellschaft Freunde der Philosophie und Kunst angegliedert sei, die im britischen Sektor Berlins lizenziert war,[505] aber vermutlich hat die DGWAP spätestens mit Frickes Tod 1949 sämtliche Aktivitäten eingestellt.

4.3.6 Die strategische Dimension des Anti-Einstein-Netzwerks

Dass die Gegenbewegung zur Relativitätstheorie eine starke strategische Dimension hatte, zeigt sich nicht zuletzt darin, dass die Allianzen zwischen den Einsteingegnern zerbrachen, sobald die Bedrohung, als die die Relativitätstheorie empfunden wurde, nicht mehr die inhaltlichen Divergenzen überdeckte. Davor aber wurden die inhaltlichen Differenzen untereinander ganz bewusst zurückgestellt zugunsten des vereinigten Kampfes für die »wahre« Wissenschaft – was immer dann im Einzelnen darunter verstanden wurde.

500 Fricke, Hermann, *16 Thesen über und gegen Einstein*, [Typoskript], [1948], GN 2-G-8.

501 Z. B. in Fricke 1934e.

502 Fricke an Gehrcke, 10. Mai 1948, GN 2-G-8.

503 Ebd.

504 Fricke an Gehrcke, 9. September 1949, GN 59-E-3.

505 Fricke an Gehrcke, 21. Juli 1948, GN 2-E-5.

In der Korrespondenz untereinander, zum Beispiel bei Oskar Kraus und Ernst Gehrcke, spielten die Differenzen in den inhaltlichen Ansichten durchaus eine Rolle. Kraus versuchte mehrfach, Gehrcke Brentano näher zu bringen (»*Bitte lesen Sie den Aufsatz von Brentano*«; »Aber bitte, *studieren Sie* den Artikel von Brentano«)[506], was aber offensichtlich nicht gefruchtet hatte, zumindest ist Gehrckes während dieser Zeit entstandenes philosophisches Werk *Physik und Erkenntnistheorie* sichtbar unbeeinflusst von Brentano und den Positionen, die Kraus in dem Briefwechsel bezogen hatte. Gehrcke hatte eine Affinität zu Kant und überließ lieber Palagyi die Begutachtung seiner wissenschaftstheoretischen Gehversuche.

Zwischen sich, Gehrcke und Lenard mochte Kraus allerdings nichts kommen lassen. Zu der Differenz zwischen seiner Brentano'schen Auffassung der Bewegung als absoluter und der klassisch-relativistischen Bewegungsauffassung der Physiker Gehrcke und Lenard bemerkte er, dass »dieser Gegensatz zwischen mir u. Ihnen und Lenard durchaus nicht zu einem öffentlichen Streite sich gestalten« solle, und Gehrcke erklärte ebenfalls: »Dass Lenard, Sie und ich nicht in allen Teilen über die R[elativitäts]-T[heorie] einig gehen, stört mich nicht, doch sollten wir nach außen hin nicht das Trennende, sondern das Gemeinsame herausheben.«[507] Lenard und Gehrcke hatten inhaltlich wenig aneinander auszusetzen und Lenard versicherte Gehrcke im Februar 1918, »dass – soweit ich irgend sehe – kein großer Unterschied in unseren Arbeiten über das Relativitätsprinzip besteht, wenn wir auch im Einzelnen vielleicht den Ursprung seiner Mängel an etwas verschiedenen Stellen konzentriert sehen.«[508] Nach Kraus' vernichtender Kritik an Lenore Kühns oberflächlichem Kant-Verständnis[509] wiegelte Gehrcke wiederum mit einem strategischen Argument ab:

---

506 Kraus an Gehrcke, 29. Dezember 1920, GN 71-G-8; Kraus an Gehrcke, 29. Januar 1921, GN 71-G-10.

507 Kraus an Gehrcke, 16. November 1921, GN 71-G-5; Gehrcke an Kraus, [ca. 1920], GN 71-G-4.

508 Lenard an Gehrcke, 12. Februar 1918, GN 83-E-5.

509 Kraus an Gehrcke, 11. November 1920. Kraus bemängelte u. a., dass Kühn sich sowohl auf den vorkritischen als auch auf den kritischen Kant bezieht, ohne das zu thematisieren. Gegenüber Reuterdahl äußerte er sich auch negativ zu Palagyi, dessen Lehre er wenig bedeutend und zudem »mit einer Menge Irrtümer[n]« behaftet fand. Die Einsteingegnerschaft Palagyis sei kein Grund dafür, »ihn als einen bedeutenden Denker hinzustellen. […] Prof. Gehrcke geht meiner Meinung nach in der Schätzung P[alagyi]s zu weit.« Vgl. Kraus an Reuterdahl, 28. Oktober 1921, RP 4-30. Dagegen schätzte er Kurt Geissler. Vgl. Kraus an Gehrcke, 29. Dezember 1920, GN 71-G-8.

»Ich denke, dass wir uns dahin verständigen können, dass die Schrift von R.[ipke] K.[ühn] einen wertvollen Beitrag in dem Geisteskampfe gegen den Relativismus darstellt, der praktisch seine Wirkung nicht verfehlen wird, dass wir aber in den sachlichen Dingen nicht durchweg mit R. K. übereinstimmen, und dass wir insbesondere dem Phänomenalismus Kants genau so ablehnend gegenüberstehen wie dem Phänomenalismus der Relativitätstheorie.

Das zwischen R. K. und uns Gemeinsame scheint mir aber für die nächste Zeit wichtiger zu sein als das Trennende, und schon aus Gründen der praktischen Politik sollten wir daher das Trennende in den Hintergrund stellen.

Mögen die Anhänger der Rel.[ativitäts]theorie selbst daran gehen, sich an Differenzpunkten zwischen Ihnen, Lenard, Ripke-Kühn und mir zu erfreuen, *wir* dürften klüger tun, die Einheitsfront gegen den Relativismus die Hauptsache sein zu lassen.«[510]

Vor allem die Verbindung zu Reuterdahl hatte für Gehrcke strategischen Charakter; ihm gegenüber erklärte er: »ihr Werk Theism adversus Materialism [gemeint ist Reuterdahls Werk *Scientific Theism vs. Materialism*] habe ich ein gutes Stück weiter mit viel Interesse gelesen. Ich sehe, dass wir in einzelnen physikalischen Punkten differieren, wie z. B. in der Frage des Äthers. Doch werden uns diese Differenzen nicht trennen, wir gehen sonst ja in zu vielen Punkten parallel.«[511] Dass die Frage, ob man die Existenz des Äthers voraussetzt oder nicht, für den klassischen Physiker Gehrcke nicht zentral, sondern hier als »einzelne[r] physikalische[r] Punkt« abgewertet wird, demgegenüber man viele andere Gemeinsamkeiten habe, ist bemerkenswert. Ebenso bemerkenswert ist, dass die theistischen Publikationen Reuterdahls ihn nicht die Wahl seines Verbündeten überdenken ließen. Tatsächlich hatte Gehrcke, wie die vielen Anstreichungen und Randnotizen in seinem persönlichen Exemplar bezeugen, das voluminöse Werk *Scientific Theism vs. Materialism* eingehend studiert. Es ist wahrscheinlich, dass Gehrcke Reuterdahls Versuch, Wissenschaft und Religion zu vereinigen, nicht ernst nahm. Gehrckes Vorstellung von »richtiger« Wissenschaft bewegte sich im Rahmen der klassischen Physik und war

510 Gehrcke an Kraus, [ca. 1920], GN 3-J-18. Kühn wurde auch von Generalmajor von Gleich angegriffen, der ausschließlich an praktischen Fragen der Physik, nicht an Philosophie interessiert war; vgl. von Gleich an Gehrcke, 4. April 1925, GN 29-F-7. Von Gleich hielt auch nichts von Frickes Ätherwirbeltheorie: »Leider mußte ich ihm [Fricke] gleich schwere Bedenken gegen seinen mächtigen Ätherwirbel schreiben: vor allem den, daß doch die Sonnenrotation *heute* nicht mehr die Planeten unter Zwischenschaltung des Aethers drehen kann. Dazu ist sie *jetzt* viel zu langsam.« von Gleich an Gehrcke, 10. Februar 1926, GN 71-B-4.

511 Gehrcke an Reuterdahl, 29. August 1921, RP 4-16.

damit eine wesentlich andere als die Reuterdahls – eine Differenz, die zwischen ihnen nie angesprochen worden war. Die Themen der Korrespondenz beschränkten sich nur auf praktische Fragen in Bezug auf den Kampf gegen die Relativitätstheorie und den Austausch allgemein gehaltener Wertschätzungen. Anders bei Mohorovičić, der sich *Scientific Theism vs. Materialism* von Gehrcke borgte und Reuterdahl gegenüber erklärte: »I agree with you in all the principal points« und sogar plante, zu Reuterdahl nach St. Paul überzusiedeln.[512]

Bei anderen Verbündeten gegen die moderne Physik spielten die Inhalte aber durchaus eine Rolle. Schließlich begriff man sich als die eigentliche Elite der Physik, suchte auch in dieser Hinsicht Bundesgenossen und war auf Qualitätssicherung bedacht. Über den Wert der Arbeiten von Charles Lane Poor über Rotverschiebung hatte sich Gehrcke bei seinem Kontrahenten in Sachen Gerber, Hugo von Seeliger, erkundigt, der sie für falsch hielt, was Gehrcke gleich an Mohorovičić weitergab. Aber auch mit Mohorovičićs Arbeiten gegen die Relativitätstheorie war Gehrcke nicht wirklich zufrieden. Die Unzufriedenheit brachte er in einem Brief vom 13. Januar 1925 auf den Punkt und erklärte Mohorovičić, er betrachte dessen Arbeiten unter zwei Gesichtpunkten, der eine sei der »sachlich wissenschaftliche Standpunkt«, auf dem er Mohorovičićs Interesse, viele weitere Transformationsgleichungen aufzuzeigen, begrüße, da damit die Lorentz-Transformation als nur eine von vielen (unwirklichen) Physiken heruntergesetzt würde. Aber das sei nicht alles: »Der zweite Gesichtspunkt, unter dem ich ihre Arbeiten betrachte, wird am besten deutlich, wenn wir die *taktische* Bedeutung dieser Arbeiten im Streit um die Relativitätstheorie erwägen.«[513] Unter diesem taktischen Gesichtspunkt merkt Gehrcke an, dass Mohorovičić sich ungeachtet seiner guten Absichten derselben Methode wie Einstein bediene und wie Einstein daraus reale Folgerungen ziehen wolle, und mahnte: »Manche Physiker lehnen diese Methode als pathologische Physik ab, andere bewundern sie und erblicken in ihr eine physikalische Forschungsmethode. Tut man letzteres, so stellt man sich auf die Seite Einsteins, und Sie tun es auch.«

Gehrcke gab Mohorovičić zu bedenken, dass er mit seiner Arbeit den Kontrahenten der Einsteingegner die Argumentation ermögliche, dass sich

512 Mohorovičić an Reuterdahl, 10. April 1923, RP 4-35.

513 Dieses und die nachfolgenden Zitate aus: Gehrcke an Mohorovičić, 13. Januar 1925, GN 29-F-3.

selbst die Gegner der Relativitätstheorie der Methode Einsteins bedienten und riet ihm, in seinen Arbeiten herauszustellen,

»dass die Methode nicht neu, sondern alt ist. So alt nämlich, wie jede auf Begriffen aufgebaute, logische Spekulation. Wenn Sie dies betonen, werden Sie dazu beitragen, weitere Aufklärung über das innere Wesen der Relativitätstheorie zu verbreiten und verhindern, dass die Relativisten gerade aus Ihren neuen Arbeiten sich Stützen holen, die sie so nötig brauchen.«

Die Einsteingegner stellten eine Gruppe war, die sich sowohl aktiv – man suchte sich seine Verbündeten – als auch passiv – alle, die sich in irgendeiner Form kritisch zur Relativitätstheorie äußerten und dem Bild eines »richtigen« Naturforschers entsprachen, konnten dazugehören oder für die Einsteingegner vereinnahmt werden[514] – konstituierte. Die Zweifel an einigen der Bundesgenossen wurden nicht in den Publikationen, dafür aber in der Korrespondenz offen geäußert.[515] Viele Einsteingegner waren elitär, sei es, dass sie sich als Akademiker wie Kraus oder Lenard, sei es, dass sie sich von der Warte der gelösten Welträtsel aus nicht mit der Masse der Einsteinkritiker gemein machen wollten. Kraus mokierte sich bei Gehrcke: »Die Anti-Einsteinschriften schießen jetzt wie Pilze aus der Erde; ein Brochure von Gartelmann ist mir untergekommen, die jedoch mehr als schwach ist. Solche Brochuren stärken die gegnerische Position – ›Gott hüte uns vor unseren Freunden‹.[516] Urlichttheoretiker Ziegler hätte Kraus hier vorbehaltlos zugestimmt. Er bedankte sich bei Reuterdahl, dass dieser in einem Artikel in der *New York Times* Ziegler erwähnt,[517] die Freude wurde allerdings durch die Gesellschaft, in der er sich wieder fand, getrübt:

514 So erklärte Reuterdahl gegenüber Gehrcke: »The great American astronomers, Dr. William Wallace Campbell and Dr. George Ellery Hale […] have joined the anti-Einstein ranks with the pronunciamento ›Not proved‹.« Reuterdahl an Gehrcke, 9. September 1921, GN 3-I-10.

515 Gehrcke äußerte außer den oben genannten Beispielen u. a. Kritik an Rudolf Orthner, vgl. Gehrcke an Orthner, 24. Dezember 1929, GN 33-F-4 sowie an Gilbert, dessen Arbeiten er für spekulativ hielt, vgl. Gehrcke an Gilbert, 10. April 1914, GN 83-C-23 sowie Gehrcke an Gilbert, 28. Januar 1931, GN 11-B-3.

516 Kraus an Gehrcke, 22. November 1920, GN 71-G-6. Ebenso Vogtherr: »da ich sehe, daß immer noch Minderwertiges auch gegen Einstein gedruckt wird.« Vogtherr an Gehrcke, 31. Januar 1926, GN 76-A-2. Welträtsellöser Lamberty wurde von Johannes Riem kritisiert, der Lambertys Arbeiten für wertlos hielt. Vgl. Lamberty an Gervai, [Abschrift], 11. Mai 1925, GN 38-D-6.

517 Vgl. Reuterdahl 1923c.

»Mit Palagyi, den ich vor einigen Jahren in Bad Nauheim kennenlernte, mit dessen Philosophie die meinige indessen sehr wenig oder gar nichts gemein hat, gerade mit diesem zusammen genannt zu werden, empfand ich zwar als eine gewisse Abschwächung jener Ehrerweisung. P[alagyi] ist meiner Ansicht nach eingebildet, eitel & unbedeutend, auch nicht sehr ehrlich«.[518]

Die inhaltliche Geringschätzung beruhte oft auf Gegenseitigkeit. So hielt Lenard wenig von Fricke (vgl. zum Beispiel S. 295), Fricke seinerseits aber auch nicht viel von Lenard.[519] Von Ehrfurcht oder gar Orientierung an den »großen Namen« unter den Einsteingegnern keine Spur – die Kritik der Welträtsellöser an der akademischen Wissenschaft konnte einen Lenard genauso treffen wie einen Einstein.

Letztlich hielt das weit gespannte Netzwerk der Einsteingegner nur so lange, wie die Bedrohung, die die Relativitätstheorie darstellte, größer war, als die inhaltlichen Differenzen. Als relativ stabil erwiesen sich die auch inhaltlich zusammenarbeitenden lokalen Netzwerke, die zudem durch persönliche Treffen gestärkt wurden, so die Verbindung von Reuterdahl, Browne und Heidenreich mit ihrer theistischen Wissenschaft, die Zusammenarbeit von Drucktheoretikern wie Patschke und Wutke oder von den Ätherwirbeltheoretikern Fricke und Ruckhaber. Bei diesen eher an der Sache orientierten Formen des Austausches und der Kooperation stand aber die Gegnerschaft zur Relativitätstheorie nicht mehr im Mittelpunkt, wie es noch in dem Netzwerk der Einsteingegner um Gehrcke und Reuterdahl der Fall war, das sich, wie dieses Kapitel herausgestellt hat, vor allem als strategisches Bündnis begriff.

518 Ziegler an Reuterdahl, 29. Dezember 1923, RP 4-66.

519 Vgl z. B. die Äußerungen Frickes: »Aber die Art, wie Lenard, die Ges.[ellschaft] f.[ür] techn.[ische] Physik, Kerkhoff u. f. w. meine Ideen behandeln, ist doch in keiner Weise besser, als Einstein, Planck u. f. m.« Fricke an Gehrcke, 7. Januar 1935, GN 81-A-3; »gerade über das Wichtigste, über die Äthermechanik, darf weder bei Planck noch bei Lenard diskutiert werden.« Fricke [ca. 1942]; »Der Antieinsteinkampf ist m. E. verfahren worden, Lenard war gar nicht im Bilde, Glaser zu gehässig.« Fricke an Gehrcke, 10. Mai 1948, GN 2-G-8. Für Ziegler war Lenard »nicht gründlich genug«. Ziegler 1923, S. 20.

Schlussbetrachtung

Die Arbeit untersuchte die Hintergründe eines bislang weitgehend Rätsel aufgebenden Phänomens: In den 1920er Jahren erschienen zahlreiche Schriften zur Widerlegung der Relativitätstheorie; ihre Verfasser waren Ingenieure, Ärzte, Kaufleute, Chemiker oder Schriftsteller, die häufig in der Freizeit und auf wenigen Seiten Albert Einstein für alle Zeiten widerlegt zu haben glaubten und selbstbewusst die Anerkennung dieser Widerlegung einforderten. Wieso provozierte eine physikalische Theorie so viele und heftige Angriffe von nicht in der akademischen Wissenschaft beheimateten Personen? Woher stammte dieses Selbstbewusstsein, es mit den führenden akademischen Physikern aufnehmen zu können?

Kapitel 1 zeigte, dass sich im Zuge der Wissenschaftspopularisierung des 19. Jahrhunderts neben dem sich mit der Rolle des Amateurs bescheidenen wissenschaftsinteressierten Bürger der Welträtsellöser etablierte: ein freier, offensiv antiakademischer Naturforscher. Die Welträtsellöser konstruierten eigene Universaltheorien, die sie konfrontativ gegen die in der akademischen Wissenschaft herrschenden Theorien richteten. Sie warfen den akademischen Wissenschaftlern vor, nicht die letzte Substanz der Wirklichkeit und die absolute Gewißheit über das Wesen der Naturerscheinungen zu suchen. Die Welträtsellöser stammten aus verschiedenen weltanschaulichen Kontexten der Jahrhundertwende (Okkultismus, Lebensreform, Monismus), die die Inhalte und Ziele ihrer eigenen Theorien beeinflussten. Ihnen gemeinsam war, dass ihre Theorien stark metaphysisch geprägt und oft ähnlich religiösen Systemen immunisiert waren sowie umfangreiche weltanschauliche Bedeutung hatten. Die maßgeblichen Protagonisten der Kritik der Relativitätstheorie aus dem außerakademischen Raum waren die Welträtsellöser.

Das beantwortet eine weitere zentrale Frage der Arbeit, nämlich auf welcher Grundlage die populäre Kritik an der Relativitätstheorie geführt wurde: Es waren außerakademische Wissensbestände, die diese Grundlage darstellten. Die Analyse der inhaltlichen Auseinandersetzung mit der Relativitätstheorie hatte deshalb zu berücksichtigen, dass die Relativitätstheorie nicht nur von den Experimentalphysikern, die der klassischen, »anschaulichen« Physik, und von den Philosophen, die ihren Auffassungen über das Wesen zentraler philosophischer Begriffe verhaftet blieben, voreingenommen untersucht wurde. Auch im außerakademischen Raum wurde, wie das zweite Kapitel herausgestellt hat, die Relativitätstheorie als Bedrohung spezifischer Wissensinhalte, Wissenschaftsauffassungen und Weltanschauungen rezipiert. Die Einsteingegner, akademische wie außerakademische, zielten in ihrer Auseinandersetzung mit der Relativitätstheorie damit von vornherein nicht auf Verstehen oder Verständigung, sondern ihr Anliegen war der Schutz ihrer eigenen Auffassungen, von deren Richtigkeit sie zutiefst überzeugt waren. Dass die Relativitätstheorie von der Öffentlichkeit euphorisch gefeiert und von der Wissenschaft breit akzeptiert wurde, stellte für sie einen Angriff dar und legitimierte in ihren Augen nicht nur einen Gegenangriff, sondern erzwang ihn regelrecht: Wissenschaft und Öffentlichkeit mussten aufgeklärt und zur »richtigen« Wissenschaft des außerakademischen Forschers hin- bzw. des akademischen Wissenschaftlers zurückgeführt werden. Diese aufklärerische Motivation durchzieht die Pamphlete gegen die Relativitätstheorie.

Die Widerlegungen der Relativitätstheorie stießen jedoch nicht auf die von den Autoren erwartete Akzeptanz, sondern auf Zurückweisung oder Nichtbeachtung seitens der akademischen Physik. Dies war ein zwangsläufiger Effekt. Innerhalb einer wissenschaftlichen Disziplin wie der Physik existieren Grenzziehungen zwischen wissenschaftsfähigem und nichtwissenschaftsfähigem Wissen sowie ein grundlegender Konsens über den Forschungsstand. Damit sind auch allgemein anerkannte Kriterien zur Differenzierung zwischen veraltetem und aktuellem Wissen sowie zwischen wissenschaftlichem Wissen und nichtwissenschaftlichem Wissen vorhanden. In der Entwicklung der modernen Physik, die einen weiteren Schritt weg von anschaulichen Begriffen und mechanischen Modellen bedeutete, wurden solche Grenzziehungen neu justiert und ein neuer Konsens über den Stand der physikalischen Forschung etabliert.

Die Welträtsellöser, die weitgehend außerhalb akademisch akzeptierter Standards gegen die moderne Physik argumentierten, waren von der fundamentalen Umstrukturierung des Wissenssystems der akademischen Physik insofern betroffen, als sie ihrer Ansicht nach die Spitze einer ganzen Reihe von Fehlentwicklungen der akademischen Wissenschaft darstellte und eine erneute Grenzverschiebung dessen, was als wissenschaftsfähig galt, bedeutete.

Ihre Korrekturversuche dieser so wahrgenommen Fehlentwicklungen waren zum Scheitern verurteilt, da sie sich mit ihren Auffassungen über physikalische Phänomene oft außerhalb des Bereichs des in der akademischen Physik Diskutierbaren befanden. Ihre Argumente stützten sich häufig auf von der Physik bereits nicht mehr verwendete Konzepte und waren darüber hinaus, sofern sie metaphysisch oder religiös geprägt waren, oft gar nicht erst wissenschaftsfähig. Letzteres betraf vor allem Welträtsellöser aus den Kontexten des Okkultismus und Vitalismus.

Die akademischen Einsteingegner, die diese Umstrukturierung des Wissenssystems nicht mitvollziehen wollten oder konnten, wurden dadurch marginalisiert, dass ihre Ansätze nunmehr als »veraltete« Erklärungen galten und sie damit an den Rand des Diskurses der akademischen Physik gerückt waren. Von diesem Rand aus lagen die Ansichten der außerakademischen Einsteingegner zum Teil näher an den Ansichten der Experimentalphysiker als die Ansichten von deren akademischen Kollegen aus der theoretischen Physik. Das wurde im dritten Kapitel in der Diskussion der alternativen Konzepte der Einsteingegner zu den Begriffen Zeit, Licht, Raum, Gravitation und Äther sowie insbesondere anhand der geteilten anderen, nämlich der populären Auffassung von Wissenschaft aufgezeigt. In der Diskussion der inhaltlichen Alternativen, die gegen die Relativitätstheorie angeführt wurden, hat sich zunächst gezeigt, dass die Einsteingegner die Relativitätstheorie mit unterschiedlicher Schwerpunktsetzung kritisierten. Für den Vitalisten war es sein Zeitbegriff, für den Anhänger einer mechanischen Drucktheorie war es sein Gravitations- oder sein Ätherbegriff, der eine Widerlegung der Relativitätstheorie aus seiner Sicht notwendig machte. Für den Experimentalphysiker war es die Forderung nach klassisch-physikalischen Erklärungen, für den Philosophen waren es die der Relativitätstheorie zugeschriebenen philosophischen Aussagen, die eine Kritik der Relativitätstheorie erforderlich machten. Aufgrund ihrer unterschiedlichen theoretischen Annahmen und weltanschaulichen Überzeugungen bildeten die Einsteingegner inhaltlich eine sehr heterogene Gruppe. Dennoch ergaben sich inhaltliche Berührungspunkte zwischen akademischen Einsteingegnern und Welträtsellösern aus dem monistischen Kontext, etwa bei der Auffassung über den Äther, da die mechanischen Theorien der Welträtsellöser Überschneidungen zur klassischen Physik aufwiesen. Bei den Themen Raum und Zeit glichen sich insbesondere die spontanen ablehnenden Reaktionen. Diese Konzepte waren für fast alle Einsteingegner erst durch die Relativitätstheorie virulent geworden und die Kritik ging maßgeblich vom Alltagsverständnis aus. Ausnahmen waren hier Welträtsellöser aus dem vitalistischen Kontext, die einen fundamental anderen Zeitbegriff als den der Naturwissenschaft vertraten. Zum Raumbegriff hatten vor allem Philosophen und an den Grundlagen ihrer Wissenschaft interessierte Physiker ebenfalls bereits vor der Konfrontation mit der Relativitätstheorie ausformulierte theoretische Konzepte. Die größten Differenzen gab es in Bezug auf das Wesen der Schwerkraft; hier war im außerakademischen Raum neben wenigen okkultistischen und vitalistischen Erklärungen am häufigsten die Drucktheorie der Gravitation vertreten, während die akademischen Physiker elektrodynamischen Erklärungen anhingen oder an der Gravitation als Fernkraft festhielten.

Alle Einsteingegner teilten jedoch eine bestimmte Auffassung von Wissenschaft. Sie forderten anschauliche und nicht-komplexe Beschreibungen physikalischer Phänomene und fassten Anschaulichkeit und Einfachheit als entscheidende Kriterien für Wirklichkeitsnähe auf, während die mathematische Kompliziertheit der modernen Physik für Wirklichkeitsferne stand. Sie sahen eine naturgegebene, nicht von der Wissenschaft konstruierte Wahrheit als Ziel der Forschung an, die als nicht menschengemachte Wahrheit große Bedeutung für die metaphysische und ontologische Verankerung der Wirklichkeit und mithin der Weltanschauung besaß.

Diese weltanschauliche Bedeutung von Wissenschaft in Verbindung mit der Verteidigungshaltung gegen die Relativitätstheorie, die als höchste Bedrohung für zentrale Bestandteile der jeweiligen Weltanschauungen wahrgenommen wurde, führte zu den vehementen und permanenten Versuchen, die akademische Wissenschaft von der modernen Physik abzubringen. Dies geschah durch freundliche Überzeugungsversuche ebenso wie durch heftige Polemiken – beides hatte wegen der vom Stand der akademischen Physik stark abweichenden oder gänzlich außerhalb des Bereichs der akademischen Physik liegenden theoretischen Grundlagen und Argumentationsweisen der Einsteingegner keinen Erfolg, vielmehr wurden ihre Wahrheitsansprüche von der akademischen Wissenschaft marginalisiert und exkludiert.

Der im vierten Kapitel untersuchte Marginalisierungs- und Exklusionsprozess äußerte sich in verschiedenen Formen und betraf akademische und außerakademische Einsteingegner in verschiedener Weise. Bei den außerakademischen Einsteingegnern kam es oft zu direkter Zurückweisung ihrer Publikationen, ihrer Vorträge oder ihrer im persönlichen Gespräch geäußerten Ansichten. Oft jedoch wurden sie gar nicht erst in der akademischen Welt wahrgenommen und waren der effizientesten Art der Exklusion ausgesetzt, der Nichtbeachtung. Auch die akademischen Einsteingegner stießen auf Publikationsschwierigkeiten, hatten aber Zugang zum akademischen Raum und wurden deshalb weniger durch Nichtbeachtung als durch vernichtende Kritiken marginalisiert. Auch die Gremienbesetzungen und die Berufungspolitik orientierten sich am aktuellen Stand der akademischen Physik und brachten den akademischen Einsteingegnern ihre Randposition zu Bewusstsein. Bei allen Unterschieden befanden sich akademische und außerakademische Einsteingegner daher letztlich strukturell in einer gleichen, nämlich in einer marginalisierten Position.

Damit beantwortet sich auch die Frage, wieso sich ein Experimentalphysiker wie Gehrcke mit den Welträtsellösern für den Kampf gegen die Relativitätstheorie verbündete: Als Gegenbewegung zu dem Marginalisierungs- und Exklusionsprozess durch die akademische Wissenschaft entstand ein Diskurs gegen die akademische Physik, der sowohl eine im engeren Sinne inhaltliche Dimension heterogener, marginalisierter Wissensbestände als auch eine strategische Dimension der Durchsetzung von Wahrheitsansprüchen für diese Wissensbestände umfasste. Im Zuge des Marginalisierungsprozesses verschob sich der Schwerpunkt des Diskurses gegen die Relativitätstheorie immer stärker hin zur Frage des Zugangs zum Diskurs der akademischen Wissenschaft. Diese strategische Dimension des Gegendiskurses zeigte sich zum einen in dem Bestreben, die akademischen Physiker zu überzeugen, die »richtige« Wissenschaft zu übernehmen. Zum anderen wurde versucht, der akademischen Physik die Anerkennung als wahrheitsproduzierender Diskurs zu entziehen und sie stattdessen auf den Gegendiskurs zu übertragen: Die moderne Physik wurde von ihren Gegnern als »Nicht-Physik« disqualifiziert, der »Einsteinismus« als unwissenschaftliche Verirrung eingestuft, der Erfolg der Relativitätstheorie in Wissenschaft und Öffentlichkeit wurde auf unwissenschaftliche »Reklame« und »Suggestion« zurückgeführt, die »Relativisten« wurden als »Zauberkünstler«, »Mathematiker« und »Spekulanten« und als »Nicht-Wissenschaftler« von der »richtigen« Wissenschaft exkludiert. Die strategische Dimension der Kritik der Relativitätstheorie zeigte sich zum einen argumentativ und schlug sich in politischen Argumentationsstrategien gegen die akademische Physik nieder, die dieser den Wissenschaftlichkeitsstatus absprachen, zum anderen äußerte sie sich praktisch durch die Bildung sozialer Netzwerke und der Planung gezielter gemeinsamer Aktionen. Es herrschte in den frühen 1920er Jahren eine regelrechte Lagermentalität: Wer die Relativitätstheorie ablehnte und wer von der modernen Physik abgelehnt wurde, sei es, weil er durch fehlende akademische Anbindung und Ausbildung strukturell exkludiert war, sei es, weil er nicht wissenschaftsfähiges (die Welträtsellöser, zum Teil auch die Philosophen) oder veraltetes Wissen (die Experimentalphysiker) vertrat, war automatisch ein potentieller Bundesgenosse, sofern er zusätzlich dem Verständnis der Einsteingegner von einem »richtigen« Naturforscher entsprach. Nur so konnte ein breitgefächertes Netzwerk gegen die Relativitätstheorie entstehen und nur so konnte der Gegendiskurs marginalisierter Wissensbestände – vom Wissen des Experimentalphysikers bis hin zum Wissen des Okkultisten – in Form der Academy of Nations oder anderer Zusammenschlüsse sogar auf eine institutionelle Basis gestellt werden.

Die in dieser Arbeit analysierte Auseinandersetzung um die Relativitätstheorie weist dabei über ein zeitlich auf die 1920er Jahre und thematisch auf die Auseinandersetzung um einen Paradigmenwechsel in der Physik einzugrenzendes Phänomen hinaus. In der öffentlichen Auseinandersetzung um wissenschaftliche Theorien, die die Grundlagen des in der Moderne stark wissenschaftlich geprägten Welt- und Selbstverständnisses umgestalten und denen weit reichende weltanschauliche Konsequenzen zugeschrieben werden (als von vergleichbarer Wirkung wie die Relativitätstheorie wäre noch die Evolutionstheorie zu nennen), geht es nie nur um die reinen Inhalte dieser Theorien, sondern auch um ihren Status als Wirklichkeitsbeschreibung und um die Wahrnehmung dieser Theorien als Bedrohung für andere Auffassungen von Wirklichkeit. Gleiches lässt sich aber auch für öffentliche Kontroversen um einzelne Ergebnisse oder Entwicklungen in der Wissenschaft, die auf dieses Welt- und Selbstverständnis einwirken, wie etwa im Bereich der Klimaforschung oder der Medizin, feststellen. Solche Kontroversen sprengen den Rahmen wissenschaftlicher Auseinandersetzungen sowohl im Hinblick auf die Gruppe der Beteiligten als auch im Hinblick auf die Ebenen der Auseinandersetzung. Sie sind deshalb offensichtlich nicht ausschließlich fachwissenschaftlicher Natur, aber auch nicht, wie in Bezug auf die Einsteingegner oft angenommen wurde, nur im engeren Sinne politischer (nationalistischer, antisemitischer) Natur. Vielmehr weisen sie, wie diese Arbeit gezeigt hat, sowohl soziopolitische wie auch epistemologische Dimensionen auf.

Insbesondere in der Analyse der konspirativen Deutungsmuster, die bei den Einsteingegnern zur Erklärung der Akzeptanz der Relativitätstheorie in Wissenschaft und Öffentlichkeit zum Tragen kamen, hat sich gezeigt, dass die Einsteingegner nicht durch Bildung und anspruchsvollere Popularisierung von ihren Missverständnissen der Relativitätstheorie kuriert und zur Einsicht gebracht werden konnten. Wo die Legitimität von Wirklichkeitsdeutung auf dem Spiel steht, geht es nicht um das Auffinden einer Ebene der Verständigung, sondern um Taktiken, Wahrheitsansprüche durchzusetzen. Wo es letztlich um Konversion zu einer Gegen-Wissenschaft geht und nicht um eine Auseinandersetzung innerhalb des wissenschaftlichen Diskurses, zielen Forschungsansätze, die sich innerhalb des enggesteckten Rahmens wissenschaftlicher Adäquanz mit der Kritik an der physikalischen Relativitätstheorie befassen, am eigentlichen Problem vorbei.

Die Kontroverse um die Relativitätstheorie existiert bis heute fort. Wie diese Arbeit gezeigt hat, konnte die Kontroverse insbesondere deshalb nicht aufgelöst werden, weil fast alle Einsteingegner aus der Überzeugung heraus, selbst im Besitz unfehlbaren Wissens zu sein, die Ebene der eigenen Argumentation nicht verlassen konnten oder wollten und damit eine »wirkliche« Verständigung, das heißt eine Auseinandersetzung mit den eigenen Ansichten unter Anerkennung eines historisch nicht beliebigen Forschungsstands und Geltungsbereichs der akademischen Wissenschaft, nicht möglich war. Damit wird jedoch deutlich, dass Kontroversen dieser Art grundsätzlich nicht aufgelöst werden können. Sie sind der Existenz der Wissenschaft als umkämpfter, wahrheitsproduzierender Diskurs in modernen Gesellschaften vielmehr inhärent. Sie entstehen ständig am Rande und im Außenraum der Wissenschaft, entfalten jedoch nur selten eine solche Breitenwirkung und Polarisierung wie in der Auseinandersetzung um die Relativitätstheorie in den 1920er Jahren.

Abkürzungen

AoN	Academy of Nations
CP	The Collected Papers of Albert Einstein, 10 Bände, Princeton, N.J. 1987–2002
DGTP	Deutsche Gesellschaft für technische Physik
DGWAP	Deutsche Gesellschaft für Weltätherforschung und anschauliche Physik
DMB	Deutscher Monistenbund
DPG	Deutsche Physikalische Gesellschaft
GDNÄ	Gesellschaft Deutscher Naturforscher und Ärzte
GN	Nachlass Ernst Gehrcke, Archival Collection, Max-Planck-Institut für Wissensschaftsgeschichte, Berlin
MIT	Massachusetts Institute of Technology
RP	Arvid Reuterdahl Papers, Department of Special Collections, University of St. Thomas, St. Paul, MN
SNG	Schweizerische Naturforschende Gesellschaft

Abbildungen

S. 22: Max-Planck-Institut für Wissenschaftsgeschichte, Archival Collection

S. 23: Reuterdahl Papers, Courtesy of the Department of Special Collections, University of St. Thomas, St. Paul, MN

S. 35: Gilbert 1912; Goldzier 1906; Kleinschrod 1928; Fricke 1919; Ziegler 1902; Patschke 1905a

S. 36: Gilbert 1914; Goldzier 1921; Kleinschrod 1920; Fricke 1920a; Ziegler 1923; Patschke 1920

S. 41: Reuterdahl Papers, Courtesy of the Department of Special Collections, University of St. Thomas, St. Paul, MN

S. 47: Mariafai 1982

S. 55: Hochschularchiv Mittweida, Studentenakte Nr. 4393

S. 59: Reuterdahl Papers, Courtesy of the Department of Special Collections, University of St. Thomas, St. Paul, MN

S. 60: *Weltwissen*, Bd. 5, 1. April 1921, S. 20

S. 64: Ruckhaber 1959

S. 72: Ruckhaber/Hellweg 1940

S. 86: *Berliner Illustrirte Zeitung*, 14. Dezember 1919

S. 92: *Berliner Illustrirte Zeitung*, 25. August 1921

S. 103: Vogtherr 1923

S. 107: Forschungsstelle und Dokumentationszentrum für Österreichische Philosophie

S. 139: Reuterdahl Papers, Courtesy of the Department of Special Collections, University of St. Thomas, St. Paul, MN

S. 144: Reuterdahl Papers, Courtesy of the Department of Special Collections, University of St. Thomas, St. Paul, MN

S. 151: Detlef Kühn, Berlin

S. 159: Anderssohn 1880, Tafel 5

S. 172: Reuterdahl Papers, Courtesy of the Department of Special Collections, University of St. Thomas, St. Paul, MN

S. 173: Archiv der Max-Planck-Gesellschaft, Berlin-Dahlem

S. 207: Reuterdahl 1928, Plate 1

S. 231: L'*Œuvre*, 6. Juni 1922

S. 255:	*Docentra*, 22. Juli 1934; *Dearborn Independent*, 30. April 1921
S. 275:	Gehrcke 1924
S. 315:	Reuterdahl Papers, Courtesy of the Department of Special Collections, University of St. Thomas, St. Paul, MN
S. 332:	Max-Planck-Institut für Wissenschaftsgeschichte, Archival Collection
S. 339:	Max-Planck-Institut für Wissenschaftsgeschichte, Archival Collection
S. 359:	Israel/Ruckhaber/Weinmann 1931

Literatur und Quellen

Darstellungen

Albrecht, Helmuth (Hg.) (1993), *Naturwissenschaft und Technik in der Geschichte. 25 Jahre Lehrstuhl für Geschichte der Naturwissenschaft und Technik am Historischen Institut der Universität Stuttgart*, Stuttgart.

Allen, David Elliston (1994), *The Naturalist in Britain. A Social History*, Princeton, NJ.

Ashmore, Malcolm (1993), »The Theatre of the Blind: Starring a Promethean Prankster, a Phoney Phenomenon, a Prism, a Pocket, and a Piece of Wood«, in: *Social Studies of Science*, Bd. 23, Nr. 1, S. 67–106.

Ashtekar, Abhay (Hg.) (2003), *Revisiting the Foundations of Relativistic Physics. Festschrift in Honor of John Stachel*, Dordrecht [u. a.] (Boston Studies in the Philosophy of Science Bd. 234).

Banse, Gerhard/Müller, Hans-Peter (Hg.) (2001), *Johann Beckmann und die Folgen: Erfindungen – Versuch der historischen, theoretischen und empirischen Annäherung an einen vielschichtigen Begriff*, Münster [u. a.].

Barlösius, Eva (1997), *Naturgemäße Lebensführung. Zur Geschichte der Lebensreform um die Jahrhundertwende*, Frankfurt (Main)/New York.

Baudson, Michel (Hg.) (1985), *Zeit. Die vierte Dimension in der Kunst.* [Ausstellungskatalog] Weinheim.

Bayertz, Kurt/Gerhard, Myriam/Jaeschke, Walter (Hg.) (2007), *Weltanschauung, Philosophie und Naturwissenschaft im 19. Jahrhundert*, 3 Bände, Hamburg.

Beck, Ulrich (1998/1996), *Risikogesellschaft: Auf dem Weg in eine andere Moderne*, 14. Aufl., Frankfurt (Main).

Ben-Yehuda, Nachman (1985), *Deviance and Moral Boundaries: Witchcraft, the Occult, Science Fiction, Deviant Sciences and Scientists*, Chicago.

Bensaude-Vincent, Bernadette/Blondel, Christine (2002), *Des savants face à l'occulte, 1870–1940*, Paris.

Benz, Ulrich/Hermann, Armin (1972), »Quanten- und Relativitätstheorie im Spiegel der Naturforscherversammlungen 1906–1920«, in: Querner/Schipperges 1972, S. 125–137.

Beyerchen, Alan D. (1980), *Wissenschaftler unter Hitler: Physiker im Dritten Reich*, Köln.

Biezunski, Michel (1991), *Einstein à Paris: le temps n'est plus …*, Paris.

Blaschke, Olaf/Kuhlemann, Frank-Michael (Hg.) (1996), *Religion im Kaiserreich. Milieus – Mentalitäten – Krisen*, Gütersloh (Religiöse Kulturen der Moderne Bd. 2).

Bothe, Detlef (1991), *Neue Deutsche Heilkunde 1933–1945*, Husum (Abhandlungen zur Geschichte der Medizin und der Naturwissenschaft Nr. 62).

Bourdieu, Pierre (1990), *Was heißt sprechen. Zur Ökonomie des sprachlichen Tausches*, Wien.

– (1992), *Homo academicus*, Frankfurt (Main).

Brauchle, Alfred (1951), *Die Geschichte der Naturheilkunde in Lebensbildern*, [2., erw. Aufl. von Brauchle, Alfred, *Grosse Naturärzte*], Stuttgart.

Braun, Traute (1980), *Die Entwicklung der Physik im Spiegel der Presse. Berichterstattung des Berliner Tageblattes 1919–1923*, Bd. 1: *Text*, Bd. 2: *Dokumentation*, [Magisterarbeit, Univ. Stuttgart], [Stuttgart].

Bruce, Steve (Hg.) (1992), *Religion and Modernization. Sociologists and Historians Debate the Secularization Thesis*, Oxford.

– /Wallis, Roy (1992), »Secularization: The Orthodox Model«, in: Bruce 1992, S. 8–30.

Brush, Stephen G. (1989), »Prediction and Theory Evaluation: The Case of Light Bending«, in: *Science*, Bd. 246, Nr. 4934, S. 1124–1129.

– (1999), »Why was Relativity Accepted?«, in: *Physics in Perspective*, Bd. 1, S. 184–214.

Bry, Carl Christian (1964/1924), *Verkappte Religionen*, 3. Aufl., Lochham [u. a.].

Busset, Thomas/Rosenbusch, Andrea/Simon, Christian (Hg.) (1997), *Chemie in der Schweiz: Geschichte der Forschung und der Industrie*, Basel.

Canales, Jimena (2001), »Exit the Frog, Enter the Human: Physiology and Experimental Psychology in Nineteenth-Century Astronomy«, in: *The British Journal for the History of Science*, Bd. 34, S. 173–197.

Cancik, Hubert (Hg.) (1981), *Religions- und Geistesgeschichte der Weimarer Republik*, Düsseldorf.

Cantor, Geoffrey N./Hodge, Michael J. S. (Hg.) (1981), *Conceptions of Ether: Studies in the History of Ether Theories 1740–1900*, Cambridge [u. a.].

– (1981), »The theological significance of ethers«, in: Cantor/Hodge 1981, S. 135–155.

Čapek, Milič (1971), *Bergson and Modern Physics: A Re-interpretation and Re-evaluation*, Dordrecht (Boston Studies in the Philosophy of Science Bd. 7).

– (1991), *The New Aspects of Time: Its Continuities and Novelties*, Dordrecht (Boston Studies in the Philosophy of Science Bd. 125).

Cassidy, David (2004), *Einstein and Our World*, 2. Auflage, New York, NY.

Cassirer, Ernst (1994/1929), *Philosophie der symbolischen Formen*, 3 Bände, Bd. 3: *Phänomenologie der Erkenntnis*, Darmstadt.

– (1994/1910), *Substanzbegriff und Funktionsbegriff. Untersuchungen über die Grundfragen der Erkenntniskritik*, 7. Aufl., Darmstadt.

Conze, Werner/Kocka, Jürgen (Hg.) (1992), *Bildungsbürgertum im 19. Jahrhundert*, Bd. 1: *Bildungssystem und Professionalisierung in internationalen Vergleichen*, Stuttgart (Industrielle Welt Bd. 38).

Cooter, Roger (1984), *The cultural meaning of popular science: Phrenology and the organization of consent in nineteenth-century Britain*, Cambridge [u. a.].

– /Pumfrey, Stephen (1994), »Seperate Spheres and Public Places: Reflections on the History of Science Popularization and Science in Popular Culture«, in: *History of Science*, Bd. 32, Nr. 3, S. 237–267.

Crelinsten, Jeffrey (2006), *Einstein's Jury: The Race to Test Relativity*, Princeton [u. a.].

– (1980), »Physicists Receive Relativity: Revolution and Reaction«, in: *Physics Teacher*, Nr. 18, S. 187–193.

Darnton, Robert (1968), *Mesmerism and the End of the Enlightenment in France*, Cambridge, Mass. [u. a.].

Daston, Lorraine/Galison, Peter (2007), *Objectivity*, New York, NY.

Daum, Andreas (2002), *Wissenschaftspopularisierung im 19. Jahrhundert. Bürgerliche Kultur, naturwissenschaftliche Bildung und die deutsche Öffentlichkeit 1848–1914*, 2. Aufl., München.

Di Gregorio, Mario A. (2005), *From Here to Eternity: Ernst Haeckel and Scientific Faith*, Göttingen.

Dienel, Hans-Liudger (1992), *Herrschaft über die Natur? Naturvorstellungen deutscher Ingenieure 1871–1914*, Stuttgart.

Doerry, Martin (1986), *Übergangsmenschen. Die Mentalität der Wilhelminer und die Krise des Kaiserreichs*, 2 Bände, Weinheim/München.

Dolby, R. G. A. (1979), »Reflections on Deviant Science«, in: Wallis 1979, S. 9–49.

Donley, Carol C./Friedman, Alan J. (1985), *Einstein as Myth and Muse*, Cambridge [u. a.].

Drehsen, Volker/Sparn, Walter (Hg.) (1996), *Vom Weltbildwandel zur Weltanschauungsanalyse. Krisenwahrnehmung und Krisenbewältigung um 1900*, Berlin.

– /Zander, Helmut (1996), »Rationale Weltveränderung durch naturwissenschaftliche Weltinterpretation? Der Monistenbund – eine Religion der Fortschrittsgläubigkeit«, in: Drehsen/Sparn 1996, S. 217–238.

Dussel, Konrad (2004), *Deutsche Tagespresse im 19. und 20. Jahrhundert*, Münster [u. a.].

Earman, John/Janssen, Michel/Norton, John (Hg.) (1993), *The Attraction of Gravitation: New Studies in the History of General Relativity*, Boston [u. a.] (Einstein Studies Bd. 5).

Eisenstaed, Jean/Kox, Anne J. (Hg.) (1992), *Studies in the History of General Relativity. Based on the Proceedings of the Second International Conference on the History of General Relativity, Luminy, France, 6–9 September 1988*, Boston [u. a.] (Einstein Studies Bd. 3).

Elias, Norbert (2004/1984), *Gesammelte Schriften*, Bd. 9: *Über die Zeit*, Schröter, Michael (Hg.), Frankfurt (Main).

Elm, Veit (2001), *Die Moderne und der Kirchenstaat. Aufklärung und römisch-katholische Staatlichkeit im Urteil der Geschichtsschreibung vom 18. Jahrhundert bis zur Postmoderne*, Berlin (Historische Forschungen Bd. 72).

Elton, Lewis (1986), »Einstein, General Relativity, and the German Press, 1919–1920«, in: *Isis*, Nr. 77, S. 95–103.

Engelhardt, Dietrich von (Hg.) (1997), *Forschung und Fortschritt: Festschrift zum 175jährigen Jubiläum der Gesellschaft Deutscher Naturforscher und Ärzte*, Stuttgart.

Feidel-Mertz, Hildegard (1999), »Erwachsenenbildung im Nationalsozialismus«, in: Tippelt 1999, S. 42–53.

Feldman, Gerald D. (1993), *The Great Disorder. Politics, Economics, and Society in the German Inflation, 1914–1924*, New York, NY/Oxford.

Fischer, Ernst Peter (1996), *Einstein. Ein Genie und sein überfordertes Publikum*, Berlin [u. a.].

Flasch, Kurt (2000), *Die geistige Mobilmachung. Die deutschen Intellektuellen und der Erste Weltkrieg*, Berlin.

Fleck, Ludwig (1980/1935), *Entstehung und Entwicklung einer wissenschaftlichen Tatsache: Einführung in die Lehre vom Denkstil und Denkkollektiv*, Schäfer, Lothar/Schnelle, Thomas (Hg.), Frankfurt (Main).

Fölsing, Albrecht (1993), *Albert Einstein. Eine Biographie*, Frankfurt (Main).

Forman, Paul (1994), »Weimarer Kultur, Kausalität und Quantentheorie 1918–1927«, in: Meyenn 1994 S. 61–179.

Foucault, Michel (1976), »Historisches Wissen der Kämpfe und Macht«, in: Foucault 1978, S. 55–74.

– (1978), *Dispositive der Macht*, Berlin.

– (1999), *Die Verteidigung der Gesellschaft*, Frankfurt (Main).

Friedman, Robert Marc (2001), *The politics of excellence: behind the Nobel Prize in science*, New York, NY.

Galison, Peter (2003), *Einsteins Uhren, Poincarés Karten. Die Arbeit an der Ordnung der Zeit*, Frankfurt (Main).

Gay, Peter (1970), *Die Republik der Außenseiter. Geist und Kultur in der Weimarer Zeit 1918–1933*, Frankfurt (Main).

Gimpl, Georg (2001), *Weil der Boden selbst hier brennt ...: aus dem Prager Salon der Berta Fanta (1865–1918)*, Furth im Wald [u. a.].

Glick, Thomas F. (Hg.) (1987), *The Comparative Reception of Relativity*, Dordrecht [u. a.] (Boston Studies in the Philosophy of Science Bd. 103).

Glowka, Hans-Jürgen (1981), *Deutsche Okkultgruppen 1875–1937*, München (Hiram Edition Bd. 12).

Goenner, Hubert (1992), »The Reception of the Theory of Relativity in Germany as Reflected by Books Published Between 1908 and 1945«, in: Eisenstaed/Kox 1992, S. 15–38.

– (1993a), »The Reaction to Relativity Theory I: The Anti-Einstein Campaign in Germany in 1920«, in: *Science in Context*, Nr. 6, S. 107–113.

– (1993b), »The Reaction to Relativity Theory in Germany, III: ›A Hundred Authors against Einstein‹«, in: Earman/Janssen/Norton 1993, S. 248–273.

– (2005), *Einstein in Berlin, 1914–1933*, München.

Goschler, Constantin (Hg.) (2000), *Wissenschaft und Öffentlichkeit in Berlin, 1870–1930*, Stuttgart.

Graumann, Carl F./Moscovici, Serge (Hg.) (1987), *Changing Conceptions of Conspiracy*, New York [u. a.] (Springer Series in Social Psychology).

Gregory, Jane/Miller, Steve (1998), *Science in Public: Communication, Culture, and Credibility*. New York.

Groh, Dieter (1992a) (Hg.), »Die verschwörungstheoretische Versuchung oder: Why do bad things happen to good people?«, in: ders. (Hg.), *Anthropologische Dimensionen der Geschichte*, Frankfurt (Main), S. 267–304.

Grundmann, Sigfried (1967), »Das moralische Antlitz der Anti-Einstein-Liga«, in: *Wissenschaftliche Zeitschrift der TU Dresden*, Bd. 16, Nr. 5, S. 1623–1626.

– (1998), *Einsteins Akte: Einsteins Jahre in Deutschland aus der Sicht der deutschen Politik*, Berlin [u. a.].

Gumbel, Emil Julius (1980/1922), *Vier Jahre politischer Mord*, Heidelberg.

Hammerstein, Notker (1995), *Antisemitismus und deutsche Universitäten 1871–1933*, Frankfurt (Main)/New York.

Heilbron, John L. (2006), *Max Planck: Ein Leben für die Wissenschaft, 1858–1947*, 2., korrigierte und ergänzte Auflage, Stuttgart.

Henderson, Linda Dalrymple (1985), »Theo van Doesburg: Die ›vierte Dimension‹ und die Relativitätstheorie in den Zwanziger Jahren«, in: Baudson 1985, S. 195–205.

Hendricks, Vincent F. (u. a.) (Hg.) (2006), *Interactions: Mathematics, Physics and Philosophy, 1860–1930*, Dordrecht (Boston Studies in the Philosophy of Science Bd. 251).

Hentschel, Klaus (1990), *Interpretationen und Fehlinterpretationen der speziellen und der allgemeinen Relativitätstheorie durch Zeitgenossen Albert Einsteins*, Basel [u. a.].

Hermann, Armin (1977), »Der Kampf um die Relativitätstheorie«, in: *Bild der Wissenschaft*, S. 109–116.

– (1994), *Einstein: der Weltweise und sein Jahrhundert. Eine Biographie*, München [u. a.].

Hessenbruch, Arne (2000), »Science as Public Sphere. X-Rays Between Spiritualism and Physics«, in: Goschler 2000, S. 89–126.

Hilgartner, Stephen (1990), »The Dominant View of Popularization: Conceptual Problems, Political Uses«, in: *Social Studies of Science*, Bd. 20, Nr. 3, S. 519–539.

Hillermann, Horst (1976), *Der vereinsmäßige Zusammenschluß bürgerlich-weltanschaulicher Reformvernunft in der Monismusbewegung des 19. Jahrhunderts*, Kastellaun [u. a.] (Schriften zur Geschichte und Politischen Bildung Bd. 16).

Hines, Terence M. (1998), »Comprehensive Review of Biorhythm Theory«, in: *Psychological Reports*, Bd. 83, S. 19–64.

Hoffmann, Dieter/Swinne, Edgar (1994), *Über die Geschichte der ›technischen Physik‹ in Deutschland und den Begründer ihrer wissenschaftlichen Gesellschaft Georg Gehlhoff*,

2., überarbeitete und ergänzte Auflage, Berlin (Berliner Beiträge zur Geschichte der Naturwissenschaften und der Technik Bd. 1).

Hoffmann, Dieter/Laitko, Hubert/Müller-Wille, Staffan (Hg.) (2004), *Lexikon der bedeutenden Naturwissenschaftler*, 3 Bände, Heidelberg [u. a.].

Hoffmann, Dieter (2004a), »Philipp Lenard«, in: Hoffmann/Laitko/Müller-Wille 2004, Bd. 2, S. 393–394.

– (2004b), »Max Planck«, in: Hoffmann/Laitko/Müller-Wille 2004, Bd. 3, S. 150–155.

– (2008), *Max Planck. Die Entstehung der modernen Physik*, München.

Hofstadter, Richard (1964/1979), »The Paranoid Style in American Politics«, in: *Harper's Magazine*, S. 77–86, abgedruckt in: ders., *The Paranoid Style in American Politics And Other Essays*, Chicago, S. 3–40.

Holton, Gerald/Blanpied, William A. (Hg.) (1976), *Science and Its Public: The Changing Relationship*, Dordrecht/Boston.

Hoormann, Anne (2003), *Lichtspiele. Zur Medienreflexion der Avantgarde in der Weimarer Republik*, München.

Howard, Don/Stachel, John (Hg.) (1989), *Einstein and the History of General Relativity*, Boston [u. a.] (Einstein Studies Bd. 1).

Jaki, Stanley L. (1978), »Johann Georg von Soldner and the Gravitational Bending of Light, with an English Translation of His Essay on It Published in 1801«, in: *Foundations of Physics*, Bd. 8, Nr. 11–12, S. 927–950.

Jammer, Max (1980), *Das Problem des Raumes: Die Entwicklung der Raumtheorien*, 2. erw. Aufl., Darmstadt.

Jungnickel, Christa/McCormmach, Russell (1986), *Intellectual Mastery of Nature. Theoretical Physics from Ohm to Einstein*, 2 Bände, Bd. 1: *The Torch of Mathematics 1800–1870*, Bd. 2: *The Now Mighty Theoretical Physics 1870–1925*, Chicago, Ill. [u. a.].

Kerbs, Diethard/Reulecke, Jürgen (Hg.) (1998), *Handbuch der deutschen Reformbewegungen 1880–1933*, Wuppertal.

Kertz, Walter (2002), *Biographisches Lexikon zur Geschichte der Geophysik*, Glaßmeier, Karl-Heinz/Kertz, Ruth (Hg.), Braunschweig.

Kleeberg, Bernhard (2005), *Theophysis: Ernst Haeckels Philosophie des Naturganzen*, Köln [u. a.].

Kleinert, Andreas/Schönbeck, Charlotte (1978), »Lenard und Einstein. Ihr Briefwechsel und ihr Verhältnis vor der Nauheimer Diskussion von 1920«, in: *Gesnerus*, Bd. 35, Nr. 3–4, S. 318–333.

Kleinert, Andreas (1993), »Paul Weyland, der Berliner Einstein-Töter«, in: Albrecht 1993, S. 198–232.

– (2005), »Philipp Lenard und Johannes Stark: Zwei Nobelpreisträger gegen Einstein«, in: Renn 2005a, S. 226–229.

Klimke, Friedrich (1911), *Der Monismus und seine philosophischen Grundlagen*, Freiburg im Br.

Klueting, Harm (1986), »›Vernunftrepublikanismus‹ und ›Vertrauensdiktatur‹: Friedrich Meinecke in der Weimarer Republik«, in: *Historische Zeitschrift*, Bd. 242, S. 69–98.

Kocka, Jürgen (Hg.) (1989), *Bildungsbürgertum im 19. Jahrhundert*, Bd. 4: *Politischer Einfluß und gesellschaftliche Formation*, Stuttgart (Industrielle Welt Bd. 48).

Kohlstedt, Sally Gregory (1976), »The Nineteenth-Century Amateur Tradition: The Case of the Boston Society of Natural History«, in: Holton/Blanpied 1976, S. 173–190.

Könneker, Carsten (2001), *Auflösung der Natur, Auflösung der Geschichte. Moderner Roman und NS-›Weltanschauung‹ im Zeichen der theoretischen Physik*, Stuttgart/Weimar.

Koselleck, Reinhart (Hg.) (1990), *Bildungsbürgertum im 19. Jahrhundert*, Bd. 2: *Bildungsgüter und Bildungswissen*, Stuttgart (Industrielle Welt Bd. 41).

Krabbe, Wolfgang (1998a), »Lebensreform/Selbstreform«, in: Kerbs/Reulecke 1998, S. 73–75.

– (1998b), »Naturheilbewegung«, in: Kerbs/Reulecke 1998, S. 77–85.

Kracauer, Siegfried (1971/1930), *Die Angestellten*, Frankfurt (Main).

Kragh, Helge (1990), »From ›Electrum‹ to Positronium«, in: *Journal of Chemical Education*, Bd. 67, Nr. 3, S. 196–197.

Krenzlin, Norbert (Hg.) (1992), *Zwischen Angstmetapher und Terminus: Theorien der Massenkultur seit Nietzsche*, Berlin.

Kuhn, Thomas S. (1993/1967), *Die Struktur wissenschaftlicher Revolutionen*, 2., revidierte und um das Postskriptum von 1969 ergänzte Auflage, Frankfurt (Main).

Lange, Friedrich Albert (1974/1866), *Geschichte des Materialismus und Kritik seiner Bedeutung in der Gegenwart*, 2 Bände, Schmidt, Alfred (Hg.), Frankfurt (Main).

Lepsius, M. Rainer (Hg.) (1992), *Bildungsbürgertum im 19. Jahrhundert*, Bd. 3: *Lebensführung und ständige Vergesellschaftung*, Stuttgart (Industrielle Welt Bd. 47).

Linse, Ulrich (1983), *Barfüßige Propheten. Erlöser der zwanziger Jahre*, Berlin.

Litten, Freddy (2000), *Mechanik und Antisemitismus: Wilhelm Müller (1880–1968)*, München (Algorithmus Bd. 34).

Lübbe, Heinrich (1974), *Politische Philosophie in Deutschland*, München.

Maase, Kaspar (1997), *Grenzenloses Vergnügen. Der Aufstieg der Massenkultur 1850–1970*, Frankfurt (Main).

Mariafai, Judith M. (1982), *Das Leben des Sanitätsrats Dr. med. Franz Kleinschrod. Arzt von Gottes Gnaden*, Bad Wörishofen.

Mauersberger, Klaus (2001), »Kolbendampfmaschine kontra Rotationsdampfmaschine«, in: Banse/Müller 2001, S. 65–88.

McCormmach, Russell (1970), »H. A. Lorentz and the Electromagnetic View of Nature«, in: *Isis*, Bd. 61, Nr. 4, S. 459–497.

McLeod, Hugh (1992), »Secular Cities? Berlin, London, and New York in the Later Nineteenth and Early Twentieth Centuries«, in: Bruce 1992, S. 59–89.

Meinel, Christoph (1991), *Karl Friedrich Zöllner und die Wissenschaftskultur der Gründerzeit: Eine Fallstudie zur Genese konservativer Zivilisationskritik*, Berlin (Berliner Beiträge zur Geschichte der Naturwissenschaften und der Technik Bd. 13).

Merton, Robert (1985), »Prioritätsstreitigkeiten in der Wissenschaft«, in: ders., *Entwicklung und Wandel von Forschungsinteressen: Aufsätze zur Wissenschaftssoziologie*, Frankfurt (Main), S. 258–300.

Meyenn, Karl von (Hg.) (1994), *Quantenmechanik und Weimarer Republik*, Braunschweig/Wiesbaden.

Miller, Arthur I. (2001), *Einstein, Picasso. Space, Time, and the Beauty that Causes Havoc*, New York, NY.

Mittelstraß, Jürgen (Hg.) (2005), *Enzyklopädie Philosophie und Wissenschaftstheorie*, Bd. 2, (C–F), 2. Aufl., Stuttgart/Weimar.

Mohler, Armin (1999/1950), *Die konservative Revolution in Deutschland 1918–1932. Ein Handbuch*, 5. Aufl., Graz [u. a.].

Mommsen, Wolfgang J. (Hg.) (1996), *Kultur und Krieg. Die Rolle der Intellektuellen, Künstler und Schriftsteller im Ersten Weltkrieg*, München.

Moores, Karen M. (1997), *Presse und Meinungsklima in der Weimarer Republik*, [Dissertation, Universität Mainz].

Müller, Gisela (1992), »Der Massencharakter des Lebens und das rastlose Ich. Eine Lesart zu Georg Simmels Moderne-Bild«, in: Krenzlin 1992, S. 43–72.

Nowotny, Helga/Rose, Hilary (1979), *Counter-movements in the Sciences*, Dordrecht [u. a.] (Sociology of Science Yearbook Bd. 3).

– (1979), »Science and its Critics: Reflections on Anti-science«, in: Nowotny/Rose 1979, S. 1–26.

Pais, Abraham (1995), *Ich vertraue auf Intuition. Der andere Albert Einstein*, Heidelberg [u. a.].

Peukert, Detlev (1987), *Die Weimarer Republik: Krisenjahre der Klassischen Moderne*, Frankfurt (Main).

Poliakov, León (1987), *Geschichte des Antisemitismus*, Bd. 6: *Emanzipation und Rassenwahn*, Worms.

Querner, Hans/Schipperges, Heinrich (Hg.) (1972), *Wege der Naturforschung 1822–1972 im Spiegel der Versammlungen Deutscher Naturforscher und Ärzte*, Berlin [u. a.].

Renn, Jürgen/Sauer, Tilman (2003), »Eclipses of the stars – Mandl, Einstein, and the early history of gravitational lensing«, in: Ashtekar 2003, S. 69–92 (MPIWG Preprint Nr. 160).

Renn, Jürgen (Hg.) (2005a), *Albert Einstein. Ingenieur des Universums*, 3 Bände, Weinheim, Bd. 1: *Hundert Autoren für Einstein.*

– (Hg.) (2005b), Bd. 2: *Einsteins Leben und Werk im Kontext.*

– (Hg.) (2005c), Bd. 3: *Dokumente eines Lebensweges.*

– (2006), *Auf den Schultern von Riesen und Zwergen: Einsteins unvollendete Revolution*, Weinheim.

– (Hg.) (2007a), *The Genesis of General Relativity*, 4 Bände, Dordrecht (Boston Studies in the Philosophy of Science Bd. 250), Bd. 1: *Einstein's Zurich Notebook. Introduction and Source*, Janssen, Michel (u. a.) (Hg.).

– (Hg.) (2007b), Bd. 2: *Einstein's Zurich Notebook. Commentary and Essays*, Janssen, Michel (u. a.) (Hg.).

– (Hg.) (2007c), Bd. 3: *Gravitation in the Twighlight of Classical Physics. Between Mechanics, Field Theory, and Astronomy*, Renn, Jürgen/Schemmel, Matthias (Hg.).

– (Hg.) (2007d), Bd. 4: *Gravitation in the Twighlight of Classical Physics. The Promise of Mathematics*, Renn, Jürgen/Schemmel, Matthias (Hg.).

Reschke, Renate (1992), »›Pöbel-Mischmasch‹ oder vom notwendigen Niedergang aller Kultur. Friedrich Nietzsches Ansätze zu einer Kulturkritik der Masse«, in: Krenzlin 1992, S. 14–42.

Rothschuh, Karl (1983), *Naturheilbewegung, Reformbewegung, Alternativbewegung*, Stuttgart.

Rowe, David (1993), »Editorial Note: Einstein's Encounters with German Anti-Relativists«, in: CP Bd. 7, Princeton, NJ, S. 101–113.

– (2006), »Einstein's Allies And Enemies: Debating Relativity In Germany, 1916–1920«, in: Hendricks 2006, S. 231–280.

Sabrow, Martin (1999), *Die verdrängte Verschwörung. Der Rathenau-Mord und die deutsche Gegenrevolution*, Frankfurt (Main).

Sammons, Jeffrey L. (1998), *Die Protokolle der Weisen von Zion. Die Grundlage des modernen Antisemitismus – eine Fälschung. Text und Kommentar*, Göttingen.

Schneider, Ludwig Wilhelm (1942), *Die erste Periode im philosophischen Schaffen Melchior Palágyis*, Würzburg.

Schaffner, Kenneth F. (1972), *Nineteenth-century Aether Theories*, Oxford [u. a.].

Schönbeck, Charlotte (2000), »Albert Einstein und Philipp Lenard: Antipoden im Spannungsfeld von Physik und Zeitgeschichte«, Berlin [u. a.] (Schriften der Mathematisch-Naturwissenschaftlichen Klasse der Heidelberger Akademie der Wissenschaften Nr. 8).

Schottenloher, Karl/Binkowski, Johannes (Hg.) (1985), *Flugblatt und Zeitung. Ein Wegweiser durch das gedruckte Tagesschrifttum*, Bd. 2: *Von 1848 bis zur Gegenwart*, München (Bibliothek für Kunst- und Antiquitätenfreunde Bd. 21/2).

Schroeder-Heister, Peter (2005), »Certismus«, in: Mittelstraß 2005, S. 35–36.

Shapin, Steven/Schaffer, Simon (1985), *Leviathan And The Air-Pump: Hobbes, Boyle, And The Experimental Life*, Princeton.

Sheets-Pyenson, Susan (1985), »Popular Science Periodicals in Paris and London: The Emergence of a Low Scientific Culture, 1820–1825«, in: *Annals of Science*, Bd. 42, S. 549–572.

Sherill, Thomas J. (1999), »A Career of Controversy: The Anomaly of T. J. J. See«, in: *Journal for the History of Astronomy*, Bd. 30, Part 1, Nr. 98, S. 25–50.

Siegel, Daniel M. (1981), »Thomson, Maxwell and the universal ether in Victorian physics«, in: Cantor/Hodge 1981, S. 239–268.

Simon, Christian (1997), »Chemie in der Schweiz«, in: Busset/Rosenbusch/Simon 1997, S. 25–57.

Simon-Ritz, Frank (1996), »Kulturelle Modernisierung und Krise des religiösen Bewußtseins. Freireligiöse, Freidenker und Monisten im Kaiserreich«, in: Blaschke/Kuhlemann 1996, S. 457–473.

Skirbekk, Gunnar (Hg.) (1996/1977), *Wahrheitstheorien. Eine Auswahl aus den Diskussionen über Wahrheit im 20. Jahrhundert*, 7. Aufl., Frankfurt (Main).

Späth, Manfred (1992), »Die Professionalisierung von Ingenieuren in Deutschland und Rußland 1800–1914, in: Conze/Kocka 1992, S. 561–588.

Staley, Richard (2008), »World Views and Physicists' Experience of Disciplinary Change: On the Uses of ›Classical‹ Physics«, in: *Studies in the History and Philosophy of Science*, Bd. 39, S. 298–311.

Stichweh, Rudolf (1984), *Zur Entstehung des modernen Systems wissenschaftlicher Disziplinen: Physik in Deutschland 1740–1890*, Frankfurt (Main).

Studer, Tobias (1997), »Wirtschaftliche Rahmenbedingungen als Determinanten des Berufsbildes des Chemikers«, in: Busset/Rosenbusch/Simon 1997, S. 233–252.

Swenson, Lloyd S. (1972), *The Ethereal Aether: A History of the Michelson-Morley-Miller Aether-drift Experiments. 1880–1930*, Austin.

Tanner, Albert (1995), *Arbeitsame Patrioten – wohlanständige Damen. Bürgertum und Bürgerlichkeit in der Schweiz 1830–1914*, Zürich.

Teitel, Corinna (2000), »The Culture of Knowledge in the Metropolis of Science. Spiritualism and Liberalism in Fin-de-Siècle Berlin«, in: Goschler 2000, S. 127–154.

Tetens, Holm (1999), »Die Grenze«, in: *Die Zeit*, 9. September.

Tippelt, Rudolf (Hg.) (1999), *Handbuch Erwachsenenbildung/Weiterbildung*, 2. Aufl., Opladen.

Tiryakian, Edward A. (1974), *On the Margin of the Visible: Sociology, the Esoteric, and the Occult*, New York, NY [u. a.].

Toellner, Richard (1986), »Liebhaber und Wissenschaft. Zur Rolle des Amateurs in der Geschichte der Wissenschaften. Ansprache zur Einführung in das Symposium«, in: *Berichte zur Wissenschaftsgeschichte*, Bd. 9, S. 137–145.

Treder, Hans-Jürgen/Jackisch, Gerhard (1981), »On Soldner's Value Of Newtonian Deflection Of Light«, in: *Astronomische Nachrichten*, Bd. 302, Nr. 6, S. 275–277.

Truzzi, Marcello (1974), »Definition and Dimensions of the Occult: Towards a Sociological Perspective«, in: Tiryakian 1974, S. 243–255.

Ulbricht, Justus H. (1998), »Religiosität und Spiritualität«, in: Kerbs/Reulecke 1998, S. 495–498.

Van Dongen, Jeroen (2007), »Reactionaries and Einstein's Fame: ›German Scientists for the Preservation of Pure Science,‹ Relativity and the Bad Nauheim Conference«, in: *Physics in Perspective*, Bd. 9, S. 212–230.

Van Lunteren, Frans Herbert (1991), *Framing Hypotheses. Conceptions of Gravity in the 18th and 19th Centuries*, Utrecht.

Vidoni, Ferdinando (1991), *Ignorabimus! Emil du Bois-Reymond und die Debatte über die Grenzen wissenschaftlicher Erkenntnis im 19. Jahrhundert*, Frankfurt (Main) [u. a.].

Vom Bruch, Rüdiger/Graf, Friedrich W./Hübinger, Gangolf (1989), *Kultur und Kulturwissenschaften um 1900*, Bd. 1: *Krise der Moderne und Glaube an die Wissenschaft*, Stuttgart.

– (1997), Bd. 2: *Idealismus und Positivismus*, Stuttgart.

Wallis, Roy (1979), *On the Margins of Science: The Social Construction of Rejected Knowledge*, Keele (Sociological Review Monograph Bd. 27).

Wazeck, Milena (2005a), »›Einstein auf der Mordliste!‹ Die Angriffe auf Einstein und die Relativitätstheorie 1922«, in: Renn 2005a, S. 222–225.

– (2005b), »Die verfilmte Relativität«, in: *Einstein und die Folgen, Spektrum der Wissenschaft Spezial*, Nr. 1, Heidelberg, S. 24–27.

Weber, Heiko (2000), *Monistische und antimonistische Weltanschauung. Eine Auswahlbibliographie*, Berlin (Ernst-Haeckel-Haus-Studien: Monographien zur Geschichte der Biowissenschaften und der Medizin Bd. 1).

Weber, Max (1920), *Gesammelte Aufsätze zur Religionssoziologie*, Bd. 1, Tübingen.

– (1992/1919), *Wissenschaft als Beruf*, in: ders., *Gesamtausgabe*, Baier, Horst (u. a.) (Hg.), Abt. 1: *Schriften und Reden*, Bd. 17, Mommsen, Wolfgang J./Schluchter, Wolfgang (Hg.), Tübingen, S. 71–111.

Wendt, Herbert/Loacker, Norbert (Hg.) (1983), *Soziales und geschichtliches Verhalten des Menschen*, Zürich (Kindlers Enzyklopädie *Der Mensch* Bd. 5).

Whittaker, Edmund Taylor (1951/1910), *A history of the theories of aether and electricity*, 2 Bände, Bd. 1: *The classical theories*, 2., bearb. u. erw. Aufl., London [u. a.].

Wimmer, Franz Martin (1983), »Zufall oder Notwendigkeit? Die Frage nach dem Grundgesetz des Weltlaufs«, in: Wendt/Loacker 1983, S. 416–434.

Winter, Alison (1998), *Mesmerized. Powers of Mind in Victorian Britain*, Chicago.

Wittkau-Horgby, Annette (1998), *Materialismus*, Göttingen.

Wolters, Gereon (1987), *Mach I, Mach II, Einstein und die Relativitätstheorie: Eine Fälschung und ihre Folgen*, Berlin/New York.

– (Hg.) (1988), *Franz Anton Mesmer und der Mesmerismus. Wissenschaft, Scharlatanerie, Poesie*, Konstanz.

Zehe, Horst (1980), *Die Gravitationstheorie des Nicolas Fatio de Duillier*, Hildesheim (Arbor scientiarum, Reihe A: Abhandlungen Bd. 7).

Ziche, Paul (Hg.) (2000), *Monismus um 1900: Wissenschaftskultur und Weltanschauung*, Berlin.

Quellen

Anderssohn, Aurel (1876a), »Zur Lösung des Problems der Anziehung«, in: *Die Natur*, N.F., Bd. 2, Nr. 33, S. 357.

– (1876b), »Ein Apparat zum praktischen Beweise der Naturnotwenigkeit des Gravitationsgesetzes«, in: *Die Natur*, N.F., Bd. 2, Nr. 35, S. 383–384.

– (1877a), »Zur Lösung des Problems der Anziehung«, in: *Die Natur*, N.F., Bd. 3, Nr. 4, S. 53–54.

– (1877b), »Ebbe und Flut nach der Lehre ›vom Druck der Massen aus der Ferne‹«, in: *Die Natur*, N.F., Bd. 3, Nr. 15, S. 207–208.

– (1878), »Attraktion oder Massendruck?«, in: *Die Natur*, N.F., Bd. 4, Nr. 16, S. 581.

– (1879), »Aufruf an die deutschen Naturforscher«, in: *Die Natur*, N.F., Bd. 5, Nr. 47, S. 591.

– (1880), *Die Theorie vom Massendruck aus der Ferne in ihren Umrissen*, Breslau.

– (1894), *Physikalische Prinzipien der Naturlehre*, Halle (Saale).

Baege, Max (1911), *Der Keplerbund und seine Gelehrten*, Frankfurt (Main).

Baumgardt, Ludwig (1921a), »Ruhm. Soldner und Einstein«, in: *Frankfurter Zeitung*, 6. November, Morgenausgabe, GN 4, XII, 72r.

– (1921b), »Soldner und Einstein«, in: *Frankfurter Zeitung*, 2. Dezember, Abendausgabe, GN 4, XII, 75r.

Bavink, Bernhard (1920), »Philosophische Folgerungen der Einsteinschen Relativitätstheorie«, in: *Unsere Welt*, Bd. 12, Nr. 4, S. 131–138.

– (1925a), [Rezension von Gehrcke 1924b], in: H*annoverscher Kurier*, Bd. 77, Nr. 67, GN VII.

– (1925b), »Die Quantentheorie«, Teil 1 in: *Unsere Welt*, Bd. 17, Nr. 10, S. 253–261, Teil 2 in: ebd., Nr. 11, S. 286–289.

Beckenhaupt, Carl (1912a), »Über den Wert der Theorie und den Ersatz der Anziehungslehre«, in: *Weltwissen*, Bd. 1, Nr. 1, S. 4–6.

– (1912b), »Über die objektiven Grundlagen der Physik«, in: *Neue Weltanschauung*, Bd. 5, Nr. 7, S. 250–261.

– (1914), »Über die Notwendigkeit geordneter Ausgleiche der Wissenschaft und Lebenspraxis. Ein Versuch zur Organisation der freien Forschung«, Teil 1 in: *Weltwissen*, Bd. 2, Nr. 42, S. 205–207, Teil 2 in: ebd., Nr. 43, S. 215–218, Teil 3 in: ebd., Nr. 45, S. 236–238.

Beke, Emanuel (1921), »Lenard und Einstein«, in: *Pester Lloyd*, 29. November, GN 4, XII, 75r.

Becker (1920), [Rezension von Fricke 1919], in: *Naturwissenschaftliche Wochenschrift*, N.F., Bd. 19, Nr. 29, S. 463–464.

Bergson, Henri (1922), *Durée et simultanéité à propos de la théorie d'Einstein*, Paris (Bibliothèque de philosophie contemporaine).

Blavatsky, Helena Petrovna (1877), *Isis entschleiert. Ein Meisterschlüssel zu den Geheimnissen alter und neuer Wissenschaft und Theologie*, Übersetzung nach der 6. engl. Auflage, Bd. 1: *Wissenschaft*, Den Haag.

Block, Heinrich (1912), *Die erkenntnistheoretische Rolle des Äthers in der Entwicklung des Elektromagnetismus*, Bonn.

Bond, Frederick (1923a), »Relating to Relativity«, in: *The New York Times*, 13. Mai, RP 4-4.

– (1923b), »Reuterdahl And The Einstein Theory«, in: *The New York Times*, 15. Juli, RP 4-4.

Born, Max (1913), »Zum Relativitätsprinzip: Entgegnung auf Herrn Gehrckes Artikel ›Die gegen die Relativitätstheorie erhobenen Einwände‹«, in: *Die Naturwissenschaften*, Bd. 1, Nr. 4, S. 92–94.

– (1919), »Vom mechanischen Äther zur elektrischen Materie«, in: *Die Naturwissenschaften*, Bd. 7, Nr. 9, S. 136–141.

– /Hilbert, David (1921), »Soldner und Einstein«, in: *Frankfurter Zeitung*, 18. November, Morgenausgabe, GN 4, XII, 73.

– /Einstein, Albert (1991), *Briefwechsel 1916–1955*, München.

Bouasse, Henri (1923), *La question préalable contre la théorie d'Einstein*, Paris.

Brandhoff, Alfred (1921), »Newtons Gravitations-Mechanik. Eine Laien-Betrachtung«, in: *Neue Weltanschauung*, Bd. 10, Nr. 10, S. 65–72.

Breslauer physikalischer Verein zur Begründung der Lehre vom Druck der Massen in der Ferne (1877), »Neues zur Lösung des Problems der Anziehung«, in: *Die Natur*, N.F., Bd. 3, Nr. 10, S. 136–137.

Breslauer Physikalischer Verein (1884), *Physikalisches Jahrbuch*, Bd. 1, Breslau.

Browne, Robert T. (1919), *The Mystery of Space. A Study of the Hyperspace Movement in the Light of the Evolution of New Physic Faculties and An Inquiry into the Genesis and the Essential Nature of Space*, New York.

– (ohne Datum), »The Archons«, in: *Occult Series*, Nr. 2, RP 03a-02.

Brunn, A. von (1931), [Rezension von Israel/Ruckhaber/Weinmann 1931], in: *Die Naturwissenschaften*, Bd. 19, Nr. 11, S. 254–256.

Brush, Charles Francis (1911), »A Kinetic Theory of Gravitation, in: *Science*, Bd. 33, Nr. 845, S. 381–386.

– (1928a), »Some Experimental Evidence Supporting the Kinetic Theory of Gravitation«, *Journal of the Franklin Institute*, Bd. 206, Nr. 2, S. 143–150.

– (1928b), »Gravitation«, in: *Proceedings of the American Philosophical Society*, S. 55–68.

Büchler, Robert (1921), *Lehrsätze über das Weltall mit Beweis in Form e. offenen Briefes an Prof. Einstein*, Aachen.

Case, Thomas (1921a), »From Euclid To Einstein. Is Space Physical? The Test Of Relativity. To The Editor Of The Times«, in: *The Times* (London), 3. Dezember, GN 4, XV, 24r.

– (1921b), »From Euclid To Einstein. Infinite Body Of The Universe. Time In Connexion With Space. To The Editor Of The Times«, in: *The Times* (London), 24. Dezember 1921, GN 4, XV, 22r.

Chamberlain, Houston Stewart (1904/1898), *Die Grundlagen des Neunzehnten Jahrhunderts*, 1. Hälfte, 5. Aufl., München.

Christiansen, Hans (1915), *Meine Lösung der Welträtsel*, 2 Bände, 3., verb. Auflage, Wiesbaden.

– (1920), *Absolut und relativ! Eine Ablehnung des ›Relativitäts-Prinzips‹ Einsteins auf Grunde einer reinen Begriffs-Mathematik*, Wiesbaden.

– (1930), *Der Gleichberechtigungswahn*, Wiesbaden.

– (1931), *Offener Brief an Seine Heiligkeit Papst Pius XI*, Wiesbaden.

Dellinghausen, Nicolai (1880), *Das Räthsel der Gravitation*, Heidelberg.

Driesch, Hans (1924), *Relativitätstheorie und Philosophie*, Karlsruhe (Wissen und Wirken: Einzelschriften zu den Grundfragen des Erkennens und Schaffens Bd. 14).

Drude, Paul (1912), *Lehrbuch der Optik*, Gehrcke, Ernst (Hg.), 3. Aufl., Leipzig.

Du Bois Reymond, Emil (1882), *Über die Grenzen des Naturerkennens. Die sieben Welträthsel. Zwei Vorträge*, Leipzig.

Du Bois-Reymond, Paul (1888), »Über die Unbegreiflichkeit der Schwerkraft«, in: *Naturwissenschaftliche Rundschau*, Bd. 3, Nr. 14, S. 170–178.

Dühring, Eugen (1882), *Sache, Leben und Feinde. Als Hauptwerk und Schlüssel zu seinen sämmtlichen Schriften. Mit seinem Bildniss*, Karlsruhe/Leipzig.

– (1905), *Logik und Wissenschaftstheorie: denkerisches Gesammtsystem verstandessouveräner Geisteshaltung*, 2., durchgearb. u. verm. Aufl., Leipzig.

Eddington, Arthur Stanley (1920), *Space, Time and Gravitation: An Outline of the General Relativity Theory*, Cambridge.

Einstein, Albert (1903), »Über die Theorie der elektromagnetischen Wellen«, [Vortrag vor der Naturforschenden Gesellschaft Bern], gelistet im Protokoll der 992. Sitzung, Burger Bibliothek Bern, GA BNG – Protokolle der Sitzungen, Bd 10.

– (1905a), »Über einen die Erzeugung und Verwandlung des Lichtes betreffenden heuristischen Gesichtspunkt«, in: *Annalen der Physik*, Bd. 322, Nr. 6, S. 132–148, abgedruckt in: CP Bd. 2, Doc. 14.

– (1905b), »Zur Elektrodynamik bewegter Körper«, in: *Annalen der Physik*, Bd. 322, Nr. 10, S. 891–921, abgedruckt in: CP Bd. 2, Doc. 23.

– (1907), »Ueber die Natur der Bewegungen mikroskopisch kleiner, in Flüssigkeiten suspendierter Teilchen«, [Vortrag vor der Naturforschenden Gesellschaft Bern], als Abstract abgedruckt in: CP Bd. 2, Doc. 43.

– (1909), »Über die Entwicklung unserer Anschauungen über das Wesen und die Konstitution der Strahlung«, in: *Physikalische Zeitschrift*, Bd. 10, S. 817–825, abgedruckt in: CP Bd. 2, Doc. 60.

– (1910), »Über das Boltzmann'sche Prinzip und einige unmittelbar aus demselben fliessende Forderungen«, in: Renn 2005c, S. 76–89.

– (1911a), »Die Relativitäts-Theorie«, [Vortrag vor der Naturforschenden Gesellschaft Zürich], in: *Vierteljahresschrift der Naturforschenden Gesellschaft Zürich*, Bd. 56 (1911), S. 1–14, abgedruckt in: CP Bd. 3, Doc. 17.

– (1911b), »Über den Einfluß der Schwerkraft auf die Ausbreitung des Lichtes«, in: *Annalen der Physik*, Bd. 340, Nr. 10, S. 898–908, abgedruckt in: CP Bd. 3, Doc. 23.
– (1915a), »Zur allgemeinen Relativitätstheorie«, in: *Sitzungsberichte der Königlich Preußischen Akademie der Wissenschaften*, S. 778–786, abgedruckt in: CP Bd. 6, Doc. 21.
– (1915b), »Erklärung der Perihelbewegung des Merkur aus der allgemeinen Relativitätstheorie«, in: *Sitzungsberichte der Königlich Preußischen Akademie der Wissenschaften*, S. 831-839
– (1916), »Die Grundlage der allgemeinen Relativitätstheorie«, in: *Annalen der Physik*, Bd. 354, Nr. 7, S. 769–822, abgedruckt in: CP Bd. 6, Doc. 30.
– (1917a), *Über die spezielle und die allgemeine Relativitätstheorie. Gemeinverständlich*, Braunschweig (Sammlung Vieweg Bd. 38).
– (1917b), »Kosmologische Betrachtungen zur allgemeinen Relativitätstheorie«, in: *Sitzungsberichte der Königlich Preußischen Akademie der Wissenschaften*, [Berlin], S. 142–152 , abgedruckt in: CP Bd. 6, Doc. 43.
– (1918a), »Bemerkung zu Ernst Gehrckes Notiz ›Über den Äther«‹, in: *Verhandlungen der Deutschen Physikalischen Gesellschaft*, Bd. 20, S. 261, abgedruckt in: CP Bd. 7, Doc. 15.
– (1918b), »Dialog über Einwände gegen die Relativitätstheorie«, in: *Die Naturwissenschaften*, Bd. 6, Nr. 48, S. 697–702.
– (1918c), »Motive des Forschens«, in: *Zu Max Plancks sechzigstem Geburtstag. Ansprachen, gehalten am 26. April 1918 in der Deutschen Physikalischen Gesellschaft von E. Warburg, M. v. Laue, A. Sommerfeld und A. Einstein*, Karlsruhe, S. 29–32, abgedruckt in: CP Bd. 7, Doc. 7.
– (1920a), »Äther und Relativitätstheorie, Rede gehalten am 5. Mai 1920 an der Reichs-Universität zu Leiden«, Berlin, abgedruckt in: CP Bd. 7, Doc. 38.
– (1920b), *Relativity: The Special and the General Theory*, New York.
– (1920c), »Meine Antwort. Ueber die anti-relativistische G.m.b.H.«, in: *Berliner Tageblatt*, 27. August, Morgenausgabe, abgedruckt in: CP Bd. 7, Doc. 45.
– (1960), *Briefe an Maurice Solovine*, Berlin.
Eisenhart, Luther P. (1923), »Einstein and Soldner«, in: *Science*, Bd. 58, Nr. 1512, S. 516–517.
Erdmenger, Otto (1881), »Bericht über eine Sitzung des Breslauer physikalischen Vereines«, in: *Die Natur*, Bd. 6, Nr. 52, S. 628.
Feigl, Franz (1932), *Neue Wege zur Lösung der Welträtsel*, Leipzig.
Fierz-David, Hans Eduard (1926), *Technologie der Textilfasern*, 3 Bände, Bd. 3: *Künstliche organische Farbstoffe*, Berlin.
Fincke, Ewalt (1913), »Empiriker und Philosoph«, in: *Weltwissen*, Bd. 1, Nr. 7, S. 101–104.
Fischer, Franz (1924), [Rezension von Gehrcke 1924b], in: *Volksruf*, Bd. 11, Nr. 43.

Ford, Henry (1922), *Der internationale Jude. Ein Weltproblem. Das 1. amerikan. Buch über d. Judenfrage*, 3. Aufl., Leipzig.

Frank, Philipp (1928), »Über die ›Anschaulichkeit‹ physikalischer Theorien«, in: *Die Naturwissenschaften*, Bd. 16, Nr. 8, S. 121–128.

– (1979), *Einstein: sein Leben und seine Zeit*, Braunschweig [u. a.].

Fraser, Bodie A. (1921), »From Euclid To Einstein. To The Editor Of The Times«, in: *The Times* (London), 27. Dezember, GN XV, 23r.

Freud, Sigmund (1921), *Massenpsychologie und Ich-Analyse*, Leipzig [u. a.].

Fricke, Hermann Heinrich Karl (1906), »Über einen Versuch der Gebrüder Weber, transversale Luftschwingungen betr.«, in: *Verhandlungen der Deutschen Physikalischen Gesellschaft*, Bd. 8, Nr. 12, S. 248–250.

– (1914a), »Die allgemeine Gravitation. Ein neuer Weg zur Lösung des Problems«, in: *Weltwissen*, Bd. 2, Nr. 38, S. 177–180, Teil 2 in: ebd., Nr. 39, S. 185–188.

– (1914b), »Nochmals die ›Gravitation‹«, in: *Weltwissen*, Bd. 2, Nr. 45, S. 239.

– (1918), *Eine neue und einfache Deutung der Schwerkraft*, Berlin [als Manuskript gedruckt].

– (1919), *Eine neue und einfache Deutung der Schwerkraft und eine anschauliche Erklärung der Physik des Raumes*, Wolfenbüttel.

– (1920a), *Der Fehler in Einsteins Relativitätstheorie*, Wolfenbüttel.

– (1920b), »Eine neue Erklärung der Schwerkraft«, in: *Neue Weltanschauung*, Bd. 9, Nr. 1, S. 9–18.

– (1920c), *Über eine neue Form des Wirkungsgesetzes für bewegte Massen*, [Manuskript], GN 76-A-10.

– (1920d), »Eine neue und anschauliche Physik des Aethers«, in: *Glasers Annalen*, Bd. 86, Nr. 12 (ganze Reihe Nr. 1032), S. 95–96.

– (1920e), *Protest des Mitgliedes der Deutschen Physikalischen Gesellschaft Reg. Rat Dr. Fricke gegen die ihm vom Vorstande der Gesellschaft zu Teil gewordene Behandlung*, Fricke an den geschäftsführenden Ausschuss der DPG, [September], [Durchschlag], GN 71-B-5.

– (1921a), »Wind und Wetter als Feldwirkung der Schwerkraft«, in: *Naturwissenschaftliche Wochenschrift*, N.F., Bd. 20, Nr. 7, S. 97–102.

– (1921b), »Die Akademie die uns fehlt. Ein praktischer Vorschlag zur Neu-Organisation der Wissenschaft«, in: *Weltwissen*, Bd. 5, 1. April, S. 9–10.

– (1921c), [Sammelrezension von Laue 1921c u. a.], in: *Naturwissenschaftliche Wochenschrift*, N.F., Bd. 20, Nr. 25, S. 373–376.

– (1922a), [Rezension von Karollus 1921], in: *Zeitschrift für Sauerstoff- und Stickstoff-Industrie*, Bd. 14, Nr. 1, S. 18.

– (1922b), »Eine neue Erklärung für die Ursache der Barometerschwankungen und des Windes«, in: *Zeitschrift für Sauerstoff- und Stickstoff-Industrie*, Bd. 11, Nr. 13–14, S. 49–53.

– (1922c), [Rezension von Wien 1921], in: *Naturwissenschaftliche Wochenschrift*, N.F., Bd. 21, Nr. 12, S. 168.

– (1922d), »Zur Klärung des Ätherproblems«, in: *Naturwissenschaftliche Wochenschrift*, N.F., Bd. 21, Nr. 13, S. 169–173.
– (1922e), »Ueber den Gelehrtenprotest gegen die Relativitätstheorie«, in: *Der Tag*, 28. September, GN 4, I, 46r.
– (1923), »Novi rezultati Michelsonova pokusa«, in: *Univerzum*, Bd. 2, Nr. 6–8, S. 191.
– (1933), *Eine neue Sonnentheorie*, Berlin-Westend.
– (1934a), *Die im Innern erdähnliche Sonne*, Weimar.
– (1934b), *Die einfache Aufklärung des Einsteinstreits*, Berlin-Schmargendorf (Deutsche Gesellschaft für Weltätherforschung, Veröffentlichung Nr. 4).
– (1934c), *Goethe als Entdecker einer neuen Meteorologie*, Berlin-Schmargendorf (Deutsche Gesellschaft für Weltätherforschung, Veröffentlichung Nr. 5).
– (1934d), *Nationalsozialistische Revolution u. Weltätherforschung*, Berlin-Schmargendorf (Deutsche Gesellschaft für Weltätherforschung, Veröffentlichung Nr. 6).
– (1934e), »Die moderne theoretische (relativistische) Physik – eine Wissenschaft, die nicht stimmt (Der Justizmord am Weltäther)«, in: *Docentra*, Bd. 55, Nr. 38, 23. September, abgedruckt in: Fricke 1939, S. 9–17.
– (1936), *Luftfahrt und Wetterkunde – gehemmt durch die ›moderne‹ Physik*, Berlin-Schmargendorf (Deutsche Gesellschaft für Weltätherforschung, Veröffentlichung Nr. 33), GN 86-A.
– (1937), »Neue Strahlungslehre als Weg zur Verständigung in der Physik. Schwerkraftstrahlung und Physik des ›Als ob‹ aphorisch dargestellt«, in: *Docentra*, Bd. 58, Nr. 12, S. 190–195.
– (ca. 1938), *Eine Bitte an alle Goethe-Freunde*, Berlin-Schmargendorf (Deutsche Gesellschaft für Weltätherforschung, Veröffentlichung Nr. 30,) GN 86-A.
– (1939a), *Weltätherforschung. Ein Aufbauprogramm nach dem Umsturz in der Physik*, Weimar.
– (1939b), »Die Notwendigkeit einer ›Gesellschaft für Weltätherforschung und anschauliche Physik«, in: Fricke 1939a, S. 102–108.
– (ca. 1942), *Ein Protest gegen die Planck-Physik*, Berlin-Schmargendorf (Deutsche Gesellschaft für Weltätherforschung, Veröffentlichung Nr. 57), GN 18-C-11.
– (1945), *Die Meerwassertheorie der Sonne,* (Urheberschrift Nr. 2), [undatiertes Typoskript], GN 86-B.
– (1947), *Plan zur schnellen Überwindung der europäischen Not, Manuskript-Entwurf zur Veröffentlichung Nr. 103 von Frickes Urheberschriften*, GN 86-A.
– (1948a), *16 Thesen über und gegen Einstein*, [Typoskript], GN 2-G-8.
– (1948b), »Die Fricke-Wienersche Äthervorstellung«, in: *Docentra*, Bd. 65, Nr. 16, [Sonderdruck], GN 86-B.
– (ohne Datum), *Neue Weltdeutung*, Urheberschrift Nr. 7, GN 86-B.
– (ohne Datum), *Rettet den Weltäther! Ein Aufruf an alle, besonders an Physiker und Astronomen*, [Typoskript], GN 86-C.
– (ohne Datum), *Sonne, Wind und Aether*, [Typoskript], GN 18-C-9.

Fritsch, Theodor (1921), *Einstein's Truglehre*, Leipzig (Hammer-Schriften Nr. 29) (unter dem Pseudonym Ferdinand Roderich-Stoltheim erschienen).

Gartelmann, Henri (1920a), »Zur Philosophie Kants«, in: *Neue Weltanschauung*, Bd. 9, Nr. 2, S. 33–41.

– (1920b), »Zur Relativitätslehre«, Teil 1 in: *Neue Weltanschauung*, Bd. 9, Nr. 6, S. 161–172, Teil 2 in: ebd., Bd. 9, Nr. 7, S. 198–214.

– (1920c), »Zur Relativitätstheorie«, in: *Neue Weltanschauung*, Bd. 9, Nr. 11, S. 341–342.

– (1920d), »Grundsätzliches zur Relativitätstheorie«, in: *Neue Weltanschauung*, Bd. 9, Nr. 12, S. 353–356.

Gehrcke, Ernst (1901), *Über den Geschwindigkeitsverlust, welchen die Kathodenstrahlen bei der Reflexion erleiden*, [Dissertation], Berlin.

– (1911), »Nochmals über die Grenzen des Relativitätsprinzips«, in: *Verhandlungen der Deutschen Physikalischen Gesellschaft*, Bd. 13, Nr. 21, S. 990–1000, abgedruckt in: Gehrcke 1924a, S. 4–11.

– (1912), »Über den Sinn der absoluten Bewegung von Körpern«, in: *Sitzungsberichte der Königlich Bayerischen Akademie der Wissenschaften*, Bd. 12, S. 209–222, abgedruckt in: Gehrcke 1924a, S. 12–20.

– (1913), »Die gegen die Relativitätstheorie erhobenen Einwände«, in: *Die Naturwissenschaften*, Bd. 1, Nr. 3, S. 62–66, abgedruckt in: Gehrcke 1924a, S. 20–28.

– (1914a), »Zur Diskussion der Einsteinschen Relativitätstheorie«, in: Gehrcke 1924a, S. 34f.

– (1914b), »Die erkenntnistheoretischen Grundlagen der verschiedenen physikalischen Relativitätstheorien«, in: *Kant-Studien*, Bd. 19, Nr. 4, S. 481–487, abgedruckt in: Gehrcke 1924a, S. 35–40 (auch als Sonderdruck).

– (1916), »Zur Kritik und Geschichte der neueren Gravitationstheorien«, in: *Annalen der Physik*, Bd. 356, Nr. 17, S. 119–124, abgedruckt in: Gehrcke 1924a, S. 40–44.

– (1918), »Über den Äther«, in: *Verhandlungen der Deutschen Physikalischen Gesellschaft*, Bd. 20, S. 165–169, abgedruckt in: Gehrcke 1924a, S. 44–47.

– (1919a), »Zur Diskussion über den Äther«, in: *Verhandlungen der Deutschen Physikalischen Gesellschaft*, Bd. 21, S. 67–68, abgedruckt in: Gehrcke 1924a, S. 47–48.

– (1919b), »Berichtigung zum Dialog über die Relativitätstheorien«, in: *Die Naturwissenschaften*, Bd. 7, Nr. 9, S. 147–148.

– (1920), *Die Relativitätstheorie, eine wissenschaftliche Massensuggestion*, Berlin, abgedruckt in: Gehrcke 1924a, S. 54–68.

– (ca. 1921), *Einsteins Relativitätstheorie – ein Bluff!*, [unveröffentlichtes Typoskript], GN 4-B-4.

– (1921a), »Über das Uhrenparadoxon in der Relativitätstheorie«, in: *Die Naturwissenschaften*, Bd. 9, Nr. 24, S. 482.

– (1921b), »Die Erörterung des Uhrenparadoxons in der Relativitätstheorie«, in: *Die Naturwissenschaften*, Bd. 9, Nr. 28, S. 550–551.

– (1921c), *Physik und Erkenntnistheorie*, Leipzig/Berlin (Wissenschaft und Hypothese Bd. 22).
– (1921d), [Replik auf Weyl 1920], in: *Die Umschau*, Bd. 25, Nr. 8, S. 99.
– (1921e), »Zur Relativitätsfrage«, in: *Die Umschau*, Bd. 25, Nr. 17, S. 227.
– (1922), [Rezension von Kraus/Lipsius/Linke/Petzoldt 1921], in: *Glasers Annalen*, Bd. 88, (ganze Reihe Nr. 1053), S. 80.
– (1922-1923), »Soldnerov efekat i teorija relativnosti«, in: *Univerzum*, Bd. 1–2, Nr. 4–5, S. 159
– (1923), »Die Gegensätze zwischen der Äthertheorie und Relativitätstheorie und ihre experimentelle Prüfung«, in: *Zeitschrift für technische Physik*, Bd. 4, Nr. 9, S. 292–299, abgedruckt in: Gehrcke 1924a, S. 83–95.
– (1924a), *Kritik der Relativitätstheorie*, Berlin.
– (1924b), *Die Massensuggestion der Relativitätstheorie*, Berlin.
– (Hg.) (1927-1928), *Handbuch der physikalischen Optik*, 2 Bände, Leipzig.
– (1946), *Lebenslauf*, 3. Oktober, GN 3-A-1.
Geissler, Friedrich Kurt (1921), *Gemeinverständliche Widerlegung des formalen Relativismus (von Einstein und verwandten) und zusammenhängende Darstellung einer grundwissenschaftlichen Relativität*, Leipzig.
– (1931), »Schluss mit der Einstein-Irrung«, in: Israel/Ruckhaber/Weinmann 1931, S. 10–12.
Gerber, Paul (1898), »Räumliche und zeitliche Ausbreitung der Gravitation«, in: *Zeitschrift für Mathematik und Physik*, Bd. 43, S. 93–104.
– (1902), »Die Fortpflanzungsgeschwindigkeit der Gravitation«, in: *Programmabhandlung des städtischen Realgymnasiums Stargard in Pommern*, Stargard.
– (1917), »Die Fortpflanzungsgeschwindigkeit der Gravitation«, in: *Annalen der Physik*, Bd. 357, Nr. 4, S. 415–441 (Wiederabdruck von Gerber 1902).
Gerlach, Walther (1927), [Rezension von Gehrcke 1927], in: *Die Naturwissenschaften*, Bd. 15, Nr. 3, S. 410–412.
Gilbert, Leo (1912), *Fundamente des exakten Wissens*, Bd. 1: *Neue Energetik*, Dresden.
– (1914), *Das Relativitätsprinzip die jüngste Modenarrheit der Wissenschaft*, Brackwede i. W.
Glaser, Ludwig (1920-1921), »Ueber Versuche zur Bestätigung der Relativitätstheorie an der Beobachtung«, Teil 1 in: *Glasers Annalen*, Bd. 87, Nr. 4 (ganze Reihe Nr. 1036), S. 29–33, Teil 2 in: *Glasers Annalen*, Bd. 88, Nr. 2 (ganze Reihe Nr. 1048) S. 30–32 und Nr. 3 (ganze Reihe Nr. 1049), S. 42–43.
Gleich, Gerold von (1923), »Die allgemeine Relativitätstheorie und das Merkurperihel«, in: *Annalen der Physik*, Bd. 377, Nr. 19, S. 221–235.
– (1930), *Einsteins Relativitätstheorien und physikalische Wirklichkeit*, Leipzig.
Goethe, Johann Wolfgang von (1887/1808), *Goethes Werke*, Abt. 1: *Werke*, Bd. 14: *Faust 1. Theil*, Sophie von Sachsen, Großherzogin (Hg.), Weimar.
Goldzier, Hans (1906), *Einige Weltprobleme*, 4 Bände, Bd. 2: *Gegen die Wahnvorstellung vom heißen Erdinnern: populär-wissenschaftliche Abhandlung*, Wien (unter dem Pseudonym Thomas Newest erschienen).

– (1921), *Gegen Einstein. Die Erfahrung im Weltall*, 2. Aufl., Wien.

Grossmann, Marcel (1920), »Mise au point mathématique«, in: *Archives des sciences physiques et naturelles*, Bd. 2, S. 497–499.

Grote, August (1922), [Replik auf Lessing 1922], in: *Der Forscher*, Nr. 8–10, S. 14.

Grubić, Dušan (1917), *Universal-Kausalprozess als unser oberstes Naturgesetz*, Zagreb.

Hack, Karl (1930), *Eine neue mechanische Universal-Theorie*, Würzburg.

Haeckel, Ernst (1984/1899), *Die Weltraetsel*, Stuttgart.

Haedicke, Johannes (1902), *Die Lösung des Rätsels von der Schwerkraft durch die Versuche von Huyghens: ein Beitrag zur wissenschaftlichen Weltanschauung*, Leipzig.

– (1932), *Die physikalische Unhaltbarkeit der Relativitäts-Theorie Einsteins*, Leipzig.

Hegg-Bitzius, Emil (1914), *Das Ewige im Zeitlichen: Eine naturwissenschaftliche Formulierung*, Bern.

Heidenreich, Eyvind Lee (1921), »Calls Einstein's Statements Irreconcilable«, in: *The Minneapolis Morning Tribune*, 16. Mai.

– (1922), »Reuterdahl vs. Einstein: Nailing a Fallacy«, in: *The Dearborn Independent*, 25. März.

– (1929), »Reuterdahl's Light Quantum Theory«, [Prolog zu Reuterdahl 1929a], in: Reuterdahl 1929a, S. 1–6.

Heisenberg, Werner (1969), *Der Teil und das Ganze: Gespräche im Umkreis der Atomphysik*, München.

Heldt, A. (1921), »Wirtschaftliche und politische Gegenwartsfragen in Amerika.«, in: *Esslinger Zeitung*, 3. September, GN 4, XII, 36r.

Holz, A. L. (1904), *Neueste Resultate über Weltkraft und Radialströmung*, Hof (Saale).

Horst, Emil (1913), »Erkenntnistheoretische Begründung der Drucktheorie«, Teil 1 in: *Weltwissen*, Bd. 1, Nr. 9, S. 121–125, Teil 2 in: ebd., Nr. 10, S. 133–135, Teil 3 in: ebd., Nr. 11, S. 141–143.

– (1921), [Rezension von Oltmanns 1920], in: *Neue Weltanschauung*, Bd. 10, Nr. 1, S. 16–19.

Houghton, Harris A. (1923), »A Newtonian Duplication? Einstein's Triumph a Long Distances Ahead«, in: *The New York Times*, 21. April, RP 4-4.

Huygens, Christiaan (1690/1920), *Traité de la lumière*, Paris.

Isenkrahe, Caspar (1879), *Das Räthsel von der Schwerkraft. Kritik der bisherigen Lösungen des Gravitationsproblems und Versuch einer neuen auf rein mechanischer Grundlage*, Braunschweig.

Israel, Hans/Ruckhaber, Erich/Weinmann, Rudolf (Hg.) (1931), *100 Autoren gegen Einstein*, Leipzig.

Kant, Immanuel (1922/1787), *Kritik der reinen Vernunft*, Görland, Albert (Hg.), Berlin.

Karollus, Franz (1921), *Wo irrt und was übersieht Einstein? Ein neuer Versuch zur Lösung einer strittigen physikalischen Frage*, Brünn.

Kleinschrod, Franz (1911a), *Wissenschaftliche Begründung der Naturheilkunde. Eine prinzipielle Untersuchung*, Wörishofen.

– (1911b), »Denkschrift zur Errichtung eines Lehrstuhles für Erforschung der Gesetze und Vorgänge der Naturheilung, verbunden mit dem Lehrauftrag für sozial-ethische Volksmedizin«, in: Kleinschrod 1911a, S. 121–175.

– (1912), *Das Rätsel des Lebens: Besitzt das Leben gegenüber dem Leblosen eine Eigengesetzlichkeit oder nicht? Eine biologische Studie über die übermechanische Natur des Lebensprinzips. Nach einem Vortrage, gehalten im Keplerbund, Ortsgruppe München*, Wörishofen.

– (1920), *Das Lebensproblem und das Positivitätsprinzip in Zeit und Raum und das Einsteinsche Relativitätsprinzip in Raum und Zeit. Eine prinzipielle Untersuchung, zugleich ein neuer Weg zur Lösung des Lebensproblems*, Hamm-Westfalen (Frankfurter zeitgemäße Broschüren Bd. 40, Nr. 1–3).

– (1921), *Sebastian Kneipps Lehre. Wissenschaftliche Begründung*, Kempten.

– (1922), »Sebastian Kneipp und die Wissenschaft«, Teil 1 in: *Kneipp-Blätter*, Nr. 3, S. 58–62, Teil 2 in: ebd., Nr. 4, S. 80–83.

– (1928), *Die Übermechanik des Lebens*, Bd. 1: *Die Herrschaft des Lebens über die tote Welt. Das tierisch-pflanzliche Leben als Leibseeleproblem*, Berlin.

– (1929), *Einführung in die Übermechanik des Lebens. Ein neuer Weg zur Lösung des Lebensproblems als eines Leibseele-Problems*, München [u. a.].

– (1931), *Konnersreuth: Natürliches oder übernatürliches Geschehen?* Waldsassen.

Kniepf, Albert (1904), »Neue Energien im Sonnensystem«, in: *Die Gegenwart, Wochenschrift für Literatur, Kunst und öffentliches Leben*, Bd. 65, Nr. 24, S. 377–380.

Koller-Aeby, Hermann (1931), *Der Grundirrtum Newton's als Ursache des Einstein'schen Grundirrtums*, Leipzig.

Korff. (1921), »Relativitätstheorie und Praxis«, in: *Der (schwarze) Tag*, 15. Juni, GN 4, X, 47r.

Kraus, Oskar/Lipsius, Friedrich/Lincke, Paul F./Petzoldt, Joseph (1921), *Zur Relativitätstheorie*, *Annalen der Philosophie*, Bd. 2, Heft 3.

– (1921), »Fiktion und Hypothese in der Einsteinschen Relativitätstheorie«, in: Kraus/Lipsius/Lincke/Petzoldt 1921, S. 335–396.

– (1925), *Offene Briefe an Albert Einstein und Max von Laue über die gedanklichen Grundlagen der speziellen und allgemeinen Relativitätstheorie*, Wien [u. a.].

Kühn, Lenore (1921), »Kant contra Einstein«, in: *Hellweg, Wochenschrift für deutsche Kunst*, 17. August, GN 4, XII, 16r.

– (ohne Datum), *Der Raum als angebliche Ursache oder Wirkung physikalischer Zustände (Frage des inhomogenen Raumes und Frage der Erzeugung des geometrischen Raumzustandes durch Zustand der Materie)*, [unveröffentlichtes Typoskript], GN 38-I-9.

– (ohne Datum), *Was soll die Akademie der Nationen sein?*, [unveröffentlichtes Manuskript], GN 29-F-10.

– (1983), *Erinnerungen an livländisches Landleben*, Kühn, Detlef (Hg.), Lüneburg (Schriftenreihe: Lüneburger ostdeutsche Dokumentationen Bd. 2).

Kupffer, Karl Reinhold (1925), »›Materialismus, Vitalismus und Relativitätstheorie.‹ Vortrag gehalten auf dem Jahresaktus der Herder-Gesellschaft zu Riga am

7. September 1924«, in: *Abhandlungen des Herder-Institutes zu Riga*, Bd. 1, Nr. 1, Riga, S. 23–49.

Lamberty, Paul (1926), *Die neue Physik*, Haag.

Lämmel, Rudolf (1924), [Rezension von Gehrcke 1924b], in: *Leipziger Tageblatt*, 14. September.

Langevin, Paul (1911), »L'évolution de l'espace et du temps«, in: *Scientia*, Bd. 10, S. 31–54.

Lau, Ernst (1924), [Rezension von Gehrcke 1924a und Gehrcke 1924b], in: *Annalen der Philosophie*, Bd. 4, Nr. 8.

Laue, Max von (1917), »Die Fortpflanzungsgeschwindigkeit der Gravitation. Bemerkungen zur gleichnamigen Abhandlung von P. Gerber«, in: *Annalen der Physik*, Bd. 358, Nr. 11, S. 214–216.

– (1921a), »Eine Erwiderung auf Hrn. Lenards Vorbemerkungen zur Soldnerschen Arbeit von 1801«, in: *Annalen der Physik*, Bd. 371, Nr. 20, S. 283–284.

– (1921b), »Soldner und Einstein. Die Entdeckung der Ablenkung des Lichts durch die Schwere« in: *Frankfurter Zeitung*, 18. November, Morgenblatt, GN 4, XII, 73r.

– (1921c), *Die Relativitätstheorie*, Braunschweig.

LeBon, Gustave (1895), *Psychologie des foules*, Paris (Bibliothèque de philosophie contemporaine Bd. 145).

Lenard, Philipp (1911/1910), *Über Äther und Materie: Vortrag, gehalten in der Gesamtsitzung der Heidelberger Akademie der Wissenschaften am 4. Juni 1910*, 2., ausführlichere u. mit Zusätzen vers. Aufl., Heidelberg.

– (1918), *Über Relativitätsprinzip, Äther, Gravitation*, 1. Aufl., Leipzig.

– (1920a) »Über Äther und Uräther«, in: *Jahrbuch der Radioaktivität und Elektronik*, Bd. 17, S. 307–356.

– (1920b), *Über Relativitätsprinzip, Äther, Gravitation*, 2., verm. Ausg., Leipzig.

– (1921a), *Über Relativitätsprinzip, Äther, Gravitation*, 3. Aufl., mit einem Zusatz, betr. die Nauheimer Diskussionen, Leipzig.

– (1921b), [Vorbemerkung zu Soldner 1921/1801], in: *Annalen der Physik*, Bd. 370, Nr. 15, S. 593–600.

– (1921c), »Fragen der Lichtgeschwindigkeit«, in: *Astronomische Nachrichten*, Bd. 213, S. 303–308.

– (1922a), *Über Äther und Uräther*, 2. verm. Aufl. mit einem Mahnwort an deutsche Naturforscher, Leipzig.

– (1922b), »›Ueber Aether und Uräther.‹ Ein Mahnwort an deutsche Naturforscher«, in: *Deutsche Zeitung*, 15. September, GN 4, I, 20r.

– (2009), *Erinnerungen eines Naturforschers. Kritische annotierte Ausgabe des Originaltyposkriptes von 1931/1943*, Schirrmacher, Arne (Hg.), Berlin.

Lessing, Theodor (1922), »Zu ›Der Irrtum Einsteins‹ in Nr. 6/7 des Forschers«, in: *Der Forscher*, Nr. 8–10, S. 13–14.

Lodge, Oliver (1921), »From Euclid To Einstein. Sir O. Lodge And Relativity. The ›Interim Tool Of Exploration.‹ To The Editor Of The Times«, in: *The Times* (London), 10. Dezember 1921, GN 4, XII, 32r.

– (1933), *My philosophy. Representing my views on the many functions of the ether of space*, London.

Lorentz, Hendrik Antoon (1909), *The theory of electrons and its applications to the phenomena of light and radiant heat. A course of lectures delivered in Columbia University, New York, in March and April, 1906* (Publication Ernest Kempton Adams Fund for Physical Research Bd. 2).

Mach, Ernst (1969/1872), *Die Geschichte und die Wurzel des Satzes von der Erhaltung der Arbeit*, Thiele, Joachim, (Hg.), Photomechan. Nachdr. d. Ausg. Prag, Calve, 1872, Amsterdam.

– (1988/1883), *Die Mechanik in ihrer Entwicklung: historisch-kritisch dargestellt*, Wahsner, Renate/Borzeszkowski, Horst-Heino von (Hg.), Berlin.

Maxwell, James Clerk (1879), »Æther« in: *Encyclopedia Britannica*, Bd. 8, S. 568–572.

– (1890/1861–62), »On Physical Lines of Force«, in: *Philosophical Magazine*, Bd. 21, abgedruckt in: ders., *The scientific papers*, Bd. 1, S. 451–513, Niven, W. D. (Hg.), Cambridge.

Mewes, Rudolf (1919), »Unterschiede zwischen der Relativitätstheorie von Mewes (1892/1893) und Lorentz (1895)«, Teil 1 in: *Zeitschrift für Sauerstoff- und Stickstoff-Industrie*, Bd. 11, Nr. 17–18, S. 70, Teil 2 in: ebd., Nr. 19–20, S. 75–76.

– (1920a), *Wissenschaftliche Begründung der Raumzeitlehre oder Relativitätstheorie (1884–1894) mit einem geschichtlichen Anhang*, Berlin.

– (1920b), *Kaiser Wilhelm II., seine Zeit und sein Recht*, Berlin.

– (1920c), »Bemerkung zur Ableitung der Grundformeln der Relativitätstheorie«, in: *Zeitschrift für Sauerstoff- und Stickstoff-Industrie*, Bd. 12, Nr. 1–2 , S. 6.

– (1920d), »Bestimmung der Fortpflanzungsgeschwindigkeit der Schwerkraft nach Gerber und Einstein«, in: *Zeitschrift für Sauerstoff- und Stickstoff-Industrie*, Bd. 12, Nr. 3–4, S. 13–14.

– (1920e), »Die Versuchsformel von Fizeau und die Relativitätsgleichung von Einstein«, in: *Zeitschrift für Sauerstoff- und Stickstoff-Industrie*, Bd. 12, Nr. 9–10, S. 38.

– (1920f), »Elementarer Weg zur Ableitung der Einsteinschen Grundgleichungen«, in: *Zeitschrift für Sauerstoff- und Stickstoff-Industrie*, Bd. 12, Nr. 13–14, S. 65.

– (1921a), »Lichtablenkung in bewegten Mitteln«, in: *Zeitschrift für Sauerstoff- und Stickstoff-Industrie*, Bd. 13, Nr. 1–2, S. 1–4.

– (1921b), »Zur Beurteilung der abendländischen Naturerkenntnis nach Spengler (Entropie, Gas- und Relativitätstheorie)«, in: *Zeitschrift für Sauerstoff- und Stickstoff-Industrie*, Bd. 13, Nr. 11–12, S. 42–44.

– (1921c), »Lenards und Reuterdahls Stellungsnahmen zur Relativitätstheorie«, in: *Zeitschrift für Sauerstoff- und Stickstoff-Industrie*, Bd. 13, Nr. 17–18, S. 77–78.

– (1922a/1896), *Kriegs- und Geistesperioden im Völkerleben und Verkündigung des nächsten Weltkrieges*, 3. und 4. erw. Aufl., Leipzig.

– (1922b), »Reuterdahl vs. Einstein. Festnagelung einer Täuschung«, in: *Zeitschrift für Sauerstoff- und Stickstoff-Industrie*, Bd. 14, Nr. 5, S. 55.

– (1922c), »Vergleichende Gegenüberstellung der Exponentialformeln von Mewes, Planck, Einstein und Nernst für die spezifische Wärme«, in: *Zeitschrift für Sauerstoff- und Stickstoff-Industrie*, Bd. 14, Nr. 10, S. 121–123.

– (1922d), »Stimmen gegen die Relativitätstheorie«, in: *Zeitschrift für Sauerstoff- und Stickstoff-Industrie*, Bd. 14, Nr. 11, S. 134–135.

Meyer, Carl Wilhelm (1914), »Professoren-Weisheit«, in: *Weltwissen*, Bd. 3, Nr. 51–52, S. 17–21.

Mie, Gustav (1926), [Rezension von Gehrcke 1924a und Gehrcke 1924b], in: *Deutsche Literaturzeitung*, Nr. 14, S. 678–682.

Minkowski, Hermann (1909), »Raum und Zeit«, [Vortrag gehalten auf der Jahrestagung der GDNÄ 1908 in Köln], in: *Physikalische Zeitschrift*, Bd. 10, Nr. 3, S. 104–111.

Mohorovičić, Stjepan (1916–1918), »Über die räumliche und zeitliche Translation«, Teil 1 in: *Académie des Sciences et des Arts des Slaves du Sud de Zagreb, Croatie, Bulletin des Traveaux de la Classe des Sciences Mathématiques et Naturelles*, Nr. 6–7, S. 46–72, Teil 2 in: ebd., Nr. 9–10, S. 21–33.

– (1921), »Die Folgerungen der allgemeinen Relativitätstheorie und die Newtonsche Physik«, in: *Naturwissenschaftlichen Wochenschrift*, N.F., Bd. 20, Nr. 52, S. 737–739.

– (1922), »Eine elementare Theorie der Gravitation«, in: *Naturwissenschaftliche Wochenschrift*, N.F., Bd. 21, Nr. 11, S. 145–153.

– (1923a), *Die Einsteinsche Relativitätstheorie und ihr mathematischer, physikalischer und philosophischer Charakter*, Berlin/Leipzig.

– (1923b), *Worthlessness of Einstein's theory of relativity for the physics*, [unveröffentlichtes, undatiertes Typoskript], RP 3-27.

Morgan, Robert (1923), »Einstein Theory Declared Colossal Humbug by U. S. Naval Astronomer«, in: *The Dearborn Independent*, 21. Juli.

Müller, Johannes Paul (1913), *Neues vom Weltall*, Wien [u. a.].

Müller, Karl (1880), »Eine drastische Kritik der Anziehungskraft«, in: *Die Natur*, N.F., Bd. 6, Nr. 15, S. 194.

Müller, Wilhelm/Stark, Johannes (Hg.) (1941), *Jüdische und deutsche Physik: Vorträge zur Eröffnung des Kolloquiums für theoretische Physik an der Universität München*, Leipzig.

Natonek, Hans (1921), »Relativismus«, in: *Weser-Zeitung*, 22. Juli, GN 4,XI, 40r.

Neubert, Hermann (1926), [Rezension von Gehrcke 1924b], in: *Grundwissenschaft*, Bd. 6, Nr. 3–4, GN VII.

Newton, Isaac, (1999/1684) *Philosophia naturalis principia mathematica, dt. Die mathematischen Prinzipien der Physik*, Schüller, Volkmar (Hg.), Berlin/New York.

– (1996/1704), *Optik oder Abhandlung über Spiegelungen, Brechungen, Beugungen und Farben des Lichts: I., II. und III. Buch* (1704), Abendroth, William (Hg.), 2. Aufl.,

Repr. der Ausg. Leipzig 1898 (Ostwalds Klassiker der exakten Wissenschaften Bd. 96).

Nordmann, Charles (1933), »Aux dernières nouvelles le soleil serait froid et entouré d'eau«, in: *Le Matin*, 7. Juli.

O'Connell, William (1929), »Cardinal Gives Further View On Einstein Theory«, in: *Boston Evening American*, 12. April.

Oltmanns, Johannes (1920), *Die Mechanik des Weltalls: Grundlagen einer einheitlichen mechanistischen Weltanschauung*, Hamburg.

Oppell-Patschke, Margarete von (1934), *Urkraft. Anpassung der vor 30 Jahren von Ing. A. Patschke aufgestellten Lichtäthermechanik an d. Ergebnisse d. heut. Experimentalphysik*, Berlin.

Orthner, Rudolf (1928), *Über physikalische und mathematische Abhängigkeit: Umrisse eines neuen Verfahrens zur Aufstellung von Gleichungen zwischen geometrischen und physikalischen Größen*, Leipzig/Wien.

Osten, Hans (1906), »Über eine Erklärung der anomalen Bewegung des Merkurperihels«, in: *Astronomische Nachrichten*, Bd. 171, Nr. 8, S. 119–120.

Palagyi, Melchior (1901), *Neue Theorie des Raumes und der Zeit. Die Grundbegriffe einer Metageometrie*, Darmstadt.

– (1921a), »Physik und Erkenntistheorie«, in: *Frankfurter Nachrichten*, 7. August, Morgenausgabe, GN 4, XII, 87r.

– (1921b), »Lenard und Einstein«, in: *Frankfurter Nachrichten*, 12. November, GN 4, XII, 71r.

– (1922), *Kurze und populäre Darstellung der Einheits- oder Zusammengehörigkeitslehre von Raum und Zeit*, [unveröffentlichtes Manuskript], RP 4-4.

Passarge, Hans (1928), *Die Gravitation. Wesen und Ursprung*, Leipzig.

Patschke, Arthur (1904), *Transversal-Dampfturbinen für elastische Kraftmittel*, Mühlheim-Ruhr.

– (1905a), *Lösung der Welträtsel durch das einheitliche Weltgesetz der Kraft*, München.

– (1905b), *Der Sturz des Anziehungsgesetzes und die Entdeckung des einheitlichen Weltgesetzes der Kraft*, München.

– (1906), *Vom Stern zum Atom. Beitrag zum Weltgesetz*, München.

– (1920), *Umsturz der Einsteinschen Relativitätstheorie. Einführung in die einheitliche Erklärung und Mechanik der Naturkräfte*, Berlin-Wilmersdorf.

– (1921), *Elektromechanik: Einheitliche Erklärung und Mechanik der Naturkräfte*, Berlin-Wilmersdorf.

– (1922), *Umsturz der Einsteinschen Relativitätstheorie: 4 mathematische Geburtsfehler. Einführung in die einheitliche Erklärung und Mechanik der Naturkräfte. Kreuzigung und Auferstehung des Lichtäthers*, [2., erweiterte Aufl. von Patschke 1920], Berlin-Wilmersdorf.

– (1925), *Weltlichttheorie. Welttheorie der Naturkräfte. Lösung der Naturkraftprobleme. Erfindungen, Entdeckungen und Ausnutzung der Naturkräfte*, Diessen vor München.

Philosophische Fakultät der Kgl. Universität zu Berlin (1877), *Aktenstücke in der Angelegenheit des Privatdozenten Dr. Dühring*, Berlin.

Pick, Leopold (1922), *Die vierte Dimension als Grundlage des transzendentalen Idealismus*, Leipzig.

Planck, Max (1910), »Die Stellung der neueren Physik zur mechanischen Naturanschauung, Vortrag gehalten am 23. September 1910 auf der 82. Versammlung der GDNÄ in Königsberg«, in: Planck 1958, S. 30–46.

– (1937), »Zum 25jährigen Jubiläum der von W. Friedrich, P. Knipping und Max von Laue gemachten Entdeckung«, in: *Verhandlungen der Deutschen Physikalischen Gesellschaft*, 3. Reihe, Bd. 18, S. 77–80.

– (1958), *Vorträge und Reden*, Max-Planck-Gesellschaft zur Förderung der Wissenschaften/Verband Deutscher Physikalischer Gesellschaften (Hg.), Braunschweig.

– (1982/1942) *Selbstdarstellung*, Berlin.

Prochnow, Oskar (Hg.) (1927), *Erdball und Weltall*, Berlin-Lichterfelde.

Rauschenberger, Walther (1921), »Die philosophische Bedeutung der Relativitätstheorie«, in: *Frankfurter Zeitung*, 21. Juni, 1. Morgenausgabe, GN 4, 11, 36r–37r1.

Reichenbach, Karl von (1850), *Physikalisch-physiologische Untersuchungen über die Dynamide des Magnetismus, der Elektricität, der Wärme, des Lichtes, der Krystallisation, des Chemismus in ihren Beziehungen zur Lebenskraft*, 2 Bände, 2., verb. Aufl., Braunschweig.

Reinke, Johannes (1911/1901), *Einleitung in die theoretische Biologie*, 2., umgearb. Aufl., Berlin.

– (1926), *Das dynamische Weltbild: Physik und Biologie*, Leipzig.

Reuterdahl, Arvid, (1920), *Scientific Theism Versus Materialism. The Space-Time Potential*, New York.

– (1921a), »Einstein and the New Science«, in: *Bi-monthly Journal of the College of St. Thomas*, Bd. 9, Nr. 3, S. 3–26 (auch als Sonderdruck).

– (1921b), »›Kinertia‹ Versus Einstein«, in: *The Dearborn Independent*, 30. April 1921.

– (1921c), »Science's ›Baby-Guy‹ Was Simple Child Till Einstein Adopted It«, in: *Minneapolis Sunday Tribune*, 22. Mai.

– (1922a), »The Academy of Nations – Its Aims and Hopes«, in: *The Dearborn Independent*, 7. Januar.

– (1922b), »What the Einstein Test Can And Cannot Prove. Fact That He ›Forgot‹ to Credit Others Before Him Can't Be Overlooked«, in: *The Dearborn Independent*, 28. Oktober.

– (1923a), *A Synthesis of Number, Space, Time and Energy, And A Physical Basis for Planck's and Rydberg's Constants*, Brooklyn, N.Y.

– (1923b), »Einstein and the Nobel Premium«, in: *The Dearborn Independent*, 6. Januar.

– (1923c), »Einstein's Predecessors. Dr. Arvid Reuterdahl Argues German Scientist Used Soldner's, Gerber's, and Other Formulae Without Acknowledgment«, in: *The New York Times*, 3. Juni, RP 4-4.

– (1923d), *Einstein's Predecessors*, [unveröffentlichtes Typoskript], RP 3-88.
– (1923e), »The Fischer Tide Predicting Machine«, in: *The Dearborn Independent*, 20. Januar.
– (1923f), »The Origin Of Einsteinism. Prof. Reuterdahl, Replying to Mr. Bond, Says That, in the Absence of Proof of Innocence, Einstein Stands Convicted of Plagiarism«, in: *The New York Times*, 12. August, RP 4-4.
– (1923g), »The Origin And Motion Of Planetary Systems«, in: *The Dearborn Independent*, 15. September.
– (1923h), »Protoplasm and Heredity«, in: *The Dearborn Independent*, 10. November.
– (1923i), »First Attempt of the Unification of Electricity and Gravitation«, in: *Univerzum*, Bd. 2, Nr. 9–12, S. 292–294.
– (1924), »The Einstein Film And The Debacle Of Einsteinism«, in: *The Dearborn Independent*, 22. März.
– (1928), *The God of Science*, Minneapolis.
– (1929a), *The Physical Basis of the Constant Velocity of Light*, Minneapolis.
– (1929b), »Communication By Dr. Arvid Reuterdahl Of St. Paul, In Reference To The New Theory Of Dr. Albert Einstein«, [Typoskript], RP.
– (1931a), *Einsteinism. Its Fallacies and Frauds*, [Typoskript von Reuterdahl 1931b], RP 1-28.
– (1931b), »Der Einsteinismus. Seine Trugschlüsse und Täuschungen«, in: Israel/Ruckhaber/Weinmann 1931, S. 40–45.
Riem, Johannes (1913), »Hat die Welt einen Zweck?«, in: *Unsere Welt*, Bd. 5, Nr. 11, S. 774–778.
– (1920), [Rezension von Fricke 1919], in: *Naturwissenschaftliche Wochenschrift*, N.F., Bd. 19, Nr. 10, S. 158–159.
– (1921a), »Zu Einsteins Amerikafahrt«, in: *Deutsche Zeitung*, 13. September, GN 4, XII, 26r.
– (1921b), »Ein amerikanisches Weltanschauungsbuch«, in: *Der Reichsbote*, 4. Oktober, GN 4, XII, 55r.
– (1921c), »Um Einsteins Relativitätstheorie«, in: *Deutsche Zeitung*, 18. November.
– (1921d), »Keine Bestätigung der Relativitätstheorie«, in: *Naturwissenschaftliche Wochenschrift*, N.F., Bd. 20, Nr. 28, S. 420.
– (1922a), »Um die Relativitätstheorie«, in: *Deutsche Zeitung*, 7. Januar, GN 4, XVI, 9r.
– (1922b) »Nachdenkliches zur Sonnenfinsternis im September«, in: *Rheinisch-Westfälische Zeitung*, 29. Juli, GN 4, XX, 26r.
– (1922c), »Von der deutschen Sonnenfinsternis-Expedition«, in: *Deutsche Tageszeitung*, 27. Juli, GN 4, XX, 27r.
– (1922d), »Neues zur Relativitätstheorie«, in: *Naturwissenschaftliche Wochenschrift*, N.F., Bd. 21, Nr. 1, S. 13–14.
– (1922e), »Rotverschiebung und Michelsonscher Versuch«, in: *Naturwissenschaftliche Wochenschrift*, N.F., Bd. 21, Nr. 52, S. 717.

– (1923), »Die Bestätigung des Soldner-Effekts«, in: *Rheinisch-Westfälische Zeitung*, 23. April, Abendausgabe, GN 4, XX, 85r.
– (1924), »Astronomie und Religion«, in: *Unsere Welt*, Bd. 15, Nr. 1, S. 1–3.
– (1927), »Welten-Werden«, in: Prochnow 1927, S. 202–268.
Roderich (1924), [Rezension von Gehrcke 1924b], in: *Deutsches Haus*, Folge 8–9 (September), S. 3.
Rousseau, Jean Jacques (1993/1755), *Diskurs über die Ungleichheit. Kritische Ausgabe des integralen Textes, mit sämtlichen Fragmenten und ergänzenden Materialien nach den Originalausgaben und den Handschriften*, 3., durchges. Aufl., Paderborn [u. a.].
– (1995/1762), *Emile oder über die Erziehung*, Vollst. Ausg., 12., unveränd. Aufl, Paderborn.
Ruckhaber, Erich Hermann (1913), »Die zwingende Logik des Monismus«, in: *Neue Weltanschauung*, Bd. 6, Nr. 4, S. 125–128.
– (1920a), »Das Denkproblem und seine Lösung«, in: *Neue Weltanschauung*, Bd. 9, Nr. 1, S. 1–9.
– (1920b), »Schwerkraft und Temperatur [Bemerkung zu Fricke 1920b]«, in: *Neue Weltanschauung*, Bd. 9, Nr. 4, S. 118–119.
– (1920c), »Geld, Sozialismus und Intelligenz«, in: *Neue Weltanschauung*, Bd. 9, Nr. 5, S. 141–145.
– (1920d), »Zur Relativitätstheorie«, in: *Neue Weltanschauung*, Bd. 9, Nr. 7, S. 219–220.
– (1920e), »Zur Relativitätstheorie«, in: *Neue Weltanschauung*, Bd. 9, Nr. 9, S. 274–275.
– (1920f), »Eine neue Energiegewinnung«, in: *Neue Weltanschauung*, Bd. 9, Nr. 10, S. 303–304.
– (1920g), »Noch einmal die Einsteintheorie«, in: *Neue Weltanschauung*, Bd. 9, Nr. 12, S. 356–360.
– (1921a), [Rezension von Fricke 1920a], in: *Neue Weltanschauung*, Bd. 10, Nr. 5, S. 159–160.
– (1921b), »Die Umwälzung in den Grundanschauungen der Naturwissenschaft [Rezension von Ziegler 1914]«, in: *Neue Weltanschauung*, Bd. 10, Nr. 7, S. 215–218.
– (1927), *Untersuchung über das Prinzip des Widerspruchs*, Berlin.
– (1928), *Die Relativitätstheorie widerlegt durch das Widerspruchsprinzip und die natürliche Erklärung des Michelsonversuchs*, Leipzig.
– (1929), *Relativia. Der Roman eines Propheten*, Berlin-Spandau.
– (1931), *Expansion und Unendlichkeit*, Berlin.
– /Hellweg, Lothar Wilfried (1940), *Persönlichkeiten der Gegenwart: Luftfahrt, Wissenschaft, Kunst*, Berlin.
– (1941), *Die Ätherdynamik des Sonnensystems*, Berlin.
– (1952/1938), *Biomechanik. Das gelöste Lebensproblem, die Ursachen des Alterns und ihre alleinige Bekämpfung*, 3. Aufl., Berlin.
– (1959), *Das Urprinzip der Welt*, Berlin.

Rutan (1921a), »Was will der Weltbund«, in: *Weltwissen*, Bd. 5, 1. April, S. 1–2.

– (1921b), »Die Organisation des Weltbundes«, in: *Weltwissen*, Bd. 5, 1. April, S. 2–4.

Sahulka, Johann (1908), *Über die bisherigen Versuche, die Gravitation aus dem Stoße der Ätherteilchen zu erklären*, Wien.

Saager, Adolf (1930), *Der Winterthurer Naturphilosoph Johann Heinrich Ziegler*, Winterthur.

Schlick, Moritz (1921), [Rezension von Gehrcke 1921c], in: *Die Naturwissenschaften*, Bd. 9, S. 779.

Schögel, W. (1922), »Philosophie und Okkultismus«, in: *Die Übersinnliche Welt*, Nr. 2, S. 17–25.

Schöning, Max (1920), »Ziel und Zweck des Kepler-Bundes in der Gegenwart«, in: *Unsere Welt*, Bd. 12, Nr. 1, S. 17–28.

Schmidt, Harry (1920), »Wege zum Verständnis der Einsteinschen Relativitätstheorie«, Teil 1 in: *Monistische Monatshefte*, Bd. 5, Nr. 6, S. 254–260, Teil 2 in: ebd., Nr. 7–8, S. 305–311, Teil 3 in: ebd., Nr. 9–10, S. 359–362, Teil 4 in: ebd., Nr. 11–12, S. 404–408.

Schwarzschild, Karl (1903), »Über Himmelsmechanik«, in: *Verhandlungen der Gesellschaft Deutscher Naturforscher und Ärzte*, allg. Teil, S. 1–14, abgedruckt in: ders., *Gesammelte Werke*, Bd. 1, Voigt, Hans H. (Hg.), Berlin [u. a.] 1992, S. 84–95.

See, Thomas Jefferson Jackson (1910), *Researches on the Evolution of the Stellar System*, Bd. 2: *The Capture Theory of Cosmical Evolution*, Lynn, Mass.

– (1922), *New Theory of the Aether*, [Reprint von 1920–1922 in den *Astronomischen Nachrichten* erschienenen Artikeln], Kiel (Electrodynamic Wave-theory of physical forces Bd. 2).

– (1923a), »Objections to Relativity Theory«, Teil 1 in: *The San Francisco Journal*, 13. Mai, Teil 2 in: ebd., 20. Mai, Teil 3 in: ebd., 27. Mai.

– (1923b), »To the Editor of the London Times«, 21. März 1923, RP 4-49.

– (1923c), »Soldner, Foucault, and Einstein«, in: *Science*, Bd. 58, Nr. 1506, S. 372.

– (1923d), »To the Associated Press«, 18. April 1923, RP 4-49.

– (1923e), »To the Editor of the New York Times«, 19. April, RP 4-49.

– (1924), »New Discoveries showing the Complete Triumph of Newton over Einstein«, [Presseerklärung], 12. Oktober, RP 4-49.

– (1925), »Travelling at Speed of 294.375 Miles a Second. Scientist Believes Etherons Provide Pathway for Light and Radio Waves«, in: *The Dearborn Independent*, 10. Januar.

– (1938), *Wave–theory! Discovery of the cause of gravitation!*, London [u. a.].

Seeliger, Hugo von (1917a), »Bemerkung zu P. Gerbers Aufsatz: ›Die Fortpflanzungsgeschwindigkeit der Gravitation‹«, in: *Annalen der Physik*, Bd. 358, Nr. 9, S. 31–32.

– (1917b), »Weitere Bemerkungen zur ›Fortpflanzungsgeschwindigkeit der Gravitation‹«, in: *Annalen der Physik*, Bd. 359, Nr. 17, S. 38–40.

Seiling, Max (1915/1904), *Das Professorenthum, ›der Stolz der Nation?‹*, 3. umgearb. Aufl., Leipzig.

Sellien, Ewald (1924a), »Kant und Einstein«, in: *Unsere Welt*, Bd. 16, Nr. 5, S. 107–112.

– (1924b), »Die Stellung des Aethers im Weltbild der Physik«, in: *Unsere Welt*, Bd. 16, Nr. 10, S. 217–220.

Siemens, Werner (1997/1886), »Das naturwissenschaftliche Zeitalter«, Vortrag gehalten vor der 59. Versammlung der GDNÄ in Berlin, abgedruckt in: Engelhardt 1997, S. 167–174.

Soldner, Johann (1921/1801), »Ueber die Ablenkung eines Lichtstrahls von seiner gradlinigen Bewegung, durch die Attraktion eines Weltkörpers, an welchem er nahe vorbeigeht«, in: Bode, J. E., *Astronomisches Jahrbuch für das Jahr 1804*, Berlin, S. 161–172 [gekürzter und kommentierter Wiederabdruck in: *Annalen der Physik*, Bd. 370, Nr. 15 (1921), S. 593–604].

Sommerfeld, Arnold (2004), *Wissenschaftlicher Briefwechsel*, Bd. 2: *1919–1951*, Eckert, Michael/Märker, Karl (Hg.), Berlin [u. a.].

Stark, Johannes (1922), *Die gegenwärtige Krisis in der deutschen Physik*, Leipzig.

Staub, Julius Bernhard (1898), *Die thatsächliche Widerlegung der Newtonschen Hypothese von der allgemeinen Anziehungskraft durch den naturgemäßen Ersatz derselben als Grundlage einer neuen monistischen Weltanschauung*, Leipzig-Lindenau.

Stauff, Philipp (1913), *Semi-Kürschner oder literarisches Lexikon der Schriftsteller, Dichter, Bankiers, Geldleute, Ärzte, Schauspieler, Künstler, Musiker, Offiziere, Rechtsanwälte, Revolutionäre, Frauenrechtlerinnen, Sozialdemokraten usw. jüdischer Rasse und Versippung, die von 1813–1913 in Deutschland tätig oder bekannt waren*, Berlin-Lichterfelde.

Steiner, Rudolf (1982), *Texte zur Relativitätstheorie*, Viersen, Wim (Hg.), Dornach (Mathematisch-astronomische Blätter, Neue Folge, Nr. 10).

Stevenson, Robert (1914), »Do Bodies Fall?«, Teil 1 in: *Harper's Weekly*, 22. August, S. 174, Teil 2 in: ebd., 29. August, S. 210, Teil 3 in: ebd., 5. September, S. 234, Teil 4 in: ebd., 12. September, S. 254, Teil 5 in: ebd., 19. September, S. 285, Teil 6 in: ebd., 26. September, S. 309, Teil 7 in: ebd., 3. Oktober, S. 332, Teil 8 in: ebd., 10. Oktober, S. 357–359, Teil 9 in: ebd., 17. Oktober, S. 382–384, Teil 10 in: ebd., 24. Oktober, S. 405–407, Teil 11 in: ebd., 31. Oktober, S. 429–430 (unter dem Pseudonym Kinertia erschienen).

Stewart, Balfour/Tait, Peter Guthrie (1882), *The Unseen Universe or Physical Speculations On A Future State*, London.

Stromer-Reichenbach, Friedrich von (1924), *Historionomie, ihr Wesen und ihre Bedeutung. Ein wissenschaftlicher Versuch*, Konstanz.

Thedinga, Eddo (1922), *Einstein und wir Laien: Wege zu einer neuen Licht-Theorie*, Leipzig.

Thirring, Hans (1921a), »Über das Uhrenparadoxon in der Relativitätstheorie, in: *Die Naturwissenschaften*, Bd. 9, Nr. 13, S. 209–212.

– (1921b), »Erwiderung hierzu [zu Gehrcke 1921a]«, in: *Die Naturwissenschaften*, Bd. 9, Nr. 24, S. 482–483.

– (1921c), »Erwiderung hierzu [zu Gehrcke 1921b], in: *Die Naturwissenschaften*, Bd. 9, Nr. 28, S. 551.

Thüring, Bruno (1941), *Albert Einsteins Umsturzversuch der Physik und seine inneren Möglichkeiten und Ursachen*, in: *Forschungen zur Judenfrage*, Bd. 4, S. 134–162 (auch als Sonderdruck).

Toller, Ernst (1921), *Masse-Mensch*, Potsdam.

Tölle, Oswald (1913), »Die Triebkraft im Weltall«, in: *Neue Weltanschauung*, Bd. 6, Nr. 4, S. 142–144.

Trebitsch, Artur (1921), *Deutscher Geist – oder Judentum! Ein Weg der Befreiung*, Berlin [u. a.].

Trumpler, Robert (1923), »Historical Note On The Problem Of Light Deflection In The Sun's Gravitational Field«, in: *Science*, Bd. 58, Nr. 1496, S. 161–163.

Vogt, Johann Gustav (1912a), »Weltwissen«, in: *Weltwissen*, Bd. 1, Nr. 1, S. 1–4.

– (1912b), »Der neueste Stern«, in: *Neue Weltanschauung*, Bd. 5, Nr. 6, S. 209–212.

Vogtherr, Karl (1922a), »Über Fragen der Aberration und Lichtausbreitung«, in: *Naturwissenschaftliche Wochenschrift*, N.F., Bd. 21, Nr. 2, S. 20–25.

– (1922b), »Über Aberration und Michelsonversuch«, in: *Astronomische Nachrichten*, Bd. 217, Nr. 5203, S. 381–396.

– (1923), *Wohin führt die Relativitätstheorie? Kritische Betrachtungen vom physikalischen und erkenntnistheoretischen Standpunkt aus*, Leipzig.

– (1933), *Das Problem der Gleichzeitigkeit*, München.

Voigt, Woldemar (1915/1887), »Über das Dopplersche Prinzip«, in: *Physikalische Zeitschrift*, Bd. 16, S. 381–386.

Volkmann, Paul (1924), [Rezension von Gehrcke 1924a und Gehrcke 1924b], in: *Annalen der Philosophie*, Bd. 4, Nr. 6.

Volkshochschule Groß-Berlin (1919–1934), *Arbeitsplan* [von 1929–1933 *Lehrplan*], Berlin.

Weinmann, Rudolf (1926), *Versuch einer endgültigen Widerlegung der speziellen Relativitätstheorie*, Leipzig.

Weizel, Walter (1942), [Rezension von Müller/Stark 1941], in: *Zeitschrift für technische Physik*, Nr. 1, S. 25.

Westland, Ernst (1901), *Universität, Politik und Dummheit*, Berlin.

Weyl, Hermann (1920), »Die Diskussion über die Relativitätstheorie auf der Naturforscherversammlung«, in: *Die Umschau*, Bd. 24, Nr. 42, S. 609–611.

– (1921), »Antwort an Herrn Prof. Gehrcke«, in: *Die Umschau*, Bd. 25, Nr. 10, S. 123–124.

Weyland, Paul (1920a), »Einsteins Relativitätstheorie – eine Massensuggestion«, in: *Tägliche Rundschau*, 6. August.

– (1920b), [Typoskript des am 24. August in der Berliner Philharmonie gehaltenen Vortrags], GN 72-E-6.

Wiechert, Emil (1921), »Anmerkungen zur Theorie der Gravitation und über das Schicksal der Gestirne«, in: *Vierteljahresschrift der Astronomischen Gesellschaft*, Bd. 56, Nr. 3, S. 171–191.

Wien, Wilhelm (1921), *Die Relativitätstheorie vom Standpunkte der Physik und Erkenntnislehre. Vortrag gehalten im Verwaltungsgebäude der Firma Siemens & Halske in Siemensstadt bei Berlin am 18. März 1921*, Leipzig.

Wittig, Hans (1921), *Die Geltung der Relativitätstheorie. Eine Untersuchung ihrer naturwiss. Bedeutung*, Berlin.

Wolff, Max (1922), »Einige Bemerkungen zur Bewertung der Descendenz-Hypothese und neuerer Hypothesen der Physik«, in: *Archiv für Naturgeschichte*, Bd. 88, Abt. A, Nr. 7, S. 113–121.

Wutke, Georg (1909), *Kann die Erde erkalten? Die Gestirne als Kraftquelle und die Ursachen der Schwerkraft*, Berlin.

– (1920), *Die Erde als Motor*, Berlin.

Zacharias, Johannes (1912a), »Zur Mechanik der Gravitation«, in: *Weltwissen*, Bd. 1, Nr. 1, S. 9–10.

– (1912b), »Die sechteilige Kugel zur Erklärung der Gravitation«, in: *Weltwissen*, Bd. 1, Nr. 2, S. 33–34.

– (1912c), »Gibt es ein Monopol auf Denken und Wissen?«, in: *Weltwissen*, Bd. 1, Nr. 6, S. 91–93.

– (1914a), »›Geniale‹ Offenbarungen der ›exakten‹ Forschung«, in: *Weltwissen*, Bd. 2, Nr. 35, S. 125–129.

– (1914b), »Akademische Politik«, in: *Weltwissen*, Bd. 3, Nr. 51–52, S. 25–26.

– (1914c), »Ein Vorschlag zur Güte (offenes Schreiben an die führenden Herren Gelehrten.)«, in: *Weltwissen*, Bd. 3, Nr. 53–54, S. 32–33.

– (1920), *Rätsel der Natur und Totengräber der Wahrheit*, München.

– (1921), »Ein Pionier der Physik als Brückenbauer zur Metaphysik. Autobiographisches vom Ingenieur Johannes Zacharias«, in: *Der Forscher*, Nr. 2, S. 4–6.

– (1922), *Verborgene Gewalten im Weltgeschehen: Eine neue Raum-Kraft-Lehre*, München.

Zehnder, Ludwig (1922), *Der Aufbau der Atome aus Uratomen: Vortrag, gehalten in der Kantgesellschaft, Ortsgruppe Basel am 12. Dezember 1921*, Tübingen.

– (1927), »Ueber die Grundlagen der Naturwissenschaften«, in: *Verhandlungen der Naturforschenden Gesellschaft in Basel*, Bd. 38, S. 84–100.

– (1933), *Der Aether im Lichte der klassischen Zeit und der Neuzeit*, Tübingen.

– (1938), *Die tiefsten Grundlagen der Physik und Chemie. Aus den Universitätsvorlesungen in den Jahren 1935 bis 1938*, Zürich/Leipzig.

Zettl, Otmar (1924), [Rezension von Gehrcke 1924b], in: *Augsburger Postzeitung* [ohne genaues Datum], GN 4, VII.

Ziegler, Johann Heinrich (1902), *Die Universelle Weltformel und ihre Bedeutung für die wahre Erkenntnis aller Dinge: Erster Vortrag, gehalten an der Versammlung der Schweizerischen Naturforschenden Gesellschaft vom 7.-10. September in Genf*, Zürich.

– (1903), *Die Universelle Weltformel und ihre Bedeutung für die wahre Erkenntnis aller Dinge: Zweiter Vortrag*, Zürich.

– (1904a), *Die wahre Einheit von Religion und Wissenschaft. Vier Abhandlungen*, Zürich.

– (1904b), »Über das wahre Wesen der sog. Schwerkraft«, in: Ziegler 1904a, S. 60–85.
– (1904c), »Über den Sonnengott von Sippar«, in: Ziegler 1904a, S. 175–193.
– (1905), »Die wahre Ursache der hellen Lichtstrahlung des Radiums«, in: *Psychische Studien*, Bd. 32, S. 449–455.
– (1908a), *Die Struktur der Materie und das Welträtsel*, Bern.
– (1908b), *Konstitution und Komplementät der Elemente*, Bern.
– (1914), *Die Umwälzung in den Grundanschauungen der Naturwissenschaft: Acht kritische Betrachtungen*, Bern.
– (1921), »Albertus Maximus und die Blamage der Schulweisheit«, in: *Luzerner Neueste Nachrichten*, 20. September (unter dem Pseudonym J. E. G. Hirzel erschienen).
– (1922), »Ostwalds Relativitätstheorie und Farbenlehre an der Leipziger Zentenarfeier. Ein Vergleich mit Zieglers Urlichtlehre«, Teil 1 in: *Luzerner Neueste Nachrichten*, 21. Oktober, Teil 2 in: ebd., 28. Oktober, Teil 3 in: ebd., 4. November (unter dem Pseudonym J. E. G. Hirzel erschienen), GN 4, I, 40r, II, 36r, I, 43r.
– (1923), *Das Ding an sich. Das Ende der sog. Relativitätstheorie*, Zürich.
– (1928), *Die Hauptaufgabe der Naturwissenschaft und ihre einfache Lösung*, Zürich.
– (1929), »Was verstehen wir unter physikalischen und chemischen Elementen und wodurch unterscheiden sie sich hauptsächlich?«, in: *Das freie Wort*, 22. November.
– (1931), *Der grosse Welt- und Selbstbetrug der Physiker: Ein Dokument aus der Gegenwart für die Zukunft*, Zürich.
– (1932), *Das Urlicht und das Hauptgerüst richtiger Weltanschauung: Ueber das Absolute und das Relative*, Zürich.
– (1935), *Das Geheimnis des Selbstverständlichen: der Schlüssel zum Welträtsel*, Zürich.
Zöllner, Johann Karl Friedrich (1879), *Wissenschaftliche Abhandlungen*, Bd. 3: *Die transcendentale Physik und die sogenannte Philosophie: eine deutsche Antwort auf eine ›sogenannte wissenschaftliche Frage‹*, Leipzig.
– (1882), *Erklärung der universellen Gravitation aus den statischen Wirkungen der Elektricität und die allgemeine Bedeutung des Weber'schen Gesetzes*, Leipzig.

Zitierte Zeitungs- und Zeitschriftenartikel

(1906) »Was will der Deutsche Monistenbund«, in: *Blätter des Deutschen Monistenbundes*, Nr. 1 (Juli), S. 7–9.
(1909), »Diskussion«, in: *Physikalische Zeitschrift*, Bd. 10, S. 825–826, abgedruckt in: CP Bd. 2, Doc. 61.
(1913), »Ist der Weltraum leer?«, in: *Unsere Welt*, Bd. 5, Nr. 5, S. 335.
(1913), [Anmerkung der Redaktion zu Tölle 1913], in: *Neue Weltanschauung*, Bd. 6, S. 142–144.

(1919), »Eine neue Größe der Weltgeschichte: Albert Einstein, dessen Erkenntnisse eine völlige Umwälzung unserer Naturbetrachtung bedeuten und den Erkenntnissen eines Kopernikus, Kepler und Newton gleichwertig sind«, in: *Berliner Illustrirte Zeitung*, 14. Dezember.
(1919), »Lights All Askew in the Heavens. Men of Science More or Less Agog Over Results of Eclipse Observations. Einstein Theory Triumphs. Stars Not Where They Seemed or Were Calculated to be. but Nobody Need Worry«, in: *The New York Times*, 10. November.
(1919), »Massensuggestion«, in: *Mitteilungen des deutschen Monistenbundes*, Bd. 4, Nr. 3, S. 33–34.
(1919), »Wissenschaftsraub und Bluff«, in: *Deutsche Zeitung*, 19. Dezember, zit. in: Mewes 1920a, S. 74–76.
(1920), »Allgemeine Diskussion über Relativitätstheorie«, in: *Physikalische Zeitschrift*, Bd. 21, S. 650–651, 662, 666–668, abgedruckt in: CP Bd. 7, Doc. 46.
(1920), »Authorship Of The Famous Theory Of Light Bending Contested By St. Paul Scientist; Lost Paper Is Key«, in: *St. Paul Sunday Pioneer Press*, 15. Februar.
(1920), »Die Relativitätstheorie auf der Naturforscher-Versammlung in Nauheim«, in: *Neue Weltanschauung*, Bd. 9, Nr. 11, 342–344.
(1920), »Diskussion«, in: *Physikalische Zeitschrift*, Bd. 21, S. 650–651, 662, 666–668, abgedruckt in: CP 7, Doc. 46.
(1920), »Diskussionen om relativitetstheorien«, in: *Aftenposten*, 18. Juni, Morgenausgabe.
(1920), »Einstein Theory Causes Scientific War«, in: *The Dearborn Independent*, 30. Oktober.
(1921), »Die Berliner Bonifatiustagung. Minister Dr. Brauns über die nationalen Ideale des Katholizismus«, in: *Kölnische Volkszeitung*, 18. Juni, Abendausgabe, GN 4, IX, 9r.
(1921), »Dr. J. H. Ziegler«, in: *Zürcher Chronik*, 6. Juli.
(1921), »Einstein als Violinist«, in: *Vossische Zeitung*, 20. Mai, Morgenausgabe, GN 4, IX, 30r.
(1921), »Einstein Branded Barnum of Science, Minnesota Man Calls Relativity ›Bunk‹«, in: *The Minneapolis Sunday Tribune*, 10. April.
(1921), »Einstein Foes Prove Theory False, Claim. Twin Cities Mathematical Association Hears Talk on Relativity. Former Exponents Are Now Sorry, Says St. Thomas Engineering Dean«, in: *The Minneapolis Sunday Tribune*, 20. November.
(1921), »Einstein sails, U.S. women ›lovely‹«, in: *The Chicago Tribune*, Juni [ohne genaues Datum], GN 4, XVII, 129r.
(1921), »Einsteins – Bezügigkeitsanschauungstheorie«, in: *12 Uhr Mittagszeitung*, 8. Juli, GN 4, XI, 26r.
(1921), »Einsteins Theorie im Ballsaale. ›Walzer nach den Gesetzen der Relativitätstheorie‹«, in: *National-Zeitung*, 24. August, GN 4, XI, 62r.
(1921), »Nochmals Soldner und Einstein«, in: *Neue Zürcher Zeitung*, 30. November, 2. Morgenblatt, GN XII, 75r.

(1921), »Prof. Einsteins Gehrock«, in: *Leipziger Neueste Nachrichten*, 1. Juli, Morgenausgabe, GN 4, XI, 27r.

(1921), »Prof. Reuterdahl to Write Book to Show Einstein Fallacies«, in: *Evening Tribune*, 18. April.

(1921), »Relativität und Weltanschauung«, in: *Baseler Nationalzeitung*, 30. November, GN 4, XII, 64r.

(1921), »Um die Priorität der Einstein-Theorie«, in: *Magdeburgische Zeitung*, 30. November, GN 4, XII, 74r.

(1921), [Bericht über Reuterdahl], in: *Hamburger Woche*, 9. Juni.

(1922), »Albert Einstein über die deutsche Not«, in: *Boersen-Courier Berlin*, 6. November, GN 4, I, 68r.

(1922), »Au Collège de France. M. Guillaume, de Genève, contre M. Einstein«, in: L'*Œuvre*, 6. Juni, GN 4, XVII, 130r.

(1922), »Austritt Einsteins aus der Kaiser-Wilhelm-Akademie. Eine Folge der reaktionären Hetze«, in: *Neue Berliner 12 Uhr Zeitung*, 29. September, GN 1, I, 2r.

(1922), »Der Film des physikalischen Nihilismus«, in: *Kinorat*, Nr. 9–10, GN 4, XVI, 67r.

(1922), »Die flüchtige Relativität«, in: *Rheinisch-Westfälische Zeitung*, 5. August, GN XXI, 6r.

(1922), »Die Krisis in der Lichttheorie«, in: *Vossische Zeitung*, 8. Februar, GN 4, XVI, 31r.

(1922), »Die verbissenen Gegner Einsteins ...«, in: *Berliner Tageblatt*, 17. November, Morgenausgabe, GN 4, I, 35r.

(1922), »Ein graphologisches Portrait Einsteins«, in: *Vossische Zeitung*, 18. Februar, GN 4, XVI, 4r.

(1922), »Einstein Wrong, Swiss Declares«, in: *Chicago Tribune*, 31. März, GN 4, XVII, 129r

(1922), »Einstein, der Feind des Telephons«, in: *Hamborner General-Anzeiger*, 11. April, GN 4, XVII, 153r.

(1922), »Einstein«, in: *Die Wahrheit*, 23. September, GN 1, I, 3r.

(1922), »Einsteins Absage an den Naturforschertag. Auf der Liste der Mörderorganisation«, in: *Berliner Tageblatt*, 5. August, Morgenausgabe, GN 4, XXI, 6r.

(1922), »Einsteins Absage. Der Gelehrte auf der Mörderliste«, in: *Dresdener Volkszeitung*, 5. August, GN 4, XXI, 5r.

(1922), »Hints on Einstein«, in: *The Times* (London), 3. April, GN 4, XVII, 102r.

(1922), »Kommt Professor Einstein nach Leipzig?«, in: *Leipziger Neuesten Nachrichten*, 5. August, GN 4, XXI, 5r.

(1922), »Les Théories d'Einstein?«, in: *Intransigeant*, 3. April, GN 4, XVII, 129r.

(1922), »Un adversaire des Théories d'Einstein «, in: *Les Messin*, 1. April 1922, GN XVII, 129r.

(1922), [Fragen der Psychologischen Gesellschaft zu Berlin], in: *Die Übersinnliche Welt*, Nr. 3–4, S. 61.

(1923), »Die Relativitätstheorie bestätigt?«, in: *Hamburger Nachrichten*, 25. Mai, GN 4, XX, 88r.

(1923), »Einstein in Japan. Ein Mißverständnis der Japanerinnen über die Relativitätstheorie«, in: *Berliner Tageblatt*, [ohne genaues Datum], GN 4, I, 54r.

(1923), »Einstein Theory Is ›Old Stuff‹. U.S. Astronomer Says German Scientist Is Plagiarist«, [unbekannte Zeitung], April [ohne genaues Datum], GN 4, XX, 84r.

(1923), »Government Scientist Exposes Einstein Trick. Declares German Astronomer Was Detected in Plagiarizing Von Soldner in 1911. Newton Theory Held True. Says Bending of Stars' Rays Do Not Bear Out Claims Which He Terms Crazy Vagaries« in: *The Philadelphia Journal*, 12. April.

(1924), »Ein zweckloses Buch«, in: *Berliner Börsenzeitung*, Unterhaltungsbeilage, 29. November, GN 4, VII.

(1924), »Einsteins Massensuggestion [Rezension von Gehrcke 1924b]«, in: *Deutsche Zeitung*, 10. Juni, GN VII.

(1924), [Rezension von Gehrcke 1924b], in: *Völkischer Kurier*, 11. September, GN VII.

(1924), [Rezension von Gehrcke 1924b], in: *Breslauer Zeitung*, 24. August, GN VII.

(1924), [Rezension von Gehrcke 1924b], in: *Der Tag*, 18. Juli, GN VII.

(1924), [Rezension von Gehrcke 1924b], in: *Deutscher Wille. Werkgemeinschaftliches Wochenblatt*, 7. August, GN VII.

(1924), [Rezension von Gehrcke 1924b], in: *Hammer*, Nr. 532, August, GN VII.

(1924), [Rezension von Gehrcke 1924b], in: *Mecklenburger Warte*, 9. August, GN VII.

(1924), [Rezension von Gehrcke 1924b], in: *Rundschau für Literatur und Kunst*, 31. Juli, GN VII.

(1925), [Rezension von Gehrcke 1924b], in: *Psychiatrisch-neurologische Wochenschrift*, Bd. 27, Nr. 19.

(1929), »Reuterdahl Asserts He Is Real Originator of Einstein's New Theory«, in: *The St. Paul Daily News*, 27. Januar, RP 3-26.

(1929), »St. Paul Physicist Concludes That Relativity Booster and His Admirers Are Suffering From ›Delirium Mathematicum‹, Scoffs at Idea of Curved Space«, in: *St. Paul Dispatch*, 28. Januar.

(1930), »Einstein's Cosmic Religion«, in: *Literary Digest*, 29. November.

(1931), »Scientific Opinion Turning Against Einsteinism, Says Noted Scientist«, in: *The Kansas City Star*, 24. März.

(1934), »›Die Sonne ist kalt – aber ewig‹. Neue Weltalltheorie heute abend zur Debatte«, in: *BZ*, 20. Februar, GN 29-F-11.

(1936), »Direktören fil. dr Harald Nordenson Stockholm«, 10. August [unbekannte Zeitung], GN 4, (2), 32r.

(1936), »Hermann Fricke's 30jähriger Krieg«, in: *Docentra*, Bd. 57, Nr. 25, S. 421–422.

Quellennachweis Biographie-Boxen

S. 22:	Gehrcke 1901; Gehrcke 1946
S. 23:	Egilsrud [nach 1929]
S. 59:	Zacharias 1921
S. 64:	Degeners »Wer ist's« 1955; Ruckhaber 1959
S. 72:	Ruckhaber/Hellweg 1940
S. 107:	Forschungsstelle und Dokumentationszentrum für Österreichische Philosophie
S. 109:	Schneider 1942
S. 139:	Sherrill 1999
S. 144:	Kertz 2002
S. 151:	Degeners »Wer ist's« 1955; Kühn 1983
S. 172:	Poggendorff, Johann C., Biographisch-literarisches Handwörterbuch, Bd. 6, 1923-1931, Teil 3 (1938)
S. 173:	Hoffmann 2004a

Unveröffentlichte Quellen

Nachlass Ernst Gehrcke, Archival Collection, Max-Planck-Institut für Wissenschaftsgeschichte, Berlin

Reuterdahl Papers, Department of Special Collections, University of St. Thomas, St. Paul, MN

Studentenakte Patschke, Technikum Mittweida

Nachlass Georg Reinhart, Stadtarchiv Winterthur

Personen- und Sachverzeichnis